水性涂料助剂

朱万章　刘学英　编著

SHUIXING TULIAO ZHUJI

化学工业出版社
·北京·

本书以水性涂料助剂生产厂商为主线，按助剂功能归类，主要介绍了建筑乳胶漆、水性工业漆、水性防腐漆、水性汽车漆、水性木器漆、水性塑料漆、水性胶黏剂等在内的各个水性领域用的助剂。为了便于读者了解、掌握、比较和选用合适的助剂，大多以表格的形式归纳汇总。每种水性助剂尽可能详细地列出牌号、类型、基本理化性能、应用特点、适用范围、用法、用量和注意事项等基本信息。

本书不仅对水性涂料研发、生产和施工人员有所帮助，也对从事水性油墨、水性胶黏剂、织物处理剂、皮革处理剂工作的人员和大学精细化工等相关专业的师生有一定的参考价值。

图书在版编目（CIP）数据

水性涂料助剂/朱万章，刘学英编著．—北京：化学工业出版社，2011.6（2022.7重印）
ISBN 978-7-122-11066-4

Ⅰ．水⋯　Ⅱ．①朱⋯②刘⋯　Ⅲ．水性漆-涂料助剂　Ⅳ．TQ637

中国版本图书馆 CIP 数据核字（2011）第 068830 号

责任编辑：仇志刚　　　　　　　文字编辑：冯国庆
责任校对：吴　静　　　　　　　装帧设计：杨　北

出版发行：化学工业出版社（北京市东城区青年湖南街13号　邮政编码100011）
印　　装：北京虎彩文化传播有限公司
787mm×1092mm　1/16　印张25　字数624千字　2022年7月北京第1版第12次印刷

购书咨询：010-64518888　　　　售后服务：010-64518899
网　　址：http://www.cip.com.cn
凡购买本书，如有缺损质量问题，本社销售中心负责调换。

定　　价：75.00元　　　　　　　　　　　　　　　　　　版权所有　违者必究

前　言

　　现代涂料离不开助剂，犹如美味菜肴离不开各种各样的调料一样。可以说没有优质、高效的涂料助剂就没有现代涂料的今天。当今涂料发展的趋势是绿色环保、高效、节能、节省资源，强调环境友好和可再生性。自20世纪末以来，作为顺应时代要求的水性涂料取得了长足的进展，在许多方面已经或正在取代溶剂型涂料，占有其固有应用领域。与此同时，水性油墨、水性胶黏剂也获得了相应的快速发展。为适应这种变化，各国的涂料助剂厂商纷纷推出五花八门的水性涂料助剂，使得水性涂料的性能逐渐达到甚至在许多方面超过了溶剂型涂料的性能。水性建筑涂料、水性工业漆、水性防腐漆、水性木器漆、水性塑料漆、水性油墨、水性织物处理剂以及水性胶黏剂已经成为环保型产品的主力军。

　　然而，由于水性体系有着更大的特殊性和复杂性，水性涂料所用的助剂品种类型和用量比溶剂型涂料要多得多，开发和使用高质量的水性涂料助剂尤为重要。

　　涂料科学更多的是一门实践科学，涂料助剂的发展往往呈现出实践和应用经常走在理论前面的状态。实际应用的许多助剂还很难用精确的理论来概括。以往出版的一些涂料助剂专著大多偏重于两个方面，要么是着重对朦胧的助剂机理的阐述，较少关注具体的助剂品种；要么仅仅简单地罗列出助剂的名称、性能、生产厂商，缺乏分析比较和汇总，显得过于简略和凌乱。本书另辟蹊径，不过多着墨于尚不成熟的涂料助剂机理的阐述，而是以助剂特性和生产厂商为轴线，多以表格的形式归纳汇总各厂商水性涂料助剂的牌号、类型、理化性能、应用特点、用法、用量、注意事项等基本信息，以便使用者能从浩如烟海的产品说明书中解脱出来，更快、更好地分析、比较和掌握所需助剂的特性和应用方法，正确、合理、方便地选用合适的助剂，以求获得最佳的实际效果。

　　本书汇集了全球主要涂料助剂厂商的水性涂料助剂品种牌号近3000种，重点关注那些在中国涂料市场已经起着重要作用和未来会有广阔应用前景的水性助剂品种。为了便于使用者查找，书末附有缩略语代号。本书不仅对水性涂料研发、生产和施工人员有所帮助，也对从事水性油墨、胶黏剂、织物处理剂、皮革处理剂的工作者有一定的参考价值。

　　鉴于作者有限的认知水平，书中出现不足之处在所难免，欢迎读者批评指正。

　　在本书的编著过程中得到了天津大学米镇涛教授的许多鼓励、支持与帮助，在此深表谢意。

朱万章　刘学英
2010年12月于青岛

目 录

- 第1章 绪论 ·· 1
  - 1.1 水性涂料助剂的现状 ··· 1
  - 1.2 水性涂料助剂的分类 ··· 2
- 第2章 基材润湿剂 ··· 3
  - 2.1 润湿和展布 ·· 3
  - 2.2 润湿剂的种类 ··· 4
  - 2.3 商品基材润湿剂 ·· 5
- 第3章 润湿流平剂 ··· 17
  - 3.1 润湿和流平 ·· 17
  - 3.2 润湿流平剂的种类 ··· 18
  - 3.3 商品润湿流平剂 ·· 19
- 第4章 润湿分散剂 ··· 31
  - 4.1 润湿与分散 ·· 31
  - 4.2 润湿分散剂的种类 ··· 32
  - 4.3 商品润湿分散剂 ·· 33
    - 4.3.1 无机盐分散剂 ·· 33
    - 4.3.2 有机和高分子聚合物分散剂 ··· 34
- 第5章 流变助剂 ·· 74
  - 5.1 涂料流变学基础 ·· 74
  - 5.2 流变助剂的类型 ·· 77
    - 5.2.1 增稠剂 ·· 77
    - 5.2.2 流平剂 ·· 81
  - 5.3 商品流变助剂 ··· 81
    - 5.3.1 纤维素醚 ··· 81
    - 5.3.2 其他天然产物及其衍生物 ··· 94
    - 5.3.3 碱溶胀增稠剂 ··· 94
    - 5.3.4 聚氨酯增稠剂 ··· 106
    - 5.3.5 疏水改性非聚氨酯增稠剂 ··· 123
    - 5.3.6 其他公司的增稠剂和流变改性剂 ··· 126
    - 5.3.7 无机增稠剂 ··· 127
    - 5.3.8 络合型有机金属化合物 ·· 133
    - 5.3.9 其他流变助剂 ·· 134
- 第6章 消泡剂 ··· 136
  - 6.1 消泡、抑泡和脱泡 ·· 136

6.2	消泡剂的种类	137
6.3	商品消泡剂	139

第 7 章 成膜助剂 172

7.1	水性漆的成膜	172
7.2	玻璃化温度和最低成膜温度	173
7.3	成膜助剂	175
7.4	商品成膜助剂	178
7.5	其他品牌成膜助剂	186

第 8 章 防腐剂和防霉剂 188

8.1	罐内防腐和漆膜防霉防藻	188
8.2	防腐剂和防霉剂的作用机理	188
8.3	水性涂料防腐防霉剂的种类	189
8.3.1	异噻唑啉酮衍生物	189
8.3.2	苯并咪唑化合物	193
8.3.3	取代芳烃化合物	194
8.3.4	三嗪类化合物	195
8.3.5	释放甲醛化合物	197
8.3.6	其他化合物	199
8.4	商品防腐防霉防藻剂	201

第 9 章 消光剂 236

9.1	涂膜的光泽和消光	236
9.2	商品消光剂	238
9.2.1	二氧化硅消光粉	238
9.2.2	蜡及其他消光剂	245

第 10 章 蜡和蜡乳液 247

10.1	蜡和蜡乳液的作用和种类	247
10.2	商品蜡乳液	248
10.3	蜡粉	257

第 11 章 pH 调节剂和多功能助剂 266

11.1	pH 调节剂的作用	266
11.2	常用的 pH 调节剂和多功能助剂	266

第 12 章 交联固化剂 275

12.1	交联	275
12.2	交联方式及机理	275
12.3	改性异氰酸酯交联剂	278
12.4	氮丙啶交联剂	285
12.5	环氧硅烷化合物	289
12.6	碳化二亚胺化合物	292
12.7	三聚氰胺及其改性化合物	293
12.8	其他交联剂	294

第 13 章 腐蚀抑制剂和缓蚀剂 ... 295
13.1 腐蚀及水性漆对铁器的锈蚀 ... 295
13.2 商品罐内防锈剂和钢铁防闪锈剂 ... 296

第 14 章 特殊效果添加剂 ... 305
14.1 增硬剂、抗划伤剂和增滑剂 ... 305
14.1.1 纳米二氧化硅分散体和纳米金属氧化物分散体 ... 305
14.1.2 玻璃粉 ... 308
14.1.3 有机硅化合物 ... 308
14.2 手感改性剂 ... 309
14.2.1 漆膜增滑剂和抗粘连剂 ... 309
14.2.2 绒毛粉和弹性粉 ... 312
14.2.3 可膨胀微球 ... 314
14.3 疏（憎）水剂 ... 315
14.4 附着力促进剂 ... 318
14.5 铝粉定向排列剂 ... 323
14.6 水性锤纹剂 ... 324
14.7 防涂鸦剂 ... 324
14.8 建筑涂料增白剂 ... 325

第 15 章 催干剂、防结皮剂和催化剂 ... 327
15.1 水性醇酸树脂的氧化交联 ... 327
15.2 水性醇酸催干剂 ... 328
15.2.1 水性醇酸催干剂类型 ... 328
15.2.2 商品水性醇酸催干剂 ... 329
15.3 防结皮剂 ... 334
15.4 催化剂 ... 336
15.5 黏度稳定剂 ... 337

第 16 章 抗氧剂和光稳定剂 ... 339
16.1 抗氧剂 ... 339
16.1.1 通用抗氧剂 ... 339
16.1.2 亚磷酸酯 ... 345
16.1.3 水性抗氧剂 ... 349
16.2 光稳定剂 ... 351
16.2.1 水性光稳定剂和紫外吸收剂 ... 353
16.2.2 纳米 UV 吸收剂 ... 365

第 17 章 特种颜料和染料 ... 367
17.1 铝粉浆 ... 367
17.2 透明氧化铁 ... 370
17.3 珠光颜料 ... 371
17.4 水性木器漆的着色染料 ... 377

第 18 章 其他助剂 ... 379

18.1 香精和气味遮蔽剂……………………………………………………………………… 379
18.2 水性防粘剂……………………………………………………………………………… 379
18.3 水性漆延长开放时间助剂……………………………………………………………… 380
18.4 保湿剂…………………………………………………………………………………… 381
18.5 水性木器漆打磨助剂…………………………………………………………………… 382
18.6 表面活性剂……………………………………………………………………………… 385
18.7 颜料研磨载体…………………………………………………………………………… 385
附录 缩略语代号………………………………………………………………………… 386
参考文献…………………………………………………………………………………… 389

第1章 绪 论

1.1 水性涂料助剂的现状

随着人类需求的提高，对涂料性能的要求越来越严格，为了改进涂料某方面的性能，必定要添加一些涂料助剂。涂料助剂在涂料中的用量一般不超过10%，但占涂料的价值可能高达30%，甚至更高。许多涂料制造厂商将使用的配方助剂作为技术秘密和技术诀窍秘而不宣。回顾涂料的发展，可以说现代涂料的发展史很重要的一部分是涂料助剂的发展史。没有涂料助剂就没有高质量的现代涂料。

水性涂料（水性漆）以水为介质，水的表面张力高达72.5mN/m，而一般有机溶剂的表面张力在20～40mN/m。除了水溶性涂料以外，水性涂料多为非均相体系。因水带来的高表面张力不利于水性漆的消泡，并且降低了水性漆对基材的润湿能力、渗透能力和在基材上的展布能力。其结果往往导致水性漆的施工性能不良，漆膜容易产生气泡、痱子、缩孔、鱼眼、针孔等缺陷，还可能因漆液润湿和渗透性差降低漆膜对基材的附着力。从漆的生产和施工方面考虑，与溶剂型漆相比，水性漆存在更严重的脱泡和消泡、流动与流平、防霉、增稠等影响漆的质量的技术问题，解决起来也难得多。此外，水性漆的成膜是一个非均相、非分子级的不可逆过程，经历了乳胶粒子的堆积、压缩和融合阶段。为了要形成高质量的膜，往往要借助于成膜助剂将乳胶粒子融合均匀。

由此看来，水性漆对涂料助剂的依赖性比溶剂型漆要高得多。所需助剂的品种和质量要求也更加广泛和严格。

自20世纪70年代以来，以乳胶漆为代表的水性涂料逐渐取得了世人的信赖，获得了极大的推广和普及，随之而来的是一系列水性产品顺应环保要求逐渐面世，其中包括水性工业漆、水性汽车漆、水性木器漆、水性塑料漆、水性防腐漆、水性腻子、水性印刷油墨以及水性胶黏剂等。为了改进这些水性产品的性能，各种各样的水性助剂应运而生。据估计现今水性助剂的牌号已达万种。

在国外，许多大公司完全以涂料助剂安身立命，中国市场上熟知的有BYK（毕克）、Henkel（汉高）、Tego（迪高）等。这些公司的涂料助剂品种多，涉及面广，其中水性涂料助剂占有很大比重。20世纪80年代末到90年代初大批涂料助剂研发和生产的跨国公司纷纷进入中国市场，使得中国的涂料在生产和研发上产生了快速的、质的飞跃。全世界对环保要求的提高促进了对水性助剂的需求。虽然中国现在所用的水性助剂的品种和质量已与世界发达国家不相上下，然而，中国涂料助剂市场基本上由国外品种垄断，中国国内的涂料助剂研发、生产均不尽人意。主要问题是生产厂家小，研发能力不强，品种少，品种单一，配套性差，基本上没有创新性，尚未形成规模。有些厂商将国外助剂买来，换个标签，换个包装，作为自己的品牌出售，这绝对不利于中国涂料助剂的自主研发与提高。

未来涂料助剂的发展仍然以高效、长效、多用途、环保、安全为主旨。特别是水性涂料助剂，不仅功效要显著，绿色环保，不含有机挥发物（VOC）和聚氧乙烯烷基醚（APEO），没有也不会产生有害的空气污染物（HAPs）是最基本的要求，而且要求多功能，生产省能，价廉。只有这样才能使得水性涂料真正成为绿色涂料。

1.2 水性涂料助剂的分类

从涂料的物理化学本质来看涂料助剂可分为溶剂型涂料助剂、水性涂料助剂和粉末涂料助剂几大类。但是更实用的方法是按助剂功能分类。水性涂料助剂按功能分大致可分为以下几大类。

① 润湿剂，包括基材（底材）润湿剂和颜填料润湿剂等；
② 流平剂，包括润湿流平剂和表面张力降低剂；
③ 分散剂，包括润湿分散剂和颜料分散载体；
④ 流变助剂，包括增稠剂、触变剂、施工性能助剂和流动流平剂等；
⑤ 消泡剂，包括消泡剂、抑泡剂、破泡剂等；
⑥ 成膜助剂；
⑦ 防腐防霉剂，包括罐内防腐剂、漆膜防霉剂和防藻剂；
⑧ 漆膜消光剂；
⑨ 蜡粉和蜡乳液；
⑩ pH调节剂，包括有多功能效果的pH调节剂；
⑪ 交联固化剂；
⑫ 腐蚀抑制剂和缓蚀剂；
⑬ 催干剂、防结皮剂和催化剂；
⑭ 抗氧剂和光稳定剂；
⑮ 特殊效果添加剂，包括增滑、耐磨、耐划伤、增硬、柔感、抗粘连、憎水、防涂鸦、提高附着力、增白等功效的添加剂；
⑯ 特种颜料和染料；
⑰ 其他助剂，包括气味遮蔽剂、打磨助剂等。

本书的内容大致按以上分类排列。

值得注意的是有些助剂同时具有多种功能，很难将其严格归为哪一类助剂，例如有的润湿剂同时具有底材润湿、颜料润湿和润湿流平的作用；而有的蜡粉或蜡乳液同时具有消光作用等。

第 2 章　基材润湿剂

2.1　润湿和展布

润湿性能是液体物质对固体亲和能力并在固体表面浸润、展布和渗透现象的一种表述。润湿性能好的液体容易在固体表面展布，也容易渗入固体表面的每一处微细的缝隙中。润湿性能的好坏与固体和液体的表面张力有关。液体的表面张力越小，固体的表面张力越大，液体对固体的润湿性能就越好，液体就能在固体表面形成很大的展布面积。润湿能力可用液滴在固体平面上形成的接触角 θ 来定量表述（图 2.1）。接触角越小，液体对固体的润湿性越好，显然接触角 θ 为零时液体对固体有最好的润湿能力。$\theta=90°$ 是一个很关键的判据，接触角 $\theta<90°$ 时液体能产生自发的浸润，而 $\theta>90°$ 时不可能发生自发浸润。

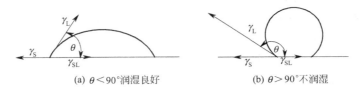

(a) $\theta<90°$ 润湿良好　　　(b) $\theta>90°$ 不润湿

图 2.1　液体在固体表面形成的接触角

接触角可用液体、固体和固液界面的表面（界面）张力来计算。

$$\cos\theta = \frac{\gamma_S - \gamma_{SL}}{\gamma_L} \tag{2.1}$$

式中　γ_S——固体的表面张力；

γ_L——液体的表面张力；

γ_{SL}——固体和液体之间的界面张力。相对于 γ_S 和 γ_L 通常 γ_{SL} 数值上小得多，有时可以忽略不计。

由式(2.1)可以看出，高表面张力（γ_S）的固体基材容易润湿，有利于涂料在其上涂布；液体涂料的表面张力（γ_L）越低越容易在基材上润湿和涂布；当液体的表面张力小于基材的表面张力时润湿性能特别好。一些与涂料有关的材料的表面张力见表 2.1。

除了接触角以外液体在固体平面上的展布能力也是润湿性能好坏的一种表现。以一定体积的液体（例如 0.05mL）滴在固体基材的平面上，达到平衡后测定展布的面积，以 cm^2/g 表示，润湿性能越好的液体展布面积也越大。展布系数 S 定义为：

$$S = \gamma_S - \gamma_{SL} - \gamma_L \tag{2.2}$$

S 实际上是体系展布自由能的变化 $-\Delta G$，只有当 S 大于零时才能发生润湿现象。

影响润湿的因素很多。在恒定的温度和压力下，物质的本性，包括液体和被润湿固体的化学结构和组成，是影响润湿的决定因素。此外，固体表面的粗糙度也会影响润湿程度，如果 $\theta<90°$，表面粗糙度增加会使接触角变小，润湿性能改善；而 $\theta>90°$ 时表面粗糙度大使

表 2.1　物质的表面张力

物　　质	表面张力/(mN/m)	物　　质	表面张力/(mN/m)
水	72.593	玻璃	70.0
乙二醇	48.4	钢铁（磷化处理）	45.0
甲苯	29.0	镀锡铁板	35~40
m-二甲苯	28.63	铝	35~40
醋酸丁酯	25	钢铁（未处理）	29
氨基树脂	58.0	聚苯乙烯	42.0
环氧树脂	47.0	聚氯乙烯	39.5
聚酯	41.3	聚乙烯	33.2
丙烯酸树脂	35.0	聚丙烯	28.0
长油醇酸	26.0	有机硅	24
聚氨酯涂料	40~47	油脂沾污的底材	约 23
环氧涂料	40~47	聚四氟乙烯	19.0
水性涂料	30~36		

接触角变大，更难润湿。污染改变了固体表面的均匀性，隔离了固体表面或使表面性质发生变化，往往不利于润湿的进行。涂料涂装前对基材进行除油去污处理，对低表面能的材料，例如低表面能的塑料进行酸洗、电晕放电处理或火焰处理都是提高基材的表面能，增加涂料的润湿性能和漆膜的附着力的有效措施。对于液相物质，可以通过添加某些具有表面活性作用的助剂来降低液体的表面张力，促使液体更好地润湿固体物质。

因此，涂料能否对基材（底材）产生润湿和展布作用，取决于涂料的表面张力。当涂料的表面张力等于或小于基材的表面张力时，才会产生润湿和展布作用。一种基材润湿剂的效果取决于在其最小使用量下也能充分降低体系的表面张力，同时在应用过程中不会发生不良副作用，如产生涂层间附着不良，易起泡，增加体系的水敏感性等。

水性涂料以水作分散介质，而水的表面张力比有机溶剂大得多，因此常常会出现基材润湿不良的现象。当基材受到油污、汗渍等低表面张力杂质污染时润湿不良现象会更严重。严重的润湿不良常常会以缩孔形式出现。在缩孔处涂料完全不能展布，形成难看的漆斑，通常称为缩孔或火山口，圆斑中心有固体颗粒时则称为鱼眼，还可能产生胀边（镜框效应）甚至橘皮。这些水性涂料常见的弊病的克服都得靠润湿流平剂来解决。

2.2　润湿剂的种类

按照润湿的对象分，润湿剂有基材润湿剂（或称底材润湿剂）、润湿流平剂和润湿分散剂三种，前两者侧重于对基材和被涂表面的润湿，后者的作用是促进颜料和填料在涂料基料中的分散，润湿分散剂将在分散剂一章中讨论。

从化学结构上看基材润湿剂是一种分子中同时具有亲水基团和疏水基团（或链段）的表面活性剂。加在水性涂料中的基材润湿剂会在涂料表面定向聚集，亲水部分存在于水中，疏水部分朝向空气，形成单分子膜，降低了涂料的表面自由能（表面张力），促进水性涂料更好地润湿基材。基材润湿剂的种类有：阴离子型表面活性剂、非离子表面活性剂、聚醚改性聚硅氧烷类化合物、炔二醇类化合物等。对基材润湿剂的基本要求是降低表面张力的效率要高，体系相容性好，通常要溶于水，低泡，不稳泡，对水敏感性低，不会引起重涂麻烦和附着力下降的问题，同时价格要低廉。

常见的基材润湿剂有环氧乙烷加成物（例如，聚氧乙基壬基酚类）、聚醚有机硅类和非离子型氟碳聚合物类化合物等类型。其中氟碳聚合物型润湿剂降低表面张力的效果最为显著（表2.2）。但是润湿剂的效能不能仅仅以其降低表面张力的效果来确定，涂料在基材上的展布能力更加重要。在涂料中添加给定浓度的基材润湿剂后测定一定体积的（0.05mL）涂料在预涂基材上的展布面积，可以判断润湿剂的展布能力。某些有机硅表面活性剂在显著降低表面张力的同时具有优异的展布能力，而且价格远低于氟碳化合物，因而可以作为木材、塑料和金属这样的难润湿基材的理想润湿剂。

表2.2 0.1%表面活性剂水溶液的静态表面张力（25℃）

表面活性剂	静态表面张力/(mN/m)
聚氧乙基壬基酚	35
聚醚有机硅	31
非离子型氟碳聚合物	17

很多情况下静态表面张力的数值不能对应于涂料施工时的润湿能力，因为涂料在施工时处于应力场中，这时动态表面张力越低，越有利于润湿。涂料在涂装施工中不断形成新的表面，润湿剂在新表面上定向速度越快，降低表面张力的速度也越快，润湿效果才会越好，因此对表面活性剂降低动态表面张力的能力应给予更多的关注。氟碳类表面活性剂主要降低静态表面张力，这也是氟碳表面活性剂应用面远不如有机硅广的原因之一。

2.3　商品基材润湿剂

（1）Air Products（气体产品）公司的基材润湿剂　美国Air Products（气体产品）公司的润湿剂有Surfynol（消烦恼）系列、EnviroGem系列和高润湿性能的Dynol 604表面活性剂。

Surfynol（消烦恼）系列润湿剂有20多个品种，其中Surfynol 104及其不同的溶剂构成的溶液品种就有10个之多（表2.3）。Surfynol 104是一种蜡状固体的非离子表面活性剂，在水性体系中有优异的润湿和控制泡沫的性能，分子结构的疏水性可降低涂层对水的敏感性。25℃下0.1%的水溶液的HLB值（亲水亲油平衡值）为4。

表2.3　**Surfynol 104系列润湿剂**

系列	组成	系列	组成
Surfynol 104	100%活性物	Surfynol 104H	104对乙二醇为3∶1
Surfynol 104A	104和2-乙基己醇各50%	Surfynol 104NP	104和正丙醇各50%
Surfynol 104BC	104和乙二醇丁醚各50%	Surfynol 104PA	104和异丙醇各50%
Surfynol 104DPM	104和二丙二醇单甲醚各50%	Surfynol 104PG-50	104和丙二醇各50%
Surfynol 104E	104和乙二醇各50%	Surfynol 104S	104占46%,无定形二氧化硅54%

Surfynol 104经环氧乙烷（EO）聚合改性制成了一系列非离子表面活性剂，由于乙氧基含量不同，性能和作用各异（表2.4）。

用其他化学方法改性的Surfynol系列水性润湿剂见表2.5。

Air Products公司一类特殊的润湿剂是具有双枝结构的表面活性剂，每个分子中有两个亲水基和至少两个疏水基。润湿剂的牌号为EnviroGem AD01、AE01、AE02、AE03和360。由于有两个亲水基和两个疏水基，表面活性效果更好。其主要优点是：动态润湿效果

表 2.4　环氧乙烷（EO）聚合改性的 Surfynol 104 系列润湿剂

牌　号	EO 含量/mol	水溶性(25℃)	HLB	作　用
Surfynol 420	1.3	0.1%	4	润湿、消泡
Surfynol 440	3.5	0.15%	8	基材润湿
Surfynol 465	10	可溶于水	13	润湿、低泡、稍有乳化性
Surfynol 485	30	易溶于水	17	润湿、稍有乳化性
Surfynol 485W	30	85%的水溶液	17	润湿、稍有乳化性、黏度小

表 2.5　化学改性的 Surfynol 系列润湿剂

牌　号	类　型	活性物/%	水溶性(25℃)/%	HLB	特　点
Surfynol 61	挥发性非离子表面活性剂	100	0.9	5~6	润湿消泡,可挥发,耐水好
Surfynol 502	乙炔二醇基非/阴离子混合物	78			难润湿基材的润湿,流动流平
Surfynol 504	乙炔二醇基非/阴离子混合物	80			难润湿基材的润湿,流动流平
Surfynol FS-80	乙炔基乙炔二醇基		溶于水		无溶剂,超低 VOC,味小,油墨用,润湿好
Surfynol FS-85	乙炔基乙炔二醇基		溶于水		无溶剂,超低 VOC,味小,油墨用,润湿好
Surfynol OP-340	液体表面活性剂		稍水溶		表面张力低,润湿好,油墨用
Surfynol SE	非离子表面活性剂	80	0.14	4~5	低泡润湿剂,泡少黏度稳定
Surfynol SE-F	自乳化润湿消泡剂	80	0.14	4~5	有自乳化性,易加入水体系中

优异，有快速破泡和控泡作用，味小，不含乙氧基烷基酚（APEO）和有害空气污染物（HAPs），VOC 低环保性好，在水中不形成胶束，无浊点问题，相容性好，在 pH 值为 3~13 的范围内都稳定，因而有良好的应用前景。这些润湿剂可用于水性汽车漆、水性工业漆、水性木器漆、水性金属漆、水性油墨和水性胶黏剂。EnviroGem AD01 和 360 的基本理化性能见表 2.6。

表 2.6　EnviroGem AD01 和 EnviroGem 360 的性能

性　能	牌　号	
	AD01	360
外观	无色至淡黄色	淡黄色透明液
气味	无味或微味	
活性分/%	100	100
黏度(25℃)/mPa·s	2000	90(20℃)
相对密度(20℃)	0.90	1.01
沸点/℃	260	355
pH 值(1%水溶液)	7	6~7[5%的水:异丙醇(1:1)]
HLB	4	3~4
蒸气压(20℃)/kPa	0.0011	6.4×10^{-7}(25℃)
VOC(质量分数)/%	6.2	2.7
水中溶解度(质量分数)/%	0.06	0.06
静态表面张力(25℃,0.1%)/(mN/m)	35.2	28
动态表面张力(25℃,0.1%)/(mN/m)	36.4	35
用量/%	1.0~2.0	0.1~1.0

EnviroGem 360 黏度特别低，操作容易处理，适用的温度范围广，在 pH 为 3~13 的范围内都是稳定的，不含 APEO 和 HAPs，可生物降解，静动态表面张力都很低，VOC 含量尤其低：按欧洲标准为零，即使按美国 EPA 的标准也只有 2.7%。作为木材、塑料和金属漆以及油墨液的润湿剂不仅有减少泡沫和改善润湿的效果，还有成膜助剂的作用，添加后可使

水性漆的最低成膜温度（MFFT）降低。

其他 Surfynol 润湿剂有 Surfynol 2502，是一种分子结构中含有乙氧基/丙氧基和乙炔基的表面活性剂，具有 100% 的活性成分，其特点是 VOC 极低，只有 1.2%，动、静态表面张力很小，破泡性强，在硬水中稳定，HLB 值为 7.8。

值得特别强调的是 Air Products 公司的超效非离子润湿剂 Dynol 604，具有 100% 的活性成分，25℃时水中溶解度<0.1%，推荐用于难以润湿的基材。该润湿剂 VOC 小，泡沫低，各项性能之间的良好平衡性是其他润湿剂，包括许多有机硅和含氟表面活性剂都不能及的，厂家声称综合性能优于氟碳和有机硅润湿剂。用于水性体系中能润湿很难润湿的基材，并能促进涂料的流动和流平。添加 Dynol 604 后可将体系的静态和动态表面张力降低到其他润湿剂达不到的程度，0.05% 浓度的 Dynol 604 水溶液静态表面张力只有 26mN/m，动态表面张力为 28mN/m。这个品种在水性涂料，特别是水性木器漆中有广阔的应用前景。

（2）BYK（毕克）公司的基材润湿剂　BYK 公司可用于水性体系中的基材润湿助剂主要有 BYK-340、BYK-341、BYK-345、BYK-346、BYK-347、BYK-348、BYK-349、BYK-375、BYK-378、BYK-380N、BYK-3520、BYK-3521 和 BYK-UV 3530 等，其中 BYK-UV 3530 是辐射固化水性涂料用润湿流平剂，可交联到涂料基料聚合物表面。有些基材润湿剂同时具有流平和增滑作用。这些基材润湿剂的基本理化数据见表 2.7。

表 2.7　BYK（毕克）公司的水性基材润湿剂

牌号	外观	组成	不挥发分/%	有效成分/%	相对密度	溶剂	$n_D^{25℃}$	闪点/℃	推荐用量/%	应用特性
BYK-340	黄色液体	含氟表面活性剂聚合物	10		0.96	DPM		75	0.1～0.5	强降表面张力,改善基材润湿,防缩孔,水油通用
BYK-341	淡黄液体	聚醚改性二甲基硅氧烷	52	52	0.97	BG	1.44	64	0.1～0.3	水油通用,增进基材润湿并防缩孔
BYK-345	黄色液体	聚醚改性二甲基硅氧烷	>80	100	1.04	—	1.45	>100	0.05～0.5	BYK-346 的无溶剂产品,强降表面张力,改善基材润湿和流平性,但不增加表面滑爽性,重涂性好,不稳泡
BYK-346	浅棕色液体	聚醚改性二甲基硅氧烷	46	52	1.00	DPM	1.44	81	0.1～1.0	强降表面张力,改善基材润湿和流平性,但不增加表面滑爽性,重涂性好,不稳泡
BYK-347	浅棕色液体	聚醚改性硅氧烷	85	100	1.02	—		>100	0.1～1.0	降低表面张力,改善基材润湿和流平性,但不增加表面滑爽性,重涂性好,轻微稳泡,适用 pH=4～10 的范围
BYK-348	浅棕色液体	聚醚改性聚二甲基硅氧烷	>96	100	1.06	—	1.45	>100	0.05～0.5	零 VOC,强降表面张力,改善基材润湿和流平性,但不增加表面滑爽性,重涂性好,不稳泡
BYK-349	淡蓝色液体	有机硅表面活性剂	>94	100	1.04	—		>100	0.05～0.5	强降表面张力,改善基材润湿和流平性,但不增加表面滑爽性,重涂性好,不稳泡

续表

牌号	外观	组成	不挥发分/%	有效成分/%	相对密度	溶剂	$n_\mathrm{D}^{25℃}$	闪点/℃	推荐用量/%	应用特性
BYK-375	浅棕色液体	聚醚-聚酯改性含羟基聚二甲基硅氧烷溶液	25		0.98	DPM		78	0.1~2.0	含羟基反应型有机硅助剂,可降低表面张力,改善底材润湿,增进流平并防止贝纳德漩涡,水油通用
BYK-378	棕色液体	聚醚改性二甲基硅氧烷	>96		1.02	—	1.440	>100	0.01~0.3	强烈增加表面滑爽性、中等至高程度降低表面张力且较少稳泡。可改善基材润湿并防止缩孔,对涂料的透明度和光泽无不良影响,水油通用
BYK-380N	琥珀色液体	NPA	52		1.04	DPM		79	0.1~1.0	改善流平,增加光泽并防止表面缺陷如缩孔和针孔等,有降低表面张力,改善底材润湿作用,水油通用
BYK-3520	浅棕色液体	有机改性聚二甲基硅氧烷		100	1.00	—	1.435	>100	0.05~0.5	基材润湿剂,有流平和消泡功效,强烈降低表面张力,改善底材润湿并消除表面缺陷,对表面滑爽性有中等影响,用于木器和家具涂料、工业涂料、印刷油墨和织物涂料
BYK-3521	浅棕色液体	有机改性聚二甲基硅氧烷		100	1.02	—	1.437	>100	0.05~0.5	基材润湿剂,有流平和消泡功效,强烈降低表面张力,改善底材润湿并消除表面缺陷,对表面滑爽性有很小影响,用于木器和家具涂料、工业涂料、印刷油墨和织物涂料
BYK-UV 3530	棕色液体	聚醚改性丙烯酸官能团聚二甲基硅氧烷	>96		1.08	—		>100	0.05~2.0	强烈降低表面张力,改善底材润湿,增滑效果较小,在水性UV涂料中于基材界面定向、交联

特点分述如下。

对BYK助剂,水性涂料总配方中的助溶剂含量大于10%的情况下厂家建议首选的底材润湿和涂料流平剂为BYK-307、333或341,当助溶剂在10%以下时推荐用BYK 345或346,不含助溶剂时用BYK-348为好,UV固化水性漆应采用BYK-333或307。BYK-345和346(BYK-346是BYK-345的稀释产品)有优异的防缩孔和矫正缩孔能力。

BYK-340是一种高分子含氟表面活性剂,有醚味,沸点184℃,燃点207℃,表面张力26mN/m,与水不混溶。对改善难于润湿的基材的润湿性有极好的效果,适用于溶剂型涂料和有助溶剂的水性涂料体系。可在生产的任何阶段加入。

BYK-341,淡黄液体,无味,沸点168℃,燃点230℃,与水不混溶。LD_{50}(大鼠,经口)>1702mg/kg。作用:促进基材润湿,有增滑作用,并有防缩孔的作用,可用于水性和溶剂型涂料体系。

BYK-345，黄色液体，无味，沸点＞200℃，燃点＞200℃，与水不混溶，是 BYK-346 不含溶剂的产品。BYK-345 在温度低于 25℃时为固体，可加热液化后添加。这个助剂可在生产中或调漆后期加入。

BYK-346 是最常用的基材润湿剂，外观浅棕色液体，沸点 184℃，燃点 207℃。在总配方含有 3%～7%的助溶剂时效果最佳，助溶剂少或不含助溶剂时推荐用 BYK-348。

BYK-348 特别适用于不含有机挥发物的水性涂料。

BYK-349 无味，黏度 100mPa·s（20℃），与水完全混溶。BYK-349 可使水性涂料有优异的展布、润湿和流平效果，适用于各种苯丙、纯丙、PUA 和交联 PU 以及水性烘漆体系。

BYK-375 是聚醚-聚酯改性羟基官能聚二甲基硅氧烷溶液，沸点 180℃，燃点 270℃，按固体分计的羟值约为 30mg KOH/g。毒性：LD_{50}（大鼠，经口）＞6000mg/kg。BYK-375 是用于含少量助溶剂的水性体系的反应型有机硅表面助剂，也适用于溶剂型和无溶剂型系统。添加后助剂分子排列在涂料表面，由其伯羟基与基料反应从而固定在此涂料表面上。BYK-375 宜用于交联型体系，并能对以下基料反应：双组分聚氨酯类，醇酸/三聚氰胺，聚酯/三聚氰胺，丙烯酸酯/三聚氰胺，丙烯酸酯/环氧。与常规非反应性有机硅相比较，BYK-375 提供了更为永久性表面性能，如持久改善滑爽性、耐溶剂性、耐候性、防粘连性和较少积尘性等。由于成膜时产生了交联，所以在重涂之前，必须将涂层表面仔细并均匀打磨以保证有足够的附着力。另外 BYK-375 还可降低表面张力，故可改善底材润湿，增进流平并防止产生贝纳德漩涡。BYK-375 可在生产的任何阶段加入，也可后添加。

BYK-378 可强烈增加表面滑爽性，中等至高程度降低表面张力且较少稳泡。还可改善基材润湿并防止缩孔，并具优异的相容性且对涂料的透明度和光泽无不良影响，适用于溶剂型、无溶剂和水性涂料体系。

BYK-380N 为琥珀色液体，沸点 148℃，燃点 207℃。

BYK-3520 黏度 789mPa·s，与水不混溶。

BYK-UV 3530 分子中有不饱和键，可交联到成膜物三维分子中。用于水性辐射固化涂料。在 40℃下贮存运输。

BYK 公司的其他一些具有降低水性体系表面张力和基材润湿作用的助剂还有 BYK-301 和 BYK-302，只是效果稍弱一些。

（3）Cognis（科宁）公司的润湿剂　Cognis 公司的润湿剂牌号为 Hydropalat，包括 Hydropalat 110、120、130、140、875 和 885，分别简称为 H-110、H-130、H-140、H-875 和 H-885（表 2.8），其中 H-140 应用最广。另有低泡润湿剂 StarFactant 20 和 30（简称为 SF-20 和 SF-30），不含硅和烷基酚（APEO）。

Hydropalat 110 不含有机溶剂，容易生物降解，能在很宽的频率范围内强烈降低动态表面张力，低泡，适用于酸碱体系，在水性工业漆、水性木器漆、水性汽车漆和水性油墨中有优异的基材润湿性。

Hydropalat 120 是乳胶漆、印刷油墨和胶黏剂用的低泡润湿剂，酸碱体系均能用，水溶性好，容易生物降解。

Hydropalat 130 降低动态表面张力效果显著，提供优异的基材润湿性，不易起泡。

Hydropalat 140 降低表面张力的效果极佳，在浓度为 0.55%时静态表面张力可达 25mN/m 以下，动态表面张力也较低，Hydropalat 140 对基材的润湿性能好，促进流动，泡沫少，适用于各种水性涂料体系，特别是水性木器漆。

表 2.8 Cognis 公司的基材润湿剂

性　能	型　号			
	H-110	H-120	H-130	H-140
组成	改性烷基聚乙二醇醚	脂肪醇 EO/PO 加成物	油酰胺聚合物	有机改性聚硅氧烷
外观	无色液体	无色液体	无色黏液	黄棕色黏液
固含量/%				
活性成分/%	85		90	约 48
相对密度/(20℃)		0.933~0.938(70℃)	0.92~0.95	0.98~1.00
黏度(25℃)/mPa·s	65			10~20
闪点/℃				>40
浊点/℃	25.5~27.5	28~31	57~59	
离子性		非离子		
溶剂	水(约15%)			二丙二醇单甲醚
酸值/(mg KOH/g)				
pH 值	6.0~7.5(1%)	6.5~7.5(1%)	6.0~7.5(1%)	
用量/%	0.2~2.0	0.5~5.0	0.2~2.0	0.1~1.0
性　能	型　号			
	H-875	H-885	SF-20	SF-30
组成	双-2-乙基己基磺化丁二酸钠	改性磺基羧酸酯	高枝化多疏水基聚合物	高枝化多疏水基聚合物
外观	无色透明液	黏性液体	黄色透明液	黄色透明液
固含量/%	74~76	84~86	98	
活性成分/%			100	100
相对密度(20℃)	1.05~1.15		0.98~1.01(25℃)	0.95~1.05(25℃)
黏度(25℃)/mPa·s	340		100~150	75~105
闪点/℃		>100		
浊点/℃				
离子性	阴离子	阴离子	非离子	非离子
溶剂	无	无	无	无
酸值/(mg KOH/g)	<0.5			
pH 值	5.5~7.5(10%水溶液)	5.5~7.5(1%)	5.0~9.0	
用量/%	0.1~1.0	0.1~0.3	0.25~0.75	0.1~1.0

Hydropalat 875 在水性涂料中可强力降低体系的表面张力，动静态表面张力均可低至 30mN/m 以下，降低动态表面张力的能力优于有机硅和含氟润湿剂，因而使涂料有优异的润湿性能，特别适用于难润湿的基材，如塑料、金属、玻璃、有机硅处理过的纸张等，可增加涂料对基材的附着力。Hydropalat 875 也可用作乳液聚合的乳化剂，制成的乳液分散性好，润湿性优。Hydropalat 875 还可用作乳胶色漆的添加剂，改善或避免罐内浮色。

Hydropalat 885 不含挥发性有机化合物，凝固点<5℃，水溶性极好，与聚合物体系的相容性好，在水性涂料和油墨中有优异的润湿性，特别适用于难润湿的基材，如塑料、金属、玻璃、铝、塑料薄膜、有机硅处理过的纸张和玻璃等，可增加涂料对基材的附着力。Hydropalat 885 可用于接触食品的涂料，生产的任何阶段加入均可。

几种 Hydropalat 润湿剂添加在一种丙烯酸-聚氨酯乳液制的水性木器漆中比较后得出以下结论。

基材润湿能力：H-140＞H-875＞H-110＞H-120。

抗缩孔能力：H-140＞H-875＞H-110＞H-120。

抗起泡能力：H-120＞H-110＞H-140＞H-875。

Cognis 公司的 StarFactant 20 和 StarFactant 30 有优异的基材润湿性,不稳泡,还能破泡,不含硅和烷基酚(APEO),涂料的重涂性好。它们可在制漆的任何阶段加入,在研磨阶段添加有助于颜料分散。

Cognis 公司另有一种表面润湿剂 Penenol 3244,可以改善水性涂料对沾上油渍和受到污染的金属基材表面的润湿,并增进涂料的流平性。Penenol 3244 的性能如下。

成分	水可稀释的丙烯酸共聚物	溶剂	水/丙二醇甲醚
外观	淡黄微不透明液	黏度(23℃)/mPa·s	800~1200
活性分/%	40±2	推荐用量	总配方的 0.5%~3.0%

(4) Du Pont(杜邦)公司的含氟表面活性剂 成立于 1802 年的美国杜邦公司(Du Pont Company)有含氟表面活性剂 Zonyl 系列产品(表 2.9),这些表面活性剂添加在水中能强烈降低体系的表面张力,从而产生极佳的润湿效果。

表 2.9 Du Pont 公司的 Zonyl 系列含氟表面活性剂

牌号	类型	组成	闪点/℃	pH 值	表面张力(25℃)/(mN/m)	表面张力对应的浓度/%
Zonyl FSE	阴离子,磷酸盐	14%含氟表面活性剂/24%乙二醇/62%水	>93	6~8	21	0.7
Zonyl FSJ	阴离子	40%含氟表面活性剂/15%异丙醇/45%水	28	7~8	26	0.025
Zonyl FS-610	阴离子,磷酸盐	22%含氟表面活性剂/78%水	—	7~9	23	0.01
Zonyl FSO	非离子聚氧乙烯化合物	50%含氟表面活性剂/25%乙二醇/25%水	非易燃	6~8	19	0.02
Zonyl FSO-100	非离子聚氧乙烯化合物	100%含氟表面活性剂	自熄	6~8	19	0.01
Zonyl 9361	阴离子,磷酸盐	34%含氟表面活性剂/25%异丙醇/41%水	27	7~9	17	0.034
Zonyl 8867L	非离子氟碳聚合物	33%活性分	>93	6~8	—	—

(5) Münzing Chemie(明凌化学)公司的基材润湿剂 Münzing Chemie 公司的基材润湿剂牌号为 Metolat 285 和 288,基本性能见表 2.10。

表 2.10 Münzing 公司的基材润湿剂

性能	牌号	
	Metolat 285	Metolat 288
组成	不含有机硅的水溶性阴离子酯	不含有机硅的阴离子酯
水溶性	溶于水	易在水中乳化
表面张力/(mN/m)	约 28	约 30
性能	基材润湿性好	基材润湿性好,低泡
特性	①碱性体系的润湿剂;②可防消泡剂过量引起的缺陷	①改善 PE、PP 和镀铝表面的润湿性;②提高油墨光泽和色度
应用	所有加有消泡剂的漆、黏合剂和油墨	集装箱漆、木器漆、油墨和黏合剂
用量/%	0.1~0.5	0.1~2.0

(6) Tego(迪高)公司的润湿剂 德国 Tego(迪高)化工公司原属 Goldschmidt(高施米特)公司,后并入 Degussa-Hüls(德固萨)公司,作为德固萨功能化学品部的一部分,Tego 化工公司以"Tego Coating and Ink Additives"的名称出现在世界市场。Tego 公司专

长于涂料和油墨助剂以及特殊树脂的研发和生产，在水性涂料和油墨助剂方面尤其具有优势，产品的应用遍及全球，知名度颇高。Tego公司的助剂注册商标即为"TEGO"。

Tego公司早期的水性基材润湿剂牌号为TEGO Wet，产品编号中均加有"Wet"以示区别，字母后加数字以区分不同的品种。水性体系用的有TEGO Wet KL 245、TEGO Wet 250、260、265、270、280、500、505和510，产品的主要性能指标列于表2.11中。

表2.11 Tego（迪高）公司的水性体系基材润湿剂（牌号：TEGO Wet）

性能	型号								
	KL245	250	260	265	270	280	500	505	510
组成	←————————聚醚硅氧烷————————→						←——有机非离子——→		
外观	—	透明液	透明液	透明液	透明液	透明/微浊	透明液	透明液	透明液
活性物/%		100	100	100	100	100	100	100	100
不挥发物/%	≥95	93~96	95~100	—	95~100	—	—	—	—
黏度(25℃)/mPa·s	60~140	11~24	30~150	20~50	10~100	10~100			
相对密度(25℃)	1.04	1.01	1.02		1.0	1.020	0.96		0.97
折射率 $n_D^{25℃}$	1.4500~1.4530	1.441~1.445 (20℃)	—	1.445~1.450	—	—	1.440~1.450	—	—
加德纳色号	≤3	—	≤3	≤1	≤2	≤2	—	—	—
羟值/(mgKOH/g)	—	—	—	—	—	—	120~140	116~128	118~131
酸值/(mgKOH/g)	—	—	—	—	—	—	≤0.15	≤0.15	≤0.15
用量/%	0.2~1.0	0.2~1.0	0.2~1.0	0.2~1.5	0.1~1.0	0.1~0.5	0.1~1.0	0.1~1.0	0.1~1.0
应用范围①	ACIPW	ASW	AILP	CFIW	ACFIW	AFIW	AIW	AIW	AW

① A 汽车涂料；C 建筑涂料；F 地板涂料；I 工业涂料；L 皮革涂料；P 塑料涂料；S 水性腻子；W 木器家具涂料。

特点分述如下。

TEGO Wet KL245 在水性和溶剂型涂料中都能用，对污染面润湿性也好，具有良好的重涂性；TEGO Wet 250 可用于水性腻子和水性底漆中，高效并有良好的重涂性；TEGO Wet 265 除具有良好的重涂性以外还能显著改善水性木器漆对木材微孔的润湿，促进流动并具有较低的稳泡性；TEGO Wet 270 在水性漆中应用较广，对金属、木材、塑料都有良好的润湿性并有优异的防缩孔能力和良好的重涂性；TEGO Wet 270 和 Tego Wet 280 可用于与食品接触的场合；TEGO Wet 500、505 和 510 在水性漆中能有效地降低体系的动态表面张力，促进流动，有利于涂装施工，并且具有脱泡作用，可以增加涂料对各种基材和颜填料的润湿性能，这类润湿剂也有良好的重涂性，其中 TEGO Wet 510 的亲水性最强。各牌号 Tego 润湿剂适宜的应用领域和显著特点列于表2.12中。

TEGO Wet 270 和 TEGO Wet 280 是应用最广的高效基材润湿剂，黏度低，可直接加入漆中。当添加量占配方总量的0.05%~1.0%时就能显著降低水性涂料的表面张力，润湿和流平得到极大的改善，并能抑制缩孔现象。添加后对重涂性无影响。TEGO Wet 270 特别适用于消除因底材受到污染或消泡剂相容性不良产生的缩孔。由于 TEGO Wet 270 分子量大，在水性光固化涂料和印刷油墨中也有良好的效果，不会产生附着不良，重涂/重印困难，粘接性差等弊病。此外，TEGO Wet 270 不易稳泡。TEGO Wet 280 是一种聚酯改性的硅氧

表 2.12 TEGO 润湿剂的应用领域

牌 号	适用体系[①]	木器漆	塑料漆	金属漆	印刷油墨和清漆	其他特点
Twin 4000	W	●	●	●	●	优异的润湿和消泡性
Wet 250	W		●	●	●	良好的流动性
Wet 260	W		●	●	●	通用性好
Wet 265	W	●	●	●	●	低泡
Wet 270	W/S/UV	●	●	●	●	优异的防缩孔能力
Wet 280	W/S	●	●	●	●	可用于薄漆膜涂料
Wet 500	W/UV		●	●	●	抑泡,极好的动态消泡
Wet 505	W		●	●	●	消泡,颜料润湿好
Wet 510	W	●	●	●	●	低泡,极好的动态消泡
Wet KL 245	W/S	●	●	●	●	极强的防缩孔能力

① W:水性涂料;S:溶剂型涂料;UV:紫外光固化涂料。
注:●代表适用。

烷,在水性体系中有良好的重涂性和层间附着力,专用于水性汽车漆和水性工业漆,雾化性能好,在喷涂时能够显著改进涂料对基材的润湿性能。两种润湿剂的适用范围和性能特点见表 2.13。

表 2.13 TEGO Wet 270 和 TEGO Wet 280 应用和特性[①]

项 目	TEGO Wet 270	TEGO Wet 280
适用范围		
水性汽车漆(底漆,中涂,清漆)	B	A
水性工业漆(底漆,面漆)	A	B
水性木器漆(色漆,清漆,家具漆,地板漆)	A	C
水性塑料漆(底漆,面漆)	B	B
性能特点		
防缩孔	A	B
流平性	A	C
雾化性	C	A
低表面能基材润湿性	B	A
木材孔隙润湿性	A	B
重涂性	A	A

① A 非常适用/优异;B 适用/良好;C 可用/好。

Degussa 公司的 Tego Twin 4000 是近年来新研发的水性木器漆专用、多功能表面活性剂,兼有基材润湿和消泡作用。Tego Twin 4000 是具有双子(gemini)结构的有机改性聚硅氧烷化合物,有效成分 100%,不含溶剂。添加到水性漆中 Tego Twin 4000 能显著降低体系的表面张力,因而呈现出优异的表面润湿能力和消泡性,并能促进涂料流动。应用范围除水性木器家具涂料外还可用于工业涂料、汽车涂料、印刷油墨和聚合物乳液。Tego Twin 4000 的基本性能如下。

外观	透明,有色液体	溶解性	溶于醇,不溶于水
活性物含量/%	100	推荐用量/%	0.05~0.5
黏度/mPa·s	70~130	贮存期/月	12
密度(25℃)/(g/cm^3)	0.97~1.03		

Tego 公司的另一种基材润湿剂 TEGOpren 5840 是 100% 含量的非离子聚醚有机硅表面

活性剂，分子中含有聚甲基硅氧烷和聚氧乙烯-聚氧丙烯链段。TEGOpren 5840 适用于极性和非极性材料表面的润湿，有极好的展布性能。基本性能如下。

外观	无色液体	折射率	1.448～1.452
活性物含量/%	100	密度(25℃)/(g/cm^3)	1.01～1.05
黏度/mPa·s	40～90	闪点/℃	>100
浊点/℃	20～30	0.1%水溶液表面张力/(mN/m)	22

TEGOpren 5840 的应用领域包括提高水性体系在难润湿基材（如聚烯烃）上的润湿性；可用于汽车漆、腻子和底漆、木器漆和家具漆；提高水性介质的润湿和展布，如水性压敏胶涂布；需要改善基材和涂层间的附着力的其他多种工业用途中。

特点：TEGOpren 5840 不含溶剂，由于其为非离子性，因而适用面广。TEGOpren 5840 成分特殊，呈现出快速润湿效果和展布能力。

用量：不同的水性体系，TEGOpren 5840 的用量会有很大的不同，一般在 0.1%～1.0%之间，试用的推荐用量（初始量）为 0.2%。TEGOpren 5840 可以以原装物加入体系，也可以预先稀释后加入。

贮存：TEGOpren 5840 在原包装中至少可存放 12 个月。按危险物条例和运输条例处理。

（7）斯洛柯化学有限公司的润湿剂　广州斯洛柯化学有限公司的有机硅氧烷润湿流平剂的基本性能见表 2.14。该公司另有几种含氟润湿剂（表 2.15）也可用于水性涂料，除了对各种基材具有优异的润湿作用外还有促进流平的作用。

表 2.14　Silok 有机硅氧烷润湿剂的性能

项目	型号	
	Silok-8000	Silok-8100
名称	润湿流平剂	润湿剂
化学类型	聚醚改性聚有机硅氧烷	改性聚有机硅氧烷
外观	无色透明液体	淡黄透明液
有效含量/%	100	100
相对密度	1.05	1.008
溶解性	水溶/油溶	水溶/油溶
黏度/mPa·s	30～50	100～200
推荐用量/%	0.02～0.2	0.05～0.2
应用	水性涂料/油墨、涂料	水性涂料/油墨、涂料
用法	生产中加入或后添加	生产或调漆时加入
特性	表面张力极低，可达 20.2mN/m 优异的基材润湿和展布性能 相容性好，流平性好	表面张力极低 优异的基材润湿和展布性能 对微孔基材有优异的渗透性 增加流平性和涂层光泽 体系相容性好，不影响重涂

表 2.15　Silok 含氟润湿剂

项目	型号			
	Silok-100	Silok-110	Silok-120	Silok-200
名称[①]	A	AS	N	N
化学类型	全氟烷基磺酸盐	全氟烷基磺酸盐	全氟烷基酯	全氟烷基酯
外观	淡黄透明液	淡黄透明液	淡黄透明液	淡黄透明液

续表

项目	型号			
	Silok-100	Silok-110	Silok-120	Silok-200
有效含量/%	100	10	100	100
相对密度	1.27	1.10	1.03	1.28
溶解性	水溶	水溶	水溶/油溶	水溶/油溶
推荐用量/%	0.001~0.1	0.05~0.5	0.01~0.1	0.001~0.1
应用	水性木器漆 水性皮革涂料 乳液	水性木器漆 水性皮革涂料 乳液	涂料油墨润湿流平 颜料分散	涂料油墨润湿流平 颜料分散
特性	极低的表面张力 优异的基材润湿 展布能力 优异的流平性 热稳定,化学稳定	极低的表面张力 优异的基材润湿 展布能力 优异的流平性 热稳定,化学稳定	极低的表面张力 较强的基材润湿 展布能力 流平性好 相容性好	极低的表面张力 较强的基材润湿 展布能力 流平性好 耐酸碱耐化学品

① A 阴离子全氟表面活性剂;AS 阴离子全氟表面活性剂溶液;N 非离子全氟表面活性剂。

(8) 通用电气 GE 东芝有机硅公司的润湿剂 通用电气 GE 东芝有机硅公司(日本迈图公司)是有机硅助剂产品的专业生产厂家,其水性基材润湿剂有 CoatOsil 77 和 CoatOsil 1211。这些润湿剂的基本性能见表 2.16。

表 2.16 GE 东芝有机硅公司的润湿剂

牌号	外观	组成	分子量	活性分/%	相对密度	黏度	表面张力/(mN/m)	闪点/℃	推荐用量/%	应用特性
CoatOsil 77	无色透明液体	甲基封端三硅氧烷	600		1.007	$400 \times 10^{-6} m^2/s$	20.5	110	0.1~1.0	底材润湿,流动流平,脱泡,可水分散
CoatOsil 1211	草黄色液体	聚醚硅氧烷混合物		100		120mPa·s	20.5	118.3	0.1~1.0	底材润湿,流动流平,脱泡,可水分散,VOC 为 86g/L

CoatOsil 1211 是专为水性涂料系统而设计的润湿添加剂。它独特的无泡及超级润湿特性可应用于喷涂工艺、高速辊涂工艺及难以润湿的表面/底材上,也可改善被污染表面的润湿。CoatOsil 1211 的活性物含量为 100%,不会影响重涂性,不会产生起泡等问题,其表面张力极低,可有效替代含氟表面活性剂。应用在水性漆中,最理想的酸碱值应在 pH=6.5~8.5 之间。如超出此范围,润湿性会明显随时间而下降。除了可用于水性体系之外亦可用于溶剂型及光固化涂料系统上作为改进润湿性能之用。

(9) 其他公司的润湿剂 见表 2.17。

BD-3077 为润湿流平剂,能显著降低水性体系的表面张力,其折射率(25℃)为 1.4430,浊点为 40℃。产品保质期 12 月。

KPN Wetter 7230 是一种高效非硅表面活性剂,加在水中能强力降低体系的表面张力,增强涂料对基材的润湿性,促进流动流平,提高附着力。此外,无溶剂,相容性好,不易起泡也是其优点。

表 2.17 其他公司的润湿剂

牌号	外观	组成	活性分/%	相对密度	黏度/mPa·s	表面张力/(mN/m)	闪点/℃	推荐用量/%	应用特性	生产厂商
BD-3077	透明浅琥珀色液体	乙氧基改性三硅氧烷	100	1.020	20~40	21.5			对微孔底材有良好的渗透能力,增加光泽、脱泡,促流平,不影响重涂	杭州包尔得有机硅有限公司
DREWFAX 860E	清澈微黄液体	有机硅/DPM	48	0.98	60	21.5	>79	0.1~1.0	改善底材润湿和流动流平性,低泡,不影响重涂,水中可乳化,涂料油墨用	Ashland
EW-236	无色至淡黄透明液	聚醚聚硅氧烷	>95		100~300			0.1~1.0	低黏度非离子型润湿剂,低泡,折射率1.445~1.150,木器漆、工业漆、建筑漆用	中润国际(香港)有限公司
EW-218	无色至淡黄透明液	聚醚聚硅氧烷	>95		30~70	20.5		0.1~1.0	润湿性佳,可难润湿的基材,低泡,折射率1.445~1.150,木器漆、工业漆用	中润国际(香港)有限公司
KPN Wetter 7220	无色透明液	高效表面活性剂		0.95~1.05				基材0.1~0.5 颜料0.1~0.2	阴离子表面活性剂,降低表面张力,增强润湿,促流平,改善颜料润湿,pH=5.5~7.5/10%水液	海川经销
KPN Wetter 7230	低黏液体	油酰胺胺聚合物						0.1~0.5	pH=6~7.5/5%水液,含水9%~10%,浊点57℃,强力降表面张力	海川经销
SWET-2008		聚醚改性乙氧基化二甲基聚氧烷	100		60	20~21		0.1~1.0	极佳的润湿和展布效果	德国
YA-164	无色透明至微浊液	聚醚改性有机硅氧烷	100	1.010~1.030	30~80			0.01~0.1	折射率1.410~1.415,优异的基材润湿和渗透性,促流平,防缩孔	广州盈之丰公司

第3章 润湿流平剂

3.1 润湿和流平

润湿是指液体对固体表面的亲和能力，流平是液体在基材上均匀分布的能力。流平剂是一种表面活性剂，有强烈降低涂料表面张力的作用，多数同时有促进漆液润湿基材的作用，有时候很难将两者完全区分开来，一般情况下将流平作用为主的称为流平剂，或润湿流平剂；润湿能力极强的叫做基材润湿剂。更重要的是流平剂有防止缩孔的效果，在已发生缩孔的情况下添加足量的流平剂可以克服漆膜的缩孔现象。

由流平不良或涂料对基材润湿性差引起的漆膜表面缺陷主要有缩孔、鱼眼、橘皮、针孔、贝纳德漩涡（Bénard Cell）、收缩、凹陷、刷痕、重涂不良以及"镜框"效应等，这些弊病在水性涂料的施工过程中是很常见的。

"镜框"效应是涂料施工后在涂装物件边缘上看到的涂料收缩产生厚边的现象，是由于边缘部位涂料干燥得更快而引起的。由于局部较高的冷却速率和局部较高的固体分含量，产生了局部较高的表面张力，从而使液体向外边流动，导致漆膜边缘沉积得较厚，这就是"镜框"效应。

多数缺陷起因于涂料表（界）面张力的不同或涂料干燥过程中表（界）面张力的变化，可用适当的表面添加剂克服。涂料的流平好坏不仅取决于基材和涂料的表面张力，也与下列因素有关：黏度、开放时间、涂膜厚度、溶剂（水和成膜助剂等挥发成分）的挥发速率、干燥时间和施工方法等。

黏度可显著影响涂料的流平，但黏度不能用添加流平剂或表面助剂来改变，成膜助剂可有效地降低水性涂料成膜过程中基料的黏度。从流变学的观点看，在切变速率范围为 $1s^{-1}$ 时发生的流变行为最为重要，这一点的黏度决定了体系的流平性。添加了流变改性剂的涂料体系通常为牛顿型或假塑性型，两者比较，牛顿型的流平性更好，因为在切变速率为 $1s^{-1}$ 时黏度低。

湿漆膜厚度也影响涂料的流平，一般来说，漆膜越厚，干燥越均匀，表面流平性越好。

干燥时间影响湿漆膜的表面状态，包括水在内的涂料中的挥发组分挥发越快涂料中的浓度差变化越快，引起涂料流平缺陷的湍流也越大，流平变差。

贝纳德漩涡是涂料干燥过程中的一种特殊现象。涂料干燥时挥发性组分不断从内部迁移至表面，再逸出至空气中，底部的挥发组分向上移动，重的颜填料和密度大的基料向下沉积，这就在涂料内部形成了许多小的涡流，这些涡流的共同边界在涂料表面常呈现出规则的图纹，多为六边形，即所谓"贝纳德漩涡（Bénard Cell）"。漩涡的中心表面张力低，而边界的表面张力高，漆料从低表面张力的中心流向高表面张力的边界，结果在漩涡的中心呈现凹坑，边缘凸起（图3.1）。

有颜填料的涂料体系更容易产生贝纳德漩涡，不同的颜填料由于粒径和密度的差别在溶

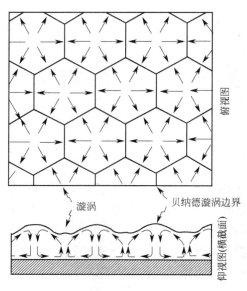

图 3.1 贝纳德漩涡形成示意图

剂涡流的带动下形成的漂浮产生了不均匀性，干燥过程中涂料内部的液流和涡流使重的和大的颜料粒子下沉，相对多地集中在贝纳德漩涡的中心，而轻颜料上浮并多聚集在漩涡的边界，从而出现了色差即发花。在无颜填料的体系或只有一种颜料的体系中，这种液流也会引起涂料表面结构的变化，其结果是产生橘皮，最严重的情况是出现裂纹。在垂直面施工的涂料出现的贝纳德漩涡会因重力而变形，呈现出丝光或丝纹现象。

润湿流平剂可避免涂料的表面缺陷。通常表面张力越低，流平越好，对基材的润湿能力也越强。润湿流平剂的另一个作用是使涂料表面张力在干燥过程中尽可能保持恒定。

润湿流平剂又称表面控制（助）剂，其作用是：① 改善涂料的流动性和流平性，避免涂料涂装时出现橘皮、缩孔、鱼眼和针孔，提高涂层的光泽；② 降低涂层的摩擦系数，增大表面的滑爽性；③ 增加涂层的抗划伤性；④ 改善涂料对基材的润湿性能，防止出现缩孔、缩边、鱼眼和针孔等弊病；⑤ 防止色漆颜料出现浮色和发花。

流平是涂料施工的重要指标之一。流体的流动性和流平性是两个不同的概念。流动性是流体在外力作用下产生移动的能力，这种性能与流体的表面性质无关，而流平性涉及流体的表面性质，即流体能否在外力的作用下形成平滑表面（通常指气液表面）。常常可以看到有的流体特别是高固体分的流体受力后能够流动，但是表面十分粗糙，不能形成光滑圆润的表面，这种流体属于有良好流动性而流平性不好的一类。另一方面，可以见到有的流体稠度很大很难流动，但是每每挑动流体后，最终都能形成平滑的虽然有时并不一定是平坦的表面，这种流体流平性好，而流动性差。

3.2 润湿流平剂的种类

常见的润湿流平剂有两大类：改性有机硅型和丙烯酸型，有些聚氧乙烯烷基酚类（APEO）化合物也有润湿流平作用，由于聚氧乙烯烷基酚类化合物有生物毒性问题，不宜使用。其他流平剂还有含氟表面活性剂和特种酯类化合物，更少见应用。有机硅型润湿流平剂是聚二甲基硅氧烷的聚醚改性化合物，分子结构式如图3.2所示。

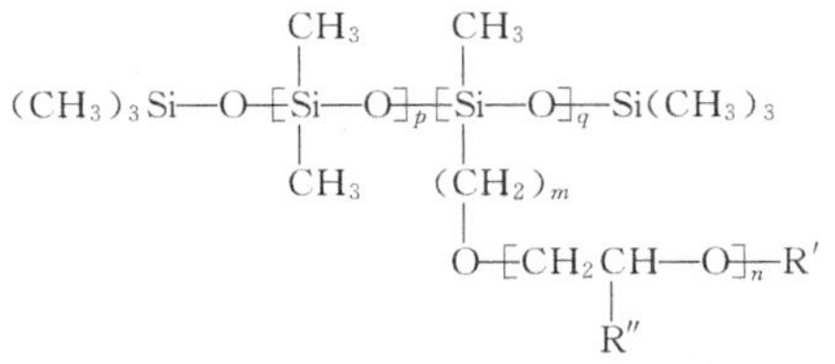

$$(CH_3)_3Si-O\underset{}{\overset{CH_3}{\left[Si-O\right]_p}}\underset{(CH_2)_m}{\overset{CH_3}{\left[Si-O\right]_q}}Si(CH_3)_3$$
$$O\left[CH_2CH-O\right]_n R'$$
$$R''$$

图3.2 聚醚改性聚二甲基硅氧烷分子结构示意

当R''为H时，是用聚环氧乙烷改性的有机硅氧烷，亲水性好；当R''为—CH_3时，是经聚环氧丙烷改性的有机硅氧烷，亲油性较好。调节两者的比例可以改变有机硅助剂的极性、水溶性和表面活性。不同大小和结构的有机硅氧烷性能不同，也就是说控制有机硅化合物的分子量，疏水基和亲水基的结构、数量和长度（即调节m、n、p、q、R''）可以使有机硅化合物具有完全不同的表面活性，从而得到有不同效果的助剂：消泡、稳泡、润湿、流平、增滑等。流平剂是其中重要的一类。

改性有机硅型润湿流平剂是一种表面活性剂，其主要作用是靠降低体系的表面张力来实现的。体系的表面张力降低以后漆液的流动流平性增加，对基材的润湿能力提高，有利于克服成膜过程中产生的缺陷。

丙烯酸型流平剂不是表面活性剂，不影响体系的表面张力，这类流平剂的作用机理是控制溶剂和水的挥发。在干燥过程中它们迁移至涂料表面，阻塞住涂料表面，防止挥发组分过快挥发，但本身并不降低体系的表面张力。丙烯酸型流平剂特别能减小涂层表面的波纹，由于不能降低表面张力，所以没有防缩孔作用。丙烯酸型流平剂不影响涂料的重涂性，用量比有机硅型流平剂大，过量使用有可能使漆膜表面发黏，涂层更易沾尘。

3.3 商品润湿流平剂

（1）BYK（毕克）公司的润湿流平剂　BYK公司的润湿流平剂见表3.1。多数润湿流平剂同时还有其他功能，如表面增滑、抗粘连、防缩孔、提高涂层光泽。有的助剂，例如，BYK-341、BYK-345、BYK-346、BYK-348、BYK-307、BYK-333和BYK-337等对基材，甚至难润湿的基材有很好的润湿作用，所以有时很难严格划分属于润湿流平剂还是基材润湿剂。

对BYK润湿流平剂，在水性涂料总配方中的助溶剂含量大于10%的情况下，厂家建议首选的底材润湿和涂料流平剂为BYK-307、333或341，当助溶剂在10%以下时推荐用BYK-345或346，不含助溶剂时用BYK-348为好，UV固化水性漆应采用BYK-333或307。应用广泛的BYK-345和346（BYK-346是BYK-345的稀释产品）有优异的防缩孔和矫正缩孔能力。

BYK-301的沸点为168℃，燃点230℃。其LD_{50}（大鼠，经口）>10000mg/kg。

BYK-302不溶于水，其LD_{50}（大鼠，经口）>7500mg/kg。

BYK-307为聚醚改性聚二甲基硅氧烷，对难润湿的基材润湿效果佳。其熔点<0℃，沸点>200℃，燃点>300℃，LD_{50}（大鼠，经口）>10000mg/kg。生产的任何阶段加入均可，也可后添加。

表 3.1 BYK 公司的水性漆润湿流平剂

牌号	外观	类型	不挥发分/%	有效成分/%	相对密度(20℃)	溶剂	$n_D^{25℃}$	闪点/℃	推荐用量/%	应用特性
BYK-301	无色液体	PEMS 溶液	52		0.97	BG		63	0.1~0.3	滑爽、流平、防粘连、防缩孔、润湿、水油通用
BYK-302	淡黄液	PEMS	≥95		1.04	—		>100	0.025~0.2	增滑、改善流平和光泽、防缩孔、抗粘连、改进基材润湿、水油通用
BYK-307	淡棕色液体	PEMS	≥97		1.03	—		>100	0.01~0.15	增加表面滑爽及耐划伤性和防粘连性、基材润湿、防缩孔、促消光剂定向、水油通用
BYK-332	淡棕色液体	PEMS	≥97		1.03	—		>100	0.025~0.2	增滑、改善流平和光泽、防缩孔、抗粘连、改进基材润湿、水油通用
BYK-333	淡棕色液体	PEMS	≥98		1.04	—		>100	0.05~0.3	基材润湿、表面滑爽优、防缩孔、抗粘连、水油通用
BYK-337	透明液体	PEMS 溶液	15		0.96	—	DPM	78	0.1~1.0	强降表面张力、基材润湿和流平、连接板润湿并防缩孔
BYK-341	淡黄液体	PEMS	52	52	0.97	BG	1.44	64	0.1~0.3	水油通用、增进基材润湿并防缩孔
BYK-345	黄色液体	PEMS	>80	100	1.04	—	1.45	>100	0.05~0.5	BYK-316 的无溶剂产品、强降表面张力、改善基材润湿和流平性、但不增加表面滑爽性、重涂性好、不稳泡
BYK-346	浅棕色液体	PEMS	46	52	1.00	DPM	1.44	81	0.1~1.0	强降表面张力、改善基材润湿和流平、但不增滑、重涂性好、不稳泡
BYK-348	浅棕色液体	PEMS	>96	100	1.06	—	1.45	>100	0.05~0.5	零 VOC、强降表面张力、改善基材润湿性、重涂性好、不稳泡
BYK-380N	琥珀色液体	NPA	52		1.04	DPM		79	0.1~1.0	改善流平、增加光泽并防止表面缺陷如缩孔、针孔等、有降低表面张力、改善底材润湿、水油通用
BYK-381	黄色液体	IPA	52		1.03	DPM		75	0.1~1.0	只增进流平、防缩孔、对表面张力无影响
BYK-UV 3500	棕色液体	聚醚改性丙烯酸官能团聚二甲基硅氧烷	>96		1.04	—		>100	0.05~1.0	在水性紫外线固化涂料中具有优异的流平性和高表面滑爽性及胶带易剥离性、溶剂型 PU 漆也可用

注：IPA 代表离子型丙烯酸共聚物；NPA 代表非离子型丙烯酸共聚物；PEMS 代表聚醚醚改性聚二甲基硅氧烷

BYK-332 有降低表面张力、改善基材润湿的作用，主要用于增滑、促流平、防缩孔。可在生产的任何阶段加入，也可后添加，还可加入异氰酸酯固化剂中使用。

BYK-333 能大大增加漆膜的滑爽性，基材润湿性优异。其沸点＞200℃，LD_{50}（大鼠，经口）＞8000mg/kg。生产的任何阶段加入均可，也可后添加。

BYK-337 可润湿难润湿的基材。BYK-337 为透明液体，与水完全不混溶，沸点 184℃，燃点 207℃。

BYK-380N 为琥珀色液体，沸点 148℃，燃点 207℃。

BYK-381 是具有芳香气味的黄色液体，pH 值为 8.4，沸点 148℃，燃点 207℃，闪点 75℃。其 LD_{50}（大鼠，经口）＞5000mg/kg。

BYK-UV 3500 分子中有不饱和键，可交联到成膜物三维分子中。用于水性辐射固化涂料。40℃下贮存运输。

此外，BYK 公司还有两种防起泡、促流动流平的助剂，Byketol-AQ 和 Byketol-WS（表 3.2）。

表 3.2 BYK 公司的流平助剂

牌号	外观	类型	不挥发分/%	相对密度（20℃）	溶剂	沸点/℃	闪点/℃	LD_{50}/(g/kg)	推荐用量/%	应用特性
BYKETOL-AQ	无色液体	表面活性低分子聚合体的溶液	4	0.78	PM		40		0.3～3	防起泡,防针孔,促流平,工业漆、汽车漆、木器漆、水性烤漆用,不含APEO
BYKETOL-WS	无色液体	表面活性低分子聚合体的溶液	4	0.76	BG	130	67	15	0.3～3	防起泡,防针孔,促进流平,工业漆、汽车漆、木器漆、水性烤漆用

Byketol-AQ 的燃点＞200℃，不含 APEO，比 Byketol-WS 环保。

（2）Cognis（科宁）公司的润湿流平剂　Cognis 公司有一种水性体系润湿流平剂，牌号为 Hydropalat 3037，是非硅的表面活性剂，主成分为改性天然油，用于水性乳液及树脂体系，可改善流动性及颜料的展色性能。

① 性能指标

外观	淡黄色、浑浊、可流动蜡状体	黏度(25℃)/mPa·s	750
活性组分/%	98～100	密度(70℃)/(g/cm³)	1.022～1.028
离子特性	非离子	羟值/(mg KOH/g)	74～83
闪点/℃	＞100	皂化值/(mg KOH/g)	58～62
水溶性	易与水混合	pH 值(5%水溶液)	7～8
软化点/℃	9～11	含水量/%	0～0.3

② 特点　由于其极好的润湿性能，Hydropalat 3037 可润湿较难润湿的基材，可防止和除去涂膜的表面缺陷，如缩孔、鱼眼、针孔及体系不相容性造成的花纹。此外，Hydropalat 3037 与颜料具有较好的亲和力，因此可改善颜料展色性能。Hydropalat 3037 对涂层的附着力没有负面影响。

③ 用量　添加量为涂料总量的 0.1%～1.0%，可在颜料研磨阶段开始之前加入，也可直接添加在成品漆中。然而由于其对颜料具有展色功能，为确保最佳效果，建议在颜料研磨

阶段添加。

(3) 德谦公司的润湿流平剂　德谦的流平剂有 Levaslip 455、W-461，润湿剂牌号为 Levelol W-409 和 W-469，其主要功能包括基材润湿、流平、防粘连、抗划伤等，基本性能特点列于表 3.3。

表 3.3　德谦公司的水性润湿流平剂

牌号	类型	外观	不挥发分/%	相对密度	黏度(25℃)/mPa·s	溶剂	折射率(25℃)	用量/%	特性	用途
Levaslip 455	改性聚硅氧烷流平剂	微黄至黄色液体	48～52	0.94～0.97		BG	1.4311～1.4331	0.1～0.5	增加流动流平，防粘连，相容性佳，重涂性好，消除缩孔和刷痕，改善触感	水性漆，皮革涂料
Levaslip W-461	改性聚硅氧烷流平剂	半透明液体	77～82	约0.98		水		0.5～3.0	增进流平，抗划伤，防粘连，耐摩擦	水性漆，水性油墨，皮革涂料
Levelol W-409	改性聚硅氧烷润湿剂	微黄清液	100	约1.031	—			0.05～0.5	高效，表面张力低，超润湿性，基材润湿，防缩孔，促进流动流平，有利于消光粉排列	各种水性涂料
Levelol W-469	聚硅氧烷润湿剂	琥珀色液体	100	约1.02	40/25	—		0.01～0.5	降低表面张力，增进基材润湿，改善流动流平，防缩孔，快速展布和润湿	水性漆，水性油墨，皮革涂料

Levaslip W-461 为极高分子量的聚二甲基硅氧烷，可用于水性和高极性溶剂体系，有增进滑爽性、耐摩擦、抗粘连、耐划伤的作用。2～50℃贮存，保质期 18 月。

Levelol W-409 为高效基材润湿剂，增进流动流平，防缩孔。使用时必须充分搅拌均匀。应在 0～40℃贮存，保质期 18 月。

Levelol W-469 应在 20～40℃贮存，保质期 24 月。

(4) EFKA 公司　EFKA 助剂现归属于 Ciba 公司的特种化学品部（Ciba Specialty Chemicals Group）。原来产品编号为 EFKA-□□□□，后四位数字的第一位表示产品类型：1=树脂，2=消泡剂，3=流平剂，4=高分子分散剂，5=润湿分散剂，6=特种助剂，7=油墨，8=塑料。第二位数字表示产品特性：0=未定义，2=无溶剂产品，4=溶剂型聚丙烯酸酯，5=水性产品，8=具有反应活性基团的产品等。最后两位数字为产品序列号。现在往往在 EFKA 前加上"Ciba"，以强调助剂的 Ciba 属性，即产品编号改为 Ciba EFKA-□□□□。

EFKA 公司可用于水性体系的润湿流平剂，包括对基材有润湿作用的润湿剂和抗沾污润湿剂，有 EFKA-3030、3034、3522、3570 和 3580，基本性能见表 3.4。

(5) Elementis（海名斯）公司　英国 Elementis（海名斯）公司的水性体系用润湿流平剂有 DAPRO U-99、DAPRO W-77 和 DAPRO W-95HS（表 3.5），其中 DAPRO W-77 比较常用。

DAPRO U-99 的 VOC 为 417g/L。在水性漆中可用，特别适用于溶剂型漆。DAPRO U-99 在调漆阶段添加，平时应在凉爽通风的条件下贮存，质保期 3 年。

DAPRO W-77 的 VOC 为 333g/L。能促进漆在污染基材表面上的润湿和展布。可在生产的任何阶段添加，清漆色漆均适用。贮存温度 5～50℃，质保期 4 年。

表 3.4 EFKA 公司的水性润湿流平剂

牌号	类型	外观	活性组分/%	相对密度(20℃)	折射率	颜色	溶剂	闪点/℃	保质期/年	用量/%	特性	用途
EFKA-3030	聚醚改性有机硅	无色透明液	50~53	0.90~0.92	1.418~1.428		异丁醇	27	5	0.1~0.3	改进流平,抗粘连,增加抗划伤,耐磨,防发花,相容性好,过量不缩孔	水油通用
EFKA-3034	氟碳改性有机硅	乳光微有色液	50~53	0.97~0.99	1.422~1.432		PM	32	5	0.05~0.2	防污染,防缩孔,改进平滑和润滑	水油通用
EFKA-3522	改性聚硅氧烷乳液	乳白液	34~36	0.97~0.99	1.420~1.440		水	>100	2	0.1~1.0	无APEO,流平,增滑,防气泡,消泡,有基材润湿性,用量<0.4%,不影响层间附着	各种水性漆
EFKA-3570	氟碳改性聚丙烯酸酯水溶液	淡黄微浊液	59~61	1.04~1.06	1.420~1.440	≤5	水	>110	5	0.5~1.5	酸值50~70mg KOH/g,经DMEA中和,防缩孔优,基材润湿好,改进流平,不影响层间附着	pH>7.6的各种水性漆
EFKA-3580	聚醚改性有机硅	清澈至微浊液	100	1.09~1.13	1.456~1.466	≤3	—		5	0.1~1.0	防缩孔,流平,基材间附着,不滑溜	pH=4~10的各种水性漆

表 3.5 Elementis 公司的润湿流平剂

牌号	类型	外观	活性分/%	相对密度(20℃)	黏度/mPa·s	溶剂/%	闪点/℃	表面张力/(mN/m)	用量/%	特性	用途
DAPRO U-99	阴离子/非离子表面活性剂	近无色清液	50	1.01	20~28(25℃)	BG 31.5 乙醇 3.8 水 14.7 表面活性剂 49.7	51	33 (浓度0.5%)	0.25~1.0	消除表面缺陷,改进湿边润湿,抗流动,提高基材润湿,抗沾污,无APEO,无硅	水性漆,油性漆,双组分环氧,醇酸
DAPRO W-77	表面张力改性剂		50	1.03			51	33 (浓度0.05%)	0.25~1.0	消除表面缺陷,提高基材流动流平性,抗沾污,重涂性佳,无APEO,无硅	水性漆,工业漆,油墨和水性胶黏剂
DAPRO W-95HS	专利表面张力改性剂	浑浊液	77.5	1.07	120~250				0.25~1.0	高效,消除表面缺陷,改进流动流平性,重涂性好,无硅	水性漆,水性油墨和水性胶黏剂

DAPRO W-95HS 的 VOC 为 71g/L。调漆阶段添加。质保期 4 年。

(6) Münzing Chemie（明凌化学）公司　Münzing Chemie 公司的水性润湿流平剂有两大类，Edaplan 和 Metolat。适合水性体系用的 Edaplan 系列流平剂有 Edaplan LA 402、403、411、413，润湿流平剂有 451 和 452，基本性能见表 3.6。其中不含有机硅的有丙烯酸低聚物流平剂 Edaplan LA 402 和 Edaplan LA 403 以及阴离子型特种酯类润湿流平剂 Edaplan LA 451 和 452（表 3.6）。

Metolat 系列的润湿剂和润湿流平剂见表 3.7。Metolat 288 和 Metolat 355 同时具有颜料润湿功能。

Edaplan LA 402 的酸值约为 55mg KOH/g，2%水液 pH 值约 4.5，中和后溶于水。与各种树脂体系相容性好。在强碱性水性体系中可直接添加，否则应预先用氨水或氢氧化钠中和后加入漆中。中和量：100 g Edaplan LA 402 用 25%的氨水 6.6～8.0g 或氢氧化钠 3.6～4.2g。15～25℃贮存，保质期 12 月。

Edaplan LA 403 流平剂 15～25℃贮存，保质期 12 月。

Edaplan LA 411 可燃，可分散在水中。表面张力：纯品约 22.6mN/m，0.1%水溶液约 33.1mN/m，1.0%水溶液约 29.3mN/m。保质期 12 月。

Edaplan LA 413 水溶性良好。表面张力：纯品约 23.3mN/m，0.1%水溶液约 38.1mN/m，0.5%水溶液约 35.1mN/m。15～25℃贮存，耐冻，保质期 12 月。

Edaplan LA 451 是不含有机硅的酯类流平剂，商品助剂含有乙醇和水，可乳化于水中。使用前加水量 10%～20%，并添加等量的 1,2-丙二醇稀释后再用。Edaplan LA 451 的表面张力约为 27mN/m，调整水性体系的表面张力效果很好，不易起泡，由于不含有机硅不影响重涂性。作为流平剂可用于各种涂料和印刷油墨中，其特点是可减少雾影，提高光泽，促进流平，克服表面缺陷，增加基材的润湿性。使用 Edaplan LA 451 无起泡倾向，添加量 1.0%。Edaplan LA 451 应在 15～25℃贮存，耐冻，保质期至少 12 月。

Edaplan LA 452 特性与 Edaplan LA 451 相似，应在 15～25℃贮存，耐冻，保质期至少 12 月。

Metolat 288 为水性体系润湿流平剂，有颜料润湿性。应在 15～25℃贮存，30℃以上可能产生相分离，用前充分搅匀。保质期至少 12 月。

Metolat 330、Metolat 355 应在 15～25℃贮存，耐冻，保质期至少 12 月。Metolat 355 可用作颜料润湿分散剂。

Metolat 360 是非离子无硅低泡润湿剂，其动态表面张力如下：0.1%，1Hz 时 26mN/m；0.1%，10Hz 时 45mN/m；0.5%，1Hz 时 25mN/m；0.5%，10Hz 时 31mN/m。15～25℃贮存，耐冻，保质期至少 12 月。

Metolat 365 为无硅低泡润湿剂，其动态表面张力如下：0.1%，1Hz 时 27mN/m；0.1%，10Hz 时 44mN/m；0.5%，1Hz 时 26mN/m；0.5%，10Hz 时 31mN/m。15～25℃贮存，耐冻，保质期至少 12 月。

Metolat 366 是低泡润湿剂，其动态表面张力如下：0.1%，1Hz 时 56mN/m；0.1%，10Hz 时 59mN/m；0.5%，1Hz 时 26mN/m；0.5%，10Hz 时 37mN/m。15～25℃贮存，耐冻，用前搅匀。保质期至少 12 月。

Metolat 367 为零 VOC 助剂，允许用于与食品接触的涂料。其动态表面张力如下：0.1%，1Hz 时 47mN/m；0.1%，10Hz 时 63mN/m；0.5%，1Hz 时 29mN/m；0.5%，10Hz 时 53mN/m。15～25℃贮存，耐冻，用前搅匀。保质期至少 12 月。

表 3.6 Münzing 公司的 Edaplan 系列流平剂

牌号	类型	外观	活性分/%	相对密度(20℃)	黏度/mPa·s	溶剂	pH值/浓度	闪点/℃	表面张力/(mN/m)	用量/%	特性	用途
Edaplan LA 102	BG 中的丙烯酸共聚物	淡黄清液	约50	约0.99	低黏度	BG	4.5/2%	约50	约35.6	0.5~3.0	不含有机硅、防止表面缺陷、改进光泽、减少雾影、增滑、耐水性好、可用于双组分体系	水性漆、油墨
Edaplan LA 403	阴离子丙烯酸共聚物/表面活性剂	棕色液体	约85	约1.07	黏液		约9/2%	>100	约40	0.5~3.0	减少雾影、增滑、避免表面缺陷、可用于各种基料相容性、与双组分体系反应型涂料	水性漆、反应型涂料、油墨
Edaplan LA 411	改性硅氧烷乙二醇共聚物	浅黄清液	约100	约1.0	中等黏度			约80	约22.6	0.1~0.5	改进水稀释涂料的流平、防桔皮、增加耐划伤、也是粉末涂料流平剂、水油通用	水稀释涂料、水性粉末涂料
Edaplan LA 413	改性有机硅氧烷	浅黄色液体	约100	约1.03	中等黏度		6.5/4%	>65	约23.3	0.05~0.15	增滑、耐划伤、流平、水解稳定、有消泡性	水性漆稀释剂、水油可用
Edaplan LA 451	特种阴离子和水/乙醇表面活性剂	浅黄液	约68	约1.02	低黏度	水/乙醇	5.5/2%	约27	约27.0	0.1~1.0	水性润湿流平剂、不含有机硅、防缩孔、相容性好、防缩孔、增光减少雾影	建筑漆、工业漆、木器漆、汽车漆、油墨
Edaplan LA 452	特种阴离子聚酯表面活性剂	黄色液体	约83	约1.03	约700		6/2%	>100	约27.0	0.1~1.0	水性润湿流平剂、不含有机硅、有基材润湿、不影响重涂、相容性、增光减少雾影	建筑漆、工业漆、木器漆、汽车漆、油墨

表 3.7 Münzing 公司的 Metolat 系列水性流平剂

牌号	类型	外观	活性分/%	相对密度(20℃)	黏度/mPa·s	溶剂	pH值(浓度2%)	闪点/℃	表面张力/(mN/m)	用量/%	特性	用途
Metolat 288	阴离子水溶性	无色液体	约50	约1.05	中等黏度				约30	0.1~2.0	不含有机硅和矿物油、水中易乳化、表面润湿好、不起泡、增加流平性	水性漆、乳液
Metolat 330	丙烯酸共聚物/阴离子表面活性剂	浅黄液	约60	约1.07	约1700	乙二醇	8	>200		1~4	水性润湿流平剂、促流平、改善光泽性、耐冻	水性漆、水性醇酸
Metolat 355	非离子多胺环氧乙烷缩合物	黄色液体	100	约1.03	中等黏度		10.5	>100		0.1~0.5	水性低泡润湿性、颜料和基材润湿性、部分光泽分散、改进基材润湿性、颜料和重涂性	水性漆
Metolat 360	混合非离子表面活性剂	浅黄清液	约95	约1.0	约60		6	>100		0.1~2.0	非离子无有机硅、易分散、适应范围广	水性漆、油墨、黏合剂
Metolat 365	混合非离子表面活性剂	浅黄清液	约95	约1.0	约50		6	>100		0.1~2.0	非离子水中不溶、难分散、改进基材润湿和颜料分散、适应pH广	水性漆、油墨、黏合剂
Metolat 366	有机改性硅氧烷/非离子表面活性剂	浓黄液	100	约1.01	约50		3.5	约75		0.1~2.0	非离子低泡润湿剂、水中可乳化、改善基材润湿和流平	水性清漆、漆、油墨、黏合剂
Metolat 367	非离子聚乙二醇酯	浓黄棕色液体	100	约1.04	约100		4	>100		0.1~2.0	非离子无硅润湿剂、改善基材润湿、可任意比例与水混合、零VOC	水性漆涂色漆、可用于食品接触的涂料

(7) OMG 公司的润湿流平剂　OMG 公司的润湿流平剂都是有机硅化合物，对改进流动流平性，提高滑爽性，增加抗划伤性，防止缩孔和涂装缺陷有较好的效果，有的还能改善基材润湿性，但是使用过量大多会影响重涂性。品牌和基本性能汇集于表 3.8 中。

Baysilone-Paint Additive 3467 可改进污染基材和难润湿基材的润湿能力。在水性漆和含溶剂的漆中都有很好的润湿流平作用，相容性好。

Baysilone-Paint Additive 3468 的其他性能：折射率（23℃）1.43～1.44，表面张力（23℃）约 20mN/m。有消泡作用，可使漆中的小泡聚集并迅速升至液面后破裂。可用丙二醇醚类溶剂稀释以后添加。贮存温度 5～30℃。

Baysilone-Paint Additive 3739 贮存温度 5～30℃，低于 10℃会出现结晶，升温可重新融化，不影响效果。

Borchi Gol LA200 可用于工业清漆和色漆，包括 OEM 和汽车修补漆，以及各种类型装饰漆。有消泡作用，可使漆中的小泡聚集并迅速升至液面后破裂。

Borchi Gol LA232 可用于工业清漆和色漆，包括 OEM 和汽车修补漆，以及各种类型装饰漆。还可用于辐射固化木器漆、纸张涂料、印刷油墨等。有消泡作用，可使漆中的小泡聚集并迅速升至液面后破裂。贮存温度 5～30℃。

Borchi Gol LAC80 是水油通用的润湿流平剂，酸值≤1.5mg KOH/g。不影响重涂性。贮存温度 5～30℃。

(8) Raybo（瑞宝）公司　美国 Raybo 公司的润湿流平剂有 Raybo 61-AquaWet、Raybo 62-HydroFlo、Raybo 64-AquaSilk 和 Raybo 68-HydroSlip（表 3.9），它们除了具有改善水性涂料的润湿流平性这一共同特点以外还各有一些独特的优点。

Raybo 61 主要作用是消除水性涂料的鱼眼、缩孔、缩边等润湿不良现象（添加漆总量的 0.3%～1%）。此外，对有机、无机颜料体系加入颜料量 1%～2% 的 Raybo 61 可缩短研磨时间，消除假稠现象，控制絮凝。

Raybo 62 是流动控制剂，底漆和面漆都可以用，主要作用是防止稀释后的涂料出现漆膜缺陷，如缩边、收缩、涸散等，添加 Raybo 62 后不影响漆膜的层间附着和光泽。

Raybo 64 是一种高效添加剂，用量少，效果好，主要控制漆出现丝纹和发花等毛病，同时也有防除缩孔、鱼眼、橘皮的作用。在有大量钛白粉这样的无机颜料体系中添加少量有机颜料调色时容易出现浮色和发花，这时添加 Raybo 64 可以避免。防浮色发花要在研磨前加，改善润湿性能一般后添加即可。

Raybo 68 有优异的基材润湿性能，可用于清洁不良的钢材，改进漆的润湿性，防止附着力下降，还可以增加漆膜的抗划伤性和滑爽性，提高抗粘连性。Raybo 68 不含 HAPs，是一种清洁的添加剂。作为润湿剂用量为漆总量的 0.3%～1%，作为滑爽剂和抗划伤剂用量为 1%～2%，配漆时加或后添加均可。

(9) Tego（迪高）公司　迪高公司可用于水性体系的流动流平剂（表面控制剂）牌号有 TEGO Glide 100、410、440、450、482 和 ZG400。除 TEGO Glide 482 为活性物含量 65% 的高分子量聚二甲基硅氧烷乳液以外，其余的均为 100% 含量的聚硅氧烷-聚醚共聚物。TEGO Glide 的基本技术数据见表 3.10。可用于水性木器漆的有 TEGO Glide 100、410、440、482 和 ZG 400；可用于水性汽车漆和汽车修补漆的有 TEGO Glide 100 和 450；油墨和罩光油可用 TEGO Glide 100、410、440、482 和 ZG 400。其中 TEGO Glide 410 防除因污染引起的缩孔和增漆膜加抗刮伤性的效果最好。

表 3.8 OMG 公司的润湿流平剂

牌号	类型	外观	活性分/%	相对密度(20℃)	黏度(23℃)/mPa·s	溶剂	碘色度	折射率(23℃)	表面张力(23℃)/(mN/m)	闪点/℃	用量/%	特性
Baysilone-Paint Additive 3167	聚醚改性聚甲基硅氧烷	清澈液体	100	1.04~1.06	80~150		≤4	1.443~1.447	约20	120	0.1~0.3	促进流平、消除橘皮、缩孔、针孔、改进润湿
Baysilone-Paint Additive 3168	改性聚硅氧烷	清澈液体	100	1.00~1.05	70~140		≤4	1.43~1.44	约20	>140	0.05~0.3	强增滑、防缩孔、抗粘连、针孔、改进流动流平、提高基材润湿、聚泡消泡、不稳泡
Baysilone-Paint Additive 3739	聚醚改性聚甲基硅氧烷	浅黄清液	75	1.025~1.050	80~400	DPnB	≤4	1.443~1.448	约20	113.5	0.1~0.3	改善污染和有油钢铁、木材的高效润湿剂，降表面张力
Baysilone-Paint Additive OL 17	聚醚改性聚甲基硅氧烷	透明液	100	1.020~1.026	600~800		≤3	1.445~1.449	约21	80	0.05~0.5	改善流动性和表面爽性、防缩孔、橘皮
Baysilone-Paint Additive OL 31	聚醚改性聚甲基硅氧烷	透明液	100	1.020~1.026	2000~2900		≤5	1.437~1.441	约90	0.05~0.5	改善流平和增滑、消除缩孔和硅油引起的缺陷
Baysilone-Paint Additive OL 44	聚醚改性聚甲基硅氧烷	透明液	100	1.03~1.04	800~1000		≤2	1.448~1.452	约21	约90	0.05~0.5	改善流孔和施工缺陷
Borchi Gol LA1	改性有机硅共聚物	透明液	50	约0.97	≤25			1.430~1.435			0.1~0.3	增流孔、针孔、抑制缩孔、抗划伤、抑制
Borchi Gol LA2	改性有机硅共聚物	透明液	100	约1.03	600~1000	BG	≤300(Hazen)	约1.448		>100	0.02~0.3	增加流动流平、抗划伤、抗粘连
Borchi Gol LA50	改性聚二甲基硅氧烷	透明至微黄液	50	约1.02	20~50			1.430~1.440	约20		0.05~0.3	增加流动流平、增滑、改善基材润湿、促流平消除缩孔
Borchi Gol LA200	无溶剂改性硅氧烷	透明液	100	1.00~1.05	70~140		≤4	1.43~1.44		113.5	0.05~0.3	降表面张力、消泡、粘连
Borchi Gol LA232	改性聚烷基醇	透明液	100	0.990~0.998	≤100	DPnB	≤4	1.435~1.445		>140	0.05~0.3	无溶剂、高增滑、流平好、聚泡破泡、抗粘连
Borchi Gol LAC80	聚醚改性聚甲基硅氧烷	浅黄液	100	1.02~1.03	2000~2900		≤5	1.437~1.441	约90	0.05~0.1	增加流动流平、防缩孔、有基材润湿作用

表 3.9 Raybo 公司的润湿流平剂

性能	牌号			
	Raybo 61	Raybo 62	Raybo 64	Raybo 68
外观	琥珀黄液体	淡蓝色液体	淡蓝色液体	水白色液体
作用	润湿,分散	控制流动,润湿	防发花和丝纹,润湿	润湿,抗划伤
适用体系	水性、水稀释	水稀释	水性、水稀释	水性、水稀释
用量/%	0.3~1	0.3~1	0.05~0.2	0.3~2
活性分/%	60	17	2	50
不挥发分/%	60	17	2	50
相对密度	0.85	1.01	0.84	1.04
黏度($2^{\#}$ Zahn)/s			14.2	
pH 值		≥9.5		≥8.0
添加方式	任何阶段	任何阶段	后添加,防浮色先加	配漆时加或后加
特点	消除缩孔、鱼眼、缩边	防止缩边、泗散,不影响层间附着,不影响漆膜光泽	控制发花、浮色、丝纹、缩孔、鱼眼、橘皮	润湿不清洁表面,抗划伤,减摩擦,防粘连

表 3.10 Tego 公司的水性流动流平剂

性能	Glide						ZG400
	100	406	410	440	450	482	
外观	透明液	透明液	透明液	—	透明液	白色黏液	透明至微浊液
活性物含量/%	100	约50	100	100	100	65	100
不挥发物/%	≥90	48~52	90~94	≥94.5	≥93	62.0~62.7	93~98
相对密度(25℃)	1.020~1.040	0.98~1.00	1.00~1.02	1.02~1.05	1.01~1.04	—	1.025~1.045
黏度(25℃)/mPa·s	900~1300	31~41	1200~2500	300~500	150~400	—	750~1250
折射率(25℃)	1.445~1.455	1.435~1.437	1.432~1.435	1.436~1.440	1.436~1.440	—	1.450~1.454
加德纳色号	≤3	≤3	≤2	≤2	≤2	—	≤2
推荐用量/%	0.05~2.0	0.1~0.5	0.03~1.0	0.05~1.0	0.03~1.0	0.05~2.0	0.05~1.0
贮存期/月	12	12	12	12	12	6	12
适用体系①	W,S,R	W,S	W,S,R	W,R	W,S,R	W	W,S,R
特点②							
流动性	④	③	②	④	④	③	③
增滑性	③	⑤	⑤	⑤	⑤	⑤	⑤
防缩孔	③	②	⑤	④	③	①	③
防粘连	②	②	④	③	③	⑤	②

① W 水性漆;S 溶剂型漆;R 辐射固化涂料。
② ⑤高效;④优秀;③良好;②有效;①无效。

另有牌号为 TEGO Flow 425 的流动流平剂,在水、醇、酯和二甲苯中都有良好的混溶性,因而可用于水性体系、UV 固化体系和溶剂型涂料,其基本性能特点如下。

成分　　　　　　　　聚硅氧烷-聚醚共聚物　　推荐用量/%　　　　　　　0.05~1.0
外观　　　　　　　　透明液体　　　　　　　　贮存期/月　　　　12(15℃以下变浑浊和黏稠,
活性物含量/%　　　　100　　　　　　　　　　　　　　　　　　　　加热可恢复)
不挥发物含量(3h/105℃)/%　　≥94　　特点　①可用于水性、辐射固化和溶剂型体系
密度(25℃)/(g/mL)　　1.045~1.065　　　　　②极大改善体系的流动流平性
黏度(25℃)/mPa·s　　60~120　　　　　　　　③良好的重涂性
折射率(25℃)　　　　1.444~1.447　　　　　　④与体系的相容性好
加德纳色号　　　　　≤3

Tego公司还有一组适用于水性漆、溶剂型漆和紫外光固化涂料的流平剂，牌号为"ADDID"，包括ADDID 100和ADDID 130。ADDID 100有改善涂料的流动和流平，防缩孔，防鱼眼，抗粘连，增加漆膜的表面平滑和抗划伤性等作用；ADDID 130除了有ADDID 100的作用外还能降低表面张力，改善基材润湿，并可增加涂膜的光泽和抗静电性。据称它们是收购Wacker公司的产品，基本性能见表3.11。

表3.11 Tego公司的流平剂ADDID

性 能	ADDID 100	ADDID 130
成分	聚醚改性聚二甲基硅氧烷	聚醚改性聚二甲基硅氧烷
外观	无色清液	黄色液
活性分/%	100	100
密度(25℃)/(g/mL)	0.97~0.99	1.02~1.04
黏度(25℃)/mPa·s	120~160	600~1200
折射率	1.410~1.413	1.450~1.455
表面张力(25℃)/(mN/m)	约15	约22
闪点/℃	>100	>140
燃点/℃	365	320
推荐用量(配方总量计)/%	0.01~0.5	0.05~1.0
贮存期/月	12	12

（10）其他公司的润湿流平剂　另有一些公司的润湿流平剂列于表3.12中。

表3.12 其他润湿流平剂

牌号	类型	外观	特性及用途	有效分/%	相对密度	黏度/mPa·s	pH值	闪点/℃	水分散性	用量/%	生产厂商
3020	有机硅丙烯酸酯	半透明黏稠液	降低涂料与基材之间的表面张力，改进润湿性，抗缩孔，提高乳胶漆的平滑性，消除刷痕			>200（涂-4杯）	7~8			0.1~0.3	上海长风化工厂
AC-900	有机硅丙烯酸酯	半透明黏稠液	流平，防粘连，耐划伤，耐磨损		1.01~1.02		7.0			0.1~1.0	临安市环宇特种助剂厂
BD-3033	聚醚改性聚硅氧烷	无色至浅琥珀色液体	降低涂料表面张力，提高底材润湿性、防缩孔、抗划痕、抗粘连，改善流平性和光泽度	100	1.036	800~1200				0.3~1.0	杭州包尔得有机硅有限公司
HX-5600	有机改性聚二甲基硅氧烷溶液	浅黄色透明液体	降表面张力，增进流动流平和底材润湿性，消除刷痕，防缩孔，提高滑爽性和抗粘连性	30	1.00			>100	溶于水	0.1~0.7	广州市华夏助剂化工有限公司
N-Sico-3033	聚醚改性聚硅氧烷	无色透明黏稠液	润湿流平	100	1.039	800~1200				0.1~0.3	N-Sico
SKR-110	聚醚改性聚二甲基硅氧烷共聚体	无色至淡黄色透明液体	水油通用，降表面张力，增进流动流平和底材润湿性，防缩孔，提高滑爽性和抗粘连性，抗划伤，提高颜色均匀性	100	1.03	800~1200				0.1~0.3	日本樱花化学集团

BD-3033 类以于 BYK-333，水油通用流平剂。25℃时折射率为 1.4492，浊点（0.1％水溶液）38℃，表面张力（25℃）22.7mN/m。产品保质期 12 月。

HX-5600 为有机改性聚二甲基硅氧烷乳液，是高活性易溶于水的润湿流平剂，25℃时折射率为 1.37。适用于水性涂料、油墨和皮革涂饰剂。用量为配方总量的 0.1％～0.7％，可在生产的任何阶段加入。

N-sico-3033 类似于 BYK 333，是水、油通用型流平剂。其折射率为 1.4486，25℃时表面张力为 22.7mN/m。主要作用是提高涂料的流平性和光泽度，润湿底材，增加手感，防止缩孔，抗划伤，抗粘连，对一些金属填料具有较好的定向排列作用。

SKR-110 能显著降低表面张力，润湿底材（包括特殊底材），与各种树脂体系相容性均好，可用于溶剂型、无溶剂和水性体系。SKR-110 应在 0～40℃下贮存，保质期 24 月。

第 4 章 润湿分散剂

4.1 润湿与分散

分散剂是能使细粒物质分散于水或有机介质中并能形成稳定的细分散悬浮液的化学品。它们都是含有亲水基团和疏水基团（或链段）的天然或合成化合物，其作用是降低微粒或液滴之间的黏附力而防止其絮凝或附聚。

润湿分散剂的主要作用是将细粒颜料和填料润湿并分散在基料中，其润湿机理与涂料对涂装基材表面的润湿完全相同，但润湿分散剂润湿的是不规则的粒子表面，润湿后表面活性剂长期吸附在粒子表面，并使粒子保持分散状态。这时表面活性剂的活性基团一端吸附在细小颜填料表面，另一端溶剂化进入基料形成吸附层，吸附基越多，链节越长，形成的吸附层越厚。被包围的颗粒在水性涂料中产生电荷斥力，使颜填料粒子长期分散悬浮于基料中，避免再次絮凝，因而应保证制成的色漆体系的贮存稳定。颜料和填料粒子充分分散在涂料中的先决条件是要能被液体基料良好润湿。因此许多润湿分散剂同时具有良好的基材润湿性，这些助剂的作用有时很难完全区分开来，从而造成了分类的困难。本章汇集了具有分散作用的助剂，包括有润湿和流平作用的分散剂。

粉状颜填料粒子形状各不相同，如二氧化钛呈多面体形，云母是片状的，氧化锌为近似球形的，而炭黑是无定形的。商品颜填料的粒子大小不同，呈现一定的粒径分布。从微观上看这些粒子有三种形态：原始粒子，又称一次粒子，是颜填料在制造过程中形成的最小粒子，常以单晶体或晶体的团粒状态存在；聚集体，又称二次粒子，是若干原始粒子以面面相接形成的团块；以及附聚体，又称三次粒子，是原始粒子和聚集体通过范德华力结合在一起形成的更大团块，越小的粒子比表面积越大，体系越不稳定，所以颜填料多以附聚体的形态存在。分散就是液体取代颜填料粒子之间的空气，将粒子分离并均匀分布在液相中的过程，在这个过程中润湿分散剂吸附在颜填料粒子表面，促使粒子更快地分离并在分离后保持稳定状态。

分散过程的第一步是液体对固体粒子表面的良好润湿，这与颜填料的极性有很大关系，固液极性相似的体系容易润湿分散，所以水性体系用亲水颜填料较好。当非极性的颜填料用于水性涂料中的时候，必须使用润湿分散剂来促进润湿。随后颜填料在高速分散机、三辊机、球磨机这样能施以高剪切力的设备作用下打破附聚，将附聚体粒子还原为小粒子，其中以原始粒子的形态为最好。商品颜料的粒径通常在 $0.05\sim 0.5\mu m$ 范围内，这时具有最好的着色力、遮盖力、光泽和耐候性。研磨分散的目的就是将颜料粒子还原并保持为这种粒径的状态，因此研磨分散过程不能将原始粒子磨得更小，只是一个解附聚和解聚集的过程。这时所用的分散剂主要起一个解絮凝的作用。

颜填料粒子被分散后分散剂的分子吸附在粒子表面，使粒子得以稳定。稳定主要有两种方式。一种是分散剂使粒子表面带上相同的电荷，粒子间的静电排斥作用使得粒子难于重新聚结。在液态涂料中的颜填料粒子表面常常带有电荷，添加润湿分散剂后可以使电荷增强，使得所有的粒子带上相同的电荷,助剂上相反电荷的离子伸向液相中并在粒子表面附近富集,形成双电层,双电层越厚粒子稳定性越好。双电层稳定机理对水乳液体系涂料特别重要,多聚磷酸盐是最具代表性的这类分散剂。另一种机理是空间位阻效应,分散剂分子中同时含有可锚固在颜填料粒子表面的亲颜料基团和亲水的基团或链段,分散过程中它们包围并锚固在粒子上,分散剂分子的亲水部分伸出并进入水相,包在粒子四周的阻隔层阻碍了粒子接近与聚集,避免了附聚体和絮凝体的形成,使分散体系得以稳定。研究表明,要取得良好的位阻稳定效果,粒子表面必须锚固有 $0.01\sim0.1\mu m$ 的均匀稳定层,并且锚固于粒子表面的官能团浓度应均匀。这种空间位阻作用的特点是不受电解质的影响,而电解质会破坏静电排斥稳定作用。

除了解絮凝分散剂以外还有一类分散剂可以控制絮凝。涂料在干燥过程中内部的液流易将小颗粒颜料带至涂层表面,密度大、粒径大的颜料沉降快,表面含量相对较少,这就产生了浮色。通过控制絮凝分散剂可改善或消除浮色现象。控制絮凝分散剂可调节颜料粒子之间的相互作用,使小的颜料粒子产生一定程度的絮凝,或者使小粒子和大粒子产生适度共絮凝,从而防止了浮色的发生。

4.2 润湿分散剂的种类

润湿分散剂有很多品种,初步估算,世界上至少有1000多种物质具有润湿分散作用。从化学上分分散剂有无机类、有机类和高分子聚合物类三大类型。无机分散剂的主要品种有聚磷酸盐,包括焦磷酸钠、磷酸三钠、六偏磷酸钠等,另一类是硅酸盐,如偏硅酸钠、二硅酸钠等。磷酸盐会使水体富营养化,不利于环境保护,所以应该限制磷酸盐类分散剂的应用。有机分散剂是一些具有表面活性作用的化合物,如烷基硫酸酯或磺酸酯、烷基芳基磺酸酯、聚氧乙烯改性的烷基硫酸酯或磺酸酯、脂肪酸酰胺衍生物硫酸酯或磺酸酯、烷基酚聚氧乙烯醚、烷基琥珀酸盐、山梨糖醇烷基化物、烷基吡啶鎓氯化物、三甲基硬酯酰胺氯化物等。有机分散剂的效果通常好于无机分散剂,特别是对于低极性、易絮凝、难分散的颜料,如酞菁蓝、酞菁绿、炭黑等更为适用。高分子聚合物类有聚羧酸盐、聚(甲基)丙烯酸衍生物,包括胺中和的丙烯酸共聚物、顺丁烯二酸酐共聚物、缩合萘磺酸盐、聚醚衍生物、乙氧基化的脂肪酸和醇类化合物等。在高分子分散剂中特别要提到的是有一类所谓超分散剂的化合物,是20世纪80年代以后发展起来的新型分散剂。超分散剂是分子中具多个锚固基团的嵌段共聚物,常见的锚固基团有:—NR_2、—NR_3^+、—$COOH$、—$COO—$、—SO_3H、—SO_3^-、—PO_4^{-2}、—OH、—SH、多元胺、多元醇、聚醚等。它们能与颜料表面产生较强的亲合力,从而有极佳的润湿、分散、稳定的效果,特别对炭黑、酞菁蓝等难分散的颜料分散效果好,稳定性好,不易返粗絮凝,对复色漆也有较好的防浮色发花功能,作分散剂可明显改进漆料的流动性、光泽和附着力。

水性体系中适用的超分散剂由亲油和亲水两部分组成,为达到良好的分散效果,亲水部分分子量一般控制在$3000\sim5000$,亲水链过长,超分散剂分子易从颜料表面脱落,且亲水链与亲水链间易发生缠结而导致絮凝;疏水部分的分子量一般控制在$5000\sim7000$,疏水链过长,往往因无法完全吸附于粒子表面而形成环或与相邻粒子表面结合,导致粒子间的"架桥"絮凝。此外,高分子分散剂链段中亲水部分适宜比例为20%~40%,如果亲水端比例过高,则分散剂溶剂化过强,粒子与分散剂间的结合力相对削弱,分散剂易脱落;反之若亲水端的比例过低,分散剂无法在水中完全溶解,分散效果下降。

对于粒径为$0.1\sim10\mu m$的颗粒,$5\sim20nm$厚的吸附层即可提供足够的斥力使粒子稳定。

因此，具有锚固基团和溶剂化链是高分子分散剂构成的重要因素。不同结构类型的共聚物在粒子表面的吸附形式不尽相同，能较好起到稳定作用的聚合物分子链应具有这种结构，即链的一端锚固在粒子表面，另一端能在溶剂中自由伸展。就 A、B 两种链段的共聚物而言，—(A—B)$_n$—型无规共聚物与嵌段共聚物对颜料粒子表面的结合力并无明显差异，但因其在粒子表面为多点结合，故难以形成可在水中自由伸展的链段，从而起不到良好的位阻斥力作用，故无规共聚物不是理想的分散剂结构。同样多嵌段共聚物存在相同的多点吸附问题，而 AB 型、ABA 型嵌段共聚物、接枝共聚物为理想的超分散剂结构。

从分散剂的离子基团看可将其分为阴离子型、阳离子型和非离子型三大类。它们的组合又可构成一些新的类型。一种有代表性的分类方法是将水性和油性体系所用的表面活性剂型润湿分散剂按其结构来区分，这样大致可分为以下 6 大类。

(1) 阴离子型表面活性剂　大部分是由非极性带负电荷的亲油碳氢链和极性的亲水基团构成。两种基团分别处在分子的两端，形成不对称的亲水亲油分子结构。代表性的品种有油酸钠 $C_{17}H_{33}COONa$、羧酸盐、硫酸酯盐（R—O—SO_3Na）、磺酸盐（R—SO_3Na）等。阴离子分散剂相溶性好，被广泛应用。

(2) 阳离子型　这是一类非极性基带正电荷的化合物。典型的品种有十八碳烯胺醋酸盐 $C_{17}H_{33}CH_2NH_2OOCCH_3$、烷基季铵盐、氨基丙胺二油酸酯、特殊改性的多氨基酰胺磷酸盐等。阳离子表面活性剂吸附力强，对炭黑、氧化铁、各种有机颜料的分散效果较好，但要注意分子中的阳离子可与基料中的羧基起化学反应，此外不得与阴离子分散剂同时用，选用应特别慎重。

(3) 非离子型　这类分散剂不会电离、不带电荷，在颜填料表面吸附比较弱，主要在水性涂料中使用。代表性的品种有脂肪酸环氧乙烷的加成物 R—COO(CH_2CH_2O)$_n$H、聚乙二醇型多元醇和聚乙烯亚胺衍生物等。它们的作用是降低表面张力和提高润湿性。如果添加一些有机硅氧烷就可以防止发花、浮色并起到改善流平的作用。

(4) 两性型　是由阴离子和阳离子所组成的化合物，有羧酸盐类和磺酸盐类，羧酸盐型还可分为氨基酸型和甜菜碱型两种。典型应用的是磷酸酯盐型的高分子聚合物、天然产物卵磷脂和甜菜碱衍生物等。

(5) 电中性型　这类化合物分子中阴离子和阳离子有机基团的大小基本相等，整个分子呈现中性但却具有极性，例如，油氨基油酸酯 $C_{18}H_{35}NH_3OOCC_{17}H_{33}$。

(6) 高分子型　水性涂料用的普通高分子型分散剂主要是聚合的羧酸化合物，分子中具有亲水链段或基团以及可以牢固吸附在颜料和填料粒子表面上的吸附基团。例如，（甲基）丙烯酸和（甲基）丙烯酸酯的共聚物，顺丁烯二酸酐和二异丁烯的共聚物，多己内酯与三乙烯四胺的反应物，多羟基硬脂酸制得的低分子量聚酯等。近年来，分散剂的研究克服了高分子量会产生絮凝的问题，向高分子量发展是其趋势之一，一系列的超分散剂相继问世，例如引入锚固基团制得的各种聚氨酯和聚丙烯酸酯等。

4.3　商品润湿分散剂

4.3.1　无机盐分散剂

水性涂料用的典型的无机盐分散剂是六偏磷酸钠，在某些乳胶漆配方中至今仍有应用。随着有机高分子分散剂的广泛应用，其他无机盐分散剂多被逐步取代，已基本淘汰。

六偏磷酸钠的基本性能如下。

化学名称	六偏磷酸钠	溶解性	易溶于水,难溶于有机溶剂
英文名	sodium hexametaphosphate	毒性	LD_{50}:3053mg/kg
别名	磷酸钠玻璃体、四聚磷酸钠、格兰汉姆盐	用量/%	0.1~1.0
简称	SHMP	结构式	
CAS 编号	10124-56-8(六偏磷酸钠)		
分子式	$(NaPO_3)_6$		
分子量	611.77		
外观	白色、无臭、结晶粉末,有强吸湿性		
密度(20℃)/(g/cm³)	2.484		
熔点/℃	550		
沸点/℃	1500		
折射率	1.482		

特性及用途:有强吸湿性,对钙、镁离子有很强的络合能力。易溶于水,在水中溶解度较大,但溶解速率较慢,水溶液呈酸性。除了可做乳胶漆分散剂以外其他用途为高效软水剂,洗涤剂的助剂,控制或防腐蚀的药剂,水泥硬化促进剂,链霉素提纯剂,纤维工业,漂染工业的清洗剂。选矿工业上用作浮选剂。工业上还可用于钻探管的防锈和控制石油钻井时调节涨浆的黏度。在织物印染、鞣革、造纸、彩色影片、土壤分析、放射化学、分析化学等部门也有一定用途。还可用作食品乳化和分散剂。

4.3.2 有机和高分子聚合物分散剂

(1) Akzo Nobel(阿克苏·诺贝尔)公司的润湿分散剂 瑞典阿克苏·诺贝尔公司生产的润湿分散剂牌号为 Bermodol SPS,主要有 5 个产品:Bermodol SPS 2525、Bermodol SPS 2528、Bermodol SPS 2532、Bermodol SPS 2541 和 Bermodol SPS 2543,其性能见表 4.1。

表 4.1 Akzo Nobel 公司的 Bermodol 润湿分散剂

性能	Bermodol				
	SPS 2525	SPS 2528	SPS 2532	SPS 2541	SPS 2543
外观	红黄色清液	红黄色清液	红黄色清液	红棕色清液	棕色清液
气味	略有胺味	略有胺味	略有胺味	略有胺味	略有胺味
活性组分/%	80	80	80	80	约 90
含水量/%	19~21	19~21	19~21	19~21	9~11
相对密度(25℃)	1.020	1.043	1.060	1.050	0.995
黏度(25℃)/mPa·s	约 150	约 200	约 150	约 350	约 200
沸点/℃	>100	>100	>100	>100	>100
闪点/℃	>100	>100	>100	>100	>100
自燃点/℃	>150	>150	>150	>150	>150
浊点/℃	约 18	约 11	约 20	约 3	约 9
倾点/℃	约 7	约 10	约 13	约 9	约 8
pH 值(1%溶液)	6~8	6~8	6~8	6~8	6~8
表面张力(1%溶液)/(mN/m)	30	33	34	37	30
HLB 值	11.1	13.0	14.6	15.1	8.8
LD_{50}(大鼠口服)/(mg/kg)	>2000	>2000	>2000	>2000	>2000
溶解性	溶于水和醇	溶于水和醇	溶于水和醇	溶于水和醇	溶于醇水中可分散
推荐用量/%	10~25	10~25	10~25	3~10	10~25

Bermodol SPS 的主成分是乙氧基化的不饱和脂肪酸单乙醇酰胺，Bermodol SPS 2525、2528 和 2532 是乙氧基化程度不同的聚氧乙烯 N-(羟乙基)椰子油酰胺，Bermodol SPS 2543 和 2541 是聚氧乙烯油酸单乙醇酰胺。这些表面活性剂具有良好的润湿分散作用，可用来制水性有机颜料浆，使用量是有机颜料的 10%～25%。Bermodol SPS 2543 用作润湿剂时用量为 0.1%～0.5%。Bermodol SPS 2541 主要用作乳化剂，例如制备醇酸乳液，其用量为树脂的 3%～10%。

（2）BK Giulini（贝克吉利尼）公司的润湿分散剂　德国 BK Giulini（贝克吉利尼）化学有限公司其水性涂料用聚丙烯酸盐和多聚磷酸盐型分散剂以品牌"LOPON"和"POLYRON"销售。LOPON 分散剂的基本性能见表 4.2。POLYRON 为 100%固体粉末状分散剂（表 4.3）。

（3）BYK（毕克）公司的润湿分散剂　可用于水性体系的 BYK 公司的润湿分散剂品种较多。大致可分为 BYK 系列、Disperbyk 系列以及其他润湿分散剂几个大类。BYK 系列分散剂的基本性能见表 4.4。

BYK 公司的 BYK-151 和 BYK-154 用于乳胶漆可以缩短研磨时间，稳定分散后的颜料，增加色漆的流动性和光泽。BYK-151，曾用名 BYK-LP 6640，其有效成分是阴离子型的烷氧基改性多官能基聚合物铵盐，可改进颜料浓缩浆的色强度和流变性并可减少颜料沉底现象，BYK-151 的胺值为 105mg KOH/g，酸值为 105mg KOH/g。BYK-154 的有效成分是丙烯酸酯共聚物铵盐，特点是不稳泡。

Disperbyk 系列分散剂（表 4.5）主要用于乳胶漆的颜料分散，其中除了 Disperbyk-181 是有光、半光和亚光乳胶漆用分散剂以外，其余的是颜料浆研磨分散剂。Disperbyk-184 和 Disperbyk-190 只能用于水性漆，其他几个，包括 Disperbyk 和 Disperbyk-181 在内的分散剂都可用于溶剂型涂料。

Disperbyk 是一种低分子量多羧酸聚合物的烷氧基铵盐溶液，在 10℃以下会产生浑浊和分层现象，加热后恢复液态，不影响使用效果。

Disperbyk-180 主成分是有酸性基团的嵌段共聚物烷基铵盐，主要用于无机颜料的分散，可降低研磨浆的黏度，水性体系、溶剂型体系和无溶剂体系都可用。

Disperbyk-181 是具有阴离子和非离子特性的多官能度聚合物烷氧基铵盐溶液，温度低于 5℃时为固体，要加热液化后使用，效果不变。Disperbyk-181 用于乳胶漆可减少沉底，延长贮存寿命，改进流平性和光泽，在色漆中可改善展色性。

Disperbyk-182 是一种具有颜料亲和基团的嵌段共聚物溶液，有很好的颜料润湿性和防絮凝性，因此可稳定色漆的色相和色强度，防止和减少浮色和发花现象，多用于生产水油通用的颜料浓缩浆。

Disperbyk-183 的化学成分为具有颜料亲和基团的嵌段共聚物溶液，用于制造乳胶漆和溶剂型建筑涂料所需的不含聚氧乙烯烷基酚的通用色浆。

Disperbyk-184 也是具有颜料亲和基团的嵌段共聚物溶液，但极性更大，只用来分散水性体系用的无机颜料。

Disperbyk-185 不含溶剂，制备的色浆可用于水性、溶剂型和无溶剂涂料。

Disperbyk-187 是多官能团烷基聚合物铵盐，能很好地稳定乳胶漆，并改善着色剂的相容性和展色性。

Disperbyk-190 特别用于不含树脂的水性颜料浓缩浆。

表 4.2 LOPON 系列分散剂

牌号	成分	外观	固含量或有效成分/%	相对密度	pH值① /1%浓度	添加量/%	特性	用途
LOPON 826	碱性磷酸盐/表面活性剂水溶液	黄色透明液		1.30~1.41	13.0~14.0/1%	0.1~0.5	强碱性、硅酸盐乳胶漆优良分散剂、改善流变性和贮存稳定性	硅酸盐涂料、硅酸盐乳胶漆
LOPON 885	聚丙烯酸盐	黄色至浅棕液	39~41	1.15	7~8	0.2~0.4	分散效率高、耐水性、流平好	乳胶漆、腻子、胶黏剂
LOPON 890	聚丙烯酸钠盐	黄色透明液	44.0~46.0	1.30	8.0~9.0	0.2~1.0	活性物含量约40%、高效、抗絮凝、光泽好	乳胶漆、腻子、胶黏剂
LOPON 892	聚丙烯酸钾盐	黄色吸湿性粉末	100	0.5~0.55 (松密度)	6.5~8.0/20%	0.1~0.4	对颜填料有良好的分散性	再分散胶粉、腻子
LOPON 895	聚丙烯酸钾盐	黄色透明液	41.0~42.0		6.7~7.7	0.2~1.0	抗絮凝、光泽好、耐水耐洗刷、稳定	乳胶漆、硅酸盐涂料
LOPON LF	聚丙烯酸钠盐	黄色透明液	43.0~47.0		7.5~8.5	0.2~0.6	无溶剂、低VOC、无味、稳定、耐洗刷	低VOC乳胶漆
LOPON P	聚羧酸和氨基衍生物水溶液	黄色黏液	38~42			涂料:0.2~0.6 色浆:1~2	对有机/无机涂料有优异的润湿和稳定性、提高外墙涂料抗碱发花性	外墙色胶漆、无机色浆、有机硅色漆
LOPON PA	聚羧酸和氨基衍生物水溶液	黄色黏液	约59	1.16		0.2~1.0	高效、稳定、光泽好、无机色浆分散好	乳胶漆、色浆
LOPON PO	聚羧酸钠盐	黄色黏液	约25		10	0.4~2.0	有机/无机颜料分散、高效、稳定、光泽好、耐洗刷、润湿佳	乳胶漆、色浆、特别适合调色系统
LOPON ST	季铵化合物	黄色黏液	约20	1.02~1.03	12~14/1%	0.2~1.0	提高黏度稳定性、改善施工性	硅酸盐涂料、腻子
LOPON W	磷酸钠盐	黄色透明液	43.0~45.0	1.32~1.52	10.5~11.5	0.2~0.8	无机颜料分散	碱性涂料
LOPON WA	醇衍生物	澄清液	36~40	0.95~1.05	5~6	0.2~1.0	有机/无机颜料润湿分散剂、稳定、耐洗刷	色浆制造

① 未标浓度的为原液的pH值。

表 4.3 POLYRON 系列固体分散剂

牌号	成分	外观	相对密度	pH值(1%浓度)	添加量/%	特性	用途
POLYRON 322	长链微酸聚磷酸盐	白色吸湿性粉末		6.3~6.9	0.1~0.3	抗絮凝,对硬水稳定,可与聚丙烯酸盐分散剂配合使用	乳胶漆、腻子、胶黏剂
POLYRON 322 TC	长链微酸聚磷酸盐	白色吸湿性粉末		5.8~7.0	0.1~0.3	抗絮凝,对硬水稳定,可与聚丙烯酸盐分散剂配合使用	乳胶漆、腻子、胶黏剂
POLYRON N	微碱性中等链长聚磷酸钠	白色吸湿性粉末	1.20	7.3~7.9	0.1~0.3	高效,抗絮凝,对硬水稳定,可与聚丙烯酸盐分散剂配合使用	乳胶漆、腻子、胶黏剂
POLYRON NC	微碱性中等链长多聚磷酸钠	白色吸湿性粉末		7.3~8.3	0.05~0.2	高效,抗絮凝,对硬水稳定,可与聚丙烯酸盐分散剂配合使用	乳胶漆、腻子、胶黏剂
POLYRON TK	焦磷酸钾	白色吸湿性颗粒		10.1~10.9	0.1~0.3	快速降黏,稳定性高,可与聚丙烯酸盐分散剂配合使用	乳胶漆、腻子、胶黏剂

表 4.4 BYK 系列分散剂的基本性能

牌号	外观	组成	类型	不挥发分/%	相对密度(20℃)	溶剂	燃点/℃	闪点/℃	折射率(25℃)	推荐用量/%	应用特性
BYK-151	淡黄液体	烷氧基改性多官能基聚合物铵盐	阴离子	40	1.09	水/DPM(11/1)	270	>100		无机 2~10 有机 2.5~15	降黏、增光泽、改进颜料润湿、减少闪锈
BYK-154	淡黄液体	丙烯酸共聚物铵盐	阴离子	42	1.16	水	>200	>110	1.43	无机 2~10 TiO_2 1.5~2 填料 0.5~1	不稳泡、增光泽
BYK-155/35	淡黄液体	丙烯酸共聚物钠盐溶液	阴离子	35	1.19	水		>100		无机 1.5~8 TiO_2 1~2 填料 0.4~0.8	颜料分散剂、改善光泽和流平、不稳泡
BYK-156	琥珀色液体	丙烯酸共聚物铵盐溶液	阴离子	51	1.20	水	>200	>110	1.43	无机 1.5~8 TiO_2 1~2 填料 0.4~0.8	增光泽、降黏、不稳泡

表 4.5　水性漆用 Disperbyk 颜料分散剂

性　　能	牌　号							
	Disperbyk	Disperbyk-180	Disperbyk-181	Disperbyk-182	Disperbyk-183	Disperbyk-184	Disperbyk-185	Disperbyk-187
酸值/(mg KOH/g)	85	95	33	—				35
胺值/(mg KOH/g)	85	95	33	14	17	14	18	35
相对密度(20℃)	1.08	1.07	1.04	1.03	1.06	1.10	1.10	
折射率	1.43	1.47	—		1.47	1.47	1.49	
不挥发分/%	50	79	65	43	52	52	94	70
闪点/℃	>110	>100	46	38	>70	>78	>80	
溶剂	水	—	PMA/PG/PM=5/3/2	PMA/DPM/BuOAc=7/4/4	DPM/TPM/=2/5	DPM/PG=2/1	—	PG/PM
推荐用量/%								
无机颜料	0.3~1.5	5~10	—	15~20	10~15	15~20	10~15	3~8
有机颜料	0.5~5.0			20~40	15~30	20~45	15~30	10~25
钛白粉	—	1.5~2.5		4~5	3~5	4~5	3~5	1.5~2.5
炭黑	—			80~100	60~80	65~80	60~80	
乳胶漆中的用量	—		0.1~0.3	—				
性　　能	牌　号							
	Disperbyk-190		Disperbyk-191		Disperbyk-192		Disperbyk-194	
酸值/(mg KOH/g)	10		30		—		70	
胺值/(mg KOH/g)	—		20		—			
相对密度(20℃)	1.06		1.07		1.05		1.09	
折射率	1.40							
不挥发分/%	40		98		>98		53	
闪点/℃	>100		>100		>100		>100	
溶剂	水		—		—		水	
推荐用量/%								
无机颜料	20~30		6~13		5~10		15~35	
有机颜料	30~75		19~50		15~30		30~90	
钛白粉	10~12		4~7		4~7		7~13	
炭黑	130~150		30~90		30~50		100~150	
乳胶漆中的用量	—						—	

以上这些分散剂在低温时有可能分层或浑浊，可在使用前加热混匀，不影响使用效果。

Disperbyk-191 是具有颜料亲和基的共聚物，用于水性涂料的颜料研磨，可不加树脂。

Disperbyk-192 也是具有颜料亲和基的共聚物，可生产水性凝胶状的高浓缩浆，无论无机或有机颜料都适用，但是在 20℃ 以下为固体，使用前要加热至 30℃ 并混合均匀。

Disperbyk-194 是具有颜料亲和基的共聚物溶液，生产的含树脂或不含树脂色浆特别推荐用于水性双组分聚氨酯漆和水性环氧漆，在水性环氧中色浆可随意加入环氧组分中或胺组分中。Disperbyk-194 在 10℃ 以下分层或浑浊，用前须加热。

此外，BYK 公司有一种通用色浆润湿分散剂 Disperbyk-102，可用于改善建筑涂料的着色性。Disperbyk-102 适用于基于 Disperbyk-183 和 Disperbyk-185 的通用色浆，可降低黏度，增加展色性，防止浮色发花，提高贮存稳定性。Disperbyk-102 在溶剂型和水性涂料中可研磨时添加或后添加。Disperbyk-102 的基本性能如下。

外观	无味淡黄液体	熔点/℃	<5
主成分	带酸性基团的共聚物	闪点/℃	>100
酸值/(mg KOH/g)	100	燃点/℃	>200
不挥发分/%	99	推荐用量/%	无机颜料 5~10
相对密度(20℃)	1.06		钛白粉 1~3
沸点/℃	>200		配方总量计 0.5~2

（4）Clariant（科莱恩）公司的润湿分散剂

科莱恩公司用于水性涂料的润湿分散剂代表性的牌号见表 4.6。

表 4.6　Clariant 公司的水性润湿分散剂

牌　　号		用　　途
Dispersogen 2774		有机颜料分散剂
Dispersogen 4387	无 APEO	有机、无机颜料用润湿分散剂
Dispersogen LFS	无 APEO	有机颜料和炭黑用润湿分散剂
Dispersogen PSM	无 APEO	无机颜料表面改性剂
Dispersogen PTS		有机颜料和炭黑用润湿分散剂
Dispersogen UDN		有机、无机颜料用润湿分散剂
Emulsogen TS 200		有机颜料和炭黑用润湿分散剂
Genapol ED 3060		低泡润湿分散剂
Hostapal BV Conc		有机、无机颜料用润湿分散稳定剂

Dispersogen 2774：非离子有机颜料分散剂，外观黄色黏液到膏状液体，活性成分 100%，相对密度（20℃）1.1，其 1%水溶液的 pH 值为 6.0~8.0，易溶于水、醇。特别适用于难分散的有机颜料，如酞菁颜料的分散。典型用量为 3.0%~10.0%。

Dispersogen 4387：阴离子型聚酯，液体，活性成分约 80%，可水溶。

Dispersogen LFS：2,4,6-三(1-苯乙基)-酚-聚乙二醇醚磷酸酯三乙醇胺盐，阴离子型黏稠液体，活性成分约 96%，可水溶。

Emulsogen TS 200：2,4,6-三(1-苯乙基)-酚-聚乙二醇醚(20EO)，糊状液体，100%活性成分，浊点约 57.5℃，HLB=13.5。

Genapol ED 3060：乙二胺 PO-EO 嵌段共聚物，分子结构如下。

$$\begin{array}{c}(PO)_n-(EO)_m\\(PO)_n-(EO)_m\end{array}\!\!N-CH_2-CH_2-N\!\!\begin{array}{c}(EO)_m-(PO)_n-H\\(EO)_m-(PO)_n-H\end{array}$$

棕色黏稠液体，非离子型，100%活性成分，浊点 27~30℃，HLB=15，对硬水、金属离子、酸碱有很好的耐受性，是低泡型表面活性剂。

Hostapal BV Conc：有 7 个 EO 的三丁基苯酚醚硫酸盐，糊状，活性成分 50%，可用作乳化剂和分散剂。

（5）Coatex（高帝斯）公司的分散剂　法国 Coatex（高帝斯）公司是生产包括水性分散剂和增稠剂在内的水性助剂制造商，水性分散剂的品种有 COADIS 123K、234K、COATEX A122、BR3、P30、P50、P90、P500HR、PE737、PE908、ECODIS 40、ECODIS 80 等。其基本性能见表 4.7。

COADIS 123K 赋予涂料优异的抗水性、展色性、保光性和极好的贮存稳定性。由于其优异的疏水性能显著改善高 PVC 乳胶体系，如腻子、底漆和亚光漆的早期耐水性及干膜耐擦洗性。COADIS 123K 与大多数有机颜料相容性好，是用于颜料浆配方体系的优秀分散

表 4.7　Coatex 公司的水性分散剂

牌　号	化学成分	外观	活性分/%	密度(20℃)/(g/cm³)	黏度(25℃)/mPa·s	pH值(20℃)	水溶性	用量/%	特　性
COADIS 123K	特殊改性聚羧酸钾盐	琥珀色液体	24±1	1.08±0.02	2500	10±1		0.1~1.0	多功能疏水型高抗水分散剂,与有机颜料相容性好
COADIS 234K	特殊改性聚羧酸钾盐	琥珀色液体	24±1	1.08±0.02	<2000	11±1		0.1~0.6	多功能疏水型高抗水分散剂,与有机颜料相容性好
COATEX A122	聚羧酸钠盐	浅绿色液体	35	1.24±0.02		8±1	易溶	0.1~0.5	不含溶剂和APEO,含氧化锌的乳胶漆和质感涂料专用分散剂
COATEX BR3	丙烯酸共聚物钾盐	青绿色透明液体	40±1	1.22±0.02	约350	8±1		0.15~0.2	高光涂料分散剂,流平性好
COATEX P30	聚羧酸钠盐		42						无溶剂亚光、半光涂料分散剂
COATEX P50	聚丙烯酸钠盐	浅绿色透明液体	40±1	1.29±0.02		7.0~8.0	易溶	0.1~0.5	经济型分散剂,对超细填料和无机颜料有良好的分散效果
COATEX P90	聚丙烯酸铵盐	淡蓝绿色透明液体	40±1	1.16±0.02		7±1	易溶	0.1~0.5	各种颜料分散效率高,涂料耐水性极好
COATEX P500HR	聚丙烯酸钠盐	浅绿色清澈液体	40±1	1.28±0.02		4.5~1.0	易溶	0.1~0.3	结合了聚丙烯酸盐和多磷酸盐分散剂的所有优点,高效
COATEX PE737	聚羧酸钠盐	黄色透明液体	45±1	1.34±0.02		8.0	易溶	0.1~0.5	通用型分散剂,分散性好,起泡性低,黏度稳定,贮存性好
COATEX PE908	聚羧酸钠盐	无色至淡黄液体	45	1.34±0.02		8.0	易溶	0.2~1.0	通用型分散剂,分散性好,起泡性低,黏度稳定,贮存性好
ECODIS 40	聚丙烯酸钠盐	淡黄色透明液体	40±1	1.29±0.02		7~8	易溶	0.1~0.5	通用型分散剂,分散性好,起泡性低,黏度稳定,贮存性好
ECODIS 80	聚丙烯酸铵盐	黄色液体	40±1	1.16±0.02		7.0	易溶	0.1~0.5	各种光泽涂料用低泡、耐水高效分散剂

剂,分散效率高,可有效地避免浮色和泡沫的产生,呈现优异的展色性,对炭黑/有机颜料尤佳。COADIS 123K 有优异的热老化稳定性,可用于从腻子到有光涂料的各个品种中。推荐用量,按干量对配方总量计,为 0.1%～1.0%,对底漆、亚光漆和有光漆为 0.1%～0.5%;制备颜料浆时要加大用量,如分散炭黑时需用 15%(干对颜料量),在颜料前加入。COADIS 123K 贮存温度 5～40℃。

COADIS 234K 的性能、特点和应用与 COADIS 123K 相似,推荐用于乳胶漆、厚浆涂料和有机颜料浆的分散。用量相对较少,推荐用量,按干量对配方总量计,通常为 0.1%～0.6%,对厚浆涂料、亚光漆和有光漆为 0.1%～0.3%;制备颜料浆时要加大用量,如分散炭黑时需用 15%(干对颜料量),在颜料加入前添加。贮存和运输应在 5～40℃。

COATEX A122 为含氧化锌的乳胶漆和质感涂料专用分散剂，在 pH 值 8.5～9.5 时具有最佳的分散效率。用量 0.1%～0.5%（干对总量）。

COATEX BR3 是能赋予涂料高光泽，低黏度，良好流平性的分散剂，耐水性、耐洗刷性优于一般钾盐和铵盐分散剂，涂料的黏度稳定。对钛白粉、氧化铁等颜料的分散有特效，可用于制造高固含量颜料浆，对钛白体系尤佳。COATEX BR3 用量低，起泡性小，分散效率高，应在研磨分散前预先加入水/乙二醇中或纯乙二醇中使用。

COATEX P30 分子量较小，对轻质颜填料降粘效果较好。

COATEX P50 对矿物颜料分散效率高，低泡，黏度稳定，适用于亚光和半光乳胶漆体系。由于 COATEX P50 分子量分布较窄，可提高分散时的空气排除功能，从而具有较高的颜料填充性，并保证研磨分散的有效黏度较低，稳定已经分散的粒子和解聚体细粒，防止重新聚结，使涂料保持长期的贮存稳定性。通常用量为 0.1%～0.5%（干对总量）。

COATEX P90 适用于有机和无机颜料的分散，分散效率高，展色性好，制备的涂料黏度稳定性和贮存稳定性好，遮盖力和手感好。用 COATEX P90 制成的涂料在干燥过程中胺挥发，分散剂恢复成原来的水不溶形式，从而提高了乳胶漆的耐水性。COATEX P90 分子量分布较窄，可提高分散时的空气排除功能，从而具有较高的颜料填充性，并保证研磨分散的有效黏度较低，稳定已经分散的粒子和解聚体细粒，防止重新聚结，使涂料保持长期的贮存稳定性。COATEX P90 适用于亚光和半光乳胶漆体系，最佳 pH 范围为 7.5～9.5。通常用量为 0.1%～0.5%（干对总量）。

COATEX P500HR 对颜料和乳液体系相容性极好，是高效经济型分散剂。COATEX P500HR 结合了聚丙烯酸盐和多磷酸盐分散剂的所有优点，不含溶剂和 APEO，耐硬水，制成的涂料有优异的贮存稳定性，极好的耐擦洗性，推荐用于水性高 PVC 体系，如亚光涂料、厚浆涂料等。用量低，0.1%～0.3%（干对总量）。

COATEX PE737 对各种超细颜填料的分散有特效，颜料低，效率高，可降低絮凝并提供最佳遮盖力，起泡性低，黏度稳定。COATEX PE737 分子量分布较窄，可提高分散时的空气排除功能，从而具有较高的颜料填充性，并保证研磨分散的有效黏度较低，稳定已经分散的粒子和解聚体细粒，防止重新聚结，使涂料保持长期的贮存稳定性。一般用量为 0.1%～0.5%，在研磨阶段前加入漆中。

COATEX PE908 的特性与 COATEX PE737 相似，但在 pH 值为 4～13 的广泛范围保持其高效性。用量比 COATEX PE737 要大。

ECODIS 40 为通用型低泡分散剂，对矿物颜料分散效率高，涂料有优异的贮存稳定性和黏度稳定性。可改善漆膜的遮盖力和手感。ECODIS 40 分子量分布较窄，可提高分散时的空气排除功能，从而具有较高的颜料填充性，并保证研磨分散的有效黏度较低，稳定已经分散的粒子和解聚体细粒，防止重新聚结，使涂料保持长期的贮存稳定性。通常用量为 0.1%～0.5%（干对总量）。

ECODIS 80 对超细颜填料有良好的防水效果，可降低絮凝，提高遮盖力，起泡性低，涂料的贮存、黏度稳定性高。漆膜干燥时胺挥发，分散剂形成不溶于水的形态，从而显著提高漆膜的耐水性。ECODIS 80 可明显改善漆膜的手感，最佳 pH 值范围为 7.5～9.5。ECODIS 80 分子量分布较窄，可提高分散时的空气排除功能，从而具有较高的颜料填充性，并保证研磨分散的有效黏度较低，稳定已经分散的粒子和解聚体细粒，防止重新聚结，使涂料保持长期的贮存稳定性。

Coatex（高帝斯）公司分散剂的选用可参见表4.8。

表 4.8 Coatex 公司的水性分散剂的选用参考

产品名称	特性					用途								应用范例
	成分	固含量/%	高颜料体积浓度	无溶剂	耐水性	使用量低	分散矿物颜料	分散碳酸钙	分散钛白粉	分散三氧化二铁	分散氧化锌	分散黏土	分散有机颜料	使用pH值范围	
COATEX PE737	聚羧酸钠盐	45	●	●		●	●	●	●	○	●	○	●	5~14	无味亚光涂料
COATEX PE908		45	●	●		●	●	●	●	○	●	○	●		
COATEX P30		42	●	●		●	●	●	●	○	●	○	●		无味厚膜涂料
ECODIS 40	聚丙烯酸钠盐	40	●	●		●	●	●	●	○	●	○	●		
COATEX P500HR		40	●	●		●	●	●	●	○	●	○	●		硅酸盐涂料
COATEX P50		40	●	●		●	●	●	●	○	●	○	●		
COATEX P90	聚丙烯酸铵盐	40	●	●		●	●	●	●	○	○	○	○	5~10	亚光涂料
ECODIS 80		40	●	●		●	●	●	●	○	○	○	○		厚膜涂料
COADIS 123K	疏水改性聚羧酸钾盐	24	●	●	●	●	●	●	●	○	●	○	●	5~14	防水涂料、墙粉膏
COADIS 234K		24	●	●	●	●	●	●	●	○	●	○	●		
COATEX BR3	丙烯酸共聚物钾盐	40	○	●	●	○	●	○	●	○	●	○	○	5~14	高光涂料、半光涂料、亚光涂料、硅酸盐涂料、分散三氧化二铁
COATEX A122	丙烯酸共聚物钠盐	35	○	●	●	●	●	○	●	●	●	○		5~14	含氧化锌涂料

注：●特别适用；○可用。

(6) Cognis（科宁）公司的润湿分散剂

① 润湿分散剂　Cognis 公司的润湿分散剂商标为"Hydropalat"，主要牌号有 Hydropalat 34、100、188-A、306、436、640A、759、760、800、5040、5041、5050、1080、3204、3275、7003 等，后四者为水性色浆分散剂，但是也可用于色漆制备。水性涂料润湿分散剂的性能见表 4.9。Cognis 公司的产品在中国主要由深圳海川化工科技有限公司经销。

Hydropalat 34 是一种三元共聚分散剂，能与缔合型增稠剂缔合，具有优异的抗水性和展色性，耐擦洗，高湿条件下具有良好的早期抗起泡性。可与润湿剂 Hydropalat 436 配合使用。适用于内外墙乳胶漆的生产。

Hydropalat 100 是低 VOC、低味、疏水改性共聚物铵盐分散剂，可分散有机和无机颜料，分散效果好，光泽高，抗水性好，展色性好，抗早期起泡。适用于内外墙乳胶漆的生产。

Hydropalat 188-A 又称 Colorsperse 188-A，是高浓度（活性物100%）非离子润湿分散剂，可在水中乳化。对颜填料润湿分散性好，尤其对难分散的酞菁蓝或酞菁绿有特效。此外，展色性和稳定性好，可防止罐内漆及涂膜浮色和发花。可用于制漆和制色浆。用量为漆总量的 0.2%~0.5%，在研磨和分散之前加入。如果涂料展色性不理想可直接将 Hydropalat 188-A 补加到产品漆中进行改善，这时用量要增加。Hydropalat 188-A 适用于水性和非水

表 4.9 Cognis 公司的涂料润湿分散剂 Hydropalat

牌号 Hydropalat	外观	类型	成分	活性分/%	黏度(25℃)/mPa·s	相对密度	pH 值	添加量/%
34	乳白不透明液体	抗水性分散剂	三元共聚物	34~36		1.06(20℃)	5.0~6.5	0.5~2.0
100	黄色浊液	抗水性分散剂	疏水丙烯酸胺	27~29	50~250	1.102	7.5~8.5	0.2~1.0
188A	黄色黏液	非离子型		100		1.005~1.015(25℃)	6.5	0.2~0.5
306	水白至淡黄液体	乳胶漆润湿剂					6.0~7.5	0.1~0.2
436	无色透明黏液	非离子通用高效润湿剂		60~62		1.1	6~7	0.1~0.2
640A	黄色透明液体	经济型分散剂	聚丙烯酸铵盐	42~44	60~120/25	1.10~1.20	7.5~9.0	0.2~1.0
759	淡黄透明液体	螯合型分散剂	磷酸酯复合物	58~61		1.44~1.46	<2	0.25~0.5
760	白色粉末	粉末涂料用分散剂				0.1~0.2(松密度)	4.6~4.8	0.1~0.5
800	透明液体	乳胶漆分散剂		45	600~1300/25		6.0~6.5	0.25~0.5
5040	黄色透明黏液	高效经济型分散剂	聚羧酸钠	38.5~43.0		1.29(25℃)		0.2~1.0
5041	无色至浅琥珀色液体	乳胶漆、色浆经济型分散剂	聚丙烯酸钠盐	38.0~42.0			7.0~9.5	0.2~0.5
5050	黄色半透明至透明液体	乳胶漆通用分散剂	聚丙烯酸铵盐	39~40		1.15~1.20	6.5~7.5	0.4~1.0

性涂料。

Hydropalat 306 为乳胶漆用润湿剂,可稳定乳胶漆,避免贮存胶化,改善涂料的流平性,同时具有防止浮色发花和提高展色性的作用。Hydropalat 306 具有良好的生物降解性,适用于环保型涂料。

Hydropalat 436 为非离子型通用高效润湿剂,对颜填料具有极佳的润湿性,可提高展色性,改善浮色发花现象。作为颜填料的助分散剂与阴离子分散剂配合使用,能降低颜料浆的黏度,尤其适用于难分散的滑石粉、高岭土、超细重钙的分散。

Hydropalat 640A 是经济型聚丙烯酸铵盐分散剂,阴离子型,与水混溶性好。Hydropalat 640A 性价比高,分散效率好,黏度稳定,漆膜耐洗刷,光泽高。常温贮存,受冻后回温搅匀仍可用。

Hydropalat 759 是一种高效、耐水解螯合分散剂,特别适用于制备低黏度颜料浆和贮存稳定性高的乳胶漆。Hydropalat 759 配用六偏磷酸钠作分散剂,体系黏度更加稳定,贮存稳定性在一年以上。其用量为颜料量的 0.25%~0.5%。

Hydropalat 760 是离子型粉末状润湿分散剂,含水量小于 4%,配成 5% 的水溶液 pH 值为 4.6~4.8。用作无机/有机水稀释型复合粉末涂料、粉末腻子和水泥砂浆保水剂,与粉末料干混均匀后兑水使用。干粉中添加 Hydropalat 760 后更易在水中分散,并可降低浆液黏度,增加流动性,防止兑水后产生结块。

乳胶漆颜填料高效润湿分散剂 Hydropalat 800 对无机颜填料的分散、悬浮和稳定作用极好,防沉能力优异,对难分散的颜填料如超细重钙有极好的分散效果。与其他分散剂相比，在分散剂用量相同的情况下，使用 Hydropalat 800 的乳胶漆有较高的中剪黏度和更好的流动性。Hydropalat 800 的推荐用量为颜填料总量的 0.25%～0.5%。Hydropalat 800 在 0℃ 以下会冻结，缓慢回温并搅匀后仍可用。

Hydropalat 5040 是常用的高效分散剂，用量少，在研磨过程中无需另加辅助分散剂。显著特点有以下几点。第一相容性好，颜料用量即使有变化涂料的光学和物理性质仍可保持稳定。黏度稳定，所制的漆在 50℃ 下超过一个月热老化试验黏度仍无明显变化。用 Hydropalat 5040 的漆有优异的保光性，初始光泽高，且经热老化后光泽仍可保持不变。极好的展色性，在调色料中用 Hydropalat 5040 作为颜料分散剂不仅可以不用润湿剂而不影响调色效果，还可以提高耐水性和节约成本。起泡性很低，因为这种分散剂本身具有低泡性。第二是由于不需要另加其他表面活性剂，故减少了产生泡沫的机会。第三个原因是其效率高，故用量少，所以添加 Hydropalat 5040 后涂料在制造和使用过程中都很少起泡沫。耐擦洗性好。可以和活性颜料氧化锌等并用。Hydropalat 5040 的用量按涂料中的固体计为 0.2%～1.0%。Hydropalat 5040 与 San Nopco 公司的 SN-Dispersant 5040 完全相同。

Hydropalat 5041 可用于水性涂料和高固含量颜料浆制备，分散效率高，用量少，相容性好，对钛白粉、滑石粉、重钙、轻钙、高岭土的分散有特效。常温贮存，0℃ 以下会冻固，回温融化，搅匀后仍可用。

Hydropalat 5050 是乳胶漆通用型分散剂，通用性好，分散效率高，适于各种颜填料的分散，黏度稳定，具有良好的漆膜抗水性和极高的光泽度，广泛用于从亚光到高光的涂料配方中。Hydropalat 5050 的特点是：润湿快，分散效率高，尤其对高岭土等难分散的粉体有很好的分散效果；与色浆具有良好的相容性，特别对酞菁蓝、酞菁绿等有机颜料效果明显；可提供涂膜良好的展色性；不影响漆膜的耐水性及耐洗刷性；与缔合型增稠剂具有良好的匹配效果。常温下贮存，如果受冻，宜在室温下融化，搅拌均匀后使用。

② 水性色浆分散剂　Cognis 公司的水性色浆分散剂见表 4.10。

表 4.10　Cognis 公司的水性色浆分散剂

性　能	Hydropalat			
	1080	3204	3275	7003
外观	黏稠液	淡黄透明液	黏稠液	透明黏液
成分	单官能度油酰基环氧烷烃嵌段共聚物	螯合性多聚磷酸盐	嵌段共聚物	络合磷酸酯
活性分/%	约 80	48～52	约 40	29～31
相对密度(20℃)	1.03	1.24～1.27	1.047～1.067	
pH 值	6.0～7.5	5.5～6.5	7.1～7.8	1.0～3.0
黏度/mPa·s			600～3500	1000
含水量/%	19～21			
雾点/℃	61～65			
用量/%				
漆	0.2～1.5	0.2～0.5	0.5～2.5	
钛白			5～8	2～5
无机颜料	1～5		6～15	15～25(透明氧化铁)
有机颜料	10～30		10～30	
炭黑	＞60		40～100	

Hydropalat 1080 主要用于制备不含树脂、无溶剂的水性颜料浆，具有优异的润湿分散

性，高浓度色浆也有极好的流动性。也可用来制备乳胶漆面漆，可改善颜料的润湿性和展色性并提高漆膜光泽，适用于水性醇酸、聚酯和水性聚氨酯体系。Hydropalat 1080 可生物降解。

Hydropalat 3204 是部分中和、pH 值接近中性的螯合型润湿分散剂，为有机多聚磷酸类化合物。可用于制造高浓度、低黏度、贮存稳定的无机颜料浆，特别对钛白浆效果其好。Hydropalat 3204 可与其他分散剂如 Hydropalat 1080 配合使用以提高对颜料的分散能力和展色性。添加量为颜料量的 0.2%～0.5%。对双组分水性聚氨酯涂料 Hydropalat 3204 可能会影响其适用期，这时应改用 Hydropalat 3204 的非中和产品 Hydropalat 759。

Hydropalat 3275 用于制备不含树脂、无溶剂的水性颜料浆，具有极佳的润湿分散性、稳定性和流动性。也可制备面漆，制备面漆展色性好，光泽高，不影响耐水性。Hydropalat 3275 还可用于气干和烘干漆以及水性双组分聚氨酯涂料。

Hydropalat 7003 是酸性分散剂，主要用于制备水性无机颜料色浆，特别是不含树脂的颜料浆，也可以与非离子分散剂，如 Hydropalat 1080 共用。

③ 研磨助剂　Hydropalat 44 和 Tenlo 70 是 Cognis 公司的研磨助剂，主要用于制色浆，性能见表 4.11。

表 4.11　Cognis 公司的研磨助剂

性　能	牌　号	
	Hydropalat 44	Tenlo 70
成分	阴离子电解质	油溶性非离子表面活性剂
外观	无色至淡黄液体	琥珀色液体
有效分/%		97
固含量/%	34～36	
水分/%		≤3.0
相对密度(20℃)	1.28～1.32	1.00
黏度(20℃)/mPa·s	75～110	
pH 值	7.5～9.0	8.5～10.5
溶解性	易溶于水和乙二醇类	水中成浊液
推荐用量/%	0.2～1.0	0.25～0.5

Hydropalat 44 为水性体系高效颜料分散助剂，可单独使用，不必另加润湿剂和分散剂，可用于制以乙二醇类化合物为基础的颜料浆。保光性和耐温性好。贮存温度 20～30℃，冷冻后会冻结，室温解冻后搅匀仍可用。

颜料研磨助剂 Tenlo 70 是一种油溶性非离子表面活性剂，能有效地润湿干粉颜料，适用于溶剂型漆和乳胶漆体系，能确保颜料在载体中迅速而均匀地分散。因其具有优良的润湿作用，能使许多种颜料和填料分散得迅速而均匀。添加 Tenlo 70 后能增加固体含量，降低体系黏度和减缓沉淀速率。Tenlo 70 独特的性能赋予涂料下述优点：可提高颜料浓度，增加磁漆光泽，但对半光或无光漆所用的消光剂却无影响或影响极小，Tenlo 70 能减缓结硬底过程，降低流挂和渗出，减少浮色和发花，不影响干燥时间，使涂料有更好的涂刷性能。此外，Tenlo 70 能缩短工时，有时能使研磨时间节约一半。

下列配方为推荐的起始基础配方：颜料 50 份，乙二醇 45 份，可分散于水的卵磷脂 3 份，Tenlo70 2 份。

Tenlo 70 最好贮存于 2～27℃ 之间，温度在 0℃ 以下会冻结，此时不能直接加热，但可在室温下待恢复常态充分混合后使用。

（7）Condea Servo（康盛）公司的润湿分散剂　荷兰康盛公司生产多种涂料助剂，其中水性体系用润湿分散剂有 SER-AD FA 115、FA 182、FA 196、FA 607、FA 620、FA 625、SER-AD FN 265、SER-AD FX 365、FX 504、FX 505、FX 540、FX 600、FX 605 等。这些润湿分散剂的基本性能见表 4.12。

表 4.12　Condea Servo 公司的水性体系用润湿分散剂

牌号 SER-AD	外观	活性分/%	pH 值	相对密度(20℃)	黏度/mPa·s	颜色 APHA	溶解性	闪点/℃	推荐用量/%	应用特性
FA 115	透明液体	约 45	6.5～7.5（浓度 1%）	1.060	1800～2500（20℃）	≤80	溶于水		0.2～0.4	阴离子润湿剂，减少浮色，改善色浆混溶性
FA 182	透明液体	约 45	5～7（浓度 1.5%）	1.000	50～100（25℃）	≤100			0.1～1.0	阴离子表面活性剂，颜料和基材润湿剂
FA 196	透明液体	100	5～6（浓度 1%）	1.040		≤150	溶于水	>100	0.2～1.0	阴离子表面活性剂，炭黑和颜料分散剂
FA 607	红棕色透明液	约 80	6.5～7.5（浓度 3%）	1.015	≤600（25℃）	≤100	溶于水	>150	0.1～0.5	水油通用颜料分散剂
FA 620	透明液体	约 50	4.6～6.0（浓度 2%）	1.015	≤150（30℃）	≤100	溶于水		8	阴离子颜料浓缩浆润湿分散剂
FA 625	透明液体	75	5～7（浓度 1%）	0.950	1250（20℃）		溶于醇	65	30	生产水油通用色浆的研磨载体，分散快，展色性好
FN 265	透明/微浊液体	约 90	5～7（浓度 1%）	1.050	≤300（20℃）	≤5（Gardner）		>100	0.1～0.5	不含苯酚的非离子颜料润湿剂，助分散、防絮凝
FX 365	透明液体	90		1.116	850（20℃）		溶于水	>200	0.2～1.0	非离子颜料润湿分散剂
FX 504	透明液体	30	7.0～9.0	1.130	≤40（25℃）	≤3（Gardner）	溶于水	>100	0.1～1.0	聚羧酸铵盐分散剂
FX 505	透明液体	50	7.0～8.5	1.220	≤1000（25℃）	≤4（Gardner）	溶于水	>100	0.1～1.0	聚羧酸铵盐分散剂
FX 540	透明液体	40								乳胶漆和色浆用聚丙烯酸铵盐分散剂
FX 600	透明液体	25	8.5～9.5	1.045	1600（20℃）	无色至淡黄	溶于水		0.5～3.0	水油通用分散剂
FX 605	透明液体	约 45	8～9	1.310	≤1000（30℃）	≤5（Gardner）	溶于水		0.1～3.0	低泡、零 VOC 聚羧酸钠分散剂，分散效能极佳

SER-AD FA 115 是低分子量润湿剂，可以改善色浆与基料的混溶性，稳定颜色，提高展色性，增加流动性，降低浮色。用量为漆总量的 0.2%～0.4%，分散前加入。

SER-AD FA 182 是一种高效多用途添加剂，可用作涂料的润湿剂，同时能降低静电喷涂涂料的电阻。水性涂料添加 SER-AD FA 182 后表面张力显著降低，改善颜料和基材的润湿性，增强与着色剂的混溶性，减少分水的倾向。SER-AD FA 182 添加量为配方总量的

1.5%时能获得最低阻抗，有利于静电喷涂涂料的施工。SER-AD FA 182可作为乳胶漆疏水颜料的润湿剂，可得到最佳的着色强度。此外，还能改善涂料的流动性，提高涂料在金属表面的展布性和附着力。

SER-AD FA 196是100%有效成分的颜料分散剂，主要用于有机溶剂体系中，也可以用于水性聚酯氨基涂料。

SER-AD FA 607为聚合型多功能表面活性剂，分散颜料效果好，水性和油性体系均可用。适用于酸碱颜料分散，并可改善通用色浆的混溶性。

SER-AD FA 620为阴离子润湿分散剂，用于生产水性高浓度颜料浓缩浆，适用于亲水性颜填料的分散。

SER-AD FA 625是一种研磨载体，用于生产水性涂料和溶剂型涂料的着色剂，制备的色浆可用于工厂调色和电脑调色。SER-AD FA 625可与非极性溶剂，如丙二醇甲醚或乙二醇单乙醚联合使用。加入10%的水这样的高极性溶剂会改善着色剂的流变性能。SER-AD FA 625制色浆分散快，展色性好，颜料含量高。

SER-AD FN 265为不含壬基酚的非离子润湿剂和乳化剂，有利于环保。对颜料的润湿和稳定性类似于壬基酚聚氧乙烯烷基醚（NP-10E）。

SER-AD FX 365是一种水油通用型非离子颜料润湿分散剂。对亲水性颜料可与SER-AD FX 504合用；对疏水性颜料，包括惰性有机颜料SER-AD FX 365可单独用作分散剂和稳定剂。SER-AD FX 365不含有机溶剂，展色性好，可减少絮凝，提高颜料浓度。涂料中用量为0.2%~1.0%，分散颜料浆用量为2%~10%。

SER-AD FX 504和SER-AD FX 505为低泡聚合型分散剂，基本性能相似，有效成分不同，适用于所有类型水性涂料。分散亲水性钛白粉、氧化铁、重钙可直接用，分散疏水性有机颜料时应与润湿剂SER-AD FN 265或SER-AD FN 265/SER-AD FN 1566配合使用。

SER-AD FX 600多功能分散剂适用于包括水性醇酸、水性氨基、水性双组分环氧和丙烯酸涂料在内的各种基料体系中颜填料的分散，也可用于水性油墨的分散。可制颜料浆，包括水性或油性颜料浆。具有光泽高、遮盖力强、相容性好、稳定性佳的特点。用量为：分散漆中的颜料时添加组分总量的0.5%~2.0%；分散油墨中的颜料时添加组分总量的0.5%~3.0%；制颜料浓缩浆时要用到配方总量的1%~15%。

SER-AD FX 605为聚羧酸钠盐分散剂，适用于各种乳液体系和颜填料的分散，分散效率极佳，展色性好，低泡，并使涂料具有长期稳定性。用量：对钛白粉和滑石粉0.05%~0.5%；高岭土0.4%~0.8%。

Condea Servo公司还有非离子表面活性剂型润湿剂SER-AD FN 211、FN 225和FN 1566（表4.13），是烷基酚聚氧乙烯醚化合物，分子结构决定了这些表面活性剂具有亲水亲油性，加成的环氧乙烷越多亲水性越强。由于是非离子型，可与阳离子、非离子和阴离子表面活性剂兼容。它们在水性涂料中主要用作颜料润湿剂和色浆稳定剂。

康盛公司另有一种制备水性色浆和着色剂的液体载体NUOSPERSE 2000，是一种聚合的表面活性化合物，不含有机溶剂和壬基酚。NUOSPERSE 2000有很强的保湿功能，能避免色浆早干，并且可以改善分散性能。制造的通用色浆主要用于水性涂料。NUOSPERSE 2000的外观为透明液体，活性成分约为73%，相对密度1.110，溶剂为水，所以可以制造零VOC色浆和着色剂。用量为色浆总量的5%~25%。有关NUOSPERSE 2000的信息还可参见"Elementis（海名斯）公司的润湿分散剂"一节。

表 4.13 Condea 公司的水性非离子润湿剂

牌号 SER-AD	外观	活性分/%	pH 值/浓度	酸值/(mg KOH/g)	HLB	5%溶解性	浊点/℃	应用特性
FN 211	透明液体	99~100	5~7/1%		约 12.5	溶于水、醇、二甲苯	23~26	与 FN504 配合使用,低泡润湿剂,润湿滑石粉
FN 225	透明液体	69~71	5~7/1%	0.1~0.15	约 17	溶于水、醇、二甲苯	76~78	与通用着色剂配合的润湿剂和乳化剂
FN 1566	透明液体	99~100	5~7/2%	≤0.2	约 13.5	溶于水、醇、二甲苯	55~57	颜料润湿稳定剂

Condea Servo 公司润湿分散剂适用的水性体系及选用指南参见表 4.14。

表 4.14 Condea 公司的水性润湿分散剂选用指南

牌号	水性醇酸	乳胶漆	水性环氧	水性油墨	水性聚酯氨基	聚氨酯分散体	硅胶分散体	水溶性树脂	颜料浆制备	说明
SER-AD FA 115	●	●							●	润湿剂,增强颜料浆的展色性
SER-AD FA 182	●	●	●	●					●	润湿剂,增强颜料浆的展色性
SER-AD FA 196					●					颜料分散,主要用于溶剂型涂料
SER-AD FA 607	●	●	●	●	●	●		●		水油通用分散剂
SER-AD FA 620									●	颜料浆分散剂
SER-AD FA 625		●							●	研磨载体,用于不含乙二醇的通用型颜料色浆
SER-AD FN 211		●								非离子型,低起泡性,不含 APEO
SER-AD FN 225	●	●	●	●			●			非离子型,亲水体系用
SER-AD FN 265	●	●	●	●						非离子型,低起泡性,不含 APEO
SER-AD FN 1566	●	●								非离子型,多用途
SER-AD FX 365	●	●	●	●						颜料分散剂,工业漆用
SER-AD FX 504						●				乳胶漆用颜料分散剂
SER-AD FX 505						●				乳胶漆用颜料分散剂
SER-AD FX 540						●				乳胶漆用颜料分散剂
SER-AD FX 600	●		●	●						水性工业涂料和高光乳胶漆用颜料分散剂
SER-AD FX 605		●				●	●	●		乳胶漆用颜料分散剂

注:●特别推荐。

(8) 德谦(Deuchem)公司的润湿分散剂 德谦公司的水性润湿分散剂有 7 个品种,牌号分别是 Disponer W-18、W-19、W-20、W-511、W-519、W920 和 W-9700。基本性能见表 4.15。

Disponer W-519 溶剂为水,VOC 极低,无 APEO,pH 值适用范围 6~12,适用于建筑涂料等水性漆分散无机颜填料。

Disponer W-920 特别适用于水性体系中的有机颜料和氧化铁的分散,对中低色素炭黑具有分散稳定的效果,分散的色浆展色性好,稳定性佳,不易絮凝、浮色和发花。Disponer W-920 以乙二醇单丁醚/水作溶剂,不含 APEO,酸值 20~30mg KOH/g。

表 4.15　德谦公司的水性润湿分散剂 Disponer

牌号	外观	组成	类型	不挥发分/%	相对密度	HLB	pH值	浊点(1%)/℃	推荐用量/%	应用特性
Disponer W-18	无色至微黄液体	直链非离子界面活性剂	润湿剂	98～100	0.98～1.01	约13.3		51～56	0.1～0.5	对颜料和基材有优异的润湿渗透展色性,不含APEO
Disponer W-19	琥珀色液体	非离子界面活性剂	润湿剂	约100	约0.975		6～8(浓度5%)	27～33	0.1～0.5	低泡,对颜料和基材有优异的润湿渗透展色性,不含APEO
Disponer W-20	微黄液体	特殊官能团的非离子界面活性剂	润湿分散剂	约100	约1.11		5～7	约61	炭黑30～80 有机颜料10～30	润湿力强,展色性好,不含APEO,制颜料浓缩浆用
Disponer W-511	微黄清液	聚丙烯酸钠盐	润湿分散剂	39～43	约1.20		6～8(原液)		乳胶漆0.3～0.5 氧化铁系4～8 一般颜料填料0.5～1.5	高效杀泡,对钛白粉、无机颜料分散效果极好
Disponer W-519	微黄清液	聚丙烯酸铵盐		≥34					钛白粉及填料1.0～1.5 氧化铁系4～8	无机颜料分散,水性漆
Disponer W-920	微黄清液	阴离子界面活性剂	润湿分散剂	48～50	1.02～1.04				有机颜料10～30 炭黑30～80 氧化铁系4～8	润湿性强,分散优,适于有机和无机颜料浓缩浆制备
Disponer W-9700	黄色黏液或蜡状固体	高分子聚合物		100	约1.1				有机颜料10～30 炭黑20～80	润湿力强分散性好,低泡,无APEO,颜料浆制备

（9）广州市华夏助剂化工有限公司的水性润湿分散剂　广州市华夏助剂化工有限公司的水性润湿分散剂有 HX-3083、3088、5300、5310、5320、5330、5810 和 5880 等牌号（表 4.16）。

表 4.16　华夏助剂化工有限公司的水性润湿分散剂

牌号	外观	组成	类型	不挥发分/%	相对密度	溶剂	pH值	闪点/℃	折射率(25℃)	推荐用量/%	应用特性
HX-3083		聚醚改性二甲基硅氧烷溶液	润湿分散剂	20	0.89	甲苯		12	1.49	0.01～0.5	降表面张力,增进底材润湿,水油通用
HX-3088		聚醚改性二甲基硅氧烷	润湿分散剂	≥98	1.05	无		>100	1.44	0.01～0.3	降表面张力,增进底材润湿,无溶剂型漆为主
HX-5300	黄色液体	聚羧酸钠盐			1.18		8.5～10			无机0.5～1 有机1～5	无机颜填料主分散剂,效率高,展色好,泡少,用量少,各种建筑漆
HX-5310	黄色液体	聚羧酸铵盐			1.04		8.5～9.5			无机0.2～2 有机1～20	有机颜料分散好,展色佳,制颜料浆

续表

牌号	外观	组成	类型	不挥发分/%	相对密度	溶剂	pH值	闪点/℃	折射率(25℃)	推荐用量/%	应用特性
HX-5320	黄色液体	聚羧酸钠盐			1.26		7.0～8.5			无机0.2～1 有机0.5～3	无机颜填料主分散剂,效率高,展色好,泡少、用量少,各种建筑漆
HX-5330	黄色液体	聚羧酸铵盐		40	1.13		7.5～8.5			无机0.2～2 有机1～20	无机颜料润湿分散性好,外墙漆用
HX-5810	无色透明液	表面活性剂	非离子	≥99	1.06	无		>100		0.1～0.3	低HLB,降表面张力,用于炭黑和有机颜料分散
HX-5880	淡黄透明液	表面活性剂溶液	非离子	70	1.08	水		>100		0.1～0.2	高HLB,降表面张力,颜填料润湿分散

(10) EFKA公司的润湿分散剂　EFKA公司的水性体系可用的润湿分散剂有EFKA-4500、4510、4520、4530、4550、4560、4580、5071、6220和6225等（表4.17），因EFKA产品现属Ciba公司所有，其牌号又称为CibaEFKA-4500、4510、4520、4530、4550、4560、4580、5071、6220和6225等。这些分散剂的保质期都在5年以上。

(11) Elementis（海名斯）公司的润湿分散剂　英国Elementis（海名斯）公司原有的润湿分散剂注册商标为"NUOSPERSE"。2004年并购康盛公司后扩大了产品种类，但康盛公司的润湿分散剂仍保留原来的牌号（见"Condea Servo（康盛）公司的润湿分散剂"一节）。水性体系用的NUOSPERSE系列润湿分散剂牌号、性能见表4.18。

NUOSPERSE 2008是无溶剂、零VOC润湿分散剂，能强烈吸附在各种基材上，分子中有多个反应点，即具有多官能性。NUOSPERSE 2008溶于水、乙二醇和二甲苯。水性、油性涂料和油墨都可以用。NUOSPERSE 2008可改善颜料的润湿性、稳定性，并缩短研磨时间，抑制浮色、发花和沉淀。无论酸碱颜料以及亲油亲水颜料均可用。研磨阶段加入。保质期3年。

NUOSPERSE FN 260的闪点>100℃，不含壬基酚，有润湿、乳化和不稳泡功能，就其颜料润湿性、抗絮凝性和分散稳定性而言完全可以代替壬基酚聚氧乙烯醚（例如，代替NP-10E）。室温贮存保质期3年。

NUOSPERSE FN 265的闪点>100℃，不含烷基酚，有润湿、乳化和不稳泡功能，可代替NP-10E。室温贮存保质期3年。

NUOSPERSE FN 267的闪点>100℃，酸值0～2mg KOH/g，含有少量水分，不含烷基酚。有润湿、乳化和不稳泡功能。可代替NP-30E。室温贮存保质期3年。

NUOSPERSE FN 1566为水性漆和水性颜料浆用颜料润湿剂，在乳胶漆中常与NUOSPERSE FX 504分散剂配合使用，还可用作乳液聚合的乳化剂。NUOSPERSE FN 1566分子为两亲结构型，与阴离子、阳离子化合物的相容性都很好。其HLB值约为13.5，酸值≤0.2mg KOH/g，1%的水溶液浊点为55～57℃，易溶于水、丙二醇和二甲苯。室温贮存保质期3年。

分散亲油性颜料时可单独使用NUOSPERSE FX 365，但是，分散和稳定亲水性颜料时应与NUOSPERSE FX 504或FX 600配合使用。NUOSPERSE FX 365的保质期为3年。

NUOSPERSE FX 504适用于分散各种亲水颜填料，如钛白粉、碳酸钙、硫酸钡等。分散

表 4.17 EFKA 公司的水性润湿分散剂

牌号	外观	类型	活性分/%	相对密度(20℃)	酸值/(mg KOH/g)	胺值/(mg KOH/g)	溶剂/%	颜色	用量/%	特点	应用
EFKA-4500		自乳化改性聚丙烯酸酯	49~51	0.91~0.93		40~50	叔丁醇	≤3	无机 2~4 有机 15~25 炭黑 20~30	闪点 24℃,高分子解絮凝分散剂,高光,防浮色发花	水性工业漆
EFKA-4510		改性聚丙烯酸酯	49~51	0.90~0.92	17~23	40~50	叔丁醇	≤3	无机 2~4 有机 15~25 炭黑 20~30	闪点 24℃,加 2.5%的 DMEA 后可全溶于水	水油通用,色浆
EFKA-4520		改性聚氨酯	32~40	0.99~1.01	6~11	6~10	BuOAc/PM/PMA	≤5	无机 2~4 有机 15~25 炭黑 20~30	闪点 24℃,高光,防浮色发花,降黏,预中和至 pH＝8.5~9.0 后添加	水油通用
EFKA-4530		改性聚丙烯酸酯	49~51	0.98~1.00	32~38	24~28	PM	≤4	无机 2~4 有机 15~25 炭黑 20~30	闪点 32℃,高光,防浮色发花,展色好	水油通用
EFKA-4550		改性聚丙烯酸酯		1.04~1.08		24~30	水	≤6	无机 2~4 有机 15~25 炭黑 20~30	分散不受 pH 影响,高光,防浮色发花,防沉,分散色好,展色好	水性漆,色浆
EFKA-4560		改性聚丙烯酸酯	38~42	1.02~1.06		22~28	水	≤6	有机 5~10 炭黑 20~70	分散不受 pH 影响,防浮色,抗絮凝,展色,光泽好	色漆,色浆
EFKA-4570		改性聚丙烯酸酯	59~61	1.01~1.03		40~44	TPM	≤8	无机 2~4 有机 15~25 炭黑 20~30	防浮色,抗絮凝,展色好,光泽好	水油通用
EFKA-4580	半透明液体	聚丙烯酸乳液	39~41	1.03~1.07		16~22	水		无机 2~4 有机 15~25 炭黑 20~30	降黏,防浮色发花,高光,展色好,抗絮凝,分散不受 pH 影响	水性漆,色浆
EFKA-5071	微棕清液	聚胺酰胺	51~55	1.08~1.10	80~100	95~105	水		无机 0.5~2 有机 2.5~5	闪点 110℃,防沉防浮色润湿分散粉料,不会产生硬沉淀	水性漆,色浆
EFKA-6220	深棕色液体	脂肪酸改性聚酯	100	0.98~1.02	18~26	30~40	—	≤18	无机 有机 15~25 炭黑 20~30	展色好,分散光粉时添加消光粉的 1%~2%	水油通用,色浆
EFKA-6225	浅棕色液体	脂肪酸改性聚酯	100	1.02~1.06	47~51	45~50	—	≤18	无机 5~10 有机 炭黑 10~30	极好地稳定颜料,制零 VOC 漆,展色好	水油通用,色浆

表 4.18 Elementis（海名斯）公司的润湿分散剂 NUOSPERSE

牌号 NUOSPERSE	外观	类型	活性分 /%	相对密度	黏度(20℃) /mPa·s	pH/浓度	溶剂 /%	色度 (Gardner)	用量/%	特点	应用
2000	清澈至微浊液体	分散载体和保湿剂	约 73			8~10 (浓度 2%)		≤5	颜料的 5~25	无有机溶剂和 APEO，润湿分散性好、稳定性好、保湿性好，保质期 2 年	制造颜料浆、颜料分散体
2006	清澈液体	阴离子表面活性剂，润湿分散剂	62~65	约 1.090	约 450	5~7 (浓度 1.5%)		≤100 (APHA)	0.3~1.5	无溶剂，固含量 75%~78%，颜料和基材润湿性，改善色浆相容性和漆面张力，降低漆的喷涂性，保质期 2 年	水性漆油性漆通用
2008	清澈至微浊液体	聚合型多官能度表面活性剂	100	约 1.040	约 750	6.5~7.5 (浓度 3%)			水性漆 0.1~0.5 水性色浆 1~5	无溶剂，零 VOC，大大降表面张力，快速润湿颜料、展色性相容性好	水性和油性涂料/油墨
FA 115	清澈液体	阴离子润湿剂	45	约 1.060	1800~2500	6.5~7.5 (浓度 2%)		≤100 (APHA)	0.2~0.4	改进通用色浆与漆的混合性，相容性，减少浮色发花，保质期 3 年	水性漆
FA 182	清澈液体	阴离子润湿剂	65±1	约 1.000	约 100	5~7 (浓度 1.5%)		≤100 (APHA)	0.3~1.0	高效多用途助剂，提高颜料基材润湿性，改善颜料相容性、降低静电喷涂阻力	水性漆
FA 196	清澈液体	阴离子表面活性剂	100	约 1.040	≤1200	5~6 (浓度 1%)		≤150 (APHA)	0.2~1.0	高效、无溶剂，提高色浆相容性、分散炭黑、溶于水	水性漆、油性漆
FA 620	清澈液体	阴离子润湿分散剂	50	约 1.015	≤150	4.5~6 (浓度 2%)		≤35 (APHA)	5~10	提高展色性、分散效率和颜料量、降黏、防浮色、性价比高、保质期 3 年	水性涂料、纸张涂料、颜料浆
FA 640	清澈液体	阴离子研磨载体	97	约 1.020	约 4000	4~7 (浓度 5%)	水 3		≥6	低分子量、无溶剂、润湿、改进展色性、降价比高、保质期 3 年	颜料浆
FN 211	清澈液体	非离子润湿分散剂	100			5~7 (浓度 1%)			乳胶漆 0.2~1 色浆≤15	HLB值约 12.5，浊点 23~26℃(1%水液)，无 APEO，低味、展色性好，保质期 3 年	水性漆、色浆

续表

牌号 NUOSPERSE	外观	类型	活性分/%	相对密度	黏度(20℃)/mPa·s	pH(液度)	溶剂/%	色度(Gardner)	用量/%	特点	应用
FN 260	清澈液体	非离子润湿乳化剂	约100	约1.050	约500	5~7 (浓度1%)		0~10		无APEO,具有亲油亲水结构,颜料润湿性较好,不稳泡,不絮凝	水性漆,色浆
FN 265	透明至微浊液	非离子润湿剂	约90	约1.015	约300	5~7 (浓度1%)		≤5	漆0.1~0.6 色浆2~15	无APEO和VOC,具有亲油亲水结构,颜料润湿性较好,不稳泡,不絮凝	水性漆,色浆
FN 267	清澈液体	非离子润湿剂	约100	约1.075	约500	5~7 (浓度1%)		0~10		无APEO,具有亲油亲水结构,颜料润湿性较好,不稳泡,不絮凝	水性漆,色浆
FN 1566	清澈液体	壬基酚聚氧乙烯醚	约100			5~7 (浓度2%)	水 1~2		0.2~0.5	润湿、分散、乳化、稳定	水性漆,色浆
FX 365	清澈液体	非离子聚合型润湿分散剂	90	约1.110	约850				漆0.2~1.0 色浆2~10	两亲结构,低味,零VOC,无APEO,颜料量较大,展色性好,抗絮凝	水性漆,油墨,色浆
FX 504	清澈液体	聚羧酸铵盐	30	1.130	≤40	7.0~8.5		≤3	0.1~1.0	聚合型颜料分散剂,无泡,高效,减少絮凝,长期稳定,漆膜耐水	水性漆
FX 505L	清澈液体	聚羧酸铵盐	50	约1.220	≤1000	7.0~8.5 (浓度1%)	水	≤4	0.1~1.0	低泡,提高稳定性,改进展色,防浮色,发花和絮凝	乳胶漆
FX 508	微浊液体	阴离子分散剂	50	1.160	约350	8.5~9.0	水		0.4~2.0	防浮色,发花,絮凝,沉淀好,无泡,长期稳定	乳胶漆,工业漆
FX 600	透明至微浊液	分散剂	约25	约1.045	约1600	8.5~9.0	水		漆0.5~2 油墨0.5~3	可发生各种颜料,提高润湿性,耐水性,光泽,防絮凝,缩短研磨时间	水性漆,水性油墨

续表

牌号 NUOSPERSE	外观	类型	活性分/%	相对密度	黏度(20℃)/mPa·s	pH/浓度	溶剂/%	色度(Gardner)	用量/%	特点	应用
FX 603	清澈液体	聚羧酸钠盐	约30	约1.200	约200(30℃)	8~9(浓度5%)	水	≤3	0.1~4.5	低泡分散剂,分子量分布窄,零VOC,易溶于水	乳胶漆,分散无机颜料
FX 605	清澈液体	聚羧酸钠盐	约45	约1.310	约1000(30℃)	8~9(浓度5%)	水	≤5	0.05~0.8	低泡分散剂,分子量分布窄,零VOC,易溶于水,减少絮凝,快速降黏	乳胶漆,分散无机颜料
FX 609	油液	聚羧酸碱性盐	约45	约1.320	≤5000(30℃)	7~8(浓度5%)			0.1~3.5	制高浓缩色浆,防沉,絮凝,不凝胶,稳定性好	乳胶漆,分散无机颜料
FX 610	微黄透明至微浊液	多官能度聚合物	约25	约1.078	<100	8.5~10.0			色漆 0.5~2 油墨 0.5~3 色浆 1~10	零VOC高效颜料分散剂,改进润湿,防沉,光泽和耐水性	乳胶漆,工业漆,水性漆,油墨,色浆
W-22	透明液体	高效润湿分散剂		1.050	560~960	9.0(浓度1%)		7	漆 2 色浆 10~15	无泡,快速润湿,展色性,稳定沉淀,有机无机颜料均适用	水性漆,油墨,色浆
W-28	透明液体	高效润湿分散剂		1.050	200~450	10.5(浓度1%)		6	漆 2 色浆 10~15	相容性好,快速润湿,展色性,稳定沉淀高,有机无机颜料均适用	水性漆,油墨,色浆
W-30		无APEO分散剂	33.5	1.040	400~700				漆 2 色浆 10~15	低VOC,快速润湿,高浓度,流动好,不浮色发花,高保光,软沉淀,有机无机颜料均适用	各种水性漆,汽车漆
W-33		无APEO分散剂	44	1.050	200~600				漆 2 色浆 10~15	低VOC,快速润湿,高浓度,流动好,不浮色发花,高保光,软沉淀,有机无机颜料均适用	水性漆,油墨,色浆
W-39		无APEO分散剂	44	1.050	200~600				漆 2 色浆 10~15	低VOC,快速润湿,高浓度,流动好,不浮色发花,高保光,软沉淀,有机无机颜料均适用	水性漆,工业漆,油墨,色浆
W-44	透明至微浊油液	多官能度聚合物	96	1.000	800~1600(23℃)	5~9			漆 2 色浆 10~35	快速润湿,高浓度,展色发花,不浮色发花,软沉淀,流动好,长效稳定,保质期2年	水性油性漆通用

有机颜料时，最好与润湿剂 NUOSPERSE FN 265 或 NUOSPERSE FN 211 配合使用。研磨阶段加颜料之前添加。分散剂保质期 2 年。

NUOSPERSE FX 505L 对无机颜填料分散性极好，分散强疏水性有机颜料时应配用润湿剂 NUOSPERSE FN 1566 或 NUOSPERSE FN 265。贮存在 20℃ 以上，注意防冻。

高效颜料分散剂 NUOSPERSE FX 508 分子量分布窄，易溶于水、乙二醇和丙二醇，可用于高光和半光乳胶漆和工业漆。分散防锈颜料可提高防锈性能。研磨阶段先于颜料添加。分散剂保质期 2 年。

NUOSPERSE FX 600 是多官能团聚合型分散剂，可分散有机、无机和防锈颜料。可用于水性漆、水性油墨、胶黏剂、皮革涂饰剂、织物处理剂的制造。适用的基料有丙烯酸乳液、PU 分散体、烤漆分散体、水性气干醇酸、双组分环氧等。NUOSPERSE FX 600 保质期 3 年。

颜料分散剂 NUOSPERSE FX 609 易溶于水，适于乳胶漆和高浓度色浆制造，可提供长期稳定性和良好的流变性能，不凝胶，不易絮凝。主要用于分散无机颜填料。参考用量（按颜料量计）为：钛白粉 1.5%～2.5%；铁黄 2.5%～3.5%；碳酸钙 0.1%～1.0%。NUOSPERSE FX 609 的贮存保质期为 2 年。

NUOSPERSE W-22 和 NUOSPERSE W-28 的贮存保质期均为 4 年。

NUOSPERSE W-30 为低 VOC（110 g/L）、无 APEO 的颜料分散剂。应贮存于 5～50℃，避免日光和霜冻，贮存期 4 年。

NUOSPERSE W-33 和 NUOSPERSE W-39 均为低 VOC（64g/L）、无 APEO 的颜料分散剂，研磨不起泡。适用于水性漆、水性油墨和水性色浆的制造。应贮存于 5～50℃，避免日光和霜冻，贮存期 4 年。

（12）Lamberti（宁柏迪）公司的润湿分散剂　意大利 Lamberti（宁柏迪）公司的分散剂见表 4.19。其中 Reotan 牌号的是无泡分散剂，这些分散剂主要用于乳胶漆。Verapon 主要起润湿剂作用，应与分散剂配合使用。Verapon 490 的酸值为 128～138mg KOH/g，磷含量 4.0%～5.5%，易溶于水。

表 4.19　Lamberti 公司的润湿分散剂

牌号	外观	组成	类型	活性分/%	相对密度	HLB	pH 值	浊点(1%)/℃	推荐用量/%	应用特性
Esapal FS	浊液	烷基酚乙氧基硫酸盐	润湿分散剂	35±1	1.08～1.10	13	6～8		颜料 5～15	对颜料有润湿作用，颜料分散，色浆制造
POLIROL OF10	透明清液	辛基酚聚氧乙烯醚	润湿分散剂	100	1.06	13.2	5～7			非离子有机和无机颜料润湿分散剂，pH 值＞12 时稳定，无 VOC
POLIROL OF40/70	透明清液	辛基酚聚氧乙烯醚水溶液	润湿分散剂	70	1.1	17.6				高 HLB 非离子表面活性剂，乳化剂和润湿分散剂
Reotan HS	淡黄液	聚羧酸钠盐		40±1	1.17		7.0～7.5		0.2～0.8	颜填料、乳液分散
Reotan L	淡黄液	聚羧酸钠盐		44±1	1.30		7.0～7.5		0.2～0.7	颜填料、乳液分散，不起泡
Reotan LA	淡黄液	聚羧酸铵盐		40±1	1.17		7.0～8.5		0.2～0.8	颜填料、乳液分散，高光乳胶漆

续表

牌　号	外观	组成	类型	活性分/%	相对密度	HLB	pH值	浊点(1%)/℃	推荐用量/%	应用特性
Reotan LAM	淡蓝绿黏液	聚羧酸氨盐	润湿分散剂	40±1	1.16		6.5～8.0		0.25～1.25	颜填料、乳液分散，高光泽,不起泡
Verapon 490	液体	烷基醚多磷酸酯		100					0.05～0.1	乳胶漆
Verapon B/110	淡黄液	乙氧基脂肪酸		100	1.03				0.1～0.5	乳胶漆、色浆，无VOC
Verapon GE-M	黏稠清液	二辛基磺化琥珀酸钠		75	1.10		5.5～7.5		润湿0.2～5 色浆1～5	色浆分散、底材润湿
Verapon TR8/L	透明液	乙氧基支链醇	润湿剂	≥97		12.6	5～7		润湿剂,无VOC	

Esapal FS 的 Hazen 色度≤250，与水混溶性好。可配合非离子润湿剂使用。

POLIROL OF10 为非离子表面活性剂、乳化剂，分散润湿剂，外观清澈透明液体，APHA 颜色 50，有温和气味，活性分 100%，易溶于水。5%的溶液 pH 值为 5～7，浊点（1%溶液）60～69℃，闪点＞100℃，沸点＞100℃，羟值 90～100mg KOH/g。

Reotan L 是聚羧酸钠盐，在水性涂料中最常用。其分散作用是通过众多的阴离子吸附在颜填料粒子表面形成一个稳定的负电层，带负电荷的粒子相互排斥，从而使得颜填料粒子稳定地分散在漆中。由于 Reotan L 始终严密地封闭着被分散的粒子表面，所以可以防止吸收乳液中的乳化剂，避免了漆在贮存期间黏度的升高。Reotan L 在 pH 值为 5.5～14 的范围均保持活性，在温度高达 100℃时以及硬度达 36°的硬水中仍稳定。总之 Reotan L 比聚磷酸盐分散剂更加优越。Reotan L 应在颜填料添加之前加入体系中，实际使用时可与聚磷酸盐分散剂并用，以 Reotan L/聚磷酸盐分散剂＝1.1～1.3（以固体计）为好。

Reotan LA 的特点是高稳定性和抗水解性，不影响涂料的光泽，所以推荐用于高光水性漆。

非离子表面活性剂 Verapon B/110 的有效成分＞97%，凝固点 6℃，不含 VOC，对水性体系中的颜填料有非常强大润湿作用。添加少量的 Verapon B/110 可以降低体系的表面张力，使固体粒子表面易于润湿，增加稳定性，防止凝结。Verapon B/110 应与分散剂共同使用。

Verapon GE-M 为高润湿性能的阴离子表面活性剂，可用于生产颜料浓缩浆，在涂料中可使涂料具有极好的底材润湿性和展布性。制颜料浓缩浆用量为 1%～5%，水性涂料润湿剂用量为 0.2%～0.5%。

Verapon TR8/L 是含 7mol 聚氧乙烯的支链醇，具有乳化和润湿作用。Verapon TR8/L 在 20℃时为透明清液，温度低于 20℃变浑浊，稍有气味。其活性成分≥97%，含水量≤3%，凝固点≤5℃，1%的水溶液浊点 42～44℃，HLB 值为 12.6，不含 VOC，溶于水和乙醇。

(13) Lubrizol（路博润）公司的润湿分散剂

① 润湿分散剂　德国 Lubrizol（路博润）公司的润湿分散剂注册商标为"SOLSPERSE"（表 4.20），适用于水性体系用的润湿分散剂牌号有 SOLSPERSE 12000、20000、27000、40000、41090、43000、44000、46000、47000 和 53095 等。

表 4.20 Lubrizol 公司的润湿分散剂 SOLSPERSE

牌号	外观	组成及类型	活性分/%	相对密度	Gardner色度	熔点/℃	沸点/℃	闪点/℃	用量/%	特点	应用
12000	蓝色粉末	颜料增效剂	100	1.67						颜料分散增效剂,熔点>250℃	水性漆、水性油墨
20000	淡棕色液体	聚合物分散剂	100	1.02	≤8		>250(分解)	200		提高颜料的润湿性和展色性	水性涂料、水性油墨、高浓缩浆
27000	深琥珀色液体	聚合物分散剂	100	1.13	≤8		>100	>325		无 APEO,提高颜料浓度,改进润湿和展色性,稳定性优	水性涂料、水性油墨、通用色浆
40000	淡黄液	聚合物分散剂	85	1.09	≤7	约-3.3	约125	约125		无机颜料分散剂,低泡,无 APEO,溶剂为水和 DEA	水性漆和油墨
41090	水白至棕色液体	聚合物分散剂	90	约1.09	≤7	约-5		约184		无机颜料分散剂,无 APEO,溶剂为水	水性漆和油墨
43000	黄色黏液	聚合物分散剂	50	1.12	≤8				无机7~15 有机20~40	无 APEO,制无树脂分散体用,与各种树脂相容性好,溶剂为水	水性工业漆
44000	黄色黏液	聚合物分散剂	50	1.01	≤8		约110			制备高颜料无树脂分散体,分散和稳定性好,无 APEO,相容性好	水性汽车漆和工业漆、油墨
46000	黄色黏液	聚合物分散剂	50	1.01	≤8		约110			制备高颜料无树脂分散体,分散和稳定性好,无 APEO,相容性好	水性汽车漆和工业漆、油墨
47000	琥珀色液体		40	0.90						制稳定的无树脂分散体,对耐水性影响小,溶剂为水	水性装饰和工业漆
53095	无色至浅棕色液体		95	1.07	≤6		>325(分解)	181		提高展色性、稳定性,改进光泽和雾影,降低黄相	外墙漆,醇酸装饰漆

SOLSPERSE 12000 本身不单作分散剂用,必须配合 SOLSPERSE 分散剂使用,起增效作用。主要作用是提高颜料浓度,改善分散性、流变性能和颜料稳定性,增加着色力。用量:2~9 份 SOLSPERSE 分散剂添加 1 份 SOLSPERSE 12000。SOLSPERSE 12000 的熔点在 250℃ 以上,室温贮存期为 10 年。

SOLSPERSE 20000 的 Gardner 色度≤8,温度在 250℃ 以上时分解。其用量按颜料表面积计算:每平方米 2mg,或简单地按表面积除以 5 计算。先溶 SOLSPERSE 20000 再加颜料研磨。

SOLSPERSE 27000 保质期 5 年。其用量按颜料表面积计算:每平方米 2mg,或简单地按表面积除以 5 计算。先溶 SOLSPERSE 27000 再加颜料研磨。

SOLSPERSE 40000 可增加无机颜料的浓度,提高抗絮凝性,不影响光泽和耐水性。保质期 2 年。其用量按颜料表面积计算:每平方米 2mg,或简单地按表面积除以 5 计算。先溶 SOLSPERSE 40000 再加颜料研磨。

SOLSPERSE 41090 与 SOLSPERSE 40000 基本相似，区别是前者是未经中和的，活性成分 90% 的分散剂。

SOLSPERSE 43000 是有机和无机颜料用分散剂，活性分 50%，水为溶剂。分散剂的用量为：半透明有机颜料重量的 20%～30%；透明有机颜料重的 30%～40%；无机颜料重的 7%～15%。该分散剂贮存期为 2 年。

SOLSPERSE 44000 用于制备不含树脂的漆浆，先将分散剂加到水中，再加颜料研磨。用量按颜料表面积计算：每平方米 2.5mg，或简单地按表面积除以 4 计算。SOLSPERSE 44000 与各种树脂相容性好，其贮存期为 1 年。

SOLSPERSE 46000 与 SOLSPERSE 44000 的性能、用途等相同。

SOLSPERSE 47000 用量同 44000。贮存期为 2 年。

SOLSPERSE 53095 其用量按颜料表面积计算：每平方米 2mg，或简单地按表面积除以 5 计算。贮存期为 2 年。

② 防浮色发花剂 Lubrizol（路博润）公司有两个可用于水性体系的防浮色发花剂 Lanco Antifloat D-14 和 Lanco Antifloat F-113，它们也可用于溶剂型涂料，对喷涂和浸涂漆效果尤佳，也可用于烤漆。Lanco Antifloat D-14 为固体粉末状，而 Lanco Antifloat F-113 是不含硅的液体防浮色发花剂，能改进表面润湿性。这两个助剂的性能见表 4.21。

表 4.21 Lubrizol 公司的防浮色发花剂

性能	牌号	
	Lanco Antifloat D-14	Lanco Antifloat F-113
外观	白色粉末状	黄色液体
相对密度	2.77(25℃)	0.81～0.84(20℃)
固含量/%	100	19
粒度/μm		
Dv50	≤3	—
Dv90	≤7	—
pH 值	9.0(水浆)	—
闪点/℃	—	37
溶剂	—	石油溶剂油
用量/%	0.2～0.6	0.1～0.4
特点	①对润湿不良的载体效果好 ②减少色差、条纹、防发花 ③防缩孔 ④抑制水性系的微泡 ⑤稳定颜料	①改进润湿性防表面污染 ②减少色差、条纹、防发花 ③防缩孔 ④减少气泡 ⑤稳定颜料
用途及用法	水油通用，醇酸、环氧漆 研磨阶段加入	水油通用，水性金属漆、内外墙涂料 研磨阶段加入，可后添加
贮存	30℃以下	5～30℃

③ 天然产物润湿分散剂 Lubrizol（路博润）公司的 SOJA-LECITHIN W250 是大豆卵磷脂润湿分散剂，有优异的颜料润湿性，可以增加颜料浓度，缩短分散时间，提高展色性，改善光泽和流动性。适用于水性醇酸、丙烯酸乳液和杂合物体系的建筑涂料、木器漆、气干工业漆、清漆和色浆的制造。SOJA-LECITHIN W250 应在研磨阶段添加。一般用量为 0.5%～3.0%。

SOJA-LECITHIN W250 的基本性能如下。

外观	红棕色液体	酸值/(mg KOH/g)	≤25
化学类型	改性卵磷脂	Gardner 色度	≤12
密度/(g/cm³)	1.01	贮存温度	5～30℃,低温变浊,但不影响功效
固含量/%	100	保质期/月	12

(14) Münzing Chemie（明凌化学）公司的润湿分散剂 德国 Münzing Chemie 公司牌号为 Metolat 355 和 Metolat 388 的水性分散剂基本性能见表 4.22。此外，Metolat 285 和 Metolat 288 也有颜料润湿功能，其性能可分别参见基材润湿剂和润湿流平剂章节的叙述。

表 4.22 Münzing 公司的水性分散剂

性　能	牌　号	
	Metolat 355	Metolat 388
组成	非有机硅非离子型多胺环氧乙烷缩合物	聚乙二醇酯混合物,不含有机硅
水溶性	溶于水	水中易乳化
表面张力/(mN/m)	约 40	约 33
用量/%	0.1～0.5	0.1～0.3
作用	低泡润湿剂	颜料和基材润湿剂
特性	对酸碱稳定,相容性好	可生物降解,环境友好型
应用	①水性体系润湿剂 ②有机颜料润湿剂 ③改善乳胶漆的相容性和流平性	①有机颜料润湿剂 ②改进乳胶漆的颜料分散性 ③防絮凝

(15) Nopco（诺普科）公司的润湿分散剂 日本 San Nopco（诺普科助剂有限公司）原与美国公司合资，2001 年买回了 Cognis 公司持有的股份，成为日本三洋化成工业有限公司的全资子公司，并为日本水性涂料行业中最大的添加剂生产企业。

① Nopco 公司的润湿剂 San Nopco 公司在中国销售以"SN-Wet"为商标的润湿剂。主要商品牌号有 SN-Wet L、SN-Wet 366、990、991 和 992 等（表 4.23）。

表 4.23 日本 San Nopco 公司的润湿剂 SN-Wet

性　能	SN-Wet				
	L	366	990	991	992
外观	淡黄透明液		黄褐色液	微黄液	灰黄透明液
成分	脂肪酸酯		表面活性剂	表面活性剂	
有效分/%					100
固体分/%	100	70	100	50	100
相对密度(25℃)	1.04		0.99	1.06	1.01
黏度(25℃)/mPa·s	2000		110		85
pH 值	7.5		6.5	7.5	6.6
离子性	非离子	非离子	非离子	阴离子	非离子
表面张力/(mN/m)					32
凝固点/℃	7～8				
闪点/℃	245				262
水分/%	<1				
浊点/℃	36			<−5	63
溶解性	易溶于水、醇		水中易分散	溶于水	易溶于水
用量/%	0.2～1.0	0.1～0.5	0.1～0.3	0.05～0.2	0.1～0.8

SN-Wet L 为低泡非离子表面活性剂，能使涂料有良好的润湿和流平性，并能有效地改进涂料光泽。与分散剂 SN-Dispersant 5040 合用可制高浓度颜料浆和涂料。SN-Wet L 低温

下会凝固,应在室温贮存。但是冻结后质量不变,回温到30～40℃,搅匀后仍可用。

SN-Wet 366是低泡润湿剂,有效分70%,用量一般为0.1%～0.5%。

SN-Wet 990是100%的非离子表面活性剂,在水性和溶剂型涂料中均能改进其润湿性和流平性。SN-Wet 990可防止颜料絮凝,促进颜料分散,提高展色性。用量为涂料总量的0.1%～0.3%。

SN-Wet 991是磺酸型阴离子表面活性剂,有优异的渗透性、润湿性,并能提高颜料的分散能力,增加涂料的流动性。SN-Wet 991在酸性条件下(pH值为2～3)仍有极好的润湿性,可在很广的pH范围使用,但长时间处于碱性或高温条件下SN-Wet 991有可能分解。除了改善颜料的润湿性和涂料的流动性以外SN-Wet 991还可用于改善不易涂布基材的涂布性。

SN-Wet 992不含APEO,HLB值为13.3,易溶于水,1%水溶液pH值为6.6,表面张力为32mN/m。在水性涂料中有良好的润湿性能,能够很好地提高展色性,消除乳化剂迁移引起的浮色。基本性能和应用与APEO的PE-100相同,但不含对人体有害的APEO。SN-Wet 992可用于水性涂料、油墨、胶黏剂和水性颜料浆的制造。

San Nopco公司还有一种非离子表面活性剂型低泡润湿剂,牌号SN-Wet 125,为100%改性有机硅类化合物,外观为浅灰色液体。添加少量就能使水性体系表面张力显著降低,可改进被涂材料的表面润湿性,改善涂布性能。主要用于水性油墨,推荐用量通常为0.05%～0.2%。

此外,SN-Wet 980是水性油墨用低起泡性的聚醚类润湿剂,能大幅降低动态表面张力。

SN-Wet 126是涂料用非离子型润湿剂,具有低起泡性和优良的渗透力,少量添加即可发挥润湿作用。

② Nopco公司的分散剂　San Nopco公司是水性涂料分散剂主要供应厂家之一。分散剂商标为"SN-Dispersant",主要牌号有SN-Dispersant 5020、5027、5029、5034、5040、5468等,其中在乳胶漆中广泛应用的是SN-Dispersant 5040。Nopco分散剂的基本性能见表4.24。

表4.24　日本San Nopco公司的分散剂SN-Dispersant

牌号	外观	成分	固体分/%	相对密度/℃	黏度/℃/mPa·s	pH值	离子性	溶解性	用量/%
SN-5020	淡黄清液	聚羧酸铵	40		30(25℃) 50(5℃)	6.7	阴离子	易水溶	0.05～1.0
SN-5027	黄褐色液体	聚羧酸铵	20	1.05(20℃)	240(25℃) 1800(5℃)	8.3	阴离子	阴离子	0.1～1.0
SN-5029	黄褐色液体	聚羧酸铵	25		70(25℃) 1800(5℃)	8.3	阴离子	易水溶	0.5～1.0
SN-5034	浅黄透明液体	聚羧酸钠	40		250(25℃)	9.5	阴离子	易水溶	0.1～0.5
SN-5040	淡黄液体	聚羧酸钠	42	1.29(25℃)	450(25℃) 1600(5℃)	7.5	阴离子	易水溶	0.1～1.0
SN-5468	浅灰黄液体	聚羧酸铵	40.5		80(25℃)	6.8	阴离子	水溶	0.1～1.0

SN-Dispersant 5020对无机颜料分散效果好,能改进漆膜的耐水性和着色性,添加量为干颜料重的0.05%～1.0%。

SN-Dispersant 5027 干燥后不溶于水，所以可以显著改进漆膜的耐水性。其他优点：可提高涂料的展色性、漆膜光泽、干燥速率，特别适用于外墙涂料。

SN-Dispersant 5029 对有机和无机颜料都有很好的分散效果，其分散能力优于 SN-Dispersant 5027，漆膜具有优异的耐水性。用量按颜料干重计为 0.5%～1.0%。

SN-Dispersant 5034 对各种颜料都有稳定的分散性，特别对超细碳酸钙有特效，分散碳酸钙时添加量为碳酸钙重量的 0.6%～1.0%。

SN-Dispersant 5040 是水性涂料通用和首选分散剂，对颜填料有极好的分散效果，分散的涂料起泡性低，黏度稳定，展色性好。用于制造的色浆经长期贮存即使产生沉淀仍容易再分散。SN-Dispersant 5040 的用量为颜填料的 0.1%～1.0%。使用时先将 SN-5040 加入水中，混匀后在搅拌下投入颜填料。SN-Dispersant 5040 应贮存在 5～40℃通风良好的地方，低温冻结后回温融解性能不变。

SN-Dispersant 5468 用于分散无机颜料，耐水性好。

(16) OMG Borchers 公司的润湿分散剂　OMG Borchers 公司有一系列可用于水性体系的润湿分散剂 "Borchi Gen"，主要用于制造调色浆和色漆。因分子结构不同有的侧重于无机颜填料分散，有的更适合有机颜料润湿分散，通常均可用来制色漆。Borchi Gen 系列润湿分散剂的基本性能见表 4.25，其应用领域及选用参考见表 4.26。

Borchi Gen 12 含有 OH，可以以共价键进入交联体系，改进漆膜的柔韧性。Borchi Gen 12 可改进颜料润湿，缩短分散时间，增加稳定性和色强度，防止絮凝。水、油体系都可以用，特别是用于制造颜料浆。乳胶漆中加入 0.1%～1.0% 可以稳定漆中的颜料，避免出现絮凝。Borchi Gen 12 贮存温度 5～30℃。

Borchi Gen 0450 的 Gardner 色度最大为 4，是离子型高浓缩润湿分散剂，由于可与金属离子形成络合物，对于有金属型催化剂和催干剂的体系可能影响开放时间和适用期。使用时应先加 Borchi Gen 0450，混匀后再加颜料。贮存温度 5～30℃。

Borchi Gen 0451 有极好的润湿和解絮凝性，通过空间位阻作用长期稳定色漆或色浆。使用时应先加 Borchi Gen 0451，混匀后再加颜料。贮存温度 15～30℃，低于 15℃会出现混浊和絮凝现象，加热后消失，不影响分散效能。适用于制备水油通用色浆。

Borchi Gen 0650 是阴离子型的，对于有金属型催化剂和催干剂的体系可能影响适用期和干性。乳胶漆中用量为 0.1%～1.0%。

Borchi Gen 0651 只适用于水性涂料及无机颜填料的分散。贮存温度 10～30℃。

Borchi Gen 0754 适用于水性、油性和无溶剂涂料的颜料分散以及颜料浆的制备，有很好的解絮凝和降黏作用，展色性好，相容性好。Borchi Gen 0754 适宜的贮存温度为 15～30℃，低于 15℃会产生浑浊和絮凝现象，加热可恢复原状，不影响使用效果。

Borchi Gen ND 的 Gardner 色度为 1～3，为离子性亲水亲油型化合物，可显著改进涂料的光泽、流平性、贮存稳定性，并可缩短研磨时间。但是，因为可能会与金属离子络合，所以对于有金属型催化剂和催干剂的体系可能会延长开放时间和适用期。Borchi Gen ND 是水性和油性涂料通用润湿分散剂，主要用于无机颜填料分散。此外，可以添加配方总量 0.1%～1.0% 的 Borchi Gen ND 用来改善浅色涂料的颜色和黏度稳定性。贮存温度 5～30℃。

Borchi Gen OS 在水性漆中的用量一般为 0.1%～2.0%，可调节涂料黏度的波动，常常与 Borchi Gen WNS 配合使用。贮存温度 5～30℃。

Borchi Gen PP100 的 Gardner 色度为 2～6，易溶于水，贮存温度 5～30℃。

表 4.25　OMG Borchers 公司的润湿分散剂 Borchi Gen 系列

牌号	外观	组成及类型	活性分/%	相对密度	黏度/mPa·s	pH值	溶剂/%	闪点/℃	用量/%	特点	应用
Borchi Gen 12	浅棕色液体	改性脂肪酸乙二醇醚	100		约500(23℃)	5~7	水0.3		TiO_2 1~3；无机 5~10；有机 10~30	非离子，无 VOC 和 APEO，润湿分散性好	水、油、颜料浆和漆
Borchi Gen 0450	无色至黄色液体		75	1.06~1.11	≤10000(20℃)			>100	TiO_2 3~5；无机 10~15；有机 15~30	高浓缩润湿分散剂	水、油通用颜料浆和油漆
Borchi Gen 0451	橘黄清液或散油液	聚氨酯低聚物	100	1.09~1.15	≤30000(23℃)			>100	TiO_2 3~5；无机 5~10；有机 10~30；炭黑 30~80		水、油通用颜料漆和漆、汽车漆、高级工业漆
Borchi Gen 0650	浅黄液体，稍有氨味		100	1.02~1.06	≤3000(20℃)			>61	TiO_2 1~4；无机 5~15；有机 10~30	阴离子，无 APEO，润湿分散性好	水、油通用、色浆
Borchi Gen 0651	无色至浅黄色液体	胺中和丙烯酸和丙烯酰胺共聚物水溶液	40~50	约1.3	150~450	6.5~7.5	水		TiO_2 1~3；无机 8~20	润湿分散性好，特别适合无机颜填料分散	水性漆、无机颜填料分散
Borchi Gen 0652	无色至浅黄色液体	胺中和丙烯酸共聚物水溶液	38~40	约1.3	75~300	6.5~7.5	水		TiO_2 1~3；无机 8~20	润湿分散性好，特别适合无机颜填料分散	水性漆、无机颜填料分散
Borchi Gen 0754	浅黄清澈黏液	高分子聚氨酯化合物	100	1.09~1.15	≤30000(23℃)				TiO_2 1~3；无机 5~10；有机 10~30；炭黑 30~90	润湿分散性好，有机无机颜料均有良好分散效果	水、油、无溶剂系均可用、木器、工业、汽车漆
Borchi Gen AP	棕色液体	磷酸酯	100	约1.12	约4000(23℃)	1~2				非离子润湿分散剂，无 APEO，酸值 75~85mg KOH/g，易溶于水，无机颜料分散	水性色漆、乳胶漆、油墨、颜料浆
Borchi Gen DFN	浅棕黄色液体	含 OH 的化合物	100	约1.13	约1300(20℃)	6.5~8.5		>100	有机 10~30；炭黑 30~90	非离子润湿分散剂，无 APEO，不受 pH 影响	水性漆、有机颜料浆、油性漆

续表

牌号	外观	组成及类型	活性分/%	相对密度	黏度/mPa·s	pH值	溶剂/%	闪点/℃	用量/%	特点	应用
Borchi Gen NA20	淡黄清液	胺中和聚丙烯酸共聚物水溶液	19~21	约1.1	20~50 (20℃)	8~10			TiO₂ 1~3 无机 8~20	高分子量润湿分散剂,展色好,缩短分散时间	水性漆、高浓缩无机颜料浆
Borchi Gen NA40	淡黄清液	胺中和聚丙烯酸共聚物水溶液	39~41	约1.15	40~100 (20℃)	7.3~8.0			TiO₂ 1~3 无机 8~20	高分子量润湿分散剂,展色好,缩短分散时间	水性漆、高浓缩无机颜料浆
Borchi Gen ND	无色至淡黄清液	两亲离子结构化合物	80~90	1.08~1.11	1000~1600 (20℃)			>61	TiO₂ 3~5 无机 10~15	润湿无机颜料,特别是无机颜料,流平展色性好	水油通用、水性色浆
Borchi Gen OS	浅棕色液体			1.1	约1000 (20℃)	9~11	水 24~25		TiO₂ 1~3 无机 2~5 有机 10~40 炭黑 30~60	非离子、无APEO、无VOC润湿分散剂	乳胶色漆、色浆、油墨、木器漆、木材处理剂
Borchi Gen PP100	无色至淡黄液	阴离子/非离子含OH化合物		1.1~1.4	800~1600 (20℃)			>100	TiO₂ 1~3 无机 5~10 有机 20~40 炭黑 50~70	高效无溶剂润湿分散剂,空间位阻和静电稳定作用	水油通用、色浆
Borchi Gen SN95	淡黄液体	高分子量 PU	24~26	1.05	≤100 (20℃)			>100	TiO₂ 5~10 有机 30~140 炭黑 80~200	高效、润湿和解絮凝效佳、零VOC	高级水性颜料浆
Borchi Gen TS	无色至淡黄清液			0.97~1.10	10~50 (20℃)	8.0~9.0	BG	>61	2.5~10.0	无机溶胀剂润湿分散剂	蒙脱土、二氧化硅分散
Borchi Gen U Flakes	浅棕色片状		100	0.45 (松密度)			≤0.2		5~10	水性润湿剂、无APEO、无VOC	乳胶漆
Borchi Gen WNS	浅黄至浅棕色液体			1.1	≤100 (20℃)	5.0~7.0	9~11		TiO₂ 1~3 无机 2~5 有机 10~40 炭黑 30~60	非离子、无APEO、无VOC润湿分散剂、分散有机颜料好	水性漆、色浆、水性油墨
Borchi Gen WS	浅黄至浅棕色液体		100	1.07~1.17		6.5~8.5	≤0.5		无机 2~4 有机 10~40	非离子、无APEO、无VOC润湿分散剂	色浆、漆、油墨

表 4.26 OMG Borchers公司润湿分散剂的应用参考

牌 号	活性分(溶剂)/%	体系	分散介质				应用领域					
			无机颜料	有机颜料	炭黑	乳液	卷钢涂料	UV涂料	OEM涂料	工业漆	装饰漆	颜料浆
Borchi Gen 12	100	W/S	●	◎	○	○	○	●	◎	●	●	●
Borchi Gen 0450	75(TPM)	W/S	●	◎	○	○	○	●	●	○	○	◎
Borchi Gen 0451	100	W/S	◎	●	●	○	○	●	●	◎	●	●
Borchi Gen 0650	100	W/S	○	◎	●	◎	○	◎	○	◎	○	●
Borchi Gen 0651	50(水)	W	○	○	●	○	○	○	○	○	○	○
Borchi Gen 0652	40(水)	W	○	○	●	○	○	○	○	○	○	○
Borchi Gen 0754	100	W/S	◎	●	●	○	○	○	○	○	○	○
Borchi Gen AP	100	W/S	●	○	○	○	○	○	○	●	●	●
Borchi Gen DFN	100	W/S	○	○	●	○	○	○	○	○	○	○
Borchi Gen NA20	20(水)	W	●	○	○	○	○	○	○	○	○	○
Borchi Gen NA40	40(水)	W	●	○	○	○	○	○	○	○	○	○
Borchi Gen ND	100	W/S	○	○	◎	○	○	◎	○	○	○	◎
Borchi Gen OS	75(水)	W	◎	●	●	○	○	○	○	●	○	●
Borchi Gen PP100	100	W/S	●	●	●	○	○	◎	◎	●	○	●
Borchi Gen SN95	25(水)	W	○	●	●	○	○	●	○	●	◎	●
Borchi Gen TS	30(混合溶剂)	W/S	◎	◎	◎	○	○	○	○	●	●	◎
Borchi Gen U flakes	100	W	○	○	○	◎	○	○	○	○	○	○
Borchi Gen WNS	90(水)	W	●	●	●	○	○	○	○	●	●	●
Borchi Gen WS	100	W/S	◎	●	●	○	○	○	○	●	●	●

注: ●特别适用; ◎适用; ○可用。

Borchi Gen SN95 是聚氨酯型高效润湿分散剂,对有机颜料和炭黑的分散特别有效,能提高涂料光泽,减少雾影,降低研磨黏度,增加展色性和稳定性。可用于色漆和色浆的制备。Borchi Gen SN95 适用的 pH 范围广。主要用于高级工业涂料,如汽车漆和汽车修补漆、家具色漆,特别适用于 UV 固化涂料。贮存温度 5～30℃。

Borchi Gen TS 是用于制备蒙脱土和二氧化硅这样难分散无机物预凝胶的润湿分散剂。其主要优点是可缩短高浓度预凝胶的制备时间,制成的无机浆即使在敞开状态下也是稳定、不结皮、不腐蚀的,与涂料的相容性极好,很容易混入漆中,不影响漆的干性。Borchi Gen TS 有润湿和防沉淀作用,特别适用于聚氨酯和环氧体系,在水性漆中可使蒙脱土或二氧化硅保持极高的凝胶性。制备方法:先将蒙脱土或二氧化硅加入溶剂(BG、二甲苯等)中分散开,再加 Borchi Gen TS 搅匀。用量:当无机溶胀剂的用量为 7.5%、10%、20%时分别需用 Borchi Gen TS 的量为 2.5%、5%和 10%。贮存温度 5～30℃。

Borchi Gen U Flakes 是一种润湿剂和乳化剂,可用于水性涂料。凝固点 46.0～47.0℃,碘色度≤200,水溶性为 150g/L (20℃)。

Borchi Gen WNS 碘色度≤5。在水性漆中添加 0.1%～2.0%就可使体系稳定,防止黏度波动。贮存温度 5～30℃。最好与 Borchi Gen OS 配合使用。

Borchi Gen WS 的 Gardner 色度≤7。其他性能指标为：羟值≥71mg KOH/g，酸值≤0.5mg KOH/g，浊点 59～65℃，易与水混合。Borchi Gen WS 也可用作乳化剂。贮存温度 5～30℃。

(17) Raybo（瑞宝）公司的润湿分散剂　美国 Raybo（瑞宝）公司用于水性和水稀释涂料的润湿分散剂有 Raybo 57-OptiSperse HS、Raybo 5790-OptiSperse、Raybo 5775-OptiSperse、Raybo 61-AquaWet、Raybo 63-Disperse 等，其中 5790 和 5775 分别是 Raybo 57 固含量为 90% 和 75% 的品种，由于加了溶剂稀释，增加了流动性，制漆时容易添加。Raybo 分散剂的基本性能见表 4.27。

表 4.27　美国 Raybo 公司的润湿分散剂

性能	牌号			
	Raybo 57	Raybo 5790	Raybo 61	Raybo 63
外观	琥珀黄液体	琥珀黄液体	琥珀黄液体	
作用	分散剂	分散剂	润湿、分散	分散剂
适用体系	溶剂型、水稀释	溶剂型、水稀释	水性、水稀释	水性
用量/%	颜料的 1～5	颜料的 1～5	颜料的 1～2	颜料的 1～10
活性分/%	100	90	60	20
不挥发分/%	100	90	60	12
相对密度	0.97	0.97	0.85	0.98
pH 值				9.9
闪点/℃		82		

Raybo 57 是一种广谱分散剂，对 HLB 值在 5～25 的范围内的有机和无机颜料均可用，可改进展色性，降低假稠倾向，减少研磨时间，并且不会影响漆膜的光泽。Raybo 57 可单独用作研磨色浆载体，本身不含有机溶剂，可制无 VOC 涂料。Raybo 57 不推荐用于乳胶和水稀释聚氨酯体系中。

Raybo 5790 和 Raybo 5775 的特点和用法与 Raybo 57 相同，但含有溶剂，要增加涂料的 VOC。

Raybo 61 的主要作用是改善水性涂料的润湿性能，能消除涂料的缩孔、缩边、鱼眼等弊病，可在任何时间添加。加有 Raybo 61 的涂料可减小施工后 36 h 内漆膜的水敏感性。Raybo 61 对有机和无机颜料有分散作用，作为分散剂可缩短研磨时间，消除假稠现象，控制絮凝。

Raybo 63 是经济型分散剂，制得的漆在最终 pH 值调到 9 时最稳定。Raybo 63 有强烈的乳化作用，在溶剂型漆中加入 Raybo 63 可改善溶剂型漆与水的相容性，使得漆中添加 10%～40% 的水也能形成均匀体系，并有消泡作用。往溶剂型漆中加水对某些漆可以起到降低成本的作用，加水不会增加干膜的水敏感性。

(18) Rohm & Haas（罗门哈斯）公司的润湿分散剂　Rohm & Haas（罗门哈斯）公司有两大分散剂系列，即"OROTAN"（又称"特好散"）和"TAMOL"。近年来 Rohm & Haas 公司被 Dow Chemical 公司收购后两大系列分散剂的所有产品统归 Dow Chemical 公司名下，但是产品牌号仍保留不变。

用于水性漆，特别是乳胶漆的 OROTAN 系列产品的牌号有 OROTAN 165、681、731 A、731 A ER、731 DP、731K-25%、850、963、1124、CA-2500、N-4045、SN 等；TAMOL 系列产品有 TAMOL 165A、681、731A、651、901、945、960、963 35%、983 35%、1124、1254、2002、L CONC、SG-1 和 SN 等，产品的基本性能数据分别见表 4.28 和表 4.29。

表 4.28　Rohm & Haas 公司的水性漆润湿分散剂 OROTAN

牌号	外观	组成	固含量/%	相对密度	黏度/mPa·s	pH值	溶剂	用量/%	特点	应用
OROTAN 165	黄色清液	疏水共聚物铵盐	22						高效、耐水性优、光泽和耐腐蚀性好	乳胶漆，推荐与HEUR增稠剂共用
OROTAN 681		疏水共聚物铵盐	35						高效、光泽极好、耐腐蚀、对氧化锌等活性颜料稳定	乳胶漆，推荐与HEUR增稠剂共用
OROTAN 731 A	黄色清液	疏水共聚物	25	1.10					通用高效、无醛无氨、高光、性能好、无机颜料分散性极好	广泛用于从亚光到高光的各种乳胶漆中，纺织业
OROTAN 731 A ER	淡黄微浊液	聚羧酸钠	24～26	1.10～1.11	20～130	9.5～10.5	水	0.7～1.0	高光、遮盖力好、耐擦洗、耐腐蚀、相容性好、热稳定性优、pH范围广、颜料润湿好	广泛用于各种水性配方的通用分散剂，推荐与HEUR增稠剂共用
OROTAN 731 DP	淡黄至白色干粉	疏水共聚物聚电解质	93	0.65（松密度）		10.2～10.6			高光高遮盖力、耐腐蚀、无机颜料分散好、适用性广、高性能	低VOC各光泽内外墙漆
OROTAN 731K-25%	淡黄微浊液	聚羧酸钠	25	1.10	55～185	9.5～10.5	水		相容性好、pH范围广、热老化、贮存稳定性好、颜料展色优	各种乳胶漆，相容性好
OROTAN 850	透明至微浊液	聚羧酸钠	30	1.00～1.20	125～325	9.0～10.8	水		经济高效、对氧化锌活性颜料稳定、可与各种增稠剂共用	亚光乳胶漆
OROTAN 963	淡褐色液体	聚丙烯酸铵盐	34.5～35.5	1.15	<25	6.0～7.0			低成本、不易起泡、对堆分散的水性色浆如氧化铁红有优异的展色性	广泛用于从平光到半光的涂料体系中
OROTAN 1124	无色至淡黄清液	亲水共聚物铵盐	50		<100	8.5		0.5～1.0	通用、低泡、高光、展色好、性价比高	乳胶漆，可与各种增稠剂共用
OROTAN CA-2500	淡褐色液体	疏水改性聚丙烯酸盐	25.0	1.04				0.5～1.0	早期耐水性好、着色力好、展色性优、无APEO和甲醛	乳胶漆，特别是外墙涂料
OROTAN N~4045	黄色透明液	聚羧酸钠	45	1.3		6.5～7.5		0.3～1.0	通用经济高效、黏度和热稳定性好、展色性好	亚光乳胶漆，可与各种增稠剂共用
OROTAN SN	黄褐色自由流动细粒	萘磺酸钠缩合物	94.0	0.65（松密度）		9.4/2%			高效经济、不影响色相、易溶于水、降黏、闪点149℃	通用有机颜料分散剂

表 4.29 Rohm & Haas 公司的水性漆润湿分散剂 Tamol

牌号	外观	组成	固含量/%	相对密度	黏度/mPa·s	pH值	溶剂	用量/%	特点	应用
TAMOL 165A	浅黄微浊液	疏水共聚物聚电解质	21.5	1.054	160~400	8.5~9.0	水		通用、相容性、早期抗泡泡性和湿附着性优异、低泡、展色好、耐腐蚀	水性纺织助剂
TAMOL 681	清澈至浅黄微浊液	疏水共聚物聚电解质	35	1.09	2000~12000	9.5	丙二醇/水(40/60)		高效、对氧化锌稳定、耐水、相容性、光泽好	内外墙乳胶漆、地板胶
TAMOL 731A	淡黄清液	顺酐共聚物钠盐、分子量15000	24~26	1.10	19~182	9.5~10.5 (10%水液)			高效稳定氧化铁悬浮物、阻垢、抑制腐蚀、高温可用	阻垢剂和颜料分散剂
TAMOL 851	浅黄液体	阴离子型聚电解质	30	1.20	125~325	9~10.8			通用、价廉、低泡、颜色相容性稳定性极好、与HASE配用	亚光、半光乳胶漆
TAMOL 901	无色至浅黄清液	聚胺酸钠	30	1.14	75~200	9.5			通用、价廉、低泡、低黏度、展色性、热稳定性、与HASE增稠剂相容重现性、稳定性佳	高浓缩颜料浆、乳胶漆亚光漆
TAMOL 945	黄色清液	聚甲基丙烯酸钠盐、分子量5000	45	1.3	300~800	6.5~7.5			高效阻垢、防腐蚀、适用的温度范围广、表面活性低、基本无泡	阻垢剂
TAMOL 960	淡黄清液	聚胺酸铵	39~41	1.27		8~9			通用、价廉、无氨水溶性分散剂、颜色相容性、黏度稳定性极佳、与HASE相容	低光泽乳胶漆
TAMOL 963 35%	无色至浅黄清液	聚胺酸钾	35	1.15	≤25	7~11			通用、价廉、低泡、无氨水溶性分散剂、颜色相容性极佳、与HASE相容	低泽乳胶漆
TAMOL 983 35%	无色至浅黄清液	亲水共聚物聚乳液	35	1.15	≤25	7~11			通用、价廉、低泡、展色性、热稳定性极佳、与增稠剂相容性好	各种光泽乳胶漆的颜料分散
TAMOL 1124	白色乳液	亲水共聚物聚电解质	50	1.18	≤500	7.0		0.5~1.0	无氨无甲醛、黏度稳定性、颜色相容性极好、与HASE相容	各种光泽乳胶漆
TAMOL 1254	无色至浅黄清液	阴离子型聚电解质铵盐	35	1.22	≤125	7.0			无APEO、高效、光泽、早期耐水性好、与HEUR配合使用	半光、高光泽
TAMOL 2002	琥珀色液体	疏水共聚物乳液	42	1.06	10~75	3.0~5.0	水		无泡、水可稀释	颜料分散、乳液制备
TAMOL L CONC	琥珀色液体	缩合紫磺酸钠盐浓溶液	47.5	1.253 (30℃)	24.6	9.4 (2%水液)			性价比高、保光性好、展色性稳定性优、低泡	高光和亚光乳胶漆中颜料分散
TAMOL SG-1	无色浅液体	亲水共聚物聚电解质铵盐	35	1.15	80~300	8.5			易溶于水、降低水分散体黏度、不改变色相、闪点149℃	悬浮聚合
TAMOL SN	黄褐色自由流动细粒	紫磺酸钠缩合物	94.0	0.65 (松密度)		9.4 (2%水液)	无			通用有机颜料分散剂

此外，在中国市场常见一种聚丙烯酸钠盐水性颜填料分散剂"特好散 快易"，这是一种非常通用的阴离子颜填料分散剂，对无机颜填料分散效果极佳，可广泛用于纯丙、苯丙、醋丙涂料体系中，适用的涂料为低 VOC 涂料、内外墙亚光、平光及半光涂料。基本特点：有效成分含量高，性价比好，分散效率优异，低泡。与碱溶胀非缔合型（ASE）增稠剂和疏水改性碱溶胀缔合型（HASE）增稠剂共同使用稳定性极佳，并与纤维素增稠剂有极好的相容性。

"特好散 快易"的基本性能如下。

外观	黄色透明液体	黏度/mPa·s	400~1400
固含量/%	44.0~46.0	pH 值	6.5~7.5
相对密度	1.31	推荐用量/%	0.15~0.75（按配方总量计）

TAMOL 1254 凝固点为 $0 \sim -10$℃。

TAMOL L CONC 在 20℃、35℃和 50℃时的黏度分别为 24.6mPa·s、17.5mPa·s 和 12.5mPa·s，凝固点为 -5℃，可以任意比例与水混合。

TAMOL SN 与 OROTAN SN 是完全相同的产品，前者只用于北美市场，而 OROTAN SN 是美国以外地区用的商品名。TAMOL SN 的其他指标为，硫酸盐灰分 32.5%，Na_2SO_4 8%，铁（以 Fe_2O_3 计）0.006%，水不溶物 0.1%，碱度（以 Na_2CO_3 计）0.4%，325 目过筛量 7%，闪点（Setaflash 闭杯）149℃。

特别要强调的是 TAMOL 731A 和 TAMOL 960 是很好的阻垢剂。水中的可溶性盐和固体颗粒容易沉淀在水设备的内壁上，形成水垢。高羧酸含量的聚合物 TAMOL 731A 和 TAMOL 960 有阻止水垢形成的作用，从而起到防水垢、防腐蚀、改善传热、延长设备使用寿命的效果。其主要机理为：①阻垢剂吸附在晶核的活性点上阻止晶体生长和沉淀；②高羧酸含量的聚合物吸附在正在生长的晶体活性点上，使其结构产生畸变，减弱表面附着；③阻垢剂使沉积物颗粒表面带上负电荷，阻止其聚集，保持悬浮状态。

TAMOL 731A 和 TAMOL 960 的性能比较见表 4.30。

表 4.30 TAMOL 731A 和 TAMOL 960 的性能

性能	牌号	
	TAMOL 731A	TAMOL 960
组成	顺酐共聚物钠盐	聚甲基丙烯酸钠盐
分子量	15000	5000
外观	淡黄清液	淡黄清液
固含量/%	25	40
相对密度(25℃)	1.10	1.27
pH 值	8~9	9.5~10.5(10%水溶液)
Brookfield 黏度/mPa·s		
5℃	150	2300
25℃	70	500
分解温度/℃	365	425
表面张力/(mN/m)		
0.1%	64	—
1.0%	36	63
毒性/(g/kg)		
LD_{50}(兔,经口)	>5	>5
LD_{50}(兔,经皮)	>2	—

(19) 上海长风化工厂的润湿分散剂 建于1960年的上海长风化工厂是上海华谊（集团）公司上海涂料有限公司所属的骨干国有独资企业，该厂是中国著名的涂料助剂厂，产品涉及溶剂型和水性涂料助剂、涂料和油墨催干剂、塑料助剂、橡胶助剂、复合材料助剂、分子筛等领域，年生产能力6000t。水性涂料助剂品种有消泡剂/防泡剂、杀菌剂及防腐剂、润湿剂和表面活性剂、分散剂、流变改进剂、增稠剂、触变剂以及流平剂等。

① 长风化工厂的润湿剂 长风化工厂的润湿剂见表4.31。

表4.31 上海长风化工厂的润湿剂

牌号	外观	组成	活性物/%	浊点/℃	HLB	pH值	水分/%	用量/%	特点	应用
CF-01	白色浊液	改性烷基酚聚氧乙烯醚	100	65~70	12.6	5.5~7.5		0.1~0.2	易溶于水,对钛白粉、滑石粉、重质碳酸钙、轻质碳酸钙等有优异的润湿性,能快速到达颜料颗粒表面取代空气,加快颜料的润湿,并且保持良好的稳定性	乳胶漆润湿分散剂
OP-10	白-浅黄色黏稠液体	烷基酚聚氧乙烯醚	>99	68~70	14.5	5.5~7.0	0.1	0.1	润湿分散	乳胶漆润湿分散剂
TX-10	白色浊液	壬基酚聚氧乙烯醚	>99	59~65	13.3		0.1	0.1	润湿分散	乳胶漆润湿分散剂

② 长风化工厂的颜料分散剂 上海长风化工厂的水性体系用颜料分散剂见表4.32。

表4.32 上海长风化工厂的颜料分散剂

牌号	外观	组成	固含量/%	黏度(涂-4杯)/s	pH值	溶剂	用量/%	特点	应用
P-19	浅黄黏液	阴离子型聚丙烯酸钠盐水溶液	40±2	>40	5~8	水	1	颜料分散性好,提高涂层的遮盖力、光泽度和耐擦洗性	钛白粉、立德粉、铬黄、酞菁蓝、铁黄、方解石粉等颜料的分散,颜料浆制备
P-998	黄色黏液	聚羧酸钠	40±2		6~7	水	0.2~0.6	有锚定基团的水性颜料分散剂,低泡,高效,长效	有机颜料、无机颜料分散
9019	浅黄黏液	阴离子型聚丙烯酸钠盐水溶液	40±2	>40	6~8	水	0.5~2.5	颜料展色剂	有机、无机颜料浆
9020	黄色或浅褐色液体	阴离子型聚丙烯酸铵盐水溶液	40±2	>30	6~8	水	0.5~1	耐水性、遮盖力、光泽、耐擦洗性好	颜料浆、外墙漆
9040	浅黄黏液	阴离子型聚丙烯酸钠盐水溶液	40±2		6~8	水		耐水性、遮盖力、光泽、耐擦洗性好	颜料浆、外墙漆

(20) Tego（迪高）公司的水性润湿分散剂 迪高公司的润湿分散剂注册商标为"TEGO"，牌号中加有"Dispers"表明为润湿分散剂，水性体系专用的在数字编号后以字母"W"表示。水性体系的润湿分散剂牌号有TEGO Dispers 715 W、735 W、740 W、745 W、750 W、752 W和760 W，另有水油通用的润湿分散剂TEGO Dispers 650、TEGO Dispers 651和TEGO Dispers 652。TEGO润湿分散剂的基本性能见表4.33和表4.34。

表 4.33　Tego 公司的水油通用润湿分散剂

性　能	牌　号		
	Dispers 650	Dispers 651	Dispers 652
成分	改性聚醚	改性聚醚	脂肪酸衍生物
外观	淡红黄透明液	浅黄透明液	微红透明液
活性物含量/%	100	30	100
不挥发物含量/%	—	29.0～31.0	＞99
溶剂		水	
黏度(25℃)/mPa·s	200～800	100～500	
折射率(25℃)	1.502～1.510	—	1.485～1.492
pH 值	—	8～9	—
贮存期/月	12	6	6
推荐用量/%			
无机颜料	—	15～30	
有机颜料	10～35	50～80	
炭黑	10～35	60～100	
配方总量计	0.3～3.0	—	0.3～2.0

水油通用润湿分散剂主要用于通用色浆的制备，可生产零 VOC 的水性色浆以及含乙二醇的浓缩色浆。TEGO Dispers 650 对有机颜料具有突出的稳定性，在水性和溶剂型体系中都有良好的展色性和相容性。Dispers 651 对无机颜料具有良好的稳定作用，用于浓缩色浆生产时 Dispers 651 和 652 通常搭配使用。TEGO Dispers 652 是 TEGO Dispers 651 的共分散剂，可提高高含量无机颜料浆的流动性并改善相容性。

表 4.34　Tego 公司的水性润湿分散剂

性　能	牌　号						
	715W	735W	740W	745W	750W	752W	760W
主成分	聚丙烯酸钠	聚丙烯酸酯	脂肪酸衍生物	聚丙烯酸酯	共聚物	共聚物	表面活性剂/聚合物
外观	微黄透明	微黄透明	透明/微浊	透明/微浊	微黄透明	微黄透明	透明/微浊
活性物/%	40	45	100	40	40	50	35
不挥发物/%	44～46	—			38～42	48～52	32.5～36.5
溶剂	水	水/DPM/PnB (6/1/6)	—	水/DPM/PnB (30/4/1)	水	水	水
黏度(25℃)/mPa·s	—	200～1500	550～950	1800～5000	100～500	150～350	200～500
折射率(25℃)							1.375～1.395
pH 值	8～9	约 8	5～7	约 8.5	6.0～6.9	6.0	7.0～8.5
加德纳色号	—	≤8	4	≤4	≤5		
贮存期/月	12	12	12	12	6	6	6
推荐用量/%							
无机颜料	—	4～20	4～20	4～35	5～30	20～65	
有机颜料		10～40	20～85	20～70	20～65		
炭黑		20～100	40～120	40～120	20～65		
配方总量计	0.3～1.0	0.2～2.0	0.3～2.0	0.5～2.0	—		3～12

TEGO Dispers 715 W 适用于有钛白粉和填料的各种乳液体系建筑涂料的生产，相容性好，生产的涂料有极好的贮存稳定性。

TEGO Dispers 735 W、740 W、745 W 和 750 W 主要用于色浆的生产，可加基料，也

可不加基料研磨。分散过程中为防止产生泡沫可配合使用 TEGO 公司的消泡剂,如 TEGO Foamex 810。TEGO Dispers 735 W 还可用于制造消光浆,用量为消光剂的 20%~40%。

TEGO Dispers 752 W 特别推荐用于包括透明氧化铁在内的色浆制造,制得的透明颜料浆贮存稳定性好,透明性好,展色性强,黏度低,适于水性木器漆上色,也可用于汽车漆和工业涂料。

750 W 也可用于透明氧化铁颜料的分散。

TEGO Dispers 760 W 推荐用于加树脂的有机颜料和炭黑的研磨,特别适用于难润湿颜料的分散,可大幅度降低研磨物的黏度,主要用于工业涂料和印刷油墨着色,包括凹版印刷油墨、柔版油墨和喷墨墨水等。

Tego 公司还有一种水性润湿分散剂,牌号 LM Colorol E,是亲水和亲油磷酸氨基化合物的混合物,对有机和无机颜料有良好的润湿与分散性,可制色浆,也可直接研磨制漆,适用于建筑涂料、工业涂料、木器漆和皮革涂料,推荐添加量为总配方的 0.5%~3.0%。添加时应将 LM Colorol E 预先分散在部分水或基料中,然后再加颜料研磨。LM Colorol E 对光敏感,注意避光密封保存,其基本性能见表 4.35。另有一种改性大豆卵磷脂水性润湿分散剂 LM Lipotin A 也有相同的用途,性能参见表 4.35。

表 4.35 Colorol E 和 Lipotin A 水性润湿分散剂

性 能	LM Colorol E	LM Lipotin A
成分	磷酸氨基化合物	改性大豆卵磷脂
外观	清澈至浑浊浅黄液体,可能分相,升温搅拌可重新混匀	透明至浑浊高黏黄色液体
活性成分量/%	100	100
黏度(25℃)/mPa·s	16~20	2000~4000
pH 值	5.5~6.0	—
碘值/(g I/100g)	≤25.0	≤15.0
推荐用量/%	0.5~3.0	0.5~3.0

(21) 浙江临安市环宇特种助剂厂分散剂 浙江临安市环宇特种助剂厂的分散剂见表 4.36 所列。

表 4.36 临安市环宇特种助剂厂的分散剂

性 能	牌 号			
	AC-87	AC-88	AC-90	AC-100
成分	聚羟酸钠	高分子嵌段共聚物	丙烯酸共聚物	聚丙烯酸钠盐
外观	浅黄透明液		淡黄黏液	黄色黏液
固含量/%	45±2	100	40±2	40±2
色度/APHA	≤200			
黏度/mPa·s	46~64		3000~5000	5000~7500
pH 值	7.5~8.5			6~7
用量/%				
总量	0.1~1.0			1
无机颜料		10	1~5	
钛白粉		5		
有机颜料		20	5~10	
炭黑		30		
特性	无机颜料分散效果最好 色浆制备	通用高效分散剂 各种树脂体系均适用 可分散有机、无机颜料	阴离子 色浆制备 可分散有机、无机颜料	高效锚定基团 水性颜料分散剂 长效稳定、耐水

(22) 其他公司的润湿分散剂

① 中国产润湿分散剂　见表4.37。

表4.37　中国产润湿分散剂

牌号	外观	组成及类型	活性分/%	相对密度	黏度/mPa·s	pH值	用量/%	作用和特点	生产厂家
DisperPE40A	浅黄透明液	聚羧酸铵盐	40±2	1.3±0.1		6±1	0.5～2.5	水溶性好,分散效率高,涂料耐水性好	浙江临安科达涂料化工研究所
DisperPE40S	浅黄透明液	聚羧酸钠盐	40±2	1.3±0.1		6±1	0.5～2.5	通用型,分散效率高,最适合无机颜料分散	浙江临安科达涂料化工研究所
FDA-01	淡黄液		38±1	1.20～1.30	<400(25℃)	7.0～9.0	0.2～0.5	钛白的主润湿分散剂,对无机颜填料分散性佳,易水溶	天津瑞雪化工助剂有限公司
HT-105	清亮液体	琥珀酸酯嵌段共聚物	70	1.05～1.07	500～800	7～9	0.1～0.4	对有机、无机颜填料润湿分散性佳,提高着色性、稳定性,防浮色发花	南通市晗泰化工有限公司
HT-110	清亮液体		99		500～800	6～8	0.1～0.5	高效低泡润湿剂,动态表面张力低,基材和颜料润湿性佳	南通市晗泰化工有限公司
HT-116	清亮液体		100		500～800	6～8	0.05～1.0	高效低泡润湿剂,动态表面张力低,基材和颜料润湿性佳	南通市晗泰化工有限公司
HT-5000	浅黄黏液	聚丙烯酸钠盐水溶液	40±1	1.3		6～8	0.2～0.7	高效经济型通用分散剂,有机无机颜料均可用,易水溶	南通市晗泰化工有限公司
SBOOMC 112D	微黄清液	聚丙烯酸铵盐水溶液	40±2	1.15～1.20		7.0～7.5	0.3～0.8	通用高效,稳定,相容性好,润湿分散好	上海是诚化工有限公司

② 国外产润湿分散剂　见表4.38。

表4.38　国外产润湿分散剂

牌号	外观	组成及类型	活性分/%	相对密度	黏度/mPa·s	pH值	HLB值	闪点/℃	用量/%	作用和特点	生产厂家
HydroDisper A160	浅黄透明液	聚丙烯酸铵盐水溶液		1.13～1.19		7.0～9.0			0.5～2.0	无机颜填料分散,漆膜耐水、耐碱性好	海润经销
HydroDisper A168	浅黄透明液	聚丙烯酸铵盐水溶液		1.13～1.19		7.0～9.0			0.5～2.0	无机颜填料分散,漆膜耐水、耐碱性好	海润经销
HydroDisper AG165	浅黄透明液	聚丙烯酸铵盐水溶液	40±1	约1.13		7.0～8.0			0.5～2.0	无机颜填料分散,漆膜耐水、耐碱性好,高光和丝光漆用	海润经销
HydroDisper S151	浅黄透明液	聚丙烯酸铵盐水溶液		1.26～1.32		6.0～8.5			0.5～2.0	无机颜填料分散	海润经销
HydroDisper S156	浅黄透明液	聚丙烯酸铵盐水溶液	39.0～40.0	1.26～1.32		6.5～7.5			0.5～2.0	无机颜填料分散	海润经销

续表

牌号	外观	组成及类型	活性分/%	相对密度	黏度/mPa·s	pH值	HLB值	闪点/℃	用量/%	作用和特点	生产厂家
IDROPON LOGIC 40	棕红液体	聚丙烯酸钠盐	42±2		100~400	7.5~9.0			0.4~1	颜填料分散,降黏	MACRI Chemicals
RESOLUTE Ⅲ°	透明液	聚氧乙烯烷基醇	25	1.00~1.04		7.5~8.5			0.1~0.3	颜填料润湿,增加流动,提高固含量	MACRI Chemicals
SKR-310	浅黄透明黏液	阴离子聚羧酸盐	38±2	1.15~1.25	250~350	7~8			0.5~1.6	高效稳定的无机颜填料分散剂	日本樱花化学集团
TRITON CF-10	浅黄液		100	1.07	250		12.6	>260	0.1~0.3	色浆润湿,提高遮盖力,改善涂刷性,低泡	Dow Chemical

TRITON CF-10 为水溶性非离子液体润湿剂,特别适用于乳胶漆色浆的制备。TRITON CF-10 溶于水、醇、酮、芳烃类溶剂,与其他非离子、阳离子和阴离子表面活性物质相容。在水性体系中添加很低的浓度即可强烈降低体系的表面张力,并具有低泡特性,在体系温度高于 37.8℃ 时即使剧烈搅拌也很难起泡,因此 TRITON CF-10 是最受欢迎的通用润湿剂之一。通常 TRITON CF-10 与其他颜料分散剂共同使用,从而表现出高效率的协同效应。在乳胶漆中 TRITON CF-10 还能改善涂刷性,增强抗流挂性和抗飞溅性,并使得漆的遮盖力提高。

第 5 章 流 变 助 剂

5.1 涂料流变学基础

流变学是研究材料流动与形变的科学。流动与形变都是物体中质点相互之间相对运动的结果。流体，包括悬浮液和分散体，是一类独特的材料，受到外加应力作用时会产生形变，随流体结构的不同形变呈现的形式各不相同。流变学上将流体分为牛顿流体、假塑性流体和胀流性型流体三大类（图 5.1）。流变类型可以用剪切应力和剪切速率的关系来描述。剪切速率 D 与剪切应力 τ 的变化呈直线关系的流体为牛顿型流体。流体的黏度 η 定义为剪切应力与剪切速率之比：

$$\eta = \tau/D \tag{5.1}$$

显然，牛顿流体的黏度 η 是一个恒定值，也就是说黏度不会随剪切应力或剪切速率的变化而改变（图 5.2）。测定出一点的切应力和切速值就可得到整个体系的黏度。水和纯溶剂是典型的牛顿流体，在 τ-D 图中表现为通过原点的直线关系。在涂料中几乎没有真正的牛顿体系，从技术角度也不希望是这种体系，因为极小的切应力就会使涂料流动，施工缺乏抗流挂性，贮存极易产生沉淀。

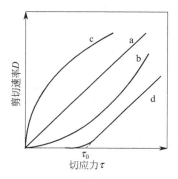

图 5.1 各类流体的流变曲线
a—牛顿流体；b—假塑性流体
c—胀流型流体；d—塑性流体

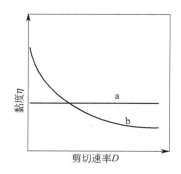

图 5.2 黏度曲线
a—牛顿流体；b—假塑性流体

如果剪切应力变化时流体的黏度也随之变化，这样的流体称为非牛顿型流体。由于非牛顿流体的每一切应力（切速）对应的黏度值（即对曲线上每一点而言切应力与切速的比值）各不相同，这样的黏度不能代表整个体系的黏度，特称为在某个剪切应力（切速）下的表观黏度 η_a。剪切应力增加黏度变小（即剪切变稀）的流体为假塑性流体，在 τ-D 图中流变曲线通过原点凸向剪切应力 τ 轴。典型的假塑性流体在低剪切速率下表观黏度相当高，并随切变速率的增加逐渐下降到某一定值，高剪切速率下表现为牛顿性，即切应力和切变速率呈线性关系。假塑性行为产生的原因是流体中物质松散的物理结构在应力作用下受到破坏，随着应力的增加，破坏程度加大，阻力变小，直至完全破坏黏度才不再下降；与此相反，剪切应力增加黏度变大（即搅动后变稠）的流体称为胀流型流体，其流变曲线通过原点凸向剪切速率 D 轴。胀流型流体在足够大的剪切力作用下质点之间反而产生了某种联系，形成一定的松散结构使流动阻力增大，黏度上升。假塑性流体和胀流型流体的 τ-D 关系可用幂律定律表示。

$$\tau = \mu D^n \tag{5.2}$$

式中　μ——常数，称为稠度系数，它的大小表明了流体稠度的大小；

n——非牛顿指数，其值的大小表明了流体偏离牛顿流体性能的程度，$0<n<1$ 时为假塑性流体，$n>1$ 时为胀流型流体。

大多数涂料和乳液都属于假塑性体系，在高剪切力下黏度小，有利于生产和施工操作，在较低的切应力下黏度高，贮存时抗颜填料沉淀性好，垂直面施工不易流挂，但是带来的不足是剪切力小时涂料的流平不良，气泡逸出困难。假塑性流体的黏度曲线如图 5.2 所示。胀流型流体不常见，少数颜料浓缩浆可能呈现出胀流型流体的特点。

有些流体在施加应力后并不会马上发生流动（但可能像弹性固体一样产生形变），而是在应力达到一定值后才产生流动，产生流动所需的最小剪切应力称为屈服值 τ_0（又称极限切应力），相应的流体特称为塑性流体或宾汉（Bingham）体（图 5.1）。理想的塑性流体的流变曲线是下部微弯，不通过原点的直线，其切应力、切变速率和塑性黏度 η_s 之间的关系如下。

$$\tau - \tau_0 = \eta_s D \tag{5.3}$$

即塑性黏度为：

$$\eta_s = \frac{\tau - \tau_0}{D} \tag{5.4}$$

而 τ/D 称为塑性流体的表观黏度 η_a。

由式(5.3)和式(5.4)可得出塑性流体的表观黏度与塑性黏度和切应力的关系为：

$$\eta_a = \eta_s + \frac{\tau_0}{D} = \frac{\eta_s \tau}{\tau - \tau_0} \tag{5.5}$$

屈服应力可存在于各种类型的流体中。塑性流体的分散体中质点间可形成三维物理交联结构，屈服值就是这种结构强度的表征，切应力大于屈服值时体系的三维结构完全破坏后才能流动。切应力消除后体系的三维结构可以重建，恢复不流动性。值得注意的是塑性流体在切应力很小时 τ-D 为曲线关系，当切应力达到一定值后才呈直线变化。塑性型涂料在高于屈服值的剪切力作用下具有较低的黏度，类似于牛顿流体，有利于生产和施工操作，而在小于屈服值的低剪切力下，如贮存时黏度很高，可防止颜填料沉淀。

总之，牛顿流体的黏度与剪切应力或剪切速率无关，而非牛顿流体存在黏度的剪切应力（或剪切速率）的依赖性。此外，某些流体的黏度还呈现出剪切时间的依赖性，黏度随剪切时间增加而减小的体系称为触变体，黏度随剪切时间增加而增大的体系称为震凝体。

触变性流体在恒定剪切速率下受到剪切，随着剪切时间的增加黏度会减小，除去剪切力后黏度又会逐渐恢复（图 5.3）。将剪切应力由小到大逐点变化，测定相应的剪切速率或黏度的值，再由大到小测定相应值，在流变曲线图上绘出的两条曲线并不重合，而是形成一个滞后环（图 5.4），滞后环所包围的面积可以表征流体触变性的大小。触变性与假塑性的松散的物理结构很相似，但是这种三维网状结构在恒定应力下随时间而逐渐解体，网状结构中的连续相释出,黏度下降,流动性增加。而假塑性结构的解体必须要加大应力才能实现。触变体应力消除后物理结构的恢复需要时间,并且是一个可逆过程。

触变性是涂料所希望的。在涂料中加入触变添加剂(流变改性剂)使其产生触变结构有利于涂料的生产、贮存和施工。显然,触变的恢复时间是一个关键参数。生产中经搅拌、研磨后,或施工时因喷、辊、刷涂后黏度下降,如果触变恢复过快(不足2h),不利于下一道工序的进行并影响涂料的流平;触变恢复时间太长(几天),贮存会产生沉淀,施工后会发生流挂。触变恢复时间控制在数小时至十几小时之内为好。

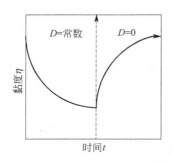 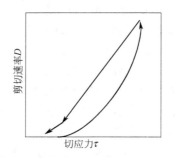

图5.3 触变性流体的黏度恢复曲线　　　　图5.4 触变性流体的流变曲线

震凝性与触变性相反,在恒定剪切速率下,随着剪切时间的增加流体黏度逐渐达到某个最大值。有些胀流型体系可观察到震凝现象,在涂料中几乎见不到震凝体。

由此可见,除了温度以外非牛顿流体的黏度可归纳为两个重要的影响因素:当剪切速率增加时,黏度减小的是假塑性流体(剪切变稀),黏度上升的是胀流型流体(剪切变稠);在剪切速率(切应力)一定时,随着剪切时间的延长,黏度下降的是触变性流体,黏度增加的是震凝性流体。

流变助剂又称流变改性剂,用以解决涂料贮存和施工中的流变问题,主要是指涂料静置时的增黏和涂装时的流平,关注的重点是涂料贮存稳定,不分层,不沉淀,施工时有良好的流动性和流平性,但又不会产生流挂。

高剪切状态对应于施工时的情况。在涂装时受到刷涂力或喷涂力的作用时涂料在基材表面上展布。要想得到好的涂装效果,必须有合适的高剪切黏度,以便控制漆液既能有良好的流动流平性又不会流挂。一方面黏度要足够大,这样会得到一层较厚的湿膜,从而保证涂层有足够的丰满度;另一方面在剪切受力后涂料的流变行为要尽可能接近牛顿流体,否则会影响漆液的流平,从而不能得到均匀平整的涂层。高剪黏度太小时垂直面涂装会产生流挂,涂膜干后产生泪痕斑。这就需要通过流变助剂的合理使用将涂料的施工性能调节到最佳状态。合适的流变改性剂调节高剪切速率下的黏度使其满足一定的施工条件,得到平整、完好的漆膜,但不会提高低中剪黏度,它们通常被称为流平剂。

涂料在低剪切速率下的黏度决定了涂料的贮存稳定性,低剪切速率下的黏度大,涂料不易分层和沉淀。但是,黏度太大又会影响施工时涂料的流动流平性。另一类流变改性剂能提供良好的低剪切速率黏度和触变性,特称为增稠剂。增稠剂使得漆液,特别是有颜填料的漆液在静止状态下(剪切速率和剪切时间为零时)有较大的黏度,颜填料不会沉底,而在搅动后或涂装时(有一定剪切速率和剪切时间时)黏度急剧下降,使涂装得以顺利进行,并能使涂料流动和流平,得到一个满意的涂层。

5.2 流变助剂的类型

水性涂料用的流变助剂从作用上看主要有两大类，即低剪增稠剂和高剪流平剂。所谓"低剪"指的是剪切速率很低的情况，通常认为在 $1s^{-1}$ 或更低，甚至接近 $0s^{-1}$ 时的状况，低剪切速率下的黏度常称为 Stormer（斯托默）黏度，又称 KU 黏度；"高剪"对应于涂料施工时的剪切速率，通常认为在 $10^3 s^{-1}$ 以上，甚至高达 $10^5 s^{-1}$ 或更大，高剪切速率下的黏度常常又称为 ICI 黏度。

5.2.1 增稠剂

从增稠剂的化学结构分有无机增稠剂和有机增稠剂两大类。无机增稠剂能在水体系中形成触变性的凝胶体，多为特殊形状的细小颗粒。例如亲水的膨润土，呈片状结构，吸水后体积膨大，形成触变性的网状结构，从而起到增稠作用。另一种是针状结构的凹凸棒土，加入水中后针状粒子间形成三维网状结构，将水包裹在网中限制了水的流动，产生触变增稠作用，增稠效果比膨润土还好。第三类是气相二氧化硅，即白炭黑，具有良好的触变增稠性，在水体系中的增稠效果比在溶剂型漆中要高得多。

有机增稠剂在水性漆中应用最为广泛。主要类型有纤维素醚及其衍生物、碱溶胀型增稠剂（又分非缔合型碱溶胀增稠剂和缔合型碱溶胀增稠剂）、聚氨酯增稠剂、疏水改性非聚氨酯增稠剂以及络合型有机金属化合物增稠剂等。增稠剂的分类及代表品种见表 5.1。

表 5.1 增稠剂的分类及代表品种

类 型			代 表 品 种
无机类			亲水膨润土、亲水二氧化硅、凹凸棒土
有机类	天然高分子衍生物	阴离子型	羧甲基纤维素钠、羧甲基淀粉、藻朊酸盐、黄原胶
		阳离子型	阳离子淀粉
		两性型	干酪素、明胶
		非离子型	甲基纤维素、羟乙基纤维素、甲基羟丙基纤维素、改性淀粉、瓜尔胶
	合成高分子	阴离子型	聚(甲基)丙烯酸盐、(甲基)丙烯酸共聚物和均聚物
		阳离子型	聚丙烯酰胺、聚乙烯基吡咯烷酮
		非离子型	聚乙烯醇、聚乙烯蜡
络合型有机金属化合物			双-三乙醇胺二异丙醇钛酸酯

5.2.1.1 纤维素醚

纤维素不溶于水，但是经过氢氧化钠碱化后再与氯甲烷、氯乙酸、环氧乙烷、环氧丙烷反应可制成水溶性的纤维素醚（图 5.5），这些反应的共同副产物是氯化钠，可经过水洗除去，纯化后的纤维素醚干燥成细粒或粉末成品出售。与氯甲烷反应得甲基纤维素（MC），与环氧乙烷反应制得羟乙基纤维素（HEC），与氯甲烷和环氧乙烷反应生成甲基羟乙基纤维素（MHEC），与氯甲烷和环氧丙烷共同反应产物为甲基羟丙基纤维素（MHPC 或 HPMC），纤维素与氯乙酸反应可制成羧甲基纤维素钠（NaCMC），而在氯乙酸和环氧乙烷的共同作用下可合成羧甲基羟乙基纤维素钠（NaCMHEC），这些都可用作水性涂料的增稠剂。控制合成时的取代度（DS）和摩尔取代度（MS），可以得到不同规格的产品。

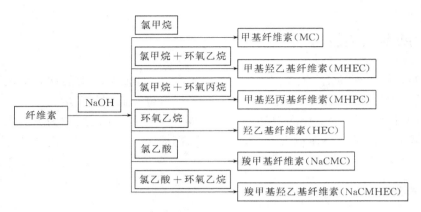

图 5.5　纤维素醚的制备方法

纤维素中每个葡萄糖酐上有三个可被取代的羟基（两个羟基一个羟甲基），取代度（DS）定义为葡萄糖酐单元上被取代的羟基的平均个数，DS 的值在 0～3 之间，为了得到最佳的水溶性，DS 值必须很低。摩尔取代度（MS）为纤维素分子中平均每个葡萄糖酐上所结合的取代化合物（例如，环氧乙烷）的物质的量，理论上 MS 可以是 0 以上的任何值，实际上一般不大于 3。这些参数影响纤维素醚的水溶性和增稠效果。通常，纤维素醚分子量越大，增稠效果越好，但剪切后黏度下降也越显著，辊涂时涂料飞溅也越严重。纤维素醚的产品特性与纤维素醚的性能以及乳胶漆性能的关系见表 5.2。

表 5.2　纤维素醚的特性及对性能的影响

纤维素醚特性	产品性能	纤维素醚特性	产品性能
聚合度	黏度	改性	应用施工性
醚化种类与程度	溶解度、表面张力、粘接性	延迟溶胀	方便乳胶漆生产
粒径	溶解速率		

纤维素醚的结构示意如图 5.6 所示，6 种常见纤维素醚的典型取代基及大致位置见表 5.3。几种主要的纤维素醚对乳胶漆功能的影响程度排序见表 5.4。

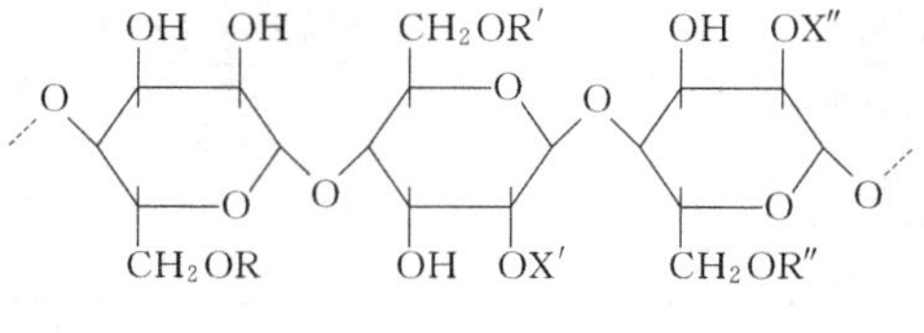

图 5.6　纤维素醚的结构示意

表 5.3　纤维素醚的种类与取代基

种类	R	R'	R''	X'	X''
甲基纤维素（MC）	CH_3	CH_3	CH_3	CH_3	CH_3
甲基羟乙基纤维素（MHEC）	CH_3	CH_2CH_2OH	CH_3	CH_3	CH_3
甲基羟丙基纤维素（MHPC）	CH_3	$CH_2CH(OH)CH_3$	CH_3	CH_3	CH_3
羟乙基纤维素（HEC）	$(CH_2CH_2O)_2H$	CH_2CH_2OH	CH_2CH_2OH	H	CH_2CH_2OH
羧甲基纤维素（NaCMC）	CH_2COONa	CH_2COONa	CH_2COONa	H	H
羧甲基羟乙基纤维素（NaCMHEC）	CH_2COONa	CH_2COONa	CH_2CH_2OH	H	H

表 5.4　几种纤维素醚对乳胶漆性能影响的比较

性　能	比　　较		
分散性	HEC	>CMC	>MHEC/MHPC
起泡性	HEC	>CMC	>MHEC/MHPC
增稠作用	MHEC/MHPC	>HEC	>CMC
减少颜料絮凝的能力	HEC	>CMC	>MHEC/MHPC
颜色接受性	HEC	>CMC	>MHEC/MHPC
微生物稳定性	HEC-B	>MHEC/MHPC	>CMC
贮存稳定性/脱水收缩性	MHEC/MHPC	>HEC	>CMC
涂刷性	HEC	>CMC	>MHEC/MHPC
ICI 黏度	MHEC/MHPC	>CMC	>HEC
流平性	MHEC/MHPC	>CMC	>HEC
抗流挂性	HEC	>CMC	>MHEC/MHPC
抗飞溅性	MHEC/MHPC	>HEC	>CMC
保水性	HEC	>MHEC/MHPC	>CMC
耐湿擦性	HEC	>MHEC/MHPC	>CMC

　　在纤维素的亲水骨架上引入少量疏水的长链烷基可制成疏水改性纤维素（HMHEC），改性后的增稠剂可与乳液粒子、表面活性剂、颜填料等疏水组分缔合从而使得体系黏度增加，其增稠效果类似于高分子量纤维素醚，可提高高剪黏度和流平性。

　　纤维素醚在乳胶漆中广泛用作增稠剂，特别是羟乙基纤维素（HEC），一般预先制成2%～3%的水溶液在混合初期加入预混料共同研磨。

　　除了纤维素以外，天然高分子化合物及其衍生物增稠剂中值得一提的还有瓜尔胶类增稠剂（Guar Gum Thickener），瓜尔胶是从瓜尔豆中提取的一种高纯化天然多糖，分子结构如图 5.7 所示，其分子量在 220000 左右，就其分子结构来说瓜尔胶是一种非离子多糖。瓜尔胶分子的最大特点便是与纤维素结构非常相似，这种相似性使它对纤维素有很强的亲和性。

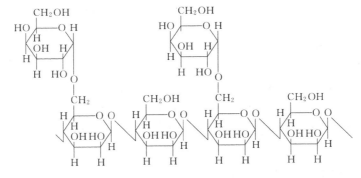

图 5.7　瓜尔胶的分子结构

　　瓜尔胶及其衍生物增稠剂有很高的假塑性和增稠效果，抗流挂性、涂刷性和流平性极好，可用于高黏稠涂料，如抗裂砂浆、保温砂浆、弹性涂料和一般内外墙涂料，在内外墙涂料中常常与其他增稠剂配合使用。

5.2.1.2　碱溶胀增稠剂

　　碱溶胀增稠剂是乳胶漆常用的提高低剪黏度的阴离子型增稠剂，有缔合型碱溶胀增稠剂（hydrophobically modified alkali soluble emulsion，HASE）和非缔合型碱溶胀增稠剂（alkali soluble emulsion，ASE）之分。

ASE 是聚丙烯酸盐碱溶胀型乳液，在碱性体系中产生中和反应，树脂被溶解后羧基的静电排斥作用使得聚合物链伸展开来，从而使体系黏度增大，产生增稠效果。增稠效果与体系的酸碱度有很大关系，必须预先将体系调成碱性再加增稠剂才能产生增稠效果。

缔合型碱溶胀增稠剂（HASE）分子中不仅有大量的羧基，还有用作疏水改性的长支链，支链上可以有氨基甲酸酯结构，也可以不含氨基甲酸酯结构。一种含有氨基甲酸酯结构的 HASE 增稠剂的化学结构式如图 5.8 所示。在碱性体系中同时具有静电排斥作用以及与乳液粒子和颜填料的疏水部分缔合形成三维网络的作用，增稠效率更高。增稠后的乳胶漆有一定的流平性、抗飞溅性，大多情况下都呈现出一定的触变性，因而应用更加广泛。

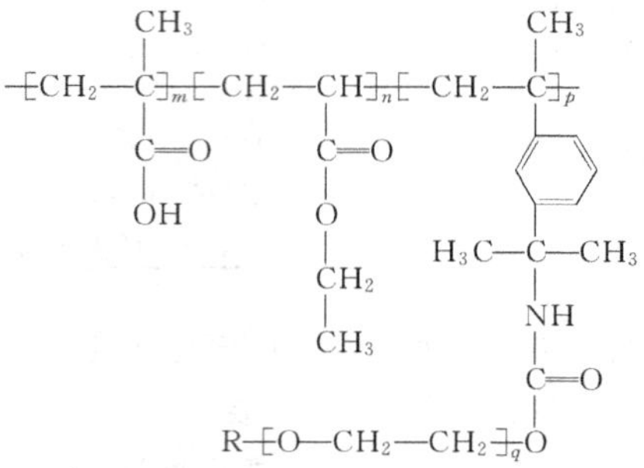

图 5.8　HASE 增稠剂的化学结构式

5.2.1.3　聚氨酯增稠剂

聚氨酯增稠剂（hydrophobically modified ethylene oxide urethane，HEUR）为非离子型的，是疏水基团改性的乙氧基聚氨酯聚合物，分子量为 3 万～5 万，乙氧基的引入使 HEUR 具有水溶性。HEUR 分子结构中有疏水基、长的亲水链和聚氨酯基团。疏水基多为烷基，可能带有芳核，起缔合作用，是产生增稠效应的关键所在。亲水链多为聚氧乙烯（即环氧乙烷聚合物）及其衍生物，提供了增稠剂的化学稳定性和黏度稳定性。氨基甲酸酯用来将各部分连接起来，而且合成方便、稳定。

HEUR 的增稠机理是分子中的疏水部分与乳液粒子、颜填料等缔合形成三维网状结构，提供高剪黏度，分子中的亲水链通过水分子产生氢键作用，进一步增稠，同时增稠剂分子在浓度高于临界胶束浓度时形成胶束，提供中剪（$1\sim100s^{-1}$）黏度。HEUR 的增稠对水性漆的低剪黏度贡献不大，对涂料的光泽无影响，在高剪切速率下增稠效果明显，涂料施工时抗飞溅性好，从而湿涂膜可以较厚，漆膜的丰满度较高，可见 HEUR 的主要作用是作为高剪流平剂。

5.2.1.4　疏水改性非聚氨酯增稠剂

在含有聚氧乙烯链的氨基树脂上接上多个疏水基团可制成疏水改性的氨基增稠剂（HEAT），这是一种多支化的梳状结构化合物。由于多个疏水基的强疏水性和强缔合作用，可以防止水性漆配色时因色浆的加入带入的表面活性剂和二醇类溶剂引起的涂料黏度的剧烈下降。

改性聚脲增稠剂是另一种改性非聚氨酯增稠剂，分子结构中有多个—HN—CO—NH—的脲基和可缔合的端基，所以既有缔合作用，也能形成氢键。经低、中极性端基改性的聚脲增稠剂只能用于溶剂型涂料，而高极性端基的聚脲增稠剂溶剂型涂料和水性涂料都可用。

此外还有疏水改性聚醚增稠剂（HMPE），性能与 HEUR 增稠剂相似。

5.2.1.5 无机增稠剂

水性建筑涂料常用的无机增稠剂主要有片状结构的钠基膨润土、针型的凹凸棒土、无定形或近似球状的二氧化硅、蒙脱土等。无机增稠剂的低剪增稠性好，防沉性好，并有一定的抗生物降解性。就二氧化硅而言气相二氧化硅有很好的增稠效果，但是粒度足够小的沉淀二氧化硅也有增稠性，只是效果不如气相二氧化硅。

5.2.1.6 络合型有机金属化合物

某些有机钛和有机锆络合物可通过氢键作用在乳胶漆中产生高剪增稠效果，已有个别商品化产品问世，但是目前应用较少。

5.2.2 流平剂

作为流变改性剂用的流平剂的作用是提高高剪切状态下的体系黏度，增加流平性，防止涂料施工产生流挂。前述增稠剂中除无机增稠剂不能用作高剪流平剂外，其他几种都有相应的高剪流平剂，特别是聚氨酯增稠剂（HEUR）、缔合型碱溶胀增稠剂（HASE）、疏水改性纤维素（HMHEC）和有机金属络合物。在 HEUR、HASE 和 HMHEC 中，随改性基团的类型和数量不同可以得到从低剪到中剪再到高剪不同切变速率范围的增稠剂，其中高剪和中高剪增稠剂能提供良好的高剪黏度、抗飞溅性、抗流挂性和流平性。增稠剂生产厂家往往提供从低剪到高剪一系列的产品供用户选择。常常用几种流变改性剂搭配使用，以取得良好的综合效果。有时候一种产品具有很宽的切变速率适应性，因而很难严格区分是增稠剂还是流平剂。这几大类流平剂中，聚氨酯型流平剂有最好的流平效果，应用最多。

5.3 商品流变助剂

5.3.1 纤维素醚

（1）Akzo Nobel（阿克苏·诺贝尔）公司的纤维素醚　阿克苏·诺贝尔公司的商标名为"Bermocoll"的纤维素醚在涂料工业中应用已有 50 多年的历史，主要用作水性涂料的增稠剂、稳定剂和保水剂。依据与纤维素反应的化合物不同 Bermocoll 分为 3 大类：①EHEC，乙基羟乙基纤维素（又分 E 和 EBS 两类）；②MEHEC，甲基乙基羟乙基纤维素（再分为 M、EM 和 EBM 三类）；③HM-EHEC，疏水改性乙基羟乙基纤维素（EHM）。在这些标号中"E"代表乙基羟乙基纤维素，"EM"表示具有高效增稠性的乙基甲基羟乙基纤维素醚，"EBS"和"EBM"表示防酶解型产品，"EHM"为疏水改性的 EHEC 并具有防酶解功能。

Bermocoll 为非离子型，外观为白色流动性粉末，几乎无味，易溶于水，水溶液呈中性，不溶于常见的有机溶剂。出厂产品含有不超过 5% 的水分，加热至 250℃ 时炭化。常用的 Bermocoll 的类型和牌号见表 5.5。

表 5.5　常用 Bermocoll 的类型和牌号

类型	牌号	粒度(98%)/μm <	水分 /%≤	含盐量 /%≤	黏度(水溶液%)[①] /mPa·s	推荐用量 /%	用途[②]
通用型（乙基羟乙基纤维素）							
	E 230 FQ	500	5	5	260～360(2%)	0.5～0.8	R
	E 230 X	425	5	5	260～360(2%)	0.4～0.8	D

续表

类型	牌号	粒度(98%)/μm <	水分 /%≤	含盐量 /%≤	黏度(水溶液%)[①] /mPa·s	推荐用量 /%	用途[②]
	E 320 FQ	500	5	5	1850~2650(2%)	0.5~0.8	R
	E 320 G	1070	5	5	1850~2650(2%)	0.4~0.8	R
	E 351 FQ	500	4	5	4250~6000(2%)	0.2~0.7	R,P
	E 351 X	300	4	5	4250~6000(2%)	0.2~0.8	D,P
	E 411 FQ	500	4	5	850~1200(2%)	0.2~0.7	R,P
	E 431 FQ	500	4	5	1700~2400(2%)	0.2~0.7	R,D
	E 451 FQ	500	4	5	2550~3600(2%)	0.2~0.6	R,D
	E 481 FQ	500	4	5	4250~6000(2%)	0.2~0.7	P
	E 511 X	500	4	5	6500~8000(2%)	0.2~0.8	D,P
生物稳定通用型(乙基羟乙基纤维素)							
	EBS 351 FQ	500	4	5	5000~6000(2%)	0.2~0.7	R
	EBS 411 FQ	500	4	5	850~1200(1%)	0.2~0.7	R
	EBS 431 FQ	500	4	5	1700~2400(1%)	0.2~0.7	R
	EBS 451 FQ	500	4	5	3000~4000(1%)	0.2~0.7	R
	EBS 481 FQ	500	4	5	4000~6000(1%)	0.2~0.7	R
生物稳定型(甲基乙基羟乙基纤维素)							
	EBM 1000	500	4	6	500~800(1%)	0.2~0.7	R
	EBM 3000	500	4	6	2000~3000(1%)	0.2~0.7	R
	EBM 5500	425	4	6	5000~6000(1%)	0.2~0.7	R
	EBM 8000	425	4	6	7000~9000(1%)	0.2~0.7	R
高效乙基甲基羟乙基纤维素							
	EM 8000 FQ	425	4	6	6000~8000(1%)	0.2~0.5	R
疏水改性乙基羟乙基纤维素							
	EHM 200	500	4	4.5	≥350(1%)	0.3~0.5	R
	EHM 300	500	4	4.5	1700~3000(1%)	0.3~0.5	R
	EHM 500	500	4	4.5	7000~10000(1%)	0.1~0.4	R
改性高黏乙基羟乙基纤维素							
	CCA 098	500	4	—	8000~12000(1%)	0.3~0.5	D
	CCA 312	300	4	—	2300~3000(1%)	0.15~0.3	N
	CCA 328	300	4	—	5000~7000(1%)	0.2~0.6	D
	CCA 370	350	4	—	5000~7000(1%)	0.4~0.7	F
	CCA 379	300	4	—	6800~9000(1%)	0.15~0.6	F
	CCA 425	300	4	—	6500~8500(1%)	0.2~0.7	F
	CCA 470	350	4	—	2300~3300(1%)	0.4~0.7	D
	CCA 612	300	4	—	5500~7500(1%)	0.15~0.3	D
	CCA 698	300	4	—	6700~8800(1%)	0.15~0.3	D
高黏甲基乙基羟乙基纤维素							
	M 800 X	500	4	6	10000~14000(1%)	0.2~0.5	D
改性高黏甲基乙基羟乙基纤维素							
	CCM 812	300	4	—	约12000(1%)	0.15~0.23	D
	CCM 825	450	4	—	10000~14000(1%)	0.2~0.7	D
	CCM 879	450	4	—	约12000(1%)	0.12~0.4	D
	CCM 890	450	4	—	约11000(1%)	0.15~0.35	D
	CCM 894	450	4	—	10000~14000(1%)	0.3~0.6	D

① 20℃时用Brookfield黏度计测定。
② D代表干粉水泥砂浆；F代表腻子和填缝剂；P代表灰浆；N代表石膏腻子；R代表乳胶漆。

乳胶漆生产中很多场合直接使用硬水，水中的碱性物质与纤维素醚作用会使体系黏度急剧增大，纤维素醚结块，长期不能溶解。采用延迟溶解型的Bermocoll可延长溶解时间，防止结块。延迟溶解型 Bermocoll 的牌号和黏度,见表 5.6。

表 5.6 延迟溶解型 Bermocoll

牌号	1%水溶液黏度①	2%水溶液黏度①	牌号	1%水溶液黏度①	2%水溶液黏度①
CST 590		300±60	CST 295	5000±1000	
CST 591		840±90	CST 324	5000±1000	
CST 291		2200±450	CST 347	1000±200	
CST 255	1000±200		CST 348	3000±600	
CST 257	3000±600		CST 349	5000±1000	

① 20℃时用 Brookfield 黏度计测定,单位 mPa·s。

选用 Bermocoll 时应注意,疏水改性的纤维素醚有最好的增稠性、涂刷性、遮盖力、流平性和抗飞溅性平衡,但成本较高。通用型产品牌号越大者增稠效果越好,低剪黏度较大,耐水性更好;牌号小的涂刷性、遮盖力、抗飞溅性好,成膜时间短,可根据实际需要选用。

为了便于在乳胶漆中迅速分散和溶解 Bermocoll,可将 Bermocoll 预先制成高浓度的贮备液添加。贮备液的制法有两种。①将 Bermocoll(例如 EBS 451 FQ)加入 pH 值不超过 7 的水中,搅拌至完全分散后再用氨水等 pH 调节剂将体系调成碱性,使其完全溶解备用。贮备液浓度一般为 2%~5%。当需要较长时间存放时,应适当加入防腐剂。配漆时可直接将贮备液加入乳胶漆中。②也可按如下配方制备贮备液:水 17%~47%,乙二醇 50%~80%,增稠剂 3%,搅拌至均匀浆备用,制漆时直接添加。

(2) Dow(陶氏)公司的纤维素醚 在乳胶漆增稠剂方面,美国陶氏化学公司提供经表面处理的 QP 系列产品,注册商标为 Cellosize,六种不同黏度的羟乙基纤维素 Cellosize HEC 牌号由 QP-300H~QP-100000H 等。最为普遍并大量用于乳胶漆方面的型号为 QP-4400H 和 QP-15000H。更高黏度的羟乙基纤维素主要用于普通乳胶漆或一些贮存期较短的工业用乳胶漆。QP 型是经过延迟水合处理的产品,ER 型为经防霉处理过的产品。

Cellosize 羟乙基纤维素是非离子型水溶性聚合物,因此在乳胶漆中它能起增稠作用、粘接作用、乳化作用、分散作用、稳定作用,并能保存水分,提供保护胶体效应。Cellosize 极易溶于热水或冷水中,得到黏度范围很广的溶液,并能与溶液中的高浓度电解质相容。Cellosize 羟乙基纤维素的典型性质见表 5.7。

表 5.7 Cellosize 羟乙基纤维素的性质

性　　质	指　　标	性　　质	指　　标
外观	白色至乳白色,可自由流动的粉末	颗粒大小	100%通过美国 20 号网孔(840μm)
表观密度/(g/cm³)	0.3~0.6	相对密度(20/20℃)	1.30~1.40
分解温度/℃	约 205	挥发组分/%	5
软化点/℃	140		

几种代表性的牌号的黏度见表 5.8。

表 5.8 Cellosize 羟乙基纤维素的型号和黏度

型　号	溶液浓度(经干燥样品计)/%	黏度(Brookfield LVF,25℃)/mPa·s	转轴号	转速/(r/min)
ER-4400	2	4800~6000	4	60
ER-15000	1	1100~1500	3	30
ER-30M	1	1500~1900	3	30
ER-52M	1	2400~3000	3	30

续表

型　　号	溶液浓度(经干燥样品计)/%	黏度(Brookfield LVF,25℃)/mPa·s	转轴号	转速/(r/min)
QP-300H	2	300～400	2	60
QP-4400H	2	4800～6000	4	60
QP-15000H	1	1100～1500	3	30
QP-30000H	1	1500～2400	3	30
QP-52000H	1	2400～3000	3	30
QP-100MH	1	4400～6000	4	30

羟乙基纤维素（包括其他公司的类似产品）的使用方法和注意事项如下。

① 混合与溶解

a. 在加入羟乙基纤维素前和后，均必须不停搅拌，直至溶液完全透明澄清为止。最好的加料方法是筛入搅拌的水中，不得一下子倒入。切忌将结块的羟乙基纤维素直接投入水中，否则很长时间溶解不开。

b. 溶液在充分搅拌时 pH 值应不大于 7。不得在羟乙基纤维素粉末被水湿透前在混合物中加入一些碱性物质。在湿透后才提高 pH 值则有助于溶解。通常只需搅拌 2～3min 便可使增稠剂完全润湿，接着增加 pH 值将会显著加快溶解速率。随着 pH 值和温度的上升，水合时间会相应缩短。

c. 羟乙基纤维素在加入配方之前，可与其他可溶或不可溶的干料混合。因此可加入颜料、填料或染料，以促进分散。

d. 尽可能提早加入防霉剂。

e. 使用高黏度型号羟乙基纤维素时，母液浓度不可高于 2.5%～3%（重量计），否则母液难于操作。

f. 在水中加入大约 0.01% 的表面活性剂有助于润湿和分散。

g. 羟乙基纤维素存放在严密盖紧的容器中，避免吸湿。

② 吸湿性　羟乙基纤维素会吸湿，通常含水 5% 左右，但运输和贮存环境的不同，含水量可能会较出厂时高。使用时要先测水含量，并在计算浓度时扣除水的重量。

③ 粉尘爆炸性　羟乙基纤维素如同许多有机化合物一样，如果与空气或其他氧化剂混合至临界比例，并且暴露于火源，就会发生爆炸。羟乙基纤维素被界定为Ⅰ类粉尘。此外，操作场合应保持良好的通风，尽量避免在大气中产生粉尘，以免被人吸入呼吸道中或造成其他安全隐患。

(3) Hercules（赫克力士）公司的纤维素醚　美国 Hercules（赫克力士）公司的纤维素醚由其下属的 Aqualon 公司生产，各种纤维素醚的商品名见表 5.9。牌号中"B"表示耐降解的生物稳定型产品；型号中有"R"的表示经过特殊的表面处理，具有延迟溶胀性的产品，可以避免混入水中后出现结块现象。

表 5.9　Aqualon 公司的纤维素醚商品名

纤维素醚	AQUALON 注册商品名	与纤维素的反应物
甲基纤维素(MC)	CULMINAL	氯甲烷
甲基羟乙基纤维素(MHEC)	CULMINAL	氯甲烷+环氧乙烷
甲基羟丙基纤维素(MHPC)	CULMINAL	氯甲烷+环氧丙烷
羟乙基纤维素(HEC)	NATROSOL	环氧乙烷
	NATROSOL B	环氧乙烷
疏水改性羟乙基纤维素(HMHEC)	NATROSOL Plus	环氧乙烷+疏水剂
羧甲基纤维素(CMC)	BLANOSE	氯乙酸
羟丙基纤维素(HPC)	KLUCEL	环氧丙烷

Hercules 的 BLANOSE 为精制的羧甲基纤维素钠盐，CMC 含量不低于 98%，是典型的阴离子型增稠剂。由于 CMC 的离子性质，不可能制成延迟溶胀型产品。按取代度不同 BLANOSE 可分为三类：标识"7"的 DS 范围是 $0.65\sim0.90$，钠含量为 $7.0\%\sim8.9\%$；标识"9"的 DS 范围为 $0.80\sim0.95$，钠含量为 $8.1\%\sim9.2\%$；另有一类标识为"12"，DS 范围在 $1.15\sim1.45$ 之间，钠含量为 $10.5\%\sim12.0\%$，水性涂料中不常见用。黏度标识中"H"为高黏度型，"M"为中等黏度型，"L"是低黏度型等。Hercules 产品的代号标识见表 5.10。CMC 的型号和黏度范围见表 5.11。

表 5.10 Hercules 产品的代号标识

CMC 取代度 DS	DS	钠含量/%
7	0.65~0.90	7.0~8.9
9	0.80~0.95	8.1~9.2
12	1.15~1.45	10.5~12.0
黏度/mPa·s		
H	高黏度型,1%水溶液>1500	
M	中黏度型,2%水溶液 100~3000	
L	低黏度型,2%水溶液 25~200	
特殊类型		
S	无触变或低触变型	
O	酸性条件下有最好的溶解度和贮存稳定性	
粒度		
无标识	普通级　40 号筛(筛孔 420μm)筛余≤5%	
C	粗粒级　80 号筛(筛孔 177μm)通过≤5%，	
	20 号筛(筛孔 840μm)筛余≤1%	
X	细粒级 200 号筛(筛孔 74μm)通过≥80%	
	60 号筛(筛孔 250μm)通过≤0.5%	
用途		
无标识	工业级	
F	食品级	
PH	药用级和化妆品级	

表 5.11 BLANOSE 的型号和黏度

DS		水溶液浓度 /%	Brookfield LVT 黏度 (25℃)/mPa·s
7	9		
7H9		1	4000~9000
7H4	9H4	1	2500~4500
7H		1	1500~2500
7M65		2	3000~6500
7M31		2	1200~3100
7M12		2	600~1200
7M		2	300~600
7M2	9M2	2	100~200
7M1		2	50~100

商品名为 CULMINAL 的主要品种有三大类，即甲基纤维素 MC、甲基羟乙基纤维素 MHEC 和甲基羟丙基纤维素 MHPC，一些型号经过表面处理，具有延迟溶胀性。CULMINAL 产品溶于冷水而不溶于热水，当温度超过某一范围后纤维素不溶于水而产生絮凝现象。0.5%水溶液的絮凝温度、纤维素的取代度范围以及 20℃下 2%溶液的黏度参见表 5.12。

CULMINAL MHEC 和 MHPC 有一定的疏水性。

表 5.12 CULMINAL 纤维素的基本性能

基本性能	CULMINAL		
	MC	MHEC	MHPC
取代度 DS/—OCH$_3$	1.41～1.95	1.30～2.22	1.17～2.33
摩尔取代度 MS	—	0.06～0.50	0.05～0.80
0.5%水溶液的絮凝温度/℃	50～75	60～90	60～90
2%溶液的 Brookfield 黏度/mPa·s	10～15000	6000～50000	40～30000

羟乙基纤维素 NATROSOL 是非离子水溶性聚合物，外观为白色或微黄褐色颗粒，不溶于有机溶剂，易溶于冷水或热水中。最常用的是 NATROSOL 250，可用作增稠剂、保护胶体、黏合剂、稳定剂和悬浮剂等。有多种型号，其中高黏度的 HH 型是最有效的非离子增稠剂，型号中标有"R"的为延迟水合（延迟溶胀）产品，可防止颗粒混入水中后出现结块现象；有"B"的是抗生物降解型产品；标有"NF"的是药用型；而有"CS"字样的为高纯度产品，主要用于化妆品配方。NATROSOL 250 按黏度分为多个牌号，各牌号的黏度范围和测试所用的溶液浓度见表 5.13。NATROSOL 的一般物性见表 5.14。NF 和 CS 型的指标更严格。

表 5.13 NATROSOL 250 的黏度型号和黏度范围

黏度型号	25℃时不同浓度水溶液的 Brookfield 黏度/mPa·s		
	1%	2%	5%
HH	3400～5000		
H4	2600～3300		
H	1500～2500		
MH	800～1500		
M		4500～6500	
K		1500～2500	
G		150～400	
E		25～105	
J			250～400
L			75～150

表 5.14 NATROSOL 的一般性能

性能	指标	性能	指标
NATROSOL 本体		溶液	
颜色	白至淡黄褐色	pH 值	6.0～8.5
灰分/%	≤5.5	沉淀温度/℃	>100
含水量/%	≤5	表面张力/(mN/m)	
松密度/(kg/L)	0.7	NATROSOL 250L,0.1%	66.8
软化温度范围/℃	135～140	NATROSOL 250L,0.001%	67.3
变褐色温度范围/℃	205～210	相对密度(2%)	1.0033
粒度(过 425μm)/%	≥90	折射率(2%)	1.336
生物需氧量/(mgO$_2$/g)	1～25		

NATROSOL Plus 是疏水改性的缔合型纤维素醚，具有羟乙基纤维素的许多性质和合成缔合型增稠剂的流变特性，例如，突出的抗飞溅性，厚涂性，优异的流平性和抗流挂性以

及极好的贮存稳定性。NATROSOL Plus 链上的疏水基在水中有聚集成聚集体的倾向，聚集后的区域形成了网状结构，从而提高了溶液的黏度。不仅能提高水相黏度，NATROSOL Plus 还可与涂料的其他成分起缔合作用，所以有更强的增稠效果。NATROSOL Plus 粉末在酸性或中性水中不结块，最高可配成 5% 左右的水溶液，与多种天然和合成聚合物以及各种乳液相容性良好。特别设计用于乳胶漆的两个牌号是 NATROSOL Plus 330 和 430，产品本身是白色至近白色粉末，其基本性能见表 5.15。

表 5.15 NATROSOL Plus 的性能

性　　能	NATROSOL Plus 330	NATROSOL Plus 430
黏度(1%,Brookfield,6r/min,25℃)/mPa·s	150～500	5000～9000
溶液外观	透明	透明
溶液 pH 值	6.0～8.5	6.0～8.5
水合时间(pH=7.2 时)/min	6～20	6～20
灰分(Na_2SO_3)/%	≤10.0	≤10.0
含水量/%	≤5.0	≤5.0
颗粒大小(未通过 0.42mm 筛网)/%	≤10	≤10

（4）信越公司（Shin-Etsu Chemical Co.，Ltd.）的纤维素醚　欧洲 Clariant（科莱恩）公司是世界上最早生产和供应纤维素醚的生产商，纤维素醚注册商标为 Tylose。日本信越化学公司在 2003 年兼并了克莱恩的纤维素业务后，一举成为世界上最大的甲基纤维素生产厂商，其纤维素业务占到全球市场的 1/3。兼并后在欧洲生产的纤维素醚仍用 Tylose 商标。

Tylose 产品是包括甲基纤维素（MC）、甲基羟乙基纤维素（MHEC）、甲基羟丙基纤维素（MHPC）、羟乙基纤维素（HEC）、羧甲基纤维素（NaCMC）和羧甲基羟乙基纤维素（NaCMHEC）在内的各种纤维素醚。产品牌号众多，产品的命名由字母和数字表示，并标明产品的特性，共有三部分：①化学成分；②黏度值和改性类型；③水溶特性和颗粒大小。

化学成分所用的字母有 M（甲基）、H（羟乙基）、O（羟丙基）、C（羧甲基）、R（工业级）以及 B、S、T（表示三种不同类型的高醚化产品）。第二部分是用落球黏度计测定 2% 水溶液所得的黏度数值，如果数字最后两位不为零，则表示是改性产品。最后部分的字母和数字物理特性：Y（延迟溶胀）、K（完全水溶）、G1（<1000μm 的颗粒）、G2（<800μm 的颗粒）、G4（<500μm 的颗粒）、G6（<400μm 的颗粒）、G8（<300μm 的颗粒）、P2（<180μm 的粉末）、P4（<125μm 的细粉末）、P6（<100μm 的超细粉末）等例如，牌号 MH10000YP2 的产品即为延迟溶胀型，粒度<180μm，落球黏度 10000mPa·s 的甲基羟乙基纤维素醚；牌号 H300G4 的产品为粒度<500μm，落球黏度 300mPa·s 的羟乙基纤维素醚等。

Tylose M（甲基纤维素）和 Tylose MH（甲基羟乙基纤维素）可溶于冷水中，不溶于热水，加热水后溶液中的纤维素醚会絮凝出来，冷却后可再溶解。配制溶液时搅拌不良可能产生结块。具有延迟溶胀性的 Tylose 颗粒或粉末（YG 和 YP 产品）在中性水中溶解时不容易产生结块，在碱性水中延迟溶胀性消失，因此可先在冷水中分散均匀后调 pH 值至 8～9 加快溶解。Tylose H（羟乙基纤维素）和 Tylose C（羧甲基纤维素）可在任何温度下溶于水。

不同的纤维素醚对涂料流变特性的影响是不同的。羟乙基纤维素 Tylose H 的剪切黏度比甲基羟乙基纤维素 Tylose MH 和甲基羟丙基纤维素 Tylose MO 的高，也就是说在低剪切速率下有相同黏度时，在高剪切速率的情况下含有 Tylose H 的涂料比含有 Tylose MH 或

Tylose MO 的涂料黏度要小。施工过程中用辊涂法涂刷最好用 Tylose MH 或 Tylose MO 增稠的涂料，产生的飞溅小，如果用 Tylose H 增稠的涂料飞溅会大一些。

Tylose C（羧甲基纤维素）是离子型的，耐擦洗性差，只适用于一般涂料配方。Tylose H（羟乙基纤维素）有较好的流动特性，可用于丝光涂料中，由于颜料相容性优于 Tylose MH（甲基羟乙基纤维素）和 Tylose MO（甲基羟丙基纤维素），也可用于彩色涂料和色浆的生产。

适用于内墙涂料的纤维素醚品牌有 Tylose MH 6000 YP2、MH 10000 YP2、MH 30000 YP2、MH 6000 YG8、MH 15000 YG8、MH 30000 YG8、HS 6000 YP2、HS 15000 YP2、HS 30000 YP2 等；适用于外墙涂料的品牌有 Tylose MH 30000 YP2、MH 30000 YG8、HS 30000 YP2、HS 60000 YP2、HS 100000 YP2 和 HS 200000 YP2 等。

代表性的羟乙基纤维素 Tylose HS 30000 YP2 的基本性能指标见表 5.16。

表 5.16 羟乙基纤维素 Tylose HS 30000 YP2 的性能指标

性　能	指　标	性　能	指　标
外观	白色粉末	含盐量/%	<5
离子类型	非离子	粒径/%	
溶解性	溶于冷热水	<0.18mm（过 80 目）	>95
活性成分/%	>87	<0.10mm（过 140 目）	>45
含水量/%	<6	黏度(1.9%水溶液/20℃/落球黏度计)/mPa·s	30000

Tylose 产品的适用范围和选用参考见表 5.17。

表 5.17 纤维素醚 Tylose 选用参考表

应用范围	MH 200 KG4	MH 200 YP2	MH 2000 YP2	MH 6000 YP2	MH 10000 YP2	MH 30000 YP2	MH 6000 YG8	MH 15000 YG8	MH 30000 YG8	H 6000 YP2, HS 6000 YP2	H 15000 YP2, HS 15000 YP2	H 30000 YP2, HS 30000 YP2	H 60000 YP2, HS 60000 YP2	H 100000 YP2, HS 100000 YP2	H 200000 YP2, HS 200000 YP2	CBR 6000 G1	H 300 G4
乳胶漆																	
内墙涂料				●	●	●	●	●	●	●	●	●					
外墙涂料						●			●			●	●	●	●		
有机硅树脂涂料				●	●		●	●		●							
调色漆										●	●	●	●	●	●		
粉末涂料				●			●										
高触变涂料			●				●										
无机底涂																	
硅酸盐涂料										●	●						
石灰水浆涂料				●													
水泥浆浆涂料				●		●											
灰浆和淤浆体系																	
合成树脂改性灰泥				●	●	●					●						
瓷砖粘接剂				●			●			●							
乳胶粘接剂				●			●										
高光泽涂料																	●
刷墙碱料																	
浆状	●		●													●	
干粉		●	●														

注：●代表可选用。

(5) 无锡三友化工有限公司　三友公司生产纤维素醚有甲基纤维素（MC）、甲基羟丙基纤维素（MHPC）、羟乙基纤维素（HEC）和羟丙基纤维素（HPC）。

① 甲基纤维素（MC）　MC 的产品规格见表 5.18，其中黏度与分子量的关系见表 5.19，MC 的一些主要性质参见表 5.20。

表 5.18　三友公司甲基纤维素（MC）规格

性　能	参　数	性　能	参　数
甲氧基含量（质量分数）/%	27.5～31.5	2%溶液黏度（20℃）/mPa·s	15～60000
DS	1.6～1.8	水分（质量分数）/%	≤5
凝胶稳定（2%水溶液）/℃	50～65	灰分（质量分数）/%	≤1

表 5.19　甲基纤维素（MC）产品黏度与分子量

标称黏度/mPa·s	2%溶液黏度/mPa·s	分子量	标称黏度/mPa·s	2%溶液黏度/mPa·s	分子量
5	4～6	18000～22000	400	350～550	120000～150000
25	20～30	48000～60000	1500	1200～1800	170000～230000
50	40～60	65000～80000	4000	3500～5500	300000～500000
100	80～120	85000～100000			

表 5.20　甲基纤维素（MC）的性质

性　能	指　标	性　能	指　标
MC 粉末		薄膜性质（膜厚 5 μm）	
外观	白色至灰白色无味粉末	相对密度	1.39
表观密度/(g/cm³)	0.25～0.70	面积系数（2.5 μm）/(m²/kg)	34.0
相对密度	1.39	拉伸强度（24℃）/MPa	58.6～78.6
变色温度/℃	190～200	伸长率（24℃）/%	10～15
炭化温度/℃	225～230	折射率	1.49
水溶液性质		熔点/℃	290～305
相对密度		透氧性（24℃）/[nmol/(m²·s)]	200
1%溶液	1.0012	透水蒸气性（37℃/RH 90%～100%）/[nmol/(m²·s)]	540
5%溶液	1.0117		
10%溶液	1.0245	耐油性	优
折射率	1.336	耐紫外线（500h）	优
表面张力（25℃）/(mN/m)	47～53	紫外线透过率/%	
凝胶温度/℃	48	400nm	55
		290nm	49
		210nm	26

② 羟乙基纤维素（HEC）　羟乙基纤维素按黏度不同分为 TF-50、TF-1000、TF-6000 等 9 个牌号（表 5.21），牌号中的数字是 2%水溶液的黏度均值，速溶产品在数字后加"S"，如 TF-15000S 是 TF-15000 的速溶产品，易分散；"B"为生物稳定型。羟乙基纤维素的基本性质见表 5.22。HEC 是白色或淡黄色粉末，其溶解性能主要取决于 HEC 的 MS 值。当 MS<1 时，仅溶解于强碱性的水溶液中，呈碱溶性；当 MS 在 1.2～2.5 之间时，可溶解于大部分有机溶剂中，呈醇溶性。乳胶漆大都采用取代度为 2.0 左右的 HEC。

表 5.21　三友公司的羟乙基纤维素（HEC）牌号及规格

牌号	外观	摩尔取代度 MS	水分/%	不溶物/%	透光率[①]/%	NDJ-1黏度计测定的黏度[②]		
						黏度/mPa·s	转子号	转速/(r/min)
TF-50	粉末	1.8~2.0	<6	<0.5	≥80	<100	1	30
TF-1000	粉末	1.8~2.0	<6	<0.5	≥80	800~1200	2	12
TF-6000	粉末	1.8~2.0	<6	<0.5	≥80	4000~7000	3	12
TF-10000	粉末	1.8~2.0	<6	<0.5	≥80	8000~12000	3	6
TF-15000	粉末	1.8~2.0	<6	<0.5	≥80	13000~17000	3	6
TF-20000	粉末	1.8~2.0	<6	<0.5	≥80	18000~24000	4	12
TF-30000	粉末	1.8~2.0	<6	<0.5	≥80	26000~34000	4	12
TF-40000	粉末	1.8~2.0	<6	<0.5	≥80	36000~44000	4	12
TF-60000	粉末	1.8~2.0	<6	<0.5	≥80	55000~65000	4	6

① 2%的水溶液的透光率。
② NDJ-1型黏度计，2%的水溶液，20℃测定。

表 5.22　三友公司羟乙基纤维素（HEC）性质

性质	指标	性质	指标
外观	白色至淡黄色粉末或纤维状物	灰分(以 Na_2CO_3 计)	<6
		pH 值	6~7
相对密度(薄膜,20℃)	1.38~1.41	松密度	0.55~0.75
折射率(薄膜)	1.51	粒度	≥90%过40目
软化点/℃	135~140	表面张力(0.01%~0.1%水溶液,25℃)/(mN/m)	60~65
分解温度/℃	205~210		
摩尔取代度 MS	1~2	溶解性	溶于冷热水,不溶于多数有机溶剂
黏度(2%水溶液,20℃)/mPa·s	$10~10^5$		
挥发分/%	<5		

③ 甲基羟丙基纤维素（MHPC）　三友公司甲基羟丙基纤维素的产品牌号和规格见表 5.23，基本性质列于表 5.24。

表 5.23　三友公司的甲基羟丙基纤维素牌号及规格

规格	牌号			
	TF-E	TF-F	TF-J	TF-K
DS	1.65~1.9	1.6~1.8	0.9~1.15	1.1~1.4
MS	0.2~0.3	0.1~0.2	0.7~1.0	0.1~0.3
甲氧基/%	28~30	27~30	16.5~20	19~24
羟丙基/%	7~12	4~7.5	23~32	4~12
水分/%	≤5	≤5	≤5	≤5
灰分/%	≤0.1	≤0.1	≤0.1	≤0.1
凝胶温度[①]/℃	58~64	62~68	60~70	70~90
黏度(20℃)/mPa·s	15~4000	50~4000	50~4000	35~15000

① 2%的水溶液。

表 5.24 三友公司的甲基羟丙基纤维素的性质

性 质	指标	性 质	指标
MHPC 粉末		面积系数(2.5 μm)/(m²/kg)	36.7
外观	白色至灰白色无味粉末	拉伸强度(24℃)/MPa	58.6~61
		伸长率(24℃)/%	5~10
表观密度/(g/cm³)	0.25~0.70	软化点/℃	240
变色温度/℃	190~200	熔点/℃	260
炭化温度/℃	225~230	炭化温度/℃	270
水溶液		透氧性(24℃)/[nmol/(m²·s)]	560
相对密度		透水蒸气性(37℃/RH 90%~100%)/[nmol/(m²·s)]	520
1%溶液	1.0012		
5%溶液	1.0117	耐油性	优
10%溶液	1.0245	耐紫外线(500 h)	优
折射率	1.336	紫外线透过率/%	
表面张力(25℃)/(mN/m)	44~56	400nm	82
凝胶温度/℃	54~70	290nm	34
薄膜性质(膜厚 5 μm)		210nm	6
相对密度	1.29		

④ 羟丙基纤维素（HPC） 三友公司的羟丙基纤维素产品规格、典型的性质和黏度分级分别见表 5.25~表 5.27。HPC 有工业级和食品级两种规格，食品级 HPC 也可用于药品和化妆品。

表 5.25 三友公司的羟丙基纤维素规格

规 格	指标	规 格	指标
DS	2.2~2.8	水分(质量分数)/%	≤5
MS	3~3.5	灰分(质量分数)/%	≤0.5
羟丙基含量(质量分数)/%	50~66	pH 值	5.8~8.5
黏度(1%或2%水溶液,20℃)/mPa·s	5~40000		

表 5.26 三友公司的羟丙基纤维素性质

性 质	指标	性 质	指标
HPC 粉末		灰分(以 Na₂CO₃ 计)/%	≤0.5
外观	灰白色无味粉末	水分/%	≤5
表观密度/(g/cm³)	0.5	水溶液	
软化点/℃	130	相对密度(2%水溶液,30℃)	1.010
燃烧温度/℃	450~500	折射率	1.337
粒度/%		表面张力(0.1%)/(mN/m)	43.6
过 30 目(590μm)	95	容重/(L/kg)	0.33
过 20 目(840μm)	99	浊点/℃	40~45

表 5.27 羟丙基纤维素的黏度

商品级	水溶液浓度/%	黏度(25℃)/mPa·s	分子量	商品级	水溶液浓度/%	黏度(25℃)/mPa·s	分子量
H	1	1500~2500	1000000	J	5	150~400	150000
M	2	4000~6500	800000	L	5	75~150	100000
G	2	150~400	300000	E	10	300~700	60000

(6) 山东瑞泰化工有限公司 山东瑞泰化工有限公司主要产品有：甲基羟丙基纤维素、甲基纤维素、羟丙基纤维素、乙基纤维素、羟乙基纤维素、乙基纤维素水分散体、羟丙基甲

基纤维素邻苯二甲酸酯。

① 甲基羟丙基纤维素（HPMC） 甲基羟丙基纤维素的主要性能见表5.28。甲基羟丙基纤维素溶于水及部分有机溶剂，如适当比例的乙醇/水、丙醇/水、二氯乙烷等。水溶液具有表面活性，透明度高、性能稳定。不同规格的产品凝胶温度不同，这就是HPMC的热凝胶性质。溶解度随黏度而变化，黏度愈低，溶解度愈大，不同规格的HPMC其性能有一定差异，HPMC在水中的溶解不受pH值影响。HPMC随甲氧基含量的减少，凝胶点升高，水溶解度下降，表面活性也下降。HPMC的特点是具有增稠能力、抗盐性、灰分、pH稳定性、保水性、尺寸稳定性、优良的成膜性以及广泛的耐酶性、分散性和黏结性等特点。产品出厂质量指标见表5.29，有各种黏度规格的产品，参见表5.30。

表5.28 瑞泰公司的甲基羟丙基纤维素的性质

性　　质	指　　标
外观	白色或类白色粉末,无嗅无味。
颗粒度	100目通过率大于98.5%;80目通过率大于100%。
炭化温度/℃	280～300
表观密度/(g/cm^3)	0.25～0.70（通常0.5左右）
相对密度	1.26～1.31
变色温度/℃	190～200
表面张力(20%水溶液)/(mN/m)	42～56

表5.29 瑞泰公司的甲基羟丙基纤维素的质量指标

指　　标	型　号		
	60RT	65RT	75RT
甲氧基/%	28～30	27～30	19～24
羟丙基/%	7～12	4～7.5	4～12
凝胶温度/℃	58～64	62～68	70～90
干燥减量/%	≤5		
灰分/%	≤1		
pH值(1%溶液,25℃)	4～8		
氯化物(NaCl)/%	≤0.2		
砷盐/×10^{-6}	≤2		
重金属/×10^{-6}	≤20		
黏度(2%水溶液,20℃)/mPa·s	5～100000		

表5.30 瑞泰公司的甲基羟丙基纤维素的黏度规格

类别	规格	黏度范围/mPa·s	类别	规格	黏度范围/mPa·s
特低黏度	5	3～7	高黏度	4000	3500～5600
	10	8～12		12000	10000～14000
	15	13～18		20000	17000～22000
低黏度	25	20～30	特高黏度	25000	27000～32000
	50	40～60		30000	27000～32000
	100	80～120		40000	38000～42000

HPMC可用作增稠剂、分散剂、乳化剂和成膜剂等。在药用辅料中用作药物片剂的薄膜包衣和黏合剂，能显著提高药物的溶解度，并可增强片剂的防水性并改善保水性。此外，还在食品、化妆品以及其他日用化学工业等领域用作增稠剂、乳化剂和流变性能改善剂等。

使用时注意溶解方法：取所需数量的热水，放入容器中加热至80℃以上，在慢慢搅拌下逐渐加入HPMC，甲基羟丙基纤维素起初浮在水面上，但逐渐被分散，形成均匀的淤浆，在搅拌下冷却溶液；或者将1/3或2/3的热水加热至85℃以上，加入甲基羟丙基纤维素，得到热水浆料，再加入剩余量的冷水，保持搅拌，冷却得到的混合物即成。

② 羟乙基纤维素（HEC） HEC外观为白色或微黄色、无嗅无味、易流动的粉末，40目过筛率≥99%；软化温度135~140℃；表观密度0.35~0.61g/cm³；分解温度205~210℃；燃烧速率较慢。可溶于冷水或热水中，加温或煮沸不沉淀，一般情况下在大多数有机溶剂中不溶。pH值在2~12的范围内黏度变化较小，但超过此范围黏度下降。瑞泰公司HEC的出厂质量指标见表5.31。

表5.31 瑞泰公司的羟乙基纤维素质量指标

项目	指标	项目	指标
摩尔取代度(MS)	1.8~2.0	重金属/(μg/g)	≤20
水分/%	≤10	灰分/%	≤5
水不溶物/%	≤0.5	黏度(2%水溶液,20℃)/mPa·s	5~60000
pH值	6.0~8.5	铅/%	≤0.001

HEC为非离子型，在很大范围内可与其他水溶性聚合物、表面活性剂、盐共存，是含高浓度电解质溶液的一种优良的胶体增稠剂，其保水能力比甲基纤维素高出一倍，具有较好的流动调节性。HEC的分散能力比甲基纤维素和羟丙基甲基纤维素差，但保护胶体能力最强。

③ 羧甲基基纤维素（CMC） 外观为白色或微黄色、无嗅无味、易流动的粉末，吸湿性强，易溶于水，水溶液为透明胶状体，在中性和微碱性条件下可形成高黏度溶液。CMC不溶于乙醇、乙醚、丙酮、氯仿等有机溶剂。2%的水溶液的相对密度为1.0088；对盐、光、热以及pH值在2~10的条件下稳定；变色温度190~205℃；炭化温度235~243℃。CMC的溶解性能与取代度有关，DS>1.2，可溶于有机溶剂；DS=0.4~1.2的可溶于水；DS<0.4可溶于碱性溶液。2%的水溶液表面张力为71 mN/m。

工业级和石油级的CMC的质量指标（国家标准）见表5.32。另有食品、医药和化妆品级的CMC。

表5.32 CMC的质量标准

级别	型号	DS ≥	纯度/% ≥	黏度(2%,25℃)/mPa·s	粒度(60目) ≥	pH值	含水量/% ≤
石油级	LV-CMC	0.80	80		80	7.0~9.0	10
	MV-CMC	0.65	85		80	7.0~9.0	10
	HV-CMC	0.80	95		80	6.5~8.0	10
工业级	IL6	0.5~0.70	55	5~40	80	8.0~11.5	8
	IL8	0.80	75	<300	80	7.0~9.0	8
	IM6	0.60	75	300~800	80	6.0~8.5	10
	IMH8	0.80	92	>600	80	6.0~8.5	8
	IH6	0.60	92	800~1200	80	6.0~8.5	8
	IH8	0.80	92	800~1200	80	6.0~8.5	8
	IH9	0.90	97	800~1200	80	6.0~8.5	8
	ISH9	0.90	97	>1200	80	6.0~8.5	8

④ 其他 瑞泰公司的其他纤维素醚有乙基纤维素（EC）和低取代羟丙基纤维素等，产品不溶于水（低取代羟丙基纤维素在水中溶胀），主要用于制药工业，在涂料行业中不用。

5.3.2 其他天然产物及其衍生物

（1）天然多糖衍生物 Benaqua 1000 是美国 Elementis Specialities（海名斯）公司的经济型高效触变增稠剂，其成分为天然多糖聚合物，呈淡黄色粉末状，有效成分100%，可在高剪切力作用下制成2%的水凝胶后加入水性漆中，2%的水凝胶的 Brookfield 黏度（25℃，6#转子，10r/min）为25Pa·s。制备水凝胶时 pH 值越低，水的硬度越小，Benaqua 1000 在水中溶胀分散得越快。Benaqua 1000 在 pH 值为6～11的体系中稳定，可代替羟乙基纤维素用作建筑乳胶漆、水性马路划线漆、灰浆、腻子、黏合剂和水性油墨的触变增稠剂，用量为配方总量的0.1%～3.0%。采用 Benaqua 1000 的水性体系有良好的流动流平性、抗流挂性和保水性，并且在广泛的温度范围内呈现极好的剪切变稀性能，因而也可用于厚浆涂料和砖瓦黏合剂这样的稠厚体系。

（2）瓜尔胶及其衍生物 意大利 Lamberti（宁柏迪）公司的瓜尔胶类水性增稠剂商品名为 ESACOL，主要品种见表5.33。其特点是高耐碱性，强假塑性，高剪切速率下黏度很低，配制的涂料抗流挂性、涂刷性和流平性都很好。这些产品是用乙二醛进行了处理的多聚糖增稠剂，延缓了水合作用并提高了在水中的分散性，迟缓溶解可以避免粘团的形成，因而可在混合不太充分的情况下容易地制备增稠相。使用时缓慢溶于冷水或热水中，pH 中性时易分散，其溶液为微黄色清澈液体且对微生物表现稳定性，但最好仍需添加一定量的杀菌剂。为了提高瓜尔胶水溶液的黏度，体系的 pH 值必须调节到8以上，一般以9～10为好。瓜尔胶与硼酸及硼酸盐不相容，禁止与其共同使用。

表5.33 改性瓜尔胶增稠剂

牌号 ESACOL	外观	改性	粒度	d① /(kg/L)	黏度② /Pa·s	含水量 /%	用量 /%
ED 10	微黄粉末	羟丙基	80%<100μm	0.6～0.7	8～10	<4	0.3～0.6
ED 15	微黄粉末	羟丙基	99.9%过35目	0.65～0.7	12～14	<3	0.3～0.6
ED 18	微黄粉末	羟丙基		0.65～0.7	17～19		0.3～0.6
ED 20	微黄粉末	羟丙基	80%<100μm	0.6～0.7	17～21	<4	0.3～0.6
ED 20W	微黄粉末	羟丙基	80%<100μm	0.70～0.75	19～21	<4	0.3～0.6
ED 30W	白色流动粉末		>99.9%过35目		24～27	<5	0.3～0.5
ED Special	微黄粉末	羟丙基	80%<100μm	0.6～0.7	8～11	<4	0.3～0.6
ED 122	微黄粉末	羟乙基	80%<100μm	0.6～0.7	12～16	<4	0.3～0.6
ED 133	微黄粉末	羟乙基	80%<100μm	0.6～0.7	3	<4	0.3～0.6

① 松密度。
② 2%的水溶液用 Brookfield 黏度计20℃时以20r/min 测得。

5.3.3 碱溶胀增稠剂

（1）Coatex（高帝斯）公司的丙烯酸增稠剂 法国 Coatex（高帝斯）公司的丙烯酸增稠剂主要是碱溶胀型，牌号有 COATEX RHEO 2000、2100、3000、3500、3800、VIS-COATEX 46、538、730、THIXOL 53L 和 THIXOL 100N，基本性能见表5.34。

表 5.34 Coatex 公司的丙烯酸增稠剂

牌　号	化学成分	外观	活性分/%	密度(20℃)/(g/cm³)	pH值(20℃)	相容性	用量/%	特　性
COATEX RHEO 2000	丙烯酸共聚物分散体	低黏度奶白液	30±1	1.06±0.02	3±1	与大多数颜填料和乳液相容	0.3~1.0	高低剪黏度最佳平衡,牛顿型,改善流动流平性,防流挂抗飞溅
COATEX RHEO 2100	丙烯酸共聚物分散体	低黏度奶白液	30±1	1.06±0.02	3±1	与大多数颜填料和乳液相容	0.3~1.5	高低剪黏度最佳平衡,牛顿型,改善流动流平性,防流挂抗飞溅
COATEX RHEO 3000	丙烯酸共聚物分散体	低黏度奶白液	30±1	1.06±0.02	3±1	与大多数颜填料和乳液相容	0.1~0.6	高低剪黏度最佳平衡,牛顿型,改善流动流平性,防流挂抗飞溅,中剪黏度更高
COATEX RHEO 3500	丙烯酸共聚物分散体	低黏度奶白液	30±1	1.06±0.02	3±1	与大多数颜填料和乳液相容		提供低中高剪黏度,特别是中剪黏度突出,亚光,半光漆适用
COATEX RHEO 3800	丙烯酸共聚物分散体	低黏度奶白液	30±1	1.06±0.02	3±1	与颜填料和乳液相容	0.1~0.6	提供和控制中剪黏度,流平性和展色性好,色调色黏度不下降
VISCOATEX 46	丙烯酸共聚物乳液	乳白色液体	32±1	1.06±0.02	4±1	与大多数颜填料和乳液相容	0.1~0.6	增加屈服值,提高低剪黏度,用于质感涂料,丰满度好,不流挂
VISCOATEX 538	丙烯酸共聚物乳液	乳白色液体	37		3±1		0.1~0.6	防流挂,防沉降,抗飞溅,用于内墙漆,厚浆涂料,灰浆
VISCOATEX 730	丙烯酸共聚物乳液	乳白色液体	30±1	1.06±0.02	3±1	与色浆和乳液相容性好	0.05~0.6	高效增加剪黏度和屈服值,亚光漆,厚浆涂料,腻子适用
THIXOL 53L	丙烯酸共聚物乳液	乳白色液体	30±1	1.06±0.02	2.5		0.1~1.0	低剪黏度大,触变性强,防流挂,防沉降,厚浆涂料用
THIXOL 100N	聚丙烯酸	白色粉末	99.9	0.15~0.25(松密度)	3.0		<0.5	增稠剂和防沉降剂

COATEX RHEO 2000 是碱溶胀型增稠剂，用于需要牛顿型流变的体系，提供高低剪黏度的最佳平衡，与有机无机颜料和多数乳液相容性好。COATEX RHEO 2000 在刷涂和辊涂时赋予涂料非常高的高剪黏度，因而有优异的丰满度和良好的施工性，并能显著减少辊涂飞溅性，改善流平和抗流挂性。调色乳胶漆用 COATEX RHEO 2000 增稠有优异的展色性，不会产生后增稠和颜料絮凝。COATEX RHEO 2000 有极好的耐霉菌性。用量 0.3%～1.0%（干对配方总量），直接加入或预先用水稀释一倍后加入到 pH 值为 8～9 的漆中增稠。

COATEX RHEO 2100 的性能、用途、用法类同于 COATEX RHEO 2000。

碱溶胀增稠剂 COATEX RHEO 3000 能够提供最佳的高低黏度平衡，使涂料有优异的丰满度和施工性，辊涂抗飞溅，并有极好的耐霉菌性。对色漆相容性和展色性好。比起 COATEX RHEO 2000 和 2100，用 COATEX RHEO 3000 增稠的涂料有更高的罐内黏度。COATEX RHEO 3000 适用的乳液体系有醋酸乙烯酯、氯乙烯、叔碳酸乙烯酯、苯丙和纯丙乳液以及分散体。用量 0.1%～0.6%（活性分对配方总量），用 5 倍的水稀释后加入预先调 pH 值达 8～9 的漆中。增稠 24h 后方可达到最终黏度和流变平衡。

COATEX RHEO 3500 可全面提供低中高剪黏度，特别是中剪黏度尤其突出。施工性、流动性、抗飞溅性、漆膜丰满度均好。可与其他增稠剂共用。增稠剂适应的 pH 值范围是 8～9。

COATEX RHEO 3800 为碱溶胀丙烯酸缔合型增稠剂，对中剪黏度贡献大，特点是强增稠效果，流变性好，颜料相容性稳定，有抗水性，方便使用，适用于中、高 PVC 涂料体系。增稠的涂料加颜料浆黏度不会显著下降。一般用量 0.1%～0.6%，调漆阶段加入 pH 值为 8～9 的乳液中。可配合其他增稠剂使用。

VISCOATEX 46 增加屈服值，提高低剪黏度，可用于质感涂料、浮雕漆，防流挂并增加丰满度，避免脱水收缩和流挂；用于颜料填料体系（颜料浆、腻子）防止产生沉淀和分层。VISCOATEX 46 用于中性或碱性体系，可用碱性溶液，预先中和，制成预凝胶形式加入涂料中；也可直接加入，但要用水稀释 1～2 倍，先用氨水中和漆液后加入（pH 值调至 8.5）。VISCOATEX 46 不易受微生物侵袭，可少用防霉防腐剂。推荐用量 0.1%～0.6%（活性分对配方总量计）。

VISCOATEX 730 为无溶剂碱溶胀增稠剂，显著增加低剪黏度和屈服值，抗流挂，可用于亚光漆、质感涂料、浮雕漆、拉毛漆、腻子和木材着色剂。pH 值在 8～9 时加入，用量（干对总量）：重质填料涂料配方为 0.05%～0.3%；木材着色剂为 0.2%～0.6%。可配合其他增稠剂使用。

THIXOL 53L 是丙烯酸非缔合型液态增稠剂，在水性体系上能提供良好的触变性增稠效果。因在低剪切力下，其黏度非常高，所以能有效地防沉降、防流挂，而不影响流平性。THIXOL 53L 只在 pH>7 时才产生增稠作用。用量为 0.1%～1.0%（干对全量），但一般在 0.5% 以下。在研磨前或最后添加均可。可与聚氨酯类增稠剂或流平剂一起使用，如 COATEXBR125P，COAPUR3025 等。

THIXOL 100N 为高分子量丙烯酸聚合物粉末，是有效的增稠剂和防沉降剂，在酸碱介质中（pH=5～10.5）都可有效地增稠，最适合的是 pH 值为 8.6 的状态。适用于涂料、织物印花浆、底漆、脱漆剂等，也可用作乳液稳定剂稳定有机硅乳液、蜡乳液等。充分搅拌下直接加入体系中。因钙镁离子影响，在硬水中用量要加大。

Coatex（高帝斯）公司增稠剂的适用范围和选用参考见表 5.35。这些增稠剂除 THIXOL

100N 为粉末状外，其余均为液态，容易添加。表中除丙烯酸类增稠剂外同时还列出了 Coatex 公司的聚氨酯型增稠剂的信息。

表 5.35 Coatex 公司增稠剂的适用范围和选用参考

产品名称	类型	溶剂	固含量/%	缔合效应	抗沉降性	蘸漆量	成膜性	防飞溅性	流平性	抗流挂性	颜料浆相容性	耐水性	适用零VOC配方	使用pH值范围	应用范例
COATEX BR 100P	聚氨酯型	水/BG	50	●			●	●	●			●		>4	与其他增稠剂配合使用，适用于亚光、半光和高光涂料以及防腐蚀涂料
COATEX BR 125P		水/DB	50	●			●	●	●			●		>4	
COATEX BR 910G		无	100	●			●	●	●			●	●	>4	
COAPUR 2025		水	25	●			●	●	●			●		>4	
COAPUR 3025		水	25	●			●	●	●			●		>4	
COAPUR 5035		水	35	●			●	●	●			●		>4	
COAPUR 6050		水	50	●			●	●	●	●		●		>4	防水、防腐涂料，亚光喷涂涂料
COAPUR 830W		水	30①	●		●	●	●	●	●		●		>4	亚光、丝光涂料，防腐涂料
COAPUR XS73		水	30①	●	●	●	●	●	●	●		●		>4	亚光色漆、防腐涂料、木材着色剂
COAPUR XS71		水	17.5①	●	●	●	●	●	●			●		>4	
COAPUR 4435		水	35	●			●		●			●		>4	与其他增稠剂配合使用，各种光泽涂料、防腐涂料
COAPUR 5535		水	35	●			●	●	●			●		>4	亚光、半光漆、防腐涂料
COAPUR PE962		水	25				●		●			●		>4	与其他增稠剂配合使用，各种光泽涂料
COATEX RHEO 2000	丙烯酸型	水	30	●					●			●		>7	与其他增稠剂配合使用，各种光泽涂料
COATEX RHEO 2100		水	30	●					●			●		>7	
COATEX RHEO 3000		水	30	●		●				●		●		>7	亚光漆、厚浆漆
COATEX RHEO 3500		水	30	●		●			●	●		●		>7	亚光、半亚、丝光涂料
COATEX RHEO 3800		水	30	●		●			●			●		>7	
VISCOATEX 46		水	32		●	●			●	●		●		>7	室内亚光漆、厚浆漆、高强度黏合剂
VISCOATEX 538		水	37		●	●				●		●		>7	
VISCOATEX 730		水	30		●	●			●	●		●		>7	内墙亚光漆、质感涂料、灰浆、木材着色剂、黏合剂
THIXOL 53L		水	30		●	●				●		●		>7	厚浆涂料、灰浆、颜料浆、木材着色剂
THIXOL 100N		无	100		●	●			●	●		●		>5	

① 活性成分含量（%）

注：●表示可用。

（2）Elementis（海名斯）特种化学品公司　Elementis（海名斯）特种化学品公司的碱溶胀丙烯酸类增稠剂有 Rheolate 1、101、125、150、420、425、430、450 等牌号，其中 Rheolate 430 在很宽的剪切速率范围都能控制涂料的流变性，可代替 HEC、MC、EHEC 使用。这些增稠剂的基本性能见表 5.36。

此外，Elementis 公司收购德谦公司以后德谦公司的碱溶胀增稠剂 Rheo WT-113、115、120（见"德谦公司的水性流变助剂"一节）也归入 Elementis 公司，保留原牌号，但在有时在原牌号前添加"Deu"，即 DeuRheo WT-113、115、120 等，以示区别。

表 5.36 Elementis 的碱溶胀丙烯酸增稠剂

牌号	外观	类型	有效分/%	APEO	VOC	pH值适用范围	溶剂	用量(质量分数)/%	特性	应用
Rheolate 1	乳液	碱溶胀聚丙烯酸	30	无	无	8.5~10	水 70	0.1~2.0	中剪黏度高,防飞溅,抗流挂,防分水,流平好,不影响光泽	乳胶漆、水稀释涂料、油墨、黏合剂
Rheolate 101	粉末	碱溶胀聚丙烯酸	100	无	无	8.5~10	—	0.2~1.0	中剪黏度高,防飞溅,抗流挂,防分水,流平好,不影响光泽	乳胶漆、水稀释涂料、油墨、黏合剂
Rheolate 125	液体	碱溶胀聚丙烯酸	25	无	无	7.5~10	水	0.1~2.0	低剪黏度极佳,抗流挂,防沉淀,流平好,喷涂性佳	建筑涂料、水性工业漆
Rheolate 150	液体	疏水改性碱溶胀聚丙烯酸	约30	无	无	8~10	水	0.1~2.0	低剪黏度极佳,展色性好,易添加	建筑涂料
Rheolate 420	液体	特制丙烯酸	30	无	无	8~10	水	0.1~2.0	中剪黏度佳,抗流挂,抗飞溅,易添加	建筑涂料、水性工业漆
Rheolate 425	液体	特制丙烯酸	30	无	无	8~10	水	0.1~2.0	中剪黏度佳,抗流挂,抗飞溅,易添加	建筑涂料
Rheolate 430	乳液	碱溶胀丙烯酸共聚物	30	无	无	8.0	水 70	0.1~2.0	全部切速范围内控制流变,易后加,保水性好,抗早期起泡	乳胶漆、油墨、黏合剂、填缝料
Rheolate 450	液体	疏水改性碱溶胀聚丙烯酸	30	无	无	7~10	水	0.1~2.0	替代高剪纤维素醚,提供部分高剪黏度,流平性佳,丰满度好	建筑涂料

(3)海川公司 中国深圳海川化工科技有限公司经销一系列水性涂料助剂,在水性增稠剂方面除了 Cognis 公司产品以外还有以下品种。

① 碱溶胀增稠剂 海川化工科技有限公司经销的碱溶胀增稠剂有下列牌号:DSX 1130、DSX 1130H 和 Thicklevelling HAS 625、HAS 633、HAS 660、HAS 661、HAS 1150 等,这些碱溶胀增稠剂都是阴离子型丙烯酸共聚物,水溶性好,其基本性能见表 5.37。

表 5.37 海川公司的碱溶胀增稠剂

牌号	外观	固含量/%	黏度(25℃)/mPa·s	pH值	用量/%
DSX 1130	白色液体	28.0~29.0		2~4	0.5~1.0
DSX 1130H	白色乳体	28.0~30.0	<100	2.5~3.5	0.2~1.0
HAS 625	白色乳体	30±1	<500	2.5~4.5	0.2~2.0
HAS 633	白色乳体	30±2	<100	2.5~3.5	0.2~1.5
HAS 660	白色乳体	30±1	<500	2.5~4.5	0.2~2.0
HAS 661	白色乳体	30±2	<200	2.5~4.5	0.2~1.0
HAS 1150	白色蓝光乳液	30±1	<12	2.5~4.5	0.3~1.0

DSX 1130 增稠效率高,假塑性强,黏度稳定,抗分水。DSX 1130 的保水性好,增稠

的乳胶漆兑水或加色浆后黏度下降小。调色性好，抗浮色发花效果显著。与其他组分相容性好。漆膜光泽高，保光性好。使用时兑水后加入，中和后黏度稳定，常与缔合型增稠剂共用，以获得高、中、低黏度的良好平衡。DSX 1130 应贮存在 5～35℃下，防冻，防高温。

DSX 1130H 是自交联阴离子丙烯酸聚合物型碱溶胀增稠剂，增稠效率、保水性、调色性好，可用于浮雕漆，也可用于乳胶漆、黏合剂、印花色浆等水性体系，提高低剪黏度，防止分水。常与缔合型增稠剂共用，以获得高、中、低黏度的良好平衡。使用时先以 4 倍水稀释后在调漆阶段加入漆中，以 AMP-95 中和到规定黏度。DSX 1130H 贮存时防冻、防高温。

Thicklevelling HAS 625 是疏水改性碱溶胀流变改性剂，具有增稠和提高流平性的效果，同时提供中高剪黏度。Thicklevelling HAS 625 的保水性和调色性好，调色兑水后黏度下降小，通用型强，适于醋丙、苯丙、纯丙等乳液体系。推荐用量 0.2%～2.0%，在调漆阶段加入，可与 HEC 或 HEUR 增稠剂配合使用。

Thicklevelling HAS 633 为疏水改性缔合型碱溶胀增稠剂，是水性涂料体系首选增稠剂或协同增稠剂。主要用于提高涂料的中剪黏度，改善乳胶漆的流动性和漆膜的流平性，适用于从平光到有光涂料中。产品特点有：有效提高中剪黏度，开罐效果好；极佳的流动性和流平性；提高漆膜的丰满度；改善抗飞溅性；与色浆的相容性好。Thicklevelling HAS 633 的添加量通常为乳胶漆总量的 0.2%～1.5%，用户根据使用情况调整用量。可与普通碱溶胀型增稠剂、纤维素醚类增稠剂及缔合型增稠剂配合使用。建议 Thicklevelling HAS 633 在调漆阶段按照与水 1∶4 比例稀释后添加，也可以在分散阶段添加。平时应在 10～35℃下贮存，避免冷冻及高温。

Thicklevelling HAS 660 是功能复合型疏水改性碱溶胀增稠剂，具有增稠和流平作用，可同时获得低、中、高剪黏度，在水性涂料中只用 Thicklevelling HAS 660 就可实现调节流变性能的目的。Thicklevelling HAS 660 保水性、调色性好，漆膜光泽高，可用于各种基料的乳胶漆。可与其他增稠剂配合使用。

Thicklevelling HAS 661 是功能复合型碱溶胀型增稠剂，适用于乳胶涂料的流变性调节。提供涂料中、低剪黏度，增稠和抗分层能力强。在某些体系中单独使用也可满足乳胶漆的流变性能要求。加 HAS 661 后涂料有良好的流动流平性，良好的保水性，可与聚氨酯缔合型增稠剂配合使用，改善涂料的流平性。建议在调漆阶段按照与水 1∶4 比例稀释后添加，也可以在分散阶段添加，内墙涂料中选用有机胺类为中和剂，外墙涂料建议用氨水作为中和剂。

Thicklevelling HAS 1150 是疏水改性碱溶胀型增稠剂，对各种乳液、水溶液体系具有良好的增稠效果。能提供涂料中、低剪黏度，增稠和抗分层能力强。在某些体系单独使用也可满足乳胶漆的流变性能要求。Thicklevelling HAS 1150 的添加量通常为乳胶漆总量的 0.3%～1.0%，用户根据使用情况调整用量。可与聚氨酯缔合型增稠剂配合使用，改善涂料的流平性。建议 Thicklevelling HAS 1150 在调漆阶段按照与水 1∶4 比例稀释后慢慢加入待增稠的体系中，然后调节体系的 pH 值至 7.5～9.0。Thicklevelling HAS 1150 在 10～35℃下贮存，避免冷冻及高温。

② 缔合型增稠剂　海川化工科技有限公司经销的缔合型增稠剂有 Levelling 600、620、Thickener 631 和 Thicklevelling 630、632、637、638、639 等（表 5.38），另有一些牌号的产品与 Nopco 公司的相同，有关数据可参见 Nopco 公司的产品部分。

表 5.38　海川公司的缔合型增稠剂

牌号	外观	离子性	固含量/%	增稠效果	用量/%
600	淡黄透明液	非离子		提供高剪黏度	0.3~0.6
620	白色液体	非离子	20	提高高剪黏度	0.1~1.0
630	白色半透明液	非离子	20	提供低剪黏度	0.1~0.4
631	白色不透明液	非离子	20	提高中、高剪黏度	0.25~1.5
632	白色液体	非离子	20	提高中、高剪黏度	0.1~0.4
637	淡黄半透明液	非离子	20	提高中、高剪黏度	0.1~0.4
638	白色液体	非离子	18~22	低剪黏度、假塑性	0.2~1.0
639	淡黄半透明液	非离子		提高中、高剪黏度	0.1~0.4

　　Levelling 600 为非离子流变改性剂，易溶于水。流变性能极好，能提高乳胶漆的高剪黏度，产生优异的流平性，涂刷性好，抗飞溅，无絮凝现象。适用于各种树脂的乳胶漆，可直接加入。用于高 PVC 乳胶漆时可与纤维素醚或碱增稠流变剂并用。

　　非离子聚氨酯缔合型流平剂 Levelling 620 可提供优异的流动流平性、高剪黏度和良好的展色性。添加到涂料中黏度随温度变化小，抗分水性好，涂刷手感好，抗飞溅，漆膜丰满，光泽度高，适用于各种乳液的乳胶漆。Levelling 620 可直接加入漆中，可与纤维素醚或碱溶胀增稠剂并用。推荐用于低 PVC、高疏水、细粒径乳液的高光和半光涂料。

　　Thicklevelling 630 是非离子聚氨酯缔合型增稠剂，流变性能独特，对丙烯酸乳胶漆增稠效果极好，有良好的开罐效果，优异的流动流平性和抗飞溅性，漆膜光泽高，耐擦洗。Thicklevelling 630 用量少，一般为乳胶漆固体分的 0.1%~0.4%，直接加入。可与碱溶胀增稠剂共用，以便获得流平和抗流挂的良好平衡，还可与提供高剪黏度的流平剂 Levelling 620 或 Levelling 600 并用。

　　Thickener 631 为乳胶漆专用聚氨酯缔合型增稠剂，增稠效率极高，可用于各种乳胶漆。特点是提高中、高剪黏度，优异的流动流平性，极佳的喷涂性能和防飞溅性，出色的成膜性，光泽高。涂料的生物稳定性和 pH 不敏感性高。Thickener 631 可与碱溶胀增稠剂或纤维素醚共用。使用和贮存温度不应低于 10℃。

　　Thicklevelling 632 是非离子聚氨酯缔合型流变改性剂，有增稠/流平的良好平衡，既能提供适宜的中、高剪黏度，又能提供低剪下的良好流动性。适用于丙烯酸乳胶漆，通常与碱溶胀增稠剂共用。

　　Thicklevelling 637 是非离子聚氨酯缔合型增稠剂，增稠效率高，可同时提高中、高剪黏度，流动流平性好，光泽高，遮盖力好，漆膜耐擦洗，耐候性好。可与碱溶胀增稠剂共用，得到低中高黏度的理想平衡。

　　Thicklevelling 638 为非离子聚氨酯缔合型增稠剂，有极强的假塑性特性，可使涂料具有低剪高黏度，成膜性好，光泽高，漆膜耐水、耐擦洗。Thicklevelling 638 可替代无机类、纤维素醚类和碱溶胀型、假塑性较大的增稠剂，使涂料具有高稳定性和防沉性，特别推荐用于浮雕涂料、厚浆弹性涂料。Thicklevelling 638 用量为配方总量的 0.2%~1.0%，添加后放置 16h 才能达到最终黏度。

　　Thicklevelling 639 是非离子聚氨酯缔合型增稠剂，增稠效率极高，尤其对难增稠的醋丙、醋叔乳液体系效果显著，可同时提高中、高剪黏度，流动流平性好，漆膜耐擦洗。可与碱溶胀增稠剂共用，得到低中高剪黏度的理想平衡。

　　(4) Lamberti（宁柏迪）公司　Lamberti（宁柏迪）公司的系列碱溶胀增稠剂商品名为 Viscolam，牌号见表 5.39。其中 Viscolam 870 不属于碱溶胀型，而是一种分散在高沸点脂肪烃中的高分子量丙烯酰胺改性阴离子丙烯酸聚合物,可添加到乳胶或压敏胶乳液中提高黏度。Viscolam 870 本身呈酸性,但是在 pH 值为 4~12 的范围内都有效。

表 5.39 Lamberti 公司的碱溶胀增稠剂

牌号	主成分	外观	离子性	活性分/%	溶剂	pH 值	用量/%	用途①
Viscolam 115	丙烯酸	乳白液	阴离子	30	水	3	0.2~2	H、J
Viscolam 330	丙烯酸	乳白液	阴离子	30	水	2.5~3	0.4~3	G、J
Viscolam 600	HASE	乳白液	阴离子	30	水	3	0.4~2	H、J
Viscolam 870	丙烯酸	乳白液	阴离子	57	脂肪烃	3~6	0.2~2	N、Y

① G 水性工业漆;H 灰浆;J 建筑涂料;N 黏合剂;Y 压敏胶。

这些增稠剂是合成的丙烯酸聚合物,比起纤维素类增稠剂有更好的抗霉菌性,使用这类增稠剂的涂料配方可少用防霉剂。

Viscolam 115 的流变曲线接近纤维素醚类增稠剂,在水性涂料和水性黏合剂中可单独使用,也可与 CME、HEC、MC 等配合使用。作为碱溶胀增稠剂常用氨水做中和剂,中和后可减少涂料对水的敏感性。当体系 pH 值为 8~8.5 时 Viscolam 115 可不经稀释直接加入涂料中,在高 pH 体系中必须使用高效搅拌机以减少粘球的形成,否则 Viscolam 115 要预先稀释后才能加入漆中,稀释的比例是 1 份 Viscolam 115 至少加 2 份水。

Viscolam 330 比 Viscolam 115 有更高的黏度和触变性,在 pH 值为 6~10 时可形成凝胶状。同样,用氨水中和后的 Viscolam 330 可使漆膜的抗水性提高,即使漆膜长期浸泡在水中也能保持完整,一般来说中和剂的用量为:每 100kg Viscolam 330 需要 7.1kg 30% 的氨水。Viscolam 330 可用 2~3 倍水稀释后添加。Viscolam 330 的使用方法是:①高 pH 体系,将稀释后的 Viscolam 330 缓缓加到不断搅拌的漆中,用氨水控制最终的 pH 值达 7 或 7 以上;②中性或低 pH 体系,搅拌下缓缓加入稀释后的 Viscolam 330,最后根据所要求的黏度用氨水将体系的 pH 值调至 7~10;③敏感体系,预先将 Viscolam 330 用水稀释至 5% 的固含量,加氨水制成凝胶状,再加到漆中。

Viscolam 330 的特殊流变性特别适合用来制造橘皮状皱纹形的厚膜弹性涂料,内外墙涂料都可用。

(5) Nae Woi Korea.,Ltd. 公司的碱溶胀增稠剂 韩国 Nae Woi Korea 公司的碱溶胀系列增稠剂注册商标为"HISOL",牌号有 HISOL 301、305、308 和 700,以及 HISOL B107、HISOL D65、D85、D105、D108、D160、D180、D201、D203、D206、D580,此外还有 D601、D608 等。这些性能汇总于表 5.40。

HISOL 301 增稠剂有极好的展色性,能有效地减少涂料和油墨的颜色漂浮现象及颜料沉淀现象。增稠效果好。

HISOL 305 是阴离子疏水性碱溶胀增稠剂,比 D 系列的增稠剂具有更优异的颜料润湿功能和保色性,不含 APEO,生物稳定性好,比起纤维素醚增稠的体系黏度和流动性更好。适用于水性油墨和水性涂料的增稠。使用时预先稀释成 25%~50% 的水溶液后在搅拌下加入 pH 值为 9~10 的体系中。

HISOL 308 是用于水性涂料和油墨的疏水性碱溶胀缔合型增稠剂,适合制造低 VOC 的涂料,且生产中很少产生气泡,极易操作加工。HISOL 308 增稠的涂料对微生物及微生物酶具有较高的抵抗性。使用时先将体系的 pH 值调至 8.5~9.5,将 HISOL 308 用水稀释至 25%~50%,在良好的搅拌下缓慢加入稀释后的 HISOL 308 水溶液。最好分两次加入,中间测体系的 pH 值,若有降低可再调高 pH 值,再根据体系需要的黏度添加 HISOL 308 水溶液。

表 5.40 Nae Woi Korea 公司的碱溶胀增稠剂

牌号	类型	外观	固含量/%	密度(25℃)/(g/cm³)	pH 值	黏度(25℃)/mPa·s	用量/%	特性
HISOL 301	阴离子碱溶胀疏水改性增稠剂	乳白色液体	29~31	1.05	2.5~4.5	<70	0.2~0.6	无 APEO,零 VOC,增稠效果好,展色性好
HISOL 305	阴离子疏水性碱溶胀增稠剂	乳白色液体	29~31	1.052	2.5~4.5	<50	0.2~0.6	无 APEO,增稠效果好,有优异的颜料润湿功能
HISOL 308	疏水性碱溶缩合型增稠剂	乳白色液体	29~31	1.052	2.5~4.5	≤50	0.2~0.6	阴离子,无 APEO,流平优,抗流挂,抗沉淀,防脱水收缩
HISOL 700	阴离子疏水改性碱溶胀增稠剂	乳白色液体	29~31	1.052	2.5~4.5	≤50	0.2~0.6	高增稠强触变,黏度稳定性好,用于腻子,浮雕漆和拉毛漆
HISOL B107	碱溶胀丙烯酸乳液溶胀增稠剂	乳白色液体	29~31	1.05	2~3.5	≤70	0.2~0.6	高触变,黏度稳定性好,抗分水,用于内墙和拉毛涂料
HISOL D65	碱溶胀缩合型增稠剂	乳白色液体	27~29	1.050	2~3.5	≤70	0.2~0.6	抗飞溅,丰满度极好
HISOL D85	碱溶胀缩合型增稠剂	乳白色液体	27~29	1.050	2~3.5	≤70	0.2~0.6	抗飞溅,丰满度好
HISOL D105	阴离子碱溶胀疏水改性增稠剂	乳白色液体	29~31	1.06	2~4	≤70	0.1~0.5	高剪,增稠黏度高(中和黏度约 26000mPa·s),流动流平性可,抗飞溅
HISOL D108	阴离子疏水改性碱溶缩合增稠剂	乳白色液体	29~30	1.05	2~3.5	≤70	0.1~0.5	增稠的黏度高,流动,流平性可
HISOL D160	阴离子疏水改性碱溶胀型	乳白色液体	29~31	1.05	2~3.5	≤70	0.2~0.6	含多种酸,高效增稠,流动性好
HISOL D180	阴离子疏水改性碱溶胀增稠剂	乳白色液体	29~31	1.05	2~3.5	<70	0.2~0.6	开罐黏度高,有类似高分子量 HEC 的触变性
HISOL D201	阴离子碱溶胀缩合增稠剂	乳白色液体	29~31	1.05	2~3.5	<70	0.2~0.6	增稠黏度高,触变性强,无脱水收缩和浮色现象,黏度稳定,流动性可
HISOL D203	阴离子碱溶胀缩合增稠剂	乳白色液体	29~31	1.05	2~3.5	<70	0.2~0.6	增稠黏度高,触变性高,无脱水收缩和浮色现象,黏度稳定,流动性可
HISOL D206	阴离子疏水改性碱溶胀增稠剂	乳白色液体	29~31	1.05	2~3.5	<70	0.2~0.6	增稠的涂料既有高浓度又有良好的流动流平性,展色性好,抗飞溅
HISOL D580	改性阴离子碱溶胀缩合丙烯酸型	乳白色液体	40		3.5	<50		增稠黏度高,有屈服值,抗流挂防飞溅,用于浮雕漆
D601	疏水改性碱溶胀缩合丙烯酸型	蓝光乳液	19~21		3.5~5.5	<20		提高中剪黏度,改善流动流平和抗飞溅性
D608	疏水性碱溶胀缩合丙烯酸型	蓝光乳液	29~31		3.5~5.5	<20		提低中剪黏度,改善流动流平和抗飞溅性

HISOL 700 是阴离子碱溶胀疏水改性增稠剂，具有极高的增稠效果，且为零 VOC 产品。HISOL 700 具有优异的颜料润湿性能和增稠后的高黏度、高触变性及优异的抗流挂性，故适用于腻子、弹性拉毛涂料和浮雕涂料、水性油墨的增稠。HISOL 700 不含有任何的 APEO（烷基酚聚氧乙烯醚）表面活性剂和添加剂，与其他的增稠剂相比有极好的相容性，可与其他增稠剂搭配使用以便调节涂料的流变性能。增稠后的体系对微生物及生物酶具有较高的抵抗性，并具有抗缩水收缩和抗颜料沉淀的性能。无论酷暑或严冬，其黏度均无明显变化，具有优异的贮存稳定性。HISOL 700 与 HISOL B107 搭配使用用于弹性拉毛涂料效果更佳。HISOL 700 用水稀释 1～3 倍后加入充分搅拌的、pH 值为 9～10 的体系中。

HISOL B107 是一种多用途的碱溶胀丙烯酸乳液（ASE）增稠剂。增稠的涂料具有很高的触变性和黏度稳定性，可在很宽的碱性 pH 范围内保持稳定的黏度，长期贮存后没有明显的黏度变化，而且具有非常好的抗分水效果和热稳定性。HISOL B107 增稠的产品对细菌和酶的破坏具有很高的抵抗性。可用于普通内墙及弹性拉毛涂料中。

HISOL D105 相当于 Rohm & Haas 公司的碱溶胀增稠剂 ACRYSOL TT-935。

HISOL D108 是阴离子疏水改性碱溶胀缔合型增稠剂，呈稳定的低黏度乳液状，可用作水性涂料、水性油墨、造纸及印染浆料等的首选增稠剂或协同增稠剂。

HISOL D160 是水性涂料和水性油墨的首选增稠剂或协同增稠剂，分子中含有多种羧酸，很容易用碱中和。用 HISOL D160 增稠的涂料在很宽的 pH 范围内黏度稳定并有较高的剪切黏度，可大大降低施工时的辊涂飞溅。添加前先将体系的 pH 值调至 9～10，然后将预先用 1～3 倍水稀释后的 HISOL D160 在搅拌下加入体系，调整黏度至合格。

HISOL D201 为阴离子疏水改性碱溶胀缔合增稠剂。增稠的涂料具有较高的触变性，无脱水收缩现象及颜色漂浮现象。HISOL D201 增稠的涂料有较高的剪切黏度，可降低施工时的辊涂飞溅。涂料稳定性好，长期贮存后不会有明显的黏度变化。

HISOL D206 增稠效果好，同时有良好的流动流平性，展色性好。增稠的涂料贮存稳定性、冻融稳定性和热稳定性好。稀释后添加，也可在研磨阶段和调漆阶段添加。

HISOL D580 提供中低剪黏度并有一定的屈服值，但流平性尚可。抗流挂，防飞溅，可用于平涂漆和浮雕漆，适用于从亚光到有光的内外墙涂料配方。可与其他流变改性剂配合使用。用 3～4 倍水稀释后加入碱性体系中，最终黏度要待 24h 后才能稳定。

部分 HISOL 增稠剂与纤维素醚 HEC 的性能比较排列次序见表 5.41。

表 5.41　HISOL 增稠剂与纤维素醚 HEC 的性能排序比较

漆黏度	用量	流动性	开罐黏度	辊涂飞溅	遮盖力	热稳定性	生物稳定性
高	大	好	高	无	好	好	好
D201	D65	D65	HEC	D65	D65	HEC	D206
D203	D85	D206	D180	D206	D206	D65	D203
D206	D105	D85	D105	D85	D85	D206	D180
D180	D180	D203	D160	D203	D203	D203	D105
D160	D160	D201	D201	D201	D201	D201	D160
D105	D206	D160	D203	D160	D160	D105	D85
D85	D203	D105	D85	D105	D105	D160	D65
D65	D201	HEC	D206	D180	D180	D180	HEC
			D65		HEC	HEC	
低	小	可	低	飞溅	可	可	可

(6) Nopco（诺普科）公司的水溶性高分子增稠剂　日本 San Nopco（诺普科助剂有限公司）的水溶性高分子型增稠剂有 SN-Thickener 636、640、929S 等牌号，性能见表 5.42。

表 5.42　Nopco 公司的水溶性高分子增稠剂

性　能	牌　号		
	SN-636	SN-640	SN-929S
外观	白色液体	白色液体	淡黄褐色液体
固体分/%	30	30	12
相对密度(20℃)	1.05	1.06	
黏度(25℃)/mPa·s	50	7	
pH 值	3.6	2.4	
离子性	阴离子	阴离子	阴离子
水溶性	易溶	易分散	易分散
推荐用量/%	0.1～0.8	0.1～2.0	0.1～0.8

SN-Thickener 636 是丙烯酸型碱溶胀增稠剂，用来增加水性涂料的黏度，提高贮存稳定性。由于黏度低，易在涂料中分散，可代替羟乙基纤维素（HEC）和甲基纤维素（MC），对涂料的性能影响很小。用量为涂料或乳液固体分的 0.1%～0.8%。SN-Thickener 636 应在持续搅拌下徐徐加入水性体系，而后用稀释后的碱性调节剂将 pH 值调至 7～10，体系黏度随之增大，放置过夜使黏度稳定。也可先加碱调高 pH，再用稀释后的增稠剂增稠。SN-Thickener 636 可用于包括弹性涂料在内的各种乳胶漆中。

SN-Thickener 640 也是丙烯酸型碱溶胀增稠剂，黏度更低，易与碱中和增稠使涂料有触变性。由于黏度低可直接加入漆中。适用于乳胶漆、水溶性涂料和水性胶黏剂的增稠。用量为基料固体分的 0.1%～2.0%。先碱化再增稠或先加增稠剂再碱化均可，后加者要稀释后缓缓加入体系中，以免增稠结块久搅不散。

SN-Thickener 929S 为聚丙烯酸钠型增稠剂，可使涂料产生假塑性和触变性，增加保水性和流动性，改进施工性能。不需要调节 pH 就可添加。

(7) Rohm & Haas（罗门哈斯）公司的碱溶胀增稠剂　该公司的碱溶胀增稠剂有 ACRYSOL AP-10、AP-50、ASE-60、ASE-1000、DR-1、DR-72、DR-73、RM-5、RM-6、RM-7、RM-55、TT-615 和 TT-935 等（表 5.43）。

这些增稠剂是酸性乳液，毒性小，大鼠经皮、经口的 LD_{50} 均大于 5000 mg/kg。使用时应将体系的 pH 值预先调成 8～9，在充分搅拌下缓缓加入用水稀释 1～3 倍的增稠剂至黏度合格，放置过夜后达到最终黏度。

(8) 广州市华夏助剂化工有限公司　华夏助剂化工有限公司的碱溶胀增稠剂牌号为 HX-5440 和 HX-5500，其基本性能见表 5.44。

HX-5440 在低到高剪范围均有增稠作用，防沉淀、防流挂、防飞溅、增加丰满度等方面均好，耐温性好，有一定的防霉作用。乳胶漆中用量为漆总量的 0.1%～0.2%，在水性油墨、胶和其他水性涂料中用量为 0.2%～1.0%。在生产后期用 2～5 倍水稀释后加入，调 pH 值到 8～9 即可。增稠后的黏度可达 3000～5000 mPa·s。HX-5440 应在 5～40℃下避光保存。

表 5.43 Rohm & Haas 公司的碱溶胀增稠剂

牌号	外观	类型	溶剂	固含量/%	相对密度	黏度/mPa·s	pH值	用量/%	特性	应用
ACRYSOL AP-10	乳白液体	HASE 阴离子	水	35±0.5		<100	3.5~4.5	0.2~1.5	提供中剪黏度、流动流平好、抗飞溅、抗流挂、热稳定性好、价低	乳胶漆
ACRYSOL AP-50	乳白液体	HASE 阴离子	水	35±0.5			3.5~4.5	0.2~1.5	提供中至高剪黏度、流动流平好、抗飞溅、抗流挂、热稳定性好、价低	乳胶漆
ACRYSOL ASE-60	乳白液体	ASE	水	28	1.054	<50(25℃)	3.5	0.2~1.5	高效水相增稠剂、提供低剪黏度、调色后黏度稳定性好、假塑性强、抗刷水、抗飞溅、耐微生物	适用于拉毛和浮雕漆、密封剂、腻子、水性油墨等
ACRYSOL ASE-1000	乳白液体	ASE 聚丙烯酸酯	水	29	1.063	100	3.0	0.1~1.5	极强的增稠能力、增稠后体系黏度极高	建筑胶泥和黏合剂增稠、纯丙、苯丙体系
ACRYSOL DR-1	乳白液体	HASE 阴离子	水	30	1.05	30(25℃)	4~5	0.3~1.5	提供中剪黏度、优异的抗辊涂飞溅性和良好的流平性、生物稳定性好	用于各种亚光内墙涂料
ACRYSOL DR-72	乳白液体	HASE 阴离子	水	30	1.06	1~20	3.50~4.60	0.3~1.5	提供低剪黏度、优异的抗流挂、抗沉降性、调色黏度稳定性好、与DR-1、DR-73配合使用效果更佳、耐微生物	替代纤维素醚、用于低光内墙漆、拉毛漆、真石漆、浮雕漆
ACRYSOL DR-73	乳白液体	HASE 阴离子	水	30	1.06	100(25℃)	4~5	0.3~1.5	提供高剪黏度、抗飞溅、涂刷性优、与DR-1、DR-72搭配效果显著、耐微生物	替代纤维素醚、用于丙烯酸低光内墙漆
ACRYSOL RM-5	近乳白液体	HASE	水	30	1.06	<15	3.3	0.3~1.5	阴离子。改进高剪黏度、与ASE增稠剂配合使用	乳胶漆
ACRYSOL RM-6	乳白液体	HASE 阴离子	水	30	1.062	50	3.5	0.3~1.5	改进高剪黏度、极好的光泽、流平性、抗飞溅性、抗微生物	乳胶漆
ACRYSOL RM-7	白色液体	HASE 阴离子	水	30	1.066	100	3~4	0.2~1.5	提供高剪黏度、近牛顿流型、流动流平性、抗飞溅、光泽均匀、相容性好、通用型	水性建筑和工业漆
ACRYSOL RM-55	近乳白液体	HASE 阴离子	水	30	1.06	≤30	2.6~3.8	0.3~1.5	提供高剪黏度、抗飞溅、光泽、丰满度优、流动流平性好、抗微生物	内外墙乳胶漆
ACRYSOL TT-615	近乳白液体	HASE 阴离子	水	30	1.06	≤26	2.2~2.3	0.2~1.5	提供低剪黏度、抗流挂、丰满度、抗飞溅、流动流平性、改进抗耐微生物	水性漆、建筑涂料、纺织、造纸工业
ACRYSOL TT-935	近乳白液体	HASE 阴离子	水	30	1.06	25	2.8	0.2~1.5	提供中剪黏度、抗流挂、丰满度、抗飞溅、流动流平性、改进抗耐微生物	水性涂料、无纺布材料

表 5.44　华夏助剂公司的碱溶胀增稠剂

牌号	外观	类型	离子性	固含量/%	黏度/mPa·s	pH值	用量/%	特性	应用
HX-5440	白色乳液	缔合型碱溶胀增稠剂	阴离子	30±1	≤30	2~3.5	0.1~0.2	水中易分散,低剪增稠防沉淀,高剪防飞溅、防流挂	乳胶漆、油墨、胶
HX-5500	白色乳液	缔合型碱溶胀增稠剂	阴离子	29±1	≤30	2~3.5	漆0.2~2.0 色浆0.5~2.0	高效增稠剂,水中易分散,黏度稳定,防分水、防沉淀、抗流挂、耐擦洗	乳胶漆、色浆、油墨、胶

5.3.4　聚氨酯增稠剂

（1）Akzo Nobel（阿克苏·诺贝尔）公司的聚氨酯增稠剂　注册商标为Bermodol的缔合型聚氨酯增稠剂是Akzo Nobel公司的高效增稠剂。4种增稠剂Bermodol PUR 2102、2110、2130和2150的性能见表5.45。

表 5.45　聚氨酯增稠剂 Bermodol PUR 的性能

性能	Bermodol PUR			
	2102	2110	2130	2150
外观	微黄清液	微黄清液	黄色清液	黄色清液
气味	几乎无味	略有醚味	几乎无味	几乎无味
活性分/%	37~43	约98	37~43	35
熔点/℃	100	>100	约100	—
沸点/℃	约0	约0	<0	—
$d^{20℃}$	1.06	1.08	1.055	1.06
黏度(20℃)/mPa·s	≤4000	6000~15000	2000~6000	4400
pH值(5%水溶液)	4~7	4~7	约6	4~7
水溶性	全溶	全溶	全溶	全溶
有机溶剂溶解性	溶于丙二醇	溶于丙二醇	溶于丙二醇	溶于丙二醇
闪点/℃	>100	>100	>100	>100
自燃温度/℃	>150	>150	>150	>150
浊点/℃	—	约12	约5	0
贮存温度/℃	0~40	0~40	0~40	0~40
含水量/%	—	≤1.5	—	46~54
LD_{50}/(mg/kg)	5660	>2000	>2000	>2000

Bermodol PUR 2102和2150有极好的增稠效果,可显著提高水性涂料的低剪黏度（即罐内黏度或Stomer黏度）,而Bermodol PUR 2110和2130的作用是提高涂料的高剪黏度（即涂刷黏度或ICI黏度）,并提供理想的流平性和遮盖力。

Bermodol可与纤维素醚增稠剂（如Bermocoll EBS 451 FQ或481 FQ）以及丙烯酸类增稠剂（如Bermodol HAC 2000）配合使用,以获得更好的平衡效果。例如,用0.1%~0.2%的Bermodol PUR 2110,配以0.1%~0.2%的Bermocoll EBS 451 FQ可使涂料在不同剪切力下均具有高黏度,并有良好的流平性和保水性的平衡。

增稠剂的添加方法是在搅拌下将Bermodol加入水中,不可反过来将水加入增稠剂中。也可将增稠剂加入1/(2~4)的水/丁二醇中预先制成贮备液使用,Bermodol PUR 2102的贮备液最高浓度为5%,Bermodol PUR 2110的贮备液最高可达20%。

（2）Coatex（高帝斯）公司的聚氨酯增稠剂　法国 Coatex 公司的聚氨酯型增稠剂适用于乳胶漆、水性黏合剂和水性油墨的流变改性，有十余个产品，牌号为 COAPUR 830W、2025、3025、4435、5035、5535、6050、PE962、XS71、XS73、COATEX BR 100P、BR 125P、BR 910G 等，基本性能见表 5.46。

表 5.46　Coatex 公司的聚氨酯型增稠剂

牌号	化学成分	外观	活性分/%	密度(20℃)/(g/cm³)	pH值(20℃)	黏度(25℃)/mPa·s	用量/%	特性
COAPUR 830W	非离子水性PU	白色黏稠液	30±1	1.06±0.02	6.5±1		0.05~1.0	提高中高剪黏度，改善施工性、成膜性、流平性和刷涂拖曳性
COAPUR 2025	非离子水性PU	白色黏稠液	25±1	1.04±0.02	5~8	约2500	0.5~3.0	牛顿型流变曲线的缔合型增稠剂，对高剪黏度有特效，不影响低剪黏度，有优异的流平性
COAPUR 3025	非离子水性PU	白色黏稠液	25±1	1.04±0.02	7±1	<7500	0.5~3.0	牛顿流变的缔合型增稠剂，调节高剪黏度，不影响低剪黏度，施工性、流平性好
COAPUR 4435	非离子PU分散体	白色黏稠液	35±1	1.04±0.02	5±1	12000	0.2~1.0	无溶剂缔合型。可与低剪增稠剂配合使用，实现高低剪平衡
COAPUR 5035	非离子水性PU	白色黏稠液	35±1	1.04±0.02	5±1	4000	0.2~2.0	高低剪的平衡
COAPUR 5535	非离子PU分散体	白色黏稠液	35±1	1.04±0.02	5±1	15000	0.2~1.0	无溶剂缔合型。可与低剪增稠剂配合使用，实现高低剪平衡
COAPUR 6050	非离子水性PU	白色黏稠液	50±1	1.05±0.02	5±1		0.2~2	优异的低剪黏度和假塑性，与高剪增稠剂配合使用
COAPUR PE962	非离子水性PU	白色黏稠液	25±1	1.04±0.02	5~8		0.5~3	高剪增稠剂，与低剪增稠剂配合使用
COAPUR XS71	非离子水性PU	白色黏稠液	17.5	1.04±0.02	7	3000	0.05~1.0	低剪假塑性增稠剂，最适合高黏调色浆增稠用
COAPUR XS73	非离子水性PU	白色黏稠液	30±1	1.06±0.02	7±1	12000	0.05~1.0	假塑性PU增稠剂，并有较好的中剪和高剪黏度，最适合高黏调色浆增稠用
COATEX BR 100P	非离子水性PU	白色黏稠液	50±1	1.06±0.02	4~7	≤3000	0.15~1.0	高效增稠剂，改进涂料的流动流平性、光泽和贮存稳定性
COATEX BR 125P	非离子水性PU	白色黏稠液	50±1	1.07±0.02	4~7		0.1~1.0	高效增稠剂，改进涂料的流动流平性、光泽和贮存稳定性
COATEX BR 910G	非离子水性PU	粉末状	100					高效增稠剂，改进涂料的流动流平性、光泽和贮存稳定性

COAPUR 830W 为无溶剂、不含 APEO 的聚氨酯增稠剂,提高中、高剪黏度,改善施工性,防流挂,防沉淀。可与低剪增稠剂配合使用。调漆阶段添加。用量:在半光和丝光乳胶漆中作为增稠剂单用时 0.1%～0.6%(干对总量);亚光漆中单用为 0.3%～1.0%;在高 PVC 乳胶漆体系与低剪增稠剂配合使用为 0.05%～0.4%。

COAPUR 2025 为无溶剂、不含 APEO 的纯缔合型增稠剂,对 ICI 黏度有特效,但不影响 KU 黏度。由于与基料乳液的强力缔合可控制高剪切速率下的流变性,减少飞溅,增加漆膜的丰满度,避免刷痕,使漆膜有良好的流平,因此可用于喷漆、清漆、亮光漆和半光漆等需要有最佳流平的涂料,也可与中、低剪增稠剂配合使用。单用用量为 0.5%～3%(干对总量);与中、低剪增稠剂共用时为 0.5%～1.5%。

COAPUR 3025 为无溶剂、不含 APEO 的强缔合型增稠剂,控制高剪黏度,不影响低剪黏度,与大多数基料有较强的缔合作用。有优异的抗飞溅性、流平性、施工性和漆膜丰满度,改善光泽。可与低剪增稠剂配合使用。适用于各种乳胶漆、木材着色剂、水溶性醇酸体系。推荐用量 0.5%～3.0%(干对总量),与其他增稠剂共用时减半。

COAPUR 4435 是无溶剂、无 APEO、无放射性物质的非离子缔合型增稠剂。与低剪增稠剂配合使用达到高、低剪黏度的良好平衡。用量为 0.2%～1.0%(按配方总量计的固体分),后添加为好。用于亚光、半光涂料,改善流平性、涂刷性、成膜性、耐水性和贮存稳定性。

COAPUR 5035 无溶剂,与颜料浆相容性好,可改善涂料的展色性、耐水性、贮存稳定性。

COAPUR 5535 是无溶剂、无 APEO、无放射性的,非离子缔合型增稠剂。与低剪增稠剂配合使用达到高、低剪黏度的良好平衡。用量为 0.2%～1.0%(按配方总量计的固体分)。

COAPUR 6050 是低剪黏度增稠剂,有高增稠效率并赋予涂料假塑性。与高剪增稠剂配合使用改善刷涂性、流平性和稳定性。

COAPUR PE962 为无溶剂非离子缔合型聚氨酯流变改性剂,提高高剪黏度和流平性,改善辊涂和刷涂性,增加遮盖力和抗飞溅性。可与低剪增稠剂共用。一般用量为 0.5%～3.0%,与低剪增稠剂共用时减半。

COAPUR XS71 是 COAPUR XS73 的低黏度形态,性能与 COAPUR XS73 相同,用量要稍增加。

COAPUR XS73 是无溶剂聚氨酯增稠剂,可提供较高的假塑性,并有一定的中、高剪黏度,特别适于调色浆的生产,可有效地控制添加色浆后黏度的下降、浮色和发花,展色性好。用于亚光漆可单独用,对半光和丝光涂料可与高剪增稠剂(如 COAPUR 3025、2025 等)配合使用。COAPUR XS73 低剪黏度适用的 pH 范围广(4～12),不含 APEO,施工性佳。单用用量为 0.1%～1.0%(干对总量);与中、高剪增稠剂共用时为 0.05%～0.8%。

COATEX BR 100P 是非离子聚氨酯增稠流平剂,活性成分 50%,溶剂为水/乙二醇单丁醚(31/19),与绝大多数颜填料和乳液相容。COATEX BR 100P 增稠的涂料有较好的丰满度、流平性、涂刷性和保水性,漆膜光泽好,贮存稳定性高。可直接添加,也可用 4 倍水稀释后添加。增稠后 24h 才能达到最终流变状态。

COATEX BR 125P 是聚氨酯缔合型流变改性剂,活性成分 50%,溶剂为水/二乙二醇单丁醚(31/19),与绝大多数颜填料和乳液相容,通过限制低剪黏度来提高高剪黏度而改善涂料的流变性，使涂料有优异的成膜性、涂刷性和光泽度。其流变曲线与 COATEX BR 100P 的非常接近，主要区别是溶剂不同，COATEX BR 125P 用的是二乙二醇单丁醚，而 COATEX BR 100P 的溶剂是乙二醇单丁醚。COATEX BR 125P 可用于半光涂料、亚光内墙漆、防腐涂料和黏合剂。与纤维素增稠剂相比，COATEX BR 125P 吸水性低，因而可改善外墙涂料的耐沾污性。可直接添加，也可用 4 倍水稀释后添加。增稠后 24h 才能达到最终流变状态。

Coatex 公司的聚氨酯型增稠剂在水性涂料、水性油墨和黏合剂中的适用性和正确选用可参见表 5.35。

（3）Cognis（科宁）公司的聚氨酯增稠剂　德国 Cognis 公司的非离子缔合型聚氨酯增稠剂在中国主要由深圳海川化工科技有限公司代理经销，主要牌号有 DSX 1514、1516、1525、1550、2290、3100、3116、3256、3290、3291、3515、3551、3800 等，基本性能见表 5.47 和表 5.48。表 5.47 中同时列出了 Cognis 公司的非离子、非聚氨酯（聚醚型）缔合型增稠剂的部分性能，其余性能见 5.3.5 中的表 5.64。

表 5.47　Cognis 公司的非离子缔合型聚氨酯增稠剂

DSX	外观	固含量/%	密度/℃	黏度/mPa·s	pH 值(2%水液)	流变性	用量/%
1514	白色不透明液	38~42	1.060~1.075	2000~5000(23℃)	6.5~7.5	近牛顿型	0.3~1.0
1516	白色黏液	43	1.08	20000		中等假塑性	0.2~2.0
1525	白色不透明浊液	25~27	1.035~1.045	1000~4000	6.5~7.5		0.1~1.0
1550	白色不透明液	40	1.06	3500	7.0	强假塑性	0.1~0.5
2290						强假塑性	0.1~0.5
3100	白色液体	17~19	0.98~1.08	3500~5500		牛顿型	0.5~3.0
3116	近白色不透明黏液	43	1.08(20℃)	15000~25000(20℃)		中、高剪黏度	0.2~2.0
3256	近白色清亮液	34~36	1.03	18000~28000(20℃)	6.2~6.8	中等假塑性	0.2~2.0
3290	白色液	34~36				强假塑性	0.1~0.5
3291	白色不透明液	28~32	1.02~1.04	1500~4000		强假塑性	0.3~1.0
3515	白色不透明液	30	1.03~1.04	2000~4000	6.5~7.5	稍有假塑性	0.1~1.0
3551	白色浊液	约 30		2000~4000	6.0~8.0	中等假塑性	0.1~2.0
3800	无色至淡黄清液	50~53	1.047	3000~5000		稍有假塑性	0.3~2.0

DSX 1514 为非离子聚氨酯型缔合增稠剂，溶剂为水/三乙二醇丁醚（41/19）。用 DSX 1514 增稠可使乳胶漆有极好的遮盖力和流动性，最小的辊涂飞溅性，良好的耐擦洗性以及很低的结构黏度。推荐用于要求有良好刷涂和辊涂性的内外墙涂料中。

DSX 1516 是非离子聚氨酯型缔合增稠剂，是聚氨酯在 1,2-丙二醇/水中的乳液。DSX 1516 本身可以成膜，对颜料有亲和性，增稠不依赖于体系 pH，可使水性体系呈现假塑性。其优点：极好的辊涂抗飞溅能力，改进流动性和光泽，增加遮盖力，提高耐擦洗和耐擦性。DSX 1516 可用于包括聚氨酯在内的所有乳液体系。应用范围有乳胶漆、织物处理剂、水性腻子、胶黏剂和水性防锈底漆。可与其他增稠剂，如纤维素醚或丙烯酸增稠剂并用，推荐用量为配方总量的 0.2%~2.0%。

DSX 1525 是效果极好的非离子缔合型增稠剂，其特点是增稠效果好，流动流平性优异，抗飞溅，耐擦洗。推荐用于高 PVC 涂料和黏合剂，可与低分子量纤维素醚共用以获得最佳效果。

高浓度非离子缔合型增稠剂 Nopco DSX 1550 有极好的增稠效果，优异的流平性，良好的耐擦洗性和抗辊涂飞溅性。适用于高固体分涂料和黏合剂的增稠，一般应配合纤维素醚等增稠剂使用以便获得最佳增稠效果和贮存稳定性。

DSX 3100 是高效环境友好型缔合型聚氨酯增稠剂，无溶剂，不含重金属，零 VOC。加入涂料中以后有优异的流动流平性，极好的耐擦洗性，对亚光、半光和高光涂料能产生牛顿流型并获得优异的性能平衡。依据所需要的流变类型，DSX 3100 可单用，也可与其他增稠剂合用。单用 DSX 3100 能得到几乎为牛顿型的涂料，这对水性木器漆这样要求有极好渗透性和流平性的涂料特别重要。在色漆中 DSX 3100 常与纤维素醚或低剪缔合型增稠剂共用以改进高剪（ICI）黏度，减少飞溅，增加遮盖力，改善涂刷性。DSX 3100 对水性清漆、高光面漆、防腐涂料和厚涂漆都有极好的性能。通常在制漆最后阶段加入 DSX 3100，也可研磨后先加 10%～20%，余下的最后加。推荐用量 0.5%～3.0%，低剪即可混匀，但添加后放置 16h 才能达到最终黏度。

DSX 3116 为用于水性体系的非离子聚氨酯缔合型增稠剂，能赋予乳胶漆、黏合剂、防锈底漆、织物胶等极好的黏度和流动性，适用于丙烯酸体系和水性聚氨酯体系。特点是有优异的流平性和一道涂刷遮盖力，抗分水性能好，提高漆膜的耐洗刷性，改善流动性和光泽，减少辊涂飞溅性。提高涂料的中、高剪黏度，使内外墙涂料有优异的流变性。DSX 3116 增稠效果不受 pH 影响。为了获得更好的施工性和贮存稳定性，DSX 3116 应与纤维素醚类或丙烯酸类增稠剂配合使用。DSX 3116 可用水或丙二醇类溶剂稀释后添加。

DSX 3256 是零 VOC 非离子聚氨酯缔合增稠剂，用于各种水性涂料以提高中、高剪黏度。由于透明性好可，用于各种水性清漆，能提供耐湿擦性和遮盖力，改善流动性和成膜性。DSX 3256 可用于水性工业漆、乳胶漆和水性黏合剂，可直接添加。

非离子聚氨酯缔合型增稠剂 DSX 3290 与其他聚氨酯类增稠剂相比具有强假塑性特性，可使涂料在低剪切下呈现高浓度和假塑性，提高涂料的贮存稳定性。用于厚浆涂料和浮雕涂料可得到很好的立体效果，并且成膜性好，光泽和耐水性佳，耐擦洗性好。也推荐用于弹性涂料增稠。DSX 3290 可直接加入，也可稀释后加入，添加后应放置过夜才能达到最终黏度。

DSX 3291 为高效环境友好型缔合聚氨酯增稠剂，无溶剂，无 APEO，无味，不含重金属，零 VOC，是真正的绿色添加剂。DSX 3291 能使涂料产生高假塑性黏度，因而有极好的抗流挂性、优异的化学稳定性和光稳定性。此外，成膜性、颜料润湿性和防沉性都很好，调色黏度下降小，对漆膜光泽无影响。喷涂能形成厚漆膜。由于是非离子型增稠剂，涂料有优异的耐水性。可用于水性木器漆和高光漆、厚涂防腐涂料以及各种光泽的建筑涂料中。增稠效率极高，与普通缔合型增稠剂相比，在清漆中效率要高 3 倍；在半光内墙涂料中，增稠效率高 5 倍。推荐用量 0.3%～1.0%，低剪即可混匀，但添加后放置 16 h 才能达到最终黏度。DSX 3291 在正常条件下贮存期至少 2 年。

DSX 3515 是无溶剂聚氨酯增稠剂，增稠的涂料有优异的涂刷性、流动流平性，良好的耐湿擦性和抗飞溅性。DSX 3515 可用于对刷涂和辊涂要求很严的内外墙涂料，一般应配合纤维素醚等增稠剂使用以便获得最佳增稠效果和贮存稳定性。可直接添加，也可用水溶性成膜助剂，如二乙二醇单丁醚或三乙二醇丁醚稀释降黏后添加。

DSX 3551 是无溶剂非离子缔合型增稠剂，有极高的增稠效率，用于提高涂料的中、高剪黏度，可减少辊涂飞溅，提供优异的流动流平性，改善漆膜的耐洗刷性。在低 VOC 涂料中改善漆膜湿边效果并延长干燥时间。DSX 3551 适用于包括水性聚氨酯在内的各种水性涂料和乳胶漆的增稠。

DSX 3800 是芳香族不含锡和烷基酚的高支化聚氨酯流变剂，是一种新型的环境友好、缔合型聚氨酯增稠剂，由于新的化学结构使得高剪切速率下增稠效果极强。

Cognis 公司的非离子缔合型增稠剂的基本性能见表 5.48。

表 5.48　Cognis 公司的非离子缔合型增稠剂的基本性能

DSX	类型	固体分/%	溶剂/%	含水量/%	黏度/mPa·s	相对密度	APEO	含锡
1514	PU 型	40	20/BTG	40	3500	1.07	有	有
1516	PU 型	43	34/PG	23	20000	1.08	无	有
1525	PU 型	25	12.5/BC	62.5	2500	1.04	有	有
1550	PU 型	40	20/BC	40	3500	1.06	有	有
3100	PU 型	18	0		4500	1.03	无	无
3256	PU 型	35	0	65	23000	1.05	无	有
3290	PU 型	34	0	66	25000	1.04	无	无
3291	PU 型	30	约 0		1500～4000	1.03	无	无
3515	PU 型	30	0	70	3500	1.04	有	有
3551	PU 型	30	0	70	3500	1.04	有	有
3800	PU 型	33	0	67	4000	1.05	无	无
2000	聚醚型	40	20/BC	40	1700	1.05	无	无
3000	聚醚型	30	0	70	5000	1.05	无	无
3075	聚醚型	20	0	80	1500	1.05	无	无
3220	聚醚型	20	0	80	1100	1.05	无	无

Cognis 公司的非离子缔合型增稠剂的施工性能特点及选用指南可参见表 5.49。

表 5.49　Cognis 公司的非离子缔合型增稠剂的涂装性能

DSX	施工方式				黏度		光泽			特性说明
	淋涂	辊涂	刷涂	喷涂	低剪(KU)	高剪(ICI)	亚光	半光	高光	
1514	A	A	A	B	良	优	A	A	A	流动流平优,高低剪平衡好
1516	B	B	B	A	优	良	B	B	B	低剪黏度好,喷涂性优
1525	B	B	B	A	优	良	B	B	B	DSX 1550 的 25%固体分型
1550	B	B	B	A	优	良	B	B	B	低剪黏度好,喷涂性优
3256	B	B	B	A	良	良	B	B	B	DSX 1516 的无溶剂型
3290	C	C	C	C	优	可	A	A	C	DSX 2290 的无溶剂型
3515					良	优	A	A	A	DSX 1514 的无溶剂型
3551					优	良	B	B	B	DSX 1550 的无溶剂型
3800	A	A	A	B	良	优	A	A	A	中剪黏度优,无 APEO,无锡
2000	A	A	A	C	可	优	B	A	A	高剪黏度优
3000	A	A	A	C	可	优	A	A	A	DSX 2000 的零 VOC 型
3075	A	A	A	C	可	优	B	A	A	高剪黏度最好,零 VOC

注：A 为优,极适合；B 为良,适合；C 为可,可用。

（4）Condea Servo（康盛）公司的增稠剂　荷兰 Condea Servo（康盛）公司的水性体系用增稠剂主成分是聚氨酯型的，为"SER-AD"系列，原牌号为 SER-AD FX 1010、FX 1025、FX 1035、FX 1050、FX 1070、FX 1100 等（表 5.50），仍在使用。但自被收购以后有时又称"NUVIS"系列，即牌号改为 NUVIS FX 1010、FX 1025、FX 1035、FX 1050、FX 1070、FX 1100 等。

表 5.50 Condea Servo 公司的水性增稠剂

牌号	成分	外观	APHA 颜色	有效分/%	相对密度(20℃)	黏度(23℃)/mPa·s	闪点/℃	溶解性	用量/%	特性
SER-AD FX 1010	聚醚/聚氨酯	透明液体	≤175	50	1.070	1000~18000	>100	溶于水、水/乙二醇	0.2~2.0	增加中、高剪切速率时的黏度
SER-AD FX 1025	聚氨酯/聚醚	透明液体	≤175	25	1.070	5000	>100	溶于水、水/乙二醇	0.4~3.0	增加中、高剪切速率时的黏度
SER-AD FX 1035	疏水聚氨酯	微浊液体	≤250	35	1.075	1700~2100	>100	溶于水、水/乙二醇	0.3~3.0	SER-AD FX 1010 的改进型，增加中、高剪速率时的黏度
SER-AD FX 1050	疏水聚醚聚氨酯	透明液体	≤175	约50	1.060	≤20	>100	溶于水、水/乙二醇	0.2~2.0	增加高、中剪黏度，限制低剪黏度
SER-AD FX 1070	缔合型疏水聚醚聚氨酯	微浊黏液	≤250	约40	1.070	10000~20000	>100	溶于水、水/乙二醇	0.5~3.0	增加高剪黏度，使水性涂料(如乳胶漆)具有类似牛顿流体的流变行为
SER-AD FX 1100	疏水聚氨酯	白色粉末	—	99~100	约0.5(松密度)	—	>200	溶于水、水/乙二醇	0.2~1.0	增加高剪黏度，产生醇酸漆的流动效果

SER-AD FX 1010 为高效聚醚/聚氨酯增稠剂，通过提高高剪黏度和抑制低剪黏度来改变水性漆的流变性与流平性，赋予水性涂料类似于醇酸漆的流变性。增稠的涂料有更好的施工性、耐水性和耐擦洗性，光泽度高，抗菌性好。在高 PVC 涂料中可以和纤维素醚配合使用。

SER-AD FX 1025 是水性涂料用高效多功能缔合型增稠剂和稳定剂，提供长期的黏度稳定性，改善耐候性，降低水解敏感性，改善流动和流平特性，产生更加类似醇酸的流变行为，减少辊涂飞溅，高成膜性和遮盖力

SER-AD FX 1035 的气味很低，无需稀释即可使用。SER-AD FX 1035 是 SER-AD FX 1010 的一个改进产品，所以它同 SER-AD FX 1010 有着相同的广泛应用。它与大部分乳胶漆都能够相容，如纯丙、醋酸乙烯酯、苯丙、苯乙烯-丁二烯共聚物及其他三元共聚物。可提供长期的黏度稳定性，改善耐候性，降低水解敏感性，改善流动和流平特性，产生更加类似醇酸的流变行为，减少辊涂飞溅，高成膜性和遮盖力。

SER-AD FX 1050 是多种乳液体系可用的不含有机溶剂的增稠剂，提高中、高剪黏度，赋予水性涂料类似于醇酸漆的流变性。施工性能好，抗飞溅。在高 PVC 涂料中可以和纤维素醚配合使用。用法：可加在研磨浆里，或在调漆阶段加入。部分加在研磨浆里，部分在调漆阶段加入可达到最佳效果。添加不用预先稀释。

SER-AD FX 1070 是标准的高剪增稠剂，使水性漆具有类似牛顿流体的流变行为，对中、低剪速率几乎不产生任何影响，也即加 SER-AD FX 1070 后涂料表观黏度几乎不变。特点是改善了涂刷性、成膜性、流动流平性，降低了脱水收缩的可能性。SER-AD FX 1070 不含有机溶剂。可预先用水稀释后加入涂料中，通常与 SER-AD FX 1010 配合使用。

SER-AD FX 1100 是白色可流动粉末，可溶于水和乙二醇醚类成膜助剂，溶解速率极快。能增加高剪黏度，赋予涂料类似于醇酸漆的性能。SER-AD FX 1100 可以以粉末形式在研磨阶段加入，或预先制成 3% 的预凝胶加入。

(5) 德谦（Deuchem）公司的水性流变助剂 台湾德谦公司水性体系流变助剂包括 6 个

缔合型聚氨酯增稠剂（HEUR）和3个缔合型碱溶胀增稠剂（HASE），前者牌号为Rheo WT-102、WT-105A、WT-201、WT-202、WT-203和WT-204，碱溶胀型的牌号为Rheo WT-113、Rheo WT-115和Rheo WT-120。产品均不含APEO，性能汇总见表5.51。

表5.51 德谦公司的水性流变改性剂

牌号	组成	外观	固体分/%	密度/(g/cm³)	pH值	黏度(25℃)/mPa·s	溶剂	用量/%	特性
Rheo WT-102	HEUR	黄色至微浊液	49.5~51.5	约1.02		≤25000	EB/水	0.1~2.0	提高低剪黏度，触变大，无APEO，厚浆漆、真石漆、织物浆用
Rheo WT-105A	HEUR	微黄微浊液	48~52	约1.02		<14000	EB/水	0.1~2.0	提供中剪黏度，触变小，对光泽和耐水性影响小，乳胶漆黏合剂用
Rheo WT-201	HEUR	微浊黏液	约50	约1.06		<4000	DB/水	0.1~2.0	中、高剪黏度，触变小，流动流平好，乳胶漆、水墨、胶黏剂用
Rheo WT-202	HEUR	浅黄清至微浊液	48~50	约1.06		<4000	DB/水	0.1~2.0	中、高剪黏度，触变小，流动流平好，乳胶漆、水墨、胶黏剂用
Rheo WT-203	HEUR	白色至微浊黏液	24~26	约1.04		<4000	水	0.1~3.0	提供高剪黏度，触变小，流动流平佳，光泽、丰满度、耐水性好
Rheo WT-204	HEUR	浑浊液体	20~24	约1.03		<3200	水	0.1~3.0	提供高剪黏度，触变小，流动流平佳，光泽、丰满度、耐水性好
Rheo WT-113	阴离子丙烯酸HASE	微蓝白色乳液	28.5~30.5	约1.04	2.5~4.5	<20	水	0.2~2.0	提供低、中剪黏度，触变大，防分水，抗流挂，厚浆涂料、纺织浆料、黏合剂用
Rheo WT-115	阴离子丙烯酸HASE	微蓝白色乳液	29~31	约1.04	2.5~4.5	<20	水	0.1~2.0	提供中剪黏度，触变小，保水性相容性好，乳胶漆、黏合剂用
Rheo WT-120	阴离子丙烯酸HASE	白色乳液	≥29	约1.05	1.5~3.6		水	0.1~0.8	中低剪黏度，触变性大，抗流挂，防沉，防分水，保水，乳胶漆、黏合剂用

德谦流变助剂的适用性以及选用参考见表5.52。

表5.52 德谦公司的水性流变改性剂选用参考

牌号	乳胶漆				其他水性体系			
	纯丙	苯丙	醋丙醋叔	弹性涂料	胶黏剂	水性油墨	水性漆	
Rheo WT-102	◎	◎		●	●	◎	◎	
Rheo WT-105A	◎	◎		●	●	◎	◎	
Rheo WT-201	●	●	◎	◎	●	◎	●	
Rheo WT-202	●	●	◎	◎	●	●	●	
Rheo WT-203	●	●	●	●	◎	●	●	
Rheo WT-204	●	●	●	●	◎	●	●	
Rheo WT-113	●	●		●	●		●	
Rheo WT-115	●	●		●	●		●	

注：●推荐使用；◎选择使用。

(6) Elementis（海名斯）特种化学品公司的流变改性剂　Elementis（海名斯）特种化学品公司有一系列的流变改性剂，商品牌号为 Rheolate，分普通型、无溶剂型和粉末型三大类，包括聚氨酯型和聚醚型。普通型的溶剂是水和二乙二醇单丁醚，无溶剂型，含有专有无 VOC 增溶剂。固体粉末型有 100% 的活性成分，因而按供货形式在配方中的用量少得多。

Elementis 公司生产的高、中、低剪切范围的流变改性剂品种相当齐全（表 5.53），有些品种很有特色。缔合型聚氨酯流变助剂 Rheolate 288 适用于透明度和光泽要求较高的水性漆，添加后有提高漆膜光泽的作用，低剪时有很高的黏度，高剪时急剧稀化，因而有优异的抗流挂性和流平性。

表 5.53　Elementis 公司的流变改性剂和增稠剂

产品	组成	活性成分/%	水/%	溶剂或增溶剂/%	密度/(g/cm³)	外观	用量/%
普通型							
Rheolate 244	PEUPU	25	60	15	1.03	白色，浊	0.1～3.0
Rheolate 255	PEUPU	25	60	15	1.03	白色，浊	0.1～2.0
Rheolate 266	PEUPU	20	64	16	1.03	白色，浊	0.1～2.0
Rheolate 278	PEUPU	25	60	15	1.03	白色，浊	0.1～2.0
Rheolate 288	PEUPU	25	56.5	18.5	1.03	白色，浊	0.1～2.0
Rheolate 300	PEPO	32	55.5	12.5	1.05	白色，浊	0.1～2.5
无溶剂型							
Rheolate 210	PEUPU	25	67.5	7.5①	1.06	白色，浊	0.1～3.0
Rheolate 212	PEUPU	20	80	—	1.02	白色，浊	1.0～5.0
Rheolate 216	PEUPU	20	70	10	1.06	白色，浊	0.1～3.0
Rheolate 310	PEPO	32	61.5	6.5①	1.06	白色，浊	0.1～3.0
Rheolate 350	PEPO	50	50	—	1.02	白色，浊	2.0～8.0
固体粉末							
Rheolate 204	PEUPU	100	—		1.18	白色，软	0.025～0.75
Rheolate 205	PEUPU	100	—		1.18	白色，软	0.025～0.75
Rheolate 208	PEUPU	100	—		1.18	白色，软	0.025～0.75

① 专有无 VOC 增溶剂

注：PEUPU 为聚醚脲聚氨酯；PEPO 为聚醚多元醇。

Rheolate 266 和 Rheolate 216 低剪黏度高，抗沉淀性好，有一定的流平性，可用于喷涂用建筑涂料和水性工业底面漆。缔合型增稠剂 Rheolate 255 和 205 用来提供中剪黏度。Rheolate 278、210 和 208 用得最广，有极好的高、中剪黏度平衡，兼顾了流动性和流平性。Rheolate 244 和 204 主要用于调色时防止色浆加入后引起的黏度下降，具有很好的颜色稳定性和高剪黏度。Rheolate 300 和 310 提供中剪黏度，可得到很好的流动流平性。Rheolate 212 不含 VOC，主要用于提升高剪黏度，对低剪黏度影响不大，添加 Rheolate 212 的水性漆丰满度高，流动流平性好，抗飞溅性极佳，刷涂性好，在需要较高的中、低剪黏度时可将 Rheolate 212 和 Rheolate 255 和 Rheolate 266 配合使用。此外，Rheolate 212 还可以与碱溶胀性增稠剂、改性黏土类增稠剂（Bentone 和 Benaqua 4000）以及纤维素醚增稠剂配合使用。

Rheolate 300 系列为零 VOC、不含 APEO 的聚醚多元醇缔合型流变助剂，与普通聚氨酯缔合型流变助剂不同，其流变性能受乳液类型、粒径、成膜助剂和表面活性剂的影响更小，具有更好的流动性和透明性。其中 Rheolate 350 提供纯高剪黏度，是一种能使涂料产生类似醇酸漆那样的、近乎牛顿流体的高级缔合型增稠剂，涂料的流动流平性好，丰满度高，颜色稳定。

Rheolate 流变助剂的流变曲线（D-η 曲线）如图 5.9 所示。

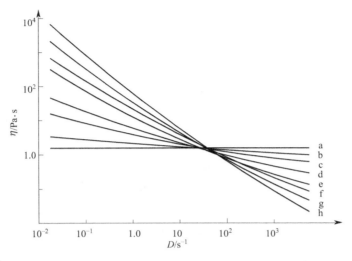

图 5.9 Rheolate 流变助剂的流变曲线

a—350；b—212；c—244；d—278；e—300；f—255；g—266；h—288

环保型流变助剂 Rheolate 600 系列是 Rheolate 200 系列的低 VOC 及不含锡的改性品种，其特点是具有优异的乳液缔合型和耐水性，提供中、高剪切黏度，产生极佳的漆膜丰满度。此外，Rheolate FX 1050 和 1070 也是不含锡及 APEO 和 VOC 的流变改性剂，但是 Rheolate FX 1010 含有 VOC 溶剂（表 5.54）。

表 5.54 Elementis 公司的环保型流变助剂

牌号	外观/类型	有效分/%	APEO	VOC	pH值适用范围	溶剂	用量/%	特性	应用
Rheolate 644	液体/PU	24.5～25.5	无	无	2～12	水	0.1～2.0	提供高剪黏度,优异的流动流平性及展色性,抗飞溅佳,装饰高光漆用	建筑涂料、水性工业漆
Rheolate 655	液体/PU	19.5～20.5	无	无	2～12	水	0.1～2.0	提供中剪黏度,优异的流动流平性,抗流挂好	建筑涂料、水性工业漆
Rheolate 666	液体/PU	19.5～20.5	无	无	2～12	水	0.1～2.0	提供低、中剪黏度,优异的流动流平性,抗流挂极佳	水性工业漆
Rheolate 678	液体/PU	24.5～25.5	无	无	2～12	水	0.1～2.0	提供中、高剪黏度,优异的流动流平性及展色性,抗飞溅,丰满度好	建筑涂料、水性工业漆
Rheolate FX 1010	液体/聚醚PU	50	无	有	2～12	水/醇醚	0.1～2.0	提供中、低剪黏度,优异的流动流平性,耐水抗飞溅,高光泽	水性工业漆、油墨、皮革涂料

续表

牌号	外观/类型	有效分/%	APEO	VOC	pH值适用范围	溶剂	用量/%	特 性	应 用
Rheolate FX 1050	液体/PU	50	无	无	2～12	水	0.1～2.0	提供中、低剪黏度,尤异的流动流平性,耐水抗飞溅,高光泽	水性工业漆、油墨、皮革涂料
Rheolate FX 1070	液体/聚醚PU	40	无	无	2～12	水/醇醚	0.1～2.0	提供中、高剪黏度,优异的流动流平性及抗飞溅性	水性工业漆、油墨、皮革涂料

(7) Lamberti（宁柏迪）公司的聚醚聚氨酯型流变改性剂 Lamberti（宁柏迪）公司的聚醚聚氨酯型流变改性剂适用于各种建筑乳胶漆和聚氨酯分散体以及丙烯酸-聚氨酯分散体,有优异的流动流平性、抗飞溅性和抗生物降解能力,其中 PS 202 能使体系产生牛顿流变特性。

表 5.55 Lamberti（宁柏迪）公司的聚醚聚氨酯型流变改性剂

牌号	主成分	外观	离子性	活性分/%	溶剂	pH值	$d(20℃)$	黏度/Pa·s	用量/%	用途①
Viscolam PS 166	PEPU	淡黄黏液	非离子	40	水/EB	7～8	1.04	1.5～2.5	0.2～2	G、J、M
Viscolam PS 167	PEPU	淡黄黏液	非离子	40	水/DB	7～8	1.04	1.5～2.5	0.2～2	G、J、M
Viscolam PS 202	PEPU	淡黄黏液	非离子	20	水		1.04	2～4	0.5～2	G、J、M

① G 水性工业漆；J 建筑涂料；M 水性木器漆。

(8) Münzing 公司的聚氨酯流变改性剂 其生产的疏水改性聚氨酯（HEUR）流变助剂注册商标为"TAFIGEL"主要牌号有 TAFIGEL PUR 40、41、42、45、50、55、60、61、62 和 80 等,基本性能见表 5.56。在中国 Münzing 公司的助剂主要由北京东方澳汉有限公司经销。

表 5.56 TAFIGEL PUR 流变改性剂

牌号	类型	外观	活性物/%	pH值（浓度2%）	相对密度（20℃）	溶剂	水溶性	用量/%	特 性	应 用
PUR 40	非离子PU	白色浊液	约40	6.5	约1.07	BTG/水	分散成浊液	0.1～2	假塑性,流动流平和抗飞溅佳,任何阶段添加均可	水性漆、胶、油墨、皮革涂饰剂、醇酸乳液
PUR 41	非离子PU	透明至白色浊液	约20	7.0	1.04		易溶,清液	0.3～2	假塑性,流动流平和抗飞溅佳,零 VOC,无APEO,任何阶段添加均可	水性漆、胶、油墨、皮革涂饰剂、醇酸乳液
PUR 42	非离子PU	白色浊液	约32	6.0	约1.06		分散成浊液	0.05～0.3	假塑性,流动流平和抗飞溅佳	内外墙乳胶漆、防腐漆、胶、油墨
PUR 45	非离子PU	白色浊液	约40	6.5	1.06	BTG/水	分散成浊液	0.1～0.3	牛顿流型,流动流平和抗飞溅佳,任何阶段添加均可	内外墙乳胶漆、防腐漆、胶、油墨

续表

牌号	类型	外观	活性物/%	pH值(浓度2%)	相对密度(20℃)	溶剂	水溶性	用量/%	特性	应用
PUR 50	非离子PU	白色浊液	约21	7.0	1.03	水	强搅分散成浊液	0.3~2	假塑性,无溶剂,流动流平光泽好,抗飞溅,可任何阶段添加	水性漆、胶、油墨、皮革涂饰剂、醇酸乳液
PUR 55	非离子PU	白色浊液	约20	5.0	1.03	水	分散成浊液	0.3~2	牛顿型,无溶剂,流动流平光泽好,抗飞溅,可任何阶段添加	乳胶漆、地板漆、高光漆、油墨、胶
PUR 60	非离子PU	白色浊液	约40	7.0	约1.07	BTG/水	分散成浊液	0.3~2	强假塑性,强触变性,研磨加入或稀释后加入漆中	厚涂漆、PU漆、醇酸漆
PUR 61	非离子PU	淡黄液	约25	7.0	约1.03		分散成浊液	0.3~2	强假塑性,零VOC,无APEO,抗流挂优,流动流平光泽好,可任何阶段添加	厚涂漆、PU漆、醇酸漆
PUR 62	非离子PU	白色浊液	约32	6.5	约1.05		分散成浊液	0.3~2	强触变性,流动流平和抗流挂优	内外墙漆、重防腐漆、胶、灰浆
PUR 80	非离子PU	白色浊液	20	7.5	约1.03		分散成浊液	0.1~2	牛顿型,弱假塑性,类似溶剂型漆,无VOC、APEO和锡	水性漆,高光漆

(9) Nae Woi Korea.,Ltd.公司的聚氨酯流变改性剂 韩国Nae Woi Korea公司的流变改性剂牌号为HIRESOL 80、85、180、182、200、370、500以及HISOL 628等(表5.57),属于HUER型增稠剂,其增稠机理是增稠剂和其他疏水性表面之间的相互作用产生缔合,乳胶聚合物的疏水性越强,颗粒越细,增稠的效果越好。因此,在与细颗粒的丙烯酸涂料和黏合剂以及苯乙烯-丙烯酸共聚物涂料和黏合剂一起使用时效果极佳。由于是合成聚合物,所以生物稳定性好,能抵抗微生物和酶的侵蚀。用量一般在0.2%~0.5%,应根据实际要求调整。这些流变改性剂对皮肤和眼睛有轻微刺激性,处理时注意防护。贮存和运输应在5~40℃的密封容器中进行。

表5.57 Nae Woi Korea公司的流变改性剂

牌号	化学成分	外观	固含量/%	密度(25℃)/(g/cm³)	pH值	黏度(25℃)/mPa·s	挥发分	特性
HIRESOL 80	非离子聚氨酯缔合型流变剂	水白透明黏性液体	20~21	1.040~1.045	5~8	2000~5000	水/DB(80/20)	无溶剂,增稠、流平效果优,抗飞溅,漆膜丰满及抗沾污

续表

牌号	化学成分	外观	固含量/%	密度(25℃)/(g/cm³)	pH值	黏度(25℃)/mPa·s	挥发分	特　性
HIRESOL 85	非离子聚氨酯缔合型增稠剂	水白透明黏性液体	24~26	1.032~1.036	6~8	2000~3000	水/DB(80/20)	高效增稠,可单独作为增稠剂使用,防沉特好,减少分水,优异的抗飞溅性
HIRESOL 180	非离子聚氨酯缔合型增稠剂	微浊黏液	24~26	1.040~1.044	6~8	2500~6000	水	无溶剂、无毒、低味,开罐效果好,流动流平好,防飞溅,黏度稳定,防脱水收缩
HIRESOL 182	非离子聚氨酯缔合型增稠剂	微浊黏液	19~21	1.040~1.044	5~8	1500~4000	水	无溶剂,低味,流动流平性优,防飞溅,黏度稳定,防脱水收缩,光泽好
HIRESOL 200	非离子聚氨酯缔合型增稠剂	微浊黏液	24~26	1.04	6~8	1500~4000	水	提供高剪黏度,流动性好,防飞溅,无溶剂无味,涂料油墨用
HIRESOL 370	非离子聚氨酯缔合型增稠剂	水白透明黏性液体	17~19	1.030~1.034	5~8	≤3000	水/DB(75/25)	高效增稠,可单独作为增稠剂使用,黏度稳定,抗沾污
HIRESOL 500	非离子聚氨酯缔合型增稠剂	水白透明黏性液体	18~20	1.040~1.045	5~8	2000~4000	水/DB(80/20)	流动流平性优,施工性好,漆膜的丰满度、耐水性好
HISOL 628	非离子疏水改性聚氨酯流平剂	微浊至透明液	25		7	≤1000	水/DB(55/20)	改善高剪黏度,抗飞溅、耐水,抗分水,低泡,高光,丰满

(10) Nopco(诺普科)公司的聚氨酯增稠剂　Nopco公司的聚醚改性聚氨酯增稠剂牌号有SN-Thickener 612、612NC、619、621N、623N、625N和626N等,基本性能列于表5.58中。

表5.58　Nopco公司的聚氨酯增稠剂

性　能	牌　号						
	SN-612	SN-612NC	SN-619	SN-621N	SN-623N	SN-625N	SN-626N
外观	白色浊液	不透明液	浅黄液	灰白/淡黄黏液	灰白浊液	灰白液	
固体分/%	40	40	30	30	30	15	20
黏度/mPa·s	2500(25℃)6400(5℃)	2900(25℃)11500(2℃)	24000(25℃)	16000(25℃)70000(5℃)	8000(25℃)	12000(25℃)	
pH值	6.0	6.0	6.5	5.9	5.0	5.7	
离子性	非离子	非离子	非离子	非离子	非离子	非离子	非离子
水溶性	易溶	易溶	易溶	易溶	易溶	易溶	易溶
推荐用量/%	0.1~1.0	0.1~1.0	0.1~1.0	0.1~1.0	0.1~2.0	0.1~1.0	0.1~1.0

SN-Thickener 612在同系列产品中增黏效果最好,能赋予涂料良好的流平性,调色性能优越,用途广泛。可与纤维素醚增稠剂共用。乳胶漆、水性木器漆、水性工业漆均适用,稀释2~3倍后加入为好。用量为漆的固体分的0.1%~1.0%。

SN-Thickener 612NC是SN-Thickener 612的改进型。流平性好。可用于高光乳胶漆、弹性乳胶漆和胶黏剂,稀释后加入为好。

SN-Thickener 619 是一种缔合型流变改性剂,能提供优异的流平效果和稳定的黏度,着色性好,不影响漆膜光泽。适用于高光涂料和弹性涂料。

SN-Thickener 621N 是缔合型聚醚流变改性剂,具有牛顿流动性的增稠剂。增稠的涂料流平性好,黏度随温度的变化小,对消光影响小,调色性能佳。研磨或调漆阶段都可添加。主要用于乳胶漆和水性黏合剂的增稠。

SN-Thickener 623N 是缔合型聚醚流变改性剂,具有牛顿流动性的增稠剂,增稠的涂料流平性好,黏度随温度的变化小,对消光影响小,调色性能佳。特别适于喷涂弹性涂料和仿瓷漆的增稠。以 2~3 倍水或乙醇稀释后加入。

SN-Thickener 625N 具有牛顿流动特性和非常优异的流平效果,不含任何溶剂,推荐可用于零 VOC 释放的涂料,是最适合用于乳胶漆的流变改性剂。

SN-Thickener 626N 具有牛顿流动特性和非常优异的流平性,不含任何溶剂,推荐可用于零 VOC 释放的涂料。

此外,另有假塑型流变调节剂 SN-Thickener 641,不含 VOC。增稠效率高,可以代替增稠性高的纤维素类增稠剂。对涂膜耐水性影响小。

(11) OMG Borchers 公司的流变助剂 OMG Borchers 公司的水性体系流变助剂注册商标为"Borchi",除了 Borchi Gel A LA (阴离子丙烯酸型) 和 Borchi Gel PN (锆络合物型,见 5.3.8 节) 以外其余的都是非离子聚氨酯型流变改性剂,主要性能汇集于表 5.59 中,可参考的应用领域见表 5.60。

表 5.59 OMG Borchers 公司的水性流变改性剂 Borchi Gel

牌号	类型	外观	Gardner 颜色	固含量 /%	活性物 /%	相对密度 (23℃)	黏度(23℃) /mPa·s	闪点 /℃	溶剂	用量 /%	特性
Borchi Gel 0024	非离子 PU	淡黄至微浊液	1~3	47~53		1.04~1.08	2000~10000	>100		0.2~2.0	高、中剪牛顿流动,流动流平好,抗飞溅,零 VOC
Borchi Gel 0434	非离子 PU	微白浊液,几乎无气味		19~21	20	1.01~1.05	≤15000	>100	水	0.5~4.0	高剪黏度,牛顿流型,流平、相容性、光泽好,抗飞溅
Borchi Gel 0435	非离子 PU	淡黄清液,几乎无气味		47~53		1.04~1.08	≤5000	>100	水	0.5~2.0	高剪黏度,相容性好,施工性能好
Borchi Gel 0620	非离子 PU	无色至淡黄黏稠浊液	1~3	38~42	约 40	1.02~1.07	5000~15000	>100	水/BG	0.2~3.0	低剪黏度,强假塑性,增加贮存稳定性
Borchi Gel 0621	非离子 PU	无色至淡黄黏稠浊液		28~31	约 20	1.01~1.05	1000~6000	>100	水	0.2~3.0	低剪黏度,强假塑性,增加贮存稳定性
Borchi Gel 0622	非离子 PU	无色至淡黄黏稠浊液		32~36	约 25	1.01~1.05	8000~18000	>100	水	0.2~3.0	低剪黏度,强假塑性,增加贮存稳定性
Borchi Gel 0625	非离子 PU	无色至淡黄黏稠浊液		31~35	约 25	1.01~1.06	5000~15000	>100	水	0.2~3.0	提高中剪黏度,改进流平性

续表

牌号	类型	外观	Gardner 颜色	固含量/%	活性物/%	相对密度(23℃)	黏度(23℃)/mPa·s	闪点/℃	溶剂	用量/%	特性
Borchi Gel 0626	非离子PU	无色至淡黄黏稠浊液		34～38	约25	1.02～1.06	3000～10000	>100	水	0.2～3.0	提高中、高剪黏度,改进施工、流平性
Borchi Gel L 75N	非离子PU	无色至微黄清液或微浊液		48～52			<9000	>100		0.1～2.0	增稠剂、流变改性剂
Borchi Gel L 76	非离子PU	无色至微黄清液或微浊液		47～53			<9000	>100		0.1～2.0	增稠剂、流变改性剂
Borchi Gel LW44	非离子PU	无色至微黄清液或微浊液		45～49			<9000	>100		0.1～2.0	增稠剂、流变改性剂,低剪增稠,强假塑性
Borchi Gel PW25	非离子PU	无色至微黄清液或微浊液		24～26			<15000	>100	水/PG(2/3)	0.1～2.0	增稠,浮雕漆
Borchi Gel THIX921	非离子PU	浅黄色高黏稠液体		30～34	约25	1.06～1.10	≤15000	>100	水	0.1～2.0	低剪黏度,提高贮存稳定性
Borchi Gel A LA	阴离子丙烯酸水溶液	微浊高黏液		9～11		约1.05	25000～60000		水	0.1～2.0	增加流动流平性,改善抗飞溅性

Borchi Gel 0024 可用于各种乳胶漆增稠,还可用于水性双组分PU漆增稠。产品密封贮存,贮存温度5～30℃。

Borchi Gel 0434 是环境友好型助剂,无VOC,无APEO,无锡,无溶剂,可用于有光和亚光乳胶漆、色漆、印刷油墨、黏合剂和皮革涂饰剂,展色性好,抑制分水和脱水收缩。贮存温度5～30℃。

Borchi Gel 0435 无VOC,无APEO,无溶剂,可用于单、双组分水性建筑漆和工业漆中,增加高剪（>10000s^{-1}）黏度,改善施工性能。

Borchi Gel 0620 含有19%的乙二醇单丁醚（BG）,不含乳化剂,不含APEO和金属锡。可用于各种水性清漆和色漆,包括建筑涂料和工业涂料,还可用于黏合剂的增稠。使用时加一倍水稀释后添加,或者用1,2-丙二醇/水［1/(1～2)］稀释一倍后添加。贮存温度5～30℃。

Borchi Gel 0621 与Borchi Gel 0620的用途、作用、稀释方法、贮存温度相似,但有效浓度低,并且不含乙二醇醚,是零VOC助剂。

Borchi Gel 0622 与Borchi Gel 0621相同,浓度有异。适用于单、双组分的工业漆、装饰漆的增稠。

Borchi Gel 0625 不含乙二醇醚,无VOC,无锡,无APEO。Borchi Gel 0625对中剪和中高剪黏度有效,流平和贮存稳定性好,可用于水性工业漆和建筑涂料。使用时加一倍水稀释后添加,或者用1,2-丙二醇/水［1/(1～2)］稀释一倍后添加。贮存温度5～30℃。

Borchi Gel 0626 不含乙二醇醚,无VOC,无锡,无APEO和HAPs。中剪和高剪范围（1000～10000s^{-1}）增稠，适用于工业涂料、建筑涂料和黏合剂增稠。贮存温度5～30℃。

Borchi Gel L 75N 流变改性剂不含乙二醇醚，无 VOC，不影响涂料的耐水性，适用于增稠丙烯酸系有光漆和防锈漆，也可用于水性 2K 环氧漆以及气干和烘烤漆。Borchi Gel L 75N 由脂肪族异氰酸酯制成，因此不会黄变。醇类和醇醚类极性水溶性成膜助剂会降低增稠效果，而 Texanol 和二乙二醇丁醚醋酸酯等可增加增稠效果。

Borchi Gel 76 流变改性剂不含乙二醇醚，无 VOC，适用于增稠丙烯酸系（纯丙、苯丙）高光漆和防锈漆，也可用于水性 2K 漆以及气干和烘烤漆。Borchi Gel 76 是由脂肪族异氰酸酯制成的，因此不会黄变。醇类和醇醚类极性水溶性成膜助剂会降低增稠效果，而非极性的 Texanol 和二乙二醇丁醚醋酸酯等可增加增稠效果。增稠后3h方能达到平衡黏度。

Borchi Gel LW44 不含乙二醇醚，无 VOC，低剪增稠效果极好，并有强假塑性，适用于喷涂漆和浸涂漆。可用的体系有丙烯酸乳液、双组分水性聚氨酯、水性环氧、水性聚酯等。增稠后的漆光泽和耐水性不受影响。Borchi Gel LW44 由脂肪族异氰酸酯制造，因此不会黄变。

Borchi Gel PW25 是由脂肪族异氰酸酯制成的，不会黄变。

Borchi Gel THIX921 无锡，无 APEO，可提高低剪黏度（＜1000s^{-1}），并有强假塑性和一定的触变性，因此能消除刷痕并防止出现流挂现象。适用于水性工业漆、建筑漆、黏合剂等。添加前可预先用水或水/丙二醇稀释后再用。增稠后16h以后才能达到平衡黏度。

Borchi Gel A LA 为阴离子丙烯酸聚合物，pH≥8，黏度大，20℃时高达 25～60Pa·s。可与聚氨酯和纤维素醚增稠剂配合使用。主要用于乳胶漆和印刷油墨。

表 5.60　OMG Borchers 公司增稠剂的应用领域参考

牌号	活性分/%	适用的涂料领域								
		罐听/卷钢	UV	分散体	印刷油墨	木器漆	工业漆	建筑涂料	颜料浆	特种涂料
Borchi Gel 0024	25	○	○	●	○	●	◎	●	○	○
Borchi Gel 0434	20	○	○	●	◎	●	◎	●	○	○
Borchi Gel 0435	25	○	○	●	◎	●	◎	●	○	○
Borchi Gel 0620	40	◎	○	○	○	●	●	○	◎	◎
Borchi Gel 0621	20	◎	○	○	○	●	●	○	●	◎
Borchi Gel 0622	25	◎	○	○	○	●	●	○	●	◎
Borchi Gel 0625	25	◎	○	○	◎	●	●	○	●	○
Borchi Gel 0626	25	◎	○	○	○	●	●	○	●	○
Borchi Gel L 75N	25	◎	●	●	○	●	●	●	●	○
Borchi Gel L76	25	◎	○	●	○	●	●	●	◎	○
Borchi Gel LW44	25	◎	●	◎	○	●	●	●	◎	○
Borchi Gel PW25	25	◎	●	●	○	◎	◎	●	◎	○
Borchi Gel THIX921	25	○	●	●	◎	◎	●	●	◎	○
Borchi Gel A LA	10	○	○	○	●	○	◎	◎	◎	●

注：●特别适用；◎适用；○可用。

（12）Rohm & Haas（罗门哈斯）公司的聚氨酯增稠剂　Rohm & Haas 公司的聚氨酯增稠剂经收购后现属陶氏化学公司（Dow Chemical Company）的品牌，牌号仍沿用 Rohm & Haas 公司的，基本性能见表 5.61。

表 5.61　Rohm & Haas 公司的聚氨酯增稠剂

牌号	外观	类型	溶剂	固含量/%	相对密度	黏度(25℃)/mPa·s	pH值	用量/%	特性	应用
ACRYSOL RM-8	浊液	高固流变改性剂	丙二醇/水(60/40)	35	1.08	8000~30000			非离子，赋予近牛顿流型。增稠体系pH无关。使纤维保持极好的疏水性	织物处理配方增稠剂
ACRYSOL RM-8W	浊液	HEUR	水	21.5 17.5(活性物)	1.04	≤3500			中剪增稠。低、高剪黏度平衡好。抗飞溅、耐水、耐碱性优。pH适应性广	低VOC、无溶剂内外墙乳胶漆
ACRYSOL RM-12W	透明至乳白色液体	HEUR	水	20.0	1.04	500~3500	5.0~8.0	0.5~2.0	非离子，提供低剪黏度。突出的假塑性，抗流挂性优。优异的漆膜刷、辊筒蘸漆能力	高光、半光、丝光亚光丙烯酸、醋丙配方、厚浆漆
ACRYSOL RM-825	浊液	HEUR	水/DB(75/25)	25	1.04	1000~2500			非离子，提供中剪黏度。施工性能好，无溶剂、低气味。耐微生物	乳胶漆、皮革涂饰剂
ACRYSOL RM-895	浊液	HEUR	水	23.5	1.04	≤3600	4		抗流挂、抗飞溅，流动流平优。漆刷/辊筒蘸漆能力好，调色黏度稳定性优，光泽好	乳胶漆、建筑涂料
ACRYSOL RM-1020	浊液	缔合型PU流变改性剂		19.0~21.0			6.5~7.5	1~5	非离子，增加黏度。流动性好。黏度不依赖于pH	水性皮革涂饰剂
ACRYSOL RM-2020NPR	浊液	HEUR	水		1.045	2500~3800		0.5~3.0	提供牛顿流变型。味小，无溶剂。丰满度、流动流平性、耐水耐碱性优。各种光泽好，非离子	低VOC、低味涂料
ACRYSOL RM-3000	浊液	HEUR	水	20	1.042	3000~5000	6~7		丰满度好、流动流平性。抗流挂，提供牛顿流变	水性涂料、低VOC、低味乳胶漆
ACRYSOL RM-5000	乳白至近白色液体	HEUR	水	18.5	1.045	<4000		0.3~2.0	提供高剪黏度。优异的漆刷/辊筒的漆刷/蘸漆能力、抗流挂性。丰满度、漆膜外观极佳。耐微生物	乳胶漆、建筑涂料、低VOC配方
ACRYSOL RM-6000	浊液	HEUR	水	17.5	1.042	3000~5000			提供中、高剪黏度。极佳的流动平衡，配方和pH适应性广，无溶剂，低味	各种光泽乳胶漆
ACRYSOL SCT-275	浊液	HEUR	水/DB(75/25)	17.5	1.032	2500		0.5~2.0	高效增稠。性价比优。可单独用作增稠剂使用。抗飞溅、低，抗流挂，流动流平好	适用于低体积固含量的内外墙平光至高光配方

ACRYSOL RM-8W 的活性物含量为 17.5%，而固含量为 21.5%，因为其中含有部分无溶剂专利黏度抑制剂。

（13）上海长风化工厂的聚氨酯增稠剂　上海长风化工厂的聚氨酯增稠剂有 PUR2025、缔合型增稠剂 2026 和流变改性剂 2079，其基本性能见表 5.62。

表 5.62　上海长风化工厂的聚氨酯增稠剂

牌号	外观	类型	溶剂	固含量/%	相对密度	黏度(25℃)/mPa·s	用量/%	特　性	应　用
PUR 2025	云白色液体	聚氨酯缔合型	丁二醇/水	25±1			约 1	非离子,提高涂料的高剪切黏度,增稠效果极佳,并提供理想的流平性和膜丰满度	水性涂料
2026	白色浑浊液体	聚氨酯缔合型	水	20	1.045		0.5~2	提供高剪黏度,改善漆膜丰满度、抗飞溅性、耐水性和抗分水性,流动流平性佳	水性涂料
2079	半透明黏稠液	聚氨酯缔合型	醇醚/水	20~25		<3000	0.5~2	显著增加低中剪切黏度,适用于喷涂、辊涂操作,具有优秀的防飞溅作用	水性涂料

（14）Tego（迪高）公司的聚氨酯增稠剂　Tego（迪高）公司的聚氨酯增稠剂 TEGO ViscoPlus 产品系列包含了有协同作用的聚氨酯增稠剂，可以满足各种技术要求。所有的 TEGO ViscoPlus 产品都是液体，非离子型，无溶剂和不含聚氧乙烯烷基酚。每个 TEGO ViscoPlus 产品提供不同的流变曲线，不同的产品可以搭配使用，以获得最佳的流变效果。该系列产品包括 TEGO ViscoPlus 3000、3010、3030 和 3060，基本性能见表 5.63。

表 5.63　Tego 公司的聚氨酯增稠剂

性　能	TEGO ViscoPlus			
	3000	3010	3030	3060
外观	乳白浊液	白色至淡黄液	微黄浊液	微黄浊液
流变类型	牛顿型	牛顿型、高剪切	假塑性	强假塑性
固含量/%	25	60	60	80
黏度/mPa·s	11000~15000	5000~10000	20000	2000
溶剂		水		
推荐用量/%	0.3~1.5	0.3~1.5	0.1~1.5	0.1~1.0
贮存期/月	12	12	12	12
适用体系				
建筑涂料		●	●	
工业涂料	●	●		●
木器涂料	●	●	●	●
其他涂料	●		●	●

注：●为适用。

5.3.5　疏水改性非聚氨酯增稠剂

（1）Cognis 公司产品　由深圳海川化工科技有限公司经销的 Cognis 公司水性涂料助剂中，非离子、非聚氨酯增稠剂有 Nopco DSX 2000、3000、3075、3220（表 5.64）。

表 5.64　Cognis 公司的非聚氨酯增稠剂

性　　能	牌　号			
	DSX 2000	DSX 3000	DSX 3075	DSX3220
类型	非离子聚醚型	疏水改性聚醚	非离子聚醚型	聚醚缔合型
外观	淡黄透明液	淡黄透明液	淡黄透明或微浊液	透明至微浊液
固含量/%	40	30	20	20
相对密度	1.00～1.10	1.05(25℃)	1.0～1.1(20℃)	1.0～1.1(25℃)
黏度/mPa·s	1300～2000	5000	1300～2300	900～1300
pH 值		6.2～6.8		
VOC		0	0	0
用量/%	0.2～2.0	0.5～2.0	0.5～2.0	0.1～0.4

　　DSX 2000 是牛顿型非离子聚醚流平剂，能使涂料产生高 ICI 黏度，因而一道涂刷就有极好的遮盖力，同时具有优异的流动流平性和抗飞溅性。增稠后的涂料还能改善贮存稳定性，避免或减轻分层现象。DSX 2000 特别适用于低 PVC，高疏水性细粒乳液的高光和半光涂料。推荐用量为漆总量的 0.2%～2.0%，调漆阶段加入为好。

　　DSX 3000 为水性涂料用牛顿型疏水改性聚醚流变改性剂，是 DSX 2000 的不含有机溶剂型。其特点是具有优异的流动流平性，能显著提高涂料的高剪（ICI）黏度，能减少或消除乳液的脱水收缩现象，具有极好的抗擦性，贮存稳定，不沉淀。可在生产的任何阶段加入，也可与其他增稠剂配合使用。DSX 3000 适于低 PVC 高光水性涂料、水性木器漆、地板漆等。

　　DSX 3075 是无溶剂、非聚氨酯、缔合型流变改性剂，能产生比一般高剪流变改性剂高出 25%～30% 的高剪黏度（ICI 黏度），适用于纯丙和苯丙体系，可以单用，也可与其他缔合型流变改性剂配合使用。DSX 3075 的优点：有很高的剪切黏度，极好的流动流平性和抗流挂平衡，高光泽，与体系相容性好，在调漆阶段加入为好。DSX 3075 贮存时应防冻。

　　DSX 3220 是无溶剂、低味、缔合型增稠剂，其优异的高剪黏度使得一道涂装即有很好的抗流挂性，并且具有极佳的流动流平性、耐擦洗性和稳定性。DSX 3220 是零 VOC 增稠剂，环保性好。与其他低中剪流变助剂配合使用可以得到良好平衡的低、中、高流变性能。DSX 3220 通常在最后阶段加入，适于各种光泽的涂料。

　　(2) Hercules（大力士）公司产品　Hercules（大力士）公司的水性涂料用疏水改性聚醚流变助剂的注册商标为"AQUAFLOW"，有 AQUAFLOW NLS 200、NLS 210 和 NHS 300 等牌号，基本性能见表 5.65。AQUAFLOW 是非离子缔合型的液体流变改性剂，在涂料生产阶段容易添加，可提供极好的流平性和抗飞溅性，与其他添加剂配合使用使涂料具有喷涂、辊涂或刷涂所需要的黏度。AQUAFLOW 可替代氨基甲酸酯缔合型增稠剂（HEUR）。

　　AQUAFLOW NLS 200 和 NLS 210 主要用于控制低剪黏度，而 AQUAFLOW NHS 300 用于优化高剪黏度。AQUAFLOW NLS 210 能产生最高的低剪黏度，适用于经济型涂料；AQUAFLOW NLS 200 的特点是有极好的低、中剪黏度并能提高颜料的相容性，改进涂料的生产过程，特别适用于喷涂型涂料；AQUAFLOW NHS 300 增加高剪黏度（ICI 黏度），达到极有效的成膜效果。NLS 200（NLS 210）/NHS 300 可配合使用，这时 AQUA-FLOW NHS 300 应先加入。

表 5.65　Hercules 公司的疏水改性聚醚流变助剂

性　能	牌　号		
	AQUAFLOW NLS 200	AQUAFLOW NLS 210	AQUAFLOW NHS 300
组成	疏水改性聚醚	疏水改性聚醚	疏水改性聚醚
外观	白至黄色液体	白至黄色液体	白至黄色液体
固含量/%	25	25	20
溶剂	水/丁基卡必醇(4/1)	水/丁基卡必醇(3/1)	水
黏度(25℃)/mPa·s	2500～5500	2000～4000	4500～8000
相对密度	1.05	1.05	1.04
流变特点	低、中剪增稠	低剪增稠	高剪增稠流平

AQUAFLOW 流变改性剂适用于丙烯酸、苯丙、醋酸乙烯共聚物、聚氨酯-丙烯酸酯分散体、醇酸乳液体系的水性漆，包括建筑乳胶漆、水性木器漆和水性工业漆，有无颜料均可用。

（3）Rockwood（洛克伍德）公司的非聚氨酯缔合增稠剂　德国 Süd-chemie（南方化学）公司的增稠剂业务于 2005 年底并入美国 Rockwood Holdings, Inc，归旗下的 Rockwood Clay Products, Inc 所管，有机增稠剂仍采用原来的注册商标 OPTIFLO。OPTIFLO 分三大聚合物系列，即疏水改性聚氧乙烯氨基塑料工艺聚合物 OPTIFLO HEAT（Hydrophobic Ethoxylated Aminoplast Technology polymers）、疏水改性聚氧乙烯氨基甲酸酯聚合物 OPTIFLO HEUR（Hydrophobic Ethoxylated Urethane polymers）和疏水改性碱溶性乳液聚合物 OPTIFLO HASE（Hydrophobic Alkali Soluble Emulsion polymers）。OPTIFLO 产品按黏度低、中、高分为 L、M、H 三类并在牌号中标出（表 5.66）。

表 5.66　Rockwood 公司的增稠剂

型号	固含量/%	黏度/mPa·s	溶剂（溶剂量）	流变特性	注
标准型					
L100	20	1000～5000	水	强牛顿型	HEAT/无 VOC
L150	20	9000～15000	水	牛顿型	HEAT/无 VOC
M200	20	16000～25000	水	低假塑性	HEAT
M210	20	16000～25000	水	低假塑性	HEAT
H370	20	2000～10000	水/BC①	假塑/触变	HEAT
H370-VF	17.5		水	假塑/触变	HEAT/无 VOC
H380-VF	40		水	假塑/触变	HEAT/无 VOC
H400	20	2000～10000	水/BC①(16%)	假塑/触变	HEAT
H500	17.5	2000～10000	水/BC①	假塑/强触变	HEAT
H600	17.5	2000～10000	水/BC①	假塑/强触变	HEAT
H600/E	20	2000～10000	水/BC①(16%)	强假塑/强触变	HEAT
H600-VF	43		水	假塑/触变	HEAT/无 VOC
TVS	17.5		水/BC①(17%)	假塑/强触变	HEAT
TVS-VF	12.5		水	假塑/强触变	HEAT/无 VOC
特殊型					
M2600	25		水/BC①(19%)	假塑/触变	HEUR
M2600-VF	40		水	假塑/触变	HEUR/无 VOC
HV80	30		水	强假塑性	HASE

① BC 为二乙二醇单丁醚。

疏水改性非聚氨酯缔合增稠剂 OPTIFLO HEAT 是 Rockwood 公司的主要产品，其特点是非离子型无乳化剂增稠剂，基本无味，外观水白，相对密度1.04左右，pH值＝8.0±0.5。添加后可使水性涂料贮存稳定性提高，不会产生脱水收缩现象，不降低涂料光泽，不产生雾影。涂料中使用OPTIFLO HEAT可改善耐水、耐醇和液体清洁剂的能力，提高遮盖力，增加抗pH变化的稳定性以及加色浆后体系黏度的稳定性，施工性上可减少飞溅。OPTIFLO HEAT可配合纤维素醚使用，以改善抗流挂性。

L100可产生强牛顿流变，避免脱水收缩和浮色，增加漆膜的丰满度，施工时不会产生拉不开刷子的现象，可以直接加入涂料中，也可稀释后加入，用量为配方总量的1%～3%。

H400能提高低剪黏度，适用于水性底漆，有增加防锈性的功能，可直接添加，也可稀释后添加，用量为0.2%～0.8%，需要注意到某些润湿剂可能影响OPTIFLO H400的增稠效果。

H600对提升低剪黏度特别有效，不仅可用于苯丙等乳胶漆，也可用于水性环氧漆。

H600/E可用于苯丙、纯丙、聚乙酸乙烯酯体系，用量0.2%～0.8%，可直接添加或稀释后添加。

H370对苯丙涂料提升低、中剪黏度效果好，在很宽的范围内有稳定的KU黏度。

TVS（tinting viscosity stabilizer，TVS，即色漆黏度稳定剂）增加低剪黏度，对表面活性剂、分散剂、润湿剂和溶剂不敏感，特别适用于基础色浆增稠，制备的色浆黏度稳定性好。

M2600有利于改进高剪黏度。

5.3.6 其他公司的增稠剂和流变改性剂

另有一些公司生产的增稠剂和流变改性剂见表5.67。

表5.67 其他公司的增稠剂和流变改性剂

牌号	外观	活性分/%	pH值	相对密度	黏度/mPa·s	沸点/℃	倾点/℃	推荐用量/%	特性	生产厂家
Carbopol EP-1	乳白液,稍有丙烯酸味	30	3.0		10			0.2～1.5	高效碱溶胀乳液增稠剂,电解质稳定,纺织涂料、胶、底涂用	Lubrizol
Carbopol EP-2	乳白液,稍有丙烯酸味	18	3.0		10			0.2～1.5	高效碱溶胀乳液增稠剂,电解质稳定,纺织涂料、胶、底涂用	Lubrizol
Hydrol TS 275	微黄或乳白黏液,基本无味			1.05	<3000				阴离子,遇水增稠,pH＝4～12有效。乳液、胶、腻子、质感涂料用	海润化工代理
HydroThick T 251	乳白液,碱溶胀丙烯酸乳液	28.5～31.5	2.5～4.5	约1.05				0.2～2.0	ASE型增稠剂,乳胶漆、质感涂料、腻子用	海润化工代理
HydroThick T 255	乳白液,碱溶胀丙烯酸乳液	28.5～31.5	2.5～4.5	约1.05				0.2～2.0	ASE型增稠剂,乳胶漆、质感涂料、腻子用	海润化工代理
HydroVisco R 265	乳白液,碱溶胀丙烯酸乳液	29～31	2.0～4.0	1.04～1.08 (20℃)				0.1～0.6	HASE型,均衡提升高、低剪切黏度,防流挂、飞溅,增加流平	海润化工代理

续表

牌号	外观	活性分/%	pH值	相对密度	黏度/mPa·s	沸点/℃	倾点/℃	推荐用量/%	特性	生产厂家
LOPON THE	白色液体，丙烯酸类	40	2.0～3.0	1.05				0.1～0.6	高效增稠，减少飞溅，乳胶漆、腻子、胶用	BK Giulini
PT-668	白色液体，丙烯酸类	30	3.0～3.5	1.06				0.1～0.6	增稠流平佳，抗飞溅、防霉，乳胶漆、腻子、胶用	北京东方澳汉经销
PT-669	丙烯酸类	40						0.1～0.6	增稠效率高，减少飞溅，环保性好，乳胶漆、腻子、胶用	北京东方澳汉经销
RASE-60	丙烯酸酯/甲基丙烯酸共聚乳白液	27.5～29	2.5～3.5		<40			0.1～0.5	碱增稠剂，触变、增稠、防流挂、流平、保光、耐水，水性漆、胶用，增稠后黏度≥4000×10^{-3}Pa·s	天津瑞雪化工有限公司
Rheolate 2001	灰白半透明液，烯烃聚合物悬浮液	24		1.008	≤200			0.6～2.0	极好的防沉性，对中剪黏度影响极小，相容性好，可后添加，水稀释涂料和油墨用	Elementis
RheoPU40A	浅黄透明液	40		1.05/25				0.2～1.5	提供高剪黏度，无溶剂，高光低PVC涂料用	临安科达涂料化工研究所
SOLTHIX A100	水白至奶油色乳液	30		1.06		101	<5	0.5～1.0	HASE型，无机颜填料防沉，氨水中和至pH=7.5	Lubrizol
TAFIGEL AP20	白色浊液，阴离子丙烯酸型	约31	约7.5	约1.06	中等黏度			0.2～4	高剪增稠，流动流平佳，不受pH影响，水性漆、胶、油墨用	Münzing
ZC-01	乳白色液体	27～39	2.0～4.0		<50			0.2～1	含酸性基团的聚丙烯酸酯乳液，阴离子型，水稀释后添加，氨水中和至pH=8.0～8.5	北京德成工贸有限公司
ZC-330	乳白色液体	29～31	2.5～4.5		<50			0.2～0.5	通用型的缔合改性阴离子碱溶胀增稠剂，优异的抗流挂性能，用量低，抗微生物防霉，改善涂料的抗飞溅性，提高耐水性，水稀释后添加，氨水中和至pH=8.0～8.5	上海泽川化工有限公司

5.3.7 无机增稠剂

5.3.7.1 二氧化硅

二氧化硅是典型的无机增稠剂，按制造方法不同有气相法和沉淀法之分，气相法二氧化硅外观为绒絮状，粒度很小，原始粒子多为纳米级，有很大的比表面积，增稠和触变效果很好。

① Degussa 的增稠剂 Evonik（赢创）工业集团的 Degussa（德固萨）业务部是气相二氧化硅的专业生产厂商，生产的气相法二氧化硅有亲水型和疏水型两大类（表 5.68 和表 5.69），注册商标为 AEROSIL，疏水型的在牌号前加字母"R"以示区别。Degussa 同时还生产二氧化硅的水分散体和有机溶剂分散体（见特殊效果添加剂一章），主要用来增加水性涂料的硬度、抗划伤性和防沉性。

表 5.68 Degussa 的亲水气相二氧化硅

牌　号	BET 比表面积 /(m²/g)	平均粒径 /nm	摇实密度 /(g/L)	筛余 (45μm)	加热失重① （质量分数） /%	pH 值
AEROSIL 90	90±15	20	80	<0.05	<1.0	3.7～4.7
AEROSIL 130	130±25	16	50	<0.05	<1.5	3.7～4.7
AEROSIL 150	150±15	14	50	<0.05	<0.5	3.7～4.7
AEROSIL 200	200±25	12	50	<0.05	<1.5	3.7～4.7
AEROSIL 300	300±30	7	50	<0.05	<1.5	3.7～4.7
AEROSIL 380	380±30	7	50	<0.05	<2.0	3.7～4.7
AEROSIL OX 50	50±15	40	130	<0.2	<1.5	3.8～4.8
AEROSIL EG 50	50±15	40	130	—	<1.0	3.8～4.8
AEROSIL TT 600	200±50	40	60	<0.05	<2.5	3.6～4.5
AEROPERL 300/30	—	7	—	—	<2.5	4.0～6.0

① 加热条件：2h/105℃。

表 5.69 Degussa 的疏水气相二氧化硅

牌　号	BET 比表面积 /(m²/g)	平均粒径 /nm	摇实密度 /(g/L)	加热失重① （质量分数） /%	pH 值	碳含量 （质量分数） /%
AEROSIL R104	150±25	12	50	—	>4.0	1.0～2.0
AEROSIL R106	250±30	7	50	—	>3.7	1.5～3.0
AEROSIL R202	100±20	14	50	<0.5	4.0～6.0	3.5～5.0
AEROSIL R711	150±25	12	50	<1.5	4.0～6.0	4.5～6.5
AEROSIL R805	150±25	12	50	<0.5	3.5～5.5	4.5～6.5
AEROSIL R812	260±30	7	50	<0.5	5.5～7.5	2.0～3.0
AEROSIL R812S	220±25	7	50	<0.5	5.5～7.5	3.0～4.0
AEROSIL R816	190±20	12	40	<1.0	4.0～5.5	0.9～1.8
AEROSIL R972	110±20	16	50	<0.5	3.6～4.4	0.6～1.2
AEROSIL R974	170±20	12	50	<0.5	3.7～4.7	0.7～1.3
AEROSIL R7200	150±25	21	230	<1.5	4.0～6.0	4.5～6.5
AEROSIL R8200	160±25	12	140	<0.5	>5.0	2.0～4.0
AEROSIL R9200	170±20	—	—	<1.5	3.0～5.0	0.7～1.3

① 加热条件：2h/105℃。

亲水型气相法二氧化硅可增加非极性体系的触变性，并有补强作用，其作用机理是粒子表面的硅醇基相互之间通过氢键产生连接，建立起三维网络结构，从而使体系黏度增大。在搅拌或摇振这样的外力作用下三维结构被破坏，流动得以恢复。在极性体系中亲水型气相二氧化硅的增稠作用不显著，需要改用疏水型的二氧化硅。疏水型气相法二氧化硅是将亲水型二氧化硅用硅烷或硅氧烷处理，使二氧化硅粒子表面化学键合上处理剂，因而降低了吸湿性，提高了分散性，在极性体系中也能很好分散。AEROSIL R7200、R8200 和 R9200 可用于高填料体系增加触变性。提高抗划伤能力，但不会使体系黏度过分增加。

Degussa 公司另有气相法混合氧化物，可看作是 SiO_2 和 Al_2O_3 的混合物以及纳米级的氧化铝和二氧化钛（表 5.70），除了 Titanium Dioxide T805 以外均为亲水性无机物。它们可用于生产高固含量、低黏度的水分散液。特别是 AEROSIL COK 84 在水、二甲亚砜或二甲基甲酰胺这样的极性体系中有极强的触变增稠效果。

表 5.70 Degussa 的气相法混合氧化物

牌号	BET 比表面积 /(m²/g)	平均粒径 /nm	摇实密度 /(g/L)	筛余 (45μm)	加热失重① (质量分数)/%	pH 值	化学组成
AEROSIL MOX 80	80±20	30	60	<0.1	<1.	3.6~4.5	SiO_2/Al_2O_3
AEROSIL MOX 170	170±30	15	50	<0.1	<1.5	3.6~4.5	SiO_2/Al_2O_3
AEROSIL COK 84	185±30	—	50	<0.1	<1.5	3.6~4.3	SiO_2/Al_2O_3
Aluminium Oxide C	100±15	13	50	<0.5	<5	4.5~5.5	Al_2O_3
Titanium Dioxide P25	50±15	21	130	<0.05	<1.5	3~4	TiO_2
Titanium Dioxide T805	45±10	21	200	—	<1.0	3~4	TiO_2

① 加热条件：2h/105℃。

涂料生产厂家在各类涂料中推荐应用的 Degussa 气相二氧化硅的牌号见表 5.71。

表 5.71 AEROSIL 在涂料中的应用

类 别	流变控制防流挂	防沉降	颜料稳定	防腐蚀	抗划伤
水性涂料（清漆）	200 R812,R816				
水性涂料（色漆）	200 R816,R805 R812,R812S	200 R816 R972	200 R816 R972	R816,R972 R805 R812S	
溶剂型涂料（双组分）	R972 R805 R812,R812S	R972 R805 R812,R812S	R972	R972 R805 R812,R812S	
溶剂型涂料（烤漆和气干漆）	200,300 R972,R805 R812,R812S	200R 972	200 R972	R972 R805 R812,R812S	
UV 涂料	200 R972,R711				R7200

② WACKER 公司的增稠剂　德国 WACKER（瓦克公司）以生产有机硅系列产品（硅油、硅烷、硅树脂、硅橡胶、二氧化硅等）为主，WACKER HDK 为瓦克公司气相法二氧化硅的注册商标。气相法二氧化硅分为亲水型（未经表面处理）和疏水型（经表面处理）两种，其平均粒径在 7~40nm。涂料增稠用亲水型气相法二氧化硅有 WACKER HDK V15、N20、T40 等；而疏水型气相法二氧化硅有 WACKER HDK H15、H20、H18、H2000 等，

其基本性能见表 5.72 和表 5.73。应用于涂料行业有增稠、触变、防沉降、防结块、助流动、助分散等作用。

表 5.72 WACKER 公司的亲水型二氧化硅增稠剂

性能	WACKER HDK		
	V15	N20	T40
比表面积(BET法)/(m²/g)	150±20	200±20	400±40
pH 值	3.8~4.3	3.8~4.3	3.8~4.3
松密度/(g/L)	约 50	约 40	约 40
干燥损失(质量分数)/%	<1.0	<1.5	<1.5
筛余物(质量分数)/%	<0.03	<0.04	<0.04

表 5.73 WACKER 公司的疏水型二氧化硅增稠剂

性能	WACKER HDK			
	H15	H20	H18	H2000
比表面积(BET法)/(m²/g)	120±20	170±30	120±40	140±30
pH 值	3.8~4.8	3.8~4.3		
松密度/(g/L)	约 40	约 40	约 40	约 40
干燥损失(质量分数)/%	<0.6	<0.6	<0.6	<0.6
筛余物(质量分数)/%	<0.05	<0.05		
碳含量(质量分数)/%	约 0.8	约 1.1	约 4.5	约 2.8
表面改性	—OSi(CH$_3$)$_2$	—OSi(CH$_3$)$_2$	—OSi(CH$_3$)$_2$	—OSi(CH$_3$)$_3$

5.3.7.2 蒙脱土和膨润土

蒙脱土主要成分为蒙脱石，是由两层 Si—O 四面体和一层 Al—O 八面体组成的层状硅酸盐晶体，层内含有阳离子如钠离子、锂离子、镁离子、钙离子等。纳米蒙脱土是蒙脱石黏土（包括钙基、钠基、钠-钙基、镁基等）经剥片分散、提纯改性、超细分级、特殊有机复合而成的，平均微片厚度小于 25nm，蒙脱石含量大于 95%，具有良好的分散性能。比起膨润土，锂蒙脱石片晶的尺寸更小，更容易被拉长，因此单位重量的锂蒙脱石具有更多的片晶，比膨润土具有更大的溶胀能力和更好的流变效果。锂蒙脱石和膨润土的成分大致百分比见表 5.74。锂蒙脱石片晶表面带有负电荷，这是因为锂蒙脱石中的二价镁部分被一价锂取代的结果。在水化的过程中锂蒙脱石片晶容易形成三维网状结构，体系黏度大增，受到外力作用后网状结构迅速破坏，黏度急剧下降，这种优异的触变性能使得锂蒙脱石在水性涂料中获得了广泛的应用。

表 5.74 锂蒙脱石和膨润土的化学成分   单位：%

成分	锂蒙脱石	膨润土	成分	锂蒙脱石	膨润土
SiO$_2$	53.95	55.44	K$_2$O	0.23	0.60
Al$_2$O$_3$	0.14	20.14	Na$_2$O	3.07	2.75
Fe$_2$O$_3$	0.40	3.67	TiO$_2$	—	0.10
FeO	—	0.30	Li$_2$O	1.22	—
MgO	25.89	2.49	H$_2$O	14.94	14.01
CaO	0.16	0.50			

（1）Elementis（海名斯）公司水性体系用蒙脱土　Elementis（海名斯）特种化学品公司水性体系用蒙脱土流变助剂是锂蒙脱石型，有多个牌号，有的经有机改性。由于粒径细，可用高速分散机分散在水性漆中，其性能用途见表5.75。

表 5.75　Elementis 公司的锂蒙脱土流变剂

牌号	外观	类型	有效分/%	相对密度	pH值稳定范围	APEO	用量（质量分数）/%	作用	特　性	应用领域
Benaqua 1000	粉末	蒙脱石以及膨润土	100		6～11	无	0.1～1.0	增稠防沉	经济增稠剂，保水性好，抗流挂，防沉性优，不影响展色性	水性漆、油墨、黏合剂、色浆
Benaqua 4000	米白粉末	有机锂蒙脱石	100	1.63	7～11	无	0.3～1.7	增稠	增加低、中剪黏度，触变恢复快，抗流挂性极佳	乳胶漆、拉毛漆、灰浆、重防腐涂料、路标漆
Bentone AD	粉末	高纯锂蒙脱石	100		7～11	无	0.5～2.0	高效防沉	高度剪切稀化	乳胶漆、水性金属漆、工业漆
Bentone CT	白粉末	天然锂蒙脱石	≥50		6～11	无	0.5～4.0	触变增稠	抗流挂	乳胶漆、水溶性漆、水性油墨
Bentone DE	粉末	精制处理蒙脱石	100		6～11	无	0.1～1.0	增稠	流挂/悬浮控制，对水性铝粉有优异的防沉性和定向作用，易分散，可后添加	建筑涂料、水性工业漆
Bentone DYCE	粉末	纯化有机改性蒙脱石	100		6～11	无	0.1～1.0	增稠	抗流挂，悬浮好，优异的流动性，防分水，须制成预凝胶后使用	建筑涂料、水性工业漆
Bentone EW	白粉末	精制处理锂蒙脱石	100	2.5	6～11	无	0.1～1.0	触变增稠	抗流挂，悬浮好，优异的流动性，须制成预凝胶后使用	建筑涂料、水性工业漆、油墨
Bentone GS	粉末	精制提纯蒙脱石	100		6～11	无	0.1～1.0	增稠	抗流挂，悬浮好，优异的流动性，防分水，须制成预凝胶后使用	石灰/水泥基干混砂浆体系，石膏
Bentone LT	粉末	有机改性蒙脱石	100		3～11	无	0.1～3.0	触变增稠	提高中剪黏度，抗流挂好，耐擦洗优，罐内稳定性好，制成预凝胶后使用	乳胶漆、水溶性漆、水性油墨
Bentone OC	粉末	天然锂蒙脱石	40～60		6～11	无	0.1～1.0		抗流挂，改善施工性能，减少泵送阻力	石灰/水泥基干混砂浆体系，石膏

Elementis 的蒙脱土流变助剂加入漆之前应预先进行水合。以 Bentone EW 为例，先将 Bentone EW 加入水中高速分散至少 15 min，制成黏浆状水凝胶，再加基料、颜填料和其他助剂制漆。也可预先制出一批浓度在 5%～10% 的预凝胶备用。水分散高浓度 Bentone EW

时可加入 10%～12% 的异丙醇以促进凝胶的形成和稳定。Bentone EW 预凝胶可与纤维素醚增稠剂配合使用，也可在调漆阶段与碱溶胀增稠剂 Rheolate 1 按 1∶1（以固体分计）加入漆中，增稠效果更好。

Benaqua 4000 是一种性能优越的流变改性剂，可使涂料具有优异的抗流挂性和剪切变稀性。在喷涂或辊涂涂料中加入 0.3%～1.7% 的 Benaqua 4000 可产生很高的低剪黏度，同时又有很好的触变性。由于抗流挂性能优异，因而可以制造复色拉毛涂料、天花板涂料、厚壁涂料、保温砂浆和瓷瓦黏合剂，这是纤维素醚和多数聚合物增稠剂无法比拟的。例如，以纤维素醚和 Benaqua 4000 各 0.2% 制成的瓷砖黏合剂可使垂直面黏合的瓷砖不位移。制漆时添加 Benaqua 4000 前应先将水的 pH 值调到 9，再将 Benaqua 4000 粉末加入，混合成均匀无泡的凝胶，加颜填料和助剂研磨，最后加入乳液配漆。Benaqua 4000 也可制成预凝胶后使用，以 pH 值为 9 的水制成 2% 的预凝胶或水/乙二醇制成 4% 预凝胶在配漆时可以十分方便地后添加于涂料中。

（2）Lubrizol（路博润）公司的蒙脱土　德国 Lubrizol 公司的水性体系可用的蒙脱土增稠剂有 HECTONE H、M 和 M4，在水性涂料中，特别是建筑涂料中作为无机增稠剂有良好的触变增稠作用。HECTONE 蒙脱土增稠剂的基本理化性能见表 5.76。

表 5.76　Lubrizol 公司的蒙脱土增稠剂 HECTONE

性能	牌号		
	HECTONE H	HECTONE M	HECTONE M4
外观	灰色膏状	浅灰色膏状	
化学类型	Na-Mg-Li-氟硅酸盐	Na-Mg-Li-氟硅酸盐	Na-Mg-Li-氟硅酸盐
相对密度	1.2	1.2	1.02
固含量/%	10	8	4
pH 值	7～10	8.0～8.5	8
推荐用量/%	0.2～2	3～12	5～10
贮存温度/℃	5～30	5～30	5～30
保质期/月	6	6	6
特点	增稠，有触变性，防流挂、防沉淀，不影响干性、耐细菌、低味，配漆加入，可后添加	纯化蒙脱土，防流挂、防沉淀好，防分相，改进耐划伤性，不影响颜色和气味，配漆加入，可后添加	纯化蒙脱土，增稠、防流挂、防沉淀，配漆加入，可后添加
用途	乳胶漆、灰浆、胶黏剂、建筑材料	乳胶漆、水性油墨、胶黏剂、陶瓷浆、清洁剂	乳胶漆及相关产品

（3）Rockwood（洛克伍德）公司的亲水性膨润土　经并购后 Rockwood（洛克伍德）公司拥有的亲水性膨润土产品，即原来的南方化学公司（Süd-chemie）的亲水性膨润土一类的增稠剂注册商标仍为 OPTIGEL。它们在乳胶漆中有增稠作用，使用后可以调节漆的黏度，防止颜料沉淀，但不影响流动性，也可以用于颜料浆和乳液黏合剂中。制备 OPTIGEL 原料一般是膨润土类产品。膨润土属于层状硅酸盐类，这种矿物具有层状结构，片的直径为 1～5μm，片层之间的距离约为 1nm。施加机械剪切力可使层与层分离，这是产生触变凝胶结构的必要条件。OPTIGEL 的凝胶作用可以有针对性地进行改性，所以这些改性产品不再是纯粹的矿物。根据应用的场合，一般需要一定的防腐处理。另一种 OPTIGEL 产品中含有"有效填料"，通常是一种无机材料，完全惰性，不受微生物侵蚀，也不受温度的影响。特别是这些材料能够在不显著增加体系黏度的条件下提供很多优异性能，如防止沉淀和流挂等。此外，在这类产品中不同牌号之间的细度和溶胀能力有一定的差别。Rockwood（洛克伍德）

公司的常用OPTIGEL的品种和性能见表5.77。

表5.77 Rockwood公司的无机增稠剂

性能	OPTIGEL CK	OPTIGEL SH	OPTIGEL WA	OPTIGEL WM
类型	无机改性膨润土	合成硅酸镁	活化蒙脱土	有机改性膨润土
外观	自由流动粉末	自由流动粉末	自由流动粉末	细粉末
颜色	白色	白色	白色	淡黄色
相对密度	约2.6	2.5±0.2	约2.4	1.8
松密度/(g/L)	约600	850±50	400±50	630±60
比表面积/(m^2/g)		450±50		
粒径/μm	1～5		1～5	1～5
筛余/%	≤10(45μm)		≤10(45μm)	<25(90μm)
含水量/%	8～12	≤15	6～12	
pH值	9～11(胶体浓度2%)	9～11(胶体浓度3%)	6～8(胶体浓度2%)	9～11(胶体浓度2%)
黏度(5%溶液)/mPa·s	≥400			
耐温/℃	400			
用量/%	0.1～3	0.3～2	0.3～2	0.1～1.5

OPTIGEL CK是纯无机物，耐弱酸和弱碱，有抗氧化和抗细菌侵蚀性，与乳液、颜填料相容性好。添加OPTIGEL CK可改善漆的贮存稳定性，防沉淀，并能改善抗流挂性，可用于厚膜涂料。加有OPTIGEL CK的涂料要用高剪切设备分散。OPTIGEL CK也可预先制成5%的预凝胶添加。

OPTIGEL SH是一种有层状结构的合成硅酸镁，混入水中形成具有强触变性的高黏度透明胶体。在软水中黏度在24h内会逐渐增大，在硬水中黏度上升很快。OPTIGEL SH对电解质和盐稳定，但水中含盐量超过5%时含有OPTIGEL SH的体系透明度会下降甚至变得不透明。OPTIGEL SH必须在高剪切力下与水体系混合，并且应先于其他组分加入水中分散。也可预先制成5%的水预凝胶添加，水预凝胶在pH值为9～12时有最佳效果。OPTIGEL SH在有醇类等有机溶剂存在的水体系中也有极佳的触变性，而且黏度高于只有水的体系，但随着有机溶剂的增多，体系的稳定性和透明度有所下降。

OPTIGEL WA在水中有极强的溶胀作用，可以制备具有屈服值和强触变性的、贮存稳定的涂料，因而能防止流挂，可厚涂施工。OPTIGEL WA具有中性pH值，在中性和碱性体系中特别有效。OPTIGEL WA可以干粉形态加入漆中，也可制成5%的预凝胶添加。制好的预凝胶应放置过夜后再用，以免产生后增稠现象。干粉要先加入并且经高剪切分散。

OPTIGEL WM是有机改性膨润土，具有高触变性、稳定性和防沉、抗流挂性，是水性体系的优秀增稠剂，也必须经过高速分散才有良好的效果。

5.3.8 络合型有机金属化合物

OMG公司的Borchi Gel PN是一种锆络合物，其活性部分可以与乳液和增稠剂中的活性基团羟基或羧基缔合，形成触变结构，使得体系在静止时有极高的黏度，不会产生沉淀、分水和脱水收缩现象。施以剪切力后打破了这种结构，体系恢复流动，可以进行刷涂和辊涂施工。剪切力消除以后触变结构重新建立，但这个过程比较缓慢，有足够的时间消除刷痕并使得漆膜表面流平。锆产生的交联还会增加干漆膜的耐水性和耐洗刷性。

Borchi Gel PN增稠和产生凝胶现象的机理是锆离子与羟基形成氢键，这种松散的结构容易被外力打破；锆离子与羧基形成共价键，这种键强度高，一个锆离子可与几个羧基结合，产生交联结构使体系更稳定。

Borchi Gel PN 适用于水性涂料体系以及无溶剂体系，特别是内外墙涂料。其主要优点有：本身是环境友好型产品，不贡献 VOC；抗飞溅、抗流挂、改善流动流平性；适应性广，各种光泽乳胶漆均可用，也适用于无溶剂涂料；与各种增稠剂（纤维素醚、碱溶胀增稠剂、HEUR 等）的相容性好，可以配合使用。

(1) Borchi Gel PN 的基本性能

外观	浅黄褐色液体	固含量/%	9～11
Zr 含量/%	10	水溶性	可与水混溶
密度(20℃)/(g/cm^3)	1.21～1.25		

(2) 用法与用量　用量不同可得到从软膏状到固体凝胶状的不同增稠效果。

软凝胶/%	<0.5
半固体乳液/%	0.4～1.0（凝胶强度约 200g/cm^3）
固体乳液/%	2（凝胶强度约 400g/cm^3）

其他影响因素有体系的 pH 值，pH 最好为 7.5～8.5，体系中反应基团的种类等也有影响。最佳用量由试验定，推荐起始用量为 1%，待所有组分加完后再加 Borchi Gel PN。

5.3.9 其他流变助剂

(1) BYK 公司的流变助剂　BYK 公司的水性流变助剂有 BYK-420、BYK-425、BYK-E 420 和 BYK-428（表 5.78）。

表 5.78　BYK 公司的水性流变助剂

牌号	化学成分	外观	不挥发分/%	相对密度(20℃)	溶剂	闪点/℃	沸点/℃	折射率	用量/%	特　性
BYK-420	改性脲溶液	浅黄无味液	52	1.12	NMP	95	>203		0.3～1.5	有吸潮性，形成三维网络，产生触变性，防流挂，颜填料和亚粉防沉，水性涂料和颜料浓缩浆用，不影响耐水性
BYK-E 420	改性脲溶液		52	1.10	NEP	99			0.3～1.5	有吸潮性，形成三维网络，产生触变性，防流挂，颜填料和亚粉防沉，水性涂料和颜料浓缩浆用，不影响耐水性
BYK-425	改性脲聚氨酯溶液	浅黄液	50	1.04	聚丙二醇600	>100		1.46	0.1～2	燃点>200℃，无 VOC 和 APEO，产生假塑性，防流挂、防沉，调整低剪黏度，建筑涂料、家具漆、胶黏剂用
BYK-428	高支化聚氨酯溶液	浅黄水溶液	25	1.05	水	>100	>100	1.44	0.5～2.5	黏度 1680mPa·s，燃点>200℃，无 VOC 和 APEO，调整高剪黏度，提供牛顿流动，优异的涂刷性，不影响光泽，建筑涂料、家具漆、胶黏剂用

(2) Raybo 公司的 Raybo 72-ViscCon　Raybo（瑞宝）公司的 Raybo 72-ViscCon（简称 Raybo 72）是一种特殊的流变改性剂，对水稀释涂料和溶剂型涂料有效。添加后可增加涂料

的黏度，提高抗流挂性，但不会产生触变性，随着添加量的增加黏度成比例地增大，但用量过多会延迟漆膜的干燥。Raybo 72 特别适用于调整漆黏度的批间差。作为流挂控制剂可后添加。Raybo 72 不能用于环氧和聚氨酯漆。Raybo 72 为琥珀色液体，相对密度 0.857，Gardner 黏度为 E～F，用量为基料固体分的 1%～3%。

（3）新加坡涂装技术公司的防分水剂 Syn-Stop 111　Syn-Stop 111 是一种丙烯酸聚合物，其主要作用是防止乳胶漆分水。Syn-Stop 111 外观呈白色细粉状，100%固体分，相对密度 1.2 左右，在乳胶漆中的用量为 0.2%～1.0%。这种助剂的特性如下：

① 可直接加入漆中，也可预先制成预凝胶后加入；
② 有极好的防分水性能，有很高的中剪黏度，能防止颜料沉底；
③ 加入后的涂料施工性能好，并能提高涂料的抗冻融性；
④ 与其他增稠剂相容性好，可与黏土类、纤维素类、缔合性增稠剂共用；
⑤ 可用于有光和无光涂料，不影响涂料的色相和光泽；
⑥ 适用于水性涂料、黏合剂、油墨和密封剂。

第6章 消 泡 剂

6.1 消泡、抑泡和脱泡

泡沫是空气在液体介质中形成的稳定分散体。纯净的液体不会形成稳定的泡沫，搅动纯净的液体形成的空气泡密度小于液体，气泡会逐渐向表面移动，到达表面后气泡破裂，空气逸出，气泡消失。只有在液体中混入了具有表面活性的物质后才会形成稳定泡沫。以水体系为例，表面活性物质的分子在气液界面聚集排列，亲水端在水相中，疏水端朝向气相中，球形气泡到达液体表面后，鼓起的气泡内外两个气液界面形成了夹层形的双膜层。双膜层内的液体受压渐渐流出，双膜层变薄。当气泡壁的厚度足够薄时，在内外层表面活性物质的电荷的排斥力和气泡膜的弹性（与膜的表面张力有关）的共同作用下使气泡达到稳定。气泡膜的弹性又称 Gibbs 弹性。单位气泡膜上含有一定的表面活性剂分子，当膜受到拉伸变形时膜表面积增大，单位面积膜上的表面活性剂分子减少，表面张力增大，膜具有更大的收缩力，促使膜缩回。当收缩力与表面活性剂分子的静电排斥力达到平衡时气泡就获得了稳定。可见，液体泡沫只有在有表面活性物质存在下才能产生，并在静电斥力和 Gibbs 弹性作用下保持稳定。

任何涂料都不可能是单一组分，配方中的众多成分必然带来一些表面活性物质，使得涂料具有稳定泡沫的作用。比起溶剂型漆来水性漆中的组分更加复杂，必然会产生稳定的泡沫，也比溶剂型漆难消泡，所以消泡剂是水性漆必须使用的助剂之一。

起泡和消泡过程实际上包括三个方面：气泡在液体内部的产生；气泡在液相中上升，迁移到液体表面；在液相表面的气泡破裂。由气泡形成和稳定的过程可以看到，阻止空气混入液体，加速混入气泡合并变大并上升到液面，促使液面上的气泡迅速破裂构成了消泡的全部内容。

减少或阻止气泡产生的过程可称为抑泡，气泡在液体中合并和上升至液体表面的过程为脱泡，气泡在液面破裂则为消泡或者破泡。在侧重某方面功能作用时，有人又分别将一些助剂称为抑泡剂、脱泡剂和破泡剂。

抑泡剂极易吸附在气泡膜壁上，它们排挤了稳定气泡的表面活性物质，使得气泡膜的表面张力降低，泡沫壁变薄，不均匀的气泡表面自由能造成了气泡的不稳定，在气泡上浮的过程中就会被破坏掉。好的抑泡剂可抑制在搅动和泵送过程中产生过量的气泡。脱泡剂又称为空气释放剂，一般来说，脱泡剂是分散于液体介质中的非极性物质，脱泡剂所特有的不相容性促使其聚集在泡的气液界面。气泡被非极性脱泡剂层所包裹，而脱泡剂分子与液体介质之间的作用较弱，一旦两个这样的气泡相互靠近它们就会融合成一个大泡，根据 Stokes 定律，气泡在液体中上升的速度 v 与气泡的半径 r 的平方成正比，与液体介质的黏度 η 成反比，即：

$$v = \frac{kr^2}{\eta} \tag{6.1}$$

式中 k——与液体和气泡密度有关的系数。

可见融合后的大气泡上升速度大大加快,一旦到达液面,气泡破裂后泡沫消除,可见脱泡剂大大加快了气泡的逸出。脱泡剂的作用除了促使气泡融合以外还可提高气泡的上升速度,即使对未融合的小气泡也有明显的促上升效果。破泡剂能显著降低气泡膜壁的表面张力,使存在于液面上的泡沫壁变薄,最终导致膜的破裂,达到消泡的目的(图6.1)。

图 6.1 消泡过程

实际上,抑泡剂、脱泡剂和破泡剂统称为消泡剂。对一种助剂而言经常难于确切区分和界定它的抑泡、脱泡和破泡作用,消泡剂则是一个普遍适用的概念。

消泡剂是一类能产生低表面张力的表面活性物质。作为消泡剂必须具有以下三个条件。

① 消泡剂不溶于泡沫所在的介质。

② 具有正的渗入系数:
$$E=\gamma_L+\gamma_{DL}-\gamma_D>0 \tag{6.2}$$

③ 具有正的展布系数:
$$S=\gamma_L-\gamma_{DL}-\gamma_D>0 \tag{6.3}$$

式中 γ_L——泡沫介质的表面张力;
　　 γ_D——消泡剂的表面张力;
　　 γ_{DL}——泡沫介质和消泡剂之间的界面张力。

当渗入系数 $E>0$ 时消泡剂可进入泡沫膜壁,E 越大越容易进入;而展布系数 $S>0$ 时消泡剂可在气液膜壁展布,将稳定泡沫的表面活性物质排挤开来,使泡沫壁的表面张力降低,S 越大展布越快。一旦气泡升至液面,低表面张力的液膜随即破裂,气泡消除。由式(6.2)可知,为了使得 E 为足够大的正值,γ_D 必须足够小,也就是说消泡剂的表面张力要尽可能小。另一方面,为了保证 S 为足够大的正值,从式(6.3)可以看出,不仅 γ_D 要小,γ_{DL} 也要小,即泡沫介质和消泡剂之间的界面张力要低,对水体系而言这就要求消泡剂具有一定的亲水性,使其既不溶于水中,又能很好地在气泡壁展布。

由消泡剂的消泡机理和应用要求可以得出好的消泡剂应该具有以下特性:

① 消泡剂的表面张力要小于待消泡体系的表面张力;

② 在要消泡体系中的溶解度要尽量小;

③ 要有良好的渗透能力和展布能力;

④ 对体系稳定,不会与体系中的其他成分起化学反应;

⑤ 尽量做到无或很少其他负面影响,如气味小,毒性低,对漆的生产、贮存、施工性能无显著影响。

6.2 消泡剂的种类

好的消泡剂不应具有良好的水溶性,因为消泡剂这种表面活性剂必须分布在气液界面上才能起到降低界面张力的作用,而易溶于水的表面活性剂减少了在气液界面的聚集浓度,不利于消泡甚至不能消泡反而会起泡。可见与水的可溶解性或混溶性决定了一种表面活性剂的消泡能力。虽然混溶性太好的低分子量表面活性剂不能消泡，甚至会起泡和稳泡，但完全不混溶的表面活性剂会导致产生缩孔等漆膜缺陷。真正好的消泡剂应该是在水体系中具有良好的混溶与不混溶的某个平衡点上。过度的溶解性和不溶解性都不会产生理想的消泡效果，这也是选择消泡剂困难的主要原因。消泡剂的结构决定了它的表面活性和在水体系中的溶解性。以有机硅消泡剂为例，可以通过改变分子中的二甲基硅氧烷的数量和聚醚亲水基的种类及长度来调节其混溶性和消泡能力。

水性漆消泡剂的种类有：①矿物油类，包括有机醇类化合物；②有机硅表面活性剂，包括改性有机硅表面活性剂，改性有机硅表面活性剂通常用聚醚等亲水基改性，也有用氟改性；③上述类型化合物的乳液。有的还加入了疏水的颗粒如二氧化硅、硬脂酸盐、脂肪酸衍生物以及聚脲化合物等。制成有机化合物的乳液后有利于消泡剂在漆液中分散。疏水颗粒有助于破泡，因为加入的疏水颗粒移动到气泡膜上会吸附稳泡的表面活性物质并使膜的内聚力降低，进而造成泡沫失去稳定而破裂。

矿物油型消泡剂的大致组成是约80%的载体油、15%左右的疏水颗粒和5%左右的乳化剂、防腐剂以及其他增效成分。载体油为低表面张力化合物，决定了消泡剂的消泡性能和消泡效果的持久性。它们与液体介质有一定的不相容性，并且很容易上升到液体表面。常见的载体油有碳氢化合物、脂肪醇、脂肪酸酯等。芳烃类碳氢化合物毒性较大，还容易造成漆膜变黄，现在已不常用，因此矿物油中常见的是脂肪烃油。脂肪烃油毒性小，在水性体系中的相容性较低，但是对高光泽涂料会造成严重的失光问题。疏水颗粒的粒径在 $0.1\sim 20\mu m$ 之间，粒径太大不易进入气泡膜壁，太小消泡效果不好。可用的疏水颗粒材料有气相二氧化硅、硬脂酸金属盐、脂肪酸衍生物、聚脲、高分子聚乙二醇、聚氨酯化合物等。乳化剂和其他添加剂的作用是改善消泡剂在涂料中的相容性，使之达到相容和不相容的最佳平衡点，同时还能促使活性成分渗透到表面膜并迅速展布，加快消泡速率。常用的这类化合物有脂肪酸酯、磺化脂肪酸、聚氧乙烯烷基醚、失水山梨醇酯及失水山梨醇酯的环氧乙烷加成物。

有机硅消泡剂的主要结构是聚二甲基硅氧烷，可以是羟基、苯基、氰基和含氟基团的改性物，更常用的是聚醚改性的聚二甲基硅氧烷。有机硅化合物可以起消泡作用或稳泡作用，起决定作用的因素是化合物的极性以及与液体介质的混溶性。高度混溶而又有较低表面张力的有机硅化合物有很大的稳泡倾向，完全不混溶则会使涂料出现严重的缩孔、针孔甚至锤纹现象，对一个涂料体系只有产生适当的亲和而又不会完全混合时，有机硅化合物才会起消泡作用。水性体系所用的有机硅消泡剂多为用疏水或部分亲水的聚醚改性后得到的聚硅氧烷化合物，调节聚醚链段的极性、长度、数量和在聚硅氧烷上的分布，可以得到消泡性能各不相同的消泡剂。消泡剂分子结构中的硅氧烷链段提供表面活性，聚醚链段的性质决定了与体系的相容程度。经改性后的消泡剂有很强的展布性，提高了与体系的相容性，不影响涂料的光泽和干性，在现今的水性涂料和水性油墨体系中有着广泛的应用。

在聚硅氧烷分子中引入含氟基团得到氟有机硅消泡剂，氟原子的引入使得这类消泡剂有非常低的表面张力和极高的消泡能力，可以在用量很少的情况下取得理想的消泡效果。但氟有机硅消泡剂价格昂贵，应用面不广。

由于消泡剂与水体系的不混溶性，添加消泡剂后必须在高剪切力下分散均匀。为了改进消泡剂在水性涂料中的混合，常常将消泡剂制成乳液。乳液型的消泡剂化学本质未变，添加时免除了过度的高速搅拌。许多商品消泡剂都以乳液形式供应。

总体说来，矿物油型消泡剂与水性漆的相容性较好，用量宽容度大，不容易产生缩孔，但是有可能降低水性漆的光泽。有机硅型消泡剂消泡能力强，不降低体系的光泽，只是在配方中往往稍稍过量漆就会出现明显的缩孔，这种用量控制的敏感性给制漆和配方调节带来很大麻烦。在大多数情况下消泡剂的最佳用量要经过严格仔细的试验才能确定，加消泡剂后必须通过充分的高剪切混合以获得无缩孔的漆膜。

由于水性漆配方的复杂性和多变性，不会有一种万能的消泡剂适用于所有的水性漆。随所用的乳液和配方组分的不同所选用的消泡剂的类型和用量也不同。水性漆应针对每一种体系试选各种消泡剂，找出最有效的品种，这包括生产过程的消泡效果，出料时的消泡效果和贮存稳定效果。消泡剂的长期贮存稳定效果尤为重要，经常可以观察到一种消泡剂在漆液生产刚出料时具有极好的消泡效果，而贮存半年甚至三五个月以后就失去或明显降低了消泡作用，这种消泡效果不稳定的消泡剂显然不能用于水性漆的配方。除了消泡效果的时间稳定性以外，水性体系消泡剂常见的问题还有消泡剂会使体系的黏度增加，尤其是贮存一段时间之后黏度明显变大。此外，在高剪切力下往往消泡效果降低，即静止时消泡很好，施工条件下消泡不良。这些都是选消泡剂时要注意的问题。

6.3 商品消泡剂

（1）Air Products 公司的消泡剂 美国 Air Products（气体产品）公司的消泡剂从化学结构上看可分为三大类：炔类化合物、非炔类有机化合物和有机硅化合物。炔类化合物消泡剂是 Air Products 公司的独特产品。

① 炔类化合物消泡剂 非离子型、有机炔类产品，可用于水性体系的消泡，不会出现许多泡沫控制剂常常带来的典型副作用，也可用作水性高固体分体系的内部滞留气泡消除剂。炔类化合物消泡剂主要品种有 Surfynol DF-37、Surfynol DF-110D 和 Surfynol DF-110L。

a. Surfynol DF-37 消泡剂 非离子型炔类消泡剂，能促进泡沫控制和表面润湿，在水中可乳化。主要用于乳胶手套生产和水性涂料浸渍涂覆等，可以避免形成鸭蹼，尽量减少表面缺陷。Surfynol DF-37 也可用于油墨、黏合材料和水性漆的消泡。Surfynol DF-37 符合美国食品药物管理局 FDA 条例的规定。

b. Surfynol DF-110D 和 Surfynol DF-110L 消泡剂 非离子型、非聚硅氧烷型炔类产品，可用于各种水性体的消泡，而不至于出现许多泡沫控制剂常见的典型副作用，也是水性高固体分体系中的内部滞留气泡消除剂。Surfynol DF-110D 和 Surfynol DF-110L 都是经过低分子量二醇增溶处理的液体产品。25℃时在水中的溶解度为 0.03%，HLB 值=3。

② 非炔类有机化合物消泡剂 代表性的产品有 Surfynol DF-40、DF-70、DF-75 和 DF-210。

a. Surfynol DF-40 消泡剂 设计用于手套生产等乳胶浸渍工艺中防泡沫和除鸭蹼状絮凝的非有机硅类液体消泡剂。Surfynol DF-40 在水中可乳化，除了用于乳胶浸渍工艺外还可用作水性丙烯酸涂料和油墨以及水性丙烯酸与聚乙烯醇黏合剂的防泡沫剂。

b. Surfynol DF-70 消泡剂 专为水性配方设计的有机化合物类消泡剂。Surfynol DF-70 具有有效的即时除泡性和持久的防泡沫性，对纯丙和苯丙体系尤其适用。Surfynol DF-70 符合美国食品药物管理局 FDA 条例的规定。该产品在水中可分散，具有 100% 的活性，使用前先混合。

c. Surfynol DF-75 消泡剂　为水性体系设计的非矿物油类、非有机硅消泡剂，具有100％活性的液体，在水中可乳化。Surfynol DF-75 是有效的即时除泡剂和持续性的防泡沫剂。特别适用于水性丙烯酸树脂体系。Surfynol DF-75 符合美国食品药物管理局 FDA 条例的规定。

d. Surfynol DF-210 消泡剂　水性涂料和油墨用非有机硅消泡剂，在水中可分散。Surfynol DF-210 具有良好的即时消泡性和持续的防泡沫性。尤其适合用在涂覆于吸收性基材上的涂料，也可应用于乳液，具有长期消泡性。

③ 有机硅化合物消泡剂　Air Products 公司生产的有机硅型消泡剂的牌号有 Surfynol DF-58、DF-60、DF-62、DF-66、DF-574 和 DF-695 等。产品包括聚有机硅氧烷及其改性化合物。

a. Surfynol DF-58 消泡剂　Surfynol DF-58 是具有100％活性的液体，在水中可乳化，并在水性体系中具有很强的泡沫控制和消除内部滞留气泡的能力。此外，Surfynol DF-58 经过改性，不会出现普通消泡剂常见的那些表面缺陷。

b. Surfynol DF-60 消泡剂　用于水性涂料和油墨的有机硅类消泡剂。尤其适合应用在要求迅速除泡的场合以及涂料制备的关键工艺——研磨和分散，这两个操作步骤中。Surfynol DF-60 是具有70％活性的液体，在水中可乳化。

c. Surfynol DF-62 消泡剂　经过环氧乙烷改性处理的聚硅氧烷消泡剂，具有优异的即时消泡效果和持续的防泡作用，适用于水性木器涂料、水性工业用养护涂料、水性印刷油墨和颜料研磨用途的消泡和脱泡。Surfynol DF-62 是具有100％活性的液体，在水中可乳化。

d. Surfynol DF-66 消泡剂　经过乙炔基改性处理的聚硅氧烷消泡剂，主要用于水性油墨体系中，也可用于颜料研磨和油墨稀释过程的消泡。Surfynol DF-66 消泡剂在即时除泡和持续消泡作用之间保持了良好的平衡，而且对水性油墨的印刷效果并无不良影响。Surfynol DF-66 是具有46％活性，在水中可乳化。

e. Surfynol DF-574 消泡剂　用有机化合物及有机改性聚硅氧烷配制的自乳化产品，在水中可很好地乳化，主要用于水性涂料和油墨的快速消泡。Surfynol DF-574 可以有效地消除水性涂料和油墨生产过程中所形成的内部滞留气泡。

f. Surfynol DF-695 消泡剂　为水性涂料和油墨用的有机硅消泡剂，在水中可乳化。该产品在研磨步骤和稀释步骤都很有效，在加有丙烯酸树脂的体系中效果尤其突出。Surfynol DF-695 符合美国食品药物管理局 FDA 条例的规定。

(2) Ashland 公司的消泡剂　美国 Ashland（亚什兰）集团属全球500强企业，旗下的 DREW（德鲁）公司有系列高品质消泡剂，用于乳胶漆、水性工业涂料、粘接剂、水性油墨等领域。消泡剂注册商标为"DREWPLUS"，部分水性消泡剂见表6.1。

(3) Blackburn 公司的消泡剂　英国 Blackburn Chemicals Ltd.（布莱克本化学公司）创立于1972年，是一个家族工厂，专业生产水性消泡剂，产品的注册商标是"Dispelair"。Blackburn 公司生产各种工业领域用的水性消泡剂，除了水性涂料、水性油墨、水性黏合剂及乳液用的消泡剂以外，还有用于造纸、金属加工、石油开采、废水处理、制药、食品、纺织印染以及蔬菜加工用的消泡剂。水性涂料、油墨和胶黏剂用的消泡剂的牌号见表6.2。

表 6.1 Ashland 公司的 DREWPLUS 消泡剂

牌号 DREWPLUS	外观	组成	特性	相对密度	黏度 /mPa·s	水溶性	VOC /%	倾点 /℃	添加量 /%
46000EG	黄色液体	酰化环醚共聚物和天然脂肪酸组成的混合物	优异的快速抑泡功能,持久,高pH和宽稳定范围仍有效,相容性好,无VOC,环保	0.90	150(20℃)	易乳化			0.1~0.5
S-4288	灰白不透明液	有机硅/非离子表面活性剂/水	高效,喷涂脱泡好,无VOC,高光装饰漆、地板漆用	1.00	2500(25℃)	易乳化			0.5~1.0
S-4386	灰白不透明液	有机硅/非离子表面活性剂/水	高效,喷涂脱泡好,无VOC,高光装饰漆、地板漆用	1.00	18000(25℃)	易乳化			0.2~0.8
SG-1552	浅黄清液	有机硅/石蜡油/醇醚	控微泡优,易分散,水性工业漆用	0.94	200(25℃)	不溶于水			1.0~2.0
T-4201	灰黄不透明液	SiO_2/矿物油/非离子表面活性剂	涂料,乳液聚合浓控制用,建筑漆、水性、水性木器漆、水性工业漆用	0.91	925(25℃)	易乳化			0.1~0.3
TS-4400	灰白至棕黄不透明液	SiO_2/矿物油/有机硅	消泡性、相容性好,快速破泡、持久消泡抑泡、可后添加,减少微泡	0.9	1000(25℃)		2.8	−9	0.1~0.4

表 6.2 Blackburn 公司的 Dispelair 消泡剂

牌号 Dispelair	外观	类型	特性及应用	相对密度 (20℃)	黏度(20℃) /mPa·s	水溶性	沸点 /℃	添加量 /%
CF 16	琥珀色不透明液	矿物油/金属皂/表面活性剂	高效经济型,乳胶漆、黏合剂	0.88	1000	不溶	≥300	0.1~0.3
CF 38	琥珀色不透明液	矿物油/金属皂/表面活性剂/硅油	通用型抑泡有效,乳胶漆、黏合剂	0.88	<1000	不溶	≥300	0.1~0.5
CF 87	琥珀色不透明液	矿物油/SiO_2/表面活性剂	油墨用		<1000	水中分散性差	≥300	0.1~0.5
CF 107	米黄清液	矿物油/SiO_2/表面活性剂	广谱高效,抑泡持久,pH及温度范围广。乳胶漆、乳液、黏合剂	0.905	300	水中难分散	≥300	0.1~0.5
CF 204	改性有机硅	改性有机硅	破泡性强,抑泡持久,弹性拉毛漆用	1.00	<1500	不溶	≥300	0.7~1.2
CF 245	琥珀色不透明液	矿物油/金属皂/表面活性剂/硅油	高效经济型,乳胶漆、乳液、黏合剂,乳液用	0.905	<1000	不溶	≥300	0.1~0.3
CF 246	琥珀色不透明液	矿物油/SiO_2/表面活性剂	广谱高效,抑泡好,pH和温度范围广。乳胶漆、乳液、黏合剂用	0.905	<1000	不溶	≥300	0.1~0.5
CF 247	琥珀色不透明液	矿物油	抑泡破泡佳,黏合剂、油墨用	0.905	<1000	可微乳化干水中	≥300	0.1~0.5
CF 268	琥珀色不透明液	矿物油	相容性好,无表面缺陷。乳液、乳胶漆、黏合剂、油墨用	0.905	<1000	易乳化分散于水中	≥300	0.1~0.5
CF 328	米黄乳液	改性有机硅液	非离子,破泡抑泡持久。水性木器漆用	1.00	<1500	不溶	≥300	0.1~0.5

续表

牌号 Dispelair	类型	外观	特性及应用	相对密度(20℃)	黏度(20℃)/mPa·s	水溶性	沸点/℃	添加量/%
CF 481	矿物油	琥珀色不透明液	相容性极好,无表面缺陷。乳液、油墨、黏合剂、水性木器漆用	0.915	<1000	极易乳化分散	≥300	0.1~0.5
CF 500	矿物油乳液	米黄乳液	残留少,油墨、黏合剂、乳胶漆、水性漆用,pH 和温度范围广,抗分层	0.94	<1000	易分散		0.1~0.5
CF 550	矿物油乳液	米黄乳液	无有机硅,残留少,乳胶漆、油墨、黏合剂用,pH 和温度范围广,抗分层	0.94	<1000	易分散		0.1~0.5
CF 555	矿物油乳液	米黄乳液	残留少,乳胶漆、油墨、黏合剂用,pH 和温度范围广,抗分层	0.94	<1000	易分散		0.1~0.5
CF 567	矿物油	琥珀色不透明	极高效,抑泡破泡好,pH 和温度范围广,弹性乳胶漆用	0.905	<1000	不溶		0.1~0.5
CF 698	聚醚改性有机硅	浅黄液	破泡抑泡持久,pH 和相容性好,水性木器漆用	1.01	<1000	易乳化分散	≥300	0.05~0.5
CF 707	聚醚	浅黄乳液	破泡和相容性极好,涂料、油墨、水性木器漆用	0.99	<1000	易乳化分散	250	0.1~0.5
CF 1383	改性有机硅	米黄乳液	非离子,破泡抑泡持久,弹性漆、水性木器漆、拉毛漆用	1.0	<1500	不溶		0.1~1.2
CF 1501	矿物油乳液	米黄乳液	无有机硅,残留少,乳胶漆、油墨、黏合剂用,pH 和温度范围广,抗分层	0.94	<1000	不溶		0.1~0.5
CF 1551	矿物油乳液	米黄乳液	无有机硅,残留少,乳胶漆、油墨、黏合剂用,pH 和温度范围广,抗分层	0.94	<1000	不溶		0.1~0.5
CF 1890	非有机硅化合物	浅黄浊液	无溶剂、非离子,弹性漆、乳胶漆,pH 和温度范围广	1.0	<1500	不溶		0.05~1.2
CF 1892	非有机硅化合物	米黄乳液	无溶剂、非离子,弹性漆、乳胶漆,pH 和温度范围广	1.0	<1500	不溶		0.05~1.2
CF 1950	矿物油乳液	米黄乳液	残留少,乳胶漆、油墨、黏合剂用,pH 和温度范围广,抗分层	0.94	<1000	不溶		0.1~0.5
CF 1988	聚醚改性矿物油	米黄乳液	破泡快,抑泡优,消除微泡特效,pH 及温度适应范围宽,易分散,相容性好	约0.91	<1000	易乳化		0.1~0.5
P 423		淡黄流动粉末	非离子,相容性好,干粉腻子、灰泥、水泥砂浆消泡	0.39		易分散于水		0.1~1.0
P 764		淡黄流动粉末	非离子,相容性好,干粉腻子、灰泥、水泥砂浆消泡	0.39,0.39		易分散于水中		0.1~1.0

表 6.3 BYK 公司水性体系用有机硅消泡剂

牌号	外观	组成及类型	不挥发分/%	相对密度(20℃)	燃点/℃	沸点/℃	溶剂	闪点/℃	用量/%	特点及应用
BYK-017	浅棕色液体	疏水粒子和聚硅氧烷组合物	>98	1.02	345	—	—	247	0.2~0.9	水性颜料浓缩浆用有机消泡剂。研磨时具有优异的消泡作用，且贮存稳定性极好
BYK-018	灰至淡黄不透明分散液	疏水粒子和聚硅氧烷组合物	>97	1.00	>200	—	—	230	0.05~0.8	含颜料乳胶漆用，消微泡好，须高剪加入以防缩孔
BYK-019	淡黄液	聚醚改性聚硅氧烷溶液	60	0.98	270	184	DPM	78	0.1~1.0	PU 及 PUA 分散体消泡。颜料浓缩浆好。LD$_{50}$(大鼠经口)>10000mg/kg
BYK-020	无色液体	改性聚硅氧烷共聚体溶液	10	0.88	210	144	BG/乙基己醇/石油溶剂(6/2/1)	50	0.1~0.7	表面张力<25mN/m。LD$_{50}$(大鼠经口)>1450mg/kg，气干、烘烤水性底漆用，须高剪加入以防缩孔
BYK-021	灰白至淡黄分散液	疏水粒子和聚硅氧烷组合物	>97	1.00	>200	>100	—	219	0.1~0.8	消微泡好，PVC 为 18%~25% 的乳胶漆可用，喷涂消泡。须剪涂加入以防缩孔
BYK-022	灰至淡黄不透明液	疏水粒子和聚硅氧烷组合物	>97	1.00	>200	>100	—	241	0.05~0.8	消微泡好，PVC 为 18%~25% 的乳胶漆可用
BYK-023	白色至淡黄至粉红乳液	疏水粒子、乳化剂破泡硅氧烷乳液	19	1.00	>100	100	水	>100	0.05~0.8	PVC 为 30%~50% 的乳胶漆可用，杂合物
BYK-024	灰色至淡黄分散液	疏水粒子/聚硅氧烷乙二醇	>96	1.00	>200	>100	—	>100	0.05~0.8	PVC 为 0~25% 的乳胶漆可用，刷、辊、喷涂漆可用，可任何阶段加入
BYK-025	无色淡黄液	破泡聚硅氧烷溶液	19	0.96	210	184	DPM	209	0.1~1.5	不含颜料的消泡剂
BYK-028	灰至淡黄不透明液	疏水粒子/聚硅氧烷乙二醇	≥98	1.04	>200	—	—	76	0.1~1.0	标准消泡剂，PVC 为 0~25% 的水性漆可用，可任何阶段加入
BYK-044	白色液体	疏水粒子/聚硅氧烷乳液	57	1.03	—	100	—	169	0.05~0.5	颜料浓缩浆中用量为 0.2%~2.0%。颜料浓缩浆消泡好，丙烯酸乳液消泡，工业漆、建筑漆用

143

续表

牌号	外观	组成及类型	不挥发分/%	相对密度(20℃)	燃点/℃	沸点/℃	溶剂	闪点/℃	用量/%	特点及应用
BYK-045	白色至淡黄至粉红乳液	聚硅氧烷粒子/乳化剂	8.5	1.00	>200			>100	0.1~0.8	PVC在40%~80%的乳液系和无填料体系可用,乳胶漆、黏合剂用
BYK-080A	白色液体	聚硅氧烷非水乳液	87.5	1.09	410	100	丙二醇	145	0.05~0.6	胺中和水性涂料及溶剂型涂料消泡,须高剪切加入以防缩孔
BYK-093	灰色至淡黄不透明液	疏水粒子/聚硅氧烷聚乙二醇	>98	1.04				224	0.3~1.0	长效,折射率1.158,易混,后添加,温度范围广,无VOC,用途广,工业漆、木器漆、建筑涂料、油墨用
BYK-094	浅灰液体	聚硅氧烷和疏水粒子混合物	>96	1.03	>200			246	0.1~1.0	长效消泡、色漆、清漆可用,地板漆、木器漆、工业漆、水性油墨用,可在任何阶段加入
BYK-1610	白色至淡黄至粉红乳液	疏水粒子/聚硅氧烷乳化剂	17.0	1.00	>200	100	水	>100	0.1~0.8	PVC在35%~70%的乳液可用
BYK-1615	白色至淡黄至粉红乳液	疏水粒子/聚硅氧烷乳化剂	12.5	1.00	>200	100	水	>100	0.1~0.8	PVC在60%~85%的高填充乳液可用
BYK-1650	白色液体	硅氧化聚醚和疏水粒子乳液	27.5	1.00	>200	100	水	>100	0.1~0.8	长效、不影响颜色,PVC在35%~70%的内墙乳胶漆可用,可在任何阶段加入
BYK-1660	白色液体	硅氧化聚醚乳液	27.8	1.01	>200	100	水	>100	0.1~0.8	长效、不影响颜色,PVC在20%~50%的高光、半光乳胶漆和木器漆可用,可在任何阶段加入
BYK-1730	灰至淡黄不透明液	疏水粒子/聚硅氧烷聚乙二醇	99.2	0.99				221	0.1~1.0	高效除微泡,无VOC(20℃),对色泽颜色无影响,长期稳定,折射率1.449,印刷油墨、木器漆、清漆和工业漆、建筑涂料用
BYK-1770	无色无味液体	聚醚改性聚二甲基硅氧烷	>98	1.00				209	0.3~1.0	防微泡,不影响光泽、清色漆可用,厚浆涂料用

在这些消泡剂中可用于水性木器漆的有 Dispelair CF 328、481、698、707。厂家推荐用于弹性漆、弹性拉毛漆和厚浆涂料的有 Dispelair CF 204、328、567、1383、1890 和 1892，这种场合下消泡剂的用量通常在 0.7% 以上，甚至高达 1.2%，准确用量由实际消泡效果试验确定。乳液聚合消泡可用 Dispelair CF 246、247 和 481。水性油墨消泡多用 Dispelair CF 246、268、550、1551、1890 等。水性黏合剂消泡可试用 Dispelair CF 247、550 和 1551。表 6.2 中 Dispelair P423 和 Dispelair P764 为干粉消泡剂，加入干拌砂浆中预混均匀，现场加水调浆消泡，灰泥、填缝料、腻子、砂浆和水泥等干粉体系适用。

(4) BYK 公司的消泡剂　BYK 公司的水性体系消泡剂是其强项。水性消泡剂可分为有机硅型、无硅型和矿物油型三大类。

① 水性有机硅消泡剂　水性有机硅型消泡剂见表 6.3。这些聚硅氧烷类消泡剂与水性体系的相容性取决于疏水性，疏水性越强，越不相容，消泡性越好。疏水性由弱到强的大致顺序如下：BYK-1660、BYK-025、BYK-1650、BYK-028、BYK-094、BYK-024、BYK-023、BYK-044、BYK-022、BYK-021、BYK-018、BYK-019、BYK-017。

水性木器漆可用的 BYK 消泡剂（有机硅型）列于表 6.4。表中的牌号按憎水能力由大到小排列，憎水能力越大消泡能力越强，但添加过量后越容易出现缩孔。

表 6.4　水性木器漆的 BYK 消泡剂（有机硅型）

趋势	BYK	相对密度(20℃)	不挥发分/%	闪点/℃	溶剂	配方用量/%
↑ 憎水能力增加 ↑	019	0.98	60	78	DPM	0.1~1.0
	018	1.00	≥97	>100	—	0.05~0.8
	021	1.00	≥97	>100	—	0.1~0.8
	022	1.00	≥97	>100	—	0.05~0.8
	023	1.00	19	>100	水	0.05~0.8
	024	1.01	≥96	>100	—	0.05~1.0
	028	1.04	≥98	>100	—	0.05~1.0
	025	0.96	19	76	DPM	0.1~1.0

② 水性矿物油消泡剂和无硅消泡剂　水性矿物油消泡剂和无硅消泡剂稍微过量使用也不易产生缩孔等表面缺陷，因而在水性涂料配漆时的宽容度较大，在建筑涂料和水性木器漆领域有广泛的应用。BYK 公司的水性矿物油消泡剂和无硅消泡剂列于表 6.5 中。

(5) Cognis 公司的消泡剂　德国 Cognis 公司的消泡剂产品共有三大品牌，牌号很多，注册商标为"Dehydran"、"Foamaster"和"FoamStar"。三种系列产品都具有极佳的长期消泡效果，适用于不同的涂料体系和工业领域。

① Dehydran 系列消泡剂　用于水性漆的 Dehydran 系列消泡剂基本性能见表 6.6。还有一些牌号在中国的涂料市场鲜见应用，故未列入表中。

Dehydran 150 是环氧乳液体系的高效消泡剂，适于要求高剪切稳定和长期有效场合，特别是碱性介质下稳定的体系。用量 0.05%~0.3%，可在研磨阶段加入，也可用 5 倍水稀释后添加。Dehydran 150 的贮存期为 6 月。

Dehydran 1208 低毒，LD_{50}（经口）>2000 mg/kg，适用于水性醇酸、无油聚酯、水性丙烯酸涂料的消泡。也可用于溶剂型环氧漆消泡。有持久消泡性。消泡剂中有石油溶剂。

Dehydran 1293 有消泡和脱泡作用，可用于乳液聚合消泡和乳胶漆消泡，用量为配方总量的 0.5%~3.0%，强力搅拌下加入，最好在研磨前后分批加入。Dehydran 1293 于 40℃ 下贮存，质保期至少 1 年。

表 6.5 BYK 公司的水性矿物油消泡剂和无硅消泡剂

牌号	外观	组成及类型	不挥发分/%	相对密度(20℃)	燃点/℃	沸点/℃	溶剂	闪点/℃	用量/%	特点及应用
BYK-011	灰白液	疏水粒子/破泡聚合物混合物	30	0.80	>200	>130	烃类/乙基己醇(2/1)	72	1.0~2.5	表面张力<25mN/m,不含有机和矿硅油,破泡好,特别适合水组双组分漆和清漆消泡
BYK-012	淡黄液	疏水粒子/破泡聚合物混合物	96	1.01	200			>100	0.05~0.5	不含有机硅和矿物油,PVC 为 30%~85%的乳胶漆和灰泥和耐碱板好,可用于硅酸盐系消泡,也适用于工业漆,烤漆,自干漆清漆分散体
BYK-016	琥珀色液体	疏水粒子/破泡聚合物混合物	>99	1.00				>100	1.0~2.0	不含有机硅和矿物油,工业漆和印刷油墨用
BYK-031	白色液体	憎水性成分和石蜡基矿物油的乳液	53	0.93	200	100	水	>110	0.1~0.5	LD$_{50}$(大鼠,经口)>5000mg/kg,PVC 为 50%~85%的乳胶漆和灰泥可用,高剪切加入
BYK-033	淡黄液	憎水性成分和石蜡基矿物油的混合液	>97	0.87	200	>200		>110	0.1~0.5	LD$_{50}$(大鼠,经口)>10000mg/kg,PVC 为 35%~70%的乳液,乳胶漆,灰泥和黏合剂可用
BYK-034	淡黄液	憎水性成分和石蜡基矿物油的乳液,含有机硅	>97	0.88	200	>200		>110	0.1~0.8	LD$_{50}$(大鼠,经口)>10000mg/kg,乳液,PVC 为 20%~70%的涂料可用
BYK-035	淡黄液	憎水性成分和石蜡基矿物油的乳液,含有机硅	>97	0.88	260	>200		>110	0.1~0.8	LD$_{50}$(大鼠,经口)>20000mg/kg,PVC 为 20%~40%的有光和半光乳胶漆消泡
BYK-037	白色液体	憎水性成分和石蜡基矿物油的乳液,含有机硅	53.5	0.94	>200	100	水	>110	0.1~0.8	乳液,乳胶漆,灰泥消泡,经济型消泡剂
BYK-038	淡黄或灰白液	憎水性成分和石蜡基矿物油的乳液,含有机硅	>96	0.88	>200	>200		>100	0.1~0.8	PVC 为 20%~70%的乳液,乳胶漆,灰泥,黏合剂可用

表 6.6 Cognis 公司的消泡剂 Dehydran

牌号 Dehydran	类型	外观	特性	活性分/%	相对密度	黏度/mPa·s	固含量/%	挥发溶剂/%	水分/%	闪点/℃	添加量/%
150	有机硅乳液	白色液体	环氧乳液的高效消泡剂	15.5~18.5		500~2000(20℃)					0.05~0.3
671	有机硅型		水溶性涂料用消泡剂								0.1~0.5
1208	改性硅油混合物	无色至浅黄液	高效,水性,溶剂型通用,能改进流动性,工业漆用	100	0.82~0.84		23~25	>25		55	0.2~1.0
1293	非离子型改性甲基硅氧烷溶液	无色至淡黄透明液	水性涂料和乳液用聚硅氧烷消泡剂		0.89~0.93	5~15(20℃)	8~10	90.7	0.2	63	0.5~3.0

续表

牌号Dehydran	类型	外观	特性	活性分/%	相对密度	黏度/mPa·s	固含量/%	挥发溶剂/%	水分/%	闪点/℃	添加量/%
1513	特殊醇、乳化剂和硅烷衍生物的混合物	无色略浑浊液	水性油墨和涂料用改性聚硅氧烷消泡剂，无挥发溶剂	100	0.98~1.02	400~500(20℃)	100	0.3	0.1	100	0.1~0.5
1620	改性多元醇和聚硅氧烷的混合物	无色至淡黄液	低VOC持久消泡剂，适合无颜料或低颜料水性涂料、黏合剂和UV涂料、水性木器漆	100	0.93~0.97	50~100(20℃)	95.0	5.3	0.3	100	0.1~0.5
1922		白色粉末	灰浆、腻子、水泥砂浆用非离子末状消泡剂	100	380~450g/L(松密度)						0.1~1.0
2293	改性聚二甲基硅氧烷溶液	清至微浊无色液	非离子、零VOC有机硅消泡脱泡剂	100	0.95~1.05	20~300(25℃)				>100	0.5~1.5
2620	聚合物和聚硅氧烷混合物	微黄浊液	快速破泡、长效、建筑涂料水性工业漆用消泡剂，零VOC	100	0.98~1.04	200~400(25℃)					0.2~0.8
4025	聚硅氧烷的特殊混合物		快速破泡、长效、抗水解性好，适合水性涂料和油墨	100		400(25℃)	97.7	2.0	0.3	>100	0.1~0.5
4100	聚硅氧烷的特殊混合物		快速破泡、长效、抗水解性好，适合水性涂料和油墨	100		100(25℃)	97.7	2.0	0.3	>100	0.1~0.5
4105	聚硅氧烷的特殊混合物		快速破泡、长效、抗水解性好，适合水性涂料和油墨	100		900(25℃)	97.7	2.0	0.3	>100	0.1~0.5
4200	聚硅氧烷		在水性和100%UV体系中有效	100		100(25℃)	97.7	2.0	0.3	>100	0.25~0.75
C	特殊烃和烯混合物、非硅	白色至黄色浊液	乳胶漆和灰浆消泡	99~100	0.89~0.91					>100	0.1~0.75
D	含羟基的非硅化合物	白色微黄液	乳胶漆和水乳化环氧树脂漆消泡剂	100					≤0.1	约190	0.1~0.75
F	特殊酯和烃混合物	白色至黄色浊液	乳液聚合、乳胶漆灰浆消泡	99~100	0.90~0.92					>100	0.1~0.75
G	特殊酯和烃混合物、少量硅	白色至黄色浊液	优质消泡剂，各种乳液体系均可用	99~100	0.90~0.92					>100	0.1~0.75
SE 1	聚合物乳液	白色乳液	通用型建筑涂料消泡剂		1.0~1.05	1700~3000(25℃)	15~18			>100	0.2~0.6
SE 2	改性有机硅乳液	白色液体	高级水性漆和油墨用高性能、超低VOC消泡剂		0.95~1.05	1000~2000(25℃)	19.5~21			>100	0.1~1.0

Dehydran 1513 是高效消泡剂，具有优良的相容性，用于清漆或低颜料涂料中，也可用于水性油墨消泡，一般用量为 0.1%～0.5%，对高起泡体系可用到 1.0%。保质期 1 年。

Dehydran 1620 的折射率（20℃）为 1.435～1.455，有自发的消泡性，特别适合丙烯酸聚合物制的水性木器漆和罩光清漆的消泡。

Dehydran 1922 为干混砂浆用粉末消泡剂，易分散在水中，具有高效消泡、脱气能力。Dehydran 1922 用于粉末乳胶漆和水泥砂浆时在粉末脱水过程中可以很快脱气，涂层干后不会留下气孔。

Dehydran 2293 是水性建筑漆和工业涂料用的脱泡消泡剂，可用于喷、辊、刷、淋、浸涂漆的消泡，特别是木器漆的消泡，还可用于乳液聚合和悬浮聚合消泡。Dehydran 2293 低味，零 VOC，在高级乳胶漆和丙烯酸/聚氨酯水性木器漆中特别有效。最好在制漆的最后阶段强力搅拌下加入。保质期 2 年。

Dehydran 2620 零 VOC，无矿物油，低味，贮存不分层，适用于丙烯酸和聚氨酯乳液体系消泡，对涂料光泽无影响。40℃下贮存，质保期至少 2 年。

Dehydran D 是含羟基的非有机硅化合物非离子型消泡剂，碘值 90～98，酸值≤0.2 mg KOH/g，主要用于乳胶漆和水乳化环氧树脂漆中，可防止泡沫生成并消除已形成的泡沫。Dehydran D 可在任何阶段加入漆中，不必稀释，用量为配方总量的 0.1%～0.85%。

Dehydran SE 1 是通用聚合物乳液型消泡剂，低 VOC，在水中易乳化，适用于各种建筑涂料，特别是亚光和半光乳胶漆，如丙烯酸及其共聚物乳液、乙烯基 VeoVa 乳液的高 PVC 涂料的消泡。消泡效果好，贮存消泡性持久，不影响光泽。Dehydran SE 1 是科宁公司为不含矿物油添加剂体系开发的一款最新产品，可以将传统的溶剂型矿物油消泡剂从体系中完全剔除，为实现低 VOC 的建筑涂料配方设计提供了可能。它不仅可以为涂料制造商带来一流的高性能涂料产品，而且它可以提高涂料制品的环保水平，并降低制造成本，可以帮助建筑涂料行业更好地推广水性、环保的涂料产品。Dehydran SE 1 应在研磨阶段加入。5～35℃下贮存期 1 年。

Dehydran SE 2 是通用环境友好型有机硅乳液消泡剂，适用于高级水性建筑漆、工业漆、木器漆和印刷油墨的消泡。Dehydran SE 2 的消泡性持久，清漆色漆均可用，用量为配方总量的 0.1%～1.0%，分两次加，研磨阶段加 2/3，配漆时加 1/3。5～40℃下贮存期 1 年。

② Foamaster 系列水性体系消泡剂　Cognis 公司的 Foamaster 系列水性体系消泡剂汇总于表 6.7。

Foamaster 50 为矿物油消泡剂，通用性强，消泡效果好，持久，不会产生表面缺陷。高温至 100℃和较宽的 pH 范围内均有效。5～30℃贮存，否则黏度会增加，受冻后回温搅匀仍可用。

Foamaster 60 气味小，消泡快，消泡性适应的温度和 pH 范围广，100℃也有效。性价比高。保质期 1 年。

Foamaster 75 含水量 0.5%，在水中不分散，贮存稳定，不分层，不沉淀，不怕冻。有长效消泡性，价格低，适用于亚光和半光建筑涂料的消泡。

Foamaster 111 是水性涂料、油墨、胶黏剂用液体广谱消泡剂，在生产和施工中都可有效地消泡，易分散在水中。生产中一般在研磨前后分两次加入，可后添加调整消泡性。室温贮存。冻结后回温融化仍可用。

表 6.7 Cognis 公司的消泡剂 Foamaster

牌号 Foamaster	类型	外观	特性	活性分 /%	相对密度	黏度(25℃) /mPa·s	固含量 /%	挥发溶剂 /%	水分 /%	添加量 /%
50	矿物油型	浅黄液体	高效、经济型通用消泡剂,中、高PVC,亚光、半光漆用							0.1~0.4
60	白油和改性脂肪衍生物混合物	白色液	水性建筑涂料、灰浆、黏合剂和乳液聚合用消泡剂		0.84~0.89					0.1~0.4
75		白色浊液	亚光和半光漆用长效消泡剂		0.84~0.89				0.5	0.1~0.5
111	非有机硅消泡剂	黄色浊液	广谱水性油墨消泡剂,具有良好的相容性	100	0.87~0.93	500~2500	94.3	5.5	1.0	0.2~0.8
223	白油和非离子表面活性剂混合物	白色浊液	低味乳胶漆用消泡剂		0.86~0.90	500~2000			≤0.5	0.1~0.3
306	烷基聚氧基醚和脂肪酸酯消泡剂	微黄浊液	非有机硅非矿物油消泡剂		0.96~1.0	50~800				0.1~0.3
309A	矿物油基含硅及添加剂的混合物	浅琥珀色不透明液	水性涂料专用消泡剂,性价比高	100	0.85~0.90	300~700			<0.2	0.1~0.5
333	特殊疏水物	黄色浊液	具有多重管理的不含有机硅的广谱消泡剂		0.90			VOC 11%	≤0.5	0.2~0.5
361	改性油类化合物的水乳液	白色乳液	水性漆和胶乳用相容性好的消泡剂		0.98~1.02	1000~3000	29~31			0.2~0.5
714	改性聚烷氧基醚和烃的混合物	黄色浊液	能消除微泡的通用型矿物油消泡剂	100	0.87~0.91	≤600			≤0.4	0.2~0.3
8034	烃类化合物和表面活性剂型	浅黄液体	乳胶漆和油墨黏合剂用高效消泡剂	100	0.87~0.92	200~1000			≤0.5	0.1~0.5
8034A		近白色至黄色浊液	乳胶漆和油墨黏剂用广谱持久消泡剂	100					≤0.5	0.2~0.5
8034E	矿物油型	琥珀色浊液	可乳化高效消泡剂,适合清漆和乳液聚合用		0.94~0.96	100~800			≤1.0	0.1~0.5
8034L	非离子型	琥珀色液体	高效、特别适合细粒径乳液体系、易分散、不缩孔		0.91					0.1~0.5
A-7	不含有机硅和矿物油的消泡剂	透明液体	印刷油墨消泡剂,不溶胀,不软化胶膜	100	0.97~1.0			VOC 6%	<0.5	0.5
AP	不含有机硅	灰黄液体	高效极易分散的消泡剂	100	0.92			VOC 4.9%	≤0.5	0.1~0.3
DF201		白色液体	高效持久消泡,各种乳胶漆中效果极佳用,亚光漆中效果极佳		0.9~0.92	1000~3000		36~38		0.2~0.6

续表

牌号 Foamaster	类型	外观	特性	活性分/%	相对密度	黏度(25℃)/mPa·s	固含量/%	挥发溶剂/%	水分/%	添加量/%
DS	有机硅型	黄色浊液	建筑乳胶漆和油墨用,含硅,高效,持久的消泡剂	100	0.91			VOC 31%		0.1～0.5
G		灰白不透明液	高效消泡剂和泡沫控制剂	100	0.88～0.92			VOC 4%	<0.5	0.1～0.3
H	新型油脂和硅衍生物的混合液		用于水性涂料和油墨,具有消泡和抑泡功能	100		1000	95.0	4.0	1.0	0.2～1.0
H2	低级芳香族矿物油,疏水二氧化硅和脂肪酸衍生物的混合物	淡绿浊液	水性漆和印刷油墨用高效矿物油消泡剂	100	0.88～0.93	300～1000 (23℃)				0.1～0.5
JMY	非有机硅	浅琥珀色液体	PVAc乳液体系用消泡剂	100	0.84～0.93			VOC 56%	≤1.0	0.5
NDW	脂肪烃/非离子表面活性剂的混合物	琥珀色浊液	通用型矿物油水性消泡剂,消泡、抑泡性能持久	100	0.85～0.90	100～1000	71.2	27.8	≤0.5	0.2～1.0
NM 301	疏水化合物在植物油中的混合物	淡黄浊液	水性漆和胶黏剂用易乳化非有机硅、非矿物油消泡剂	100						0.2～0.5
NXZ	脂肪烃/非离子表面活性剂的混合物	琥珀色浊液	通用型矿物油水性消泡剂,消泡、抑泡性能持久	100	0.86～0.91	100～800	52.1	46.9	≤0.5	0.2～1.0
PD 1	粉末型	白色自由流动粉末	水泥和干拌砂浆用消泡剂	63～67	松密度 375～425g/L					0.1～0.4
PL		黄色至黄褐色不透明液	长效消泡剂。水性不溶,与漆相容性好	100	0.85			VOC 7%		0.1～0.5
RD		近白色浊液	水性漆和油墨消泡剂	100	0.90			VOC 5%	≤0.5	0.2～0.4
SA-3		乳白液体	有四种消泡机理的广谱消泡剂,高效经济,快速破泡,持久消泡	100	0.85			VOC 4%		0.2～0.6
TCX	矿物型	近白色浊液	水性系高效消泡剂,相容性很好	100	0.85～0.90	400～1200				0.1～0.4
V	新型油脂和硅衍生物的混合液	近白色浊液	水性油墨和PVA、丙烯酸类涂料消泡剂特别有效	100	0.90～0.97	150	87.5	11.5	1.0	0.2～1.0
VF		黄色浊液	建筑漆和水性胶用,高消泡性,易分散,与漆相容性好	100	0.89～0.94			VOC 10%	≤0.5	0.1～0.4
VL		琥珀色浊液	高效,水中易分散,色浆相容性好,乳胶漆用	100	0.93			VOC 11%	0	0.2～0.4
WBA	聚醚改性油	近白色浊油	多重机理,广谱持久消泡	100	0.886				≤0.5	0.2～0.5

低味乳胶漆用消泡剂 Foamaster 223 在水中可乳化，抗冻，冻后回温仍可用，在生产和施工过程都有良好的消泡性。

Foamaster 306 是不含矿物油和有机硅的消泡剂，水中可乳化，20℃下 10%的水液 pH 值为 7.5～9.5。对各种乳液，包括醇酸乳液的乳胶漆有极好的消泡性。一般用量为配方总量的 0.1%～0.3%，研磨前后分两次加入。不怕冻。

Foamaster 309A 是含硅矿物油型剂，不溶于水，闪点＞190℃。消泡效果和相容性好，适于各种水性涂料消泡。5～30℃贮存，低温会凝结，但不影响质量。用量不超过 0.5%，研磨和调漆阶段各加一半。

Foamaster 333 完全不含有机硅并具有多重消泡机理，因而具有广谱消泡性，与各种体系相容性极好，不会产生缩孔等缺陷，适于水性建筑漆和印刷油墨。Foamaster 333 在水中不溶，贮存稳定，冻后回温仍可用。因为相容性好，可以后添加。

Foamaster 361 是水性漆和胶乳用乳液型消泡剂，与大多数水性基料相容，不会产生鱼眼。贮存注意防冻。

Foamaster 714 是非硅消泡剂，相容性极好，能改善流动性，特别适合丙烯酸乳胶漆，还可用于水玻璃涂料的消泡。分两次在研磨前和调漆时加。

Foamaster 8034 属于非有机硅消泡剂，水中几乎不溶，但很容易分散在水中，制漆任何阶段加入均可。一般用量为 0.1%～0.5%，多加至 1%也无妨。

Foamaster 8034E 同 Foamaster 8034，推荐用于清漆和乳液聚合消泡，由于可快速溶解，一般色漆也可用。

Foamaster 8034L 易分散，消泡效果好，适合细粒径乳液体系涂料，在乳胶漆中用途广。冻结后回温仍可用。

Foamaster A-7 不含有机硅和矿物油，适用于对这些化合物敏感的涂料、胶黏剂和油墨。Foamaster A-7 外观为清液，色度（APHA）最大为 100，不溶于水，pH 值（10%水分散液）为 5.0～8.5。由于成分均匀，贮存不分层，不沉淀。用量由试验确定，一般先加 0.5%。

Foamaster AP 是在水性漆和胶黏剂中极易分散，与色浆相容性好，酸碱体系都能用的高效消泡剂。不影响展色性，不会产生鱼眼和缩孔。水性漆、胶、油墨和乳液均能用。添加量一般为乳液固体分的 1%～2%。

Foamaster DF 201 不含有机硅，闪点＞100℃，不溶于水。消泡性极好，持久，适用于各种乳胶漆。用量为配方总量的 0.2%～0.6%，研磨加大加入。5～30℃贮存，用前搅匀。

Foamaster DS 是 100%活性含硅消泡剂，水中极易分散，有高效持久的消泡性，不易产生缩孔和鱼眼。酸碱体系均适用。主要用于水性建筑涂料和水性油墨。Foamaster DS 的闪点为 91℃，2%的乳液 pH 值为 7.2，VOC 较高，达 31%。

Foamaster G 是适用于各种建筑乳胶漆的高效消泡剂，本身不溶于水，可分散在有表面活性剂的体系中，倾点＜-17℃，通常含水量≤0.5%，灰分 8.6%～9.8%，无毒。室温贮存，冻结后回温仍可用。

Foamaster H 2 是高效矿物油型消泡剂，灰分 8%～10%，闪点＞100℃，水中可乳化。主要用于水性色漆、清漆和印刷油墨中。室温贮存，用前搅匀。

Foamaster MJY 主要用于聚醋酸乙烯酯乳液、胶和涂料的消泡，100%活性分，浊点＜

10℃，水中易分散，2%的水溶液 pH 值为 6.5，VOC 高达 56%。在高 pH 体系中消泡效率高，对展色性无影响。冷冻会分层，回温搅匀可用。

Foamaster NDW 为非离子型消泡剂，在水中可乳化，对各种乳液体系均适用。消泡性能持久，不会产生表面缺陷。一般用量为漆的 0.2%～0.5%，在黏合剂中可高达 1%～2%。可能会有沉淀，用前搅匀。贮存温度 5～25℃，但不怕冻，解冻搅匀仍可用。

Foamaster NM 301 不含有机硅和矿物油，酸值 0～10mg KOH/g。在水中极易乳化，往水性漆中添加方便，可用于乳胶漆、黏合剂和水溶性醇酸的消泡。研磨前后分两次加入。贮存会有沉淀，用前搅匀。

Foamaster NXZ 为非离子矿物油型消泡剂，在水中可乳化，对各种乳液体系均适用。一般用量为漆的 0.2%～0.5%，在黏合剂中可高达 1%～2%。贮存温度 5～27℃，但不怕冻，解冻搅匀后仍可用。

粉末消泡剂 Foamaster PD 1 在水中易乳化，1%水乳液的 pH 值为 6.5～8.5。与粉末涂料和黏合剂组分（如聚醋酸乙烯酯、聚乙烯醇、干酪素、大豆蛋白、面粉、糊精等）易混合，消泡除泡后改进了施工质量。

水性涂料用广谱消泡剂 Foamaster SA-3 具有四种消泡机理，包括一种多元疏水体系，VOC 为 4%，闪点＞149℃。其特点是快速消泡，优异的持久消泡性，在 100℃高温和很宽的 pH 范围内有效，性价比高。研磨前后分两步加入。

Foamaster TCX 用于高光乳胶漆和水性黏合剂的消泡，也可用于色浆消泡。用于浅色漆和清漆不会产生表面缺陷。乳胶漆中用量 0.1%～0.4%，分两次加，乳液型黏合剂中用 1%～2%。

Foamaster V 的活性成分 100%，倾点－17.2℃，闪点 108℃，适用于水性建筑涂料、水性印刷油墨、聚合物乳液以及胶黏剂的消泡。

Foamaster VF 极易分散在乳液中，与色浆相容性好，酸碱体系都有高消泡能力，不会产生鱼眼和缩孔。适用于水性建筑漆、印刷油墨、水性胶黏剂和聚合物乳液消泡。

Foamaster VL 是活性成分 100%的消泡剂，有极好的消泡能力，易分散在水中，相容性好，对 pH 不敏感，不影响色浆展色，漆膜不会产生鱼眼和缩孔。其 VOC 为 11%。适用于水性建筑漆、印刷油墨、黏合剂和乳液聚合的消泡。

Foamaster WBA 具有 100%活性，Gardner 色度最大为 6，可分散在水中。特点是多重消泡机理，具有广谱消泡性；相容性极好，可制得无缺陷清漆漆膜；有持久消泡性，贮存、泵送、施工过程都有极好的消泡性。用于黏合剂和乳胶漆。

③ FoamStar 系列水性体系消泡剂　Cognis 公司的 FoamStar 系列消泡剂是一类特殊的分子级消泡剂（表 6.8），是 Cognis 公司的专利产品。FoamStar 系列消泡剂为具有表面活性剂特点的消泡剂，一端是亲水的，由乙二醇醚类物质构成；另一端由疏水物质构成。与普通矿物油和有机硅消泡剂不同，除了消泡以外还有普通消泡剂没有的润湿作用。其他特点还有：消泡剂颗粒较小，所以破泡速率极快，有助于漆快速脱气；与水的相容性可控，有效地避免了兑水后产生缩孔和鱼眼；有机颜料的展色性得到改善；对漆膜的光泽基本上无影响；能高效消除大泡和微泡，低 VOC，不含 APEO。

FoamStar A 10 在在醋丙和纯丙漆中有特效，添加量比普通消泡剂少 30%～50%，有光漆用量为漆的 0.1%～0.2%，平光漆 0.03%～0.1%，研磨调漆各添加一半。

FoamStar A 12 的基本性能和用途与 FoamStar A 10 同。

表 6.8 Cognis 公司的消泡剂 FoamStar

牌号 FoamStar	类型	外观	特性	活性分/%	相对密度	黏度(25℃)/mPa·s	色度(APHA)	水溶性	VOC/%	添加量/%
A 10	在矿物油中的分子化合物	白色不透明液体	在醋丙和纯丙漆中有特效,有破泡和除微泡功能	100				不分散		0.03~0.2
A 12	在矿物油中的分子化合物	白色不透明液体	在醋丙和纯丙漆中有特效,有破泡和除微泡功能	100				不分散		0.03~0.2
A 32	无矿物油的分子级聚硅氧烷化合物	无色至微黄的微浊液清液	高效消泡,快速破泡,可除微泡,乳胶漆用	100	0.935~0.97	50~100	≤200	不分散	2.44	0.25~0.5
A 34	无矿物油的分子级聚硅氧烷化合物	无色至微黄的微浊液清液	高效消泡,快速破泡,可除微泡,乳胶漆用,比 A32 耐老化	100	0.95~0.98	75~105	≤200	不分散	2.30	0.25~0.5
A 36	无矿物油的分子级聚硅氧烷化合物	无色至微黄的微浊液清液	高效消泡,快速破泡,可除微泡,乳胶漆用	100	0.935~0.97	80~110	≤200	不分散		0.25~0.5
A 38	无矿物油的分子级聚硅氧烷化合物	浅黄透明至微浊液	高效强力消泡,快速破泡,可除微泡,乳胶漆用	100	0.95~0.98	109~169	≤200	不分散	2.51	0.25~0.5
A 39	无矿物油的分子级聚硅氧烷	浅黄清液	消泡能力最强并能破泡	100	0.95~1.02	150~210	≤200	不分散		0.25~0.5
A 45	无矿物油的分子级聚硅氧烷	黄色液体	高效消泡,快速破泡,可除微泡,乳胶漆用	100	0.97~1.05	600~800	≤9(Gardner)	可分散		0.25~0.5
A 410	天然化合物的合成油溶液	黄至棕色透明或微浊液	水性漆料用高效持久的不含硅矿物油的消泡剂	100	0.85~0.89	25~100(20℃)				0.15~1.0
I 300	新型专利消泡剂	近白色油液	高效快速消泡,大小泡均有效,丙烯酸工业涂料用	100	0.84~0.89	700		不分散	10	0.25~0.5
MF 324	嵌段共聚物型	浅黄透明黏液	长期稳定的高效通用消泡剂,水性,木器,工业,汽车漆用	100	0.99~1.03	1600~3500				0.2~0.7
MF 334	聚环氧烷烃消泡剂	浅黄液体	水性体系用无硅无矿物油消泡脱泡剂	约100	0.978~0.994	100~300				0.2~1.0

FoamStar A 32 不沉淀，不分层，易混合，不影响光泽，可快速破泡并消除微泡。丙烯酸类乳胶漆用。冷冻会凝结或分层，回温搅匀仍可用。

FoamStar A 34 与 FoamStar A 32 类似，但比后者耐老化。

FoamStar A 36 不沉淀，不分层，易混合，不影响光泽，对难消泡的高光漆也有很好的效果，可快速破泡并消除微泡，效果持久。乳胶漆和色浆可用。研磨和调漆阶段分两次加。

FoamStar A 38 具有快速破泡功能，对极难消泡的高光漆也十分有效，还能消除微泡，不影响涂料光泽。最适合纯丙和苯丙漆用。

FoamStar A 39 是 A 30 系列分子级消泡剂中消泡能力最强的一种，具有快速破泡功能，对极难消泡的高光漆也十分有效，还能消除微泡，不影响涂料光泽。最适合纯丙和苯丙漆用。

FoamStar A 45 为分子级消泡剂，对难消泡的高光涂料有效，可快速消泡，有持久消泡能力，可消微泡，贮存不分层不沉淀。用量占漆总量的 0.25%～0.5%，分两次加入。冷冻会凝结和分层，回温混合后仍可用。

FoamStar A 410 不含矿物油和有机硅，是有优异消泡性能的长效消泡剂，各种光泽的乳胶漆和木器漆，包括 UV/EB 固化木器漆都可用。FoamStar 410 的闪点＞125℃。

FoamStar I 300 是一种新型专利消泡剂，能快速破泡，有持久性，对大小泡均有效，适于丙烯酸工业漆用。研磨和调漆阶段分两次加入。冷冻会凝结和分层，回温混合后仍可用。

FoamStar MF 324 是嵌段共聚物型消泡剂，闪点＞150℃。不含有机硅、矿物油、溶剂和固体物质，特点是具有高效性和长期稳定性。适用于聚氨酯乳液、PUA 杂合物、胺中和树脂及水性 2-K 聚氨酯涂料的消泡，包括水性木器漆、工业涂料、水性汽车漆等。不影响光泽，可用于面漆。制漆的任何阶段强力搅拌下加入均可。

FoamStar MF 334 为嵌段共聚物型消泡剂，不含有机硅、矿物油、溶剂和烃类化合物，特别适合以聚酯、丙烯酸酯和聚氨酯分散体为基料的新型涂料的消泡。其特点是对水性烘漆、基础漆和厚涂层都有很好的消泡脱泡性，不会产生流动流平问题，不会损害光泽、透明性和层间附着。各种涂层都可以用，特别适合面漆和罩光漆消泡。生产的任何阶段强力搅拌下加入均可。

④ 选用指南　Cognis 公司某些消泡剂的类型和适用的漆的种类参见表 6.9。建筑涂料选用 Cognis 公司消泡剂可参见表 6.10。

表 6.9　Cognis 公司消泡剂的选用参考

牌号	类型						功能		适用范围								
	有机硅	天然油	嵌段共聚物	合成油	矿物油	石蜡白油	高效	良好相容性	丙烯酸乳液	聚氨酯乳液	水溶性树脂	无气喷涂漆	浸涂漆	水性2-K聚氨酯	水性2-K环氧	水性UV漆	清漆
Dehydran																	
671	●							●									
1208	●						●				◎		◎				●
1293	●						●				◎	◎	◎	◎			●
1620	●						●		●		◎		◎	◎	◎	●	●
Foamaster																	
223						●	●	●	●	◎	◎						●
306		●				●	●		◎	◎	◎						

续表

牌号	类型						功能		适用范围								
	有机硅	天然油	嵌段共聚物	合成油	矿物油	石蜡白油	高效	良好相容性	丙烯酸乳液	聚氨酯乳液	水溶性树脂	无气喷涂漆	浸涂漆	水性2-K聚氨酯	水性2-K环氧	水性UV漆	清漆
FoamStar																	
MF 324			●				●		●	◎		◎		◎			◎
MF 334			●				●		◎	●	●	●		●	●	●	●
A 410			●	●			●	○	●	●	●	●	●	●	●	●	●
Foamaster																	
714					●		●		●	●	●	●	●	●			●
TCX					●		●		●	●		●					
8034					●		●		●	●	◎	●		●		◎	
8034E					●			○	●	●	◎						

注: ●很好/很适用; ◎好用; ○可。

表 6.10 Cognis 公司消泡剂对建筑涂料的适用性

牌号	内墙涂料				外墙涂料			粉末型
	亚光	丝光	高光	高颜基比漆	分散体型	有机硅酸盐型	有机硅型	
Dehydron 1227	●	●	◎		●	●	●	
Dehydron 1293		◎	●		◎	◎	●	
Dehydron 1513	◎	◎	●	●	◎	◎	●	
Dehydron 1620	◎	◎	●	●	◎	◎	●	
Dehydron 1922								●
Dehydron 2293		◎	●		◎	◎	●	
Dehydron SE 1	●	●	◎		●	●	●	
Foamaster 50	●	◎			●	●	●	
Foamaster 111	●	●		◎	●	●	●	
Foamaster 223	●	●	◎		●	●	●	
Foamaster 306	●	●	●		●	●	●	
Foamaster 350	●	●	●		●	●	●	
Foamaster 361	●	●	◎	◎	●	●	●	
Foamaster 714	●	●	◎	◎	●	●	●	
Foamaster 8034	●	●	◎	◎	●	●	●	
Foamaster DF 201	●	◎			●	●	●	
Foamaster NDW	●	◎		◎	◎	◎	◎	
Foamaster NXZ	●	◎		◎	◎	◎	◎	
Foamaster PD 1								●
FoamStar A 34	●	●	●	●	●	◎	●	
FoamStar A 36	●	●	●	●	●	◎	●	
FoamStar A 38	●	●	●	●	●	◎	●	
FoamStar MF 324	◎	●	●	●	◎	●	●	

注: ●特别适合; ◎适合。

(6) Condea Servo 公司的消泡剂 荷兰 Condea Servo (康盛-盛沃) 公司的水性体系用的消泡剂牌号为 SERDAS 7010、7015、7540、7580、SERDAS GBO、SERDAS GBR (表 6.11)。

表 6.11 Condea Servo 公司的水性消泡剂

牌号 SERDAS	外观	成分	活性分/%	相对密度(25℃)	黏度(25℃)/mPa·s	溶解性	闪点/℃	用量/%	应用特性
7010	琥珀色微浊液	矿物油/蜡/有机硅	99~100	0.84~0.88	600~1000	可水乳化	177	0.2~0.5	经济型长效消泡剂,耐擦洗,耐水
7015	琥珀色微浊液	矿物油/蜡/有机硅	99~100	0.84~0.88	700~1000	易水乳化	177	0.2~0.5	破微泡,不易产生缩孔和失光,稳定
7540	深棕透明液体	有机酯	99~100	约0.99	200~400	易水乳化	>200	0.2~0.5	无硅消泡剂,抑泡好,不易产生缩孔
7580	微黄色的透明液	有机酯	99~100	约0.99	600~800	易水乳化	>200	0.2~0.5	无硅消泡剂,抑泡好,不易产生缩孔
GBO	微浊液	表面活性剂/矿物油	99~100	0.88	<200	水中可分散	65	0.2~0.5	阴离子无硅消泡剂,抑泡消泡好
GBR	淡黄浊液	表面活性剂/矿物油	99~100	0.895	70~300	溶于水	>200	0.2~0.5	非离子无硅消泡剂,抑泡消泡好

经济型消泡剂 SERDAS 7510 主成分是矿物油/蜡,含有少量有机硅。SERDAS 7510 在水中可乳化,产生不稳定的乳液,并迅速变成膏状,稳定性好。有长期消泡性。在研磨和调漆阶段各加一半。

SERDAS 7515 的主成分是矿物油/蜡,含有少量有机硅。破微泡效果最好,具有优良的稳定性。推荐用于乳化性能较弱的涂料体系,如色浆、工业漆、着色剂以及低表面活性剂含量的分散体中。

SERDAS 7540 是不含有机硅和矿物油的有机酯型消泡剂,易乳化于水中,变成膏状的速率很慢。特别推荐用于对表面缺陷敏感的体系,如高光乳胶漆和颜料含量低的体系,也可用于硅酸盐涂料。SERDAS 7540 有抑泡功能,可促使小泡变成大泡。可在研磨阶段和调漆阶段加入。

SERDAS 7580 有着与 SERDAS 7540 相似的性能,除可用于高光涂料外还可用于水性清漆、地板清漆、水性油墨以及聚合物乳液的消泡。有防止结块和絮凝的作用。

SERDAS GBO 是矿物油基消泡剂,有优异的抑泡性和消泡性,气味低,乳化性能优,不易出现表面缺陷,在丙烯酸乳液中效果极好。

SERDAS GBR 是稳定性优良的矿物油基液态消泡剂,与 SERDAS GBO 性能相似。

(7) 德谦公司的消泡剂 台湾德谦公司 Defom W 系列水性消泡剂有 9 个牌号,即 Defom W-052、W-074、W-080、W-082、W-090、W-092、W-096、W-097、W-098、W-0506、W-0507,这些消泡剂一般在 pH 值为 6~11 的水性体系都是稳定的。其性能特点汇总于表 6.12。

表 6.12 德谦公司的水性消泡剂

牌号	成分	外观	有效分/%	相对密度	黏度/mPa·s	pH值	溶剂	用量/%	应用特性
Defom W-052	改性聚硅氧烷	乳白液	约50	约1.0		6.0~8.0		0.2~0.8	抑泡消泡好,光泽影响小,高黏厚浆漆用
Defom W-074	有机酯和烃混合物	黄色浊液	95~97	0.87~0.89			水	0.1~0.7	抑泡消泡好,经济型,涂料、油墨、胶黏剂用
Defom W-080	酰胺化合物与烃混合物	黄色浊液	93~96	0.87~0.91			水	0.1~0.7	抑泡消泡好,经济型,涂料、油墨、胶黏剂用
Defom W-082	含疏水颗粒的矿物油混合物	微黄不透明液	93~96	0.87~0.91			水	0.1~0.7	抑泡消泡好,经济型,涂料、油墨、胶黏剂用

续表

牌号	成分	外观	有效分/%	相对密度	黏度/mPa·s	pH值	溶剂	用量/%	应用特性
Defom W-090	无硅烃类化合物	白色至微黄乳液	100	0.85~0.89				0.1~0.7	长效,抑泡消泡好,相容性好,涂料、油墨、胶黏剂用
Defom W-092	特殊烃类化合物	白色至浅黄微浊液	>95	0.848~0.852				0.1~1.2	高效,抑泡消泡脱泡好,相容性好,无味,水性漆、胶、乳液用
Defom W-096	非离子界面活性剂	黄色不透明液	>99.5	0.88~0.92		6.0~8.0		0.1~1.0	抑泡消泡极佳,相容性好,涂料、油墨、胶黏剂用
Defom W-097	非离子界面活性剂	黄色浊液	>99.5	约0.90		5.0~7.5(1%)		0.1~1.0	抑泡消泡很好,相容性好,水性涂料、油墨、胶黏剂用
Defom W-098	含疏水粒子的矿物油混合物	微黄乳液	100					0.1~0.7	高效抑泡,相容性好,建筑涂料、水性胶和油墨用
Defom W-0506	改性聚硅氧烷乳液	乳白液体	51~54	约1.0	1000~3000		水	0.1~0.5	抑泡消泡很好,相容性广,光泽影响小,涂料罩光漆和油墨用
Defom W-0507	聚硅氧烷乳液	乳白液体	43~47				水	0.1~0.5	长效,抑泡优,相容性好,增强流平、润湿及滑爽性,水性油墨、胶用

德谦公司水性消泡剂的消泡性、相容性、水分散性以及在各种水性应用领域的适用性比较见表6.13,可作为选用参考。

表6.13 德谦公司的水性消泡剂的选用参考

牌号	消泡性	相容性	水分散性	水性应用领域						
				木器漆	建筑漆	油墨	皮革涂饰剂	胶黏剂	纺织涂层	水性树脂
Defom W-052	A	D	A		●					
Defom W-074	B	B	D	◎		◎	◎	◎	◎	◎
Defom W-080	B	B	C	◎		◎	◎	◎	◎	◎
Defom W-082	B	B	D	◎		●	◎	◎	●	◎
Defom W-090	B	B	B	◎	●	●	●	●	●	●
Defom W-092	B	B	D	◎	●	●	●	●	●	●
Defom W-096	C	B	A	●	●	●	●	●	●	●
Defom W-097	C	B	D	●	●	●	●	●	●	●
Defom W-0506	C	A	A	●	●	●	●	●	●	●

注:A极好;B好;C可;D差;●推荐使用;◎选择使用。

(8) EFKA公司的水性消泡剂 EFKA公司的水性消泡剂现归属Ciba公司所有,主要品牌有(Ciba)EFKA-2526、2527、2550等,主要性能见表6.14。

表6.14 EFKA公司的水性消泡剂

牌号	外观	组成及类型	活性分/%	相对密度(20℃)	溶剂	闪点/℃	保质期/年	用量/%	特点及应用
EFKA-2526	乳白色液体	聚合物和有机金属化合物乳液	75~79	0.91~0.93	水	>100	2	0.1~1.0	无APEO,无硅,消泡破泡好,水性漆,水性醇酸和醇酸乳液,特别是水性工业漆消泡
EFKA-2527	乳白色液体	聚合物和有机金属化合物乳液/含有机硅	75~79	0.92~0.94	水	>100	2	0.1~1.0	无APEO,含有机硅,消泡破泡好,水性漆,丙烯酸和PU分散体,特别是水性工业漆消泡
EFKA-2550	乳白色液体	改性聚有机硅氧烷	95~100	0.98~1.00		>100	5	0.1~0.3	高剪稳定性好,防止涂料搅拌和泵送时起泡,水性工业漆和水性色浆消泡

（9）Elementis 公司的消泡剂　英国 Elementis 公司的消泡剂注册商标为"DAPRO"，水性体系用的有"DAPRO DF"系列的多个牌号，其基本性能汇集于表 6.15。

现场施工需要消泡时最好的破泡剂是 DAPRO DF 880、1760 和 1492，特别是后者效果极佳。

DAPRO DF 7000 系列消泡剂有优异的抑泡和破泡功能，气味低，不含 APEO，贮存稳定性极好，长期贮存无相分离现象，对漆膜的不良影响很小。

DAPRO DF 7500 系列是聚酯型消泡剂，主要成分为矿物油、蜡、有机硅、聚酯等。这类消泡剂可用于水性透明清漆、水性油墨和纸张涂料体系的消泡。

表 6.15　Elementis 公司的水性消泡剂

牌号	外观	组成及类型	活性分/%	相对密度	适用的pH范围	黏度/mPa·s	保质期/年	闪点/℃	用量/%	特点	应用
DAPRO DF 880	褐色液体	矿物油/脂肪酸金属皂分散体	89	0.86	6～12		4	48	0.2～0.6	脱泡抑泡好，贮存稳定性好，不影响外观，混合不良可产生缩孔	建筑涂料、工业漆、油墨
DAPRO DF 900	米白色膏状体	矿物油/蜡分散体	100		4～12				0.2～0.3	无硅，辊涂消泡，任何阶段可添加	卷钢漆、汽车面漆、木器漆
DAPRO DF 911	微味淡白色液体		50.0	0.890				>145			水性漆
DAPRO DF 975	不透明液	矿物油/蜡分散体	100	0.84	4～12		4	145	0.5～1.0	高效，无硅，防泡防缩孔，防鱼眼，不雾浊，与乳液相容性好	建筑漆、工业漆、油墨
DAPRO DF 1161	米白色膏状体	有机硅改性矿物油/蜡分散体	60		4～12				0.05～0.2	抑泡优，可用于制色浆	工业漆、重防腐漆、路标漆、木器漆、色浆
DAPRO DF 1181	灰白色液体	有机硅改性消泡剂	100	0.85	4～12		4	149	0.05～0.2	高效长效，与乳液相容性好，pH范围广，稳定	建筑漆、工业漆、汽车面漆、木器漆
DAPRO DF 1492	不透明液	无硅破泡剂	91～92	0.98	4～12		4	96	0.5～1.0	高效速效，不含芳烃和矿物油，pH范围广，易混，可后添加	工业漆、汽车面漆、木器漆、油墨
DAPRO DF 1622	琥珀色液体	有机硅/烃		0.8～0.9			4		0.09～0.5	有机硅改性消泡剂，高效，长期稳定，防缩孔和鱼眼，与树脂相容性好	主要用于油性漆，水性漆适用
DAPRO DF 1760	清澈液	无硅破泡剂	100	1.01	4～12		2	110	0.2～0.6	高效、无硅、速效，长效破泡剂，长期贮存效果不减，不含芳烃和矿物油，pH范围广，不影响光泽	工业漆、汽车面漆、木器漆、水性油墨、UV涂料
DAPRO DF 2162	乳白色液体	疏水二氧化硅/碳氢化合物	95～100		6～12				0.1～0.3	无硅，防缩孔，易分散，贮存稳定性优	建筑漆、工业漆、木器漆

续表

牌号	外观	组成及类型	活性分/%	相对密度	适用的pH范围	黏度/mPa·s	保质期/年	闪点/℃	用量/%	特点	应用
DAPRO DF 3163	灰白色液体	改性多元醇	100	0.95	4~12		2	182	0.2~0.6	pH适用范围广,不影响光泽,不易起缩孔、鱼眼	汽车漆、木器漆、建筑漆、油墨、胶黏剂
DAPRO DF 4164	不透明液	脂肪酸金属皂	100		6~12				0.2~0.6	抑泡优,易分散,相容性好,贮存稳定	工业漆、汽车漆、建筑漆、木器漆、油墨
DAPRO DF 7005	浅琥珀色蜡分散液	超细蜡粉/矿物油/少量特种酯	99~100	0.850~0.900	4~12	700~4000(20℃)	1		0.2~0.6	长效稳定,提高耐划伤性,降低水敏性,不易产生表面缺陷,附着力影响小,性价比高	水性体系均适用
DAPRO DF 7010	浅琥珀色蜡分散液	超细蜡粉/矿物油/少量有机硅	99~100	0.840~0.880	4~12	600~4000(25℃)	2		0.2~0.5	经济、长效消泡剂,提高耐划伤性,降低水敏性	乳液、乳胶漆
DAPRO DF 7015	浅琥珀色蜡分散液	超细蜡粉/矿物油/痕量有机硅	99~100	0.840~0.880	4~12	700~1000(25℃)	1		0.2~0.5	消微泡,不易产生表面缺陷,稳定性极好,良好的乳化性	色浆、乳胶漆、油墨
DAPRO DF 7035	浅琥珀色蜡分散液	超细蜡粉/矿物油/少量特种酯	65	0.870		1000~4000(25℃)	1		0.3~0.8	经济、长效消泡剂,无有机硅,不易产生表面缺陷,提高耐划伤性,降低水敏性,附着力影响小	水性体系均适用
DAPRO DF 7540	清澈至微浊液	酯化合物	99~100	0.990	4~12	300~700(25℃)	2		0.2~0.5	无油无有机硅,水中易乳化,不易产生表面缺陷,附着力影响小	水性体系均适用
DAPRO DF 7580	透明液体	酯化合物	99~100	0.990	4~12	约775(25℃)	2		0.2~0.5	无有机硅,水中易乳化,不易产生表面缺陷,附着力影响小,稳定性好	水性体系均适用

DAPRO DF 880 不含有机硅,抑泡效果好,研磨阶段添加 0.05%~0.2%,配漆阶段 0.2%~0.3%。DAPRO DF 880 应在 5~50℃贮存,保质期 4 年。

DAPRO DF 911 的沸点为 200℃,不溶于水。

DAPRO DF 975 使用时在研磨和调漆阶段各加一半。应贮存在 4℃以上,注意防冻。保质期 4 年。

DAPRO DF 1181 消泡抑泡性好。使用时应尽早加入漆中,并充分混合。最好的用法是在研磨阶段加入 0.05%~0.2% 的 DAPRO DF 1181,然后再于配漆阶段加入 0.2%~0.3% 的不含有机硅的消泡剂。DAPRO DF 1181 贮存于 5~50℃,保质期 4 年。

DAPRO DF 1492 可快速消泡,适用于印刷油墨、工业漆、木器漆、汽车 OEM 漆、卷钢涂料等消泡。任何阶段添加均可,也可后添加。DAPRO DF 1492 应贮存于 5~50℃,保质期 4 年。

DAPRO DF 1622 为有机硅改性消泡剂,主要用于溶剂型漆,在水性漆中也可用。研磨配漆阶段各加一半。

DAPRO DF 1760 不含有机硅,不含芳烃和矿物油。添加后长期贮存仍有很好的消泡效果。可在研磨阶段或配漆阶段添加。5～50℃贮存,保质期 2 年。

DAPRO DF 3163 不含有机硅,抑制和消除微泡效果好。在水性漆中分两次加,一般研磨阶段加 0.05%～0.2%,调漆阶段加 0.2%～0.3%。贮存于 5～50℃,保质期 2 年。

DAPRO DF 7005 不含有机硅。在水性漆中分两次加,即研磨和调漆阶段添加。贮存保质期 1 年。

DAPRO DF 7010 含少量有机硅。研磨阶段添加。贮存保质期 2 年。

DAPRO DF 7015 含极少量有机硅。研磨阶段和调漆阶段各添加一半。贮存保质期 1 年。

(10) Lamberti 公司的消泡剂　意大利 Lamberti（宁柏迪）公司的消泡剂牌号是 Defomex,主要性能见表 6.16。

表 6.16　Lamberti 公司的消泡剂

牌号	化学成分	外观	活性分/%	d	黏度/mPa·s	用量/%	特点及应用
Defomex 108	无矿物油	浅黄液		0.97		0.1～1.0	无 APEO,高 PVC 涂料
Defomex 109		浅黄液		0.97		0.1～1.0	无 APEO,高 PVC 涂料
Defomex 307	脂肪胺的烃/醇液	浅黄液	100	0.85		0.1～1.0	高 PVC 涂料
Defomex 509	聚合物/有机硅的烃/醇液	浊液	100	0.915		0.1～0.5	通用型、建筑涂料、拉花漆、水性防锈漆
Defomex 870	金属皂/矿物油的非离子乳液	乳浊液		0.97	<1000	0.1～0.5	无 APEO,高 PVC 涂料
Defomex 1372s	吸附在无机物上的矿物油	白粉末		0.85			灰浆、膏泥、腻子
Defomex 1510	有机硅/二氧化硅分散体	白色液	100	1.09	1200～1900	0.1～0.4	建筑涂料
Defomex 1540	聚合物/二氧化硅矿物油/脂肪醇液	棕黄液	100	0.91	200～600	0.1～0.5	多用途、抑泡、消泡
Defomex 2033	聚合物/矿物油	浊液		0.92	500～1500	0.1～0.5	通用、无 APEO
Defomex 2063	聚合物/矿物油	稻草黄液	100	0.90～0.94	300～1000	0.1～0.5	乳胶漆,无 APEO,零 VOC
Defomex AP122	吸附在无机物上的矿物油	白粉末		0.85		0.3～0.6	灰浆、膏泥、腻子
Defomex AP177	矿物油/有机硅/无机粉末	白粉末	60	0.35		0.02～0.15	灰浆、膏泥、腻子
Defomex AP188	可降解油/无机粉末	白粉末	60	0.35		0.01～0.1	灰浆、膏泥、腻子
Defomex MR22	聚合物/矿物油	浅黄液	100	0.92	500～1500	0.1～0.5	无 APE,零 VOC
Defomex MR25	烷基苯金属皂表面活性剂和酯类混合物	浅黄液	100	0.92	500～1500	0.1～0.5	高 PVC 涂料

Defomex 108 除了可用于乳胶漆外还可用于 PUD（聚氨酯分散体）和 PUA（丙烯酸聚氨酯分散体）体系生产塑料漆和金属漆。

Defomex 307 适合用于中高 PVC 的水性涂料,在高颜填料涂料、浮雕漆甚至石膏浆中都可用，可单独使用，若与矿物油消泡剂共同使用消泡效果更好。在乳胶漆生产前期加入可减少气泡的生成，在生产后期添加有速效消泡效果。Defomex 307 贮存稳定性好，但是温度超过 50℃ 时黏度略有升高，并不影响使用效果。

Defomex 509 是一种广谱消泡剂，由多种活性成分配成，可以有效地控制生产和施工过程中产生的气泡，即使在一般消泡剂难起作用的情况下也有极好的消泡效果。该消泡剂可用于内外墙乳胶漆、浮雕漆和水性防腐漆。

Defomex 870 破泡效果好并且有长效性，除建筑涂料外也可用于塑料漆。

粉末状消泡剂主要用于灰浆、膏泥、嵌缝腻子、自流平地坪涂料等有水泥和石膏的建筑材料中，具有抑泡和消泡的作用。

Defomex 1510 和 Defomex 1540 是兼具抑泡和消泡作用的消泡剂，可防止生产和施工中的气泡，不仅可用于颜料漆的制备，也对纤维素醚溶液或乳液有极好的消泡效果 Defomex 1510 多用于有阴离子润湿剂的体系中，Defomex 1540 可用于阴离子或非离子润湿剂的体系，有用量少、消泡能力强的功效。

Defomex 2063 在生产和使用过程中均展示优异的消泡特性，在辊涂施工时，可防止和减少气泡的形成。该产品适用于 PVC 为 70%～90% 的乳胶漆。

（11）Münzing 公司的消泡剂　德国 Münzing 公司（Münzing Chemie GMBH）是欧洲著名的水性涂料助剂生产商，其水性消泡剂的注册商标为"AGITAN"和"DEE FO"。AGITAN 系列消泡剂的产品牌号有 AGITAN 100、105、202、203E、206E、208、217、232、256、260、299、301、305、350、351、361、381、731、771 等，DEE FO 系列名下有 DEE FO 97-2、DEE FO 430、DEE FO PI-40、DEE FO PI-75 等，此外还有 FOAM-TROL 14L 消泡剂，这些消泡剂的基本性能见表 6.17。

表 6.17　Münzing 公司的消泡剂

牌号	外观	组成及类型	活性分/%	相对密度	适用的 pH 范围	黏度/mPa·s	保质期/月	闪点/℃	用量/%	特点	应用
AGITAN 100	白色液体	烷氧基化合物/疏水 SiO_2 乳液	约 23	约 1.00		中等黏度	6		0.05～0.3	消泡好，稳定，与水性系易混，浓度 2% 时 pH=7.5	涂料着色剂，水性体系消泡
AGITAN 105	白色浊液	烷氧基化合物/疏水 SiO_2 乳液	约 23	约 1.00		约 1500	6		0.05～0.3	消泡好，稳定，与水性系易混，浓度 2% 时 pH=7.5	涂料着色剂，水性体系消泡
AGITAN 202	乳白不透明液体	EBS 蜡/矿物油	100	0.828～0.876		2000～5000	12	196	0.2～0.7	快速破泡，持久抑泡，性价比优	平光建筑漆、路标漆
AGITAN 203E	灰白不透明液体	EBS 蜡/SiO_2/矿物油	≥98	0.828～0.876		1000～3000	12	196	0.1～0.3	高效抑泡、消泡，易乳化，流动流平好，不缩孔，性价比优	建筑漆、清漆
AGITAN 206E	灰白不透明液体	疏水 SiO_2/矿物油	100	0.876～0.900	2～14	500～1500	12	196	0.1～1.0	长效，低 VOC，水中可乳化	建筑漆、工业漆、木器漆、路标漆、胶
AGITAN 208	黄色不透明液体	金属硬脂酸盐	95～98	0.864～0.882		≤4000	12	174	0.1～0.5	快速持久消泡，通用高效	乳胶漆、油墨、胶黏剂

续表

牌号	外观	组成及类型	活性分/%	相对密度	适用的pH范围	黏度/mPa·s	保质期/月	闪点/℃	用量/%	特点	应用
AGITAN 217	黄色油状物	矿物油/有机硅复合物	100	0.92			12	>140	0.1~0.3	易乳化,pH=6.5,消泡好	乳胶漆
AGITAN 232	淡黄液	疏水SiO_2/矿物油	100	0.85		中等黏度	12	>100	0.1~0.5	难乳化,pH=7.5,中、高黏度体系消泡	乳胶漆、工业漆、胶黏剂
AGITAN 256	白色黏液	聚硅氧烷乳液	约20	1.1	2~11	中等黏度	12	>150	0.05~0.5	易溶,耐碱,消泡佳	乳胶漆、油墨
AGITAN 260	无色液体	疏水SiO_2/白油	100	0.84		中等黏度	12	>150	0.1~0.5	难乳化,pH=6.5,中、高黏度体系消泡佳	乳胶漆、木器漆、工业漆、胶黏剂
AGITAN 299	黄色液体	非离子烷氧基化合物混合物	约100	约1.00		中等黏度	12	>100	0.1~1.0	高效无颗粒消泡剂,浓度2%时pH=5.5	建筑漆、工业漆、乳液聚合
AGITAN 301	淡黄浊液	植物油/改性脂肪/硅油乳液	约100	约0.93		中等黏度	12		0.05~0.3	低味,非离子型,水中易乳化,浓度2%时pH=6.5	涂料着色剂、水性体系消泡
AGITAN 305	浅色浊液	脂肪化合物/疏水SiO_2/白油	约100	约0.87		中等黏度	12		0.05~0.3	无硅低味消泡剂,相容性好,易乳化,浓度2%时pH≈8	涂料着色剂、水性体系消泡
AGITAN 350	白色或淡黄浊液	改性脂肪和烷氧基化合物/SiO_2	100	约1.02	3~11	约2000	12	>100	0.1~0.5	难乳化,浓度2%时pH=7,高效、高稳定,耐酸碱	建筑涂料、工业漆、木器漆、乳液聚合、油墨、胶黏剂
AGITAN 351	棕色液体	改性脂肪物/硅酸盐	100	1.02	3~11	约2000	12	>150	0.1~0.5	难乳化,浓度2%时pH=4,耐酸,稳定,高效	乳胶漆、木器漆、工业漆、油墨、胶黏剂
AGITAN 361	浅黄浊液	脂肪化合物/矿物油	约100	约0.92		中等黏度	12		0.05~0.3	易乳化,可降解,浓度2%时pH=7	涂料着色剂、水性体系消泡
AGITAN 381	浅棕浊液	矿物油/疏水SiO_2/共聚物乳液	约100	约0.94		中等黏度	12		0.05~0.5	高效,无硅,易乳化	涂料着色剂、清漆、高填料体系、水性体系消泡
AGITAN 731	淡黄浊液	有机硅和非离子的烷氧基复合物的混合物	100	1.01		中等黏度	12	>200	0.05~0.2	难乳化,浓度2%时pH=7.0,高效有机硅消泡剂	乳胶漆、木器漆、工业漆、油墨、胶黏剂
AGITAN 771	淡黄液	聚硅氧烷/DPM	约25	约0.96		约20	12	70	0.05~0.3	通用高效持久的有机硅消泡剂,可乳化,不稳定,浓度2%时pH=6	水性油墨、工业漆、木器漆
DEE FO 97-2	草黄浊液	硬脂酸金属盐/矿物油	96.0	0.88		1000	>12		0.2~1.0	低VOC,高效,极易分散在水中,用前搅匀	胶黏剂
DEE FO 430	白色不透明液		≥98	0.816~0.888	2~11	≤1000		196	0.1~1.0	通用消泡抑泡剂,持久,不含有机硅	水性漆、水性胶黏剂

续表

牌号	外观	组成及类型	活性分/%	相对密度	适用的pH范围	黏度/mPa·s	保质期/月	闪点/℃	用量/%	特点	应用
DEE FO 806-102	白色不透明液	矿物油/疏水SiO_2		0.886		1000			0.1~1.0	高效,长效消泡,低VOC,水中不溶	颜料浆、建筑漆、工业漆、木器漆、乳液
DEE FO 1015	白色不透明液			0.862	3~11	3500			0.1~0.5	高效,稳定,耐酸碱	颜料浆、建筑漆、工业漆、木器漆、胶黏剂、油墨
DEE FO 1144A/75	白色不透明液	有机改性硅氧烷/疏水SiO_2	65	1.01		3500			0.1~0.5	高效消泡,保光好	木器漆、高光漆、清漆、工业漆
DEE FO 2020A	奶白不透明液	特种蜡/矿物油		0.85		3500			0.2~0.7	低VOC,水中不乳化	建筑涂料、路标漆
DEE FO 3010A	灰白不透明液	特种蜡/疏水SiO_2/矿物油		0.85		2400	>12		0.2~1.0	经济型消泡剂,低VOC,用前搅匀	建筑涂料、路标漆
DEE FO 3030	灰白不透明液	特种蜡/硬脂酸盐/疏水SiO_2/矿物油	97	0.86		2000	>12		0.2~0.7	低VOC,可乳化,多种消泡剂组合而成,用前搅匀	建筑涂料、水性工业漆
DEE FO HG-12	草黄浊液	聚氧乙烯处理特种蜡/疏水SiO_2/矿物油	99.0	0.95		400	>12		0.1~0.6	高效,有润湿性,低VOC,水中可乳化,用前搅匀	高光漆、各种胶黏剂
DEE FO PG-2	灰白液	聚氧乙烯改性硅氧烷	99	1.01		600	>12		0.1~0.5	高效消泡,用前搅匀	颜料浆、建筑漆、水性油墨
DEE FO PG-20	白色不透明液	聚氧乙烯改性硅氧烷	97	1.01		1350	>12		0.1~0.5	低VOC,pH=7.0,可乳化,高效消泡,用前搅匀	颜料浆、建筑漆、水性油墨
DEE FO PG-30	白色不透明液	聚氧乙烯改性硅氧烷	97	0.99		2500	>12		0.1~0.5	颜料浆通用消泡剂,展色性好	颜料浆
DEE FO PG-35	灰白液	特种蜡/疏水SiO_2	99.5	1.01		3000	>12		0.1~0.5	低VOC,水中微乳化,灰分3.4%,无油无硅,剪切消泡佳	颜料浆用
DEE FO PI-12	草黄浊液	聚氧乙烯处理特种蜡/疏水SiO_2/矿物油	99.0	0.947		400	>12		0.2~0.6	低VOC,水中可乳化,高效,用前搅匀	水性油墨
DEE FO PI-16P	透明清液	聚氧乙烯处理疏水SiO_2	>95			4000	>12		0.1~0.6	稳定持久消泡,有润湿性,零VOC,水中微乳化	颜料浆用
DEE FO PI-35/50	灰白半透明液体	硅氧烷/水	50.5	1.02		1000	>12		0.1~0.6	低VOC,高效消泡剂,pH=7.0,用前搅匀,注意防冻	油墨、地板漆

续表

牌号	外观	组成及类型	活性分/%	相对密度	适用的pH范围	黏度/mPa·s	保质期/月	闪点/℃	用量/%	特点	应用
DEE FO PI-40	灰白半透明液体		56.5~60.5	0.984~1.032		≤10000	12	204	0.1~0.4	浓度2%时pH=7.0~8.0,高效持久,消微泡	水性木器漆、水性油墨
DEE FO PI-45	灰白半透明液体	硅氧烷/水	65.0	1.01		3750	>12		0.2~0.8	水中可乳化,pH=7.8,注意防冻	油墨颜料浆用
DEE FO PI-75	灰白半透明液体		59.5~63.5			≤5000	12	204	0.1~0.4	浓度2%时pH=7.0~8.0,高效持久,消微泡	水性木器漆、水性油墨
DEE FO XKF-1B	半透明液	有机改性硅氧烷/疏水SiO_2/烃		0.842		100	>12		0.2~0.5	水中不能乳化,用前搅匀	水性工业漆、建筑涂料、高光漆
DEE FO XRM-1537A	灰白不透明液	特种蜡/疏水SiO_2/矿物油/水	40.0	0.935		2500	>12		0.1~0.6	低VOC,pH=7.3,易与水混合,用前搅匀	油墨
DEE FO XRM-1547A	草黄半透明液	聚氧乙烯处理疏水SiO_2	98.5	1.02		4000	>12		0.1~0.6	低VOC,微与水混合,用前搅匀	油墨
FOAMTROL 14L	白色浊液	硅氧烷乳液/水	15			1050	>12		0.02~0.2	通用低黏消泡剂,用前搅匀,注意防冻	木器漆、地板漆、污水处理

(12) Nopco 公司的消泡剂 日本 San Nopco（诺普科助剂有限公司）原与美国 Nopco Chemical 公司合资，2001 年买回了 Cognis 公司持有的股份，成为日本三洋化成工业有限公司的全资子公司，并为日本水性涂料行业中最大的添加剂生产企业。

San Nopco 公司的消泡剂品牌为"SN-Defoamer"，基本性能指标见表 6.18，应用特性见表 6.19。

表 6.18 SN-Defoamer 的性能

SN-Defoamer	相对密度(25℃)	黏度(25℃)/mPa·s	成分	离子性	pH值	灰分/%	水分/%	闪点/℃	水分散性
TP-39	0.89		酰胺型	非离子	5			158	不分散
154	0.95	3600	二氧化硅型	非离子		4.3	0.6	198	可分散
313	0.86			非离子					难分散
316	0.87	950				<1.0		174	不分散
318	0.87	1320	矿物油/SiO_2/聚醚	非离子				173	不分散
319	0.86	920	矿物油/SiO_2	非离子				174	不分散
321C	0.875	670	石蜡/SiO_2	非离子				174	不分散
325	0.98			非离子					难分散
327	1.00	830	有机硅	非离子					不分散
345	1.02		有机硅	非离子					不溶
369	0.92								易分散
373	0.92	300	矿物油/SiO_2	非离子	6.0			67	可分散
399	1.04	230						240	不分散
1310	1.01	270	有机硅/表面活性剂	非离子				223	
1330	0.89/20℃	100	金属皂类	非离子	5.1			174	可分散
1340	0.88	400	石蜡型	非离子				174	可分散
1349	0.92/20℃	670	矿物油/SiO_2	非离子	9.1	6.6		167	微分散
1350	0.92	700	矿物油/SiO_2	非离子	7.2			188	易分散
1370	1.00	1400	有机硅/SiO_2	非离子	6.0	3.9	2.0		不分散
5013	0.85	500		非离子	6.0				易分散

表 6.19 SN-Defoamer 的应用特性

SN-Defoamer	外观	特性	消泡性	相容性	用量/%
TP-39	黄色浊液	适于高 PVC 涂料、无机彩砂涂料	B	A	0.1~1.0
154	淡黄浊液	平涂、高黏涂料用持续抑泡剂	A	B	0.1~1.0
313	灰白液体	强力持久消泡,不缩孔,高档乳胶漆用	A	B	0.1~0.5
316	浅黄液体	高 PVC 亚光、半光、底漆消泡	A	B	0.2~1.0
318	灰白浊液	平涂、亚光涂料用持续抑泡剂,快速消泡	A	A	0.1~1.0
319	灰白浊液	平涂、高 PVC 涂料用持续抑泡剂,快速消泡	A	A	0.1~1.0
325	黄褐浊液	弹性涂料用消泡剂	A	B	0.5~1.5
327	黄褐浊液	高黏弹性涂料抑泡剂、光泽下降少	A	B	0.3~1.0
345	灰白浊液	高黏弹性涂料抑泡剂、光泽下降少、除小泡	A	B	0.5~1.5
369	黄褐浊液	亚光、半光、高光涂料消泡、调色稳定	A	B	0.2~0.5
373	淡黄浊液	高光涂料用有机硅抑泡剂、光泽影响少	A	B	0.2~0.5
399	淡黄浊液	高光涂料用有机硅抑泡剂、光泽影响少	A	B	0.2~0.5
1310	灰白浊液	高光涂料用抑泡剂	A	B	0.3~1.0
1330	淡黄褐浊液	高 PVC 涂料、丙烯酸漆	A	B	0.1~0.5
1340	淡黄浊液	涂料油墨用、与有机硅相容的消泡剂	A	A	0.1~0.5
1349	淡黄浊液	经典消泡剂,涂料通用	A	B	0.1~0.5
1350	淡黄浊液	通用消泡剂,比 1349 分散性好	A	B	0.1~0.5
1370	灰白浊液	低 PVC,低黏度涂料油墨黏合剂均可用	A	A	0.2-0.5
1390	淡黄褐浊液	对水溶性涂料有效	B	A	0.1~0.5
5013	黄色浊液	乳胶、乳液、黏合剂有效,相容性好	B	A	0.1~0.5

注：消泡性：A 优，B 良，C 一般。相容性：A 相容性好，B 部分相容，C 相容差。

用法：这些消泡剂在制乳胶漆时通常分两次加入漆中，第一次在研磨阶段加入总用量的一半，余下的一半在配漆阶段增稠前加入。

SN-Defoamer TP-39 主要用于彩色水泥砂浆涂料、喷涂涂料、外墙仿瓷涂料和建筑涂料的消泡，具有长效持续消泡性，并且无残泡、缩孔等弊病。用量为 0.1%~0.5%，在研磨和调漆阶段分两次加入为好。

SN-Defoamer 154 是水性涂料、油墨、乳液和黏合剂用具有持续长效消泡特性的消泡剂，不会产生缩孔，不影响调色，通用性强。

SN-Defoamer 313 具有强力持久消泡性，高黏漆也可消泡，特别适合辊涂漆用，无缩孔、无鱼眼，不影响漆膜耐候性。研磨和调漆阶段各加一半。

SN-Defoamer 325 是弹性涂料用消泡剂，100%活性分。消泡能力强，不降低涂料光泽。研磨阶段和调漆阶段各加一半。

SN-Defoamer 345 是有机硅型消泡剂，100%活性分，主要用于高黏弹性涂料和厚浆涂料的消泡，也可用于水性油墨和水性黏合剂。用量比一般消泡剂大，在 0.5%~1.5%。使用时先加总量的 30%~50%至颜料中研磨，抑制气泡产生，调漆时再加入余下部分。

SN-Defoamer 1330 即 Nopco NXZ，是最通用的乳胶漆消泡剂之一，属于金属皂型消泡剂，对乳液和乳胶漆有优异的消泡作用，特别适用于丙烯酸及其共聚物涂料，消泡和抑泡效果明显，也可用于水性黏合剂消泡抑泡。

SN-Defoamer 1349 也即 Nopco 8034，消泡性极好，不易缩孔，适用于丙烯酸和丙烯酸共聚乳液及涂料，也可用于水性油墨和黏合剂的消泡。乳液中的用量为 0.1%~0.5%，涂料和油墨中添加 0.2%~1.0%，水溶性树脂中用量为 0.1%~0.3%。缺点是 SN-Defoamer 1349 在低黏度乳液中有时会出现浮油现象。

SN-Defoamer 5013 为乳液体系用消泡剂，100%活性分。

(13) Tego 公司的脱泡剂和消泡剂

① 脱泡剂　脱泡剂是分散在液体涂料中的非极性物质，与体系相容性较差，容易聚集在气液界面，因此气泡为非极性脱泡剂层所包裹。由于脱泡剂与液体介质的相容性差，两个被包裹的气泡靠近后容易融合成一个大泡，加速了气泡上升的速度。此外，气泡被脱泡剂包裹后也能增加上升速度。可见脱泡剂能消除微泡，促使已有的气泡迅速排出。

Tego 公司的脱泡剂以 "Airex" 标识，水性体系用的另标 "W"，三个水性脱泡剂 TEGO Airex 901W、902W 和 904W 的基本性能见表 6.20。TEGO Airex 901W 特别适用于丙烯酸乳液和苯丙乳液体系的清漆与色漆消泡，可防止微泡产生，推荐用于无空气喷涂漆，在水性环氧中也可用。TEGO Airex 902W 在丙烯酸乳液和苯丙乳液漆中消泡效果极佳，对聚氨酯乳液和水稀释性树脂漆也能很好地消泡，可防止微泡和大泡产生，特别适用于喷涂和淋涂漆。水性脱泡剂适宜的应用领域见表 6.21。

表 6.20　Tego 公司的水性脱泡剂

性能	牌号 TEGO Airex		
	901W	902W	904W
组成	聚醚硅氧烷/气相二氧化硅	聚醚硅氧烷乳液/气相二氧化硅	聚醚硅氧烷/气相二氧化硅
外观	透明液体	白色触变液体	
活性物含量/%	100	20	100
不挥发物/%	—	22.0~26.0	—
密度(25℃)/(g/mL)	1.00~1.01	—	—
黏度(25℃)/mPa·s	50~150	50~150	—
pH 值	—	7~9	—
贮存期/月	12	6	12
推荐用量/%	0.2~1.2	0.1~1.0	0.2~2.0

表 6.21　Tego 公司的水性脱泡剂的应用领域

牌号	木器漆	工业涂料	汽车漆	建筑涂料	地板漆	丝网印刷油墨	基料体系
Airex 901W	●	●	●	●	●	●	纯丙、苯丙、PU/丙烯酸、环氧
Airex 902W	●	●	●	●	●		PU/丙烯酸、纯丙、双组分 PU
Airex 904W	●	●	●	●	●		纯丙、苯丙、醇酸、PU/丙烯酸
Airex 907W	●	●	●	●	●		PU/丙烯酸、环氧、醇酸

注：●代表可用。

其中，Airex 907W 为新型不含硅的环境友好型水性脱泡剂，气味低，不燃烧，可防除微泡和针孔，主要用于汽车漆和工业漆。

② 消泡剂　Tego 公司的消泡剂以 "Foamex" 表示，水性消泡剂的牌号和基本理化数据见表 6.22。这些消泡剂的化学成分和推荐的最适宜的水性体系见表 6.23。

表 6.22　Tego 公司的水性消泡剂 TEGO Foamex

牌号	外观	活性物/%	相对密度	黏度/mPa·s	折射率	pH 值	色号	贮存期/月	用量/%
800	白色触变液	20	—	—	—	—	—	6	0.1~1.5
805	白色触变液	20	—	90~200	—	7~9	—	6	0.1~1.5
808	白色触变液	20	—	50~250	—	7~9	—	6	0.1~1.0
810	微浊液体	100	—	500~1250	—	—	—	12	0.05~1.0
815N	白色触变液	20	—	—	—	—	—	6	0.1~1.5
822	白色触变液	20	—	—	—	6	—	6	0.1~1.5

续表

牌号	外观	活性物/%	相对密度	黏度/mPa·s	折射率	pH值	色号	贮存期/月	用量/%
825	白色触变液	20	—	—	—	—	—	6	0.1~1.0
830	微浊液体	100	—	300~600	1.400~1.455	—	—	12	0.1~1.5
832	浑浊液体	100	—	100~300	—	—	—	12	0.1~1.0
835	白色触变液	50	—	—	—	5~7	—	6	0.05~0.5
840	透明液体	100	—	50~300	—	—	≤1	12	0.05~1.0
842	透明液体	60	—	30~70	—	—	≤2	12	0.1~1.0
845	白色触变液	20	—	—	—	—	—	6	0.1~1.0
1488	白色触变液	20	—	50~250	—	7~9	—	6	0.1~1.0
1495	白色触变液	25	—	180~500	—	7~9	—	6	0.1~1.0
3062	微浊液体	100	1.00~1.02	650~1250	—	—	3	12	0.05~0.5
7447	白色触变液	20	—	100~250	—	7~9	—	6	0.1~1.0
8030	白色触变液	20	—	200~470	—	7~9	—	6	0.1~1.0
8050	混浊液体	100	—	500~1500	—	—	—	12	0.1~1.0
K3	淡黄乳光液	100	—	300~1500	—	—	—	12	0.1~1.0

表 6.23　Tego 公司的水性消泡剂 TEGO Foamex 的组成和应用体系

牌号 Foamex	成分	高效	适用体系[①]	
			很适用	适用
800	聚醚-硅氧烷共聚物/气相二氧化硅	PU	A	E,W
805	聚醚-硅氧烷共聚物	PU	H,W	A,E
808	聚醚-硅氧烷共聚物/气相二氧化硅	A,B,H	PU,W	E
810	聚醚-硅氧烷共聚物/气相二氧化硅	A	B,H,PU,W	E
815N	聚醚-硅氧烷共聚物/气相二氧化硅	A,B	H,PU,W	E,V
822	聚醚-硅氧烷共聚物/气相二氧化硅	A,PU	B,H	W
825	聚醚-硅氧烷共聚物/气相二氧化硅	A	B,H,PU,V	W
830	聚醚-硅氧烷共聚物/气相二氧化硅	W	H,PU	A,B,E
832	疏水有机活性物/固体微粒/无硅无矿物油	H	W	B,E,PU
835	聚醚-硅氧烷共聚物/气相二氧化硅		B,H,W	A,V
840	聚醚-硅氧烷共聚物	H	E,W	
842	聚醚-硅氧烷共聚物	H	E,W	
845	改性聚硅氧烷乳液/气相二氧化硅	H	B,W	A
1488	聚醚-硅氧烷共聚物/气相二氧化硅	B	A,H,V	W
1495	聚醚-硅氧烷共聚物/气相二氧化硅	A,B,V		H
3062	聚醚-硅氧烷共聚物/气相二氧化硅	B	H,V	A,E
7447	聚醚-硅氧烷共聚物	B,E		A,H,V,W
8030	聚醚-硅氧烷共聚物/气相二氧化硅	B	A	V
8050	聚醚-硅氧烷共聚物/气相二氧化硅	B	A,H,W	
K3	疏水有机活性物/无硅	B,V		A,H

① A 代表丙烯酸乳液；B 代表苯丙乳液；E 代表水性环氧；H 代表丙烯酸/聚氨酯杂合物；PU 代表聚氨酯乳液；V 代表乙烯基/醋酸乙烯酯共聚物乳液；W 代表水稀释树脂。

TEGO 消泡剂有乳液型、溶液型及浓缩液型等多种形态。乳液型消泡剂有优化的粒径，因而可在体系中发挥最大的功效，同时由于其相容性良好，可在清漆中或调漆阶段添加。而浓缩液型消泡剂特别适用于研磨阶段使用。各种 TEGO 消泡剂在工业涂料，印刷油墨，建筑乳胶漆和颜料浓缩浆制备中的可用品种及适用水性体系参见表 6.24。其中 Twin 和 AD-DID 系列为新产品。

表 6.24 Tego 公司的水性消泡剂的应用领域

产品牌号	涂料	印刷油墨	罩光漆	乳胶漆	颜料浓缩浆	水性基料体系
用于研磨阶段的消泡剂						
Foamex 3062		●		●		苯丙等
Foamex 8050	●	●		●	●	苯丙、纯丙
Foamex K3①				●		苯丙、纯丙、三元共聚物
用于调漆阶段的消泡剂						
Foamex 1488	●	●	●	●	●	苯丙、纯丙
Foamex 7447	●	●		●		纯丙、苯丙
Foamex 800	●	●		●		聚氨酯、聚氨酯/丙烯酸、纯丙
Foamex 805	●			●		聚氨酯、纯丙、聚酯
Foamex 815 N	●	●		●		纯丙、苯丙、环氧、醇酸
Foamex 822	●			●		聚氨酯/丙烯酸、纯丙等
Foamex 825	●	●		●		纯丙、苯丙、聚氨酯/丙烯酸
Foamex 845	●	●		●		苯丙、纯丙、聚酯及杂合物乳液
既可用于研磨阶段又可用于调漆阶段的消泡剂						
Forbest 1500W①	●	●		●	●	纯丙、苯丙、聚氨酯
Foamex 1495	●	●		●		苯丙、纯丙、三元共聚物
Foamex 810	●	●		●		纯丙、苯丙、聚氨酯/丙烯酸
Foamex 830①	●			●		双组分聚氨酯、聚酯、纯丙、聚氨酯
Foamex 832①	●	●	●			纯丙、苯丙、聚氨酯
Foamex 835		●				苯丙
Foamex 840	●	●				纯丙、苯丙、环氧
Foamex 842		●	●		●	纯丙、苯丙
Foamex 855	●			●		纯丙、苯丙、三元共聚物
Twin 4000	●	●				纯丙、苯丙、聚氨酯等
ADDID 800	●	●		●		纯丙、苯丙、聚氨酯/丙烯酸
ADDID 820	●	●		●		纯丙、苯丙、聚氨酯/丙烯酸
ADDID 840	●					纯丙、苯丙、三元共聚物
ADDID 880①	●			●		纯丙、苯丙、三元共聚物

① 不含有机硅的消泡剂。
注：●代表可用。

LM Forbest 1500 W 是浓缩型矿物油类消泡剂，有脱泡特性，不含溶剂，不溶于水中。特别适用水性体系，相容性好。可用于工业涂料、建筑涂料、木器漆、印刷油墨和罩光油，添加后需要高剪切力分散均匀。其基本性能如下。

化学成分	矿物油类化合物	黏度/mPa·s	170～380
外观	棕色浑浊液体	推荐用量/%	0.1～1.0
活性物含量/%	100	贮存期/月	12
密度/(g/mL)	0.84～0.88		

ADDID 800 为通用型高效消泡剂，主要用于水性印刷油墨；ADDID 820 是自乳化通用消泡剂，并有促进流平的效果；ADDID 840 是自乳化消泡剂，可防止微泡和大泡；ADDID 880 是不含硅的高效消泡和脱泡剂。

(14) 其他公司的消泡剂　另有一些牌号的消泡剂的基本信息汇集在表 6.25 中。

表 6.25 其他公司的消泡剂

牌号	类型	外观	特性及用途	有效分/%	相对密度	黏度/mPa·s	pH值	闪点/℃	水分散性	添加量/%	生产厂商
AC-202	疏水物/矿物油/表面活性剂	淡黄至浅棕半透明黏液	通用高效持久,任何阶段可加	100	0.85~0.90					0.01~0.8	临安市环宇特种助剂厂
Antarol TS 704	高级醇/脂肪酸酯	微黄乳液	经济型消泡剂,快速持久消泡,任何阶段可加	99.2	0.80~0.90	500~1500		178		0.3~0.7	Lubrizol
Antarol TS 709		微黄乳液	通用型,快速持久消泡抑泡,任何阶段可加	95.4	0.80~0.90	500~1500		160		0.3~0.7	Lubrizol
Antimussol 4752	有机硅		非离子,无APEO					>100			Clariant
Antimussol BP	非有机硅	白色液	非离子	30	0.98±0.20		4~6				Clariant
Antimussol V4847	有机硅		非离子,无APEO					>100			Clariant
Antimussol V5282	有机硅		非离子,无APEO					>100			Clariant
Antimussol V5348	矿物油		非离子,无APEO,漆、乳液和颜料分散消泡					>150			Clariant
Borchers AF 0670	疏水改性聚硅氧烷乳液	白色黏液	用于清漆和色漆的高效消泡剂	10~14	0.98~1.02	≤1000				0.1~1.5	OMG
Borchers AF 0871	改性聚硅氧烷乳液	近白色乳液	高效消泡剂,有特殊气味	23.5~28.5			6.0~8.0			0.1~1.5	OMG
Borchers AF T	磷酸三正丁酯	近无色液体	消泡防泡	≥99.0	0.975~0.980			>150		0.01~0.5	OMG
Defoamer 50A		浅黄液体	通用型高效消泡剂,破泡效果好,持久,性价比高,酸碱体系均可用	100					不溶	0.1~0.5	海川经销
Defoamer 121	非离子	琥珀色不透明液	破泡快,消细泡有特效,抑泡显著,可后添加	100					易分散	0.2~0.6	海川经销
Defoamer 125	非离子	浅琥珀色液体	水性漆和胶用通用型高效消泡剂,有长期消泡性	100					可乳化	0.2~1.0	海川经销
Defoamer 334	非离子	淡黄不透明液	高效长效快速破泡,辊涂破泡快,可用于高黏体系	100					不分散	0.1~1.0	海川经销
Duophil JD-7120	二氧化硅/矿物油/表面活性剂	淡黄不透明液	消泡抑泡,乳液聚合、水性涂料、水性木器漆、胶黏剂	100	0.91±0.10	925±200			易乳化	0.1~0.3	吉雅德公司

续表

牌号	类型	外观	特性及用途	有效分/%	相对密度	黏度/mPa·s	pH值	闪点/℃	水分散性	添加量/%	生产厂商
Foamaster N-sico1029		白色膏状不透明液体	快速消泡和抑泡,相容性好,漆、胶、印染、造纸用	100	0.85~0.90	300~700	7.0~7.5		可分散	0.1~1.0	N-Sico
Foan AF 97	苯乙醇/非离子润湿剂	黄色液体	漆和乳液消泡,长效,不缩孔							0.2	DALTON
Genapol PF 10	EO-PO嵌段共聚物		非离子,无APEO,零VOC					>250			Clariant
HX-5010	聚醚改性聚硅氧烷乳液	乳白色液体	广谱高效持久消泡,不产生缩孔和鱼眼,乳液、涂料、油墨用		1.02	800~1500		>100	可乳化	0.1~1.0	广州市华夏助剂化工有限公司
HX~5020	疏水二氧化硅/聚硅氧烷乳液	乳白色液体	高效持久消泡抑泡,不产生缩孔和鱼眼,乳液、涂料、油墨用		1.01	800~1500		>100	可分散	0.1~1.0	广州市华夏助剂化工有限公司
HX-5030	疏水物/矿物油		经济持久,pH范围广,无缩孔鱼眼,涂料、油墨、黏合剂用	100	0.85~0.95	300~2500			易分散	0.2~1.0	广州市华夏助剂化工有限公司
HX-5040	疏水物/矿物油/聚硅氧烷	乳液	非离子,广谱高效持久消泡,破泡快,无缩孔失光,涂料、油墨、黏合剂用	100	0.85~0.95	200~1500			易分散	0.1~1.0	广州市华夏助剂化工有限公司
HX-5042	疏水物/矿物油/聚硅氧烷	黄色浊液	持久破泡抑泡,对缩孔光泽影响小,乳液制造、涂料、油墨用	100	0.86	≥100			易分散	0.1~1.0	广州市华夏助剂化工有限公司
JD-6652	烃/酰胺化合物/表面活性剂	浅黄不透明液	强消泡,破泡好,性价比高,相容性好,乳胶漆用	100	0.87±0.10	1000±200				0.1~0.8	吉雅德公司
JD-8254	改性二氧化硅/有机硅/石蜡	黄色清液	强消泡、消微泡,长效,水性漆和厚浆涂料可用	100	0.95±0.10				不溶	0.1~1.0	吉雅德公司
LOPON E81	甘油三酸酯/醇醚/乳化剂	黄色不透明液	零VOC消泡剂,高效,相容性好,使用范围广,涂料、腻子用	约99	0.9~1.1	<10000				0.1~0.5	BK Giulini
S-3016	疏水物/矿物油/乳化剂	浅黄至浅棕半透明稠液	高效、长效、通用,稳定,经济	100	0.85~0.90			>85		0.03~0.8	上海长风化工厂

续表

牌号	类型	外观	特性及用途	有效分/%	相对密度	黏度/mPa·s	pH值	闪点/℃	水分散性	添加量/%	生产厂商
SBOOMC H-100	脂肪酸聚醚	淡黄液体	相容性好，高效消泡抑泡，长效性好，厚浆型涂料用	100	0.95				不溶	0.1~0.8	上海是诚化工有限公司
SBOOMC H-300	脂肪酸聚醚	淡黄液体	相容性好，高效消泡抑泡，长效性好，高黏厚浆涂料用	100	0.95				不溶	0.1~0.8	上海是诚化工有限公司
SBOOMC LH-60	改性有机硅	乳白液	高效广谱，用量少，抑泡强，水油通用，涂料油墨用	100	0.90~0.95	500~1000			易分散	0.2~0.8	上海是诚化工有限公司
SBOOMC M-2	疏水改性剂	黄色浊液	效率高，广谱性，用量少，抑泡强，水油通用	100	0.87~0.92				易分散	0.1~0.6	上海是诚化工有限公司
SBOOMC ZHF	疏水改性剂	黄色浊液	效率高，广谱性，用量少，抑泡强，水油通用	100	0.87~0.92				易分散	0.1~0.6	上海是诚化工有限公司
SPA-202	疏水物/矿物油/乳化剂	浅黄至浅棕半透明液	高效水性消泡剂	100	0.85~0.90(23℃)			>85		0.01~0.8	上海长风化工厂
STL-802	硅氧烷/乳化剂	白色至淡黄半透明液	高效水性消泡剂	100	0.88~0.91(25℃)			>85		0.15~0.8	上海同力科技发展有限公司

Borchers AF 0670 在不同用途中的推荐用量（按总配方计）：木器涂料 0.1%~1.0%，印刷油墨 0.3%~1.5%，工业漆 0.1%~1.0%，黏合剂 0.2%~0.5%。5~30℃贮存。

Borchers AF 0871 的推荐用量（按总配方计）：木器漆和通用工业漆 0.1%~1.0%，印刷油墨 0.3%~1.5%。产品应在 5~32℃贮存。

Borchers AF T 的其他性能：酸值≤0.05mg KOH/g，Hazen 色度（Pt/Co）≤50，折射率（20℃）1.423~1.425，含水量≤0.2%，正丁醇含量≤0.1%。在强碱性介质中磷酸三丁酯有可能慢慢水解。用于乳胶漆、黏合剂、纸张涂料、织物处理剂等领域。

第 7 章 成 膜 助 剂

7.1 水性漆的成膜

漆的成膜是液体组分挥发，非挥发组分聚结的过程，最终结果是不能挥发的组分形成坚韧的涂层，有的再经过进一步的化学交联得到高强度的漆膜。

溶剂型漆是聚合物在分子状态下成膜，漆的均匀性、致密性好，而水乳型漆成膜经历了水分挥发、乳液粒子聚集、粒子压缩、在成膜助剂作用下融合聚结、最终形成漆膜的过程（图 7.1）。乳液粒子在成膜过程中经过压缩、融合阶段，粒子形成蜂窝状六边形结构的事实已被扫描电子显微镜所证实（图 7.2）。可见水乳型漆成膜过程中阶段多，并且微观上不是分子级的。在这个过程中任何阶段都有可能产生不完全性，特别是最后阶段，乳液粒子借助于成膜助剂形成均匀的连续相是水性漆最终性能的根本保证。而溶剂型涂料成膜时随着有机溶剂的挥发，聚合物始终以分子状态浓缩聚结，成膜阶段单一，不需要成膜助剂（事实上溶剂类似于成膜助剂的作用）。溶剂型漆的这种分子级的聚结过程使得成膜时产生局部不均匀的可能性大为减少。水乳型漆成膜时，成膜助剂在融合乳液粒子的过程中起了十分重要的作用，在成膜助剂的作用下，乳液粒子被软化和溶解，粒子之间的界面消失，形成连续均匀的膜，这个过程称为聚结（coalescence）。

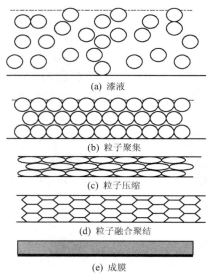

(a) 漆液

(b) 粒子聚集

(c) 粒子压缩

(d) 粒子融合聚结

(e) 成膜

图 7.1 乳液的成膜过程

水性漆完全聚结是一个很慢的过程，聚结速率受环境温度和玻璃化温度 T_g 的影响。特别在施工温度低于乳液的 T_g 时，没有成膜助剂的存在是不能成膜的。成膜助剂品种很多，但是对每一个体系的漆而言，并非所有的成膜助剂都有作用，有作用的其作用的大小也不一样。对一个体系效果很好的成膜助剂在另一个体系中可能完全无效。成膜助剂的用量直接影响到漆的最低成膜温度（MFFT），但并非正比关系，开始时影响较大，再多添加影响越来越小，到一定用量以后 MFFT 几乎不再降低（图 7.3），因此首先要选好成膜助剂的品种，然后要控制好成膜助剂的用量。在满足成膜效果的前提下，成膜助剂用量越少越好。

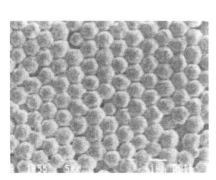

图 7.2 扫描电子显微镜下乳液粒子的聚结成膜

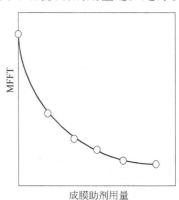

图 7.3 成膜助剂用量对 MFFT 的影响

许多配方中成膜助剂是水性漆 VOC 的最大提供源之一，在环保要求越来越高的今天，要做到降低 VOC，首先要减少成膜助剂的用量，只要能满足特定的施工温度要求，成膜助剂用量越少越好。

7.2 玻璃化温度和最低成膜温度

小分子化合物在温度足够低时呈固态，升温变成液态，温度再升高则变成气态。有机涂料的基料是长链大分子聚合物，大分子由链段组成。与小分子化合物不同，聚合物随环境温度的变化可呈现三种状态：玻璃态、高弹态和黏流态。在玻璃态时构成大分子的链段不能运动，处于冻结状态。加热至温度升高到某个程度时，链段开始解冻，从而可以移动、旋转和伸展，但是整个大分子还不能移动。这时聚合物处于高弹态。聚合物由硬而脆的玻璃态向软而韧的高弹态转变的温度称为玻璃化温度（T_g）。由于大多数聚合物分子不是均一的，而是有一个很宽的分子量分布，因此玻璃化温度并非是一个点，往往呈现为一个窄的转变区。玻璃化温度是描述聚合物性质的一个很重要的参数。对水性漆而言，玻璃化温度越高漆膜硬度越大，在追求高硬度漆膜时，首要条件是选用高 T_g 的树脂。但是高 T_g 的乳液最低成膜温度（MFFT）也高，漆的低温成膜性不良，这时必须借助于成膜助剂才能得到理想的漆膜。

玻璃化温度主要由聚合物链段的柔性决定，像聚醚这样结构的柔性链段低温下就可活动，T_g 相对较低，而具有苯环这样的刚性结构的链段 T_g 高。两种不同 T_g 的聚合物共混后，如果两者相容，则共混物和原聚合物的玻璃化温度有以下关系。

$$\frac{1}{T_g} = \frac{m_1}{T_{g_1}} + \frac{m_2}{T_{g_2}} \tag{7.1}$$

式中　T_g——共混物的玻璃化温度；

　　　T_{g_1}，T_{g_2}——两种聚合物的玻璃化温度；

　　　m_1，m_2——两种聚合物的质量分数。

如果两种聚合物部分相容，共混物仍呈现两个 T_g，只是比两种聚合物的玻璃化温度更为相互靠近。两种不相容的聚合物共混后仍具有两个各自的 T_g。

添加增塑剂能显著降低聚合物的玻璃化温度。增塑剂的用量与聚合物玻璃化温度的关系也遵从公式（7.1）的规律，由所用增塑剂的质量分数和增塑剂的 T_g 可计算聚合物增塑后的玻璃化温度。

乳液成膜过程是一个聚合物分子链段的运动过程。最低成膜温度（MFFT）与乳液的 T_g 有密切的关系，通常 MFFT 在 T_g 附近。T_g 高于室温的乳液在室温下不能形成连续均匀的漆膜。

成膜助剂的作用类似于增塑剂，加入成膜助剂后能降低乳液的 T_g 和 MFFT，降低的幅度随成膜助剂用量的增大而增大。但是成膜助剂的用量达到一定程度后 MFFT 几乎不再降低。MFFT 下降的幅度还与成膜助剂的种类和乳液类型有关，对一种乳液有显著降低 MFFT 作用的成膜助剂对另一种乳液可能作用很小，甚至完全不起作用。表 7.1 和表 7.2 分别列出了几种常用的成膜助剂对一种丙烯酸乳液和一种丙烯酸改性聚氨酯分散体 MFFT 的影响。由表中数据可得出结论：①MFFT 降低的幅度随成膜助剂用量的增加而增大，但是 MFFT 降至一定程度后再多加成膜助剂无济于事，所以应选取效果最好的成膜助剂并且使用最小用量；②由于水性体系的特殊性，成膜温度往往很难降到 0℃ 以下，到 0℃ 附近后加大成膜助剂用量成膜温度也难有明显的下降；③对同一种基料，不同的成膜助剂降低 MFFT 的效果截然不同，有的十分明显，有的几乎不能降低最低成膜温度；④不同类型的基料，同一种成膜助剂效果完全不一样，在一种乳液体系中添加少量就有显著效果的成膜助剂在另一种乳液体系中可能作用不明显，甚至完全无效。因此针对特定的水性漆体系筛选最佳成膜助剂的品种和用量是非常必要的。

表 7.1 成膜助剂对一种聚氨酯改性丙烯酸乳液 MFFT 的影响（乳液的初始 MFFT 为 55℃）单位：℃

成膜助剂	添加量/%				
	0	2	4	8	10
乙醇	55	53	50	48	48
丙二醇	55	51	47	45	44
甲氧基丁醇	55	48	40	—	—
丁二醇	55	42	32	20	6
丙二醇甲醚	55	50	47	45	43
二乙二醇丁醚	55	38	25	14	0
二丙二醇甲醚	55	45	36	29	12
二丙二醇丁醚	55	39	29	13	2
三丙二醇丁醚	55	38	25	12	2
N-甲基吡咯烷酮	55	49	40	38	35
二丙二醇二甲醚	55	49	39	20	12

表 7.2 成膜助剂对一种丙烯酸改性聚氨酯分散体 MFFT 的影响（分散体的初始 MFFT 为 35℃）单位：℃

成膜助剂	添加量/%				
	0	2	3	4	5
丙二醇	35	6	5	2	0
甲氧基丁醇	35	0	0	0	0
乙二醇单丁醚	35	0	0	0	0
二乙二醇单甲醚	35	7	5	0	0
二乙二醇单乙醚	35	11	6	4	0
丙二醇丁醚	35	9	5	4	0
二丙二醇甲醚	35	8	8	6	6
二丙二醇丙醚	35	7	4	0	0
二丙二醇丁醚	35	9	5	0	0
三丙二醇丁醚	35	10	6	0	0
二丙二醇二甲醚	35	15	9	6	6

成膜助剂的有效性表现在成膜助剂对乳液粒子的成膜效率。按乳液的聚合物质量的5%～10%添加成膜助剂，测定 MFFT 的下降值，将下降值对成膜助剂用量作图，所得直线的斜率即表示该成膜助剂对给定乳液的成膜效率，其斜率越大，成膜效率越高。用这种方法得到的几种成膜助剂对三种乳液的成膜效率见表 7.3。显然，成膜效率有乳液树脂的特定性，即表现为对每种树脂或每一类树脂有效，并且与乳液的初始 MFFT 有关。

表 7.3 成膜助剂的成膜效率

乳液	初始 MFFT /℃	成膜效率				
		EB	DB	PnB	DPnB	Texanol
UCAR 430	50	2.4	1.4	2.0	1.6	1.6
NeoCryl A640	42	1.3	1.1	0.9	1.6	1.1
Maincote HG-54	25	0.9	0.5	0.6	0.8	1.0

当一种乳液体系确定后，选用合适的成膜助剂是十分重要的，不可能期望有一种万能的高效成膜助剂适用于所有的乳液体系。涂料更多的是一门实践科学，通过大量试验选取最佳成膜助剂，保证水性漆的低温施工性是十分重要的。实践表明，水性漆的 MFFT 应保证在 10℃以下，最好低于 5℃，这样在环境温度低的条件下施工才有保障。MFFT 过高的漆尽管有较高的漆膜硬度，但低温施工往往会出现成膜不良的现象。通常表现为漆膜泛白、开裂（微小细裂纹），严重的甚至形成一层毫无附着力的粉状物。鉴于成膜助剂降低 MFFT 的作用不是万能的，所以对于 T_g 过高的乳液，添加大量的成膜助剂也难保障有足够的低温施工性。普通乳液和水分散体的 T_g 不宜超过 40℃，否则用大量的成膜助剂也难以保证 MFFT 降至 10℃以下。片面追求高 T_g 带来高硬度的漆膜是不适宜的，何况这样做还会因为成膜助剂用量过大产生 VOC 超标的问题。

好的水性漆希望有较高的玻璃化温度，以保证漆膜有较高的硬度，但同时具有 10℃以下的最低成膜温度，显然，这是相互矛盾的两个要求。高效成膜助剂显著降低了成膜温度，成膜之初漆膜较软，随着时间的推移成膜助剂逐渐逸出挥发，成膜物本身的高玻璃化温度得以体现，漆膜变硬，这样就在不牺牲漆膜硬度的前提下兼顾了良好的低温施工性。

某些塑料用的增塑剂，如邻苯二甲酸二辛酯（DOP），邻苯二甲酸二丁酯（DBP）等，可用来降低成膜温度。增塑剂沸点高，难以挥发，长期存在于漆膜中降低了漆膜的硬度，后续的迁移还会污染环境，除非有意用增塑剂提高漆膜的柔韧性，水性漆中通常很少用到增塑剂。

7.3 成膜助剂

成膜助剂（coalescing agent，coalescent）又叫聚结剂、助溶剂或共溶剂，是分子量分数百的高沸点化合物，多为醇、醇酯、醇醚类，它们实际上是聚合物的一种溶剂。在漆膜干燥过程中，水分挥发后余下的成膜助剂使聚合物微滴溶解并融合成连续的膜。成膜以后随着时间的推移，成膜助剂逐渐挥发逸去。可见成膜助剂除有溶解作用外，还会对成膜聚合物起短暂的增塑作用。水性漆配方中常用的成膜助剂见表 7.4。一些成膜助剂与成膜有关的性能数据列于表 7.5 中。大多数成膜助剂的沸点在 250℃以下，需要关注其含量对成品漆 VOC 的影响。此外，采用与水混溶性好的成膜助剂，在环境湿度大到一定程度时施工，漆膜可能泛白，表 7.5 中的"抗泛白性"一栏提示了这种可能性。

表 7.4　水性漆常用的成膜助剂

代表性的商品名	又名	英文化学名	中文名
Dowanol DB	Butyl Carbitol	diethylene glycol monobutyl ether	二乙二醇单丁醚（丁基卡必醇）
Dowanol DE	Carbitol Solvent	diethylene glycol monoethyl ether	二乙二醇单乙醚（卡必醇溶剂）
Dowanol EB	Butyl Cellosolve	ethylene glycol monobutyl ether	乙二醇单丁醚（丁基溶纤剂）
Dowanol EEA		ethylene glycol monoethyl ether acetate	乙二醇单乙醚醋酸酯
Dowanol EE	Ethyl Cellosolve	ethylene glycol monoethyl ether	乙二醇单乙醚（溶纤剂）
Dowanol EM Jeffersol EM Poly-so EM	Methyl Cellosolve Methyl Oxitol	ethylene glycol monomethyl ether 2-methoxy ethanol	乙二醇单甲醚 （甲基溶纤剂） （2-甲氧基乙醇）
Dowanol EPh		ethylene glycol phenyl ether	乙二醇苯醚
Eastman EP		ethylene glycol monopropyl ether	乙二醇单丙醚
Dowanol TBAT		triethylene glycol monobutyl ether	三乙二醇单丁醚（三甘醇单丁醚）
Dowanol PM Methyl PROXITOL ARCOSOLV PM Poly-Solv MPM Solvent Propasol Solvent M	1-methoxy-2-propanol	propylene glycol monomethyl ether	丙二醇单甲醚
ARCOSOLV DPM Dowanol DPM Poly-Solv DPM SOLVENT Propasol Solvent DM Ucar Solvent 2M		dipropylene glycol monomethyl ether	二丙二醇单甲醚
ARCOSOLV DPMA Dowanol DPMA		dipropylene glycol monomethyl ether acetate	二丙二醇单甲醚醋酸酯
ARCOSOLV TPM Dowanol TPM		tripropylene glycol monomethyl ether	三丙二醇单甲醚
ARCOSOLV PMA Dowanol PMA Eastman PM Acetate		propylene glycol monomethyl ether acetate	丙二醇甲醚乙酸酯
ARCOSOLV PE Propasol Solvent E	1-ethoxy-2-propanol	propylene glycol monoethyl ether	丙二醇单乙醚
ARCOSOLV PEA		propylene glycol monoethyl ether acetate	丙二醇乙醚乙酸酯
ARCOSOLV PnP Dowanol PnP Propasol Solvent P	1-propoxy-2-propanol	propylene glycol n-propyl ether	丙二醇（正）丙醚
ARCOSOLV DPnP Dowanol DPnP		dipropylene glycol n-propyl ether	二丙二醇（正）丙醚
Dowanol TPnP		tripropylene glycol mono-n-propyl ether	三丙二醇（正）丙醚
ARCOSOLV PnB Dowanol PnB Propasol Solvent B	1-butoxy-2-propanol	propylene glycol n-butyl ether	丙二醇单丁醚
ARCOSOLV PtB		propylene glycol t-butyl ether	丙二醇叔丁醚
ARCOSOLV DPnB Dowanol DPnB		dipropylene glycol n-butyl ether	二丙二醇（正）丁醚
ARCOSOLV DPtB		dipropylene glycol t-butyl ether	二丙二醇叔丁醚
ARCOSOLV TPnB Dowanol TPnB		tripropylene glycol mono-n-butyl ether	三丙二醇（正）丁醚
Dowanol PPh		propylene glycol phenyl ether	丙二醇苯醚
Proglyde DMM		dipropylene glycol dimethyl ether	二丙二醇二甲醚
Texanol			醇酯-12

表 7.5 成膜助剂的某些性能①

成膜助剂	沸点/℃	表面张力(25℃)/(mN/m)	黏度(25℃)/mPa·s	蒸发速率(乙酸丁酯=100)	达90%的蒸发时间/s	水中溶解度②/%	水在其中的溶解度/%	抗泛白性③
乙二醇单丙醚	151.3	27.9		20	2000	∞	∞	90
乙二醇单丁醚	170.2	27.4	2.9	7.9	7000	∞	∞	
二乙二醇单甲醚	194.1	24.6	3.5	1.9	29400	∞	∞	96
二乙二醇单乙醚	201	31.7	4.5	1		∞	∞	
二乙二醇单丁醚	230.4	30.0	4.9	0.4	190000	∞	∞	
三乙二醇单甲醚	250	36.4	7.8(20℃)	<1		∞	∞	
三乙二醇单乙醚	256	33.7	8.3	<1		∞	∞	
三乙二醇单丁醚	283	30.0	10.9(20℃)	<1		∞	∞	
丙二醇单甲醚	120	27.7	1.7	71		∞	∞	56
丙二醇单丙醚	149	25.4	4.4	21	2100	∞	∞	
丙二醇单丁醚	171.1	27.5	3.1	9.3	6100	5.5	15.5	
丙二醇叔丁醚	151	24	4	30	1800	17	20	
二丙二醇单甲醚	190	28.8	3.7	3.5	20400	∞	∞	
二丙二醇单丙醚	213	27.8	11.4	1.4	73600	18	23	
二丙二醇单丁醚	228	28.4	4.9	0.6	117800	4.5	12	
三丙二醇正丁醚	276	29.7	8.03	4		2.5	8	
丙二醇甲醚乙酸酯	146	26.9	0.8	33		16	3	
二丙二醇甲醚乙酸酯	209	27.3	1.7	1.5		16	3.5	
二丙二醇二甲醚	175	26.3	1.0	13		35	4.5	
乙二醇苯醚	244	42.0	21.5	0.1		2.5	9	
丙二醇苯醚	243	38.1	24.5	0.2		1	6	
Texanol	245	30.7	17.9	0.13	355000	0	0.9	
二丙酮醇	168.1	31.0	2.9(20℃)	12		∞	∞	76

① 不同来源数据汇总,可能存在一些差别。
② ∞表示可无限混溶。
③ 抗泛白性的数值为相对湿度的百分数,高于此相对湿度漆膜在 26℃下可能泛白。

Dow 化学公司的 DALPAD C 和 DALPAD D（表 7.6）是一类有更好降低最低成膜温度性能的高沸点化合物。与 Texanol 相比,其特点是：与水有低混溶性,可与大多数有机溶剂混溶,比 Texanol 有更好的降低表面张力的能力,低泡、低气味、低毒,并且可生物降解。DALPAD C 的沸点为 274℃,超过了 250℃,是非 VOC 成膜助剂。多数情况下成膜性能优于 Texanol,在相同的添加量下,DALPAD D 降低最低成膜温度的效果更显著,与 Texanol 相比,在降低相等成膜温度时 DALPAD C 的量可少用 10%～20%,而 DALPAD D 的用量可减少 20%～40%。事实上,DALPAD C 和 DALPAD D 主要成分分别为三丙二醇正丁醚和二丙二醇正丁醚。

表 7.6 DALPAD C 和 DALPAD D 的性能

性能	DALPAD C	DALPAD D
沸点/℃	274	229
挥发速率(醋酸丁酯=1)	0.0004	0.006
溶解度(25℃)/(g/100g)		
在水中	3	4.5
水在其中	8.5	12

7.4 商品成膜助剂

(1) 二乙二醇单乙醚（卡必醇溶剂）
化学名称：二乙二醇单乙醚
CAS 编号：111-90-0
分子式：$C_6H_{14}O_3$；$C_2H_5OCH_2CH_2OCH_2CH_2OH$
分子量：134.17
结构式：

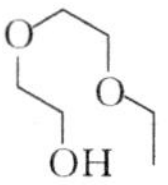

外观：无色透明液体，略有愉快气味，有吸湿性
色度：≤15（Pt-Co）
相对密度：0.9885±0.005（20℃）
熔点：－76℃
沸点：198.0～205.0℃（101325Pa）
闪点：96℃（开杯）
自燃温度：204℃
折射率：1.4273（20℃）
溶解性：能与水、甲醇、乙醚、四氯化碳、丙酮、吡啶、乙醇、苯等混溶
毒性：LD_{50}（大鼠，经口）为 6500mg/kg
特性及用途：二乙二醇单乙醚为高沸点溶剂。可用作硝化纤维素、树脂、印刷油墨、木材着色用染料等的溶剂，矿物油-皂和矿物油-硫化油混合物的溶剂。也用作汽车引擎洗涤剂、燃料添加剂、玻璃清洗剂、脱漆剂、聚乙酸乙烯乳化剂等以及非涂料着色剂，纤维印染剂，清漆和涂料的稀释剂。除上述应用外，还可用作水性漆的成膜助剂，在有机合成工业中用作制备有机化合物的中间体。

(2) 二乙二醇单丁醚（丁基卡必醇） 二乙二醇单丁醚具有亲水性，黏度低，沸点较高，挥发速率低，是水性涂料和水性油墨最常用的成膜助剂之一，生产厂家众多，厂家的牌号各不相同。但是由于沸点只有230℃，仍视为 VOC 限制化合物，过量添加到水性体系中不符合环保要求。

化学名称：二乙二醇单丁醚
CAS 编号：112-34-5
分子式：$C_8H_{18}O_3$；$C_4H_9OCH_2CH_2OCH_2CH_2OH$
分子量：162.2
结构式：

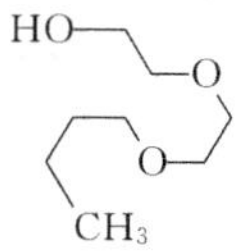

外观:有温和丁醇味的透明液体

相对密度:0.948(20℃);0.952(25℃)

黏度:4.9mPa·s(25℃)

熔点:-68℃

沸点:230℃

闪点:99℃

自燃温度:228℃

折射率:1.4316

表面张力:30.0mN/m(25℃)

比热容:2.26J/(g·℃)(25℃)

沸点下蒸发热:276J/g

燃烧热:28.7kJ/g

挥发速率:0.004(醋酸正丁酯=1)

　　　　　>1200(乙醚=1)

溶解性:与水无限混溶

空气中的燃烧极限:

　　上限　24.60%(体积)

　　下限　0.85%(体积)

Hansen 溶度参数:

　　δ_d(色散) 16.0 $(J/cm^3)^{1/2}$

　　δ_p(极化) 7.0 $(J/cm^3)^{1/2}$

　　δ_h(氢键) 10.6 $(J/cm^3)^{1/2}$

毒性:LD_{50}(大鼠,经口)为 6560mg/kg

特性及用途:二乙二醇单丁醚的沸点较高,挥发速率较低,可用作涂料、油墨、树脂等的溶剂,可溶解油脂、染料、树脂、硝化纤维素等,也用于有机合成。在水性涂料和油墨中是良好的成膜助剂。

(3)丙二醇甲醚　丙二醇醚与乙二醇醚均为二元醇醚类溶剂,丙二醇醚对人体的毒性低于乙二醇醚类化合物,属低毒醚类。丙二醇甲醚有微弱的醚味,但没有强刺激性气味,使其用途更加广泛和安全。由于其分子结构中既有醚基又有羟基,因而它的溶解性能十分优异,又有合适的挥发速率以及反应活性等特点而获得广泛的应用。

化学名称:丙二醇甲醚,丙二醇单甲醚

CAS 编号:107-98-2

分子式:$C_4H_{10}O_2$,$CH_3CHOHCH_2OCH_3$

分子量:90.12

结构式:

外观:无色透明液体,有醚的甜味,有刺激性(催泪)

相对密度:0.919~0.924(20℃)

熔点：-97℃

沸点：118～119℃

闪点：31.1℃（闭杯）

自燃温度：286℃

蒸气压：1573.18Pa（25℃）

黏度：1.75mPa·s（20℃）

表面张力：27.7mN/m（25℃）

折射率：1.402～1.404

挥发速率：0.71（BuAc=1）

溶解性：可溶于水

毒性：LD_{50}（大鼠，经口）为6600mg/kg

LC_{50}（大鼠，吸入）为15000×10^{-6}/4h

丙二醇甲醚是易燃的液体与蒸气，如果吸入对人体有害，会影响人的中枢神经系统，如果通过皮肤被吸收或被误吞也会对人体产生危害。对皮肤、眼睛和呼吸道有刺激性。

特性及用途：丙二醇醚主要用途是作工业溶剂，在涂料、清洗剂、油墨、皮革等方面都有广泛的用途。在涂料工业中，可用作醇酸树脂、环氧树脂、丙烯酸树脂、聚酯等的溶剂。配制成的涂料，其漆膜光洁、平整、丰满度好。在染料溶解过程中，可用它代替醇类溶剂，是一种良好的偶联剂。在油墨生产中，使用丙二醇醚，一些配方可改成水溶性，使油墨毒性降低，改善操作环境，提高印刷质量。丙二醇醚类产品可配制浓缩型的各类清洗剂，效果良好。在新型制动液中，它的含量可高达40%以上，是制动液的主要成分之一。此外，丙二醇醚还可用于水性涂料、感光胶、PS版清洗、印刷、电子化学品、喷气发动机燃料添加剂（防水剂）、萃取剂和高沸点溶剂等。

(4) 丙二醇正丁醚

化学名称：丙二醇正丁醚，1,2-丙二醇-1-单丁醚；1-丁氧基-2-丙醇

CAS编号：5131-66-8

分子式：$C_7H_{16}O_2$，$C_4H_9OCH_2CH(CH_3)OH$

分子量：132.2

结构式：

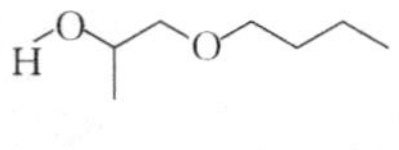

外观：无色澄清液体，低气味

相对密度：0.879（20℃），0.875（25℃）

熔点：-82℃

沸点：171℃（760mmHg/1.01×10^5Pa）；馏程162～175℃

闪点：约63℃

自燃温度：260℃

蒸气压：113.32Pa（20℃）

黏度：3.1mPa·s（25℃）

表面张力：27.5mN/m（25℃）

比热容：1.98J/(g·℃)（25℃）

沸点下蒸发热：320J/g

燃烧热：31.4kJ/g

挥发速率：0.093（醋酸正丁酯＝1）

131（乙醚＝1）

溶解性： 25℃时 15.5％（水/溶剂）；5.5％（溶剂/水）。与多数有机溶剂混溶

空气中的燃烧极限：

上限（145℃测） 8.40％（体积）

下限（25℃测） 1.10％（体积）

Hansen 溶度参数：

δ_d（色散） 14.9 $(J/cm^3)^{1/2}$

δ_p（极化） 4.2 $(J/cm^3)^{1/2}$

δ_h（氢键） 10.7 $(J/cm^3)^{1/2}$

毒性：LD_{50} 为 5950mg/kg（大鼠经口），属低毒类。吸入、摄入或经皮肤吸收对身体有害。对皮肤有刺激作用。对眼有明显的刺激性，可致结膜炎和角膜炎

特性及用途：由于其低毒、低气味、高闪点的特性，是一种相当环保安全的有机溶剂。可用于高聚物的溶剂，是水分散型和溶剂型涂料的制造以及家用/工业用重油污的清洗剂配方成分。因其适中的亲油亲水平衡值，在水性涂料的制造中是理想的成膜助剂，有优异的分散、稳定、催干和偶联作用，其较低的气味使其成为室内装修涂料的理想助剂。

（5）二丙二醇单甲醚　二丙二醇单甲醚通常为异构体的混合物。

化学名称：二丙二醇单甲醚，一缩二丙二醇单甲醚，（2-甲氧基甲基乙氧基）丙醇

CAS 编号：34590-94-8

分子式：$C_7H_{16}O_3$

分子量：148.20

结构式：

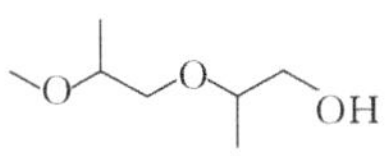

外观：无色透明黏稠液体，具有令人愉快的气味

相对密度：0.9608（20℃）

熔点：－80℃

沸点：187.2℃；工业品馏程 180.0～195.0℃（101325Pa）

闪点：82℃（开杯）

蒸气压：53.33Pa（25℃）

黏度：3.7mPa·s（20℃）

折射率：1.4220

溶解性：可与水和多种有机溶剂混溶

毒性：LD_{50}（大鼠，经口）为 5000mg/kg

特性及用途：水性涂料、水性油墨的成膜助剂，涂料、染料的溶剂，也是刹车油组分

（6）二丙二醇正丁醚　二丙二醇丁醚（DPNB）是一种无色透明略带温和气味的溶剂，具有低毒性、低挥发性，微溶于水。对涂料树脂有良好的偶联性和溶解性。基于这些特性，

二丙二醇丁醚被广泛应用在农业、涂料、清洁剂、油墨、纺织和黏结剂等行业。

化学名称：二丙二醇正丁醚，二丙二醇单丁醚，1-(2-丁氧基-1-甲基乙氧基)-2-丙醇

CAS 编号：29911-28-2

分子式：$C_{10}H_{22}O_3$

分子量：190.3

结构式：

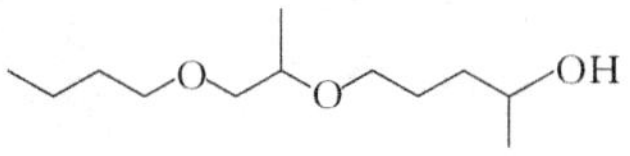

外观：无色透明液体，有温和的气味

密度：0.911g/mL（20℃）；0.907g/mL（25℃）

熔点：<-75℃

沸点：222~232℃

闪点：100.4℃

自燃温度：194℃

蒸气压：5.33Pa（20℃）

黏度：4.9mPa·s（25℃）

表面张力：28.4mN/m（25℃）

比热容：1.79J/(g·℃)（25℃）

沸点下蒸发热：252J/g

燃烧热：30.8kJ/g

挥发速率：　　　　　0.006（醋酸正丁酯=1）

　　　　　　　　　>1200（乙醚=1）

折射率：1.426（20℃）

溶解性：

　在水中　　　4.5g/100g

　水在其中　　14g/100g

空气中的燃烧极限：

　上限（180℃时）　20.40%（体积）

　下限（145℃时）　0.60%（体积）

Hansen 溶度参数：

　δ_d（色散）　　14.8 $(J/cm^3)^{1/2}$

　δ_p（极化）　　2.5 $(J/cm^3)^{1/2}$

　δ_h（氢键）　　8.7 $(J/cm^3)^{1/2}$

毒性：LD_{50}（大鼠，经口）：4400mg/kg（雄）；3700mg/kg（雌）

　　　LD_{50}（大鼠，经皮）：>2000mg/kg

特性及用途：水性工业漆、水性木器漆、水性油墨、家用清洁剂、湿纸巾用。DPnB 的最低成膜温度降低效果通常比醇酯高 20%~30%。

（7）丙二醇苯醚　作为水性涂料成膜助剂，丙二醇苯醚加入乳胶体系后，在水相和聚合相中进行重新分配，由于它在水相中的溶解度极小，主要存在于树脂中，保证了优异的成膜

性，同时具有良好的增塑效应及适宜的挥发速率，可以获得良好的成膜效果。

化学名称： 丙二醇苯醚，3-苯氧基-1-丙醇

CAS 编号：6180-61-6

分子式：$HOC_3H_6OC_6H_5$

分子量：152.2

结构式：

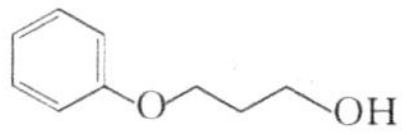

外观：无色透明液体，气味温和

相对密度：1.063（20℃）；1.059（25℃）

熔点：11℃

沸点：243℃

闪点：120℃

自燃温度：495℃

蒸气压：1.33Pa（20℃）

黏度：24.5mPa·s（25℃）

表面张力：38.1mN/m（25℃）

比热容：2.18J/(g·℃)（25℃）

沸点下蒸发热：319J/g

燃烧热：30.4kJ/g

挥发速率：0.002（醋酸正丁酯=1）

　　　　　＞1200（乙醚=1）

溶解性：

　　在水中　　1g/100g

　　水在其中　6.5g/100g

空气中的燃烧极限：

　　下限　　　0.80%（体积）

Hansen 溶度参数：

　　δ_d（色散）17.4 $(J/cm^3)^{1/2}$

　　δ_p（极化）5.3 $(J/cm^3)^{1/2}$

　　δ_h（氢键）11.5 $(J/cm^3)^{1/2}$

特性及用途：水性漆高效成膜助剂。PPH 对绝大多数乳胶及树脂具有极强的溶解能力，水溶性小，确保了它被乳胶微粒完全吸收，从而赋予乳胶漆最好的聚结性能和展色均一性，同时具有优良的贮存稳定性。用它替代 TEXANOL（醇酯-12）在漆膜最终成形，并具有相同光泽、流平、流挂、展色、耐擦洗及增稠条件下，用量降低 30% 左右，因而成本低，综合成膜效率提高 1.5~2 倍。最重要的是，它具有无毒环保的特性。

PPH 可作为优良的高沸点有机溶剂或改性助剂，替代毒性或气味较大的异佛尔酮、环己酮、DBE、苯甲醇、乙二醇苯醚系列。因其无毒性，混溶性好，挥发速率适中，具有优异的聚结及偶合能力，较低的表面张力，而广泛用于汽车漆及汽车修补涂料、电泳涂料、工业

烤漆和船舶漆，集装箱漆，木器涂料。

（8）Texanol　Texanol 是 Eastman（伊士曼）公司的化合物 2,2,4-三甲基-1,3-戊二醇单异丁酸酯的商品名，现已专用作该化合物的简称。水性涂料常用的成膜助剂 Texanol 是聚合物的良溶剂，几乎不溶于水，水解稳定性好，挥发性较低，能有效地降低许多乳液的成膜温度，不易燃烧，所以是一种很好的成膜助剂。它能赋予涂料许多优异的特性，如使涂料具有良好的耐擦洗性、抗刮性和展色性并能提高贮存稳定性等。它可以用于许多不同类型的乳液中，包括高 pH 值的丙烯酸乳液。用量通常为乳液固体树脂的 3%～10%，制漆的任何阶段加入都可。Texanol 加入乳胶漆中后，被聚合物乳胶颗粒所吸附，使乳胶颗粒变软，从而使其在漆膜干燥过程中能完成融合。由于 Texanol 几乎不溶于水，因此它不会处在水相中，将涂料涂覆在多孔底材上时，因 Texanol 不会随水一起被底材吸收，所以不会降低成膜效果。Texanol 毒性小，LD_{50}（家鼠，经口）为 6517mg/kg，LD_{50}（家兔，经皮）＞15200mg/kg，LD_{50}（家鼠，吸入）＞3.55mg/L/6h。

Texanol 的基本信息如下。

中文名：2,2,4-三甲基-1,3-戊二醇单异丁酸酯

简称：醇酯-12、十二碳醇酯、Texanol 酯醇

英文名：texanol，texanol ester alcohol

代号：CS-12，CHISSO CS-12

化学名：2,2,4-trimethyl-1,3-pentanediol monoisobutyrate，propanoic acid，2-methyl-3-hydroxy-2,2,4-trimethylpentyl ester 3-hydroxy-2,2,4-trimethylpentyl isobutyrate

CAS 编号：25265-77-4

分子式：$C_{12}H_{24}O_3$

分子量：216.32

结构式：

$$H_3C-CH(CH_3)-C(=O)-O-CH_2-C(CH_3)_2-CH(OH)-CH(CH_3)-CH_3$$

生产厂家：美国 Eastman（伊士曼）公司（牌号 Texanol OE-300），美国 Dow（陶氏）化学公司（牌号 UCAR Filmer IBT），日本智索（CHISSO）公司（牌号 CHISSO CS-12），中国齐鲁伊士曼精细化工有限公司和吉林化学工业公司等。

商品 Texanol 的理化性能见表 7.7。需要提及的是，由于纯度不同和杂质种类的差异等原因各个厂家的产品的理化性能略有差别。

表 7.7　商品 Texanol 的理化性能

性　　能	Texanol OE-300（Eastman）	UCAR Filmer IBT（Dow）	CHISSO CS-12（智索）
外观	清澈透明液	无色透明液	无色透明液
含量/%	≥99.5	≥98.5	≥98.0
含水量/%	≤0.1	≤0.3	≤0.1
颜色(铂钴比色)	≤10	≤20	≤20
酸度(以醋酸计)	≤0.05	≤0.2	≤1.0

续表

性　　能	Texanol OE-300 (Eastman)	UCAR Filmer IBT (Dow)	CHISSO CS-12 (智索)
$d^{20℃}$	0.945~0.955	0.948	0.948
$n_D^{20℃}$	1.4411~1.4433		1.4423
初沸点(101325Pa)/℃	255		
干点(101325Pa)/℃	260.5		
沸点(101325Pa)/℃		255	254
凝固点/℃		−50	−57
闪点(开杯)/℃	120	119(闭杯)	123
黏度(20℃)/mPa·s		17.9	
表面张力(20℃)/(mN/m)		30.7	
自燃温度/℃			393
挥发速率($nBuOAc=100$)	0.2	<1	
蒸气压 Pa			
20℃	1.33	<1.33	
25℃	1.73		
180℃			$16.7×10^3$
蒸气密度(空气=1)			7.45
电阻率/MΩ			200
溶解度(20℃,质量分数)/%			
水中	3.0	0.12	不溶
水在其中	0.9	2.9	0.9
Hansen溶度参数/[(cal/cm^3)$^{1/2}$]			
总合		9.3	
氢键		4.8	
极化		3.0	
色散		7.4	

(9) 三丙二醇正丁醚(TPnB)　三丙二醇正丁醚(TPnB)是一种略有气味的无色液体，沸点高(276℃)，蒸气压低于0.01kPa，通常认为不属于VOC限制的范围，也不是HAPs成膜助剂。TPnB挥发慢，但比醇酯-12和邻苯二甲酸酯增塑剂挥发快，因而用TPnB配制的水性漆漆膜硬度展现快，漆膜的耐沾污、抗粘连性好。它的毒性低，LD_{50}为2800mg/kg，皮肤吸收的$LD_{50}>2000$mg/kg(大鼠)，是一种值得重视的成膜助剂。TPnB有吸湿性，暴露在空气中会吸水，贮存时要注意防潮。有关三丙二醇正丁醚的基本信息如下。

中文名：三丙二醇正丁醚(TPnB)，三丙二醇单丁醚

简称：TPnB

CAS编号：55934-93-5

分子式：$C_{13}H_{28}O_4$

分子量：248.4

结构式：H_9C_4—O—C_3H_6—O—C_3H_6—O—CH_2—CHOH—CH_3(各种异构体的混合物，此为主要的异构体)

生产厂家：德国BASF公司(牌号Solvenon TPnB)，美国Dow(陶氏)化学公司(牌号DOWANOL TPnB)，美国Lyondell公司(牌号ARCOSOLV TPnB)

各厂家产品报道的理化数据稍有差别(表7.8)。

表 7.8 商品 TPnB 的理化性能

性　能	ARCOSOLV TPnB (Lyondell)	DOWANOL TPnB (Dow)	Solvenon TPnB[①] (BASF)
气味	很小	极小	几乎无味
颜色(铂钴比色)			25(最大)
沸点/℃	276	274	272～282
凝固点/℃	−75	<−75	<−20
闪点/℃	123.9	126	
$d^{20℃}$	0.934	0.930	0.91～0.94
$d^{25℃}$		0.927	
$n_D^{25℃}$	1.433		1.429～1.435(20℃)
黏度(20℃)/mPa·s	8.7	7.0(25℃)	
蒸气压(20℃)/Pa	<1.33	<1.33	
表面张力/(mN/m)	29.7	29.7	
比热容(25℃)/[J/(g·℃)]		1.80	
蒸发热(沸点下)/(J/g)		2220	
燃烧热/(kJ/g)		30.4	
自燃温度/℃		186	
挥发速率			
nBuOAc=100	1	0.04	
二乙醚=1		1200	>10000
溶解度(20℃,质量分数)/%			
水中	3	2.5(25℃)	部分溶
水在 TPnB 中	8	8(25℃)	
Hansen 溶度参数/[(J/cm³)$^{1/2}$]			
氢键	5.1	7.9	
极化	2.4	1.7	
色散	7.4	14.8	

① 气相色谱法测得成分为：三丙二醇丁醚不少于 95%，二丙二醇丁醚不多于 2%，含水量不大于 0.1%。

7.5　其他品牌成膜助剂

（1）Condea Servo 公司的成膜助剂　荷兰 Condea Servo（康盛）公司提供两种水性涂料成膜助剂，SER-AD FX 510 和 SER-AD FX 511，基本性能见表 7.9。

表 7.9　Condea Servo 公司的成膜助剂

性能	牌　号	
	SER-AD FX 510	SER-AD FX 511
外观	透明液体	透明液体
密度(20℃)	约 0.940	约 0.940
黏度(25℃)/mPa·s	≤50	<900
沸点/℃	>254	
闪点/℃		>100
溶解性	不溶于水	不溶于水
用量/%	0.3～2.5	0.2～2.0
特性	气味小，零 VOC 各种乳胶漆均可用	气味小，挥发慢 丙二醇单酯类 各种乳胶漆均可用

（2）Cognis 公司的成膜助剂　德国 Cognis 公司有成膜助剂 LOXANOL EFC 100、200 和 300，其中 LOXANOL EFC 100 原牌号为 Edenol EFC 100（表 7.10）。这些成膜助剂一般应在 5℃以上贮存，0℃以下可能冻固，但回暖后仍可用，不影响质量。LOXANOL EFC 系列成膜助剂的保质期至少 2 年。

表7.10 Cognis公司的成膜助剂

性　能	牌号		
	LOXANOL EFC 100	LOXANOL EFC 200	LOXANOL EFC 300
成分		以C_{18}为主的脂肪酸的丙二醇单酯	线型酯
外观	透明至微浊黄色液体	透明微黄液	无色至浅黄液
有效成分/%	100	100	100
Gardner色度	≤5	≤4	
相对密度	0.89～0.92	0.91	0.86～0.87
黏度/mPa·s	25～35	25～35(25℃)	4～5(25℃)
酸值/(mg KOH/g)	≤5	≤6	0～1
沸点/℃			265～285
凝固点/℃			-4
皂化值/(mg KOH/g)	165～170		250～260
碘值/(g I/100g)	—	—	0～0.5
含水量/%	0～0.3	≤1	0～0.1
VOC/(g/L)	<50	<50	
推荐用量/%	1～2	1～2	0.5～2
特点	低味,不产生VOC,改进流变性、展色性、耐划伤性、低温成膜性好。不黄变,无害	气味极小,降MFFT显著,提高光泽,改进流变性、耐划伤性,不黄变,无害,环境友好	有特殊气味,比Texanol效率高,硬度展现快,改进不沾尘性,展色性好,不黄变,无害
用途	建筑涂料、工业涂料	建筑涂料、工业涂料	外墙涂料、工业涂料、水性木器漆

（3）Elementis公司的成膜助剂　Elementis公司的商品成膜助剂牌号为DAPRO FX 510、511和513（表7.11）。通常在配漆阶段添加。其中DAPRO FX 513是环境友好型成膜助剂,沸点高,能延长开放时间。

表7.11 Elementis公司的成膜助剂

性　能	牌号		
	DAPRO FX 510	DAPRO FX 511	DAPRO FX 513
外观	近无味清澈液体	低味清澈液体	几乎无味清澈液体
类型	聚醇酯类	聚醇酯类	聚醇酯类
有效成分/%	100	100	100
相对密度	0.94	0.94	0.94
黏度/mPa·s	<50	<100	<900
沸点/℃	约255	约235	>280
凝固点/℃	<-18		
闪点/℃	>200		>100
燃点/℃	>400		
分解温度/℃	>250		
pH值稳定范围	4～12	4～12	4～12
VOC	无	有	无
水溶性	不溶	不溶	可分散
VOC/%			<0.1
毒性[LD_{50}(大鼠经口)]/(mg/kg)	>2000		
推荐用量/%	0.3～2.5	0.3～2.5	0.3～2.5
保质期/年		3	2
特点	低味,低泡,降MFFT显著	低味,低泡,降MFFT显著	高效,无味,降MFFT显著,环境友好
用途	水性涂料	水性涂料	水性涂料

第8章 防腐剂和防霉剂

8.1 罐内防腐和漆膜防霉防藻

水性涂料以水为介质,加之水性涂料配方中不可避免地含有一些亲水的组分,例如,含亲水基的树脂、纤维素增稠剂、有机助剂以及某些天然化合物,在适当的湿度、温度、酸碱度和空气中氧气的存在下使得微生物和霉菌很容易在涂料中繁殖和生长,结果导致水性涂料逐渐出现分水、分层、破乳、长霉斑、发臭等腐败变质现象。为了防除罐内涂料的腐败变质,水性涂料中必须添加防腐剂(preservative)。水性涂料成膜以后由于同样的原因漆膜有一定的吸水性,在适当的温湿条件下会长霉生藻,这时必须使用漆膜防霉剂(fungicide)和漆膜防藻剂(algicide)来消除。因此,对水性涂料而言微生物和霉菌的影响分两方面:对湿漆的败坏和对干漆膜的破坏。防腐剂用来防止漆液在贮存过程中变质,虽然用量很少(一般不超过0.2%)但必不可少。不加防腐剂的水性漆在夏季高温时期尤其容易变质。干膜防霉防藻剂用量要大得多,通常要达干漆膜重量的0.3%以上。

使用性能好的水性涂料防霉杀菌剂必须满足以下几个条件:
① 具有广谱杀菌防霉性,药效高,活性持久;
② 对人体无毒或低毒,使用安全,对材料无腐蚀性;
③ 本身稳定性高,耐候、耐光、热、氧老化,适用的pH范围广;
④ 在涂料中稳定,不会与其他组分起化学反应,不影响漆膜的理化性能,不易挥发;
⑤ 价廉易得,使用方便,在涂料中易分散;
⑥ 干膜防霉防藻剂难溶或不溶于水。

8.2 防腐剂和防霉剂的作用机理

防腐剂和防霉剂遇到微生物及细菌以后,首先是与其细胞外膜接触、吸附,然后穿过细胞膜进入细胞质内,在各个部位发挥药效,阻碍病原菌细胞的生长、繁殖或将其杀死。进一步说,防腐防霉剂的作用主要是对病原菌细胞壁和细胞膜产生影响以及对关系到细胞新陈代谢的酶的活性或对细胞质部分遗传微粒结构产生影响。其作用机理大致有以下几种。

(1) 阻碍微生物和细菌的新陈代谢　病原菌的生命过程需要能量,其能量来自碳水化合物、脂肪和蛋白质的氧化,最终生成三磷酸腺苷(ATP)以便贮存能量,而后能量可随时释放出来维持生命所需。这个过程需要一些带有活性中心的酶的帮助。酶的活性中心含有氨基、巯基、微量金属离子活性基团。一旦遇到杀菌剂后,杀菌剂随即与这些活性基团结合使得酶失去活性,细菌的新陈代谢受阻,最终导致细菌难以生存。因此,这类杀菌剂的主要作用是阻碍微生物和细菌的氧化获能过程,起到杀菌的作用。

(2) 干扰微生物的生物合成和遗传　微生物和病原体在生长和繁殖过程中离不开一些特定

的物质，例如，在细胞质内产生的氨基酸、嘌呤、嘧啶和维生素，在核糖体上合成的蛋白质，以及在细胞核中生成的脱氧核糖核酸（DNA）和某些核糖酸（RNA）等。这些过程的任何一个环节受到杀菌剂破坏或干扰后都会阻碍和破坏微生物的生长与繁殖，起到了抑菌的作用。

(3) 破坏细胞壁和细胞膜　细菌细胞主要由细胞壁、细胞膜、细胞质、核质体及内容物等构成。细胞壁是细胞与外界环境的分隔界面，它的主要功能是固定细胞外形和保护细胞不受损伤。细菌细胞壁的主要成分是肽聚糖，不含纤维素和几丁质。肽聚糖是由许多相同结构单元交联而成的多层网状构造。每一单元由短肽链和聚糖（N-乙酰葡糖胺和 N-乙酰胞壁酸交替排列）两种成分构成。真菌细胞壁的主要成分是纤维素、葡聚糖或几丁质类多糖，藻类则主要是纤维素类多糖。细菌为单细胞生物，大部分真菌为多细胞生物。

某些杀菌剂能抑制乙酰葡糖胺转化酶的作用，使乙酰葡糖胺不能形成肽聚糖，或者破坏几丁质的形成，或者改变细胞膜的渗透能力，最终使得细胞壁被破坏，细胞内容物泄漏，导致细菌和真菌死亡。

(4) 阻碍类酯的合成　有些杀菌剂可抑制菌体的类酯合成，从而起到抑菌的效果。

(5) 阻断光合作用　有些防藻剂是通过阻断光合作用起到防藻作用的。

总而言之，防腐剂和防霉剂对微生物、真菌、细菌的作用主要有杀菌与抑菌两种。杀菌与抑菌的区别：杀菌主要表现为菌类的孢子不能萌发，细胞膨胀，原生质瓦解，细胞壁破坏，霉菌最终死亡；而抑菌则表现为菌丝生长受阻，畸形、扭曲，但并未死亡，药剂消除后可恢复生长。除了特定的高效杀菌剂以外，有些药剂的杀菌和抑菌作用往往不能截然分开，这两种作用还与以下因素有关。

① 杀菌剂本身的性质　重金属类和有机硫杀菌剂多起杀菌作用。
② 浓度　许多杀菌剂在使用浓度低时常表现为抑菌作用，高浓度下为杀菌作用。
③ 作用时间　时间短为抑菌作用，时间长起杀菌作用。

8.3　水性涂料防腐防霉剂的种类

水性涂料用的防腐防霉剂品种繁多，商品牌号不胜枚举，但从化学上看大致有以下几类：异噻唑啉酮衍生物、苯并咪唑化合物、取代芳烃化合物、释放甲醛化合物、有机溴化合物、有机胺化合物、三嗪类化合物等。商品防腐防霉剂少部分是单一化合物，大多数是两种以上化合物的复配产品。

8.3.1　异噻唑啉酮衍生物

(1) 2-甲基-4-异噻唑啉-3-酮（MIT）

CAS 编号：2682-20-4

分子式：C_4H_5NOS

分子量：115.16

结构式：

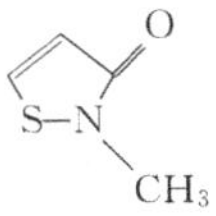

外观：纯品为白色结晶，商品多配成 10%～50% 的无色至浅黄色透明液供货

熔点：48～50℃

溶解性：易溶于水、低级醇和极性有机溶剂，难溶于烃类

用量：0.05%～0.2%

特点：档高效、广谱、持久、低毒防腐剂，能够有效抑制革兰阳性菌、革兰阴性菌、酵母菌及霉菌。在较宽的pH值（2～12）和温度范围内具有较好的稳定性和安全性。温度超过50℃易分解。

(2) 5-氯-2-甲基-4-异噻唑啉-3-酮（CIT）

CAS编号：26172-55-4

分子式：C_4H_4ClNOS

分子量：149.5

结构式：

熔点：54～55℃

溶解性：易溶于水、低级醇和极性有机溶剂，难溶于烃类

抗菌性能：这类商品常常以CMIT/MIT=3/1左右的混合物的形式供货，以常用的罐内防腐剂Kathon LXE为例（淡绿色有微弱气味的液体，活性成分1.5%，其中CMIT 1.15%，MIT 0.35%，黏度3mPa·s左右），其抗菌性能，以最低抑菌浓度MIC（Minimum Inhibitory Concentration）表示，见表8.1。Kathon LXE在水性涂料中的推荐用量为0.05%～0.167%。

表8.1 Kathon LXE对细菌和真菌的最低抑菌浓度MIC

实验细菌	美国标准培养收集所（ATCC）菌种号码	最低抑菌浓度活性成分/×10^{-6}	实验真菌	美国标准培养收集所（ATCC）菌种号码	最低抑菌浓度活性成分/×10^{-6}
革兰阳性细菌			真菌		
蜡状芽孢杆菌	RH♯L5	2	交替霉菌属	11782	3
枯草芽孢杆菌	RH♯B2	2	小麦霉	16878	8
产氨气杆菌	6871	2	黑曲霉	9642	9
纤维单孢菌类	21339	6	米麦霉	10196	5
卵(藤)黄八叠(球)菌	9341	5	芽霉菌糠担子霉	9294	6
金黄色葡萄球菌	6538	2	白色念珠酵母菌	11651	5
表皮葡萄球菌	155	2	球毛壳霉菌	6205	9
化脓链球菌	624	9	着色分生孢子霉	11274	5
白色链球菌	3004	1	分生孢子霉属	9351	8
革兰阴性细菌			胶枝霉属	QM7638	9
无色杆菌属	4335	2	香菇多糖霉属	12653	4
粪产咸菌	8750	2	Lenzties trabea	11539	6
固氮菌属	12837	5	Mucor nouxii	RH♯L5-83	5
产气肠杆菌	3906	5	绳状青霉菌	9644	5
大肠杆菌	11229	8	灰绿青霉菌	USDA	2
黄杆菌属	958	9	小线球状茎点霉属	6735	3
硝化菌属	14123	0.1	冬茎点霉属	12569	2
亚硝化单胞菌属	19718	0.1	产糖芽霉菌	9348	5
普通变形杆菌	8427	5	葡茎根霉菌	10404	5
绿脓假单胞菌	15442	5	深红类酵母菌	9449	5
荧光假单胞菌	13525	2	酿酒酵母菌	2601	2
嗜油假单胞菌	8062	5	须发癣菌	9533	5
伤寒沙门杆菌	6539	5	宋内杆菌	9290	2

特点：异噻唑啉酮是通过断开细菌和藻类蛋白质的键而起杀死微生物的作用的。异噻唑啉酮与微生物接触后，能迅速地、不可逆地抑制其生长，从而导致微生物细胞的死亡，故对常见细菌、真菌、藻类等具有很强的抑制和杀灭作用。杀死微生物的效率高，降解性好，具有不产生残留、操作安全、配伍性好、稳定性强、使用成本低等特点。能与氯及大多数阴、阳离子及非离子表面活性剂相混溶。CMIT 是广谱、高效、无甲醛的防腐剂。由于生产工艺的原因，商品常常为 CMIT/MIT＝3/1 的混合物。CMIT 是速效杀菌剂，它的杀菌效力是 MIT 的 50～200 倍。

高低两种浓度的 CMIT/MIT 混合物的工业产品的性能指标见表 8.2，该产品符合标准 HG/T 3657—1999，在水性涂料中主要用作罐内防腐剂。低浓度的 2 类产品即为国外的 Kathon LEX。作为工业杀菌防霉剂使用时，一般浓度为 0.05%～0.4%。当工业杀菌防霉剂液活性物含量为 13.9%～14.5%，CMIT/MIT 为 2.5～4.0 时，20℃下相对密度为 1.26～1.33，pH 值为 2.0～3.0。低毒性：急性口服毒性 LD_{50}＞3800mg/kg(鼠)；急性皮肤刺激 LD_{50}＞5000mg/kg(兔)。

表 8.2　混合异噻唑啉酮防腐防霉剂的工业指标

项　目	指　标	
	1 类	2 类
外观	琥珀色透明液体	淡黄或淡绿色透明液体
活性物含量/% ≥	14.0	1.50
pH 值(原液)	1.0～4.0	2.0～5.0
密度(20℃)/(g/cm)³ ≥	1.25	1.02
CMI/MI(质量比)	2.5～4.0	2.5～4.0

(3) 2-正辛基-4-异噻唑啉-3-酮

又名：2-辛基-3(2H)-异噻唑酮

CAS 编号：26530-20-1

分子式：$C_{11}H_{19}NOS$

分子量：213.34

结构式：

外观：淡黄至琥珀色透明液

pH 值：4.5～7.0

用量：0.1%～1%

抗菌性能：见表 8.3

表 8.3　OIT 的最低抑菌浓度 MIC　　　　　　　　单位：mg/kg

细菌名称	ATCC 菌种号	MIC	霉菌名称	ATCC 菌种号	MIC
假单胞菌	8062	99	黑曲霉	9642	11
大肠杆菌	11229	183	产糖芽霉菌	9348	10
弗氏柠檬酸杆菌	8090	292	球毛壳霉菌	6205	5
科里肠杆菌	33028	875	绳状青霉	11797	9
猪霍乱沙门菌	10708	297	采色曲霉	26637	11
克雷伯菌肺炎亚种	8303	417	黄曲霉	9296	10
铜绿假单胞菌	10145	875	白地霉	26195	7
产气肠杆菌	13048	479	土曲霉	10690	8
枯草芽孢杆菌	8473	7	青霉	12667	1
金黄色葡萄球菌	6538	60	短梗茁霉	15233	1

特点：长效广谱，毒性低。有防霉、防藻双重作用。容易使用操作，可以在任何工序加入。可用作干膜防霉防藻剂。适用的pH范围广泛，pH值在5～9时均可使用。在强紫外线和酸雨条件下稳定。

（4）4,5-二氯-2-正辛基-3-异噻唑啉酮

CAS编号：64359-81-5

分子式：$C_{11}H_{17}Cl_2NOS$

分子量：282.23

结构式：

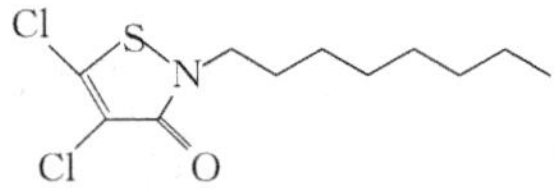

外观：白色至浅黄流动性细粉末

熔点：36～40℃

毒性：低毒。母鼠经口LD_{50}为2600mg/kg；公鼠经口LD_{50}为4400mg/kg。

用量：0.1%～0.5%

抗菌性能：见表8.4

表8.4 DCOIT的最低抑菌浓度MIC 单位：mg/kg

细菌名称	ATCC菌种号	MIC	霉菌名称	ATCC菌种号	MIC
产气肠杆菌	8062	99	黑曲霉	6278	0.05
大肠杆菌	11229	16	出芽短梗霉	12536	0.2
粪产碱杆菌	8750	2	枝状枝孢	16022	1
绿脓杆菌	15442	13	绿色木霉	9645	2.5
荧光假单胞菌	13525	16	绿色木霉	52426	0.7
枯草芽孢杆菌		2.4	链格孢	52170	0.05
蜡状芽孢杆菌		2.4	链格孢	16026	0.4
金黄色葡萄球菌	6538	5			

特点：高效广谱，配伍性好，低毒易分解，既可以用作罐内防腐剂又可以用于干膜防霉，还是高效防藻剂。作为防藻剂MIC不超过1mg/kg即可有效地抑制藻类生长

（5）苯并异噻唑啉-3-酮

CAS编号：2634-33-5

分子式：C_7H_5NOS

分子量：151.18

结构式：

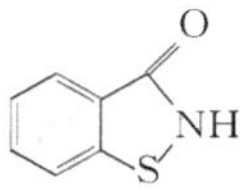

外观：白色至淡黄色针状结晶，商品有以各种浓度的溶液供货的

熔点：154～158℃

溶解性：溶于热水

毒性：中等毒性。口服：大鼠 LD_{50} 为 1020mg/kg，小鼠 LD_{50} 为 1150mg/kg，对皮肤、眼睛有刺激性。

抗菌性能：见表 8.5。

表 8.5 BIT 的最低抑菌浓度 MIC   单位：mg/kg

细菌名称	MIC	霉菌名称	MIC
铜绿色假单胞菌(绿脓杆菌)	250	黑曲霉	350
恶臭假单胞菌	250	出芽短梗霉	350
大肠杆菌	40	特异青霉	125
阴沟肠杆菌	80	白色拟内孢霉	200
金黄色葡萄球菌	40	浑浊酿酒酵母	250
枯草芽孢杆菌	40	深红酵母	400
普通变形杆菌	125	球毛壳菌	400
乳酸乳球菌	15	枝状枝孢	400
粪场球菌	40	链格孢	700

特点：不含卤素，不释放甲醛，180℃仍稳定，耐酸碱，具有突出的抑制霉菌（真菌、细菌）等微生物在有机介质中的滋生作用。杀菌性较 CMIT/MIT 慢，广谱性稍差

供应：全球有 146 家供应商

8.3.2 苯并咪唑化合物

(1) 苯并咪唑氨基甲酸甲酯

CAS 编号：10605-21-7

分子式：$C_9H_9N_3O_2$

分子量：191.2

结构式：

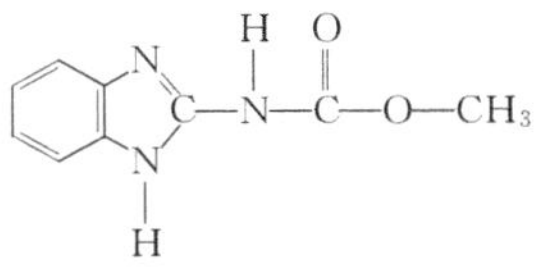

外观：无色结晶，无臭无味

熔点：302~307℃

溶解性：水中溶解度 8mg/L

毒性：低毒。口服大鼠 LD_{50} 为 15000mg/kg，小鼠 LD_{50} 为 5000mg/kg，无致癌作用

用量：0.5%~1.0%

抗霉菌性能：见表 8.6。

表 8.6 BCM 的最低抑霉菌浓度 MIC   单位：mg/kg

霉菌	MIC	霉菌	MIC
黑曲霉	1.0	拟青霉	1.5
黄曲霉	1.5	枝孢霉	0.4
变色曲霉	0.4	木霉	0.6
橘青霉	0.2		

特点：干膜防霉防藻剂。BCM 能杀死或抑制多数霉菌，主要作用是防霉、防藻。作为内吸性杀菌剂，杀菌谱较广，干扰病菌细胞的有丝分裂，抑制其生长

(2) 2-(4-噻唑基)苯并咪唑

CAS 编号：148-79-8

分子式：$C_{10}H_7N_3S$

分子量：201.24

结构式：

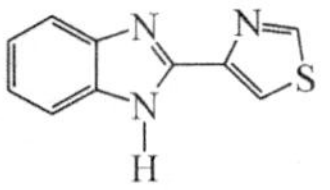

外观：灰白色无臭粉末

熔点：304～305℃，室温下不挥发，加热到 310℃升华。工业品 298～301℃。

溶解性：水溶性 50mg/L。丙酮中 4.2g/L，乙醇中 7.9g/L，甲醇中 9.3g/L，苯中 230mg/L

毒性：低毒内吸性杀菌剂。大鼠急性经口 LD_{50} 为 6100mg/kg，对兔眼睛有轻度刺激作用，对皮肤无刺激作用。动物实验未见致畸、致癌、致突变作用

特点：高效、广谱、内吸性杀菌剂，药效期长

8.3.3 取代芳烃化合物

(1) 四氯间苯二腈

CAS 编号：1897-45-6

分子式：$C_8Cl_4N_2$；$Cl_4C_6(CN)_2$

分子量：265.90

结构式：

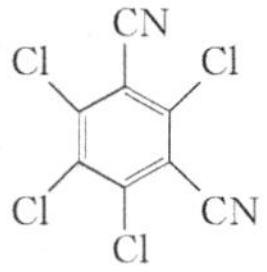

外观：白色无臭结晶

熔点：250～251℃

沸点：350℃

$d^{25℃}$ 1.7

蒸气压：1.33Pa(40℃)

溶解性：水中溶解度为 $0.6×10^{-6}$，丙酮中为 2g/kg，二甲苯中为 20g/kg，环己酮 30kg/kg

毒性：低毒。$LD_{50}>10000$mg/kg（大鼠经口）；>10000mg/kg（兔经皮）。土壤中半衰期为 6 天

抗菌性能：见表 8.7。

表 8.7　TPN 的最低抑菌浓度 MIC　　　　　　　　　　单位：mg/kg

细菌名称	MIC	霉菌名称	MIC
枯草芽孢杆菌	10	黑曲霉	100
巨大芽孢杆菌	10	黄曲霉	10
大肠杆菌	250	互隔交链孢霉	10
荧光假单胞菌	250	橘青霉	10
金黄葡萄球菌	5	拟青霉	50
绿脓杆菌	250	毛霉	50
啤酒酵母	100	变色曲霉	10
酿酒酵母	100	球毛壳霉	10
		枝孢霉	10
		木霉	100

特点：高效低毒广谱杀菌防霉剂，无腐蚀性。在碱性和酸性水溶液中以及对紫外光照射都稳定

(2) N-(3,4-二氯苯基)-N',N'-二甲基脲

CAS 编号：330-54-1

分子式：$C_9H_{10}Cl_2N_2O$

分子量：233.10

结构式：

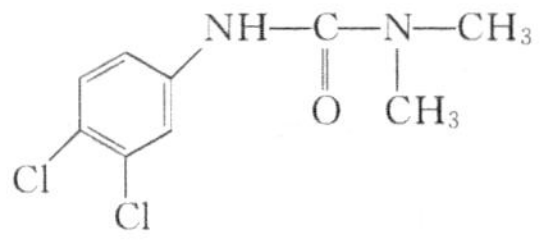

外观：无色无臭结晶

熔点：158～159℃

沸点：180～190℃

蒸气压：4.13×10^{-4}Pa（50℃）

溶解性：水中溶解度（25℃）为 42×10^{-6}，易溶于热酒精，27℃时在丙酮中溶解度为 5.3%

毒性：低毒。LD_{50} 为 3400mg/kg(大鼠经口)；人经口为 500mg/kg(最小致死剂量)

特点：干膜防霉防藻剂，除草剂。防藻性能好，藻类吸收后抑制光合作用

8.3.4　三嗪类化合物

(1) 羟乙基六氢均三嗪

CAS 编号：4719-04-4

分子式：$C_9H_{21}N_3O_3$

分子量：219.28

结构式：

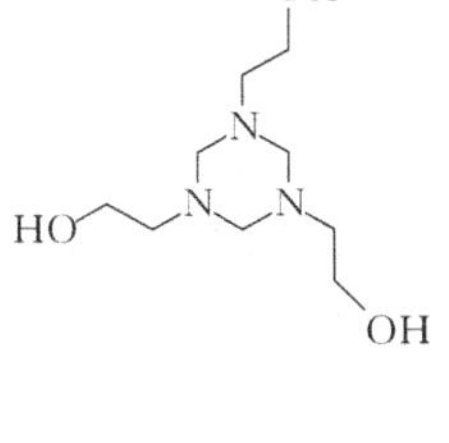

外观：水白色至淡黄色黏稠液体，工业品常为50％或76％活性成分

密度：1.14～1.17(76％)

1.06～1.12(50％)

黏度：0.25～0.35Pa·s(25℃)

pH值：9.5～11.5（1％水溶液）

溶解性：水中≥1g/100mL（24℃）

毒性：小白鼠急性口服 LD_{50}＝926mg/kg，大白鼠急性口服 LD_{50}＝1470mg/kg，大白鼠经皮 LD_{50}＞2g/kg

用量：0.05％～0.3％

抗菌性能：见表8.8。

表8.8　羟乙基六氢均三嗪的最低抑菌浓度MIC　　　　　　单位：mg/kg

细菌名称	英文名称	MIC	霉菌名称	英文名称	MIC
大肠杆菌	[escherichia coli]	250	桔青霉	[penicillium citrinum]	300
金黄色葡萄球菌	[staphylococcus aureus]	250	木霉	[trichoderma SP.]	200
绿脓杆菌	[pseudomonas aerugimosa]	200	黄曲霉	[aspergillus flavus]	150
产气杆菌	[aerobacter aerogenes]	180	黑曲霉	[aspergillus niger]	350
枯草杆菌	[bacillus subtilis]	200	白地霉	[geotrichum candidum]	250

特点：这是一种均三嗪类高效、低毒的水溶性和油溶性杀菌剂，可溶于水、醇和多种油品中。无腐蚀性。具有广谱抗菌能力，能杀死或抑制多种细菌和微生物。可在中性至强碱性范围内使用。适用于乳胶漆、皮革上光剂及纸张涂层以及金属加工液（切削液、研磨液、压延液、轧制液等）的防腐防霉

（2）2-叔丁氨基-4-环丙氨基-6-甲硫基-S-三嗪

CAS编号：28159-98-0

分子式：$C_{11}H_{19}N_5S$

分子量：253.37

结构式：

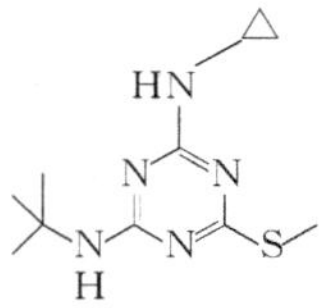

外观：白色至微黄粉末

相对密度：1.1

熔点：133℃

溶解性：水中7mg/L，丁二醇150g/L

毒性：对人和动物毒性极低

用量：内外墙建筑涂料0.1％～1％（以基料固体计）；海洋防污涂料1％～6％

特点：抑制光合作用的杀藻剂。由于几乎不溶于水，所以药效时间长。应配合防霉剂使用。Ciba公司将专用于建筑涂料的该化合物的产品牌号命名为Irgarol 1071。

（3）2-叔丁氨基-4-乙氨基-6-甲硫基-1,3,5-三嗪

CAS 编号：886-50-0

分子式：$C_{10}H_{19}N_5S$

分子量：241.35

结构式：

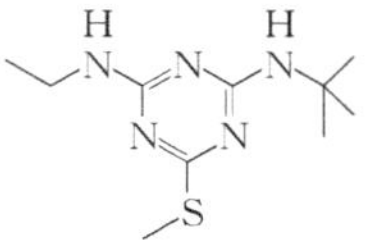

外观：灰白色均匀粉末，无臭，无味

相对密度：1.45

熔点：104～105℃

沸点：154～160℃

闪点：2℃

蒸气压：25℃时为 0.225mPa

溶解性：水溶性：0.0025g/100mL。有机溶剂：20℃时丙酮中 220g/L，己烷中 9g/L，辛醇中 130g/L，甲醇中 220g/L，甲苯中 45g/L。此外，在乙醚、二甲苯、氯仿、四氯化碳、二甲基甲酰胺中迅速溶解，微溶于石油醚

毒性：大鼠急性口服 LD_{50} 为 2045mg/kg，小鼠为 500mg/kg

急性经皮 LD_{50}：大鼠＞2g/kg，兔＞20g/kg

对人、畜低毒

用途：主要用作内吸传导型除草剂，也是杀藻剂

8.3.5 释放甲醛化合物

甲醛释放剂是所有杀菌剂中唯一有气相杀菌能力，并且有明显抑菌效果的防腐杀菌剂，而且其用量极低。甲醛的缺点是杀菌速率慢，并且对人和动物有致癌、致畸和致突变的作用。释放甲醛型防腐剂是一种经过缩聚的羟甲基有机物，能够在一定时间内缓慢释放出微量甲醛，从而达到一定的杀菌和抑菌效果。

甲醛通过与生物蛋白质结合，使蛋白凝固的方式杀灭细菌，对真菌和病毒也有效。对细菌的杀灭作用比对霉菌强。甲醛能快速、广谱、高效地杀菌，尤其具有气相杀菌能力，常与其他防腐杀菌剂配合使用。由于对生物的危害，在我国的涂料市场并不受欢迎。在我国，人们选用防腐剂首先考虑的是不含甲醛，特别是内墙涂料用的防腐剂，一般不使用含有甲醛的助剂。

甲醛释放型防腐剂主要有 N-缩甲醛和 O-缩甲醛，后者释放甲醛的速率快于前者。这类防腐剂的商品牌号有 Troysan 174，Troysan 186，Nuosept 95，Ecocide BA 等。

戊二醛也是一种有效的醛类杀菌剂。

商品防腐剂中常见的化合物是 DMDMH，它本身是一固体结晶，作为甲醛释放剂，基本性能见下文。商品 DMDMH 常以 55%的溶液形式供应，这种溶液的性能见表 8.10。防腐性能好，低毒是其最大特点。

(1) 1,3-二羟甲基-5,5-二甲基乙内酰脲

CAS 编号：6440-58-0

分子式：$C_7H_{12}N_2O_4$

分子量：188.2

结构式：

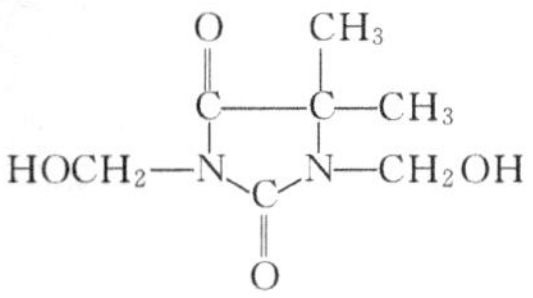

$$\text{HOCH}_2-\underset{\underset{O}{\|}}{N}-\underset{|}{\overset{|}{C}}(\text{CH}_3)_2-N-\text{CH}_2\text{OH}$$

外观：白色结晶（商品通常为浓度55％的无色透明液）

气味：极微特殊气味

熔点：222℃

溶解性：溶于水（浓度55％的商品易溶于水）

毒性：急性经口毒性（大鼠）LD_{50}＞4000mg/kg

急性经皮毒性（家兔）LD_{50}＞20000mg/kg

眼睛刺激性（家兔）1000mg/mL 无刺激性

用量：0.15％～0.6％

抗菌性能：见表8.9。

表8.9 DMDMH的最低抑菌浓度MIC   单位：mg/kg

细菌名称	MIC	细菌名称	MIC
大肠杆菌	291	金黄色葡萄球菌	291
绿脓杆菌	291	枯草芽孢杆菌	727
黑曲霉	1455		

特点：广谱抗菌，防腐杀菌防霉，活性极高，稳定性好。广泛用于涂料、水性高聚物、金属切割液、胶黏剂、印花浆、油墨、化妆品和个人防护用品

供应：全球有56家供应商

性能：见表8.10。

表8.10 浓度55％的商品DMDMH溶液的性能

性能	指标	性能	指标
外观	无色或微黄透明液	游离甲醛含量/％	≤1.0
气味	极微特殊气味	$d^{20℃}$	1.14～1.18
固含量/％	55±2	pH值	6.0～8.0
水/％	45	色度	最大10(APHA)
总甲醛含量/％	17.0～18.2	凝固点/℃	−11

在涂料防霉杀菌剂配方中常用的另一种甲醛释放剂是Bronopol（中文名溴硝醇或布罗波尔），化学名为2-溴-2-硝基-1,3-丙二醇，基本性能如下。

(2) 2-溴-2-硝基-1,3-丙二醇

CAS编号：52-51-7

分子式：$C_3H_6BrNO_4$

分子量：199.9

结构式：

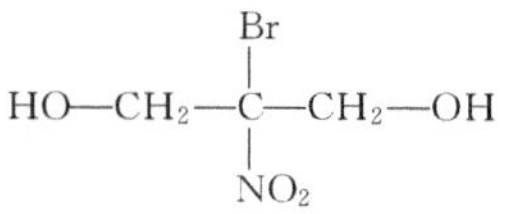

$$\text{HO}-\text{CH}_2-\underset{\underset{NO_2}{|}}{\overset{\overset{Br}{|}}{C}}-\text{CH}_2-\text{OH}$$

外观：白色或淡黄结晶粉末

气味：无味或略有溴味

相对密度：1.1

熔点：130～131℃（纯度达98%以上的工业品121～131℃）

沸点：152℃

蒸气压：1.68mPa（20℃）

干燥失重：<0.5%（工业品）

灼烧残留：<1%（工业品）

溶解性：水250g/L；溶于2倍体积丙酮或6倍体积乙二醇单甲醚

毒性：中等毒性。接触试验：浓度低于0.5%时，对皮肤和黏膜没有任何刺激。当用0.5%稀释液（高于使用浓度10倍）对家兔皮肤进行一次刺激性试验，结果为轻刺激性。皮肤变态反应试验：浓度低于0.25%时，没有接触变态反应。大鼠口服LD_{50}＝180～400mg/kg

用量：0.02%～0.1%

抗菌性能：见表8.11。

表8.11　Bronopol的最低抑菌浓度MIC　　　　　　　　　　单位：mg/kg

微生物种类	MIC	微生物种类	MIC
细菌名称		酵母菌	
枯草芽胞球菌 bac. Subtilis	50	啤酒酵母 saccharomyces cerevisiae	40
金黄色葡萄球 staph. Aureus	5	毕赤皮膜酵母 pichiamembranaefaciens	100
粪产杆菌 alcaligenls faecalis	50	面包酵母 saccharomyces cerevisiaey-26	100
大肠杆菌 E. coli	100	霉菌名称	
普通变形杆菌 proteus vulgaris	100	荨麻青霉 Pen. urticae	100
荧光假单胞菌 pseudomonas fluorescens	100	榛束青霉 Pen. claviforme	50
产气杆菌 aerobacter aerogenes	50	娄地青霉 Pen. roqueforti	50
绿脓杆菌 Ps. aeraginesa	100	特异青霉 Pen. notatum	20
		扩展青霉 Pen. expansum	50
		黄曲霉 Asp. flavus	40

特点：广谱抑菌，能有效地抑制大多数细菌，特别是对革兰阴性菌抑菌效果极佳。用于工业循环水杀菌灭藻。也可用于造纸纸浆、水性涂料、塑料、木材、冷却水循环系统以及其他工业用途的杀菌，在化妆品和农药领域也有广泛应用

除了DMDMH和Bronopol以外，其他用作甲醛释放剂的化合物还有咪唑烷基脲（imidazolidinyl urea，CAS号39236-46-9）、重氮烷基脲（diazolidinyl urea，CAS号78491-02-8）、三（羟甲基）硝基甲烷［tris(hydroxymethyl)nitromethane，CAS号126-11-4］、1,6-二羟基-2,5-二氧杂己烷(1,6-dihydroxy-2,5-dioxahexane，CAS号3586-55-8) 等。

8.3.6　其他化合物

（1）丁氨基甲酸3-碘代-2-丙炔基酯

CAS编号：55406-53-6

分子式：$C_8H_{12}INO_2$

分子量：281.09

结构式：

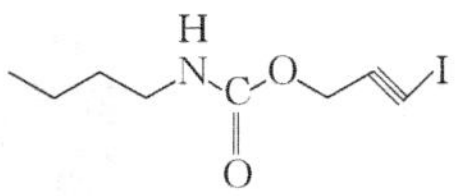

外观：白色至浅黄色结晶，工业品有以各种浓度溶液形式供货的

气味：有刺激性气味

相对密度：1.51～1.57（25℃）

pH 值：约 5.0（0.1%的水溶液）

熔点：65～67℃

分解温度：180～192℃

溶解性（g/100g）：水 0.016，聚乙二醇 20.1，白矿油 3.5，乙醇 34.5，异丙醇 19.2，甲醇 65.5，丙二醇 20.5

毒性：急性经口毒性（大鼠）：LD_{50}＝1470mg/kg

急性经皮毒性（家兔）：LD_{50}＝2000mg/kg

皮肤刺激性（家兔）：无刺激性（1.7%浓度）

用量：0.1%～0.5%

抗菌性能：见表 8.12。

表 8.12 IPBC 的最低抑菌浓度 MIC 单位：mg/kg

微生物名称	最小抑菌浓度(MIC)	微生物名称	最小抑菌浓度(MIC)
大肠杆菌(E. coli)	350	黑曲霉(Asp. niger)	8
枯草芽孢杆菌(Bac. subtilis)	300	产黄青霉(Pen. chrysogenum)	10
铜绿色假单胞菌(Ps. aeruginosa)	300	绿色木霉(Tri. viride)	5
金黄色葡萄球菌(Staph. aureus)	300	扩展青霉(Pen. expansum)	5
橘青霉(Pen. cilrinum)	8	拟青霉(Paecilomyces variotii)	8

特点：具有广谱抗菌活性的干膜防霉杀菌剂，尤其是对各种真菌、霉菌、酵母菌及藻类有很强的抑杀作用，也是适合多种工业应用的高效防霉剂。不含甲醛、甲醛释放物、酚醛物、重金属，有良好的安全指标和处理特性。同其他原材料有很好的相容性。在 pH＝4～9 范围内有效。IPBC 的抗菌活性通过对细菌细胞结构进行氧化作用来进行的，最终使疏基基团氧化和络氨酸碘化而失去蛋白活性。IPBC 暴露在紫外光下会因光氧化作用而显色，因此在白漆中应用要慎重。

可用作化妆品的去屑止痒剂。

(2) 吡啶硫酮锌

别名：奥麦丁锌

CAS 编号：13463-41-7

分子式：$C_{10}H_8N_2O_2S_2Zn$

分子量：317.7

结构式：

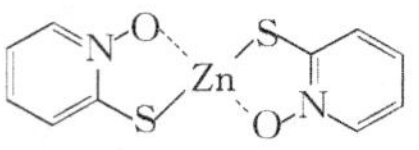

外观：白色至淡黄色粉末，商品有以约 50%含量的白色浆状悬浮物形式供货的

熔点：240～250℃

溶解性：难溶于水，8mg/L；丙二醇，200mg/kg

毒性：低毒：①小鼠急性经口 LD_{50}＞1000mg/kg；②对皮肤无刺激性；③三致（致突变、致畸、致癌）试验阴性

抗菌性能：见表8.13。

表8.13　ZPT的最低抑菌浓度 MIC　　　　　　　　单位：mg/kg

细菌名称	MIC	霉菌名称	MIC
枯草芽孢杆菌(bacillus subtilis)	4	黄曲霉(aspergillus flavus)	16
巨大芽孢杆菌(bacillus megaterium)	6	变色曲霉(aspergillus versicolor)	14
大肠杆菌(escherichia coli)	20	橘青霉(penicillium citrinim)	8
荧光假单胞杆菌(pseudomonas fluorescens)	6	宛氏拟青霉(pacilomyces varioti)	6
金黄色葡萄球菌(staphylococcus aureus)	8	腊叶芽枝霉(cladosporium herbarum)	4
啤酒酵母(saccharomyces cereuisiae)	4	绿色木霉(trichoderma viride)	6
酒精酵母(klocckeria janke)	5	球毛壳霉(chaetomium globasum)	4
黑曲霉(aspergillus niger)	18		

特点：广谱、高效、低毒防霉防藻剂，既可用于干膜防霉，又可用于干膜防藻。对真菌和细菌有较强的杀灭力，可抑制革兰阳性、革兰阴性细菌及霉菌的生长。作为防藻剂 MIC 不超过 0.5mg/kg 即可有效地抑制大多数藻类的生长。

可用作洗发护发用品的去屑剂。

(3) 1,2-二溴-2,4-二氰基丁烷

CAS 编号：35691-65-7

分子式：$C_6H_6Br_2N_2$

分子量：265.93

结构式：

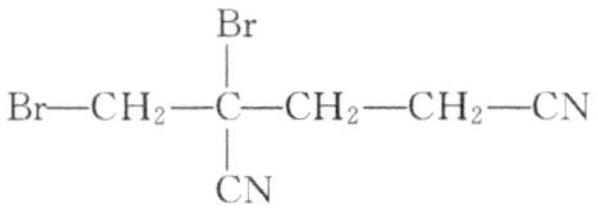

$$Br-CH_2-\underset{CN}{\overset{Br}{C}}-CH_2-CH_2-CN$$

外观：白色或淡黄色结晶粉末

熔点：52.5～54.5

相对密度：0.970

溶解性：难溶于水（0.212g/100mL 水），易溶于丙酮、苯、乙醇、氯仿

毒性：雄性大鼠急性经口 LD_{50} 为 680mg/kg

雌性大鼠急性经口 LD_{50} 为 794mg/kg

大鼠急性经皮 LD_{50}＞10000mg/kg

稀释到 0.3%，对家兔皮肤和黏膜没有任何刺激

动物试验无致畸、致突变、致癌作用。

特点：广谱、高效、低毒的杀菌剂，能抑制和铲除真菌、细菌、藻类的生长。

8.4　商品防腐防霉防藻剂

部分商品防腐防霉剂是单一的化合物。为了扩大杀菌谱，提高效能，相互之间取长补短，多数防腐防霉剂都为两种或多种化合物复配而成。

（1）英国 Avecia（奥维斯）公司　Avecia（奥维斯）是一家国际化的精细化学品公司，Avecia 的业务主要涉及精细化学品、电子化学品和树脂。其中卫生及防护部门拥有在防腐和杀菌方面的先进技术及完整的产品生产线。Avecia 的涂料用罐内防腐和干膜防霉剂见表 8.14。

表 8.14　Avecia 公司的防腐防霉剂

牌号	外观	成分①	活性分/%	pH 值	推荐用量/%	特点和应用
防腐杀菌剂						
Proxel AQ	棕色清液	BIT/水	10		0.1~0.15	长效,零 VOC
Proxel BD20	浅黄褐分散液	BIT/DPG	20	6.5	0.05~0.15	pH 适应范围宽 长效低毒杀菌,热稳定,无甲醛
Proxel BZ	灰白至浅黄褐液	BIT/DPG	20	7.0	0.05~0.3	长效低毒杀菌防霉,热稳定,无甲醛
Proxel CF	灰白至浅黄褐液	BIT/DPG	9	6.5	0.05~0.3	长效杀菌防霉,热稳定,无甲醛
Proxel GXL	棕色液	BIT/DPG	20	13.5	0.05~0.25	长效低毒杀菌,热稳定,无甲醛
Proxel LV	棕色液	BIT/DPG	20	9.5	0.05~0.25	长效低毒杀菌,热稳定,无甲醛
Proxel TN	棕色液	BIT/DPG/三丹油	60	12.0	0.05~0.2	空间保护,低毒,热稳定
Proxel XL2	棕色液	BIT/DPG	9.5	13.5	0.1~0.5	长效低毒杀菌,热稳定,无甲醛
Vantopol T	无色至淡黄液	三丹油	73~77	9~11	0.1~0.2	广谱快速杀菌
干膜防护剂						
Densil CD	浅黄褐分散液	二硫代-2,2'-双苯酰甲胺	42.9	4.5	0.25~2.0	防腐、防霉、防藻,热稳定,不泛黄
Densil P	灰白至浅黄褐液	二硫代-2,2'-双苯酰甲胺	25	4.0	0.2~2.0	罐内干膜防腐、防霉,热稳定,低毒

① DPG 为二丙二醇。

（2）英国 Clariant（科莱恩）公司　英国科莱恩公司（Clariant UK Ltd.）生产各种用途、牌号众多的防腐杀菌剂,注册商标为"Nipacide"。产品的用途除涂料、胶黏剂、密封剂和乳液杀菌防腐防霉防藻外,还涉及以下领域的杀菌防霉：卫生用品、水处理、金属加工液、造纸印刷用品等。一些常见 Nipacide 牌号的有效成分见表 8.15。水性涂料适用的罐内防腐和干膜防霉防藻剂常用品种和性能列于表 8.16 中。

表 8.15　Clariant 公司防腐防霉剂和杀菌剂的有效成分

牌号	有效成分
NIPACIDE 80	含 1,3,5-三乙基六氢-1,3,5-三嗪的制剂
NIPACIDE BCP	邻苯甲基对氯苯酚(Chlorophen)
NIPACIDE BIT	苯并异噻唑啉酮(BIT)糊
NIPACIDE BIT 10	含 10% BIT 的乙二醇溶液
NIPACIDE BIT 10 A	含 10% BIT 的乙二醇溶液
NIPACIDE BIT 10 F	含 10% BIT 的乙二醇和水溶液
NIPACIDE BIT 20 DPG	含 20% BIT 的二丙二醇碱性溶液

续表

牌　号	有　效　成　分
NIPACIDE BIT 20	含20% BIT的乙二醇溶液
NIPACIDE BIT 20 LC	含20% BIT的乙二醇溶液(色浅型)
NIPACIDE BIT 20 LV	含20% BIT的乙二醇溶液(低黏度型)
NIPACIDE BIT AS	含33% BIT的流动性水分散体
NIPACIDE BIT AS 20	含20% BIT的流动性水分散体
NIPACIDE BK	六氢-1,3,5-三(羟乙基)-均三嗪(三丹油)
NIPACIDE BKX	异噻唑啉酮和溴硝基丙二醇(溴硝醇)的溶液
NIPACIDE BNPD	2-溴-2-硝基-1,3-丙二醇(溴硝醇)
NIPACIDE CBX	BIT、CMIT和MIT的乙二醇溶液
NIPACIDE CBX A	Nipacide CBX的水分散体
NIPACIDE CBX 10	Nipacide CBX的水分散体
NIPACIDE CBX LC	浅色BIT、CMIT和MIT的乙二醇溶液
NIPACIDE CDI	甲基氨基甲酸酯衍生物分散体,干膜防霉剂
NIPACIDE CDZ	苯并咪唑氨基甲酸甲酯(多菌灵)
NIPACIDE CDZ M	微粉化苯并咪唑氨基甲酸甲酯(多菌灵)
NIPACIDE CFB	CMIT、MIT和1,6-二羟基-2,5-二氧杂己烷的水溶液
NIPACIDE CFX 1	CMIT、MIT和1,6-二羟基-2,5-二氧杂己烷的稳定脱臭的乙二醇溶液
NIPACIDE CFX 2	1,6-二羟基-2,5-二氧杂己烷和异噻唑啉酮的稳定水溶液
NIPACIDE CFX 3	1,6-二羟基-2,5-二氧杂己烷和异噻唑啉酮的稳定水溶液
NIPACIDE CFX 4	1,6-二羟基-2,5-二氧杂己烷和异噻唑啉酮的稳定水溶液
NIPACIDE CI	浓度14%的CMIT和MIT的水溶液
NIPACIDE CI 13	浓度1.3%的CMIT和MIT的稳定水溶液
NIPACIDE CI 15	浓度1.5%的CMIT和MIT的稳定水溶液
NIPACIDE CI 15 Cu	铜稳定的浓度1.5%的CMIT和MIT的水溶液
NIPACIDE CI 15 MV	钠盐稳定的浓度1.5%的CMIT和MIT的水溶液
NIPACIDE CI 15 SF	无金属盐稳定的浓度1.5%的CMIT和MIT溶液
NIPACIDE CI 30	浓度3.0%的CMIT和MIT的稳定溶液
NIPACIDE CXD	氯化二甲苯酚混合物
NIPACIDE DB	BIT、CMIT、MIT和二溴二氰丁烷的水分散体
NIPACIDE DD 100	四氢-3,5-二甲基-1,3,5-噻二嗪-2-硫酮(棉隆又名必速灭或Dazomet)
NIPACIDE DD30	含30% Dazomet的流动性中性分散体
NIPACIDE DFF	苯并咪唑氨基甲酸甲酯(BCM)和n-辛基异噻唑啉酮(OIT)的透明液
NIPACIDE DFS	3-碘-2-丙炔基-N-正丁基氨基甲酸酯(IPBC)、OIT和N-3,4-二氯苯基-N,N-二甲基脲(敌草隆或Diuron)的乙二醇清液
NIPACIDE DFX	BCM、OIT和敌草隆的分散体
NIPACIDE DFX1	BCM、OIT和敌草隆的水分散体
NIPACIDE DFZ	二氯异噻唑啉酮、均三嗪和吡啶硫酮锌的水分散体
NIPACIDE DIURON	N-3,4-二氯苯基-N,N-二甲基脲(敌草隆或Diuron)
NIPACIDE DP	2,2-亚甲基-双(4-氯苯酚)[Dichlorophen]
NIPACIDE DP 40	浓度40%的Nipacide DP盐溶液
NIPACIDE DX	二氯间二甲苯酚(DCMX)
NIPACIDE FC	1,6-二羟基-2,5-二氧杂己烷水溶液
NIPACIDE FCA	加除臭剂的1,6-二羟基-2,5-二氧杂己烷溶液
NIPACIDE FCB	BIT和1,6-二羟基-2,5-二氧杂己烷水溶液
NIPACIDE GSF	异噻唑啉酮和溴硝基丙二醇(溴硝醇)的无金属盐的溶液
NIPACIDE HFI	CMIT、MIT和甲醛的水溶液
NIPACIDE HTP	三丹油和吡啶硫酮钠液体混合物
NIPACIDE HTP 2	加有EDTA的三丹油和吡啶硫酮钠液体混合物
NIPACIDE IB	CMIT、MIT和溴硝醇的水溶液
NIPACIDE IMZ	30%抑霉唑(imazalyl)的二丙二醇液

续表

牌　　号	有　效　成　分
NIPACIDE IPBC	3-碘-2 丙炔基-N-正丁基氨基甲酸酯(IPBC)
NIPACIDE IPBC 20	浓度 20% 的 Nipacide IPBC 的乙二醇溶液
NIPACIDE KBS	CMIT、MIT 和溴硝醇的水溶液
NIPACIDE LP	邻苯基酚盐(OPP)和对氯间甲酚(PCMC)的液体混合物
NIPACIDE MBM	亚甲基-双-吗啉
NIPACIDE OBS	BIT 和邻苯基酚盐溶液
NIPACIDE OBS LV	BIT 和邻苯基酚盐的低黏度溶液
NIPACIDE OIT	OIT 的乙二醇溶液
NIPACIDE OPG	浓度 15% 的 OIT 的乙二醇溶液
NIPACIDE OPP	邻苯基酚盐(OPP)
NIPACIDE PBS	BIT 和对氯间甲酚(PCMC)溶液
NIPACIDE PC	结晶对氯间甲酚(PCMC)
NIPACIDE PC (BP)	符合英国药典规格的粒状对氯间甲酚(PCMC)
NIPACIDE PC 30	对氯间甲酚(PCMC) 30% 的钠盐溶液
NIPACIDE PX	对氯间二甲苯酚(PCMX)
NIPACIDE SOPP	邻苯基酚钠盐(SOPP)
NIPACIDE SP	吡啶硫酮钠的乙二醇溶液
NIPACIDE SP 40	吡啶硫酮钠和 EDTA 的碱性溶液
NIPACIDE TBX	BIT 和六氢三嗪的碱性溶液
NIPACIDE TC 20	三氯卡班(TCC)的水分散体
NIPACIDE TCM 30	浓度 30% 的 2-(硫氰甲硫基)苯并噻唑溶液
NIPACIDE TCM 60	浓度 60% 的 2-(硫氰甲硫基)苯并噻唑溶液
NIPACIDE TK	1,3,5-三乙基六氢-1,3,5-三嗪的水性浓溶液
NIPACIDE TK2	1,3,5-三乙基六氢-1,3,5-三嗪的非水浓溶液
NIPACIDE WDX	CMIT、OIT 和 1,6-二羟基-2,5-二氧杂己烷的透明乙二醇溶液
NIPACIDE WDX 2	CMIT、OIT、溴硝醇和 1,6-二羟基-2,5-二氧杂己烷的透明醇溶液
NIPACIDE XRP	异噻唑啉酮和溴硝基丙二醇的浓溶液
NIPACLEAN 2	加有表面活性剂的 1,6-二羟基-2,5-二氧杂己烷和吡啶硫酮钠的碱性溶液

表 8.16　Clariant 公司的水性涂料用防腐防霉剂和杀菌剂

Nipacide	外　观	水溶性	pH 值 (1% 水液)	适用 pH 值 范围	推荐用量 /%	LD_{50} /(mg/kg)	保质期 /月
罐内防腐剂							
BIT	棕色湿粉或糊状物	混溶	8~9	2~12	0.02~0.04	454	24
BIT 10 A	棕色清液	10%	7	2~12	0.2~0.4	>2000	6
BIT 10F	淡黄至棕色透明液	混溶	8~9	2~12	0.2~0.4	>2000	12
BIT 20	淡黄至棕色透明液	混溶	8~9	2~12	0.1~0.2	>2000	24
BIT AS	浅黄不透明液	10%	6.6~7.5	2~12	0.1~0.2	>2000	6
BIT AS 20	浅黄不透明液	10%	7	2~12	0.1~0.2	>2000	6
BK	黄色液	混溶	9~10	6~10	0.1~0.3	>2000	12
BKX	淡黄透明液	混溶	7	4~9	0.1~0.2	>2000	12
CBX	金黄浆状液	混溶	7.1	4~10	0.1~0.2	>5000	12
CI	黄色透明液	混溶	7.5	4~9	0.01~0.03	3965	12
CI 15	黄色透明液	混溶	7.5	4~9	0.1~0.3	3965	12
CFX 2	黄色清液	混溶	7.5	4~10	0.1~0.2	>5000	12
CFX 3	黄色清液	混溶	7.5	4~9	0.1~0.2	>2000	12
FC	透明液	混溶	7	6~10	0.1~0.3	1470	12
GSF	近白色至黄色液	混溶		3~9	0.05~0.3	>2000	12
KBS	淡黄液	混溶	3.5	4~9	0.1~0.3	<2000	12

续表

Nipacide	外观	水溶性	pH值 (1%水液)	适用pH值 范围	推荐用量 /%	LD_{50} /(mg/kg)	保质期 /月
OBS	棕色液	混溶	7	4～12	0.1～0.3	>2000	12
PBS	棕色液	混溶		4～12	0.1～0.3	>2000	24
TBX	淡黄清液	混溶	8～10	7～13	0.1～0.2	>3000	12
XRP	淡黄清液	混溶	7	4～9	0.1～0.2	>2000	6
干膜防霉防藻剂							
CDI	乳白分散体	可分散	6.5～9.0	2～10	0.05～0.5	>2000	12
CDZ	近白色粉末	可分散		2～10	0.05～0.5	>2000	24
DFF	黄色液体	混溶	6～8	4～10	0.5～2.0	>2000	24
DFS	黄色液体	混溶	6.7	4～10	0.5～2.0	>2000	24
DFX	近白色液	混溶	8	4～10	0.5～2.0	>2000	6
DFX 1	近白色液	混溶	8	4～10	0.5～2.0	4356	6
IPBC	白色结晶	可分散		4～9	0.1～2.0	>2000	24
IPBC 20	黄色清液	混溶	7	4～9	0.1～2.0	>2000	24
OPG	黄色液体	混溶		4～12	0.1～0.4	>2000	12
WDX	黄色清液	混溶	7	4～9	0.1～2.0	>2000	12

这些助剂都有很好的光稳定性，适宜在涂料中应用，但贮存时应避免阳光直射，温度应控制在4～40℃（NIPACIDE GSF 的贮存温度为4～25℃）。Nipacide BIT 10F 主成分和性能同 Nipacide BIT 20，但是无 VOC 的产品。

（3）Cognis 公司的漆膜防霉剂　Cognis 公司有两种漆膜防霉剂 NOPCOCIDE N-98 和 NOPCOCIDE N-40-D，活性成分为四氯间苯二腈。N-98 是固体粉末，纯度在98%以上，N-40-D 为 40% 四氯间苯二腈的水分散体，其性能见表8.17。

表8.17　Cognis 公司的漆膜防霉剂

牌　号	NOPCOCIDE N-98	NOPCOCIDE N-40-D
化学成分	四氯间苯二腈	四氯间苯二腈
外观	白色至浅灰色无味粉末	灰白色黏稠液
活性物含量/%	98～100	39.4～41.4
粒度/μm	2～5	2～4
黏度/mPa·s	—	13000～23000
凝固点/℃	250～251	约-5
沸点/℃	350	—
密度/(g/cm³)	1.8	1.23～1.27(20℃)
pH 值	—	7～9
推荐用量/%	0.6～1.2	1.2～3.0
特点	防霉效果好，水溶性极低，光、pH 稳定性极好，蒸气压低，不腐蚀金属，与氧化锌相容	广谱防霉，光稳定，pH<9 稳定性好，不腐蚀金属，与氧化锌相容
用途	户外水性漆、溶剂型漆，研磨阶段加入	户外水性漆、水性木器漆，研磨阶段加入，可后添加

（4）美国 Dow Chemical Company（陶氏化学公司）

① 罐内防霉杀菌剂　美国 Dow Chemical 最著名的防霉杀菌剂有 Dowicil 75 和 Dowicil 200。近年来收购 Rohm & Haas 公司后将后者大量的防霉防腐剂纳于麾下，大大扩充了防霉防腐剂的品种，但仍沿用 Rohm & Haas 公司的牌号（见 Rohm & Haas 公司防霉防腐剂部分）。

a. Dowicil 75

成分：1-(3-氯烯丙基)-3,5,7-三氮杂-1-氮鎓金刚烷氯化物（有效成分）和碳酸氢钠（稳定剂）。

性能及用途：外观为灰白粉末。Gardner 色度≤4。有效成分≤67.5%，碳酸氢钠 25%±2%，其他≤9.5%。分解温度 60℃。易溶于水，水溶液的 pH 值为 7.5～8.5。溶解度（g 有效成分/100g 溶剂，25℃）：水中 222，无水异丙醇中 39.5，美国药典级丙醇中 20.6，乙醇中 4.49，丙酮 0.05，PM 1.36，DPM 0.17。碳酸氢钠溶于水。Dowicil 75 的密度 1.54g/cm^3。松密度 0.69g/cm^3。热至 100℃以上分解，产生热和有毒的可燃蒸气。粒度：100%通过 5 号筛（美国）。

用途：Dowicil 75 作防腐剂用于含水产品、胶黏剂、胶乳乳液、涂料、金属切削液、钻探浆液，可生物降解洗涤剂和纸张涂料。在低浓度（在配方中的质量比例一般为 0.01%～0.66%）下具有防菌活性。能防细菌、防酵母、防霉菌（尤其是假单胞菌属）。其水溶性和活性与 pH 无关。配方组分中的非离子、阴离子或阳离子组分不会使它失去活性。该品获美国食品药物管理局批准使用。

毒性： LD_{50}（大鼠，经口）：1000mg/kg

推荐用量：乳液　　0.05%～0.30%
　　　　　乳胶漆　0.01%～0.20%
　　　　　油墨　　0.20%～0.27%

Dowicil 75 的最低抑菌浓度见表 8.18。

表 8.18　Dowicil 75 的最低抑菌浓度 MIC　　　　　　　单位：mg/kg

微生物种类	MIC	微生物种类	MIC
细菌名称		克雷伯肺炎杆菌	100
沙门霍乱菌	100	绿脓杆菌 Ps. Aeraginesa	500
金黄色葡萄球 Staph. Aureus	100	霉菌名称	
埃希大肠杆菌 E. Coli	250	黑曲霉菌	1600
普通变形杆菌 Proteus Vulgaris	50	根状黑化菌素	1000

Dowicil 75 活性成分的基本数据如下。

化学名称：1-(3-氯烯丙基)-3,5,7-三氮杂-1-氮鎓金刚烷氯化物
　　　　　1-(3-氯-2-丙烯基)-3,5,7-三氮杂-1-氮鎓三环[3,3,1,13,7]癸烷氯化物

英文名：1-(3-chloroallyl)-3,5,7-triaza-1-azonia adamantane chloride

简称：Quaternium 15，Dowco 184

CAS 编号：4080-31-3

分子式：$C_9H_{16}ClN_4 \cdot Cl$

分子量：251.19

结构式：

外观：灰白粉末

b. Dowicil 200

有效成分：顺式异构体 1-(3-氯烯丙基)-3,5,7-三氮杂-1-氮鎓金刚烷氯化物

英文名：cis-1-(3-chloroallyl)-3,5,7-triaza-1-azoniaadamantantane chloride

CAS 编号：51229-78-8

分子式：$C_9H_{16}ClN_4 \cdot Cl$

分子量：251.19

结构式：

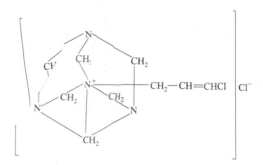

外观：灰白色粉末，含量 94%。加热分解。有吸湿性。溶解度（g/100g）：水中 127.2，无水甲醇中 18.7，99.5% 甘油中 12.6，乙醇中 2.04。2% 水溶液的 Gardner 色度 ≤2。相对密度 1.40g/cm³。稳定性同 Dowicil 75。粒度：100% 通过 20 号筛（美国）。该品水溶性好，实际上不溶于油类和有机溶剂。其活性与 pH 无关。配方中的非离子、阴离子或阳离子，甚至使用较高浓度的蛋白质物料也不会使其失去活性。

用途：作为防腐剂、多用途防菌剂，广泛用于化妆品、化妆品原料和个人防护产品。在低浓度（配方中重量比例一般为 0.02%～0.3%）下可有效防细菌、防酵母、防霉菌（尤其是假单胞菌属）。

安全注意事项：经口毒性中等。对眼睛有暂时性轻微刺激，对湿皮肤能引起中等刺激。避免吸入其粉末。应贮存在 49℃ 以上的干燥阴凉处。

另有 Dowicil 150，灰白色粉末，1-(3-氯烯丙基)-3,5,7-三氮杂-1-氮鎓金刚烷氯化物含量 96%。

c. BIOBAN Dow Chemical 公司的 BIOBAN 系列罐内防腐杀菌剂包括 BIOBAN BP-10、BP-30、BP-40、BP-PLUS、BIOBAN CS-1135、BIOBAN DXN 和 BIOBAN ULTRA BIT 20LE 等。基本数据见表 8.19 和表 8.20。

表 8.19 Dow Chemical 的罐内防腐剂 BIOBAN（1）

性能	BIOBAN BP-10	BIOBAN BP-30	BIOBAN BP-40	BIOBAN BP-PLUS
外观	淡黄至无色液	淡黄至无色液	淡黄液	自由流动粉末
活性成分	Bronopol	Bronopol	Bronopol	Bronopol
活性物含量/%	9.5～10.5	29.1～30.9	38.7～42.6	99
丙二醇	约 10	约 60		
二丙二醇单甲醚			42.7～45.3	
水	约 80	约 10	14.0～15.5	≤0.5
相对密度	1.04～1.07	1.19～1.21	1.23	1.2（松密度）
凝固点/℃	−81～−8	−25		
闪点/℃			>148	约 130
pH 值	2.0～6.0	≤4.5	82	>93
黏度(25℃)/mPa·s	29.3		<4.5	5～7(1%水溶液,20℃)
水溶性	易溶	易溶	易溶	易溶
毒性/(mg/kg)				
LD$_{50}$（鼠，经口）	800	2400	540	
LD$_{50}$（鼠，经皮）	>2000		>2000	
推荐用量/×10^{-6}	100～500	100～500	200～1000	100～500

表8.20 Dow Chemical 的罐内防腐剂 BIOBAN(2)

性能	BIOBAN CS-1135	BIOBAN DXN	BIOBAN ULTRA BIT 20LE
外观	无色至黄色液体,有刺激性气味	琥珀黄液,有刺激性气味	棕色清液,无味
活性成分	4,4-二甲基-噁唑烷	2,6-二甲基-1,3-二噁烷-4-醇乙酸酯	BIT
活性物含量/%	73.7~78.7	87.0	<25.0
活性物结构式			
含水量/%	≤21.0		
色度	≤100(APHA)		
相对密度	0.98~0.99(25℃)	1.060~1.075(25℃)	1.14
凝固点/℃	<-20	<25	<
沸点/℃	99	185	97
闪点/℃	49(闭杯)	87	110(闭杯)
自燃温度/℃	335		200
pH值	10.5~11.5	5	8~9.5
黏度(25℃)/mPa·s	7.5	9.41	150
折射率(20℃)		1.430~1.437	
蒸气压/mmHg	21.3(25℃)	0.218(20℃)	
水溶性	溶于水	全溶	溶
pH值适用范围	7~11		2~12
毒性 LD_{50}(鼠,经口)/(mg/kg) LD_{50}(鼠,经皮)/(mg/kg) LC_{50}(吸入)/(mg/L)	956~1308 >2000 2.48	1585~3160 >2000 4.0	670~11800 — —
推荐用量/%	0.1~0.5	0.1~0.2	0.02~0.35

注:1mmHg=133.32Pa。

② 干膜防霉剂　Dow Chemical 公司的干膜防霉剂有 AMICAL 48、AMICAL Flowable、AMICAL WP、BOIBAN IPBC 100 Antimicrobial、BOIBAN IPBC 40 LE Antimicrobial 和 KATHON 930。

a. AMICAL　AMICAL 48 的组成为:二碘甲基对甲基苯砜 95.0%,碘甲基对甲基苯砜 2.0%~3.0%,非晶态二氧化硅 1.0%~2.0%,对甲苯磺酸 0.2%~1.0%,水 0.1%~1.0%。基本性能如下。

活性成分:二碘甲基对甲基苯砜 (diiodomethyl-p-tolylsulfone),95%

CAS 编号:20018-09-1

结构式:

$$H_3C-\underset{}{\bigcirc}-SO_2CHI_2$$

外观：褐色细粉

熔点：150℃

相对密度：2.20

水溶性：25℃时0.1mg/L

毒性：LD_{50}（鼠，经口）>5000mg/kg

AMICAL Flowable 为二碘甲基对甲苯基砜的悬浮液，组成为：有效成分占40%，水43.7%～46.5%，丙二醇7.6%～8.4%，木素磺酸钙盐1.52%～1.68%，环氧丙烷/环氧乙烷共聚物1.52%～1.68%。其基本性能如下。

活性成分：diiodomethyl-p-tolylsulfone（二碘甲基对甲苯基砜），40%

外观：浅灰悬浮液

相对密度：1.32～1.33

pH值：4.0～6.0（悬浮液）

黏度：600～1000mPa·s（25℃）

沸点：约100℃

凝固点：约0℃

应用：特别适用于水体系

AMICAL WP 是可湿性粉末，外观灰褐色。其组成为：活性成分二碘甲基对甲基苯砜47.0%～49.9%，乳糖39.5%～41.9%，木素与碱、亚硫酸二钠和甲醛反应产物4.0%～4.4%，硅胶1.9%～2.1%，十二烷基硫酸钠1.7%～1.9%。主要适用于干拌粉料的制造。

三种AMICAL产品按配方总量计的推荐用量见表8.21。

表8.21 干膜防霉剂AMICAL的推荐用量   单位：%

类别	AMICAL 48	AMICAL Flowable	AMICAL WP
磁瓦胶黏剂	0.02～0.15	0.05～0.37	
墙板胶黏剂	0.08～0.30	0.20～0.72	0.17～0.61
乙烯基壁纸胶黏剂	0.02～0.12	0.05～0.30	0.04～0.26
厚浆涂料	0.02～0.12	0.12～0.37	
乳液填缝剂	0.05～0.30	0.12～0.72	
空气过滤器胶黏剂	0.08～0.12	0.20～0.30	
箔帘纸层状材料胶	0.09～0.15	0.23～0.37	
地毯背衬胶	0.08～0.20	0.20～0.50	

AMICAL是广谱长效防霉剂，可用于涂料、灰浆、腻子、皮革和木材防霉防腐。在乳胶漆中不影响漆膜的性能，最适于色漆漆膜防霉，特别是内墙漆，用量为（1000～5000）×10^{-6}，但是含氯含碘的防霉剂会产生黄变，尽管黄变不影响漆膜性能，但白漆中使用仍要谨慎。

b. BIOBAN BIOBAN包括BIOBAN IPBC 100 Antimicrobial 和 BOIBAN IPBC 40 LE Antimicrobial，有效成分均为IPBC，分别含100%和40%。BIOBAN IPBC 100 Antimicrobial的基本性能参见IPBC（丁氨基甲酸-3-碘代-2-丙炔基酯）部分，推荐用量0.1%～0.25%（内墙涂料）或0.1%～0.8%（外墙涂料）；BOIBAN IPBC 40 LE Antimicrobial的性能：外观为浅琥珀色清液，20℃时黏度为70～90mPa·s，相对密度1.24～1.26（25℃），分解温度192℃。用量0.1%～0.6%（内墙涂料）或0.25%～2.0%（外墙涂料）。

c. KATHON 930 KATHON 930 是建筑涂料、建筑材料和建筑胶黏剂用广谱杀菌剂和防霉防藻剂,可用于各种乳液的涂料和胶黏剂产品以及溶剂型涂料中。主要性能指标如下。

活性成分: 4,5-二氯-2-正辛基-异噻唑啉酮(DCOIT)
活性物含量: 30%
外观: 黄色清液,有芳香气味
溶剂: 二甲苯和乙基苯
相对密度: 0.94(25℃)
黏度: 1.3mPa·s(20℃)
闪点: 28℃
推荐用量:0.08%~0.37%
贮存温度:10~43℃

(5) 意大利 Lamberti(宁柏迪)公司 意大利 Lamberti(宁柏迪)公司的罐内防腐剂和干膜防霉防藻剂有 Carbosan 802 和 Carbosan 929,见表 8.22。干膜防霉防藻剂 Carbosan 802 不含甲醛、重金属和酚类化合物,活性物水溶性极小,50%以上的粒径在 1μm 以下,容易分散在水性漆中,因而有长效防霉防藻效果,能经受高湿环境、湿擦和水淋,可用于浴室、地下室、涵洞那样的恶劣环境中的涂料以及高要求的外墙涂料中。Carbosan 802 在 pH 值为 4.0~9.5 的环境中稳定,但在强酸强碱下会慢慢分解。

表 8.22 Lamberti 公司的防腐防霉剂

性能	牌号	
	Carbosan 802	Carbosan 929
化学组成	杂环和芳族化合物	羟甲基氯乙酰胺和异噻唑啉酮的衍生物
外观	灰白膏体	黄色液体
$d(20℃)$	1.17	1.05
pH 值稳定性	4.0~9.5	3~9
毒性(LD_{50})/(mg/kg)		>2000(大鼠)
推荐用量/%	0.5~2.0(内外墙涂料) 0.2~0.5(浮雕涂料)	0.1~0.3
用途	干膜防霉防藻	罐内防腐

(6) 法国普莱济文(PROGIVEN)公司 法国普莱济文(PROGIVEN)公司创立于 1946 年,是法国较大的防腐、防霉、防藻助剂供应商,在欧洲颇有名气。该公司一直致力于工业用杀微生物制剂的生产。通过在开发和生产工业用杀微生物制剂方面长期和独特的经验,PROGIVEN 公司在防腐、防霉、防藻领域已经开发出独特的专门技术并提供系列产品。产品适用于涂料、胶黏剂、金属加工液、混凝土、竹木制品、净水处理、造纸工业、油墨、PVC 建材、皮革工业等领域。普莱济文公司有多种防腐、防霉剂,常用的一些商品牌号及基本性能见表 8.23。普莱济文公司的罐内防腐剂品种牌号、活性成分、含量及特点见表 8.24。表 8.24 几乎囊括了现有复配罐内防腐剂的所有类型,其他公司的各种牌号的罐内防腐剂产品大多与此雷同。

除了 Fongal DO A2W 以外,普莱济文公司的其他干膜防霉防藻剂还有 Fongal DO、DO A2、AF 等牌号。

表 8.23 普莱济文公司的防腐剂和防霉剂

性 能	牌 号				
	Biocide CBA	Biocide K 10 SG	Ecocide B50-2	Ecocide B50 SM	Fongal DO A2W
活性成分	BCM	CMIT/MIT/BIT	CMIT/MIT/DMDMH①	CMIT/MIT/脲甲醛	BCM/DCOIT/敌草隆
外观	白粉末	黄绿色液	淡黄色液	淡黄色液	白色至灰白色稠液
气味		微弱	无	微弱	轻微
$d(20℃)$	1.40	1.01~1.04	1.035~1.070		
闪点/℃	>300				
水溶性	不溶	完全溶	完全溶	完全溶	能与水混合分散
稳定性	酸碱光稳定 耐温 300℃	pH=2~9 <60℃	酸性和弱碱体系 中稳定	酸碱稳定 <60℃	pH=4~10
水溶液 pH 值		4~6	4~6		
用量/%	0.1~0.5	0.1~0.2	0.05~0.15	0.05~0.2	0.3~2.0
毒性(鼠口服) LD_{50}/(mg/kg)	>1500	4500	6700	>5000	>5000
应用特点	干膜防霉防藻剂	罐内防腐	罐内防腐 释放甲醛 空间保护	罐内防腐 释放甲醛 空间保护	干膜防霉防藻 热带环境可用

① DMDMH 即 1,3-二羟甲基-5,5-二甲基海因。

表 8.24 普莱济文公司的罐内防腐剂活性成分和特点

牌 号	活性成分含量	特 点
纯 CMIT/MIT 产品		
BIOCIDE K 10 ME	1.4% CMIT/MIT,无金属盐	无重金属,无甲醛,无味,无溶剂,适于 pH<9 的体系
BIOCIDE K 10 SG	1.4% CMIT/MIT	无甲醛,无味,无溶剂,适于 pH<9 的体系
CMIT/MIT+溴硝基丙二醇产品		
BIOCIDE PR 7	1.12%CMIT/MIT,7%溴硝基丙二醇	无甲醛,无味,适于 pH<9 的体系
BIOCIDE PR 8	0.75%CMIT/MIT,8%溴硝基丙二醇	无甲醛,无味,适于 pH<9 的体系
BIOCIDE PR 10M	1.4%CMIT/MIT,5%溴硝基丙二醇	无甲醛,无味,适于 pH<9 的体系
BIOCIDE PR 15	0.55%CMIT/MIT,15%溴硝基丙二醇	无甲醛,无味,适于 pH<9 的体系
ECOCIDE BNI	1.2%CMIT/MIT(单价盐稳定),9%溴硝基丙二醇	无甲醛,无味,适于 pH<9 的体系,与乳液相容性好
ECOCIDE BNI PLUS	4.7%CMIT/MIT(单价盐稳定),19.5%溴硝基丙二醇	高浓度,低用量,适于乳液的防腐和稳定
ECOCIDE BNI 2	4.7%CMIT/MIT(单价盐稳定),8%溴硝基丙二醇	高浓度,低用量,适于乳液的防腐和稳定
CMIT/MIT+甲醛释放剂		
BIOCIDE K 16	0.9%CMIT/MIT,羟甲基氯乙酰胺,1,6-二羟基-2,5-二氧杂己烷(键合甲醛 10%)	高性价比,空间保护,适于 pH<9.5 的体系
ECOCIDE B40C	1.1% CMIT/MIT,N-羟甲基甲酰胺(键合甲醛 19%)	无味,空间保护,性价比好,适于 pH<9.5 的体系
ECOCIDE B 50 SM	0.5% CMIT/MIT,二(羟甲基)脲,1,6-二羟基-2,5-二氧杂己烷(键合甲醛 21.2%)	低成本,空间保护,适于所有 pH 体系

续表

牌号	活性成分含量	特点
ECOCIDE B 51	0.75% CMIT/MIT,双(羟甲基)脲,丙二醇单缩甲醛(键合甲醛20%)	同 ECOCIDE B50 SM
ECOCIDE GOI	0.7% CMIT/MIT,45% DMDMH,0.03%纯 OIT	无味,空间保护,游离甲醛<1%,键合甲醛14.6%
ECOCIDE ITH	0.7%CMIT/MIT,24.75%DMDMH	无味,空间保护,游离甲醛<1%,键合甲醛8%
ECOCIDE ITHC	0.7%CMIT/MIT,45%DMDMH	无味,空间保护,游离甲醛<1%,键合甲醛14.6%
ECOCIDE K 35	0.7%CMIT/MIT,二(羟甲基)脲,1,6-二羟基-2,5-二氧杂己烷(键合甲醛24%)	高效,适于所有 pH 体系,空间保护
纯 BIT 产品		
BIOCIDE BIG-A	20% BIT 的碱溶液	无甲醛,无味
BIOCIDE BT 20	20% BIT 水分散体	无甲醛,无味,无溶剂适于所有 pH 体系
BIT+其他化合物		
ECOCIDE BB 510	5%BIT,10%溴硝基丙二醇水分散体	无甲醛,无味,适于所有 pH 体系
ECOCIDE BB 510/D	5%BIT,10%溴硝基丙二醇的乙二醇液	无甲醛,无味,适于所有 pH 体系
ECOCIDE BD 02W	6%BIT,6%DBDCB	无甲醛,无味,无 CMIT/MIT,适于 pH<10 的体系
ECOCIDE KLB Disp	2.5%BIT+2.5%CMIT/MIT+溴硝基丙二醇,水分散液	无甲醛,无味,无溶剂,适于 pH<10 的体系
ECOCIDE KLD	2.5%BIT+2.5%CMIT/MIT,水分散液	无甲醛,无味,无溶剂,适于 pH<10 的体系
ECOCIDE KLF	2.5%BIT+2.5%CMIT/MIT+DMDMH,水分散液	无味,无溶剂,空间保护,适于 pH<10 的体系
ECOCIDE SA	10%BIT+巯基苯并噻唑碱水液	无甲醛,高 pH 高温稳定,高防霉性
BIT+甲醛释放剂		
ECOCIDE BDM	1.25%BIT+1.25%MIT+45%DMDMH+无机防霉剂	无味,空间保护,适于所有 pH 体系,键合甲醛<14.6%
ECOCIDE BDM 45	1.25%BIT+1.25%MIT+24.75%DMDMH+无机防霉剂	无味,空间保护,适于所有 pH 体系,键合甲醛<8%,游离甲醛<1%
ECOCIDE DB 305	5%BIT 水溶液+30%DMDMH	无味,空间保护,适于所有 pH 体系,键合甲醛<10%,游离甲醛<1%
纯甲醛释放剂		
ECOCIDE DMH 45	45%活性 DMDMH	键合甲醛<14.6%
ECOCIDE PG 100/0	40%甲醛+0.45%OIT	快速杀菌,适于 pH<10 的体系
ECOCIDE PGU	二(羟甲基)脲+MPG 甲醛	快速杀菌
ECOCIDE SO	N-羟甲基甲酰胺(键合甲醛40%)	无味
MIT+其他化合物		
ECOCIDE DMH-M	2.5%MIT+45%DMDMH	无味,无氯,高浓度,键合甲醛14.6%
ECOCIDE MB 8	1.5%MIT+8%溴硝基丙二醇	无味,无氯,价低
ECOCIDE MB 15	2.5%MIT+15%溴硝基丙二醇	无味,无氯,高浓度
ECOCIDE UFM	1.5%MIT+15%二(羟甲基)脲,1,6-二羟基-2,5-二氧杂己烷	无氯,空间保护

(7) 美国罗门哈斯（Rohm & Haas）公司　美国罗门哈斯公司是著名的涂料原料和助剂公司，有众多的水性涂料用防腐、防霉、防藻剂。Dow Chemical 公司收购 Rohm & Haas 公司后继续沿用原 Rohm & Haas 公司的助剂牌号生产销售产品，应该说现今 Rohm & Haas 公司的助剂均为 Dow Chemical 公司的产品。

① 罐内防腐剂　Rohm & Haas 公司的罐内防腐剂有 KATHON 系列和 ROCIMA 系列，另有主要用于金属切削加工液的防腐剂系列 KORDEK。KATHON 系列防腐剂的性能见表 8.25，其中 KATHON LXE 在中国涂料市场知名度很高，应用较广泛。KATHON LXE 对各种细菌和真菌的最低抑菌浓度 MIC 参见表 8.1。

表 8.25　Rohm & Haas 公司的罐内防腐剂 KATHON 系列

牌号	外观	组成及含量	相对密度(20℃)	黏度/mPa·s	pH 值	闪点/℃	折射率(20℃)	用量/%	特点	应用
KATHON LX	黄色清液，轻微气味	活性物 14%	1.3	16	1~3				速效，零 VOC，无甲醛，与水无限混合	乳液
KATHON LX 1.5%	浅黄至绿色液体	CMIT 1.15%/MIT 0.35%，含硝酸镁 3%	1.02	3(25℃)	3~5				广谱、低毒、经济、高效、无甲醛，不影响漆的性能，可生物降解	水性涂料、乳液、颜料浆
KATHON LX 150	无色至淡黄清液，温和气味	活性物 1.5%	1.0	3(25℃)	2~4				广谱、速效、价廉，零 VOC，无甲醛，可生物降解，易溶于水	乳液防腐剂
KATHON LX 1400	黄色清液	CMIT 10.5%，MIT 3.5%，稳定剂 26%	1.3	16(25℃)	1~3			0.01~0.02	广谱、速效、低毒、易混、可生物降解，与表面活性剂相容性好	乳胶漆、乳液
KATHON LXE	淡绿清液	CMIT/MIT	1.029±0.010	≤20(20℃)	5	>100	1.343±0.005	0.05~0.3	罐内防腐剂。广谱、低毒、高效、低味，可生物降解，易溶于水	水性涂料、胶黏剂

KATHON LX 1.5% 的熔点 -3℃，沸点 100℃，pH=1.7~3.7。毒性低：LD_{50}（雌鼠，经口）3310mg/kg；LD_{50}（雄鼠，经口）>5000mg/kg；LD_{50}（鼠，经皮）>5000mg/kg。能与水、醇很好地混合，与水性漆、乳液、颜料浆、（阴、阳、非离子）表面活性剂相容性好。

Rohm & Haas 公司的 ROCIMA 系列用于水性体系的罐内防腐剂牌号很多，主要性能指标汇集于表 8.26 中。

ROCIMA 503 凝固点 0℃，沸点 100℃。与多数体系相容性好，可与水和小分子醇以任意比例混溶，在 80℃ 以下、pH=4~12 时稳定。用量：单用 0.2%~0.5%，与其他杀菌剂配合使用 0.1%~0.3%。

ROCIMA 518 组成为 BIT 7.0%~10.0%，2,2′-二硫代双（N-甲基）苯并酰胺 3.0%~5.0%，丙二醇 5.0%~7.0%。熔点 <-5℃，沸点 100℃，燃点 >200℃，可与水混溶。贮存温度低于 -5℃ 会凝固，室温回暖搅匀仍可用。

ROCIMA 520 的组成为 Bronopol 7.0%~10.0%，CMIT 和 MIT 混合物（3:1）1.0%~2.5%，硝酸镁 1.0%~2.5%，丙二醇 20.0%~25.0%。稳定性：在 40℃ 以下（短时可耐 60℃）、pH=4~9 时稳定。贮存温度低于 -6℃ 会凝固，室温回暖搅匀仍可用。推荐用量：水性漆 0.05%~0.2%；胶黏剂 0.1%~0.3%；增稠剂液 0.1%~0.2%。

表 8.26 Rohm & Haas 公司的罐内防腐剂 ROCIMA 系列

牌号	外观	组成及含量	Gardner 色度	相对密度 (20℃)	黏度 /mPa·s	pH值	闪点 /℃	折射率 (20℃)	用量 /%	特点	应用
ROCIMA 30	无色至黄色清液	Bronopol 30%，丙二醇 60%，水 10%		1.19~1.21		4.5	122		0.01~0.05	速效、高效、用途广，溶剂为水和丙二醇，沸点 129℃	罐内防腐、乳液防腐、水处理
ROCIMA 503	无色至微黄清液或微浊液	脲基甲醛释放剂	2	1.179~1.199	13~14(20℃)	4~7	>100	1.417~1.427	0.2~0.5	有甲醛释放剂，广谱低味，优异的气相保护，用途广	乳胶漆、乳液制品
ROCIMA 518	棕色微触变分散体，有芳香味	BIT/二硫代苯并甲酰胺		1.04±0.05	(60±25) KU	6.9	100		0.1~0.3	杀细菌和真菌，化学稳定性好，耐温耐酸碱，无甲醛，粒度≤30μm	水性体系罐内防腐
ROCIMA 520	无色至微黄色清液，低味	CMIT/MIT/Bronopol		1.077±0.010	≤15(20℃)	6~8	>100	1.3710±0.009	0.05~0.30	高效，防真菌细菌，不含阴离子和苯酚物质	水乳胶
ROCIMA 520S	无色至微黄色清液	CMIT/MIT/Bronopol	3	1.10~1.12	2~15	2~6	>100	1.3760~1.3860		高效防腐防霉，不含甲醛，阴离子和苯酚防物质	水乳液和分散体制品
ROCIMA 521	无色至黄色清液	CMIT/MIT/OIT/Bronopol		1.10±0.01	<15	6~8	>100	1.384±0.009	0.05~0.20	防真菌细菌，不含甲醛，阴离子和苯酚防物质	乳液、分散体、涂料、颜料浆、胶
ROCIMA 523	无色至黄色清液	CMIT/MIT/Bronopol		1.092±0.01	≤20	7.5±1.0	>100	1.360±0.005	0.05~0.3	防真菌细菌，不含甲醛，阴离子和苯酚防物质，低味	水乳液和分散体基料、胶
ROCIMA 535N	无色至微黄清液或微浊液	CMIT/MIT/脲甲醛释放剂	≤3	1.125~1.145	≤20	3~7	>100	1.387~1.397	0.1~0.3	高效广谱，气相保护、低味，pH=7~9 时最佳	水性漆、胶、油墨、乳液及相关产品
ROCIMA 550	无色至微黄清液，有味	MIT 水溶液		1.02±0.02	(80±25) KU	3~6	>100		0.05~0.15	广谱，APEO，无金属盐，高 pH 稳定，溶于水	水性漆、胶、乳液、色浆
ROCIMA 551	灰色分散体	MIT/二硫代苯并甲酰胺		1.05±0.05			>100		0.10~0.20	广谱防霉，不产生 VOC，相容性好，粒度<30μm	漆、胶、乳液、分散体制品
ROCIMA 552	无色至黄色清液，略有味	MIT/Bronopol	≤4	1.138±0.010		4~8	>100	1.412±0.005	0.075~0.15	快速杀菌消毒、长效、零 VOC，可用于与食品接触的涂料	漆、胶、乳液及其他水性产品

续表

牌号	外观	组成及含量	Gardner色度	相对密度(20℃)	黏度/mPa·s	pH值	闪点/℃	折射率(20℃)	用量/%	特点	应用
ROCIMA 553	无色至黄色清液,略有味	MIT/OIT	≤3	1.127±0.010	40±25	5~9	>100	1.446±0.005	0.05~0.15	无甲醛、亚硝酸盐,阴离子和苯酚物质,不产生VOC	漆、胶、乳液及其他水性产品
ROCIMA 554	无色至黄色清液,有温和味	MIT/OIT/Bronopol	≤4	1.170±0.010		4~7	>100	1.446±0.005	0.075~0.15	广谱长效、快速杀菌消毒,无VOC,相容性好	漆、胶、乳液、色浆及其他水性产品
ROCIMA 555	无色至黄色清液	MIT/甲醛释放剂	≤3	1.132±0.010		4~8	>100	1.408±0.005		液相、气相长效防腐、相容性好	漆、胶、乳液及其他水性产品
ROCIMA 560	无色至黄色清液,略有味	CMIT/MIT(10:1)/MIT	≤3	1.042±0.010		3~6	>100	1.358±0.005	0.1	速效、长效、高效,广谱、相容性好	漆、胶、乳液、色浆及其他水性产品
ROCIMA 562	绿色分散体,温和气味	BIT/CMIT(10:1)/MIT	≤6	1.147±0.010		3~6	>100	1.465±0.005	0.15	速效、长效、高效,广谱,可用于零VOC产品	水性漆及其他水性产品
ROCIMA 564	灰棕色可流动清清状	CMIT/MIT(3:1)/BIT		1.03±0.05	(75±15)KU		>100		0.10~0.15	长效、广谱、零VOC,粒度≤30μm,pH=4~11均可用,易溶于水	漆、胶、乳液、色浆及其他水性产品
ROCIMA 586	无色至微黄清液	CMIT/MIT1.1%/Bronopol 7.5%		1.05		4	>100			广谱、速效、零VOC,提高了CMIT稳定性	水性日用和工业产品
ROCIMA 603	无色至微黄清液	BIT/OIT	≤4	0.997±0.010	<20	5.8	>100	1.4295±0.009	0.1~0.3	无甲醛、亚硝酸盐、腐蚀剂,通用性强、广谱不含金属,影响黏度和颜色	漆、胶、乳液、金属加工液、造纸纺织涂料
ROCIMA 607	灰棕色可流动清状	BIT/Bronopol活性物 22%		1.10±0.05	(70±30)KU	6	>100		0.1~0.4	广谱、低VOC、无APEO、无金属盐,pH=4~10可用	漆、胶、浆、密封剂
ROCIMA 608	黄白色至灰白色分散体	CMIT/MIT/BIT/Bronopol		1.14±0.05	(75±30)KU		>100		0.1	广谱、长效、高稳定,符合EU eco-label要求,粒度≤30μm	漆、密封剂、浆糊
ROCIMA 620	无色至微黄清液,有味	CMIT/MIT/甲醛	≤4	1.091±0.010	2~8(20℃)	6~8	>100	1.355±0.005		杀细菌、真菌,性价比好、高效,符合可与食品接触的法规	漆、胶、切削油、增稠浆

续表

牌号	外观	组成及含量	Gardner色度	相对密度(20℃)	黏度/mPa·s	pH值	闪点/℃	折射率(20℃)	用量/%	特点	应用
ROCIMA 622	无色至微黄清液,有味	CMIT/MIT/甲醛	≤4	1.04±0.02	2～12(20℃)	5.5～7.5	>100	1.349±0.009		液相、气相防腐、性价比高	漆、胶、切削油、增稠浆
ROCIMA 623	无色至淡蓝清液	CMIT/MIT/季铵化合物/甲醛释放剂	≤2	1.029±0.010	1～5(20℃)	3～6	>100	1.343±0.005		长效防腐	漆、胶、切削油、乳液、分散体
ROCIMA 625	无色至微黄清液或微浊液	CMIT/MIT/乙二醇基甲醛释放剂	0～3	1.175～1.195		4.5～7.5	119	1.432～1.442	0.05～0.5	广谱、高效、气相防腐、相容性好	水性产品罐内防腐
ROCIMA 631	淡绿至浅灰分散体	CMIT/MIT/BIT		1.06±0.05	(80±20)KU	5.4	>100		0.025～0.25	零VOC,广谱,高稳定性,相容性极好,粒径≤30μm	水性产品罐内防腐
ROCIMA 633	淡绿至浅灰分散体	CMIT/MIT/BIT		1.03±0.05	(75±15)KU		>100		0.1～0.2	广谱、稳定、零VOC、高相容性,符合食品安全	水性产品罐内防腐
ROCIMA 640	琥珀色清液	20%BIT的二醇/水溶液		1.14	250/25	12.5			0.05～0.25	广谱、耐碱、耐热、相容性好	乳液、漆、胶、油墨
ROCIMA BT 1S	黄色清液	9%BIT的二醇/水溶液			<100	10～12.5	>140			广谱、高pH体系用、相容性好,耐温150℃	胶黏剂、造纸、杀粘菌剂
ROCIMA BT 2S	黄色至棕色清液	19%BIT的二醇/水溶液		1.13	200～500	12～13.5	>93		0.05～0.25	广谱、高pH体系用、耐温可达150℃	漆、胶、乳液、色浆、腻子
ROCIMA BT NV2	白色浊液	19%BIT水分散体		1.05	500	～7	>100		0.02～0.25	广谱、零VOC、耐温可达150℃	漆、胶、乳液、色浆、腻子
ROCIMA GT	无色至微黄透明液,有味	CMIT/MIT/季铵化合物/甲醛释放剂		1.0255±0.01	<12	3～7	>100	1.376±0.01	0.1～0.2	广谱快速杀灭各类真菌、细菌、藻类,可用于补救变质产品	漆、胶、乳液、色浆、腻子、油墨
ROCIMA KO	无色至琥珀色液体	20%活性成分/水/聚乙二醇醚		1.1235—1.1285		2～5				广谱高效,杀细菌、真菌、藻类,环保安全	原料、水、污染产品体系
ROCIMA MB2X	浅黄液,有温和气味	MIT/BIT(1:1)	≤3	1.045±0.015		8.5～9.5	>100	1.360±0.020	0.1～0.2	广谱长效、无甲醛、无VOC、无卤素、相容性好	漆、胶、乳液、颜料浆
ROCIMA MBX	无色至淡黄液,温和气味	MIT/BIT(1:1)	≤3	1.025±0.015		8～9.5	>100	1.350±0.010	0.2～0.4	广谱长效、无甲醛、无VOC、无卤素、相容性好,允许与食品接触	漆、胶、乳液、颜料浆

ROCIMA 521 的稳定性：在温度 40℃ 以下（短时可耐 60℃）、pH＝4～9 时稳定。贮存温度低于 0℃ 会结晶，室温回暖结晶重新溶解，搅匀仍可用。推荐用量：水性漆 0.05%～0.2%；胶黏剂、水性浆和膏 0.1%～0.3%。

ROCIMA 523 的稳定性：在温度 40℃ 以下（短时可耐 60℃）、pH＝4～9 时稳定。应贮存于 5℃ 以上，贮存温度低于 0℃ 会结晶，室温回暖结晶重新溶解较困难，会有沉淀产生，须加热到 50℃ 以上并强力搅匀，重新溶解后不影响杀菌防腐效能。推荐用量：水性漆 0.05%～0.3%；胶黏剂、水性浆和膏 0.10%～0.33%；灰浆 0.05%～0.25%。

ROCIMA 535N 在 pH＝3～9、温度不超过 60℃ 时稳定。可与水和低分子醇以任意比例混溶。凝固点 0℃，沸点 100℃，蒸气压（20℃）2.27kPa。推荐用量：水性漆 0.1%～0.2%；胶黏剂 0.15%～0.30%；乳液 0.05%～0.20%；水性印刷油墨 0.10%～0.25%。

ROCIMA 550 蒸气压 0.062×10^5 Pa，可与水无限混溶，并可溶于水溶性的有机溶剂。稳定性好（pH＝4～12、温度 60℃ 以下稳定），室温贮存期至少 1 年，50℃ 下贮存期 6 月。毒性：LD_{50}（鼠，经口）＝5000mg/kg。

ROCIMA 551 含有活性成分 MIT 3.0%～5.0%，2,2′-二硫代双（N-甲基）苯并酰胺 3.0%～5.0%。熔点 0℃（水），沸点 100℃（水）。ROCIMA 551 的稳定性：pH＝3～11、温度不超过 50℃（短期可耐 80℃）稳定。

ROCIMA 552 的组成为 MIT 和 Bronopol 各为 7.0%，最大不超过 10.0%。在温度 40℃ 以下（短时可耐 60℃），pH＝4～11 时稳定。凝固点＜－5℃，沸点 100℃，燃点＞150℃。推荐用量：水性漆 0.075%～0.15%；基料及增稠液 0.05%～0.10%；水性膏 0.1%～0.3%。

ROCIMA 553 的活性成分为 MIT 7.0%～10.0%，OIT 1.0%～2.5%。熔点＜－5℃，沸点 100℃，燃点＞150℃。毒性：LD_{50}（雌鼠，经口）＝1091mg/kg；LD_{50}（雄鼠，经口）＝2834mg/kg；LD_{50}（鼠，经皮）＞5000mg/kg。产品应贮存在良好通风处，温度 1～55℃。

ROCIMA 554 的组成为 MIT 和 Bronopol 各为 7.0%，最大不超过 10.0%，另有 1.0%～2.5% 的 OIT。ROCIMA 554 凝固点＜－30℃，沸点＞100℃，燃点＞150℃。在温度 40℃ 以下（短时可耐 60℃），pH＝4～9 时稳定。贮存温度不应低于－15℃，如果受冻，可室温回暖搅匀，不影响功效。推荐用量：水性漆 0.075%～0.15%；基料及增稠液 0.05%～0.10%；水性膏和颜料浆 0.1%～0.3%。

ROCIMA 560 在 40℃ 以下（短时可耐 60℃）、pH＝4～11 时稳定。通常 CMIT 的活性在 pH＞8.5 时会降低，但这可由 MIT 的增效获得补偿。ROCIMA 560 贮存温度不低于－2℃，受冻后回至室温仍可用。

ROCIMA 562 的活性成分为 BIT 5.0%～7.0%，MIT 3.0%～5.0%，CMIT 0.25%～0.5%。

ROCIMA 586 的活性物成分为 CMIT 0.75%～0.85%，MIT 0.23%～0.31%，Bronopol 7.0%～9.0%，另有硝酸钠 1.0%～2.0%，水 89.0%～90.0%。凝固点－2℃，毒性低，LD_{50}（雌鼠，经口）＝2000mg/kg，LD_{50}（鼠，经皮）＞5000mg/kg。ROCIMA 586 应贮存于 1～55℃，不得用钢铁容器盛放。

ROCIMA 603 的成分为 BIT 3.0%～5.0%，OIT 0.25%～0.5%，二乙二醇单丁醚

60.0%~80.0%。在50℃以下（短时可耐80℃）、pH=4~12的条件下稳定。易溶于水、小分子醇、乙二醇和醇醚中。不影响漆的黏度和颜色。其他物理性能：沸点100℃，燃点228℃，蒸气压2333Pa（20℃）。

ROCIMA 607的成分为1,2-苯并异噻唑啉-3-酮11.0%~13.0%，Bronopol 9.0%~11.0%，另有乙二醇5.0%~7.0%，水68.0%~71.0%。熔点>-1℃，沸点>100℃，闪点>100℃，燃点>250℃，蒸气压0.25Pa。可与水混溶。毒性：LD_{50}（鼠，经口）=2474mg/kg，LD_{50}（鼠，经皮）>5000mg/kg。

ROCIMA 608在40℃以下（短时可耐60℃）、pH=4~12（Bronopol要<9）时稳定。贮存在0℃以下会凝固，但回温搅匀活性不变。

ROCIMA 631的活性物成分为BIT 10%~12.5%，CMIT和MIT混合物1.0%~2.5%，另有硝酸钠1.0%~2.5%。有特殊气味，沸点100℃，闪点（克里夫兰开杯）>100℃，着火温度>250℃，与水易混合。ROCIMA 631在40℃以下稳定（短期可耐60℃），有效的pH值范围为4~9。符合欧美食品安全法，可用于与人类和食品接触的场合。

ROCIMA 640活性成分为BIT，耐高温、耐碱，可用于高pH和含胺的体系，但不得有氧化剂或还原剂。其他性能：沸点约100℃，10%水液pH值为12.5（25℃），能与水以任意比例混合。稳定性：在50℃以下稳定（短期可耐100℃），有效的pH范围为4~12。室温下贮存期至少24月。

ROCIMA GT可与水、小分子醇、乙二醇醚任意混合。在40℃以下（短时可耐60℃）、pH=3~9的条件下稳定。避免与黄铜、紫铜、铁、铝、马口铁及不锈钢接触。ROCIMA GT不会影响最终产品的黏度、气味和色泽，不会腐蚀生产设备和贮存容器。其毒性为LD_{50}（鼠，经口）=3450mg/kg。贮存温度不应低于-7℃，如果受冻，可室温回暖搅匀，不影响功效。

ROCIMA BT2S含有氢氧化钠，呈强碱性。有温和气味。ROCIMA BT2S凝固点-40℃，沸点100℃，闪点>93℃，燃点305℃，VOC 0.66g/cm^3。此外，25℃下蒸气压为1626.528Pa。其毒性为LD_{50}（鼠，经口）=1049mg/kg，LD_{50}（鼠，经皮）>2000mg/kg。室温密封贮存，但冷冻不影响杀菌活性，回暖后仍可以用。

ROCIMA BT NV2为BIT的分散体，pH值约为7，毒性：LD_{50}（鼠，经口）=1049mg/kg，LD_{50}（鼠，经皮）>2000mg/kg。室温贮存，但冻固后不影响杀菌功效。

ROCIMA MB2X中的活性成分比ROCIMA MBX的高一倍，MIT和BIT各为5.0%~7.0%，用于制漆符合欧美环保规定以及德国蓝天使环保标志对内墙漆的要求。ROCIMA MB2X易与水、醇混合。活性稳定的温度是40℃以下（短期可到60℃），pH值稳定范围为4~11。毒性：LD_{50}（鼠，经口）=1393mg/kg，LD_{50}（鼠，经皮）>5000mg/kg。ROCIMA MB2X在低于5℃时会出现沉淀，回至室温搅匀仍可用。

② 干膜防霉剂 Rohm & Haas公司的干膜防霉剂见表8.27。这些干膜防霉防藻剂的有效成分多为水不溶或难溶化合物，因而可避免在漆膜中被雨水溶出。为了便于分散，常常制成水分散体使用。干膜防霉制剂受冻后凝固，但升温搅匀后不影响功效。

ROCIMA 20用量：漆和色浆见表8.27，PVC塑料0.25%~3.0%，切削油0.15%~0.5%，织物涂料和染料0.25%~2.0%，纸张涂料0.25%~1.0%，胶黏剂0.125%~0.5%，油墨0.25%~2.5%。不得用于与食物和人体长期直接接触的配方。贮存温度不得低于-6.5℃。

表 8.27 Rohm & Haas 公司的干膜防霉剂

牌号	外观	组成及含量	Gardner色度	相对密度(20℃)	黏度/mPa·s	pH值	闪点/℃	折射率(20℃)	用量/%	特点	应用
ROCIMA 20	琥珀色清液,有特殊气味	TPBC 20%		1.03~1.06	≤A Gardner				一般 0.5~1.5,湿热区 2.5,内墙 0.2~0.8,木材 1.0~1.5	广谱,无金属,不腐蚀,水油通用,溶于醇	漆、木材、塑料、织物、纸张、油墨防霉
ROCIMA 40	琥珀色流动液,有特殊气味	TPBC 40%	≤9	1.13~1.17	≤A Gardner				一般 0.4~1.2,湿热区 2.0,内墙 0.1~0.4,木材 0.8~1.2	广谱,无金属,不腐蚀,水油通用,溶于醇	漆、木材、塑料、织物、纸张、油墨防霉
ROCIMA 63	灰色分散体,有柔和气味	活性分 30%,乙二醇类 7%~10%		1.1	70 KU	8.1	>100		0.25~3.0	广谱,长效,不黄变,不粉化,可单用也可配合 ROZONE 2000 使用	外墙漆,建材防霉
ROCIMA 80	近白至黄灰色分散体	活性分 32.5%,乙二醇类 5%~7%,其余为水等		1.02	约 75 KU				0.1~1.4	长效杀菌剂,不溶于水和有机溶剂	水性漆、建材,须配合防霉防腐剂并用
ROCIMA 103	淡黄清液	OIT/季铵化合物	≤4	0.935±0.010	30±20		29	1.429±0.005	0.12~0.57	高浓度,长效,补救作用,防霉杀藻	长霉建筑物翻修面杀菌防腐
ROCIMA 200	蓝色或琥珀色膏状	DCOIT 20%,二醇类 15%~18%,其余为水等		1.09	100 KU		>100	1.410±0.006	1.0~3.0	广谱,低 VOC配方,水溶性小,也可用于罐内防腐作用	主要用于水性漆防霉防腐
ROCIMA 243	无色至淡黄清液	OIT 溶液	≤2	0.961±0.010	<25		90	1.412±0.009	漆 0.2~1.0,灰浆 0.05~0.2,木材 1.0~3.0	广谱防霉防藻剂,冷至 -30℃也不结晶	水性漆、灰浆、木器漆
ROCIMA 250	灰白分散体	IPBC 的水分散体	≤5	1.13~1.23	75~115 KU		113		漆 1~3,木材 2~6	高浓度,长效,广谱,无罐内防腐作用,粒度≤30μm	水性漆、木材
ROCIMA 251	淡黄清液	IPBC		1.018±0.010	≤20		115	1.538±0.005	0.1~0.5	广谱	水油通用
ROCIMA 252	黄棕色液体	DCOIT/IPBC/OIT	≤8	1.138±0.010	5~25		>150		0.5~1.0	防霉剂,无罐内结晶	主要用于油性漆
ROCIMA 320	浅灰膏状非水分散体	BCM 7%~10%		1.4~1.6	4000~7000	6~7				防霉剂,粒度≤30μm,>180℃也不分解,强酸强碱影响活性	水油通用

续表

牌号	外观	组成及含量	Gardner 色度	相对密度 (20℃)	黏度 /mPa·s	pH值	闪点 /℃	折射率 (20℃)	用量 /%	特 点	应 用
ROCIMA 321	灰色微触变分散体	BCM		1.06±0.05	≤100 KU					长效无味防霉剂,粒度≤30μm	水性漆、胶、腻子、醇酸和油改性分散体
ROCIMA 331	棕灰色流动分散体	BCM/BIT/二硫代苯并甲酰胺		1.06±0.05	≤90 KU		>100			长效干膜防霉和罐内防腐剂,粒度≤30μm	水性漆、灰浆、纸张涂料
ROCIMA 342	浅黄绿清液	DCOIT 7%~10%		1.013±0.010	5~25	2.2	>150	1.450±0.005	漆 0.5~1.5,胶 0.1~0.3,灰浆 0.2~1	广谱防霉防藻剂	主要是水性漆,油性漆也可用
ROCIMA 343	无色至浅黄液	OIT 7%~10%	≤3	1.116±0.010	30~70		165	1.461±0.005	乳胶漆 1~3,灰浆 0.3~1.0	广谱防霉防藻剂,沸点>250℃	漆、胶、灰浆、水油通用
ROCIMA 344	浅黄清液	DCOIT/OIT	≤3	0.918±0.010	≤20		46	1.496±0.009	漆 0.5~1.5,胶 0.1~0.3,灰浆 0.2~0.5	广谱防霉剂,合形成乳漆,-25℃以上不结晶	木材和无机材料用清漆、胶、水基涂料水油通用
ROCIMA 345	蓝灰色可流动分散体	DCOIT/均三嗪衍生物		0.97~1.07	60~80 KU				漆 0.5~1.2,灰浆 0.2~1	广谱长效防霉剂,粒度≤30μm	水性漆、木器漆
ROCIMA 350	浅蓝绿色分散体	DCOIT/IP-BC		1.05~1.15	65~95 KU	约7.4			漆 0.5~1.0,灰浆 0.2~0.5	广谱防霉防藻剂,粒度≤40μm	木材和无机材料用漆
ROCIMA 355	蓝灰色可流动水分散体,有温和气味	DCOIT/IP-BC 20%		1.08	106 KU	8.6			1.8~8.5	广谱长效防霉杀菌剂,水分散体,VOC<0.1g/L	木材和无机材料用水性漆
ROCIMA 361	灰白色流动分散体	BCM/Diuron		1.05±0.05	≤100 KU		>100		漆 0.5~3.0,灰浆 0.2~2.0	防霉防藻剂,粒度≤30μm	外墙漆
ROCIMA 363	灰白色流动分散体	BCM/Diuron/OIT		1.08±0.05	≤100 KU		>100		漆 0.5~3.0,灰浆 0.2~1.0	防霉防藻剂,粒度≤30μm	漆、胶、灰浆、木器漆、灰浆水油通用
ROCIMA 363N	浅灰分散体	BCM/OIT/三嗪化合物		1.05±0.05	≤100 KU					广谱防霉防藻剂,粒度≤30μm,价廉,低VOC	户外漆、水油通用

续表

牌号	外观	组成及含量	Gardner色度	相对密度(20℃)	黏度/mPa·s	pH值	闪点/℃	折射率(20℃)	用量/%	特点	应用
ROCIMA 364N	浅灰色分散体	BCM/OIT/三嗪化合物		1.35±0.05	≤140 KU					广谱防霉防藻剂,粒度≤30μm,性价比高,低VOC	户外色漆,水油通用
ROCIMA 370	灰色分散体	Terbutryn		1.04±0.05	≤100 KU				0.3~1.0	外墙防藻剂,不溶于水	外墙漆
ROCIMA 371	灰白色分散体	IPBC/Diuron		1.03~1.18	60~90 KU	7.5	>100		外墙漆1~3,透明漆0.5~3,灰浆0.2~2	防霉防藻剂,粒度≤30μm,不溶于水	水性漆,高湿环境用漆
ROCIMA 371N	灰白至黄灰色水分散体	IPBC/Cybutryne		1.03±0.05	80±25 KU	8.5	>150		外墙漆1~3,透明漆0.5~3,灰浆0.2~1	广谱长效防霉防藻剂,粒度≤30μm,用于零VOC配方	水性漆,透明木材漆
ROCIMA 372N	灰白流动分散体	IPBC/BCM/三嗪化合物		1.06±0.05	≤100 KU					广谱防霉防苔藓,无VOC,粒度≤30μm	水性漆,木器漆
ROCIMA 380	白至黄灰色水分散动物	均三嗪化合物		0.97~1.07	60~90 KU		>100			高效防霉防苔藓,水溶性很低,粒度≤30μm	水性漆,灰浆
ROCIMA 382	米灰色流动分散体	ZPT/Terburyn		1.13±0.05	(80±20) KU		>150		漆1.0~2.0,灰浆0.3~0.6	广谱防霉防苔藓,粒度≤30μm,不溶于水	水性漆
ROCIMA 404D	浅灰液体	TPN 41.4%		约1.24		6.0~8.0			漆1.8~3.5,腻胶1.2~2.5,腻子0.1~1.2	广谱长效防霉菌剂,木材防霉	乳胶漆,胶,腻子,木材防霉
ROZONE 2000	淡绿溶液	DCOIT 20%	≤6	1.10±0.01	60±20			1.519±0.005	0.2~0.55	广谱长效防霉杀菌剂,无甲醛,易化学利生物降解	水油漆通用,乳胶漆,水器漆
SKANE M-8	琥珀色液体	OIT≥45%,丙二醇		1.034	40				0.1~0.3	低毒,适用性广,不影响漆的性能,价廉	水性漆为主,油性醇酸可用

ROCIMA 40 用量：漆和色浆见表 8.27，PVC 塑料 0.5%～2.5%，切削油 0.3%～0.5%，织物涂料 0.1%～1.0%，纸张涂料 0.05%～0.3%，篷布索具 0.5%～2.0%，胶黏剂 0.05%～0.2%，油墨 0.25%～3.0%。不得用于与食物和人体长期直接接触的配方。贮存温度不得低于 0℃。

ROCIMA 63 的组成为 OIT 2.0%～3.0%，BCM（即 Carbendazim）7.0%～9.0%，Diuron 16.0%～19.0%，二丙二醇 4.0%～6.0%，丙二醇 3.0%～4.0%，二氧化钛 1.0%～2.0%，水 57.0%～59.0%。其他性能：闪点＞100℃，燃点＞200℃，50% 的溶液 pH 值为 8.1，蒸气压（20℃）2333.1Pa。毒性：LD_{50}（鼠，经口）＞5000mg/kg，LD_{50}（鼠，经皮）＞5000mg/kg。室温密封贮存，受冻凝固，回温搅匀仍可用。

ROCIMA 80 的活性成分是 2-甲硫基-4-叔丁基氨基-6-环丙基氨基均三嗪（即 Irgarol 1051）33%～34%，另有丙二醇 6.0%～7.0%，二氧化钛 1.0%～2.0%，水 57.0%～58.0%。可用水稀释，蒸气压（20℃）2266.4Pa。ROCIMA 80 在温度不超过 100℃、pH 值为 4～10 的条件下稳定。

ROCIMA 103 在-15～60℃、pH=2～9 的条件下稳定。主要用于已长霉的漆面除霉翻修，一份 ROCIMA 103 加 50～150 份水稀释后喷涂于机械除霉的基材上，重涂漆不会起泡和剥落。还可用于木材防霉，使用浓度为 1 份 ROCIMA 103 加水 120～200 份。贮存温度低于-5℃时 ROCIMA 103 会分层。

ROCIMA 200 的组成为 DCOIT 18.0%～20.0%，乙二醇类 15.0%～18.0%，金属盐 4.0%～6.0%，黏土 4.0%～6.0%，二氧化钛 1.0%～3.0%，水 50.0%～54.0%。凝固点 0℃，沸点 100℃，闪点＞100℃，蒸气压（20℃）2266.4Pa。毒性：LD_{50}（鼠，经口）=978mg/kg，LD_{50}（兔，经皮）＞2000mg/kg。

ROCIMA 243 的组成为 OIT 5.0%～7.0%，乙二醇单丁醚 60.0%～80.0%，乙氧基 C_{12}～C_{15} 醇 2.5%～3.0%，乙氧基 C_9～C_{11} 醇 1.0%～2.5%，甲苯 1.0%～2.5%。其他理化性能数据：沸点 230℃，着火温度 228℃，饱和蒸气压 1.3332Pa（20℃），爆炸下限 0.80%（体积分数），爆炸上限 24.60%（体积分数）。

ROCIMA 250 受冻和短期耐温达 100℃活性不变。

ROCIMA 251 的成分为 IPBC 12.5%～15.0%，二乙二醇单丁醚 80%。其他理化性能数据：沸点＞180℃，着火温度 228℃，饱和蒸气压 1.3332Pa（20℃），爆炸下限 0.90%（体积分数），爆炸上限 24.60%（体积分数）。在 pH 值为 4～10 时稳定，短期耐温达 100℃活性不变。

ROCIMA 252 的活性成分为 DCOIT 25.0%～40.0%，IPBC 12.5%～15.0%，OIT 0.06%～0.1%。另有苯甲醇 40.0%～60.0%。

ROCIMA 320 组成为 BCM 7%～10%，石灰石 40.0%～60.0%，二氧化钛 1.0%～2.5%。有温和气味的灰色至棕灰色浆状体，凝固点＜-5℃，燃点＞200℃。10% 溶液的 pH 值为 6～7。

ROCIMA 342 的沸点大于 150℃，10% 溶液的 pH 值为 2.2。在低于-6℃时会凝固，回温后仍可用。

ROCIMA 345 在温度不超过 100℃、pH=4～10 的范围内功效不受影响。贮存温度低于 0℃会冻固，回温后仍可用。可单独用，在制漆的任何阶段加入均可。

ROCIMA 350 的活性成分为 DCOIT 12.5%～15.0%，IPBC 5.0%～7.0%。在温度短期不超过 100℃、pH=4～9 的范围内功效不受影响。由于长期存放会不均匀，建议用前加入漆中混匀后施工为好。

ROCIMA 355 的组成为 DCOIT 12.5%～15.0%，IPBC 5.0%～7.0%，金属盐 3.0%～5.0%，二氧化钛 1.0%～2.5%，乙二醇类 10.0%～14.0%，水 62.0%～64.0%。其他数据：凝固点 0℃，沸点 100℃，闪点>100℃，蒸气压（20℃）2266.4Pa。由于长期存放会不均匀，建议用前加入漆中混匀后施工为好。

ROCIMA 361 的组成为 Diuron 5.0%～15.0%，BCM 5.0%～10.0%，聚乙二醇 5.0%～10.0%，水 70.0%～75.0%。ROCIMA 361 在 pH 值为 4～10 时稳定，短期可耐 100℃。

ROCIMA 370 主成分为 Terbutryn（特丁净），含量 25.0%～40.0%。凝固点-5℃，燃点>200℃，50%水中 pH 值为 7.1，在 pH 值为 4～10 时稳定，短期可耐 100℃。ROCIMA 370 无 VOC 和 APEO。

ROCIMA 371 的成分为 IPBC 7.0%～10.0%，Diuron 5.0%～7.0%，丙二醇 7.0%～10.0%。在 pH 值为 4～10 时稳定，短期可耐 100℃。

ROCIMA 371N 活性成分为 IPBC 7.0%～10.0%，Cybutryne 3.0%～5.0%。在 pH 值为 4～10 时稳定，短期可耐 100℃。

ROCIMA 382 的组成为 ZPT 15.0%～20.0%，Terbutryn（特丁净）3.0%～5.0%，氧化锌 5.0%～7.0%，甲醛-萘磺酸钠 1.0%～2.5%。在 pH 值为 4～10 时稳定，短期可耐 100℃。

ROCIMA 404D 的活性成分为 41.4% 的 TPN（百菌清），另有水 48.3%，其他无害组分 10.3%。ROCIMA 404D 的凝固点为-5℃，稍有味，其毒性为 LD_{50}（鼠，经口）=4100mg/kg，LD_{50}（兔，经皮）>2000mg/kg。

SKANE M-8 是应用十分广泛的漆膜防霉剂，其主要特点有：对霉菌有极强的杀灭能力，活性范围广，且有效用量较一般防霉剂低。在已干漆膜中有异常优越的稳定性，防霉效果极好，不会使漆膜出现发黄、脱色、粉化、开裂等不良现象。适用于丙烯酸类、聚醋酸乙烯酯类及其他乳液制的乳胶漆以及溶剂型涂料及醇酸漆体系。

SKANE M-8 本身为为液态，因此易于添加到漆中。SKANE M-8 的毒性很低。有效成分为 OIT，含量不低于 45%，用丙烯醇做载体，贮存稳定性高。SKANE M-8 应在调漆时加入，一般先将 SKANE M-8 与丙二醇及成膜助剂混合，然后在充分搅拌下慢慢加入漆中，再加入增稠剂。推荐用量为漆重量的 0.1%～0.3%。

需要注意到的是体系的 pH 值须低于或等于 9.5；尽量少用或不用滑石粉等填料；体系中不得有硫化物；此外使用 ZnO 可增强防霉效果。

SKANE M-8 的最低抑菌浓度见表 8.28。

（8）德国舒美（Schülke & Mayr）有限公司 舒美（简称 S&M）公司产品的注册商标为 Parmetol。各种罐内防腐剂和干膜防霉剂的牌号、活性成分、主要用途和使用条件分别见表 8.29 和表 8.30。其中，作为涂料罐内防腐剂，Parmetol A26、A31、A33、DF35、N40 有特别优异的防腐效果，不仅能防止涂料内部的腐败变质，还有气相保护作用，在罐内上部空间充满水蒸气和冷凝水稀释作用下仍能阻止霉菌的生长。尽管含有微量的缩醛，按欧美的标准被认为是安全可靠的。它们在水性涂料和灰泥中的用量为

0.05%～0.2%。

表8.28 SKANE M-8 的最低抑菌浓度

细菌	美国标准培养收集所(ATCC)菌种号	最低抑菌浓度(活性分)/×10^{-6}	细菌	美国标准培养收集所(ATCC)菌种号	最低抑菌浓度(活性分)/×10^{-6}
革兰阳性细菌			黑麦霉	9642	8
金黄色葡萄球菌	6538	2	米麦霉	10196	2
表皮葡萄球菌	155	2	芽霉菌糠担子霉	9294	2
革兰阴性细菌			白色念珠酵母菌	11651	2
大肠杆菌	11229	8	毛壳霉菌属	6205	4
普通变形杆菌	8427	5	着色分生孢子霉属	11274	0.5
绿脓假单胞菌	15442	5	小线球状茎点霉属	6735	1
伤寒沙门杆菌	6539	5	冬茎点霉属	12569	2
真菌			深红类酵母菌	9449	4
交替霉菌属	11782	1	须发癣菌	9533	1

表8.29 舒美公司的罐内防腐剂

项目	牌号								
	A26	A28	A28S	A28N	A31	A33	D11	D22	DF35
活性成分									
N-缩甲醛	▲				▲	▲			▲
O-缩甲醛	▲				▲				▲
二价 CMTI/MIT	▲	▲	▲		▲	▲			▲
单价 CMIT/MIT									
无盐 CMIT/MIT				▲					
溴硝基丙二醇		▲	▲	▲					
叔丁基过氧化氢									
BIT							▲	▲	
OIT									
IPBC									
戊二醛									
应用领域									
涂料	●	○	○	○	●	●	○		●
灰泥	●	○	○	○	●	●			●
聚合物分散体	●	●	●	●	●	●	●	○	●
胶黏剂	●	●	●	●	●	●	○		●
密封剂	●	●	●	●	●	●			●
织物和皮革助剂	●				●	●			●
家用洗涤剂	○	●	●	●	○	●	●		●
颜料浆	●	○	○	○	●	●			●
沥青乳液							●		
使用条件									
pH值适用范围	3～9.5	3～8.5	3～8.5	3～8.5	3～9.5	3～9.5	3～11	3～11	3～10
最高使用温度/℃	60	60	60	60	60	60	100	100	60
不含有机溶剂		是	是				是		是

续表

项目	牌号							
	H92	K20	K25	K40	N20	N40	SL60	T94
活性成分								
N-缩甲醛				▲				
O-缩甲醛								
二价 CMTI/MIT		▲			▲		▲	
单价 CMIT/MIT			▲					
无盐 CMIT/MIT								
溴硝基丙二醇					▲			
叔丁基过氧化氢	▲							▲
BIT						▲		
OIT					▲	▲		
IPBC								▲
戊二醛							▲	
应用领域								
涂料		○	○	○	○	●		○
灰泥		○	○	○	○	●		○
聚合物分散体		○	●	○	○	●		●
胶黏剂	○	●	○	●	○	●		●
密封剂		○	○	○	○	●		●
织物和皮革助剂	○	●	●	●	○	●		●
家用洗涤剂	●	○	○	○	○	●		○
颜料浆					○	●	●	○
沥青乳液								
使用条件								
pH 值适用范围	4~10	3~8.5	3~8.5	3~8.5	3~8.5	3~10	3~8.5	4~10
最高使用温度/℃	40	60	60	60	60	60	60	40
不含有机溶剂		是	是	是	是		是	

注：● 最适合；○ 可用；▲ 含有。

表 8.30 舒美公司的干膜防霉剂

项目	牌号									
	DF12	DF17	DF18	DF19	DF19forte	DF24	DF27	DF28	CF10	CF30
类型										
水分散体		▲		▲	▲	▲	▲	▲	▲	▲
溶剂分散体	▲		▲							
活性成分										
多菌灵		▲		▲	▲	▲	▲	▲		
OIT	▲	▲	▲						▲	▲
ZPT							▲		▲	▲
敌草隆				▲	▲			▲		
三嗪衍生物						▲	▲		▲	▲
CMIT/MIT	▲									
N-/O-缩醛	▲									
应用领域										
室内	●	●	●			○	○		○	○
室外	●	●	○	●	●	●	●	●	●	●
涂料		●		○	●	●	●	●	●	●
灰泥		●		○	●	●	●	●	●	●

续表

项目	牌号									
	DF12	DF17	DF18	DF19	DF19forte	DF24	DF27	DF28	CF10	CF30
胶黏剂		●	●	○		○	●	○	●	●
密封剂		○	●	○	○	○	●		●	●
织物涂料	○		●				●			
溶剂型产品			●							
表面消毒	●									
使用条件										
pH 值适用范围	3~9.5	3~10	3~10	3~12	3~12	3~12	3~12	3~10	3~10	3~11
最高使用温度/℃	60	100	180	120	120	100	100	100	100	100
不含有机溶剂				是	是	是	是		是	

注：● 最适合；○ 可用；▲ 含有。

不含缩醛的相应产品是 Parmetol K20 和 K40，同样有很好的防腐作用，在水性涂料和灰泥中的推荐用量为 0.1%~0.2%。K20 的活性成分是以铜盐和镁盐稳定的 CMIT/MIT，K40 是以镁盐稳定的 CMIT/MIT。

干膜防霉防藻效果较好的是 Parmetol DF17、Parmetol DF19forte、Parmetol DF27、Parmetol CF10 和 Parmetol CF30。干膜防腐中的用量远高于罐内防腐剂，一般应占干膜重量的 0.5%~2.0%。

这些助剂的物理性能见表 8.31 和表 8.32。

表 8.31　舒美公司高效罐内防腐剂的性能

性能	牌号						
	A26	A31	A33	DF35	K40	K20	N40
外观	←―――――无色至黄色液―――――→					无色/淡绿液	深棕液
气味	醛味	特殊味	近无味	醛味	特殊味	特殊味	特殊味
d(20℃)	1.037~1.045	1.041~1.051	1.058~1.078	1.134~1.146	1.020~1.027	1.025~1.034	1.156~1.167
黏度①(20℃)	<15	<15	<15	<15	<15	<15	<25
$n_D^{20℃}$	1.353~1.360	1.348~1.357	1.353~1.365	1.396~1.403	1.339~1.343	1.340~1.346	1.453~1.465
沸点/℃	约 100	约 100	约 100	约 100	约 100	约 100	>100
闪点/℃	>100	>100	>100	>100	>100	>100	>100
水溶性	全溶	全溶	全溶	全溶	全溶	全溶	<1%不浑浊
起泡性		无					
VOC/%		8					

① 按 DIN53 211 测定的流出时间（s）。

表 8.32　舒美公司某些高效干膜防霉剂的性能

性能	牌号				
	CF10	CF30	DF17	DF19forte	DF27
外观	←―白色至微棕分散体―→		白色至浅灰浆	棕黄浆	白至黄浆
气味	几乎无味	几乎无味	无味	几乎无味	几乎无味
d(20℃)	1.203~1.243	1.216~1.256	1.020~1.040	1.090~1.120	1.140~1.160
黏度/mPa·s	300~800	300~800	350~800	250~800	150~500
粒度/μm	<15	<20		<10	<10
沸点/℃			约 100		
闪点/℃	>100		>100	>100	>100
水溶性/(g/L)	<0.01	<0.01	<0.01	<0.01	<0.01
VOC/%			3.3		

(9) 英国索尔(Thor)公司 总部在英国的 Thor 公司是一个国际化的、以杀微生物制剂为主的专业化学公司。该水性涂料防霉防腐剂品种繁多,注册商标是 ACTICIDE。涂料用防霉剂的牌号和应用见表 8.33,干膜防霉剂见 8.34。

表 8.33 索尔公司罐内防腐剂的牌号和应用

ACTICIDE	外观	pH值适用范围	最高使用温度/℃	应用领域				
				清漆	色漆	颜料浆	乳液	油墨
AS	液体	3~13	80	可	可	可	可	
B20	液体	4~13	80	可	可	可	可	可
BW20	液体	4~13	80	可	可	可	可	可
BK	液体	2~9	60			可		
BX	液体	2~9	60					
FI	液体	2~9	60					
FS	液体	2~9	60					
HF	液体	2~9	60	可	可			
LA1209	液体	2~9	60			可		
LA5008	液体	2~9	60					
MB	液体	2~10	80	可	可	可		
MBS	液体	2~10	80					
MV	液体	2~9	60	可	可	可	可	可
RS	液体	2~9	60	可	可	可	可	可
SPX	液体	2~9	60	可	可	可	可	可

表 8.34 索尔公司干膜防霉剂的牌号和应用

牌号	外观	pH值适用范围	最高使用温度/℃	应用领域	
				清漆	色漆
ACTICIDE					
AF	液体	3~9	60		可
CF	液体	3~10	100	可	可
DW	液体	3~10	100	可	可
EP Paste	浆状	3~10	100		可
EP Powder	粉末	3~10	100		可
EPW	液体	3~10	100		可
MKE(N)	浆状	3~9	40		可
OTW	液体	3~10	100		可
SR1138	浆状	2~12	150		可
ALGON					
PS Paste	浆状	3~10	100		可

Thor 公司在建筑涂料和水性工业漆中常用的罐内防腐剂有 Acticide HF、LA1209、MBS、MV、RS,它们的基本性能见表 8.35。常用的防霉防藻剂有 Acticide EPW、MKE(N)、OTW 和 SR1138,性能列于表 8.36。

表 8.35　索尔公司常用罐内防腐剂 Acticide 的性能

性能	Acticide					
	HF	LA1209	MBS	MV	RS	SPX
活性物/%						
CMIT	0.74～0.80	0.80～0.90		1.05～1.15	1.10～1.15	1.12
MIT	0.24～0.30	0.27～0.33	2.35～2.65	0.35～0.45	0.35～0.44	0.37
BIT			2.35～2.65			
溴硝基醇		8.40～9.20				
外观	无色至浅蓝绿液	无色至浅黄液	黄色液	无色至浅黄液	浅蓝绿液	无色至浅黄液
气味	轻微	轻微	轻微	轻微	轻微	轻微
$d(20℃)$	1.020～1.032	1.050～1.070	1.020～1.040	1.015～1.035	1.022～1.032	1.017～1.037
$n_D^{20℃}$	1.3390～1.3450	1.3450～1.3490	1.3460～1.3510	1.337～1.343	1.3390～1.3450	1.3380～1.3440
pH 值(20℃)	2.0～3.0		8.0～9.5	2.0～4.0	2.0～4.0	3.0～4.0
用量/%	0.05～0.4	0.05～0.4	0.2～0.4	0.05～0.4	0.05～0.4	0.05～0.4
VOC		无				0.095
溶解性	易溶于水、大多数低分子醇和乙二醇					
毒性						
经口(鼠)LD_{50}/(mg/kg)				4400		4400
皮肤(鼠)LD_{50}/(mg/kg)				>2000		>2000
喷雾吸入(鼠)LD_{50}(4h)/(mg/L)				12.3		12.3

表 8.36　索尔公司常用漆膜防霉防藻剂 Acticide 的性能

性能	Acticide			
	EPW	MKE(N)	OTW	SR1138
活性物成分				
BCM	▲			▲
OIT	▲	▲	▲	
尿素衍生物	▲			
IPBC		▲		
ZPT		▲		
外观	白色至米色浆	白色至米色浆	液体	白色至米色浆
气味	轻微	轻微	轻微	无
$d(20℃)$	1.100～1.200			1.000～1.250
固含量/%	17.5～20.0（丙酮不溶物）	17.0～21.0		35.0～37.0
粒度/μm	<35			<40
pH 值(20℃)	5.0～7.5	6.0～9.0		7.0～9.0
用量/%	0.25～2.0	0.25～1.5		0.25～2.0
溶解性	不溶于水	不溶于水	水溶	水溶
毒性/(mg/kg)				
经口(鼠)LD_{50}	3300			6400
皮肤(鼠)LD_{50}	>2000			5.8mg/L(4h)

（10）新加坡涂装技术公司　新加坡涂装技术公司（Polymer Coating Technologies of Singapore Pte Ltd）的防腐、防霉、防藻剂以 Biox 为注册商标。该公司产品品种很多，尤其是热带高温高湿环境用的防霉防藻剂颇有特色。几种代表性的罐内防腐剂和干膜防霉防藻剂性能分别见表 8.37 和表 8.38。

表 8.37　涂装技术公司的某些罐内防腐剂性能

性　能	牌　号		
	Biox P113	Biox P193	Biox P521
活性成分	CMIT/MIT	CMIT/MIT	BIT
外观	淡黄透明液	浅绿透明液	棕褐色清液
气味	微淡,无刺激性	微淡,无刺激性	轻微气味
d(20℃)	1.01～1.08	1.01～1.05	1.04～1.15
pH 值	2.0～4.0	2.5～4.5	11.0～13.5
沸点/℃	>100	>100	>100
冰点/℃	<0	<0	<0
水溶性	与水完全混溶	与水完全混溶	与水完全混溶
自燃性	不自燃	不自燃	不自燃
用量/%	0.1～0.5	0.1～0.5	0.1～0.5
用法	涂料生产最后阶段加入 pH<8.5	涂料生产最后阶段加入 pH<8.5	涂料生产最后阶段加入 pH 最好为 4.0～12.0
生物活性	广谱杀菌防腐	广谱杀菌防腐	广谱杀菌防腐

表 8.38　涂装技术公司的某些干膜防霉防藻剂性能

性　能	牌　号				
	Biox AM139	Biox AM146	Biox M148	Biox M168	Biox M625
活性成分	OIT/氨基甲酸酯衍生物	氨基甲酸酯/甲基脲衍生物	氨基甲酸酯衍生物	氨基甲酸酯/苯二腈衍生物	苯二腈衍生物
外观	浅白色液	浅白色液	浅白色液	浅白色液	浅白色液
气味	微淡,无刺激性	微淡,无刺激性	微淡,无刺激性	微淡,无刺激性	微淡,无刺激性
d(20℃)	1.05～1.15	1.010～1.152	1.01～1.12	1.05～1.08	1.02～1.15
pH 值	6.0～8.0	5.3～7.3	5.3～7.3	5.0～7.0	6.0～8.5
沸点/℃	>100	>100	>100	>100	>100
冰点/℃	<0	<0	<0	<0	<0
水溶性	不溶于水	不溶于水	不溶于水	不溶于水	不溶于水
用量/%	0.2～2.0	0.2～2.0	0.2～2.0	0.2～2.0	0.2～2.0
用法	乳胶漆生产任何阶段加入	乳胶漆生产任何阶段加入	乳胶漆生产任何阶段加入	乳胶漆生产任何阶段加入	乳胶漆生产任何阶段加入
生物活性	广谱防霉防藻	广谱防霉防藻	广谱防霉防藻	广谱防霉防藻	广谱防霉防藻

新加坡涂装技术公司的其他罐内防腐剂、防霉剂和防藻剂牌号及其特点见表 8.39。

表 8.39　其他罐内防腐剂、防霉剂、防藻剂牌号及其特点

牌　号	特　点
罐内防腐剂	
Biox MB	无氯,适用于 pH 很高的漆、乳液、金属切削液和其他水性产品
Biox P81F	活性成分 CMIT/MIT
Biox P82	广谱,含有缓释活性组分和快速作用组分,速效和长效相结合
Biox P91LF	广谱,低甲醛,性价比优
Biox P91VLF	广谱,极低甲醛,性价比优,活性成分 CMIT/MIT
Biox P113	广谱,无甲醛、铜和重金属,可用于较低 pH 的漆,活性成分 CMIT/MIT

牌 号	特 点
罐内防腐剂	
Biox P193	广谱,无甲醛,可用于较低 pH 的漆,活性成分 CMIT/MIT
Biox P500	广谱,无氯,低温稳定性好,高 pH 下稳定,长效。活性成分 BIT。适用于各种水性漆和水性油墨
Biox P521	广谱,无氯,低温稳定性好,高 pH 下稳定,长效。活性成分 BIT。适用于各种水性漆和水性油墨
Biox SV	广谱,无甲醛和二价离子,与乳液相容性好,可用于低 pH 场合,含 CMIT/MIT
Biox VFB1	无 VOC,广谱、无氯、长效,高 pH 下稳定,适用于环境友好产品,活性成分 BIT
干膜防霉防藻剂	
Biox AM123	低 VOC。细粒稳定均匀的防霉防藻剂分散体,与乳胶漆易混合。在高湿热的热带环境中效果好。内外墙均可用,长效高效。只用这一种就有多种杀生剂效果
Biox AM136	细粒粉末,易混入漆中,长效、高效的干膜防霉防藻剂
Biox AM139	低 VOC。细粒稳定均匀的防霉防藻剂分散体,易混入乳胶漆中。在高湿热的热带环境中效果好。长效高效的干膜防霉防藻剂,性价比优,应用广
Biox AM146	低 VOC。细粒稳定均匀的防霉防藻剂分散体,与乳胶漆易混合。在严酷的热带环境中效果好。性价比优,应用广
Biox AMZ	低 VOC。细粒稳定均匀的无氯杀生剂水分散体,易混入漆中,长效
Biox AMZ3	低 VOC。细粒稳定均匀的无氯杀生剂水分散体,易混入漆中,长效
Biox EXM1	细粒稳定均匀的水分散体,易混入漆中,性价比好
Biox EXM2	细粒稳定均匀的水分散体,易混入漆中,性价比好。不影响漆膜颜色保色性
Biox EXM3	细粒稳定均匀的水分散体,易混入漆中,性价比好
Biox M148	低 VOC。细粒均匀的水分散体,易混入漆中,性价比好,长效,使用广泛
Biox M168	低 VOC。细粒均匀的水分散体,易混入漆中。内含两种防霉剂有协同作用,长效高效,可用于浴室、啤酒厂、医院这样最严酷的环境。性价比高,应用广,用量大时可防藻
Biox M600	细粒干粉,可混入浆状涂料或灰泥中。长效高效,用量大时可防藻
Biox M625	低 VOC。细粒均匀的水分散体,易混入漆中,长效高效防霉
防霉剂	
Biox M628	水油通用,与其他防霉剂共用可有效地防止霉菌引起的降解和破坏
Biox MTX	水油通用,与其他防霉剂共用可有效地防止霉菌引起的降解和破坏
Biox SBC	水油通用,保护木材清漆不长霉,不影响漆的干性或透明度
罐内防腐干膜防霉双用	
Biox IF1	无甲醛,既防腐又防霉
Biox IF2	无甲醛,既防腐又防霉
杀细菌剂	
Biox ABA	细粉末,易混入漆中,高度稳定,长效杀菌,可用于卷钢涂料和乳胶漆中
Biox ABC	主要用于清漆和塑料中
Biox ABE	乳胶漆用液态杀菌剂
Biox ABW	细粒均匀的水分散体,易混入乳胶漆中,漆膜表面长效杀菌。有罐内防腐作用和干膜防霉作用,可用来制全效杀生乳胶漆
Biox ABZ	细粒均匀的水分散体,易混入乳胶漆漆中,价廉,长效杀菌

（11）海川公司的防霉防腐剂　深圳海川公司经销多个海外公司的水性涂料助剂,其中防霉防腐剂有 Alex F-250、F-251、F-252、N-253、N-254 和 Dehygent LFM 等,基本性能

见表 8.40。Alex F-250、F-252 和 Dehygent LFM 是罐内防腐剂，Alex N-253 和 N-254 的活性成分是百菌清（四氯间苯二腈），有很高的防霉效果，漆板在美国佛罗里达州曝晒 3 年未见长霉。

表 8.40 海川公司经销的防霉防腐剂

性能	牌号					
	Alex F-250	Alex F-251	Alex F-252	Alex N-253	Alex N-254	Dehygent LFM
活性成分	MIT/CMIT	MIT/CMIT	BIT	TPN	TPN	氮杂环/甲醛缩聚物
活性分含量/%	1.5	1.5	9.25	40	100	45
外观	淡黄绿透明液	淡黄绿透明液	棕色透明液	白色分散液	细粉	无色至浅黄液
气味	柔和	柔和	柔和	柔和	无	轻微气味
$d(20℃)$	1.02～1.06	1.02～1.06	1.35±0.30		1.80±0.05	1.09～1.10
$n_D^{20℃}$						1.410～1.420
粒度/μm					3～5	
沸点/℃				355(主成分)	355	
熔点/℃				250(主成分)	250	
浊点/℃						<25
pH 值	2.0～5.0	2.0～5.0	12	5.5		10.5～11.5
pH 适用范围	2～9	2～9	4～12			
用量/%	0.05～0.3	0.05～0.3	0.075～5	0.9～3.0	0.3～1.2	0.1～0.5
水溶性	与水完全混溶	与水完全混溶	与水完全混溶	水不溶	水不溶	与水完全混溶
特点	无甲醛,罐内防腐杀菌,VOC极低	无甲醛,罐内防腐杀菌,VOC极低	无甲醛,耐高温,罐内防腐杀菌,环境友好	高效长效,内外墙防霉	易分散,高效,内外墙防霉	广谱杀菌,罐内防腐,内墙漆不用,
毒性/(mg/kg)						
经口(大鼠)LD_{50}	>3800	>3800	>10000	>10000	>10000	3600
经口(小鼠)LD_{50}	>1000	>1000	>3830	>6000	>6000	
皮肤(兔)LD_{50}	>5000	>5000	>5000	>5000	>5000	

（12）三博生化科技有限公司的防腐防霉剂 三博生化科技（上海）有限公司是国内的外资防腐防霉剂专业生产厂家，采用欧洲的先进配方和工艺流程生产独具特点的防腐剂、防霉剂、杀菌剂、杀藻剂及水处理剂等产品。除涂料、油墨、胶黏剂用以外还有水处理、日用化学品、造纸、塑料、木材等防腐用品。

① 涂料用罐内防腐剂 三博生化科技（上海）有限公司的罐内防腐剂品种有"百杀得"系列产品，包括百杀得 BIT-10、BIT-20、BIT-20-plus、BIT-20D plus、BRC-plus、CI、MBS、MIT-10 等，产品性能特点见表 8.41，其中 LD_{50} 为大鼠经口的半致死量。

② 涂料用干膜防霉防藻剂 三博生化科技（上海）有限公司的干膜防霉防藻剂是"猛杀得"系列，牌号有猛杀得 CC-2、CCD-2、CCD-P、CC-O、CC-P、DL、DS、EPW、IP-BC-20 以及 IPBC-20D plus，基本性能见表 8.42，其中 LD_{50} 为大鼠经口的半致死量。这些干膜防霉防藻剂一般不溶于水，但是可分散在漆中。在南方高温高湿环境下用量应该按上限量配漆。

（13）其他公司的防霉防腐剂 还有许多公司生产防腐防霉剂，在水性涂料中常用到的

表 8.41　三博生化科技有限公司的百杀得系列防霉防腐剂

牌号百杀得	外观	成分	含量/%	凝固点/℃	相对密度(25℃)	稳定性	pH值	LD_{50}/(mg/kg)	用量/%	特性	应用
BIT-10	黄色液体	BIT	8.5	0	1.03	25℃以下稳定	13~14	5000	0.1~0.6	广谱长效,无甲醛,气味小,碱性条件下稳定,pH=4~12范围可用,易发黄	水性漆、油墨、胶、乳液
BIT-20	黄色液体	BIT	20±1	-5	1.06	-20~40℃稳定	13.0~14.0	>2500	0.1~0.4	广谱长效,无甲醛,气味小,碱性条件下稳定,pH=2~12范围可用,易发黄	水性漆、油墨、胶、乳液
BIT-20-plus	黄色至棕色液体	BIT	22±1	0			9~14	2500	0.1~0.3	广谱长效,无VOC,无甲醛,无可用,同Proxel GXL	水性漆、油墨、胶、乳液
BIT-20D plus	微黄分散液	BIT、CMIT/MIT	20±1	0	1.06	-20~40℃稳定	6~8	2000	0.05~0.4	广谱长效,无甲醛,气味小,pH=4~12范围可用,易发黄	水性漆、油墨、胶、乳液
BRC-plus	无色至浅黄液	Bronopol	20~30	-5	1.00~1.10	耐热良好	4.0~6.0	>3000	0.05~0.4	广谱快速长效,pH=4~8范围可用	乳胶漆、乳液
CI	浅绿透明液	CMIT/MIT	1.5		1.01~1.06		3~5	>3800	0.05~0.4	广谱长效,抑菌好,无气味,无甲醛,毒性低,pH<8.5可用,同Kathon LX1.5	水性漆、油墨、胶、乳液
MBS	琥珀色液体	BIT、CMIT/MIT	5.0±0.5	0	1.03	耐热良好	8~10	>4000	0.1~0.8	广谱长效,无甲醛,pH=2~12范围可用	水性漆、油墨、胶、乳液
MIT-10	水性,油墨,漆,胶,乳液	MIT	10.0±1	0	1.03	耐热良好,易溶于水和醇	3~5	>4000	0.05~0.6	广谱长效,无甲醛和VOC,pH=2~12范围可用	水性漆、油墨、胶、乳液

表 8.42　三博生化科技有限公司的猛杀得系列干膜防霉防藻剂

牌号 猛杀得	外观	成分	含量 /%	凝固点 /℃	相对密度	稳定条件 /℃	粒径 /μm	pH值	LD_{50} /(mg/kg)	用量 /%	特性	应用
CC-2	乳白分散液	BCM		−5	1.14~1.20	<40	4~20	7~8	>10000	0.2~1.5	广谱长效,稳定,性能优,不含防藻剂,pH=5~10范围可用	内外墙乳胶漆
CCD-2	乳白分散液	BCM/Diuron	25	−5	1.24~1.30	<25	4~20	7~8	>5000	0.2~1.5	广谱长效,含防藻剂	内外墙乳胶漆
CCD-P	粉末	BCM/Diuron	97			<40			>5000	0.2~1.5	广谱长效,不流失,含防藻剂	水油通用
CC-O	乳白分散液	BCM		0	1.14~1.20	<25	4~20	5~7	>4000	0.2~1.5	广谱,稳定,性能优,不流失,pH=5~10范围可用	乳胶漆
CC-P	白色粉末	BCM	97			<40			>10000	0.2~1.5	广谱长效,不流失,含防藻剂,pH=5~10范围可用	水油通用
DL	淡蓝色液	DCOIT								0.2~1.0	广谱高效,杀菌杀藻,含防藻剂	涂料、油墨、胶
DS	白色粉末	DCOIT								0.2~1.0	广谱高效,杀菌杀藻,含防藻剂	涂料、塑料、木材
EPW	乳白分散液	BCM/Diuron/OIT	33	−5	1.24~1.30	<40	4~20	7~8	>4000	0.2~1.5	广谱长效,不流失,含防藻剂,pH=5~10范围可用	内外墙乳胶漆
IPBC-20	琥珀色清液	IPBC	20±1		1.17~1.24	<25		6~8	>4000	0.5~2.5	广谱长效,pH=5~9.5范围可用	水油通用
IPBC-20D plus	白色分散体	IPBC 分散液	20		1.17~1.24	<25		6~8	>2000	1.5~2.5	广谱,罐内防霉杀藻,干膜肉防藻,pH=5~9.5范围可用	乳胶漆、油墨、胶

其他一些杀菌、防霉、防藻剂的牌号、活性成分和生产供应商罗列如下。

牌号	类型	活性成分	生产供应商
75#杀菌剂/防霉剂		10,10'-氧代二酚㗁砒	上海长风化工厂
AK-302	杀菌防腐剂	1,3,5-三羟乙基均三嗪	湖州新奥克化工有限公司
BD-200	杀菌防腐剂	异噻唑啉酮化合物	上海博岛化学公司
EB-880	干膜防霉防腐剂	OIT,45%	中国
Glokill 77	杀菌防腐剂	三嗪类	法国罗地亚公司
Grotan F10	防霉防藻剂	OIT	德国舒美公司
Grotan F15	干膜防霉杀菌剂	IPBC	德国舒美公司
Grotan K	防腐防霉剂	OIT/N缩醛	德国舒美公司
Grotan OD	杀菌防腐剂	CMIT/MIT	德国舒美公司
Grotan TK2	杀菌防腐剂	CMIT/MIT/缩甲醛	德国舒美公司
Grotan TK4	杀菌防腐剂	CMIT/MIT/N缩醛	德国舒美公司
HX-6050	杀菌防腐剂	异噻唑啉酮化合物	广州华夏助剂化工公司
HX-6130	杀菌防腐剂	小分子有机胺	广州华夏助剂化工公司
HY-801	防腐杀菌剂	14% CMIT/MIT	长沙互力达科技公司
Irgarol 1051	杀藻剂	三嗪化合物	瑞士汽巴精化有限公司
Kathon 886 MW	杀菌防腐剂	MIT3.7%/CMIT10.4%	美国罗门哈斯公司
Kathon CG	杀菌防腐剂	CMIT/MIT,1.5%	美国罗门哈斯公司
Kathon DP	杀菌防腐剂	CMIT/MIT	美国罗门哈斯公司
Kathon UT	杀菌防腐剂	CMIT/MIT	美国罗门哈斯公司
Kathon WT	杀菌防腐剂	CMIT/MIT,13.9%	美国罗门哈斯公司
MB-11	杀菌防腐剂	CMIT/MIT=3/1	台湾德谦公司
MB-16	漆膜防霉剂	杂环化合物	台湾德谦公司
Mergal K7	杀菌防腐剂	异噻唑啉酮化合物	美国特洛伊公司
Metatin GT	杀菌防腐剂	CMIT/MIT	瑞士ACIMA公司
Mitco CC 32 L	杀菌防腐剂	CMIT/MIT	日本Mitco公司
Nopcocide N-54-D	防霉杀菌剂	63%TPN分散体	日本诺普科助剂公司
Nopcocide N-96	防霉杀菌剂	TPN	日本诺普科助剂公司
Nopcocide SN-135	杀菌防腐剂	杂环化合物	日本诺普科助剂公司
Nopcocide SN-215	杀菌防腐剂	杂环化合物	日本诺普科助剂公司
Rocima 101	杀菌防腐剂	季铵化合物浓缩液	美国罗门哈斯公司
Rocima 303	杀菌防腐剂	芳基脲/二硫化秋兰姆/二甲胺硫酸锌,固含50%	美国罗门哈斯公司
SD-202	罐内防腐剂	BIT	北京清华永昌化工公司
SD-818	罐内防腐剂	异噻唑啉酮化合物	北京清华永昌化工公司
SKYBIO 429	干膜防霉剂	45%OIT的PG液	韩国SK Chemicals公司
SKYBIO 429D	干膜防霉剂	45%OIT的DOP液	韩国SK Chemicals公司
SKYBIO 429M	干膜防霉剂	22%OIT的MEK液	韩国SK Chemicals公司
SKYBIO MA11	干膜防霉剂	多组分复配	韩国SK Chemicals公司
SKYBIO MA21	干膜防霉剂	多组分复配	韩国SK Chemicals公司
SKYBIO MA31	干膜防霉剂	多组分复配	韩国SK Chemicals公司
SKYBIO B20	罐内防腐剂	20%BIT	韩国SK Chemicals公司
SKYBIO B95	罐内防腐剂	9.5%BIT	韩国SK Chemicals公司
SKYBIO PG520	罐内防腐剂	1.5% CMIT/MIT	韩国SK Chemicals公司
SKYBIO PG521	罐内防腐剂	多组分复配	韩国SK Chemicals公司
SKYBIO PG530	罐内防腐剂	多组分复配	韩国SK Chemicals公司
SKYBIO SP	罐内防腐剂	1.5% CMIT/MIT	韩国SK Chemicals公司
TF-02	防霉杀菌剂	异噻唑啉酮化合物	上海轻工业研究所
TM-8	罐内防腐剂	9.5%BIT	浙江临安环宇特种助剂厂

牌号	类别	成分	厂家
TN-05	罐内防腐剂	9.5％BIT	绍兴南方化工有限公司
Vanquish 100	防霉防藻剂	正丁基苯并异噻唑啉酮	Arch Chemicals 公司
W-5006	罐内防腐剂	异噻唑啉酮化合物	台湾佳明化学助剂公司
W-8062	罐内防腐剂	异噻唑啉酮化合物	台湾佳明化学助剂公司
ZX-01	杀菌防腐剂	三羟乙基均三嗪	天津迪赛福技术有限公司
华杰-A-05	罐内防腐剂	BIT	上海华杰精细化工公司
华杰-A-54	罐内防腐剂	CMIT/ MIT/有机氮化合物	上海华杰精细化工公司
华科-88	罐内防腐剂	10％异噻唑啉酮化合物	陕西石油化工研究院
华科-108	防霉防藻剂	45％OIT	陕西石油化工研究院
华科-981	罐内防腐剂	2.5％CMIT/ MIT	陕西石油化工研究院
华科-982	罐内防腐剂	1.5％CMIT/ MIT	陕西石油化工研究院
华科-DMDMH	杀菌防腐剂	DMDMH	陕西石油化工研究院
凯松 CG	罐内防腐剂	CMIT/ MIT	福建莆田凯松化工厂
凯松 JX-515	罐内防腐剂	1.5％CMIT/ MIT	上海理日科技发展公司
天擎-107	罐内防腐剂	异噻唑啉酮化合物	北京天擎化工公司
天擎-507	罐内防腐剂	异噻唑啉酮化合物	北京天擎化工公司
天擎-607	防霉防藻剂	OIT	北京天擎化工公司

第 9 章 消 光 剂

9.1 涂膜的光泽和消光

在光亮的环境中各种涂层可呈现出亮光、半光或者无光等不同的形态，这是因为当光线以一定的角度照射涂层表面上时，在等于入射角的反射角位置可观察到某种强度的反射光，反射光强度越高涂膜的光泽也越高。如果涂层表面有微小的凹凸不平，入射光会改变反射方向形成散乱的反射光，随着表面粗糙度的增加，光的散射程度增大，涂膜的光泽下降，会由亮光涂层变为了无光漆膜。因此改变漆膜微观粗糙度可以达到消光的目的。

涂膜的光泽以光泽度表示。光泽度定义为：光线按一定的入射角照射涂层表面时正反射的光量与从标准板上正反射的光量之比，以百分数表示。光泽度计所用的光电入射角通常为 20°、60° 和 85° 三种，60° 适用于所有的漆膜，20° 特别适用于高光漆膜（这时 60° 光泽大于 70%），而 85° 主要用来鉴别无光和几乎无光（这时 60° 光泽小于 30%）的漆膜细小的光泽差别。涂料的光泽度是一个影响用户购买决定的重要因素。

根据欧洲标准 EN 13300—2002《油漆和清漆　内墙和天花板用水性涂料材料和涂料系统　分类》，漆膜的光泽可分为以下几类（表 9.1）。中国涂料厂商习惯上将光泽度低于 60% 的涂料称为亚光涂料，按光泽度大小又称为半亚、全亚涂料等各种名称，相应地将消光粉称为亚粉。

表 9.1　涂料的光泽分类

名　称	测量角度/(°)	反射光测量值/%	名　称	测量角度/(°)	反射光测量值/%
高光	60	≥60	平光	85	<10
半光至丝光	60	<60	无光	85	≤5
	85	≥10			

漆膜的成膜物质多为有机高分子化合物，它们形成的漆膜光泽度一般都很高，但实际使用中不同的消费者对漆面的光泽会有不同的要求。过去用户多喜欢亮光漆，近年来人们渐渐偏好低光泽或无光泽涂料，以减少光污染。有许多途径可以达到消除漆膜光泽的目的，添加消光剂是最常用且最有效的方法。

消光粉（消光剂）在漆膜表面产生粗糙的、凹凸不平的效果，当光线照射在漆面上以后产生散乱的光反射，起到消光作用。显然，能使漆膜表面越粗糙的消光剂，消光效果越好。随着消光粉的用量不同可制得不同光泽度的漆。涂料中所使用的消光剂应能满足以下基本要求：

① 消光剂的折射率应尽量接近成膜树脂的折射率（大多数树脂的折射率在 1.4~1.6）；
② 具有耐磨、抗划痕性；
③ 有良好的分散和再分散性能。

无定形二氧化硅因其折射率与涂料工业中使用的大部分树脂的折射率相近，为 1.46，因此，无定形二氧化硅用于清漆中具有良好的光学性能，成为高档涂料消光剂的首选。

水性漆消光以超细二氧化硅（又称硅微粉）为主，所用的消光粉是亲水的，这样可以在水性漆中有良好的分散。此外消光粉的粒度和孔隙率与消光效果有直接关系，常用的消光粉粒度范围为 $3\sim 7\mu m$，以粒径在 $5\mu m$ 左右为好，孔隙率在 $1.2\sim 2.0 mL/g$ 之间。消光剂的消光效果受许多因素的影响，一般来说，消光粉的粒径越大，造成漆膜表面粗糙度越高，消光效果越好，但要注意消光粉的粒径应与涂层膜厚相适应，粒径远大于膜厚的消光剂效果并不好，而且会恶化漆膜的外观和触感；消光粉的孔隙率大，消光效果好；经有机化合物处理后的消光粉改善了与体系的相容性，但是会使消光效果减弱。此外，不同的树脂体系消光效果也有差别，聚氨酯涂料比丙烯酸涂料难消光。消光粉用量越大，漆膜的透明度越差，粒径大的消光粉对透明度的影响也越大。贮存过程中消光粉有可能沉淀，细粒度的消光粉防沉性好。

水性漆比油性漆容易消光，添加 1% 或稍多的消光粉即可达到半亚效果，添加 3% 左右一般可制成亚光水性漆，一种水性漆中消光粉用量与漆膜光泽的关系见表 9.2。从生产方法上分，消光粉有气相法和沉淀法两种类型，都可以用于水性涂料中。不必追求消光粉的高档化，国产消光粉就有很好的消光效果，浙江湖州地区产的硅微粉价廉物美，消光效果好。

表 9.2 消光粉的用量对水性漆光泽的影响

消光粉用量/%	1.0	1.5	2.0	2.5	3.0
光泽	50	43	23	20	17

消光粉可以在制漆时直接加入漆中分散，也可以将固态的消光粉预先制成水性消光浆使用，这样消光粉更容易快速分散在漆中，避免出现微粒或结块。用 BYK 公司的分散剂 Disperbyk-190 制水性消光浆的参考配方（%）如下。

水	45.0
Disperbyk-190	9.0
BYK 420	0.5
BYK 024	0.5
SYLOID W 300（消光粉）	45.0
	100.0

以上组分经高速搅拌分散均匀后，按消光程度要求添加于水性漆中即可。

蜡乳液和蜡粉也有消光作用，加有蜡乳液的亚光漆（例如水性木器漆）可以减少消光粉的用量。也可以只用蜡乳液制亚光漆。蜡乳液不仅可以消光，还能增加漆膜表面的光滑度，改善手感，增加耐划伤性，但多数蜡乳液会使漆的重涂性变差，需要特别注意。

纳米胶体分散体有十分明显的消光作用，加入后漆膜变得雾浊不透明，如 AKZO Nobel 的 Naycol 1030，这种胶体硅分散体同时具有提高漆膜耐划伤性和增加硬度的作用。

超细填料也有消光作用，如滑石粉、重钙粉、高岭土等，这些填料严重影响漆膜的透明度，还会在漆贮存时产生沉底结块现象，一般不用来做消光剂。

硬脂酸钙、硬脂酸锌、硬脂酸铝这样的金属皂可用作溶剂型涂料的消光，但是不适用于水性体系，因为与水性体系的极性相差较大，分散困难，难于得到稳定的分散体。

9.2 商品消光剂

9.2.1 二氧化硅消光粉

(1) Degussa 公司的消光粉 Evonik-Degussa（赢创德固萨）公司生产用于涂料工业的二氧化硅消光剂已有40余年的历史。消光剂的注册商标为"ACEMATT"，产品牌号众多，牌号中的字母代表不同类型的产品。H 代表沉淀二氧化硅，T 代表气相二氧化硅，O 代表经表面处理的产品，K、S 代表二氧化硅。

Degussa 公司的 ACEMATT 消光剂包括未处理型的 ACEMATT HK 125、ACEMATT HK 400、ACEMATT HK 440、ACEMATT HK 450、ACEMATT HK 460，有机处理型的 ACEMATT OK 412、ACEMATT OK 412 LC、ACEMATT OK 500、ACEMATT OK 520、ACEMATT OK 607，气相法二氧化硅 ACEMATT TS 100、ACEMATT TS 100/20、ACEMATT 3200 和 ACEMATT 3300 等。此外还有未经处理的气相法二氧化硅 Aerosil TT 600 也可用作水性体系的消光剂。

ACEMATT 系列消光剂的物理性能见表 9.3。

表 9.3 Degussa 公司水性涂料用 ACEMATT 消光剂的物理性能

牌号 ACEMATT	平均粒径 /μm	孔隙率 /(mL/g)	pH 值 (5%分散液)	吸油量 /(g/100g)	灼烧减量 /%	表面处理	特性	应用
HK 125	4.0		6.0	160		无	经济型,通用型消光剂,粒径分布范围较广,光泽低	木器漆、工业漆、卷钢涂料、色漆
HK 400	3.0		6.0	220	6	无	通用型,未经处理的消光剂,粒径分布范围较广	卷钢涂料、皮革涂料
HK 440	5.0		6.0		7	无	高消光,漆外观好,制低光泽涂料	卷钢涂料、醇酸漆
HK 450	3.0		6.0	255	7	无	高效消光剂,特别适用于要求低光泽度和低艳光度的系统	卷钢涂料
HK 460	2.5		6.5	255	7	无	通用型消光剂,高消光,高表面滑爽性	卷钢涂料、皮革涂料
OK 412	3.0		6.0	220	13	有机	水油通用,易分散,消光性好,增加滑爽性、悬浮性好	水性涂料、2K聚氨酯漆、木器漆、透明漆、烘烤型涂料、印刷油墨
OK 412LC	6.0 (d_{50})		6.0	220	13	有机	电导率极低,易分散,消光性好	电沉积涂料
OK 500	3.0		6.0	220	13	有机	水油通用,厚涂漆用,易分散,消光性好、增加滑性、悬浮性好	水性涂料、2K聚氨酯漆、木器漆、透明漆、烘烤型涂料、自干型涂料、UV涂料
OK 520	3.0		6.0	270	13	有机	水油通用,易分散,消光性好、增加滑性、悬浮性好、耐化学品	水性涂料、2K聚氨酯漆、木器漆、透明漆、烘烤型涂料、自干型涂料、UV涂料

续表

牌号 ACEMATT	平均粒径 /μm	孔隙率 /(mL/g)	pH值 (5%分散液)	吸油量 /(g/100g)	灼烧减量 /%	表面处理	特 性	应 用
OK 607	2.0		6.0	220	6	有机	消光好，表面滑爽性高，抗粘连，悬浮性好，有独特的艳光效应	水性涂料、皮革涂料、金箔漆、油墨
TS 100	4.0	2.2	6.5	360	3	无	水油通用，易分散，消光性好，透明性好，耐化学品性优，具导电性	水性涂料、2K聚氨酯涂料、木器漆、透明漆、烘烤型涂料、印刷油墨
TS 100/20	10		6.5		4		消光性好	水性漆、皮革涂料、粉末涂料
3200	9.5 (d_{50})		6	230	3			皮革涂料
3300	10 (d_{50})		7.9	290	4		悬浮性好，改进流变稳定性	木器漆，柔感涂料
Aerosil TT 600	40		4		2.5~3	无	水油通用，透明性好、悬浮性好、耐化学品性优、容易形成附聚体（三次粒子），分散要研磨	涂料，皮革涂饰剂

ACEMATT 3200 和 3300 的二氧化硅纯度均为 99.8%，松密度均为 50g/L。

ACEMATT OK 412 的 SiO_2 含量 98%，密度 1.9g/cm³，干燥失重（105℃/2h）6%，灼烧减量（1000℃/2h）13%，平均粒径（d_{50}，激光衍射法）6.0μm，松密度 130g/L，硫酸盐含量 1%。

ACEMATT OK 412LC 的 SiO_2 含量 99%，密度 1.9g/cm³，干燥失重（105℃/2h）6%，灼烧减量（1000℃/2h）13%，平均粒径（d_{50}，激光衍射法）6.0μm，松密度 130g/L，硫酸盐含量 0.2%，电导率（5%的水分散体）190μS/cm。

ACEMATT OK 500 的其他性能：SiO_2 含量 98%，密度 1.9g/cm³，干燥失重（105℃/2h）6%，灼烧减量（1000℃/2h）13%，平均粒径（d_{50}，激光衍射法）6.0μm，松密度 130g/L，硫酸盐含量 1%。当使用 ACEMATT OK 412 影响涂料的干燥速率时推荐用 ACEMATT OK 500 代之。

ACEMATT OK 520 的其他性能：SiO_2 含量 98%，密度 1.9g/cm³，干燥失重（105℃/2h）6%，灼烧减量（1000℃/2h）13%，平均粒径（d_{50}，激光衍射法）6.5μm，松密度 80g/L，硫酸盐含量 1%。

ACEMATT TS 100 是气相法生产、未经过表面处理的消光剂，消光效果极好且透明性极高，在水性涂料中用途广泛。因其独特的生产工艺，使之特别适用于所有难消光的涂料系统以及水性涂料，特别是水性木器漆和各种水性面漆的消光。使用 TS100 的配方可得到良好的耐化学品性能。因其高纯度和低导电性能，TS100 特别适用于对此指标较为敏感的涂料系统。TS100 亦可以增加粉末涂料的流动性及贮存稳定性。ACEMATT TS 100 的其他性能：外观白色粉末，密度 2.0g/cm³，松密度 50g/L，SiO_2 含量 99.8%，熔点（1650±75）℃，沸点 2230℃，水中溶解度 0.012g/100mL，干燥失重（105℃/2h）4%，灼烧减量（1000℃/2h）2.5%，平均粒径 4μm（中均 TEM）；d_{50} 为 10μm（激光衍射法），电导率

（5％的水分散体）80μS/cm。

Aerosil TT600 是未经表面处理的亲水性气相法二氧化硅，其比表面积为 $200m^2/g$，含水 2.5％，松密度 60g/L，灼烧减量 2.5％～3％，可用作高透明消光剂。

(2) 东曹 SILICA 株式会社的二氧化硅消光粉　日本东曹 SILICA 株式会社创立于 1959 年，前身是 NIPPON SILICA 株式会社，该公司有沉淀法（Nipsil）和凝胶法（Nipgel）两种二氧化硅消光粉生产工艺的产品。日本东曹 SILICA 株式会社消光粉已经应用于家具涂料、UV 竹木地板涂料、卷材涂料、塑胶涂料、UV 机壳涂料、皮革表处剂、油墨等行业。代表性的产品性能见表 9.4。

表 9.4　日本东曹公司的二氧化硅消光剂

生产工艺	型号	水分/％	pH 值(4％水浆)	表观密度/(g/mL)	比表面积/(m^2/g)	吸油量/(mL/100g)	平均粒径[②]/μm	包装/(kg/袋)	表面改性[①]
沉淀法 Nipsil	K-500	4.9	6.5	0.10	222	300	2.0	10	无
	E-1011	4.0	6.5	0.12	150	230	1.7	10	○
	E-1009	3.0	6.5	0.17	130	230	3.0	10	○
	E-170	3.0	7.0	0.20	120	250	3.4	15	○
	E-220A	3.5	6.5	0.13	150	230	1.5	10	无
凝胶法 Nipgel	AZ-200	6.0	6.0～8.0	0.15	300	330	1.9	10	无
	AZ-360	6.0	6.0～8.0	0.20	210	260	3.0	15	○
	AZ-204	3.0	7.0	0.12	300	355	1.3	5	无
	AZ-460	3.0	6.0～8.0	0.18	300	250	4～5	15	○

① 无：表面未处理。○：表面经有机处理。
② 平均粒径是用 COULTER COUNTER 法测定的。

K-500 具有优异的消光效果和极佳的透明度，可应用于弹性漆、皮革处理剂、水性木器漆中。综合指标上显示 K-500 是沉淀法消光粉中最好的产品之一，性能已接近 Degussa 公司的 ACEMATT TS 100 气相法消光粉。在生产和添加工艺上，K-500 较 TS 100 有明显的优势；因为 TS 100 是气相法消光粉，是三维网络结构的，需要优良的分散设备才能打开化学键；而 K-500 是沉淀法消光粉，是单链式结构的，只需要普通的分散设备就能分散开来，且不会像 TS 100 那样使体系变得太稀、太黏。K-500 的综合指标优越 OK-412、SY-350。

Nipsil E-1011 为粒径特别细的消光粉，平均粒径仅为 1.5μm，可满足薄涂体系的苛刻要求，手感细腻，透明度极好，分散性好，表面经过特殊处理，在体系中的稳定性高，不产生硬沉淀。适用于 UV、PU 体系机壳涂料以及弹性漆等对透明度和手感要求极高的体系中。因为其特有的透明度和细腻手感，在涂层厚度 5～15μm 的薄涂体系中具有特别优异的性能表现。

(3) Fuji Silysia 公司的二氧化硅消光剂　日本富士硅化工有限公司（Fuji Silysia Chemical Ltd.）自 1965 年建立以来，一直致力于开发特种二氧化硅。富士硅化学供应各种二氧化硅产品，至今已有近 40 余年的历史。针对环保的要求，水性涂料、水性油墨、粉末涂料和紫外线固化涂料取得了长足的发展。为了满足这种需要，该公司一直不断努力，为新涂料体系开发环保的产品。

日本富士硅化工有限公司（Fuji Silysia Chemical Ltd.）的二氧化硅消光剂注册商标是

"Sylysia"。产品牌号和性能见表 9.5。

表 9.5 Fuji Sylysia 公司水性涂料用 SYLYSIA 消光剂

产品牌号	平均粒径/μm	pH 值	孔隙率/(mL/g)	吸油量/(g/100g)	表面处理
SYLYSIA 250N	6.2	7.0	1.8	300	无
SYLYSIA 256N	6.2	7.0	1.8	300	有机
SYLYSIA 270	7.6	3.0	1.8	300	无
SYLYSIA 270N	7.6	7.0	1.8	300	无
SYLYSIA 276	7.6	7.0	1.8	300	有机
SYLYSIA 290	9.0	3.0	1.8	300	无
SYLYSIA 290N	9.0	7.0	1.8	300	无
SYLYSIA 296	9.0	7.0	1.8	300	有机
SYLYSIA 310P	2.6	7.0	1.6	330	无
SYLYSIA 350	3.9	7.5	1.6	310	无
SYLYSIA 356	4.0	7.0	1.6	320	有机
SYLYSIA 370	6.5	7.0	1.6	280	无
SYLYSIA 380	9.0	7.0	1.6	280	无
SYLYSIA 440	6.2	7.0	1.2	218	无
SYLYSIA 446	6.2	7.0	1.2	218	有机
SYLYSIA 450	8.3	7.0	1.2	210	无
SYLYSIA 456	8.3	7.0	1.2	210	有机

SYLYSIA 350 的其他数据：激光法平均粒径 $3.9\mu m$，加热失重（950℃/2h）5.0%，pH 值（5%浆料）7.5，白度 96，比表面积（BET 法）$300m^2/g$，松密度 90g/L。

（4）Grace 公司的二氧化硅消光剂 美国 Grace 公司注册商标为"SYLOID"的消光剂在涂料中有广泛的应用，一些常见的牌号见表 9.6。其中 W 系列的产品是专门用于水性体系的消光剂，含水 55%，在水性体系中有很好的分散性。

表 9.6 Grace 公司的二氧化硅消光剂

产品牌号	平均粒径/μm	pH 值	孔隙率/(mL/g)	吸油量/(g/100g)	表面处理
基础消光剂					
SYLOID C 307	7	7	2.0	300	无
SYLOID C 803	3.4~4.0	2.9~3.7	2.0	300	无
SYLOID C 805	5.0	3.3	2.0	300	无
SYLOID C 807	6.7~7.9	2.9~3.7	2.0	300	无
SYLOID C 809	8.7~10.1	2.9~3.7	2.0	300	无
SYLOID C 906	5.6~6.8	2.9~3.7	2.0	300	10%蜡
SYLOID C 907	6.7~8.1	2.9~3.7	2.0	300	10%蜡
SYLOID C 2006	5.4~6.6	3.5	2.0	300	20%特种有机改性
SYLOID silica RAD 2005	4.8~5.8	6.0~8.0	—		20%特种有机改性
SYLOID silica RAD 2105	4.8~5.8	6.0~8.0	—		20%特种有机改性
SYLOID ED 3	6.0	7	1.8	300	无
SYLOID ED 5	8.4~10.2	6.0~8.5	1.8	300	无
SYLOID ED 30	5.0~6.0	6.0~8.5	1.8	300	10%蜡
SYLOID ED 40	6.2~7.6	6.0~8.5	1.8	300	10%蜡

续表

产品牌号	平均粒径/μm	pH 值	孔隙率/(mL/g)	吸油量/(g/100g)	表面处理
SYLOID ED 44	6.5~7.9	2.8~3.6	1.8		10%蜡
SYLOID ED 50	8.0	7	1.8	300	10%蜡
SYLOID W 300	5.3~6.3	8.7~9.7	1.2	75	无(含水55%)
SYLOID W 500	7.8~9.4	8.7~9.7	1.2	75	无(含水55%)
SYLOID 7000	4.2~5.2	2.9~3.7	2.0	300	10%蜡
特种消光剂					
SYLOID 162 C	6.4~8.4	6.0~8.0	1.2		10%蜡
SYLOID ED 56	7.8~9.4	6.0~8.5	1.8		5%蜡,12%多元醇
SYLOID 621	7.7~10.7	6.0~8.0	1.2		无
SYLOID 622	14.0~17.5	6.0~8.0	1.2		无
SYLOID 72	4.5~5.7	6.0~8.0	1.2		无
SYLOID 74	5.9~7.5	6.0~8.0	1.2		无
SYLOID 161	5.4~7.0	6.0~8.0	1.2		10%蜡
SYLOID 244	2.5~3.7	6.0~8.0	1.6		无
SYLOID AL-1	7.0~9.0	3.2~4.7	0.4		无

(5) 华燕化工有限公司的消光剂 惠州市华燕化工有限公司是消光剂（亚光粉）的专业制造商。生产的 HY 系列水性消光粉在水性 PU 涂料、水性丙烯酸漆和水性环氧涂料体系中具有卓越的分散性能，相容性好，触变性低，涂料添加消光粉后不增稠，黏度低，可用于生产亚光水性工业涂料（亚光涂布胶、玻璃漆、塑料漆、皮革漆、皮边油、人造革涂层等）、水性木器涂料以及水性亚光油墨。HY 系列水性消光粉的技术数据见表 9.7。

表 9.7 华燕公司的二氧化硅消光剂

型 号	SiO_2 含量/%	平均粒径/μm	白度	pH 值	加热减量/%	灼烧减量/%	表面处理
HY 301	≥98	≤5	>90	5.0~7.0	<4	≤10	有机物
HY 306	≥98	≤6	>90	5.0~7.0	<4	≤10	有机物
HY 309	≥98	≤6	>90	5.0~7.0	<4	≤10	有机物、蜡
HY 507	≥98	≤6	>90	5.0~7.0	<4	≤10	有机物
HY 509	≥98	≤8	>90	5.0~7.0	<4	≤10	有机物
HY 701	≥98	≤7	>90	5.0~7.0	<4	≤10	有机物
HY 907	≥98	≤7	>90	5.0~7.0	<4	≤10	有机物
HY 909	≥98	≤9	>90	5.0~7.0	<4	≤10	有机物

(6) INEOS公司的二氧化硅消光剂 英国 INEOS（英力士）公司是一家专门生产硅酸盐和二氧化硅产品的国际性公司。公司的 GASIL 系列消光粉（如 GASIL 114、23D、23F、UV55C、UV70C、HP210、HP240、HP260、HP340M、HP860 等）已被世界各地的涂料生产厂家应用于各种涂料体系，如木器涂料、卷材涂料、水性涂料、皮革涂料、油墨、各种工业涂料等。英力士公司特别研发了针对紫外光固化涂料的消光粉及喷墨打印纸涂料用的二氧化硅产品。

英力士公司针对 GASIL HP340 粒径分布过宽、分散细度较粗的缺陷，进行产地移转与研磨微粉控制等改善，把品名变更为 GASIL HP340M，可满足木器家具涂料对细度与重涂不泛白的高质量要求。另外 GASIL HP260 由于其优异的消光效果与稳定的质量,已获得许多跨国公司与大型卷钢涂料厂家的认可与采用。

水性体系可用的 GASIL 二氧化硅消光剂见表 9.8。其中适用于水性清漆的有 GASIL 23F、GASIL HP240、270、285 和 WP2；水性色漆可用 GASIL 23F、GASIL HP 260、270 和 285。

表 9.8 INEOS 公司的二氧化硅消光剂 GASIL

牌 号	平均粒径/μm	孔隙率/(mL/g)	pH 值	吸油量/(g/100g)	表面处理	105℃失重/%	1000℃失重/%
23D	4.4	1.8	7.0	290	无	3	3
23F	5.9	1.8	7.0	290	无	3	3
HP39	10.3	1.8	7	280	蜡		
HP210	6.4	1.8	3.5	250	蜡		
HP220	8.0	1.8	3.5	250	蜡		
HP230	3.6	1.6	7.0	280	无	2	3
HP240	5.9	1.8	7.0	250	蜡	2	12
HP260	6.6	1.8	3.5	280	蜡		
HP270	8.7	1.8	3.5	280	蜡		
HP285	8.7	1.8	7	280	无		
HP340	6.4	1.8	3.5	250	蜡		
HP395	14.5	1.8	7	280	无		
WP2	13.4	2.0	4		无	55	5

注：pH 值为 5%的水分散液测得,吸油量用亚麻油测得。

（7）OCI 公司的消光粉　韩国 OCI 公司的沉淀法二氧化硅消光粉见表 9.9。

表 9.9 OCI 公司的消光粉

性　能	型　号				
	ML-386D	ML-388W	ML-389W	ML-399AC	ML-399AW
化学成分	二氧化硅	二氧化硅	二氧化硅	二氧化硅	二氧化硅
平均粒径/μm	3	4	5	5	5
水含量/%	3	3	3		<4
pH 值	7	7	7	3.5	3.5
白度	98	97	97	98	>98
比表面积/(m^2/g)	300	300	300		300
孔隙率/(mL/g)	1.6	1.6	1.6		1.9
吸油量/(mL/100g)	300	300	280		280
干燥失重(160℃/2h)/%	3	3	3		
灼烧失重(950℃/2h)/%	3	3	5		
表面处理	非蜡处理	蜡处理	蜡处理	非蜡处理	蜡处理

（8）北京航天赛德科技发展有限公司 SD 系列二氧化硅消光剂　北京航天赛德科技发展有限公司 SD 系列二氧化硅消光剂是粒度在 5μm 以下的多孔粉体。加入漆中的消光剂在漆表干时有很多会留在漆的表面,形成微观上的凹凸不平,这样在光的照射下使得入射光变成散乱的漫反射,光泽度下降,但对漆膜的平整性和手感影响不大。SD 系列消光剂有经过有机化合物包覆的 L 型和未经过包覆的普通型两种。未经包覆的加入漆中贮存时有沉淀倾向,最好采取防沉淀措施,例如与微粉蜡共用等；有机化合物包覆后的消光剂具有良好的悬浮性,存放时在漆中不产生硬沉淀,而且漆膜丰满度好并具有优良的耐磨性和耐划伤性。

SD 系列消光剂外观均为白色流动性粉末,其理化指标见表 9.10。其中 SD-520L 和 SD-530L 可用于水性木器漆。消光剂可以在生产的任何阶段加入,5%的水悬浮液 pH 值为 6～7,有很好的悬浮性,即使经过长时间贮存也不会形成硬沉淀物。SD-520L 和 SD-530L 极易分散于任何涂料中,只需用一般的高速搅拌器即可,使用约 5m/s 的桨叶周边速度,经 15～20min 的搅拌,即可达到很好的分散,Hegman 细度值 15～25μm。此外,这些消光剂的纯度高(SiO$_2$ 在 99%以上),杂质极少,其折射率 1.46,与树脂的折射率相近,所以漆膜透明性好。

表 9.10 SD 系列二氧化硅消光剂的理化指标

型号	外观	SiO$_2$含量/%	平均粒径/μm	孔隙率/(mL/g)	比表面积/(m^2/g)	吸油量/(g/100g)	pH 值	干燥减量/%	灼烧损失/%	白度
SD-400J	白色流动粉末	98		0.6～0.8	260～320	320		4		96
SD-410	白色流动粉末	98	1	0.6～0.8	260～320	320		2		96
SD-420B	白色流动粉末	98	1.5	0.6～0.8	220～260	220		2	4	
SD-420L	白色流动粉末	98	1.5	0.6～0.8	220～250	250		2	12	
SD-420Z	白色流动粉末	98	1.5	0.6～0.8	250～300	300		2	4	
SD-430	白色流动粉末	98	3	0.6	260～320	320	5～7	5	≤6.0	96
SD-520	白色流动粉末	99	2	1.6～1.8	300～350	320	5～7	2	4	95
SD-520L	白色流动粉末	99	2	1.6～1.8	300～350	300	5～7	2	12	95
SD-530	白色流动粉末	99	3	1.6～1.8	300～350	300	5～7	2	4	95
SD-530L	白色流动粉末	99	3	1.6～1.8	300～350	280	5～7	2	12	95
SD-538	白色流动粉末	99	3.5	1.8		200～300	6～7	3.5	≤5.0	95
SD-538L	白色流动粉末	99	3.5	1.8		200～300	6～7	3.5	12～13	95
SD-540	白色流动粉末	99	4	1.6～1.8	300～350	280	5～7	2	4	95
SD-540L	白色流动粉末	99	4	1.6～1.8	300～350	260	5～7	2	12	95

(9)天津化工研究院的二氧化硅消光剂 天津化工研究院研发的沉淀法二氧化硅消光剂,其原始粒径为 15～20nm,聚集体平均粒径为 5μm(激光衍射法),孔隙率达到 1.8mL/g。该产品具有卓越的透明度、良好的分散性能、高消光效率、优异的悬浮性和贮存稳定性,并能提高漆膜的光滑性,使之具有良好的手感及耐划伤性。这些消光剂可代替进口产品,其性能已达到进口产品的性能要求,可广泛应用于清漆和色漆中。其系列化产品还可广泛应用于塑料、皮革、造纸、激光墨粉及水性涂料中。天津化工研究设计院二氧化硅消光剂的性能和技术指标见表 9.11 和表 9.12。

表 9.11 天津化工研究设计院二氧化硅消光剂系列产品

产品型号	SiO$_2$含量/%	吸油量/(g/100g)	平均粒径/μm	pH 值	干燥失重/%	灼烧失重/%	表面处理
TMS-100P	99.0	250～300	2	7	2	3	无机
TMS-100	99.0	300	3	7	2	3	无机
TMS-161	99.0	300	2	7	2	3	无机
TMS-200	99.0	300	3	7	2	12	无机
TMS-300	99.0	250	2	7	2	3	无机
TB-104	98.5	250～350	3	6～7	3	5	无机

注:平均粒径采用 Coulter 法测定;干燥失重条件为 105℃/2h;灼烧失重条件为 1000℃/2h。

表9.12 天津化工研究设计院 TMS 系列二氧化硅消光剂的技术指标

牌号	平均粒径（激光衍射法）/μm	白度	孔隙率/(mL/g)	吸油量/(mL/100g)	干燥失重(105℃/2h)/%	灼烧失重(1000℃/2h)/%	SiO_2含量(以干基计)/%	pH值(5%水悬浮液)	表面处理
TMS-5Y	5	>90	1.7	360	<6	<12	98	6～7	有机
TMS-7Y	7	>90	1.7	360	<6	<12	98	6～7	有机
TMS-5	5	>90	1.8	360	<6	<5	98	6～7	无机
TMS-7	7	>90	1.8	360	6	<5	98	6～7	无机

注：表中孔体积采用BET法测定。

（10）其他二氧化硅消光剂　浙江德清县永意粉末有限公司生产高透明消光粉SP-308，外观呈白色粉末，其技术指标为：SiO_2含量98%，平均粒径$3\mu m$，表观密度$1.9g/cm^3$，干燥失重≤3%，吸油量194g/100g，pH值为6。

9.2.2 蜡及其他消光剂

（1）Lubrizol公司的消光剂　注册商标为"Lanco"的消光剂有粉末状和液体状两类，Lanco MATT MC100和Lanco MATT 2000为粉末型消光剂；Lanco LIQUIMATT系列为液体状消光剂。这些消光剂的性能特点见表9.13。

表9.13 Lubrizol公司的消光剂

牌号	类型	外观	固含量/%	相对密度	pH值	溶剂	粒度(d_{50})/μm	吸油量/(mL/100g)	用量/%	特点	应用
LIQUIMATT 6000	专利聚合物	浅棕色液体	>99	0.96(25℃)	—				1.0～5.0	可流动液体消光剂，均匀消光，抗粘连，提高耐划伤性，易混，蜡熔点75～85℃	水性木器漆、工业和建筑涂料
LIQUIMATT 6010	PE蜡和羧酸衍生物的混合物	淡黄液体	94～96	0.95(25℃)		PM			1.0～5.0	消光，防粘连，耐划伤，改善表面滑爽性，易混合，蜡熔点102℃	水性木器漆、工业和建筑涂料
LIQUIMATT 6024	专利消光剂	白色触变液体	15	0.88(25℃)	4.0	水			2.0～10	消光，改进耐划伤性，易混，可后添加，消光剂有触变性	水性木器漆、地板漆
LIQUIMATT 6035	合成蜡水分散体	褐色不透明流动液	40.0	1.00(20℃)	10.0	水			1.0～10	相容性好，均匀消光，改进耐划伤性，可后添加	木器漆、建筑涂料、薄膜涂料
LIQUIMATT 6375	蜡处理二氧化硅水分散体	白色不透明流动液	50.0	1.00(20℃)	10.5	水			1.0～10	相容性好，均匀消光，改进耐划伤性，易混，可后添加	木器漆、建筑涂料、薄膜涂料
MATT 2000	蜡处理二氧化硅	细白粉末	100	2.0(20℃)	4	—	≤6	225～285	0.5～2.0	平滑柔感，均匀消光，耐划伤，软沉淀，清漆少雾影，易分散	水油通用，木器漆
MATT MC1000	蜡处理二氧化硅	细白粉末	100	2.0(20℃)		—	<7			消光好，光泽均匀，耐划伤	水油通用

LIQUIMATT 6000 活性物含量 100%，适用于纯丙、苯丙、聚氨酯分散体、丁苯以及 PUA 杂合物等各种水性基料体系。该消光剂应在 5~30℃ 条件下贮存，保质期 6 月。

LIQUIMATT 6010 为 LIQUIMATT 6000 的改进型，密度较小。

Lanco MATT 2000 适用于各种水性和油性涂料的消光，包括丙烯酸、聚氨酯、聚酯、酸催化烘漆和硝基漆。5% 浓度的水分散体 pH 值为 4。混入漆中以后加工温度不宜超过 45℃，平时贮存温度不得超过 30℃。

（2）Münzing 公司的水性消光剂　德国 Münzing 公司的水性消光剂 OMBRELUB MA1 为一种疏水改性 SiO_2 水分散体。基本性能如下。

外观	米色液体	pH 值(2%)	约 9.5
活性分/%	约 40	保质期	6 个月，用前搅匀
相对密度(20℃)	约 1.24	用途	油墨、木器漆用水性消光剂，耐划伤、耐化学品
黏度(20℃)/mPa·s	约 5000		
闪点/%	>100		

第 10 章 蜡和蜡乳液

10.1 蜡和蜡乳液的作用和种类

蜡和蜡乳液是水性工业漆、水性塑料漆、水性木器漆、水性印刷油墨和纸张处理剂的表面状态调节剂，但是在水性建筑涂料中用得不多。为了改善漆膜和被处理物的手感滑爽性，提高抗粘连性、耐划伤性、耐磨性和憎水性，有时也为了消光，常在这些材料中加入蜡粉或蜡乳液。以涂料为例，涂层的抗粘连性与涂层的表面自由能、表面微观构造、涂层硬度及漆膜基料的玻璃化温度有关。存在于涂层表面的蜡可改变涂层的表面状态，从而起到抗粘连作用。其中高密度聚乙烯蜡（HDPE）、石蜡和巴西棕榈蜡的抗粘连作用最好。利用蜡的抗粘连性可将蜡乳液用作水性脱模剂。

涂层的耐磨性除了与涂层的弹性、韧性、硬度、强度等因素有关外还受到涂层的表面蜡的状况的影响。对于耐磨性和增滑性而言，蜡越硬，效果越好，蜡微粒的粒径与涂层厚度相似或稍大，其增滑、耐划伤和耐磨性更好，因为这种稍高于涂层表面的蜡粒起到类似于轴承润滑的作用。稍高于表面的蜡粒还会产生一种特殊的触感，易于被人们接受。不同规格的同一种蜡的蜡乳液粒径由细到粗有所不同，加入漆中后漆膜的手感从滑爽到粗糙各不相同，必需根据需要选择。加入蜡乳液后会影响漆膜的光泽，增大亚光度，用量越大，其亚光度越大，有时也可使用蜡粉，但蜡粉不如蜡乳液好分散，分散后稳定性也差。此外，蜡的低表面能使水对涂层的接触角增大，产生更好的憎水效果。

蜡乳液的粒径对漆的性能有很大影响，大粒蜡乳液的耐划伤性和抗粘连性好于小粒蜡，添加 $4\%\sim 6\%$ 可做到无明显划痕，抗热粘连性也很好，但是漆膜的光泽下降较大。在对光泽要求较高的情况下不宜用粒度大的蜡乳液。

用于水性漆的蜡有天然蜡和人工合成蜡两大类。天然蜡一般是 $C_{36}\sim C_{50}$ 的高级脂肪酸酯，如巴西棕榈蜡、蜂蜡、石蜡、地蜡、褐煤蜡等；人工合成蜡是分子量在 $700\sim 10000$ 之间的聚合物，常用的有聚乙烯蜡（PE 蜡）、聚丙烯蜡（PP 蜡）、聚四氟乙烯蜡（PTFE 蜡）、费-托蜡（Fischer-Tropsch）等（表 10.1）。

表 10.1 水性漆可用的蜡

天然蜡			合成蜡	天然蜡			合成蜡
植物蜡	动物蜡	矿物蜡	聚合物蜡	植物蜡	动物蜡	矿物蜡	聚合物蜡
巴西棕榈蜡	蜂蜡	石蜡 地蜡	聚乙烯蜡（PE 蜡） 聚丙烯蜡（PP 蜡）			褐煤蜡 微晶蜡	聚四氟乙烯蜡（PTFE 蜡） 费-托蜡（Fischer-Tropsch）

水性漆中的蜡微粒粒径在几微米至几十微米之间，用量通常不高于 5%，要求对重涂性无影响或影响很小。蜡乳液是将微细蜡粒分散悬浮于水中形成的分散体。借助于非离子或/和阴离子乳化剂，产生空间位阻效应，得到一个稳定体系。蜡乳液易于与漆液混合，简单的

机械搅拌就能制成稳定的漆。

水性漆制备时,组分的添加次序有时候起着关键的作用。蜡乳液最好在制漆过程的后期加入,这样有利于最大限度地提高体系的稳定性。添加前预先用去离子水冲稀蜡乳液也有利于体系的稳定。

市售的蜡乳液粒径多为单峰分布,现今已有双峰分布的蜡乳液推出。大小两种粒径相差较大的蜡粒构成的双峰分布蜡乳液,在漆液成膜过程中可在漆面形成更紧密的堆积,小粒蜡嵌入大粒蜡所形成的间隙中,从而使蜡层密度提高,增滑、耐划伤、抗粘连、耐磨、憎水等诸多性能会有更明显的增加。

水性漆可用的蜡及其带来的基本性质见表10.2。

表10.2 水性漆中蜡的作用

类 别	作 用	类 别	作 用
巴西棕榈蜡	增滑、润湿、抗粘连、耐磨	PTFE蜡	极好的增滑和润湿、抗粘连、耐磨
PE蜡	增滑、耐磨、抗划伤、抗粘连	石蜡	抗粘连、憎水
PP蜡	防滑、抗粘连、耐磨	酰胺蜡	打磨性、增滑、润湿、柔软感

10.2 商品蜡乳液

(1) 德国BYK公司的蜡乳液和蜡分散液 水性漆用的有代表性的商品蜡乳液有BYK公司的Aquacer系列蜡乳液,常用的有513、531、535、537、552、593等,主要用于高光漆中,以及BYK公司的Aquamat系列蜡分散液,如208、263等,Aquamat蜡分散液有消光作用,只能用在亚光漆中(表10.3)。其特性和选用可参见表10.4。

表10.3 BYK公司的蜡乳液和蜡分散体

牌号	类 型	固含量/%	蜡熔点/℃	黏度/mPa·s	pH值	离子类型①	外观	推荐用量/%
				Aquacer				
498	石蜡	50	60	<50	9.0	N	白色液	1~3
502	HDPE	35±1	130	25±15	9.0±0.5	N	黄色液	2~3
507	氧化HDPE	35	130	25	9.7	A	黄棕液	8~16(OEM);15~30(汽车修补)
513	HDPE	35±1	130	60±30	9.5±0.5	N	黄色液	1~6
515	氧化HDPE	35	135			N		
526	PE/EVA蜡	30	105	40	9.7	A	黄棕液	6~10
531	合成及天然蜡	45±1	130	125±75	3.5±1	N	白色液	2~4
533	改性石蜡	40	95			A		
535	改性石蜡	30±1	105	40±20	9.5	N	黄色液	1.5~4.0
537	改性石蜡	30±1	110	25±15	10.0±0.5	A	黄色液	1.5~7.0
539	改性石蜡	35	90	<100	9.5	N		1~3
543	改性PP	30±1	160	15±10	9.0±0.5	N	黄色液	3~4
552	HDPE	35±1	130	25±15	9.0±0.5	N	黄色液	2~3
560	蜂蜡	15±1	60	<50	10±1	—	米色液	25~75

续表

牌号	类 型	固含量/%	蜡熔点/℃	黏度/mPa·s	pH 值	离子类型①	外观	推荐用量/%
593	改性 PP	30±1	160	15±10	9.0	N	黄色液	3~4
840	氧化 HDPE	30	135	10	5.0	C	灰白液	10~20(OEM);3~7(工业漆)
1547	氧化 HDPE	35	125	40	9.7	A	黄棕液	1~2
Aquamat								
208	HDPE	35±1	135	150	7.5~8.5		灰白液	1~4
263	HDPE	35±1	130	175±100	9.5		灰白液	3~6
270	复合蜡	55	125	<500	4.0	N	灰白液	2~4

① A 代表阴离子型；C 代表阳离子型；N 代表非离子型。

表 10.4　BYK 公司的蜡乳液和蜡分散体选用指南

牌号	耐损伤	表面滑爽	防滑	耐磨	抗粘连	憎水	柔感	消光	颜料定向	应 用
Aquacer										
498		●			●	●				建筑涂料、印刷油墨
502	●			●						木器漆、印刷油墨
507	●								●	汽车漆
513	●			●						木器漆、工业漆、建筑漆、印刷油墨
515	●									木器漆、工业漆、建筑漆、印刷油墨
526									●	汽车漆
531		●		●	●					印刷油墨
533	●	●								建筑涂料
535		●		●		●				木器漆、工业漆、建筑漆
537		●		●						木器漆、工业漆、建筑漆
539	●	●		●						木器漆、工业漆、建筑漆、印刷油墨
543			●	●						木器漆、地板漆
552	●									印刷油墨
560					●	●				木材纹理增色差
593			●	●						木器漆、印刷油墨
840								●		汽车漆、工业漆
1547	●									罐听涂料
Aquamat										
208	●							●	●	木器漆、建筑涂料
263	●				●	●				印刷油墨、水性涂料
270	●	●		●			●			木器漆、工业漆、建筑漆

注：●代表可以选用。

（2）德国 Deurex 公司的水性蜡　德国 Deurex（德乐士）公司成立于 1989 年，一直致力于微粉化蜡的研究和生产。产品中有部分用于水性漆和水性油墨的蜡乳液及蜡分散体，牌号中以字母"W"区分，这些牌号是 Deurex WC6001、WE1515、3501、WF5012G、5101、5108、WM8012G、8701、WP2120、WT9120、WX9812G 和 9815，产品的基本性能和特点见表 10.5。

表 10.5 Deurex W 系列水性蜡

牌号	组成	外观	乳化剂类型	固体分/%	粒度/μm	pH值	滴点/℃	贮存期/月	特点	应用
Deurex WC6001	微粉化巴西棕榈蜡水乳液	微棕液	非离子	19~21	99%<1 50%<0.6	6.0~7.0	78~88 (熔点)	6(6~35℃)	在多孔、柔软、不平表面附着力优、抗磨损、耐划伤、硬度高、消光、改进疏水性	水性木器漆、汽车、工业漆、水性油墨、纺织工业助剂、化妆防护用品
Deurex WE1515	球形非极性微粉化PE蜡水分散体	白色液	非离子	44~46	99%<15 50%<6	6.0~7.0	119~127	6(6~28℃)	改善耐划伤、抗粘连、涂布性、打磨性和耐温性、耐磨损优	水性木器漆、汽车漆、工业漆、水性油墨
Deurex WE3501	高硬度PE蜡乳液	白色液	非离子	34~35	99%<1 50%<0.6	8.5~9.5	129~137	6(6~28℃)	改善滑爽性、疏水性、加光泽和光滑度、耐磨损、抗粘连	水性木器漆、汽车漆、工业漆、水性油墨、工业助剂、化妆防护用品
Deurex WF5012G	细微粉化球形PE蜡和PTFE的水分散体	白色液	非离子	51~53	<12		320~340 (熔点)	6(6~28℃)	很好的增滑、耐划伤、磨擦性、相容性好、粒度分布窄、易混合、可后加	水性木器漆、卷钢工业、水性地板漆
Deurex WF5101	聚四氟乙烯(PTFE)乳液	乳白液	非离子	59~61	99%<1 50%<0.3	8~11	320~340 (熔点)	6(6~28℃)	优异的耐磨损、耐热、耐溶剂性、超细颗粒、最薄涂层	水性木器漆、汽车漆、工业漆、水性油墨、工业助剂、化妆防护用品
Deurex WF5108	微粉化PTFE的水分散体	白色液	非离子	44~46	99%<8 50%<5	6~7	320~340 (熔点)	6(6~28℃)	优异的耐磨损、耐热、耐划伤性、超细颗粒、可用于最薄涂层、粒度分布好	水性木器漆、汽车漆、2K罐听漆、水性油墨
Deurex WM8012G	微粉化球形褐煤蜡水分散体	白色液	非离子	52~54	<12		90~98	6(6~28℃)	耐磨损、耐划伤性优、滑爽性好、消光	水性木器漆、罐听、卷钢工业、家具、地板漆
Deurex WM8701	褐煤蜡乳液	白色液	非离子	29~31	99%<1 50%<0.6	6~7	78~80	6(6~30℃)	在多孔、柔软、不平表面附着力优、抗粘连、改进滑爽性、耐划伤、疏水性、增加柔感	水性木器漆、水性皮革涂料
Deurex WP2120	微粉化PP蜡水分散体	白色液	非离子	44~46	99%<20 50%<10	6~7	156~164	6(6~28℃)	消光、改进滑爽性、柔感性、耐划伤、耐磨损、粒度分布很窄	水性木器漆、工业漆、罐听、家具、地板漆
Deurex WT9120	球形微粉化蜡水分散体	白色液	非离子	44~46	99%<20 50%<7	6~7	112~120	6(6~28℃)	非极性、高光、耐划伤、耐化学品	水性木器漆、工业漆、2K罐听涂料、水性油墨
Deurex WX9812G	球形微粉化聚烯烃蜡的水分散体	白色液	非离子	61~63	<12		111~119	6(6~28℃)	耐磨损、耐划伤性极佳、相容性好、粒度分布很窄、易混、可后添加	水性油墨、工业、罐听、家具、地板漆
Deurex WX9815	球形蜡微粉化的水分散体烃蜡	白色液	非离子	44~46	99%<15 50%<6	6~7	111~119	6(6~28℃)	耐磨损、相容性好、粒度分布很窄、易混	水性涂料、水性印刷油墨

Deurex 公司的水性蜡乳液和蜡分散体的特性和选用可以参考表 10.6。

表 10.6 Deurex 水性蜡的特点和选用参考

牌 号	类型		特 性							
	水乳液	分散体	抗粘连	消光	抗划伤	滑爽性	柔感	疏水性	热粘连	划痕性
Deurex WC6001	●					●	●	●		
Deurex WE1515		●	●		●			●		
Deurex WE3501	●		●					●		
Deurex WF5012G		●			●	●		●	●	●
Deurex WF5101	●									
Deurex WF5108		●			●				●	●
Deurex WM8012G		●	●	●						
Deurex WM8701	●		●		●					
Deurex WP2120		●	●		●				●	●
Deurex WT9120		●	●		●	●				
Deurex WX9812G		●	●					●		
Deurex WX9815		●	●	●	●	●		●		

注：● 代表可以选用。

（3）德国 Keim-Additec 公司的蜡乳液　德国 Keim-Additec 公司的 Ultralube 系列蜡乳液、蜡分散体和微分散体种类繁多，性能各异，可根据不同的要求选用（表 10.7）。

表 10.7 ULTRALUBE 蜡乳液

Ultralube	类型	固含量/%	熔点/℃	离子类型[①]	pH 值	光泽	特 性
乳液							
E-022	改性石蜡	50	46～50	C	4.5	高光	憎水
E-337	石蜡	50	56～60	C	4.5	高光	憎水
E-340	石蜡	50	56～58	A	9.0	高光	耐划伤、抗粘连、憎水
E-345	石蜡	50	58～80	A	9.0	高光	抗粘连、憎水、增滑、耐划伤
E-359	改性石蜡	25	56～58	A	9.0	高光	耐划伤、憎水
E-385	PE/石蜡	35	58～108	A	10.0	高光	抗粘连、憎水、增滑、耐划伤
E-386	PE/石蜡	35	58～118	A	9.5	高光	抗粘连、憎水、增滑
E-388	PE/石蜡	30	92	N/A	9.0	高光	抗粘连、增滑
E-389	PE/石蜡	30	118	N/A	9.0	高光	抗粘连、增滑
E-390	PE/石蜡	40	85	N/A	10.0	高光	抗粘连、增滑
E-391	改性 PE	30	96	N/A	9.0	高光	抗粘连、增滑
E-500V	HDPE	35	127/220	N	8.0	高光	增滑
E-521/20	改性 HDPE	20	138	A	10.0	高光	抗粘连
E-522/20	改性 HDPE	20	138	A	9.0	高光	抗粘连
E-612	HDPE	35	138	N	9.0	高光	耐磨、增滑
E-620F	HDPE	37	127	N/A	9.5	高光	促进流动和润湿

续表

Ultralube	类型	固含量/%	熔点/℃	离子类型[①]	pH值	光泽	特　性
E-622	改性PE	34	118～137	N/A	9.5	高光	促进流动和润湿
E-623	改性PE	35	118～137	N/A	8.5	高光	高耐划伤、增滑、抗粘连
E-624	改性HDPE/巴西棕榈蜡	30	84～137	A	9.5	高光	耐划伤、高增滑、抗粘连以及耐水、醇、污渍,促进流动和润湿
E-668H	PP	35	154	N	9.0	高光	防滑
E-670	EVAc改性PE	35	104	N	9.0	高光	防滑
E-671	EVAc	30	114	N	9.5	高光	防滑
E-7025	HDPE/巴西棕榈蜡	25	80～127	A	10.0	高光	增滑
E-7920/40	巴西棕榈蜡	40	84	N	5.0	高光	耐划伤、抗粘连
E-810	HDPE	35	137	N	9.0	高光	耐磨、耐划伤
E-817CF	HDPE/巴西棕榈蜡	30	84～132	N	8.5	高光	促进流动和润湿
E-842N	HDPE	42	125	N	6.5	高光	耐磨、增滑
E-846	HDPE	40	138	N	6.0	高光	耐磨、耐划伤、增滑
E-8046S	HDPE/聚有机硅	42	100～130	N	6.5	高光	耐磨、耐划伤、增滑、抗粘连
E-88226	改性PE	40	100～130	N	8.0	高光	耐磨、增滑
分散体							
D-271	HDPE/塑料	65	127～174	N	9.0	消光	丝感、耐磨、耐划伤、增滑、抗粘连
D-272	HDPE/塑料	65	127～174	N	9.0	消光	耐磨、耐划伤
D-814	HDPE	50	136	N	4.0	消光	丝感、耐磨、耐划伤、增滑
D-815E	PE/硅酸盐	45	138	N	4.0	消光	耐磨
D-816	HDPE	65	128	N	8.5	消光	耐磨、耐划伤、抗粘连
D-818	褐煤蜡/PE/塑料	60	90～174	N	8.5	消光	丝感、耐磨、耐划伤、增滑
D-819	PE	60	127	N	6.5	消光	丝感、耐磨、耐划伤、增滑
D-820	PE/塑料	55	127～174	N	8.5	消光	丝感、耐磨、耐划伤、增滑
D-838	HDPE/PTFE	60	125/326	N	8.5	消光	耐磨、耐划伤、抗粘连、增滑
D-860	PE/酯	60	102～132	N	7.5	消光	丝感、耐磨、耐划伤、增滑
D-861	化合物	58	60～138	N	6.0	消光	丝感、耐磨、耐划伤、增滑
D-864	改性PE	62	118～137	N/A	7.5	消光	耐水、耐磨、防粘连、促流动和润湿
D-865	改性PE	62	118～137	N/A	7.5	消光	丝感、耐磨、耐划伤、增滑
D-1301	酰胺	35	140	N	6.0		耐划伤、增滑
D-1302	PE/酰胺	38	125～140	N	6.0		耐划伤、增滑、丝感
D-1305	酰胺/酯蜡	35	102～140	N	7.0		耐划伤、增滑、丝感
D-1307	酰胺/二氧化硅	36	140	N	9.5	消光	耐划伤、增滑、丝感
D-1320	改性HDPE	55	138	A	9.5	消光	耐划伤、增滑、丝感、抗粘
微分散体							
MD-2000	HDPE	50	128	N	9.0	高光	柔感、增滑、耐磨、抗粘连
MD-2003	HDPE	40	128	A	9.5	高光	柔感、增滑、憎水、抗粘连
MD-2030	改性HDPE	50	127	N	8.5	有光	抗粘连、增滑、耐划伤

① A代表阴离子型；C代表阳离子型；N代表非离子型。

表 10.8 AQUASLIP 蜡乳液的性能特点

牌号	类型	外观	固含量/%	相对密度	离子性	pH值	熔点/℃	用量/%	特点	应用
656	氧化PE蜡	白色液体	35	1.0	非离子	9.0	137	1.5~3.0	耐划伤、增滑、保光、贮存稳定、易混合	水性涂料
658	酯蜡	白色液体	26	1.0	非离子	4.5	80~85	2.0~3.5	增滑、防粘连、保光	水性涂料
671	氧化PE蜡	白色液体	37	1.0(25℃)	非离子	4.0	120~125	1.5~3.5	易混、保光、抗粘连	木器漆、装饰漆、清漆、工业涂料
677	改性石蜡	白色液体	54~56	0.95(25℃)	阴离子/非离子	8.5~9.5	64	2.0~5.0	提高耐水性、降低摩擦、抗粘连极佳、易混合、可后添加	木器漆、装饰漆、清漆、工业涂料
678	改性石蜡	乳状液	30	0.99(20℃)	阴离子	9.5	—	0.5~5.0	荷叶效应、增滑、耐划伤、耐磨、提高耐水粘连	水性漆、木器漆、色浆、腻子、工业涂料、各种清漆
680	改性PP	半透明黄乳液	40	1.0(25℃)	非离子	7.5~9.0	155~160	0.5~5.0	高硬、高软化点、提高涂料硬度、摩擦系数大、防滑、耐磨、耐划伤	主要用于纸张涂料和水性涂料
681	氧化PE蜡	白色液体	37	1.0(25℃)	非离子	8~10	120~125	1.5~3.5	抗粘连、易混、保光、可后添加	木器漆、装饰漆、清漆、工业涂料
701	石蜡	白色液体	约60	0.94(20℃)	阴离子/非离子	7.5~10	52	2.0~5.0	增滑、耐划伤、疏水、柔感、提高抗粘连、降光泽、重涂性好	木器漆、装饰漆、清漆、工业涂料
702	石蜡	黄白色液体	约50	0.97(25℃)	阴离子	6.8~7.8	50	2.0~5.0	增滑、耐划伤、抗粘连优、提高重涂性、5~25℃贮存	木器漆、装饰漆、清漆、工业涂料
912	1#巴西棕榈蜡	近白色液体	25	1.0(25℃)	阴离子	4.5~6.5	81~86	1.0~5.0	优异的滑爽性、易混合、可后添加	水性罐听卷钢涂料
942	3#巴西棕榈蜡	近白色液体	25	1.0(25℃)	非离子	8.0~8.8	81~86	2.0~9.0	优异的滑爽性、耐划伤、不易沾尘、易混合、可后添加	水性罐听卷钢涂料
952	1#巴西棕榈蜡	近白色液体	25	1.0(25℃)	非离子	9~10	81~86	1.0~5.0	优异的滑爽性、抗粘连、不易沾尘、易混合、可后添加	罐听卷钢涂料

表10.9 水性体系用的 Lanco GLIDD 分散体

牌号	类型	外观	固含量/%	相对密度(25℃)	pH值	溶剂	Hegman 细度	离子性	用量/%	特点	应用
3540	氧化 PE/PTFE	白色液体	35	1.11	8	水		阴离子	1~5	改进耐划伤、耐磨损、抗粘连和耐沾尘性，显著增滑，可后添加	水性涂料、水稀释涂料
3993	PTFE	白色黏液体	40	1.26	7.0	水		阴离子	1~3	平均粒径 15μm，极佳的抗磨损和增滑性，耐划伤，可后添加，水体系中易混，蜡熔点 320℃	各种水性漆
5060	巴西棕榈蜡	黄色液体	17~19	0.93~0.98		DPM	6.75~7.5		0.5~5.0	极佳的表面增滑、高保光、增大润滑性、抗划伤性；Stormer 黏度 1400~2100mPa·s；蜡熔点 55~75	工业涂料、罐听涂料
5118	聚烯烃蜡	白色分散体	18	0.91		EB	6.5		0.5~5.0	极佳的表面增滑和耐划伤性、高保光、增加润滑性	工业涂料、罐听涂料、卷钢涂料
5518	PTFE 改性巴西棕榈蜡	奶油色分散体	18	0.93		EB			0.5~5.0	极佳的表面增滑和耐划伤性、高保光、增加润滑性	罐听涂料、卷钢涂料
5618	聚烯烃蜡	白色分散体	18.5	0.82		异丙醇	7		0.5~5.0	极佳的表面增滑和耐划伤性、高保光、增加润滑性	工业涂料、罐听涂料、卷钢涂料
6148	PE 蜡水分散体	白色不透明液	53	0.96	8.5	水			1.0~5.0	改进耐划伤、抗刮性、重涂性、消光、柔美丝绸感、各种水性和水分散体均可用，蜡熔点 105℃	木器漆、工业涂料、建筑涂料
6445	PE 蜡	白色不透明液	42	0.97	10.0	水/乙醇			1.0~5.0	耐划刮、重涂性好、蜡熔点 105℃	木器漆、建筑涂料
6940	PTFE 分散体	灰白黏液体	41.5	1.28	8.25	水		非离子	1~3	平均粒径 3~5μm，极佳的耐磨，增滑和抗粘连性、耐划伤、易混，可后添加	各种水性漆
9530	PTFE 改性 PE 水分散体	白色不透明液	30	1.00	8.0	水		非离子	1~3	优异的耐划伤性、耐磨性和滑爽性、耐金属划痕，蜡粒子熔点 102℃	工业涂料、木器漆、油墨
FW40	PP 改性 PE	白色黏液体	25	0.96		水			1~3	极佳的耐磨性、蜡粒子熔点 150℃	水性涂料
FW6215	PE	白色不透明液	37	0.98		水			0.4~2.0	耐划伤、消光、易混，可后添加，蜡粒子熔点 102℃	水性木器漆、工业和建筑涂料
TD	PE	白色液体	25	0.82		异丙醇			0.5~3.0	增滑、耐磨损，蜡粒子熔点 111℃	通用

（4）德国 Lubrizol（路博润）公司的蜡乳液　Lubrizol 公司的蜡乳液分乳液型（AQUASLIP）和水分散型（Lanco GLIDD）两个系列，其主要作用是增加涂层的滑爽性和耐划伤与耐磨损能力。

① AQUASLIP 系列蜡乳液　AQUASLIP 系列的品牌有 AQUASLIP 656、658、671、677、678、680、681、701、702、912、942 和 952 等 12 个牌号，性能列于表 10.8。所有的 AQUASLIP 牌号均可用于水性体系。这些蜡乳液一般需要存放在 5~30℃下，保质期为 6 个月。

② Lanco GLIDD 系列蜡分散体　Lanco GLIDD 系列蜡分散体有水分散体和有机溶剂分散体两大类，水性体系可用的分散体是水分散体和醇醚溶剂分散体，基本性能见表 10.9。这些分散体应贮存在 5~30℃下，保质期一般为半年。

（5）德国 Süddeutsche Emulsions-Chemie（南德乳液化学）公司的蜡乳液　德国 Süddeutsche Emulsions-Chemie（南德乳液化学）公司（简称 SEC 公司）是一个家族公司，成立于 1913 年，主要致力于水性蜡乳液和分散体的研发、生产和销售，是这个领域最大的专业制造商之一。水性蜡有 LUBRANIL、SÜDRANOL 和 WÜKONIL 三大系列，产品牌号和基本参数见表 10.10。

LUBRANIL 系列为脂肪醇、酰胺蜡、天然蜡和油的乳液及水分散体；SÜDRANOL 系列是 PE 蜡、HDPE 蜡、PP 蜡、PTFE、大分子共聚物以及巴西棕榈蜡和蜂蜡的乳液及分散体；WÜKONIL 系列是石蜡、微晶蜡、Fischer-Tropsch 蜡、褐煤蜡、酯蜡及聚合蜡的乳液。另有蜡粉系列 MIKRONIL（见下节）。

表 10.10　南德乳液化学公司的蜡乳液

产品牌号	蜡类型	固含量/%	熔点/℃	pH 值	粒径/μm	离子类型
LUBRANIL 系列						
Lubranil A1520	脂肪醇	20	55	7.0	1~2	非离子
Lubranil AW20	聚酰胺	17	80~82	7.5	2~4	阴离子
Lubranil N20	脂肪醇	20	55	7.0	2~4	非离子
Lubranil N30	脂肪醇	20	55	7.0	2~4	非离子
SÜDRANOL 系列						
Südranol 100	高密度聚乙烯	35	140	9.0	0.1	非离子/阴离子
Südranol HD 35	高密度聚乙烯	35	128	9.0	0.1	非离子/阴离子
Südranol 200	聚乙烯	30	110	9.0	0.2	非离子/阴离子
Südranol 230	聚乙烯混合蜡	30	100	9.0	1.0	非离子/阴离子
Südranol 240	改性聚乙烯	30	105	8.5	0.4	非离子/阴离子
Südranol 250	聚乙烯	30	115	9.5	0.4	非离子/阴离子
Südranol 270	合成蜡	30		5.0		阳离子
Südranol 340	改性聚乙烯	30	95	9.0	0.4	非离子/阴离子
Südranol 450	聚乙酸乙酯	25	105	9.5	0.3	非离子/阴离子
Südranol 500	聚乙烯	40		9.0	0.5	非离子/阴离子
Südranol 700	聚四氟乙烯	60	330	10.0	0.2	非离子
Südranol CAR 25	棕榈蜡	25	80	6.5	0.3	非离子
Südranol CAR 26A	棕榈蜡	25	80	6.5	0.3	阴离子

续表

产品牌号	蜡类型	固含量/%	熔点/℃	pH值	粒径/μm	离子类型
Südranol BEE	蜂蜡	18	65	7.0	0.3	非离子
Südranol LE 27	棕榈蜡/石蜡	20				阴离子
WÜKONIL 系列						
Wükonil GL	石蜡	40	60	9.0	1	阴离子
Wükonil HS	石蜡	30	50~52	7.5	0.5	非离子
Wükonil RT 50	石蜡	50	52~54	7.5	1	非离子
Wükonil RT 50F	石蜡	50	56~58	9.0	1	非离子
Wükonil KN 50	石蜡	50	60	7.0	1	阳离子
Wükonil LP 50	石蜡	50	60	9.0	1~2	阴离子
Wükonil LP 35	石蜡	35	52~54	7.0	1~2	阴离子
Wükonil PW 30	石蜡/聚乙烯	30	85	9.0	0.2~0.4	非离子
Wükonil PW	石蜡/聚乙烯	30	90	9.0	0.3	非离子
Wükonil 1050	聚烯烃	30	85	7.0	0.5	非离子
Wükonil O-33A	铝盐/石蜡	25	90	5.0	2~3	阳离子
Wükonil ESW 30	酯蜡	30	78~80	7.0	0.3	非离子
Wükonil HB 4000	混合蜡	40		7.5	1	阴离子
Wükonil 6040	混合蜡	35	60	8.5	1	阴离子
Wükonil HB 3000	聚合物蜡	50	62	9.0	1~22	阴离子
Wükonil VP 391	混合蜡	35	65	9.0	1~2	阴离子
Wükonil VP 491	混合蜡	20	80	10.0	1~2	阴离子
Wükonil XW	天然混合蜡	17	70	6.5	1	无极性

这些蜡乳液主要用于水性木器漆、水性塑料漆、水性金属漆和水性油墨，可提高涂层表面的疏水性和耐磨性，改善抗粘连性、耐划伤性和耐擦性，在水性油墨和罩光油中可提高滑爽性。以 Südranol 100 为例，除表 10.10 中所列性能数据外，其密度为 0.98g/mL，黏度<400mPa·s，一般用量（按配方总量计）为 2%~7%。由于是乳液，贮存应注意防冻。

（6）其他公司的蜡乳液

① 意大利 Lamberti 公司的水性乳胶漆及浮雕漆防水剂 Cerfobol R/75 是一种石蜡和聚乙烯蜡乳液，外观为白色乳液，相对密度 0.875。加入漆中以后不会影响漆的施工性能，在成膜过程中可在漆的表面形成一层薄膜，起到增加耐水性，减少尘埃附着的作用。在内外墙漆中的用量一般为漆的 0.5%~1.0%，高防水要求下可用到 3%~4%，应在配漆最后阶段加入。

Cerfobol R/75 易于用水稀释，贮存温度过低会冻结，超过 50℃ 会破乳，此外，不适用于硬度较高的水体系。

② 上海尤恩化工有限公司经销的水性聚丙烯蜡乳液，牌号 Unchem UN-600，阴离子型，外观微黄色液体，固含量 35%，pH 值为 8.5~9.5，适用于水性涂料。加入涂料中具有光泽高、耐滑性能好的特点，可用于各种耐滑涂料，尤其是地板和地坪涂料。用量为配方总量的 4%~10%。可直接加入。

10.3 蜡粉

(1) 德国 BYK 公司的水性体系用微粉化蜡　BYK 公司有一系列蜡粉,其中可用于水性体系的有 Aquaflour 400、Ceraflour 913、914、915、916、920、928 等(表 10.11)。其中 Ceraflour 913、914、915、916 可添加在水性或溶剂型涂料中,产生织纹外观和触感效果。这些微粉化蜡的特性和选用参考见表 10.12。

表 10.11　BYK 公司的水性体系用微粉化蜡

牌号	类型	外观	相对密度(23℃)	熔点/℃	闪点/℃	水溶性	粒度/μm d_{10}	d_{50}	d_{90}	用量/%	特点	应用
Aquaflour 400	改性 PE/聚合物混合物	白色细粉	1.22	115	200	不混溶	1	6	14	0.2~4	改善耐划伤性和耐磨性,略微增强表面滑爽性,也可降低光泽度	水性涂料、印刷油墨
Ceraflour 913	PP	白色微粉	0.90	160	260	不混溶	7	18	31	2~10	水油通用,产生极细花纹	金属、塑料、木器漆
Ceraflour 914	PP	白色微粉	0.90	160	280	不混溶	12	24	36	2~10	水油通用,产生细花纹	金属、塑料、木器漆
Ceraflour 915	PP	白色微粉	0.90	160	280	不混溶	14	34	57	1~10	水油通用,产生中等花纹	金属、塑料、木器漆
Ceraflour 916	HDPE/聚合物混合物	白色微粉	0.99	135		不混溶	17	46	82	1~10	水油通用,产生粗花纹	金属、塑料、木器漆
Ceraflour 920	聚合物微粉	白色微粉	1.47		200	不混溶	1	5	13	0.5~10	水油通用	建筑漆、木器漆
Ceraflour 928	改性 PE 蜡	白色微粉	1.06	115		不混溶	2	8	15	0.1~6	水油通用,分散性好	家具漆、工业漆

表 10.12　BYK 公司的水性体系用微粉化蜡特性和应用

牌号	耐划伤	耐磨	柔性	消光	织纹效果	应用
Aquaflour 400						水性涂料、印刷油墨
Ceraflour 913			●	●	●	工业漆、木器漆、水油通用
Ceraflour 914				●	●	工业漆、木器漆、水油通用
Ceraflour 915				●	●	工业漆、木器漆、水油通用
Ceraflour 916				●	●	工业漆、木器漆、水油通用
Ceraflour 920	●	●		●		建筑涂料、木器漆、粉末涂料
Ceraflour 928	●			●		家具漆、工业漆

注:●代表可以应用。

(2) Deurex 公司的蜡粉　德国 Deurex(德乐士)公司是专业的微粉化蜡生产厂家,首创使用喷射式微化技术。这种先进的喷雾微粒制造技术生产的产品呈圆球状,而一般采用研磨蜡粉工艺生产出来的微粉化蜡是不规则形状。同时采用精密的控制技术使粒径分布很窄,比起一般微粉化蜡,以较少的添加量可达到相同的效果,一般可节省 10%~20% 的用量,不仅降低成本,更能提升涂料与油墨的表面性质。德乐士微粉化蜡有着理想的平滑性及光泽度,使生产出的油墨及涂料比其他微化蜡生产的油墨及涂料有更好的效果,明显增加手感和光亮效果。此外,为确保德乐士微粉化蜡的质量,在每批蜡粉生产过程中每 20s 使用激光仪检测颗粒度一次,确保蜡粉颗粒度 99% 的准确性。

德乐士公司可用于水性体系,特别是用于水性木器漆的蜡粉牌号及基本性能参数列于表 10.13 中。

表 10.13 德乐士公司的蜡粉

牌号	组成	外观	相对密度	酸值/(mgKOH/g)	粒度/μm	滴点/℃	特点	应用
Deurex MA7008	微粉化乙烯-硬脂酰胺蜡	白色细粉	0.98~0.99	5	99%<8 50%<3	143~151	消光,改善滑爽性和防粘连性,不黄变,超细	工业,家具,地板漆,粉末涂料
Deurex MA7020	微粉化乙烯-硬脂酰胺蜡	白色细粉	0.98~0.99	5	99%<20 50%<8	143~151	消光,改善滑爽性和防粘连性,不黄变,分布窄	工业,家具,地板漆,粉末涂料
Deurex MA7050	微粉化乙烯-硬脂酰胺蜡	白色细粉	0.98~0.99	5	99%<50 50%<9	143~151	粒度分布窄,呈现花纹效果	工业,家具,地板漆,浮雕花纹剂
Deurex MA7080	微粉化乙烯-硬脂酰胺蜡	白色细粉	0.98~0.99	5	99%<80 50%<30	143~151	粒度分布好,呈现花纹好,流动性好,不聚结	工业,家具,地板漆,浮雕花纹剂
Deurex MAF7520D	包覆PTFE的微粉化酰胺蜡	白色细粉	0.87~0.89(蜡) 2.20(PTFE)		99%<20 50%<10	143~151(蜡) 330(PTFE)	优异的耐热,疏水,耐划伤和耐溶剂性,消光防粘连	工业,家具,地板漆,汽车漆,粉末涂料
Deurex MC6015	球形微粉化巴西棕榈蜡	微黄细粉	0.99~1.00		99%<15 50%<6	81~89	消光,高硬度,适于多孔柔软表面,稍有亲水性,可与食品接触	工业,家具,建筑,地板漆,粉末涂料,UV涂料,印刷油墨
Deurex ME0520	球形微粉化非极性PE蜡	白色细粉	0.93~0.96		99%<20 50%<7	109~117	分散性,相容性,抗粘连好,附着力,滑爽性好,改进耐摩擦	工业,家具,地板漆,印刷油墨
Deurex ME0825	球形微粉化非极性PE蜡	白色细粉	0.93~0.96		99%<25 50%<8	110~118	分散性,相容性,抗粘连好,改善耐摩擦和耐划伤性	工业,家具,地板漆,印刷油墨
Deurex ME1515	球形微粉化非极性PE蜡	白色细粉	0.95~0.97		99%<15 50%<6	119~127	高耐摩擦耐磨损,抗粘连性,重涂性,热稳定性和颜料分散性	工业,家具,地板漆,汽车漆,粉末涂料
Deurex ME1519	球形微粉化非极性PE蜡	白色细粉	0.95~0.97		99%<19 50%<8	119~127	高耐摩擦耐磨损,抗粘连,热稳定性和颜料分散性,改善重涂打磨性	工业,家具,地板漆,汽车漆,粉末涂料
Deurex MF5010	PTFE改性球形微粉化PE蜡	白色细粉	0.94~0.95(蜡) 2.20(PTFE)		99%<10 50%<6	108~118(蜡) 330(PTFE)	良好的耐磨损,耐热,耐溶剂,极好的滑爽性,分散性好,PTFE含量高	卷钢,罐听,木器,工业漆,粉末涂料
Deurex MF5108	微粉化PTFE	白色细粉	2.15~2.25		99%<8 50%<5	320~340	极优的耐磨损,耐热和耐溶剂性,细度小,可用于超薄涂层	工业,家具,建筑,地板漆,粉末涂料,印刷油墨
Deurex MF5510	PTFE改性球形微粉化PE蜡	白色细粉	0.94~0.95(蜡) 2.20(PTFE)		99%<10 50%<6	108~118(蜡) 330(PTFE)	良好的耐磨损,耐热,耐溶剂性,较好的润滑性,PTFE含量低于MF5710	卷钢,罐听,木器,工业漆,粉末涂料

续表

牌号	组成	外观	相对密度	酸值/(mgKOH/g)	粒度/μm	滴点/℃	特点	应用
Deurex MF5615W	PTFE改性球形极性微粉化PE蜡	白色细粉	0.92~0.94(蜡) 2.20(PTFE)		99%<15 50%<6	107~115(蜡) 330(PTFE)	亲水,易分散在水性体系,耐摩擦,耐划伤性极好,改善滑爽性和抗粘连性	卷钢,罐听涂料,木器漆
Deurex MF5710	PTFE改性球形微粉化PE蜡	白色细粉	0.94~0.95(蜡) 2.20(PTFE)		99%<10 50%<6	108~118(蜡) 330(PTFE)	良好的耐磨损,耐温耐溶剂性,极好的润滑性	卷钢,罐听涂料,木器漆,工业漆,粉末涂料
Deurex MM8015	球形微粉化褐煤蜡	白色至微黄细粉	1.00~1.02		99%<15 50%<5	90~98	高消光,多孔,柔软,表面附着极好,理想的表面性能,适于亲水体系和颜料	工业,家具,地板漆,汽车漆,粉末涂料,印刷油墨,UV涂料
Deurex MM8120	球形微粉化褐煤蜡	白色至微黄细粉	1.00~1.02		99%<20 50%<7	81~89	高消光,多孔,柔软,表面附着极好,理想的表面性能,适于亲水体系和颜料	工业,家具,地板漆,汽车漆,粉末涂料,印刷油墨,UV涂料
Deurex MM8220	球形微粉化部分皂化褐煤蜡	白色至微黄细粉	1.00~1.02		99%<20 50%<7	96~104	高消光,多孔,柔软,表面附着极好,理想的表面性能,适于亲水体系和颜料	工业,家具,地板漆,汽车漆,粉末涂料,印刷油墨,UV涂料
Deurex MM8920	球形微粉化改性褐煤蜡	白色至微黄细粉	0.98~1.00		99%<20 50%<7	99~107	高消光,多孔,柔软,理想的表面性能,适于亲水体系和颜料	工业,家具,地板漆,汽车漆,粉末涂料,印刷油墨,UV涂料
Deurex MO4615	球形微粉化极性氧化PE蜡	白色细粉	0.92~0.94	10	99%<15 50%<6	108~116	优异的耐摩擦,耐划伤性,改进滑爽性和抗粘连性,消光,亲水易混	工业漆,家具漆,地板漆,水性油墨
Deurex MO4920	球形微粉化氧化PP蜡	白色细粉	0.93~0.96	12	99%<20 50%<7	106~114	优异的耐摩擦,改进滑爽性和抗粘连性,柔感,亲水易混	水性涂料,水性油墨
Deurex MP2120	微粉化PP蜡	白色细粉	0.87~0.89		99%<20 50%<10	156~164	消光剂,改进柔感,润滑,防粘连,耐划伤,高温稳定	工业,家具漆,粉末涂料,印刷油墨
Deurex MPF2520D	PTFE包裹的微粉化PP蜡	白色细粉	0.94~0.95(蜡) 2.20(PTFE)		99%<10 50%<6	156~164(蜡) 330(PTFE)	极好的疏水性,极大的增柔感,耐划伤和防粘连性	粉末涂料,汽车,家具,地板漆
Deurex MT8550	低熔点微粉化费托蜡	白色细粉	0.94~0.95		99%<50 50%<10	83~91	高消光,低熔点,多孔,柔软,表面附着极好	工业,汽车,家具,罐听,卷钢,工业,地板漆

续表

牌号	组成	外观	相对密度	酸值/(mgKOH/g)	粒度/μm	滴点/℃	特点	应用
Deurex MT9010	球形微粉化费托蜡	白色细粉	0.94~0.95		99%<10 50%<5	107~115	疏水、超细、适用于薄涂、改进耐划伤	粉末涂料、罐听、工业、汽车、家具、地板漆、印刷油墨
Deurex MT9020	球形微粉化费托蜡	白色细粉	0.94~0.95		99%<20 50%<7	107~115	疏水、超细、适用于薄涂、改进耐划伤	粉末涂料、罐听、工业、汽车、家具、地板漆、印刷油墨
Deurex MT9119	高熔点微粉化硬蜡	白色细粉	0.94~0.98		99%<19 50%<9	112~120	高硬度耐划伤、增滑、对木材附着好、改进表面触感	罐听、卷钢、工业、汽车、家具、地板漆
Deurex MT9120	高熔点球形粉化费托蜡	白色细粉	0.94~0.98		99%<20 50%<7	112~120	疏水、球形、易分散好的耐划伤性	罐听、卷钢、工业、汽车、家具、地板漆、印刷油墨
Deurex MX2919	改性微粉化 PP 蜡	白色细粉	0.93~0.95		99%<19 50%<9	140~146	极好的木器漆触感、改善耐划伤、打磨、消光性	各种涂料
Deurex MX9510	球形微粉化聚烯烃蜡	白色细粉	0.94~0.95		99%<10 50%<6	109~117	抗粘连性极好、增加耐磨损、耐划伤性、分散性连好	粉末涂料、罐听、工业、家具、地板漆
Deurex MX9719	改性球形微粉化 PE 蜡	白色细粉	0.94~0.99		99%<19 50%<6	141~149	改进耐磨损和打滑、耐粘连、耐消光性	各种涂料
Deurex MX9815	球形微粉化聚烯烃蜡	白色细粉	0.94~0.95		99%<15 50%<5	111~119	优异的耐磨损、耐划伤性、易分散、相容性好	印刷油墨、各种涂料
Deurex MX9820	球形微粉化聚烯烃蜡	白色细粉	0.94~0.95		99%<20 50%<7	111~119	优异的耐磨损、耐划伤性、易分散、相容性好	印刷油墨、各种涂料
Deurex MXAg9510	包覆纳米银的球形微粉化聚烯烃蜡	白色细粉	0.94~0.95		99%<10 50%<6	105~120	活性银浓度 3g/kg 蜡、有杀菌消毒作用、用量（按配方总量计）0.5%~1.0%	涂料
Deurex MXD3920	包覆金刚石的微粉化聚烯烃蜡	白色细粉	0.94~0.95		99%<20 50%<7	138~146	表面硬度极高（莫氏硬度10）、耐划伤性极好	工业、木器、卷钢漆、印刷油墨、粉末涂料
Deurex MXF9510D	包覆 PTFE 的球形微粉化聚烯烃蜡	白色细粉	0.94~0.95(蜡) 2.20(PTFE)		99%<10 50%<6	108~118(蜡) 330(PTFE)	极好的耐磨损、耐划伤性和高光泽	印刷油墨、罐听、工业、粉末涂料、地板漆
Deurex MXF9820D	包覆 PTFE 的球形微粉化聚烯烃蜡	白色细粉	0.94~0.95(蜡) 2.20(PTFE)		99%<20 50%<8	108~118(蜡) 330(PTFE)	极好的耐磨损、耐划伤性和高光泽	印刷油墨、罐听、工业、粉末涂料、地板漆
Deurex MXS	包覆二氧化硅的球形微粉化聚烯烃蜡	白色细粉	0.2(松密度)		99%<15 50%<6	105~120	耐划伤、滑爽性极好、透明、不需另加消光剂、用量 2%~7%	各种涂料、印刷油墨

Deurex 公司的蜡粉的特性和选用可参考表 10.14。

表 10.14　Deurex 公司的蜡粉的特性和选用

牌　　号	类　型		特　　性							
	微粉蜡	包覆蜡	抗粘连	消光	抗划伤	滑爽性	柔感	疏水性	热粘连	划痕性
Deurex MA7008	●		●	●		●		●		
Deurex MA7020	●		●	●		●		●		
Deurex MA7050	●		●	●		●		●		
Deurex MA7080	●		●	●		●		●		
Deurex MAF7520D		●			●					
Deurex MC6015	●					●	●	●		
Deurex ME0520								●		
Deurex ME0825	●				●			●		
Deurex ME1515	●		●		●			●	●	●
Deurex ME1519	●		●		●			●	●	●
Deurex MF5010	●		●		●	●		●	●	●
Deurex MF5108	●		●		●	●		●	●	●
Deurex MF5510	●		●		●	●		●	●	●
Deurex MF5615W	●		●		●			●		●
Deurex MF5710	●		●		●			●	●	●
Deurex MM8015	●		●	●	●	●	●	●		
Deurex MM8120	●		●	●	●	●	●	●		
Deurex MM8220	●		●	●	●	●		●		
Deurex MM8920	●		●	●	●	●		●		
Deurex MO4615	●		●	●		●				
Deurex MO4920	●		●	●		●	●			
Deurex MP2120	●		●		●			●	●	
Deurex MPF2520D		●	●		●			●		●
Deurex MT8550	●							●		
Deurex MT9010	●							●		
Deurex MT9020	●				●			●		
Deurex MT9119	●				●	●		●		
Deurex MT9120	●			●						
Deurex MX2919	●		●	●	●		●	●	●	●
Deurex MX9510	●		●					●		
Deurex MX9719	●		●	●	●	●	●	●		
Deurex MX9815	●		●		●			●		

续表

牌　号	类　型		特　性							
	微粉蜡	包覆蜡	抗粘连	消光	抗划伤	滑爽性	柔感	疏水性	热粘连	划痕性
Deurex MX9820	●				●			●		
Deurex MXAg9510		●			●			●		
Deurex MXD3920	●				●			●		
Deurex MXF9510D		●			●	●		●		
Deurex MXF9820D	●				●			●		
Deurex MXS		●		●	●		●	●		●

注：●代表可选用。

（3）Evonik Degussa（赢创·德固萨）公司的蜡粉　Evonik Degussa 公司的蜡粉又称微粉蜡，有聚乙烯蜡、改性聚丙烯蜡、费-托蜡等几种类型，微粒形状有球形和无定形粉末两种，商标名 Vestowax。适用于水性漆和水性油墨的品种见表 10.15。Vestowax 可以通过制备无需加热的分散体或在溶剂中冷研磨的方法直接加入，可使涂料具有良好的润滑性，提高涂料的耐擦伤性，无定形的蜡粉有强烈的消光作用。Vestowax 在涂料中的添加量在 2%～5%之间。

Vestowax AO1535、AO1570、AO3033、AO3533、AS1550E 和 AW1060 用作水性涂料的消光剂，A616SF 可提高水性油墨的耐磨性，X4118 可提高水性和溶剂型木器漆、工业漆的耐擦伤性及憎水性，X4118、A616XF 对提高漆的抗擦伤性有特别的效果。

表 10.15　水性漆可用的 Vestowax 蜡粉

牌号	类型	外观	滴点/℃	渗透值/×0.1mm	酸值/(mg KOH/g)	皂化值/(mg KOH/g)	d(23℃)	粒度($<d_{50}$)/μm
A616SF	PE	白色微粉	118～128	1	<1	<1	约0.96	10～12
A616XF	PE	白色微粉	118～128	1	<1	<2	约0.96	8～9
AO1535	氧化PE	白色粒状	106～114	1～3	16～19	30～40	约0.96	
AO1570	氧化PE	白色粒状	104～109	3～5	37～43	60～75	约0.97	
AO3033	氧化PE	白色微粉	98～108	2～4	16～19	30～40	约0.94	
AO3533	氧化PE	白色粒状	114～120	1	16～19	30～40	约0.97	
AS1550E	皂化PE	白色粒状	103～108	1～3	22～26	47～52	约0.97	
AW1060	皂化PE	白色粒状	83～89	约7	16～20	40～50	约0.97	
C60	氧化费-托蜡	粉末、粒状	103～107	4～6	29～34	50～62	约0.96	
J324	皂化费-托蜡	白色粒状	105～115	2～3	10～14	22～32	约0.97	
X4118	PE	白色微粉	132～142	1	<2	<2	约0.96	约6

（4）Lubrizol（路博润）公司产品　德国 LUBRIZOL 公司的蜡粉品牌为"Lanco"系列，牌号很多，性能各异，分别适用于水性涂料、溶剂型涂料或粉末涂料。水性体系可用的蜡粉性能特点见表 10.16。表中的"水性体系的适用性"以"●"表示完全适用，特别推荐用于水性体系；以"◎"表示可用于水性体系，但可能因蜡粉的疏水性在水性体系中会产生分散困难的问题，这时往往要借助表面活性剂或润湿剂才能很好地分散。

（5）德国 Süddeutsche Emulsions-Chemie（南德乳液化学）公司的蜡粉　德国 Süddeutsche Emulsions-Chemie（南德乳液化学）公司除生产蜡乳液外还有蜡粉系列，注册商标"MIKRONIL"。MIKRONIL 是 PE、HDPE、PP、PTFE、酰胺蜡、褐煤蜡、巴西棕榈蜡及其各种混配组合而成的微粉化蜡，基本性能参数见表 10.17。

表 10.16 LUBRIZOL 公司的 Lanco 系列蜡粉

牌号	类型	水性体系的适用性	相对密度(20℃)	酸值/(mg KOH/g)	粒度/μm d_{50}	粒度/μm d_{90}	熔点/℃	用量/%	特点	应用
Lanco D2S	聚酰胺蜡	◎	1.00		9	22	140		增加柔感	罐听涂料
Lanco PP1340F	PP 改性 PE	◎	0.94	1	9	22	140		消光,抗划伤	通用
Lanco PP1350F	PP 改性 PE	◎	0.94	1	9	22	150		耐磨损	通用
Lanco 1362D	微粉化改性聚丙烯蜡	◎	0.94	3	9	22	142	0.5~3.0	抗粘连,较好的手感和良好的耐刮,耐磨性能,消光效果较强	通用
Lanco 1362SF	微粉化改性聚丙烯蜡	◎	0.94	3	6	14	142		优异的抗粘连,消光和打磨性,1362的细粒型,可用于薄涂层	通用
Lanco 1382LF	改性聚烯烃	◎	0.95	—	9	18	135		柔感,耐磨,耐划伤	溶剂漆,水性漆
Lanco 1394F	PP	◎	0.90	—	13	25	140		优异的消光和表面保护作用	粉末涂料
Lanco 1394LF	PP	◎	0.90	—	9	18	140		优异的消光和表面保护作用	木器漆,特别适用于 PU 和 UV 涂料
Lanco 1400SF	微粉化改性合成蜡	◎	0.97	<4	6	14	140	0.5~2.5	柔软的表面触感和良好的耐刮伤性,透明性好,不影响漆膜光泽度,抗粘连	溶剂型木器漆,塑胶漆,水性漆和光固化涂料
Lanco CP1481F	改性 PP	◎	0.94	3	9	22	140		柔感,增滑,抗粘连,耐划伤,消光	溶剂漆,UV 漆为主
Lanco CP1481SF	改性 PP	◎	0.94	3	6	14	140		柔感,增滑,抗粘连,耐划伤,消光	溶剂漆,UV 漆为主
Lanco PE1500F	PE	◎	0.96	1	9	22	104		增滑,消光,耐划伤	通用,溶剂漆,UV 漆为主
Lanco PE1500SF	PE	◎	0.96	1	6	14	104		增滑,消光,耐划伤	通用,溶剂漆,UV 漆为主
Lanco 1530SF	PE	◎	0.97	—	6	14	118		提高耐划伤	卷钢涂料
Lanco PE1544F	改性 PE	◎	0.99	3	9	22	140		提高耐划伤性,增加打磨性	通用
Lanco 1552F	聚烯烃	●	0.9	—	9	22	111		提高耐划伤性	水性漆
Lanco PEW1555	亲水 PE	●	0.96	3	9	22	102		提高耐划伤性	通用,特别适用于水性体系
Lanco 1588LF	微粉化聚乙烯蜡	●	0.96	<1	≤9	≤18	105	0.5~1.5	聚乙烯蜡,具有良好的手感和耐刮,耐磨性能,有一定的消光效果	溶剂型木器漆,塑胶漆,卷材涂料和水性涂料
Lanco A1601	聚酰胺蜡	◎	0.99	10	7	18	140	0.5~2.5	消光,增加打磨性,降低漆膜酸,锌用量,减少漆膜气泡,粉末涂料中有良好的脱气性能	通用
Lanco A1602	聚酰胺蜡	◎	0.98	8	9	22	142	0.5~2.5	消光,增加打磨性和颜色稳定性,粉末涂料中有良好的脱气性能	木器漆,粉末涂料

续表

牌号	类型	水性体系的适用性	相对密度(20℃)	酸值/(mg KOH/g)	粒度/μm d_{50}	粒度/μm d_{90}	熔点/℃	用量/%	特点	应用
Lanco TF1725	PTFE改性PE	◎	0.98	1	6	14	104	0.05~2	优异的滑爽性、耐刻伤性和耐磨性、对漆膜光泽影响小	各种涂料、印刷油墨
Lanco TF1725EF	PTFE改性PE	◎	0.98	1	5	10	104	0.05~2	优异的滑爽性、耐刻伤性和耐磨性、对漆膜光泽影响小	各种涂料、印刷油墨
Lanco TFW1765	PTFE改性PE	●	0.98	1	6	14	102		增滑、抗粘连、耐刻伤、抗沾尘	水性涂料
Lanco TF1778	PTFE改性PE	◎	0.98	1	6	14	102	0.05~2	特别优异的滑爽性、耐磨性、透明度高、对漆膜光泽影响不大	各种涂料、印刷油墨
Lanco TF1780	PTFE改性PE	◎	0.98	1	6	14	102	0.05~2	特别优异的滑爽性、耐磨性、透明度高、对漆膜光泽影响不大	罐听涂料、金属箔油漆、工业涂料、凹凸版印刷油墨
Lanco TF1780EF	PTFE改性PE	◎	0.98	1	5	9.5	102	0.05~2	特别优异的滑爽性、耐磨性、透明度高、对漆膜光泽影响不大	金属箔油漆、工业涂料、凹凸版印刷油墨
Lanco 1792	PTFE	◎	2.2~2.3	—	4	—	315~335	0.1~2	增滑、抗粘连、抗沾尘、极好的持久的滑爽性、耐刻伤性和耐磨性、高温性能优异、粒子特别细微	卷材涂料、金属箔涂料、金属箔涂料、UV固化涂料、粉末涂料、耐高温涂料
Lanco 1793	PTFE	◎	2.2~2.3	—	4	—	315~330		增滑、抗粘连、耐刻伤、耐磨、抗沾尘	涂料
Lanco 1795	PTFE	◎	2.2~2.3	—	10	—	315~330		增滑、抗粘连、耐刻伤、耐磨、抗沾尘	涂料
Lanco 1796	PTFE	◎	2.2~2.3	—	<6	—	315~335	0.1~2	抗粘连、抗沾尘、极好并持久的滑爽性、耐刻伤性、耐高温性能优异	通用、卷材涂料、工业涂料、UV固化涂料、粉末涂料、耐高温涂料
Lanco 1797	PTFE	◎	2.2~2.3	—	5	—	315~330		增滑、抗粘连、耐刻伤、耐磨、抗沾尘	涂料
Lanco 1799	PTFE	◎	2.2~2.3	—	4	—	315~330		增滑、抗粘连、耐刻伤、耐磨、抗沾尘	涂料
Lanco SM2001	PTFE改性合成蜡	◎	0.99	1	9	22	105	0.5~2.5	增滑、耐刻伤、良好的手感和耐磨性能	木器涂料
Lanco SM2003	酰胺改性合成蜡	◎	0.97	4	9	22	140	0.5~2.5	提高漆膜滑爽性和硬度、有滑丝般的效果和良好的耐刮耐磨、光固化涂料	水器涂料、塑胶漆体系和醇酸类建筑涂料
Lanco SM2005	合成蜡	◎	0.96	1	9	22	105	0.5~2.5	改进表面性能	溶剂和无溶剂涂料

表 10.17　MIKRONIL 系列微粉蜡

产品牌号	蜡类型	熔点/℃	粒径/μm	
			99%小于	50%小于
Mikronil PE60	聚乙烯	122～130	15	6
Mikronil PE80	聚乙烯	100～106	20	7
Mikronil 81	聚乙烯	104～111	25	8
Mikronil PEO60	氧化聚乙烯	105～115	15	6
Mikronil PEO120	氧化聚乙烯	94～101	20	12
Mikronil MW60	褐煤蜡	84～96	16	6
Mikronil MW80	聚酰胺	135～145	20	8
Mikronil AW90	聚酰胺	135～145	50	9
Mikronil 101	聚四氟乙烯/聚乙烯	106～110	10	6
Mikronil 102	聚四氟乙烯/聚乙烯混合蜡	105～110	10	6
Mikronil 103	聚四氟乙烯/聚乙烯	105～110	10	6
Mikronil 104	聚四氟乙烯/聚乙烯	102～106	15	6
Mikronil VP201	混合蜡	102～112	15	5
Mikronil 202	改性聚乙烯	140	20	8
Mikronil 313	聚四氟乙烯/聚乙烯混合蜡	120～125	80	13
Mikronil PTFE	聚四氟乙烯	330	10	4
Mikronil CA150	棕榈蜡	83	15	6

MIKRONIL 蜡粉可用于水性和溶剂型涂料、印刷油墨、胶黏剂以及纸张涂层，具有耐磨性和防沉性。以 Mikronil 202 微粉蜡为例，这是一种经氧化处理的聚乙烯微粉化蜡，白色粉末状，密度 $0.985g/cm^3$，在水性、溶剂型和粉末涂料中都可用。添加量：溶剂型涂料 0.5%～1.0%，水性涂料 0.8%～1.5%，UV 涂料 0.8%～1.5%。

第 11 章　pH 调节剂和多功能助剂

11.1　pH 调节剂的作用

聚合物乳液在合成过程中要添加少量的可聚合酸，例如丙烯酸、甲基丙烯酸等。其主要作用是增加乳液的稳定性，改善漆膜的附着力，提高基料对颜填料的润湿分散性，增强水性漆的抗冻融稳定性。乳液通常在偏碱性的状态下有最佳的稳定性。乳胶漆的 pH 值对其贮存稳定性、抗微生物能力、防沉性、施工性以及漆膜性能都有很大的影响。只有当体系的 pH 值超过 7 时才能保证涂料体系的贮存稳定性，在 8～9 之间效果最佳。

为了控制乳液和乳胶漆的 pH 值，在生产制造过程中要用 pH 调节剂来调整最终产品的酸碱度，使其保持在偏碱性的状态下。此外，乳胶漆常常用碱溶胀型增稠剂来调节漆的黏度，使其低剪黏度足够大，以避免漆中的颜料和填料沉淀，这时也必须用 pH 调节剂预先将体系调成碱性状态，增稠剂才能起作用。在以纤维素醚增稠的乳胶漆生产时，为加快纤维素醚的溶解，也必须将体系调节成微碱性的状态。因此 pH 调节剂在乳胶漆生产中有很重要的作用。

常用的 pH 调节剂有氨水及含羟基的有机胺类化合物等。许多有机胺类 pH 调节剂兼有颜填料润湿、促进颜填料分散和防止颜填料絮凝的作用，可以作为辅助分散剂用于乳胶漆的制造，有的还有防金属腐蚀的作用，因而被称为多功能助剂。

11.2　常用的 pH 调节剂和多功能助剂

（1）氢氧化钠　氢氧化钠俗称烧碱、火碱和苛性钠，分子式 NaOH，分子量 40.01，CAS 号 1310-73-2，由食盐电解制得。氢氧化钠有强碱性，强腐蚀性，易吸水，可与空气中的二氧化碳反应生成碳酸钠。

氢氧化钠水溶液可作为乳胶漆的 pH 调节剂，pH 值稳定，且无气味。但是残留在漆中的氢氧化钠不能挥发，对漆膜的耐水性有极为有害的影响，故已很少用来调节漆的 pH 值。

氢氧化钾有类似的性质和作用。

（2）氨水　氨水即氨的水溶液，分子式 NH_4OH，分子量 35.045，工业级氨水可以各种浓度的形式提供：27%、24%、20%、17%、15%等。氨水具有刺激性、挥发性和不稳定性。由于挥发快，对早期涂层性能影响小，又因价廉，在乳胶漆生产中广泛用作 pH 调节剂。但是因挥发性大，添加氨水的乳胶漆贮存期间 pH 值容易发生变化，并且氨水有不愉快的气味，已被更好的 pH 调节剂逐渐取代。

（3）乙醇胺　乙醇胺类化合物可用来调节水性漆的 pH 值，比起氨水来，挥发速率较慢，pH 值的稳定性较好。这类化合物包括一乙醇胺、二乙醇胺、三乙醇胺等，其中常用的一乙醇胺的基本理化数据如下：

中文名称：2-氨基乙醇

分子式：C_2H_7NO

$HOCH_2CH_2NH_2$

分子量：61.08

CAS 编号：141-43-5

外观与性状：室温下为无色透明的黏稠液体，有吸湿性和氨臭

相对密度（水＝1）：1.02

熔　点：10.5℃

沸点：170.5℃

折射率：1.4540

蒸气压：0.80kPa（60℃）

闪点：93℃

溶解性：与水、甲醇、乙醇、丙酮等混溶，微溶于乙醚、苯和四氯化碳

毒性：急性毒性：LD_{50}（大鼠经口）＝2050mg/kg；LD_{50}（兔经皮）＝1000mg/kg；LC_{50}（大鼠吸入，4h）＝2120mg/m³

特性：水溶液呈碱性。有极强的吸湿性，能吸收酸性气体，加热后又可将吸收的气体释放。有乳化及起泡作用。能与无机酸和有机酸生成盐类，与酸酐作用生成酯。其氨基中的氢原子可被酰卤、卤代烷等置换。可燃，遇明火、高温有燃烧的危险。蒸气有毒

(4) 二乙醇胺　二乙醇胺的理化性能如下。

分子式：$C_4H_{11}NO_2$

结构式：$HOCH_2CH_2NHCH_2CH_2OH$

分子量：105.14

CAS 编号：111-42-2

外观与性状：微带黄色的黏稠状液体，或白色菱形结晶，呈强碱性，微有氨的气味，在潮湿空气中能强烈发烟。能吸收空气中二氧化碳

相对密度（20/20℃）：1.0828

熔点：28.0℃

沸点：269.1℃

折射率：1.4476

黏度（40℃）：196.4mPa·s

闪点：146℃

pH 值（0.1mol/L 水溶液）：11

溶解性：能与水、醇和热丙酮混溶，在苯中的溶解度为 4.2%，25℃时在乙醚中的溶解度为 0.8%，25℃时在四氯化碳中的溶解度小于 0.1%

毒性：LD_{50}（小白鼠）＝3300mg/kg；LD_{50}（豚鼠和家兔）＝2200mg/kg

(5) 三乙醇胺　三乙醇胺的理化性能如下。

分子式：$C_6H_{15}NO_3$

结构式：

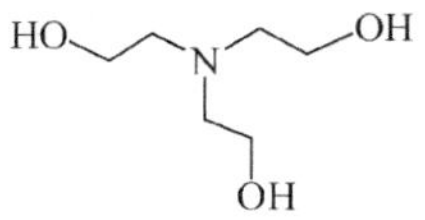

分子量：149.19

CAS 编号：102-71-6

外观：无色黏稠液体，在空气中变黄褐色，有吸湿性

相对密度：1.1245

熔点：21℃

沸点：360℃

折射率：1.484～1.486

黏度（25℃）：613mPa·s

闪点（开杯）：193℃

自燃温度：325℃

爆炸极限：3.6%～7.2%

溶解性：溶于水、乙醇、丙酮和氯仿，微溶于乙醚和苯

特性：碱性，能吸收二氧化碳和硫化氢等酸性气体

用途：用于金属加工中的金属切削、冷却、防锈液；化妆品行业中的酸碱中和剂、乳化剂；水泥中的助磨剂，混凝土施工中的早强剂；油墨工业中的固化剂；也用于表面活性剂、防锈剂、电镀中的络合剂以及 pH 调节剂和酸性气体吸收剂

（6）二甲基乙醇胺　二甲基乙醇胺在水性涂料、水性油墨中用作 pH 调节剂有着比氨水更好的稳定性和适宜的挥发速率，添加量为配方总量的 0.1%～1.0%。其基本的理化数据如下。

分子式：$C_4H_{11}NO$

结构式：

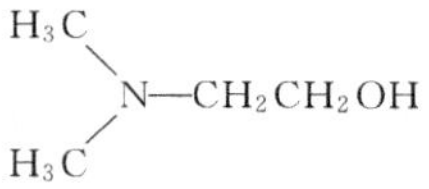

分子量：89.14

CAS 编号：108-01-0

外观与性状：无色易挥发液体，有氨味

相对密度（水=1）：0.89

熔点：−59.0℃

沸点：134.6℃

蒸气压：0.53kPa（20℃）

闪点：40℃

溶解性：与水混溶，可混溶于醚、芳烃

毒性：LD_{50}（大鼠经口）=2340mg/kg；LD_{50}（兔经皮）=1370mg/kg

市场上能见到多种作为定型商品牌号出售的二甲基乙醇胺 pH 调节剂，T-80 即为其中之一。T-80 不仅作为高效的胺中和剂，在水性漆中调整及稳定 pH 值，而且也是一种多功能助剂。T-80 对颜填料具有优异的润湿分散作用，可使颜料达到最佳的分散效果，同时亦可降低主分散剂的用量。T-80 的主要特点表现为：

① 有效调整体系的酸碱值,并赋予体系很好的pH值安定性;

② 可代替氨水调节pH值,从而降低涂料气味;

③ 在水稀释树脂体系,由于其挥发速率适当,可作为水性聚氨酯、水性环氧树脂等固化体系的干燥促进剂;

④ 其优异的pH稳定性在碱溶胀涂料体系里能明显提高增稠剂性能;

⑤ 提高对颜填料的分散性,可减少分散剂用量,降低生产成本;

⑥ 可提高涂料的耐擦洗性及耐水性;

⑦ 增加涂料光泽。

(7) 甲基二乙醇胺　甲基二乙醇胺的理化性能如下。

CAS 编号:105-59-9

分子式:$C_5H_{13}NO_2$

分子量:119.16

结构式:

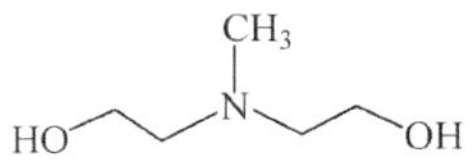

$$HO-CH_2CH_2-N(CH_3)-CH_2CH_2-OH$$

外观:无色或微黄色油状液体

相对密度(20/4℃):1.0377

黏度(20℃):101mPa·s

熔点:-21℃

沸点:246~248℃

闪点:260℃

折射率(20℃):1.4678

蒸气压(20℃):1.33Pa

溶解性:能与水、醇互溶,微溶于醚

毒性:对大鼠,经口 LD_{50} 为 4.78mg/kg

用途:主要用作乳化剂和酸性气体吸收剂、酸碱控制剂、聚氨酯泡沫催化剂等

(8) AMP-95　美国陶氏化学公司(Dow Chemical)的全资子公司安格斯(ANGUS)的产品 AMP-95 是含有95%左右的 2-氨基-2-甲基-1-丙醇以及约5%水的混合物,广泛用于金属加工、涂料、胶黏剂、橡胶、个人护理用品、水处理等多个领域。在乳胶漆生产中用作 pH 调节剂有比氨水好得多的 pH 值稳定性,并且没有刺鼻的氨味。涂料施工后存在于漆膜中的 AMP-95 会逐渐挥发殆尽,因此不影响漆膜的耐水性。加有 AMP-95 的乳胶漆耐洗刷性提高,性能改善。在生产过程中 AMP-95 还有改善颜料润湿,促进分散,可以防止颜料再凝聚的作用,从而被认为是一种多功能 pH 调节剂。添加方法:①在研磨阶段,AMP-95 作为共分散剂使用,最佳使用方法是代替现有体系30%的分散剂(按固体计),一般 AMP-95 的用量为配方总量的0.05%~0.1%;②在调漆阶段,在典型配方中,为获取最佳pH稳定性、增稠性、理想的中和度和消除罐中腐蚀,AMP-95 的添加量为配方总量的0.1%~0.3%。

安格斯公司另有含水量为10%和25%的 AMP,分别命名为 AMP-90 和 AMP-75。与 AMP-95 完全相同的产品还有 BD-800(上海博岛化学科技有限公司)和 HT-96(南通市晗泰化工有限公司)等。

AMP-95 的基本性能如下。

外观：清澈透明无色液体

碱性强度（25℃）：9.72kPa

pH 值（0.1mol 水溶液/0.9%重量 AMP-95）：11.3

中和当量：93~97

蒸气压（20℃）：10.7Pa

相对密度（25℃）：0.942

黏度/mPa·s

  25℃ 147

  10℃ 561

凝固点：－2℃

闪点/℃

  开杯 78

  闭杯 83

表面张力/(mN/m)

  原液 37

  10%水溶液 58

纯品 2-氨基-2-甲基-1-丙醇（AMP）的性质如下。

分子式：$C_4H_{11}NO$

结构式：

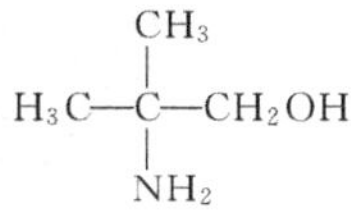

$$H_3C-\underset{NH_2}{\overset{CH_3}{\underset{|}{\overset{|}{C}}}}-CH_2OH$$

分子量：89.1

CAS 编号：124-68-5

外观：白色结晶块或无色液体

熔点：24~28℃

沸点：165℃

     67.4℃(0.133kPa)

密度（25℃）：0.934g/mL

折射率（20℃）：1.4455

闪点：67.2℃

蒸气压（25℃）：<133.32Pa

蒸气密度（相对空气）：3

溶解性：溶于水和醇

(9) Codisbuffer G3　深圳海润化工有限公司经销的 Codisbuffer G3 是第三代位阻胺，与第二代有机胺 pH 调节剂不同，分子结构中有更多的胺功能团，减少了气味和挥发性，提高了所要维持的 pH 值的持久稳定性。与添加氨水相比，在水性涂料中有辅助颜料分散的作用，可减少一半的分散剂用量。其他优点是改善贮存稳定性，提高增稠剂效果，提升涂料的快干性和保光性。胺的氧化和挥发是造成涂料黏度变化、颜料分散性降低、光泽度下降的原因之一，Codisbuffer G3 保持高碱性的三官能团分子可使涂料的 pH 值长久恒定，所以可延长涂料的贮存期。Codisbuffer G3 是低毒、不含重金属的化合物，可在涂料生产的任何阶段添加，适用于各种乳胶漆、水性醇酸、水性环氧和水性聚氨酯体系。Codisbuffer G3 的基本性能如下。

外观：浅色透明液

气味：轻微胺味

活性分：>98%

水溶性：与水无限混溶

pH 值（1%水溶液）：10.5±0.2

相对密度：约 1.06

用量：0.1%~0.2%

（10）SYNTHRO®-STAB 25 B（法国 SYNTHRO 公司） SYNTHRO®-STAB 25B 为水性体系用 pH 缓冲剂、防絮凝剂、稳定剂和钝化剂。其物化指标如下。

成分：乙醇胺磷酸盐

外观：无色透明黏稠液体

活性成分：100%

气味：无

密度（20℃）：约 1.71

pH 值：≥10

溶解性：任意比例溶于水

用量（配方总量计）：0.2%~0.8%

① 应用特性

● SYNTHRO-STAB 25B 与广泛使用的胺类 pH 值缓冲剂不同，该产品无令人感到不适的气味；不存在由于高挥发性导致的快速重新酸化现象，因而不会造成颜料絮凝、凝聚和对包装容器的腐蚀。

● SYNTHRO-STAB 25B 可以稳定任何水性涂料体系的 pH 值，无论该水性涂料体系采用何种树脂基料，该产品与水性涂料体系中常用的成分和助剂都相容，应用范围广泛。

● SYNTHRO-STAB 25B 不仅可用作 pH 值缓冲剂，还可用作颜料特别是钛白的防絮凝剂。

② 用法 建议在涂料生产过程的开始阶段，如颜填料的润湿研磨阶段加入。如果作为后添加的 pH 值校正助剂，建议先用水稀释 4~5 倍后再用。

SYNTHRO-STAB 25B 具有高效 pH 值调节能力，很小的添加量即可达到调节 pH 值的目的。对体系 pH 值的缓冲能力也很强，不会因为外添加其他酸碱物质而显著改变体系的 pH 值，从而可以保证体系 pH 值的稳定性。

该助剂与所有常见的水性漆组分（如水、乳液、水性助剂等）均具有良好的相容性，对颜料、填料，如钛白粉、滑石粉、轻质碳酸钙、重质碳酸钙、立德粉、高岭土等具有优异的抗絮凝作用。

由于 SYNTHRO-STAB 25B 中磷酸根的阴离子及氨基醇的阳离子同时存在于体系中，使整个体系产生一种钝化作用，从而能提高涂料和涂膜的防腐蚀性能。

（11）C-950 深圳海川化工科技有限公司经销的 C-950 多功能 pH 调节剂适用于乳胶

漆、水性油墨和密封胶等体系。它既可有效控制体系的 pH 值，又可对颜填料具有极佳的润湿分散作用，使颜填料达到最优化的分散效果，降低主分散剂的用量；同时能够改善漆膜的多种性能，如耐洗擦性、耐水性，并提高光泽。

① C-950 性能参数
外观：无色液体
活性成分：99%
pH 值（0.1mol 水溶液）：11.3
相对密度（25℃）：0.940
黏度（25℃）：150mPa·s
水溶性：与水完全混溶

② 产品特点
a. 优异的 pH 调节能力，并能长期有效控制 pH 值；
b. 当与传统的分散剂配合使用时可减少分散剂的用量；
c. 替代氨水调体系碱性，从而降低乳胶漆气味；
d. 有效控制 pH 值，从而改进增稠剂的性能，降低罐中腐蚀和闪锈；
e. 改进调色漆的展色性；
f. 不会使体系的挥发性有机成分（VOC）增加。

③ 应用
a. 在研磨段 C-950 作为助分散剂使用，可替代原有分散剂的 20%～30%。一般 C-950 的用量为配方总量的 0.1%～0.2%。
b. 在调漆阶段 在典型配方中，为获得足够的稳定性、理想的中和度和消除罐中腐蚀，C-950 的需用量为成品漆总量的 0.1%～0.3%。为了控制闪蚀还需再加入额外 0.1%～0.2% 的 C-950。

④ 贮存 建议在 0～25℃下贮存，避免冷冻及高温，勿近火源。

(12) APS-190 台湾凯丽硕公司的全效胺助剂 APS-190 是一种低味胺中和剂，并有分散、润湿、防颜料再凝聚的功效，加有 APS-190 的水性涂料展色性好，并且能降低涂料在铁罐内腐蚀和生锈的可能性。

APS-190 的分子结构式如下，分子中有两个疏水基团和亲水的 OH 及 NH_2 形成表面活性剂结构，所以有润湿分散作用。

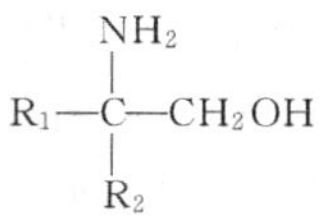

$$R_1-\underset{R_2}{\overset{NH_2}{C}}-CH_2OH$$

APS-190 的活性成分为烷醇胺化合物，占 98%，另有 2% 的水，沸点 178℃，0.1mol 的水溶液 pH 值为 11.1。在涂料中的用量为 0.1%～0.3%，将体系的 pH 值调至 9 左右即可，调整后的 pH 值能保持长期稳定。

(13) Mona T-51 上海摩尔化工有限公司有牌号为 Mona T-51 的产品，是一种具有成膜特性的、零 VOC 的胺中和剂，可用于制造无气味，低乳化剂用量的高品质乳液，并进一步生产低 VOC、实际无氨味的高品质涂料。

Mona T-51 具有非常低的蒸气压，无气味，沸点高于 VOC 定义的范围，是替代目前常用中和剂（如 AMP-95）的理想产品。由于具有辅助成膜特性，在设计配方时可以少用或不用成膜助剂（如 TEXANOL 等）。

① Mona T-51 的特点和优势

a. 减少配方中溶剂及成膜助剂的使用量；

b. 使产品具有更低的气味；

c. 提供优异的成膜性和多功能特性（如颜料润湿分散性）；

d. 良好的相容性，能适应非常广泛的树脂体系；

e. 非常优异的颜料和填料分散性；

f. 非常优异的涂料 pH 稳定性和黏度稳定性；

g. 具有防腐性，和常规防腐剂有协同作用。

② Mona T-51 的物理指标 见表 11.1。

表 11.1 Mona T-51 的物理指标

项 目	指 标	项 目	指 标
外观	无色或浅黄色透明液体	折射率	1.4615～1.4635
相对密度	0.97±0.03	闪点/℃	>141
熔点/℃	−70	水溶性	任意比例混溶
沸点/℃	263～279		

(14) 其他

① Arkema 公司（原 Atofina 化学公司）的 Advantex 胺（Advantex^{TM} amine）是一种烷基氨基醇类化合物，不仅可调节体系的 pH 值，还有优异的颜料分散作用，特别对于制备 TiO_2 浆的效果更好。此外，Advantex 胺可改善漆膜的耐水性，大大提高涂层的耐洗刷性，增加罐内的防腐蚀能力和防霉性（与其他防霉防腐剂共用有协同作用），增大冻融稳定性等。其他优点还有不黄变、气味小、VOC 低等。与 AMP-95 相比，仅用相当于 AMP-95 量 56% 的 Advantex 胺就有相同的分散效果。

② AMP-96（江苏瑞德纳米材料技术有限公司）是含有羟基和氨基的有机胺，可以作为各种类型乳胶漆的多功能助剂。在配方中用 AMP-96 作为强力共分散剂可以防止颜料再凝聚。AMP-96 能够显著改善涂层的性能。AMP-96 能完全取代 Angus 公司的 AMP-95，同时有极好的性能价格比。

AMP-96 的性能特点：对涂料的 pH 值有良好的稳定性作用；能提高颜料的分散效率；可改进增稠剂的增稠性能；提高漆膜的光泽；不必使用氨水调节 pH 值，因而可减少涂料的氨味，并且具有好的开罐效果；降低涂料成本。

AMP-96 的性能如下。

外观：无色至浅黄色液体

含量：≥95%

相对密度（25℃）：1.1

闪点：>90℃

中和值（HCl mg/g）：340～360

用量及用法如下。

a. 在研磨阶段 AMP-96 作为共分散剂使用，一般用量为配方总量的 0.05%～0.1%。

b. 在配漆阶段 在典型配方中，为获得涂料的稳定性，使增稠剂达到理想的中和度和消除罐中漆的腐蚀作用，AMP-96 的需用量为配方总量的 0.1%～0.3%。为了控制闪蚀还需再加入额外 0.1%～0.2%（按配方总重量计）的 AMP-96。

③ HX-6130 水性多功能助剂（广州市华夏奔腾实业有限公司），低分子有机胺化合物，基本性能见下。

  有机胺含量：≥98%

  外观与性状：无色至浅黄色透明液体，有氨味。

  相对密度（水＝1）：0.97

  折射率（25℃）：1.45

  沸点：162℃

  凝固点：2℃

  闪点：82℃

  pH 值（10%水溶液）：≥12

  溶解性：溶于水和乙醇。

  急性毒性：LD_{50}（大鼠经口）＝4200mg/kg

④ DeuAdd MA-95 多功能胺中和剂（德谦公司）是一种液体醇胺类化合物，具有低味，能有效地调节和稳定水性体系的 pH 值，并有辅助润湿分散润湿功能的特点。DeuAdd MA-95 的有效成分为 100%，沸点约 146℃，推荐用量 0.1%～0.5%。

第 12 章 交联固化剂

12.1 交联

成膜物质可分为热塑性和热固性两大类。控制这两大体系性能展现的主要化学和物理变量有成膜物的化学结构单元、分子量及其分布、交联密度、玻璃化温度、固化温度、黏度和配方变量。从本质上讲，交联密度是判断热塑性或热固性涂料的决定因素。热塑性涂料的交联密度为零或有极低的交联密度，分子链基本上是线型的，成膜物可溶于某些有机溶剂，加热到一定的温度会熔融；而热固性涂料有高交联密度，分子结构呈现网络状，不溶不熔，对溶剂有极好的耐受性，但可以吸收溶剂而溶胀。可以说只有交联固化型的涂料才能达到涂料性能的最高境界。

化学交联是线型长链分子通过化学反应互相连接在一起形成三维网络结构的过程。

交联能够使聚合物的玻璃化温度 T_g 升高，从而使得漆膜硬度提高。单组分漆中由于漆液黏度、低温施工性等条件所限不能采用高交联密度的成膜物来提高漆膜硬度。双组分漆在交联前 T_g 较低，保证了漆有良好的施工性，配漆后交联反应开始进行，最后可得到高 T_g、高硬度的漆膜。这是因为交联剂多为小分子化合物，未交联前起着增塑剂的作用，可使最低成膜温度降低，一旦发生交联反应转化成了交联网上的链段，则增塑作用消失。交联后树脂的分子量急剧增大，形成三维网络，交联点附近的分子链的移动受到限制，在溶剂作用下和温度高时也不能自由移动，表现出不溶不熔的性质。

发生交联反应的首要条件是交联剂要能容易地扩散进乳胶粒子这样的反应体系内部。所以交联剂的分子要小，小分子交联剂比聚合物链上的反应官能团扩散快得多，交联得以进行完全；相反，交联剂分子量过大或交联剂的形态也是一种乳液的话，就有可能因扩散困难导致交联缺陷。

控制交联反应速率的主要因素除与小分子交联剂的扩散速率有关以外，还与自由体积有关。反应温度高于未交联树脂的 T_g 时，自由体积大，分子链段移动比较容易。如果反应温度低于 T_g，自由体积受限，分子链段移动困难，交联反应不易进行。所以双组分涂料的交联反应应该在高于体系玻璃化温度的条件下进行。

12.2 交联方式及机理

热固性体系的化学反应类型有多种（表 12.1），同一个体系中可以有多重交联方式同时发生，漆膜性能会更好。各种交联方式中室温交联法对水性涂料有更重要的实际意义。

水性漆的重要的外交联反应及交联机理如下。

（1）多异氰酸酯交联　异氰酸酯常温下可与树脂中的羟基反应，生成氨基甲酸酯，这是典型的聚氨酯反应。双组分水性漆中还可能有异氰酸酯与羧基的反应，生成酰胺并放出二氧

表 12.1　可交联树脂及交联剂类型

可交联树脂	交联剂类型	可交联树脂	交联剂类型
含羟基预聚物	多异氰酸酯 三聚氰胺树脂	羟基和羧基预聚物	硅氧烷
		环氧化合物	胺类化合物
含羧基预聚物	多氮丙啶化合物 环氧化合物 离子化合物 碳化二亚胺	不饱和聚合物	空气氧
		含乙酰乙酸酯聚合物	螯合交联剂
		含烯胺结构的树脂	胺类化合物

化碳，因此尽量控制其不要与羧基反应。异氰酸酯与水反应生成脲并放出二氧化碳却是水性漆最不希望的副反应。

$$R-OH + R_1-NCO \longrightarrow R-O-\overset{O}{\underset{\|}{C}}-NH-R_1$$

$$R-COOH + R_1-NCO \longrightarrow R-\overset{O}{\underset{\|}{C}}-NH-R_1 + CO_2$$

$$H_2O + 2R-NCO \longrightarrow R-NH-\overset{O}{\underset{\|}{C}}-NH-R + CO_2$$

(2) 氮丙啶化合物交联　氮丙啶化合物是羧基的良好交联剂，常温下即可发生快速反应。氮丙啶基也可与水发生反应被消耗掉。

$$R_1-COOH + R-N{\triangleleft} \longrightarrow R_1-\overset{O}{\underset{\|}{C}}-O-CH_2-CH_2-NH-R$$

(3) 环氧基交联　在室温和中等温度下环氧基可以与树脂中的羧基和羟基发生化学反应，这类反应也可用于乳液合成中使乳胶粒子轻度交联。

$$R_1-COOH + R{-}\triangleleft \longrightarrow R_1-\overset{O}{\underset{\|}{C}}-O-CH_2-\underset{OH}{\overset{}{C}H}-R$$

$$R_1-OH + R{-}\triangleleft \longrightarrow R_1-O-CH_2-\underset{OH}{\overset{}{C}H}-R$$

(4) 硅氧烷交联　带特殊官能团的硅氧烷与乳液的活性基团反应，有机硅氧烷水解自聚而交联，如带环氧基的硅氧烷与乳胶粒子中的羧基反应，同时发生硅氧烷水解缩合。

$$R_1-COOH + \triangleleft\!\!\sim\!\!Si-(OR)_3 \longrightarrow R_1-\overset{O}{\underset{\|}{C}}-O-CH_2-\underset{OH}{\overset{}{C}H}\sim\underset{O}{\overset{OH}{\underset{\|}{Si}}}-\underset{O}{\overset{}{Si}}-\\ \qquad\qquad\qquad\qquad\qquad R_1-\overset{O}{\underset{\|}{C}}-O-CH_2-\underset{OH}{\overset{}{C}H}\sim\underset{O}{\overset{}{Si}}-$$

(5) 多碳二亚胺交联　碳二亚胺可与 COOH 反应，但是与水的反应相对较慢，因而可作为水性漆的交联剂。

$$R_1-COOH + R-N=C=N-R' \longrightarrow R_1-\overset{O}{\underset{\|}{C}}-\underset{R}{\overset{}{N}}-\overset{O}{\underset{\|}{C}}-\underset{H}{\overset{}{N}}-R'$$

(6) 金属离子交联　碳酸铵锆盐或碳酸铵锌盐与树脂羧基的交联反应可在室温条件下进行，产生的离子键有很好的耐热性和耐醇性，并且交联后漆膜的硬度和耐水性得到改善。

$$2R\text{—}COOH + Zn^{2+} \longrightarrow R\text{—}\underset{O\text{—}Zn\text{—}O}{\overset{O\quad\quad O}{C\text{—}\ \ \ \ \ \text{—}C}}\text{—}R + 2H^+$$

(7) 氧化交联　醇酸这样的具有不饱和键的树脂能在金属催干剂作用下室温氧化交联，交联后的漆膜性能极好。这种交联方式已在水性醇酸、水性氨酯油上得到广泛应用。也可在非油的不饱和体系中采用氧化交联，如在丙烯酸酯聚合时引入烯丙基酯或利用有环氧基、氮丙啶基或碳二亚氨基的（甲基）丙烯酸酯与树脂的羧基反应引入不饱和键再氧化交联。

(8) 胺类化合物交联环氧乳液　胺类化合物与环氧树脂的反应是环氧树脂最重要的交联方式之一。利用胺类化合物或改性胺类化合物的亲水性，可以很好地与环氧乳液混合并使环氧乳液充分交联，交联产物的性能可与溶剂型环氧相媲美。胺交联水性环氧在水性工业漆方面获得了广泛应用。

$$R\text{—}NH_2 + R_1\text{—}\overset{O}{\triangle} \longrightarrow R\text{—}NH\text{—}CH_2\underset{OH}{\overset{R_1}{C}}H$$

(9) 三聚氰胺树脂交联　含羟基的树脂能与六甲氧基三聚氰胺树脂（HMMM）发生化学反应而交联固化，这个反应要在加温的情况下才能快速而完全地进行，常用的温度范围在140～160℃。HMMM 的官能度高，水溶性好，配成的水性漆稳定，树脂结构如下。

如果以丁氧基取代部分甲氧基得到的氨基树脂制备水性树脂，有更好的漆膜柔韧性。HMMM 有 6 个甲氧基，可形成高交联密度的产品，甲氧基与羟基树脂的交联反应如下。

在加温下 HMMM 还可与氨基甲酸酯发生交联反应：

$$\mathord{\sim\!\!\!\sim}O\text{-}\overset{O}{\overset{\|}{C}}\text{-}NH\mathord{\sim\!\!\!\sim} + \underset{}{\bigcirc}\text{-}N(CH_2OCH_3)_2 \longrightarrow \underset{}{\bigcirc}\text{-}N\overset{CH_2\text{-}N\text{-}\overset{O}{\overset{\|}{C}}\text{-}O\mathord{\sim\!\!\!\sim}}{\underset{CH_2\text{-}N\text{-}\overset{\|}{\underset{O}{C}}\text{-}O\mathord{\sim\!\!\!\sim}}{}}$$

总之，水性交联固化剂是双组分水性涂料和胶黏剂必不可少的组成部分，适宜的体系包括有活性基团的丙烯酸型、聚氨酯型和丙烯酸改性聚氨酯型乳液与水分散体以及水性环氧树脂。水性树脂的室温交联剂大致可分为以下几类：改性异氰酸酯、氮丙啶化合物、碳二亚胺化合物、环氧化合物、亲水性胺和六羟甲基三聚氰胺等。

水性树脂分子中有羧基和羟基，室温下可以与交联剂反应形成三维的交联结构，使漆膜性能产生质的改变。在加温的情况下含羟基的水性树脂可以用氨基树脂交联。此外，环氧型水性漆用改性有机胺做交联剂，有机胺与乳液中的环氧基反应交联固化，使漆膜的耐水、耐溶剂、耐热性和机械强度大幅度提高。

12.3 改性异氰酸酯交联剂

异氰酸酯基（NCO）与羟基的反应是双组分溶剂型聚氨酯漆的基本反应，多异氰酸酯交联剂提供了三维交联网络的基础。但是，大多数溶剂型聚氨酯漆用的交联剂不适用水性体系，因为交联剂分子结构决定的憎水性使得交联剂难以分散在水体系中。水性漆所用的异氰酸酯型交联剂必须经过亲水改性处理。改性的方法是在交联剂分子中引入亲水基团，如用亲水的聚乙二醇醚改性，使得多异氰酸酯易于分散在水中。改性多异氰酸酯交联剂亲水程度决定了它在水中分散的难易，亲水性大的手搅就可以很容易与水混匀，亲水性差的要强力搅拌才能混入水中。这种混合差异决定了改性多异氰酸酯交联剂的施工方便性。然而，亲水性好的交联剂带来的弊端是涂料黏度增大以及形成的漆膜耐水性差，这就影响了漆的施工性和使用性。选择多异氰酸酯交联剂时要兼顾考虑施工的方便性和漆膜的耐水性。

异氰酸酯基（NCO）除可与羟基（OH）反应外，还可与羧基（COOH）反应，也可与水反应。在水性聚氨酯及丙烯酸改性聚氨酯水分散体中都有羧基存在。众所周知，异氰酸酯与羧基的反应会放出二氧化碳使漆膜产生气泡，异氰酸酯与水的反应是不希望的反应，在产生二氧化碳的同时消耗了交联剂，破坏了交联效果。好的交联剂中的异氰酸酯基的活性应易于与羟基反应，而对水的反应迟钝。合理的分子设计造就了很多适用于室温固化水性漆的改性异氰酸酯交联剂。

水性体系用的异氰酸酯交联剂可分为两大类：①亲水改性多异氰酸酯化合物，施加应力后能够很好地与乳液和水分散体混合或者分散在水中，室温下可发生化学反应交联成膜；②亲水改性封闭型多异氰酸酯化合物，能与含羟基的乳液和水分散体混合成1K涂料，涂装后加热可解封并交联固化，得到三维交联的漆膜。

许多公司开发了水性体系用的异氰酸酯交联剂，一些有代表性的水性体系用的异氰酸酯交联剂介绍如下。

（1）Baxenden公司的水性封闭异氰酸酯交联剂　英国Baxenden公司生产多种封闭异氰酸酯交联剂，注册商标为"Trixene"。封闭的异氰酸酯化合物有TDI预聚物、HDI三聚体、HDI缩二脲、IPDI三聚体等。所用的封闭剂见表12.2。产品中水性封闭异氰酸酯交联剂牌号为 Trixene BI 7986 和 BI 7987，主要用作配制单组分水性漆，其性能见表 12.3。

表 12.2 异氰酸酯封闭剂

封闭剂	解封温度/℃	熔点/℃	沸点/℃
丙二酸二乙酯（DEM）	100～120	−50	199
3,5-二甲基吡唑（DMP）	110～120	106	218
甲乙酮肟（MEKO）	140～160	−30	152
己内酰胺（ε-CAP）	160～180	72	138

表 12.3 水性封闭异氰酸酯交联剂 Trixene

性能	Trixene BI 7986	Trixene BI 7987
类型	HDI 三聚体	HDI 三聚体
外观	灰白色低黏度液体	低黏度液体
封闭剂	DMP	DMP
固含量/%	40	40
NCO/%	5.0	4.5
当量	846	933
游离单体/%	<0.1	<0.1
pH 值	7～8	7～8
相对密度	1.0～1.1	1.0～1.1
黏度（25℃）/mPa·s	150	200
溶剂	水/NMP	水/DPGME
解封温度/℃	120	120
应用	汽车漆、卷钢漆、工业漆	汽车漆、卷钢漆、工业漆

注：DMP 为二甲基吡唑；DPGME 为二丙二醇二甲醚；NMP 为 N-甲基吡咯烷酮。

（2）Bayer（拜耳）公司的亲水性异氰酸酯交联剂 Bayer 公司的亲水性异氰酸酯交联剂注册商标是"Bayhydur"，可分为三大类，即以六亚甲基二异氰酸酯（HDI）为基础的亲水改性水可分散型异氰酸酯交联剂，以异佛尔酮二异氰酸酯（IPDI）为基础的亲水改性水可分散型异氰酸酯交联剂以及封闭型异氰酸酯交联剂。产品编号中有"VPLS"和"XP"的为试产品。

① 亲水改性 HDI 交联剂 亲水改性 HDI 交联剂的主要牌号和基本性能指标见表 12.4。其中 Bayhydur 304 原编号为 Bayhydur VP LS 2319，Bayhydur 305 原编号是 Bayhydur VP LS 2336。Bayhydur VP LS 2306 与含羟基的树脂分散体配合可以制造有舒适手感的柔感面漆和高弹性涂料。Bayhydur XP 2700 和 Bayhydur 305 主要用于木器漆和塑料漆。

表 12.4 Bayer 公司的亲水改性 HDI 交联剂

Bayhydur	外观	固体分/%	NCO/%	当量重	黏度/mPa·s	颜色（Hazen）	相对密度	闪点/℃	残余单体/%	贮存期/月
302	淡黄液	≥99.8	17.3±0.5	243	2300±700（25℃）	≤100	1.16	235	≤0.2	6
303	淡黄黏液		19.3±0.5	218	2400±800（25℃）		1.16	178	≤0.2	6
304		100	18.2±0.5		4500±1500（23℃）	≤60	1.16	>250	≤0.15	6
305		100	16.2±0.4	约260	6500±1500（23℃）	≤150	1.16	约230	≤0.15	6
3100		100	17.4±0.5	约241	2800±800（23℃）	≤60	约1.16	>250	≤0.15	6
VP LS 2306		100	8.0±1.0		6500±1500（23℃）	≤150	1.12		≤0.3	6
XP 2451		100	约18.5	约184	1000（23℃）	≤150	1.15		<0.5	6
XP 2487/1		100	20.6	204	5400（23℃）	≤100	约1.16	212	≤0.15	6
XP 2547		100	约22.5	约182	650（23℃）	≤150			≤0.5	6
XP 2570		100	20.6±0.5		3500±1000（23℃）	≤100	约1.16	178	≤0.3	6
XP 2655		100	20.2±0.5		3500±1000（23℃）	≤100	约1.16	192	≤0.3	6
XP 2700		65	16.2		80（23℃）					6
XP 7148		100	14.4		3000（25℃）					6
XP 7165	淡黄液	100	约18.3	约230	1000（25℃）	≤100			≤0.2	6

② 亲水改性 IPDI 交联剂　以亲水改性异佛尔酮二异氰酸酯（IPDI）为基础的异氰酸酯交联剂有 Bayhydur 401-70（原编号 Bayhydur VP LS 2150/1）、Bayhydur VP LS 2150BA 和 XP 2759。性能指标见表 12.5。

表 12.5　Bayer 公司的亲水改性 IPDI 交联剂

性　能	牌　号		
	Bayhydur 401-70	Bayhydur VP LS 2150BA	Bayhydur XP 2759
固含量/%	70±2	70±2	70
溶剂①/%	MPA/X(30)	BA(30)	MPA(30)
NCO/%	9.4±0.5	9.4±0.5	11
当量	440	447	
相对密度(20℃)	1.07	1.06	
黏度(23℃)/mPa·s	600±200	500±200	6500
颜色(Hazen)	≤60	≤60	
闪点/℃	40	27	
残余单体/%	≤0.5	≤0.5	
贮存期/月	6	6	

① BA 为醋酸丁酯；MPA 为丙二醇甲醚醋酸酯；X 为二甲苯。

③ 封闭型异氰酸酯交联剂　经亲水改性的异氰酸酯交联剂再由封闭剂封闭活性基团 NCO 后可制成对水不敏感的化合物，在高温烘烤时活性基团解封，与羟基反应完成交联。封闭型异氰酸酯交联剂可分散在水中，与羟基树脂的水分散体配合得到 1K 水性烘烤涂料。Bayer 公司的水性涂料用封闭型异氰酸酯交联剂品种和基本性能见表 12.6。Bayhydur BL 5335 的旧编号为 Bayhydur VP LS 2240。这些交联剂的贮存期都不长，一般为 6 月，其中 Bayhydur BL 5140 只有 3 个月。

表 12.6　Bayer 公司的亲水改性封闭型异氰酸酯交联剂

Bayhydur	异氰酸酯类型	固体分/%	NCO①/%	当量重	黏度/mPa·s	相对密度	pH 值	中和剂	溶剂②/%
BL 5140	H$_{12}$MDI/HDI	39.5±2.0	11.1	约 955	8000±4000		9～10	DMEA	NMP(2.5)
BL 5335	H$_{12}$MDI	35±1	7.1	1680		1.04	6	—	MPA(4.5)/X(4.5)
BL XP 2669	IPDI	39	8.5					DMEA	NMP(2)/MPA/X(11)
BL XP 2706	HDI/IPDI	42	8.6					DMEA	0
LP MXH 1208 A	HDI	38	9.7					DMEA	0
LP MXH 1241 B	H$_{12}$MDI/HDI	39	10.3					DMEA	0
LP MXH 1274 A	HDI/IPDI	38	9.5					DMEA	0
VP LS 2310	HDI	38±1	9.9	1135	2500～7500	1.1	9.5	DMEA	NMP(5)

① 按固体分计的封闭 NCO 含量。
② MPA 为丙二醇甲醚醋酸酯；NMP 为甲基吡咯烷酮；X 为二甲苯。

(3) Huntsman（亨斯曼）公司的水性交联剂　美国 Huntsman Polyurethanes 公司开发的 Rubinate 9236、9259、9513 和 Suprasec 6900 是 MDI 制的可乳化异氰酸酯交联剂（表 12.7），可用于特种涂料和胶黏剂的固化交联。例如，10% 的 Rubinate 9236 与 Rohm & Hass 公司的丙烯酸乳液配用，粘接木材/木材，其拉伸强度为 2MPa，伸长率为 200%；若 Rubinate 9236 用量达 15%，则分别为 2.62MPa 和 60%。这些水性交联固化剂与含羟基的乳液混合后适用期通常可达 1～2h。

表 12.7 Huntsman 公司的水乳化异氰酸酯

牌 号	外观	官能度	NCO/%	当量重	相对密度	黏度/mPa·s	特 点
Rubinate 9236	棕色液	2.69	31.0	135	1.23	220	快速交联剂
Rubinate 9259	棕色液	2.67	30.2	139	1.23	210	可水乳化的 MDI
Rubinate 9513		2.7	23.0	183	1.13	45	可水乳化改性 MDI
Suprasec 6900		2.70	31.2	135	1.23	400	慢速交联剂

（4）Rhodia（罗地亚）公司的水性漆用异氰酸酯交联固化剂

① 水性涂料用交联固化剂　法国罗地亚公司的水性漆用异氰酸酯交联固化剂分自乳化型、封闭多异氰酸酯乳液型和疏水型三种。自乳化型和封闭多异氰酸酯乳液型的商标为"Rhodocoat"，疏水型的商标是"Tolonate"。牌号中的"EZ-M"代表易混型，手搅即可与羟基乳液很好地混合；"EZ-D"为快干型，不仅易混，而且不沾尘时间比一般聚氨酯漆要少一半左右。2K 水性漆配漆时必须将交联固化剂加入羟基乳液中，不得反过来操作。固化剂与羟基乳液的配比应保证 $\alpha=NCO/OH$ 在 1.2～1.4 之间，α 值太高配制的漆适用期短，漆膜易起泡和发雾，α 值小于 1.2 时漆膜耐水、耐化学品能力差，硬度低。

自乳化型多异氰酸酯可单独作为固化剂配漆用，Rhodocoat 也可与疏水型固化剂 Tolonate 合用。体系可用成膜助剂稀释，但不可用含羟基的醇稀释，可用的稀释剂有醋酸丁酯、丙二醇甲醚醋酸酯、丙二醇二醋酸酯、乙二醇丁醚醋酸酯等。

Rhodia 公司的 Rhodocoat X EZ-D 803 是新的水性固化剂，其特点是手混即可与含羟基乳液配漆，所配的双组分漆黏度低、快干、漆膜光泽高。

封闭型多异氰酸酯 Rhodocoat WT 1000 用来配制 1K 烘烤型水性漆，可单独作为固化剂使用，也可与氨基树脂混用，烘烤条件是 24～40min/(140～150)℃，添加 DBTDL（二月桂酸二丁基锡）可降低烘烤温度。

Tolonate 是多异氰酸酯的牌号，Tolonate HDT-LV 和 Tolonate HDT-LV2 可用于溶剂型和水性涂料。作为 2K 聚氨酯漆的固化剂，用 Tolonate 与羟基乳液配漆必须要强力搅拌才能混匀。

Rhodia 公司的水性漆用异氰酸酯交联固化剂见表 12.8。

表 12.8 Rhodia 公司的水性漆用异氰酸酯交联固化剂

牌 号	NCO/%	固含量/%	溶剂/%	黏度/mPa·s	APEO	亲水性	手混性	光泽	快干	低黏度低 VOC
自乳化多异氰酸酯 Rhodocoat										
WT 2102	19.0	100		4300	有	4	3	3	3	3
X EZ-M 501	21.6	100		1350	无	3	3	3	3	4
X EZ-M 502	18.4	100		3600	无	5	4	4	4	3
X EZ-D 401	16.0	85	13	1200	无	5	5	5	5	1
X EZ-D 803	12.2	69		200	无	5	5	5	5	5
疏水多异氰酸酯 Tolonate										
HDT-LV	23.0	100		1200		1	1	1	3	3
HDT-LV2	23.0	100		600		1	1	1	3	4
封闭多异氰酸酯乳液 Rhodocoat										
WT 1000	9.4	63	2	3200	有					

注：EZ-M 为易混合型；EZ-D 为快干型。性能：从 1 差，到 5 优。

② 水性胶黏剂用交联固化剂　Rhodia 公司的水性胶黏剂用室温固化型亲水性脂肪族多异氰酸酯固化剂有 Rhodocoat WAT、WAT-1、X WAT-3 和 X WAT-4（表 12.9）。它们主要用于双组分胶黏剂和皮革涂饰剂的固化，例如，汽车座椅皮革涂饰，采用亲水性脂肪族多异氰酸酯交联固化剂比用氮丙啶化合物有更好的外观、性能和环保安全性。有的品种也可用于水性工业涂料配方。

Rhodocoat WAT 用于高性能 2 K 水性胶黏剂，可固化分散体、乳液和溶液中的含羟基树脂；Rhodocoat WAT-1 耐热性好，可用于水性胶黏剂和水性工业涂料；Rhodocoat X WAT-3 是低黏度交联剂，稍具亲水性，与聚氨酯分散体（PUD）有很好的相容性，可用于水性胶黏剂、皮革涂饰剂和底面漆配方，能提高耐热性，耐化学品能力和耐磨性；Rhodocoat X WAT-4 易分散到水中，与乳液有广泛的兼容性，因而也可用于涂料体系。

表 12.9　Rhodia 公司的水性胶黏剂用异氰酸酯交联固化剂

性　能	Rhodocoat			
	WAT	WAT-1	X WAT-3	X WAT-4
类型	脂肪族多异氰酸酯	脂肪族多异氰酸酯	可水分散 HDI	脂肪族多异氰酸酯
外观	透明液	透明液	透明液	透明液
颜色（Hazen）	≤60		≤100	≤100
固含量/%	98	98～100	>98	>97
NCO/%	19	21.7	21.5±1.5	18.6
当量重	约 220		约 195	约 226
相对密度	约 1.16		1.146	1.132
黏度（25℃）/mPa·s	4000	1400±500	1400±500	4000
闪点/℃	约 163	163	>120	>120
残余单体/%	<0.2		<0.5	<0.5
贮存期/月	6		6	6

（5）上海泽龙化工有限公司的封闭型多异氰酸酯交联固化剂　上海泽龙（ZEAL-CHEM）化工有限公司的封闭型多异氰酸酯交联剂编号为 XC-2 系列，有 5 个牌号：XC-205、XC-208、X-223、XC-227 和 XC-228（表 12.10）。

表 12.10　泽龙公司的封闭型多异氰酸酯固化剂

性　能	牌　号				
	XC-205	XC-208	X-223	XC-227	XC-228
外观	白色分散体	白色粉末	白色乳液	白色乳液	淡黄黏液
有效物含量/%	34.0	>97	40	40	83.3
CAS 编号	7417-99-4	2271-93-4			
分子量		254.33			
分子式		$C_{12}H_{22}N_4O_2$			
NCO/%			约 5.04	约 5.0	10.62
NCO 当量			833	823	395
黏度（25℃）/mPa·s	300		<200	<200	3000～4000
相对密度①（25℃）	1.05～1.1	0.5	1.0～1.05	1.0～1.05	1.02～1.06
pH 值	9～10		8～9	8～9	8～9
凝固点/℃			约-10	约-10	约-40
解封温度②/℃	>130		60～80	100～120	100～120
贮存期/月	12～18		6～12	12～18	12～18

① XC-208 为堆积密度，0.5kg/L。

② XC-205 为分解温度，>130℃。

XC-205 是氮丙啶封端异氰酸酯类交联剂，它与常见的封闭型异氰酸酯交联剂不同，交联反应后不会产生副产物，反应机理：主要依靠氮丙啶开环反应，而不是解封产生 NCO 基团进行反应。XC-205 是一种优良的水分散体，可作为黏合强度改进剂、交联剂、补强剂，添加在胶黏剂、各种树脂、高分子化合物等分散液或水溶液中使用，经干燥、热处理后可以有效地发挥其卓越性能。XC-205 结构内的氮丙啶遇到羧基会慢慢开环，因此一旦加到带有羧基的体系中，应尽快在一个月内用掉。添加量通常为体系总量的 1%～3%，如有必要可用到配方总量的 5%。使用前体系 pH 值应调整到 8～10，避免在酸性介质中使用。加热处理温度须高于 130℃，温度越高处理时间越短。XC-205 系白色分散液，长时间存放时会有轻微沉降，建议摇匀后再开封使用；一旦加到体系中，应尽快在一个月内使用完毕，但在不含羧基的体系中也可以放置半年至一年以上。XC-205 无味，无毒，属于普通化学品，避免与酸性物质接触，避免高温。泄露或者溅到身体上用清水冲洗即可。XC-205 添加到水性丙烯酸树脂与水性聚氨酯乳液中，加热处理后可以显著提高黏合强度并可以明显改善涂层的耐擦洗、耐摩擦、耐化学腐蚀与耐候性。添加到涂料印花浆中，可以提高印花的耐摩擦牢度与手感，而且无甲醛放出。添加到任何带有氨基、羧基、羟基的树脂乳液中，经干燥、热处理后都可以有效提高树脂的强度与耐摩擦度。

XC-208 是一种氮丙啶封端、白色粉末状异氰酸酯交联剂。使用前需要将其溶解在水或非质子溶剂中（溶解度 10%～20%），添加到胶黏剂、各种树脂、高分子化合物等分散液或水溶液中使用，经干燥、热处理后产生交联，起到增加黏合强度的作用。XC-208 水溶液的贮存期为 2～3 天，因此一旦水溶解后应立即加到体系中使用。XC-208 属于非甲醛、环保、中温型交联剂，交联后不泛黄，耐水解。

X-223 为封闭型异氰酸酯类交联剂，解封温度为 60～80℃，外观为白色乳液。X-223 可以较好地分散到的水性涂料中，具有室温稳定性，加热到 60℃才开始解封交联，可添加到水性聚氨酯乳液和丙烯酸乳液中，配制成贮存稳定的单组分涂料。X-223 可应用于水性热固化涂料领域，如汽车原装漆、卷钢涂料、纺织印花涂料、电子喷涂和电泳漆。只要在合适的温度下存放，添加该交联剂的体系可以持续保持稳定达六个月至一年以上。X-223 基本无气味，无毒，为非易燃产品。X-223 应在弱碱性体系下使用，加入量通常为体系总量的 1%～3%，必要时需调整配方到 5%～10%。后期处理温度需高于 80℃，温度越高处理时间越短，通常在 30min 内就可以得到充分固化，添加微量的有机锡催化剂，可以缩短固化时间。

XC-227 与 X-223 有相似的性能和用途，但解封温度较高，达 100～120℃。XC-227 对水性涂料的离子性没有严格要求，既可以在阴离子、阳离子体系中使用，也可以在非离子体系中使用。添加前体系的 pH 值最好调整到 6～9 之间。加入量通常为体系总量的 1%～3%，必要时可调整到配方的 5%～10%。XC-227 乳液基本无气味，无毒，属非易燃产品。

XC-228 为封闭型异氰酸酯类交联剂，解封温度为 100～120℃，外观为淡黄色黏稠液体，既可以溶解在常见有机溶剂中，又可以较好地分散到的水性涂料中，具有室温稳定性，加热到 100℃开始解封交联。作为交联剂添可加到油性或者水性涂料中配制出贮存稳定的单组分涂料。XC-228 可应用于热固化漆领域，如汽车原装漆、卷钢涂料、纺织涂料、电子喷涂和电泳漆。在合适的温度下存放，添加该交联剂的体系可以持续保持稳定达六个月至一年以上。XC-228 适用于阴离子、阳离子和非离子体系，用量一般为总漆量的 1%～3%，最高可达5%～10%。XC-228无毒，非易燃，基本无味。

(6) 台湾安锋实业股份有限公司的异氰酸酯交联剂

① 水性不黄变异氰酸酯交联剂　台湾安锋实业股份有限公司的水性不黄变异氰酸酯交联剂牌号和基本性能见表12.11。这些交联剂呈液体状，外观清澈透明。

表12.11　安锋公司水性不黄变异氰酸酯交联剂

性　　能	牌　号						
	WH-2010	WH-2024	WH-2033	WH-2109	WH-2110	WH-2645	WH-6283
固体分/%	>99	70	>99	>99	100	>99	80
NCO/%	17.4±0.5	9.8±0.4	16.0±1.0	18～20	17.0±1.0	20.0±1.0	14±1
游离单体/%	<0.2	<0.2	<0.2	<0.3	<0.2	<0.3	<0.2
色相(HAZEN)	≤1(G)	≤2(G)	≤1(G)	≤50	≤1(G)	≤100	≤2(G)
当量重	241	259	220	250	210	300	
相对密度	1.160		1.160	1.140	1.127	1.230	1.027
黏度/mPa·s	2800±800	600～1200	5500±1500	500～1000	3000±1000	3000±1000	400～1200
溶剂	无	EAc	无	无	无	无	EAc
闪点/℃	>200		>200	160	>200	226	
特点	水性2K,漆用	适用期长	水性2K,漆用	水性脂族,固化快	水性脂族,耐水耐溶剂	水性漆,胶黏剂用	双组分,胶用

② 水性不黄变封闭型异氰酸酯固化剂　台湾安锋实业股份有限公司的水性不黄变封闭型异氰酸酯固化剂的牌号和基本性能见表12.12。

表12.12　安锋公司水性不黄变封闭型异氰酸酯交联剂

性　　能	牌　号				
	BH-6208	BH-6228	WB-6205	WB-6223	WB-6227
类型	HDI三聚体	HDI三聚体	HDI三聚体	HDI三聚体	HDI三聚体
固体分/%	100	84	34	40	40
NCO/%		10.6		5.04	5.1
游离单体/%				<0.1	<0.2
当量重		395		833	823
相对密度/(g/cm³)	0.5(堆积密度)	1.02～1.06	1.05	1.0～1.05	1.02～1.05
黏度/mPa·s	—	3000～4000	300	<200	<200
溶剂	无		水	水	
解封温度/℃		100～120	>130	60～80	100～120
特点	氮丙啶封闭	水可分散	氮丙啶封闭	解封温度低	中温解封

BH-6208是氮丙啶封闭、无甲醛、环保型中温固化剂，固化物不泛黄，耐水解。用前以水配成10%～20%的溶液加入体系中，加热交联。BH-6228可溶于一般有机溶剂，也可分散在水性漆中，配成的漆室温稳定，热至100℃开始交联。WB-6205是氮丙啶封闭的异氰酸酯固化剂，其反应机理是氮丙啶开环而不是解封产生NCO进行反应，可与有COOH的树脂反应。WB-6223可分散到水性涂料中，室温稳定，热至60℃解封反应。可用于汽车漆、工业漆、纺织涂料等。WB-6227解封温度100℃，其他性能和用途同WB-6223。

(7) 其他公司的水性体系用异氰酸酯交联固化剂　美国氰特(Cytec)公司的Cythane 3174是三羟甲基丙烷与间四甲基二甲苯(亚)二异氰酸酯(TMXDI)的加成物，固含量

74%，溶剂为醋酸丁酯。该固化剂利用叔异氰酸酯与水的低反应性避免了 CO_2 气体的产生，因而可以用作水性漆固化剂。

日本聚氨酯工业株式会社（NPU）的 AQ210 是水分散自乳化型亲水改性 HDI 固化剂，NCO 含量 17.0%，黏度 2500mPa·s。

意大利 Ichemco 公司有两个多异氰酸酯交联剂，Curing Agent W 和 Curing Agent W3，可在水中乳化，用于水性工业涂料、胶黏剂、织物处理剂和皮革涂饰剂，能够改善耐水、耐热、耐有机溶剂的能力。

① Curing Agent W　无溶剂黄色液体，固含量 100%，25℃下黏度 2800~4000mPa·s，NCO 含量 19%~21%，室温贮存期 6 个月。使用前加入水性体系中，充分搅拌，适用期 6h。

② Curing Agent W3　液态多异氰酸酯，25℃下黏度 1500~3500mPa·s，NCO 含量 18%~19%，室温贮存期 6 个月。使用前加入水性体系中，充分搅拌，适用期 6h。用量通常为 0.5%~1.8%。

12.4　氮丙啶交联剂

氮丙啶化合物在室温下能与羧基反应，所以多官能度的氮丙啶化合物是含羧基体系的良好交联剂，它能与水和许多有机溶剂混溶，并且在干态下也可反应。氮丙啶交联剂的用量通常为以干态计的聚丙烯酸酯或聚氨酯的 1%~3%，可室温固化，也可加温烘烤固化。经交联的水性木器漆能显著改善耐水性、耐化学品性、耐乙醇性、耐磨、抗粘连、耐污渍、耐温性，增加硬度，并能改善在特殊底材上的附着力。但是，水性体系中的氮丙啶会慢慢水解而失效，所以加入水性漆中以后应在 24h 内用完。失效后可补加氮丙啶化合物恢复其交联效果。一般来说，氮丙啶的水解产物对漆膜无不良影响。

（1）Bayer 公司的氮丙啶交联剂　德国 Bayer 公司生产 3 种氮丙啶交联剂 XAMA 2、XAMA 7 和 XAMA 220（表 12.13），其名称如下。

① XAMA 2　Trimethylolpropane-*tris*[β-(N-aziridinyl)propionate]，三羟甲基丙烷-三(3-氮丙啶基）丙酸酯，XAMA 2 的化学结构式：

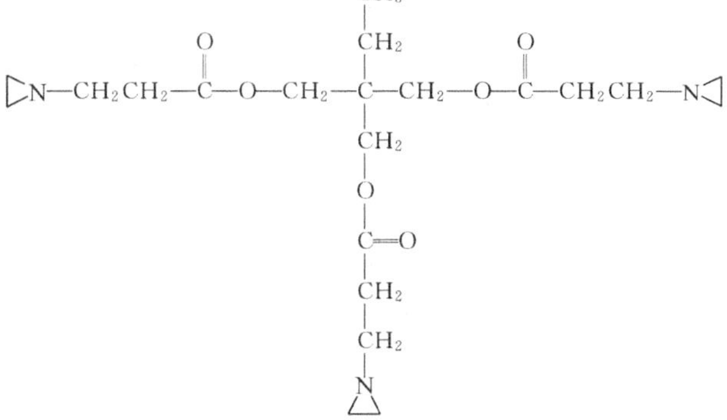

② XAMA 7　pentaerythritol-*tris*[β-(N-aziridinyl)propionate]，季戊四醇-三(3-氮丙啶基）丙酸酯，活性物含量 100%，具有较高的分子量，低挥发性，外观为浅黄色透明液体。化学结构式如下：

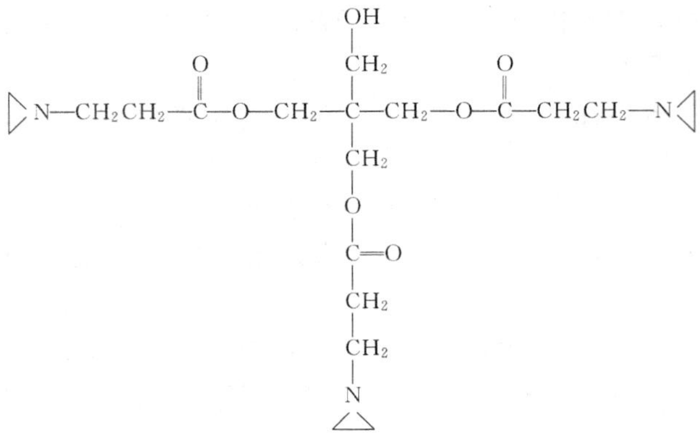

③ XAMA 220　trimethylolpropane-*tris*-[(2-methyl-1-aziridine) propionate]，三羟甲基丙烷-三[3-(2-甲基-氮丙啶基)]丙酸酯，XAMA 220 的化学结构式：

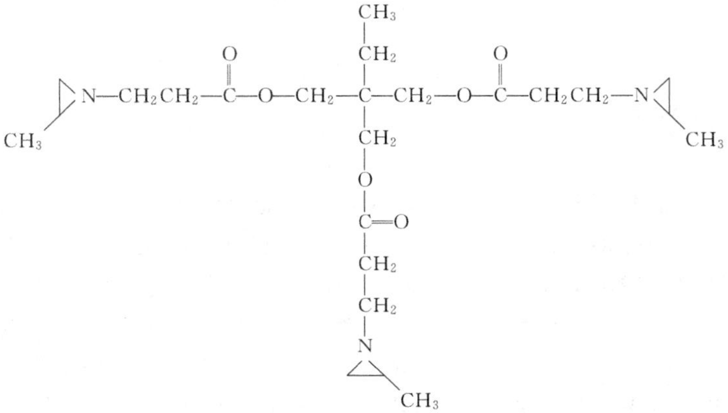

三种交联剂分子结构上的差别是：XAMA 2 以甲基取代了 XAMA 7 分子中季戊四醇上的羟基，XAMA 220 中不仅甲基取代了羟基，而且氮丙啶基改为 2-甲基氮丙啶基。由于有极佳的水溶性并且与多种有机溶剂混溶性好，XAMA 系列氮丙啶交联剂适用于双组分水性和溶剂型涂料。用前在充分搅拌下将交联剂缓缓加入漆中，其用量取决于体系活性氢的多少，以树脂固体计一般添加 1%～3% 即可，最高可达 5%。高用量的漆膜有更好的耐溶剂性。水体系的 pH 值应为 9.0～9.5，过低的 pH 值会使氮丙啶交联剂过早失效。加有 XAMA 氮丙啶的水性漆适用期为 18～36h，超过适用期后活性基会显著减少，补加交联剂不会影响漆膜性能。

Bayer 公司的氮丙啶交联剂可与水和许多常见的有机溶剂混溶，可用于溶剂和水性体系。添加后具有明显改善涂料的耐湿擦性、耐磨性及耐高温性能的效果，应用于底涂及中涂可显著提高涂层附着力。

表 12.13　Bayer 公司的氮丙啶交联剂

性　能	牌　号		
	XAMA 2	XAMA 7	XAMA 220
外观	清澈微黄液	清澈微黄液	清澈微黄液
CAS 编号	52234-82-9	57116-45-7	64265-57-2
分子式	$C_{21}H_{35}N_3O_6$	$C_{20}H_{33}N_3O_7$	$C_{24}H_{41}N_3O_6$
分子量	425.24	427.49	467.60
氮丙啶基含量/(meq/g)	6.00～7.00	6.35～7.00	5.5～6.4
氮丙啶官能度	约 2.8	约 3.3	约 2.8

续表

性　能	牌　号		
	XAMA 2	XAMA 7	XAMA 220
乙烯亚胺含量/×10⁻⁶	<10	<10	
丙烯亚胺含量/×10⁻⁶			<10
黏度,(25℃)/mPa·s	125～500	≤4000	125～500
密度,(25℃)/(g/mL)	1.08～1.10	1.18～1.20	1.05～1.08
闪点(Tagliabue 闭杯)/℃	100	100	138
凝固点/℃	<-10		
蒸气压/Pa	<13.32		
水溶性/%	100	100	100

Bayer 公司另有两个牌号的氮丙啶交联剂 PFAZ 321 和 PFAZ 322，基本性能见表 12.4。从分子结构看 PFAZ 322 与 XAMA 220 完全相同，而 PFAZ 321 是 PFAZ 322 的稀释产品。

表 12.14　Bayer 公司的氮丙啶交联剂 PFAZ

性　能	牌　号	
	PFAZ 321	PFAZ 322
外观	琥珀色清液	琥珀色清液
固含量/%	≥70	≥99
溶剂	二乙二醇	
氮丙啶基含量/(meq/g)		5.4～6.6
氮丙啶官能度		约 2.8
黏度(25℃)/mPa·s	100～700	100～700
密度(25℃)/(g/mL)	1.07～1.10	1.05～1.09
闪点(闭杯)/℃	138	138
色度(Gardner)	0～8	0～8
溶解性	溶于水和多数有机溶剂	溶于水和多数有机溶剂
用量(树脂固体计)/%	1～3(最大 5)	1～3(最大 5)
适用期/h	18～36	18～36
室温贮存期/月	24	24

(2) 上海泽龙化工有限公司的氮丙啶交联剂　上海泽龙化工有限公司（ZEALCHEM）的氮丙啶交联剂，应用于皮革、印染、印花、油墨、涂料、压敏胶、胶黏剂、固化剂等领域，采用氮丙啶交联剂交联成膜产品的耐水洗、耐擦洗、耐化学品性能以及涂层在底材上的附着力都有显著的改善。产品系列编号为 XC，其中 XC-1 系列为氮丙啶交联剂类产品，即 XC-103、XC-105 和 XC-113（表 12.15），三个牌号的交联剂与 Bayer 公司的三个产品完全对应（见表 12.13）。

表 12.15　泽龙化工有限公司的氮丙啶交联剂

性　能	牌　号		
	XC-103	XC-105	XC-113
外观	无色至淡黄液体	无色至淡黄液体	无色至淡黄液体
固含量/%	>99	>99	>99
CAS 编号	52234-82-9	57116-45-7	64265-57-2
黏度(25℃)/mPa·s	125～500	≤4000	180～220
相对密度(20℃)	1.1	1.18～1.20	1.08
凝固点/℃	约-15	<-10	约-15
沸点/℃	>200		>200
闪点/℃		>100	>100
pH 值(25℃)	8～11	8～10	8～10.5
蒸气压/Pa		<13.32	
适用期/h	24	24～36	48
贮存期/月	18	12	24
溶解性	易溶于水醇酮酯	易溶于水醇酮酯	易溶于水醇酮酯

XC-1 系列氮丙啶交联剂在室温下即可以发生交联反应，但在 60~80℃下交联固化效果更佳。该交联剂属于双组分型交联剂，应在使用前加入乳液或者分散液中，一旦加入后应在一天内使用完毕，否则会产生部分凝胶现象。通常添加量为乳液固含量的 1%~3%，特殊情况下可以加到最大量为 5%。乳液 pH 值在 9.0~9.5 时加入最佳，pH 值较低时会造成过早交联，出现凝胶现象，pH 值较高时会造成交联时间延长，切忌在酸性介质（pH<7）中使用。最佳的加入方法是先将交联剂与水按 1:1 比例混溶后再立即加入体系中搅拌均匀即可。XC-1 交联剂属于环保型交联剂，交联后无甲醛等有害物质放出，且交联后成品无毒、无味。

配漆后的适用期，XC-103 为 1d，XC-105 为 24-36h，XC-113 为 2d，超过适用期会产生凝胶或交联不良，通常配漆后最好在 12h 内用完。

XC-1 系列氮丙啶交联剂具有轻微氨味，对喉咙及呼吸道有强力的刺激作用，吸入后会造成喉咙干渴、流清水鼻涕，呈现一种假感冒症状，遇到此情形应尽量喝一些牛奶及苏打水。因此，操作 XC-1 交联剂应在通风的环境下，同时做好安全措施，尽量避免直接吸入。

(3) DSM 公司的氮丙啶交联剂　水性漆用的商品氮丙啶交联剂还有 DSM（帝斯曼）公司的 NeoCryl CX-100，是一种淡黄色液体，略有胺味，可分散在水中，英文的化学结构名称为 1-aziridinepropanoic acid, 2-methyl-2-ethyl-2-{[3-(2-methyl-1-aziridinyl)-1-oxopropoxyl]methyl}-1,3-propanediyl ester，基本性能见表 12.16。

表 12.16　多氮丙啶交联剂 CX-100 性能

性　能	指　标	性　能	指　标
外观	黄色清澈液体	黏度/mPa·s	200
活性成分/%	100	VOC/%	0.5
固含量/%	>99	闪点/℃	>93
当量数	166	稳定性/月	6
相对密度	1.08	溶解性	在水、异丙醇、丙酮、醋酸丁酯或二甲苯中全溶
pH 值	10.5		

CX-100 是一种三官能度交联剂，当量数 166，可与聚合物中的羟基基团发生交联反应。多数情况下每当量的羟基与 0.6 当量的 CX-100 反应即可获得最佳的交联效果，但有些体系要求等当量反应。CX-100 应在清漆、涂料及墨油使用前加入，由于其极好的混溶性，所以用手工搅拌即可混匀。最佳的加入方法：先将 CX-100 与水 1:1 混溶后再加入体系。水性配方中加入的 CX-100 会慢慢水解，混合后应在 3~5 天内用完。但水解物对聚合物乳液和漆膜均无不利影响。放置时间过长，交联效果不良，补加一定量的 CX-100 可使交联效果得以恢复。

添加量按 1%~3% 加入水性丙烯酸乳液或聚氨酯分散体中，交联后对漆膜的耐水性、耐化学品性、耐高温性以及在特殊底材上的附着力都有明显的改善。室温即可完成交联反应，但加温烘烤效果更佳。

(4) Lamberti 公司的氮丙啶交联剂　意大利 Lamberti 公司的多官能度氮丙啶交联剂 Catalyst AT5/N 交联丙烯酸和聚氨酯乳液，可提高涂层的附着力、耐化学品性和耐溶剂能力，适用于水性木器漆、塑料漆和金属涂料以及印刷油墨的固化交联。Catalyst AT5/N 的添加量为配方总量的 1%~3%，现用现配，先用水或醇醚类溶剂稀释后搅拌下加入，适用期 8~10h。Catalyst AT5/N 的基本性能见表 12.17。

表 12.17　多氮丙啶交联剂 Catalyst AT5/N 的基本性能

性　　能	指　　标	性　　能	指　　标
牌号	Catalyst AT5/N	黏度(25℃)/mPa·s	约 250
化学成分	多官能度氮丙啶化合物	相对密度(20℃)	1.05
外观	淡黄液	溶解性	溶于水、乙二醇醚
活性分/%	75	贮存期/月	6
溶剂	DPM	用量/%	1～3

（5）台湾安锋实业股份有限公司的氮丙啶交联剂　台湾安锋实业公司有三个三官能团氮丙啶交联剂 WH-5203、WH-5205 和 WH-5213，基本性能见表 12.18。其中 WH-5205 分子中除有三个氮丙啶基以外还含有一个羟基，可与 NCO 基反应，在水性涂料中产生更好的交联效果。这些交联剂室温下即可交联，适用期只有 1～2 天，因有毒，应用受限，欧盟禁止使用。

表 12.18　安锋实业公司的氮丙啶交联剂

牌号	固含量/%	黏度/mPa·s	氮丙啶基含量/(mL/kg)	相对密度	凝固点/℃
WH-5203	>99	125～500	6.77	1.1	−15
WH-5205	>99	≤400	6.74	1.19	<−10
WH-5213	>99	180～220	6.16	1.08	−15

（6）其他氮丙啶交联剂　中国商品市场上水性涂料、胶黏剂、皮革涂饰剂和织物处理剂用的氮丙啶交联剂牌号很多，究其化合物本质，不外乎同 Bayer 公司的三种典型的氮丙啶交联剂 XAMA 2、XAMA 7 和 XAMA 220。这些氮丙啶交联剂，有的是仿制品，有的是国外进口产品更换牌号后的商品。按 XAMA 2、XAMA 7 和 XAMA 220 三种化合物分类，这些氮丙啶交联剂列于表 12.19。

表 12.19　商品氮丙啶交联剂牌号对应表

Bayer牌号	对应牌号			
XAMA 2	CL-422	XC-103	—	
XAMA 7	CL-427	CRS-215	XC-105	
XAMA 220	AK-701	CEE-600	CL-467	
	CRS-210	CX-100	F-0082	
	F-1082	SAC-100	SC-100	
	SC-200	XC-113	ZJ-100	

12.5　环氧硅烷化合物

环氧化合物型交联剂利用乳液或分散体中存在的羧基和氨基在室温下发生反应而交联，实用的交联剂多为环氧硅烷类化合物。GE 东芝有机硅公司和 Crompton 公司的 CoatOsil 1770 硅烷可用于双组分水性漆中，该化合物名为 β-(3,4-环氧环己基)乙基三乙氧基硅烷，英文名 β-(3,4-epoxycyclohexyl) ethyltriethoxysilane，化学结构式：

漆中只要加入 0.5%～5% 就可得到耐候、耐溶剂、耐冲击及附着力大为改善的漆膜，这主要得益于分子中的烷氧基水解缩合形成硅氧键交联，而烷氧基硅烷与基材的亲和提高了涂层的附着力。特别令人惊异的是加入交联剂后的涂料适用期异常的长，室温下可达一年，这是任何异氰酸酯交联剂、氮丙啶交联剂和胺类交联剂都无法比拟的，因而可配成 1K 涂料。作为一种反应型稀释剂 CoatOsil 1770 硅烷具有降低涂料 MFFT 的作用。在丙烯酸乳液或聚氨酯乳液中可添加 1% 左右的催化剂 2-乙基-4-甲基咪唑（例如 Air Products 公司的产品 ImicureEMI-24）加速反应，可快速达到最终性能。CoatOsil 1770 硅烷特别适用于酸值在 15～70mg KOH/g 范围的水性树脂体系。对于一般水性木器漆用 2% 已足，地板漆可用到 3%，玻璃涂料 1.5%，金属涂料 1%，建筑涂料 0.5%～1.2%，皮革及塑料涂料 2%。

环氧硅烷 CoatOsil 1770 对水性环氧漆也有显著的作用，主要表现在涂层的硬度展现快、早期耐水性大大提高并改进了涂层的耐划伤性，对镀锌钢、冷轧钢和铝用水性环氧漆还可提高漆的湿附着力，但是在喷砂和磷化钢表面 CoatOsil 1770 的这种作用不大。将硅烷添加剂和亲油改性剂，例如 CARDURA E10（新癸酸缩水甘油酯）预混可以提高硅烷添加剂的水解稳定性，这是因为有较大烷基存在时硅烷水解稳定性更好，当硅烷进入胶束时亲油添加剂形成了一个保护性的胶体壁垒，使水不易接近硅烷。CARDURA E10 还可起到颜料润湿和促进流平的作用。

另一个商品环氧硅烷 NIAX Silicone L-1112 的化学成分与 CoatOsil 1770 完全相同。用于有羧基或氨基的丙烯酸乳液和聚氨酯分散体可配制成稳定的单组分或双组分涂料，具有超过 12 个月的稳定性，稳定性方面比多氮丙啶、三聚氰胺、异氰酸酯等交联剂优越。中国市场上的 Silicone-9302（北京金源）也与 CoatOsil 1770 完全相同。

Crompton 公司和 GE 东芝有机硅公司的另一个环氧有机硅交联剂 Silquest Wetlink 78 具有更好的性能，它适用于含羧基的水性漆，包括丙烯酸乳液、聚氨酯分散体和丙烯酸改性的聚氨酯体系。显著的优点是大大提高漆膜附着力、强度、耐污性和化学品耐受性，同样具有很长的适用期。这种交联剂的化学成分是 γ-缩水甘油醚氧丙基甲基二乙氧基硅烷（γ-glycidoxypropylmethyldiethoxysilane），结构式：

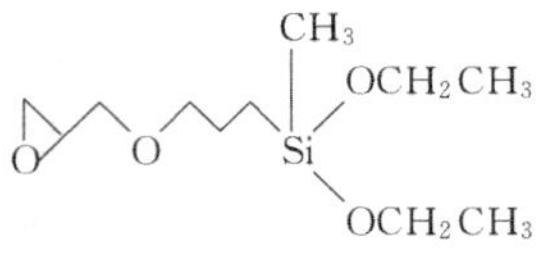

Silquest Wetlink 78 不仅可用于水性涂料，还可用于胶黏剂和密封剂中以提高粘接强度。日本信越公司有类似的产品，牌号为 KBE-402。

GE 东芝有机硅公司的其他环氧有机硅烷有 Silquest A-186，即 β-(3,4-环氧环己基)乙基三甲氧基硅烷，英文名 β-(3,4-epoxycyclohexyl) ethyltrimethoxysilane，化学结构式：

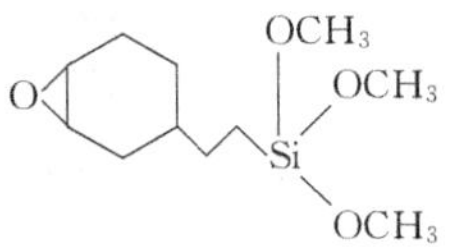

以及 Silquest A-187（中国牌号 KH-560），即 γ-缩水甘油醚氧丙基三甲氧基硅烷，英文名 γ-glycidoxypropyltrimethoysilane，结构式如下：

A-186 的其他公司牌号有 KBM-303（日本信越化学公司）、Z-6043（美国 Dow Corning）和 KH-530（中国）。

A-187 在不同的公司有不同的牌号，德国 Wacker Chemie 公司为 Finish GF-81，美国 Dow Corning 公司是 SH-6040，日本信越化学公司则为 KBM-403，中国市场上另一个牌号是 Silicone-9301。

这些环氧有机硅烷可以用于水性体系做交联剂和附着力促进剂，在玻璃、铝材和许多其他材料上显示出极佳的干、湿态附着力，并在不降低伸长率的同时明显提高拉伸强度、硬度和撕裂强度，还能改善涂料的耐溶剂性、耐化学品性和耐水性，对有颜料和填料的水性漆可增加基料与颜填料的亲和性。由于空间位阻效应，这类环氧硅烷在水性体系中有极好的长期贮存稳定性，加入水体系后有效期可长达数月甚至一年以上，当然，用量不得过大，通常不超过 2%，否则适用期会大大缩短。硅烷与乳液混合后的稳定性与体系的 pH 值有关，当 pH 值为 6～8 时稳定性最好。

这些环氧硅烷的物理性质见表 12.20。

表 12.20 环氧硅烷交联剂的物理性质

性　　质	A-186	A-187	CoatOsil 1770	Wetlink 78
外观	微黄透明液	微黄透明液	微黄透明液	微黄透明液
CAS 编号	3388-04-3	2530-83-8	10217-34-2	2897-60-1
分子量	246.38	236.4	288.46	248.4
活性成分量/%			100	
相对密度	1.065	1.069	1.00	0.979
黏度				3
折射率/($\times 10^{-6} m^2/s$)	1.449	1.428		1.431
沸点/℃	310	290	>300	259
凝固点/℃			<0	
闪点/℃	113	110	104	121

美国 Witco 公司将 CoatOsil 1770 硅烷制成 40% 有效成分的乳液，商品名为 CoatOsil 1788，更容易与水体系混合。乳化液配方（%）如下：

Span 60	1.54	CoatOsil 1770	40.00
Tween 40	1.46	水	56.60
防霉剂	0.40		

先将 Span 60 和 Tween 40 加热熔化，再加入 CoatOsil 1770 和防霉剂，混合均匀。在 2400r/min 的高剪切条件下快速加入水，高速搅拌 10min 即成。

广东新东方精细化工厂的多官能度环氧交联剂 ECS 2K 是一种性能很好的水性木器漆的交联剂，适用于任何有羧基的体系。添加漆总量的 2%～4% 的这种交联剂后，漆膜的硬度、附着力、耐水性、耐溶剂（乙醇、甲苯、丙酮）、耐磨、抗污渍、抗粘连、耐候性都有显著提高，综合性能好于 Wetlink 78 等这类国外公司的产品。加入交联剂的漆适用期可达一个月以上，没有过早凝胶报废之忧。

12.6 碳化二亚胺化合物

碳化二亚胺交联剂适用于分子链段上有羧基和氨基的水性聚氨酯、丙烯酸乳液和水性聚酯的交联，交联后涂膜的耐水性、耐溶剂性、耐磨性、耐久性、附着力和耐温性均有所提高，因而在水性涂料、水性油墨、水性胶黏剂、织物处理剂、皮革涂饰剂方面有广泛应用。碳化二亚胺与羧基的交联反应室温即可进行，但是加温反应效果更好，例如将温度提到80℃，可缩短反应时间。pH值对碳化二亚胺交联反应的影响是，体系的pH为中性或酸性时反应速率加快，在碱性条件下交联反应活性很低。碳化二亚胺可与水发生反应生成取代脲，当pH值为8.5～9时碳化二亚胺与水的反应最慢。

（1）日清纺织株式会社的碳化二亚胺交联剂　日本日清纺织株式会社的碳化二亚胺交联剂有牌号为 Carbodilite E-01、E-02、E-03A、SV-02、V-02、V-02-L2、V-04 等（表12.21）。作为多碳二亚胺交联剂室温即可交联含羧基的水性树脂，但是充分固化需要5～7天。交联后的树脂具有优异的柔韧性、良好的耐水耐化学品性、良好的附着力以及极好的耐水解性，Carbodilite 本身还有辅助分散作用。应用范围包括水性汽车漆、建筑涂料、木器漆、水泥漆、卷钢涂料、皮革涂料、塑料漆、印刷油墨、织物涂料、玻纤处理剂、水性胶黏剂等。

表 12.21　日清纺织株式会社的 Carbodilite 碳化二亚胺交联剂

性　能	牌　号						
	E-01	E-02	E-03A	SV-02	V-02	V-02-L2	V-04
类型	无皂乳液	无皂乳液	无皂乳液	水溶液	水溶液	水溶液	水溶液
有效分/%	40	40	40	40	40	40	40
离子类型	非离子	非离子	非离子	非离子	非离子	非离子	非离子
pH 值	8～11	8～11	8～11	8～11	9～12	8～11	6～9
黏度(20℃)/mPa·s	60	10	100	100	100	100	150
NCN 当量	425	445	365	429	600	385	335
黄变性	无	无	无	无	无	无	无
固化条件	室温以上	室温以上	室温以上	室温以上	室温以上	室温以上	室温以上
毒性/(mg/kg)							
急性皮肤	无刺激	轻微刺激	—	无刺激	无刺激	无刺激	无刺激
LD_{50}(大鼠,经口)	>2000	—	—	>2000	>2000	>2000	—
LD_{50}(大鼠,经皮)	—	—	>2000	>2000	>2000	>2000	>2000
致变异性	阴性	阴性	—	阴性	阴性	阴性	阴性

Carbodilite E-02 和 E-03A 是无溶剂乳液，可用水稀释，在中性和微酸性条件下反应较快，在碱性条件下失去交联能力，与聚氨酯、聚酯和环氧均可反应，一般用量为3%～7%。

Carbodilite SV-02 为室温下与 PUD 和水性丙烯酸交联能力强，适用期长，主要用于工业涂料。

Carbodilite V-02-L2 为黄色液体，在中性和微酸性条件下反应较快，氨过量会失去交联能力，推荐用量3%～7%。

（2）Dow 化学公司的碳化二亚胺交联剂　美国 Dow 化学公司有碳化二亚胺交联剂 Ucarlnk XL-29SE，与日本日清纺织株式会社生产的碳化二亚胺交联剂 Carbodilite E-02 的性能比较见表 12.22。

表 12.22　碳化二亚胺交联剂性能

性　能	牌　号	
	Carbodilite E-02	Ucarlnk XL-29SE
外观	白色乳液	黄色透明液
固含量/%	40	50
当量	445	—
重均分子量	—	410
溶剂	—	PMA(50%)
pH 值	9～11	—
黏度/mPa·s	5～50(20℃)	100(25℃)
闪点/℃		45.5
用量(树脂固体计)/%	3～7	2.5～10

12.7　三聚氰胺及其改性化合物

三聚氰胺及其改性化合物、酚醛、环氧树脂类环氧化合物在升温条件下可交联水性聚氨酯。例如，三聚氰胺-甲醛树脂可在适当的温度下与聚氨酯分子中的羟基、氨基甲酸酯基、氨基和脲基发生反应，同时可自缩聚。通常的交联条件是135℃以上，时间5～10min。用酸催化剂，例如，对甲苯磺酸，可降低反应温度和缩短热固化时间，氨基树脂用量一般为乳液的2%～10%，可用于水性工业漆，但在水性木器漆中难应用。

三聚氰胺及其改性化合物俗称氨基树脂，美国 Cytec 公司的三聚氰胺及其改性化合物注册商标为"CYMEL"，其中 CYMEL 303 是用途最广的六甲氧甲基三聚氰胺（HMMM）树脂，适用于交联含羧基、羟基、酰氨基的水性和溶剂型树脂，例如，环氧、醇酸、某些丙烯酸和乙烯基树脂以及纤维素化合物。由于高烷基化和低水解性 CYMEL 303 在 pH 值为 7.3～8.0 的水性体系中有很好的稳定性。CYMEL 303 可用于水稀释醇酸和聚酯漆，丙烯酸乳液涂料中，用量随水性树脂中活性基团的不同，低的只要1%，高的可达25%。交联后的涂层强度和附着力提高，耐水，耐溶剂性大大改善。CYMEL 303 可在搅拌下直接加入乳液中，加完后继续搅拌10min，也可预先用水或水溶性有机溶剂，如乙醇、醇醚等稀释成50%的浓度，在搅拌下慢慢加入乳液中。

CYMEL 303 的基本性能见表 12.23。生产三聚氰胺树脂的厂家众多，相同的产品各厂家牌号不同，与 CYMEL 303 相似的其他牌号产品有 RESIMENE 747（Ineos，英力士公司）、Luwipal 066（BASF 公司）、MELCROSS 03（韩国 P&ID 株式会社）、CF-303（江苏长丰有机硅有限公司）等。

表 12.23　六甲氧甲基三聚氰胺（HMMM）树脂的理化性质

性　能	牌　号				
	CYMEL 303	Luwipal 066	MELCROSS 03	RESIMENE 747	CF-303
外观	清澈黏液	无色液体	清澈黏液	清澈黏液	
不挥发分/%	≥98	93～96	≥98	98	≥98
Gardner 颜色	≤1		≤1		
黏度/mPa·s	2600～5000(25℃)	2000～6000(23℃)	1400～5000	3000～6800(23℃)	2600～5000
相对密度(25℃)	1.20	1.18	1.2	1.19	约 1.20
折射率	1.515～1.520		1.515～1.520		1.515～1.520
闪点(开杯)/℃	>100	94	>94	>110	>94
酸值/(mg KOH/g)		<1			
游离甲醛/%	≤0.5	≤0.3	≤0.25	≤0.25	≤0.5
聚合度	1.75			1.40	
贮存期/月		6	12	24	12

Cytec 公司其他可用于水性体系的改性甲基三聚氰胺树脂见表 12.24。

表 12.24 Cytec 公司的水性漆可用的氨基树脂 CYMEL

CYMEL	不挥发分/%	溶剂	黏度/mPa·s	相对密度	闪点/℃	水溶性	游离甲醛/%
高甲基醚化三聚氰胺树脂							
301	≥98	—		1.20	>100	不溶	<0.5
303	≥98	—	2600~5000(25℃)	1.20	>100	不溶	<0.5
303LF	≥98	—	2600~5000(25℃)	1.20	>100	不溶	<0.25
350	≥97	—	5100~15000(23℃)	1.20	>100	溶解	<2.5
3745	≥98	—	3000~6000(25℃)	1.20	>100	不溶	<0.7
MM-100	≥98	—	10000~25000(23℃)	1.19	>100	不溶	<0.5
甲基醚化高亚氨基树脂							
325	78~82	异丁醇	2500~4500(23℃)	1.12	37	部分溶	<1.3
327	88~92	异丁醇	5100~16000(23℃)	1.18	44	全溶	<1.3
328	83~87	水	1000~3000(23℃)			全溶	<0.7
385	76~80	水	1000~1600(23℃)	1.25	>100	全溶	<0.5
部分甲基醚化三聚氰胺树脂							
370	86~90	异丁醇	5100~10200(23℃)	1.18	46	部分溶	<3.5
373	83~87	水	2500~6000(23℃)	1.26	>100	全溶	<1.5
3749	79~83	异丁醇	3000~6000(23℃)			部分溶	<1.0
混合醚化高亚氨基树脂							
202	80~84	正丁醇	2500~7500(23℃)	1.09	47		<1.2
203	70~74	正丁醇	400~800(23℃)				<1.0
254	83~87	正丁醇	1400~3000(23℃)	1.12	34		<0.6

12.8 其他交联剂

某些金属离子化合物可以交联含羧基的乳液，例如，锌离子、锆离子等。含羧基的乳液中加入 1%~4%的碳酸锌铵或碳酸氧锆铵可提高成膜物的耐热性。

德国 Münzing Chemie（明凌化学）公司水性羧基聚合物交联剂 ZINPLEX 15 是一种含 13.2%锌离子的金属络合物，可以使得含羧基的聚合物在室温或烘烤加温时产生交联，从而改善涂层的耐水、耐热、耐溶剂、耐化学品、耐污染、耐腐蚀、抗划伤、抗粘连和防霉性。此外还可以提高漆膜的附着力和硬度。

ZINPLEX 15 的基本性能如下。

活性组分：络合氧化锌溶液

载体：水

外观：无色液体

密度：1.21

不挥发分：25%

pH 值：约 10.7

用量：试验确定，因体系的羧基含量不同而不同

用途：水性木器漆、建筑涂料、工业漆、印刷油墨、胶黏剂

注：长链氧乙烯的表面活性剂，如 Triton X405 对添加到水性漆中的 ZINPLEX 15 有极好的稳定作用

第 13 章 腐蚀抑制剂和缓蚀剂

13.1 腐蚀及水性漆对铁器的锈蚀

腐蚀是材料受周围环境介质的作用而产生损坏的过程。金属一般是由处于稳定态的矿石经过消耗能量的还原冶炼、电解等过程而制得的，因此，金属本身具有释放出能量，恢复到低能而稳定的原始氧化状态的倾向，故金属材料的腐蚀在热力学上是一个自发的过程，即金属具有被腐蚀的自然趋势。

金属的腐蚀有三种类型：电化学腐蚀、化学腐蚀和微生物腐蚀，其中电化学腐蚀是最普遍、最重要的一类腐蚀形式。在水溶液中，不同金属之间存在电位差，可形成腐蚀微电池。即使是同一块金属板，由于局部内应力的差异、焊缝成分的不同、电解质溶液的浓度差、温度差、溶液中氧浓度差等都会产生电位差而导致腐蚀。碳钢的主要成分是铁和微量的渗碳体，铁的标准电极电位（$Fe\text{-}Fe^{2+}$ 为 $-0.44V$，$Fe\text{-}Fe^{3+}$ 为 $-0.036V$）比炭更负，当有水存在时，铁为阳极、炭为阴极，两极直接接触，就会形成腐蚀电池。电流从铁流向炭，铁被腐蚀。因此，水、氧和金属中的杂质构成了电化学腐蚀的重要因素。

腐蚀抑制剂又称缓蚀剂或防锈剂，是"一种以适当的浓度和形式存在于环境介质中可以防止或减缓腐蚀的化学物质或复合物"（ASTM 的定义）。添加缓蚀剂可以抑制或降低水性涂料对金属，特别是对钢铁的腐蚀现象。腐蚀抑制剂按作用机理大致可分为阳极型、阴极型和混合型三类。阳极型腐蚀抑制剂能抑制腐蚀电池的阳极反应，这类化合物多为强碱弱酸盐，如磷酸盐、硅酸盐、硼酸盐、苯甲酸盐等，在水中水解形成氢氧根离子，并在金属表面形成起钝化作用的氧化物，阻止铁及其合金的腐蚀。

$$Fe + OH^- - 2e^- \longrightarrow FeO + H_2O$$

此外，阳极型腐蚀抑制剂还有抑制金属离子化的作用，以及使金属电极达到钝化电位的效果，从而抑制了电化学腐蚀中的阳极反应，使阴极电流增大，形成金属钝化。

亚硝酸盐是最常用的、典型的阳极型腐蚀抑制剂，能在钢铁表面生成一层致密的 Fe_2O_3 钝化膜，把金属和腐蚀介质隔离开来。

阴极型腐蚀抑制剂通过提高阴极反应电位，使氢离子在金属表面的还原反应受阻而起到缓蚀作用，也能在金属表面形成化合物膜保护金属，此外还会吸收水中的溶解氧，减缓金属的腐蚀。

混合型腐蚀抑制剂既能抑制电极过程的阳极反应，同时也能抑制阴极反应。其主要作用有：与阳极反应产物生成不溶物，并使阴极上的氧的还原变得困难，这个过程通常能生成起缓蚀作用的胶体物质，抑制氧的还原，某些有机物还可通过在金属表面的吸附体现缓蚀作用。

水性涂料对钢铁的腐蚀在两个方面最为引人关注。一方面铁罐盛装的水性涂料会导致铁罐生锈，这在铁罐的焊缝处和铁罐上部与空气接触处最为明显，随着时间的推移，锈蚀处不断加大，疏松的锈渣增厚，最终导致铁罐蚀穿；另一方面，水性漆涂于钢铁表面，在干燥过程中会产生闪锈（闪蚀），这些闪锈破坏了涂层与钢铁表面的附着，并且会在以后的日子里逐渐加大锈蚀程度，使涂层失去保护作用。这些溶剂型漆没有的问题却是水性漆的大麻烦。添加防锈剂（腐蚀抑制剂）能够抑制腐蚀的产生，钝化钢铁表面，阻止钢铁进一步氧化，以保证铁罐包装水性涂料的稳定性和金属表面用水性漆的施工可靠性。

13.2 商品罐内防锈剂和钢铁防闪锈剂

（1）Ashland（亚什兰）公司的闪锈抑制剂　Ashland公司的闪锈抑制剂牌号为DREWGARD 347SA（曾用牌号DREW 210-743）和794SA（曾用牌号DREW 210-794）。

① DREWGARD 347 SA是水性涂料使用的闪锈抑制剂。由于使用了特定抑制剂的混合物，DREWGARD 347 SA可使低碳钢和铝瞬时氧化。DREWGARD 347 SA亦有助于提高金属底材使用的涂料的抗盐雾性能。DREWGARD 347 SA还可提高罐内腐蚀防护性能，并且能用于金属预处理过程中的临时氧化。DREWGARD 347 SA是钼酸盐-硝酸盐基配方，其中也包含用于铜和铜合金的特定抑制剂。

基本特性如下。

外观：黄色，清澈至浑浊的液体

pH值：＞12

相对密度：1.14

用法与用量：DREWGARD 347 SA在占配方总重量的1.0%～2.0%时有效，一般可用1.5%。在推荐的剂量范围内DREWGARD 347 SA不会导致漆膜变黄或起泡。用作金属预处理过程的临时氧化时，DREWGARD 347SA最好和水以1∶10的比例预稀释后使用

注意事项：处理DREWGARD 347SA的过程中须佩带合适的防护手套和安全护目镜。如不慎接触皮肤，立即用大量清水冲洗

② DREWGARD 794 SA是水性涂料使用的闪锈抑制剂，含钼酸盐。DREWGARD 794 SA可用于低碳钢表面和铝的瞬时氧化。DREWGARD 794 SA也有助于提高金属底材上使用的涂料的抗盐雾性能。DREWGARD 794 SA还可提高罐内腐蚀防护性能，亦可用于金属预处理过程中的临时氧化。DREWGARD 794 SA不含亚硝酸盐和锌。

基本性能如下。

配方特性：基于有机化合物和钼酸盐的专有配方

活性物含量：36%

外观：清澈，无色至浅黄色液体

pH值：9

相对密度：约1.2

用法与用量：DREWGARD 794 SA在占配方总重量的1.0%～2.0%时有效，一般用1.5%。在推荐的用量范围内DREWGARD 794 SA不会导致漆膜变黄或起泡。用作金属预处理过程的临时氧化中，DREWGARD 794SA最好和水以1∶10的比例预稀释后使用

贮存：在0～40℃之间贮存，温度不得低于0℃。密封包装内保质期6个月

注意事项：接触 DREWGARD 794SA 须佩带合适的防护手套和安全护目镜。如不慎皮肤沾染，立即用大量清水冲洗

（2）Condea-Servo 公司产品　荷兰康盛（Condea-Servo）公司商品化的水性涂料腐蚀抑制剂也叫闪蚀抑制剂，共有三个牌号，SER-AD FA 179、FA 379 和 FA 579，理化性能见表 13.1。

SER-AD FA 179 的主要有效成分是有机锌螯合物，有少量的亚硝酸盐。SER-AD FA 179 对铁基材有极强的亲和力，所以可用作水溶性涂料的腐蚀抑制剂防止闪锈的产生。虽然是水溶性的，但是在干燥后可变成非水溶性化合物，成为防腐蚀的钝化层。用作闪蚀抑制剂有着与亚硝酸钠一样好的性能，但 SER-AD FA 179 在高湿环境中性能最佳。其用量为：罐内防锈添加量为漆总量的 0.1%～0.3%，防闪锈需要用到 0.5%～1.0%，应该在制漆的最后阶段加入。

SER-AD FA 179 可用于各种类型水性涂料中，如水稀释醇酸树脂涂料、丙烯酸乳液、环氧乳液和聚氨酯分散体涂料，提高干漆膜防腐蚀性能和耐候性，并防止存放期间的罐腐蚀。SER-AD FA 179 也可用作金属表面的临时防腐剂，为此，只要在金属表面喷上 2% 的 SER-AD FA 179 液即可。此法推荐在当漆中没有添加 SER-AD FA 179 的情况下应用，这样可以防止施工后的早期腐蚀。

表 13.1　Servo 公司的腐蚀抑制剂 SER-AD 系列

性　能	SER-AD		
	FA 179	FA 379	FA 579
成分	有机锌络合物 少量亚硝酸盐	有机锌络合物 氮化物	有机锌络合物
外观	透明液	透明黄色液	透明淡棕色液
Gardner 颜色	≤12		
相对密度（20℃）	约 1.080	约 1.040	约 1.070
黏度（20℃）/mPa·s	≤250	<200	约 400[②]
pH 值（5% 溶于水中）	8.0～9.0	8.0～10.0[①]	8.0～9.0
闪点/℃	>62	52	
溶解性	可溶于水中	水中可乳化	水中可分散
推荐用量/%			
罐内防锈	0.1～0.3		
防闪锈	0.5～1.0	0.1～0.6	0.3～1.0

① 10% 水溶液时的 pH 值。
② 25℃时的黏度。

SER-AD FA 379 的活性成分是有机锌络合物和氮化物，不含亚硝酸盐，环保性更好。作为一种长效腐蚀抑制剂能有效地防止水性涂料的闪锈和早期腐蚀。SER-AD FA 379 在钢铁表面能形成对钢铁有极强亲和力的单分子层络合物，这一层钝化络合物可长期保持憎水活性，因而可在水性涂料的生产、贮存、施工和长期应用中提供持久的腐蚀抑制作用。SER-AD FA 379 可用于许多水性涂料，如乳胶漆、水性工业底漆、水性环氧、丙烯酸、醇酸漆和水性工业烤漆体系，底漆、面漆均可用，特别在水性底漆中，防锈效果最好。SER-AD FA 379 对易锈蚀的钢铁部件，如铁钉头、螺栓、铁皮制品、铁管道有很好的防腐保护作用。

SER-AD FA 379 溶于乙二醇醚，可乳化于水中，在水性漆中的用量通常为涂料总量的 0.1%～0.6%。

SER-AD FA 579 是不含亚硝酸盐的液体闪蚀抑制剂，用于防止水性涂料的闪锈和罐内腐蚀。SER-AD FA 579 乳化于水中也可以用作临时防锈剂。SER-AD FA 579 是有机锌络合物，属吸附型抑制剂，在金属上可形成单分子层，起长效抑制闪锈的作用。SER-AD FA 579 也可用作金属表面的临时抑锈剂。这时推荐用 2% 的 SER-AD FA 579 乳液喷涂在金属表面上。

SER-AD FA 579 的另一个特点是用于酸性体系中，并且与多数乳液相容，从而可用于丙烯酸、醋酸乙烯乳液、水性醇酸、水性烤漆中。

与 SER-AD FA 179、FA 379 和 FA 579 相对应有一组海名斯（Elementis）的腐蚀抑制剂，NALZIN FA 179、NALZIN FA 379 和 NALZIN FA 579，其理化指标、应用性能和使用效果与 Servo 的产品完全相同。其中 NALZIN FA 179 的有关数据列于表 13.2。NALZIN FA 379 和 NALZIN FA 579 不含亚硝酸盐，适用的 pH 值范围分别是 6～12 和 6 以下。

表 13.2　NALZIN FA 179 的基础数据

项　目	指　标	项　目	指　标
性能		黏度(20℃)/mPa·s	<250
外观	清澈液体	VOC/(g/L)	80
气味	有特殊气味	LD_{50}(鼠,经口)/(mg/kg)	1600～3600
固含量/%	约 48.0	贮存期/年	3
沸点/℃	>100	配方的部分成分/%	
闪点/℃	>62	C_6～C_{19} 支化脂肪酸锌盐(CAS 号:68551-44-0)	10～25
燃点/℃	>200	吗啉化合物	10～25
分解温度/℃	>150	中和的乙氧基化醇磷酸酯(CAS 号:68425-75-2)	10～25
密度(20℃)/(g/cm³)	约 1.08		
蒸气密度	比空气重	加氢重石脑油(CAS 号:64742-48-9)	10～25
爆炸极限(体积分数)/%		乙氧基化异十三烷醇(CAS 号:9043-30-5)	10～25
下限	0.6		
上限	12.2		
水溶性	可分散于水中	乙二醇醚	2.5～10
pH 值(50g/L)(20℃)	8～9	亚硝酸钠(CAS 号:7632-00-00)	2.5～10
适用的 pH 值范围	6～12		

(3) HALOX 公司产品　美国 HALOX 公司是全球腐蚀抑制剂领域中具有领先地位的生产企业，产品涉及各种水性和溶剂型涂料的防腐蚀和防闪锈技术，包括钢铁和有色金属的防护，并提供各种防锈剂在涂料中应用的参考配方。其系列防锈产品帮助所有涂料行业的客户有效地解决抑制腐蚀的各种问题。产品的类型和型号如下。

① 防闪锈剂：FLASH-X 150、FLASH-X 330、FLASH-X 350。

② 无机腐蚀抑制剂：HALOX SZP-391、HALOX 300、310、Z-Plex 111。

③ 无机腐蚀抑制剂（不含锌）：HALOX 400、410、430、BW-191、CW-291、CW-491、CW-22/221、CW-2230、SW-111。

④ 有机腐蚀抑制剂（水性）：HALOX 510、515、520、550、570。

⑤ 有机腐蚀抑制剂（溶剂型）：HALOX 630、650。

⑥ 混合腐蚀抑制剂：HALOX 710、720、750。

水性漆用效果较好的 HALOX 腐蚀抑制剂和闪锈抑制剂见表 13.3，HALOX 产品型号和推荐使用的涂料体系见表 13.4。

表 13.3 水性漆用 Halox 腐蚀抑制剂和闪锈抑制剂

类 别	牌 号
水性漆用腐蚀抑制剂	CW-491　CZ-170　SW-111　SZP-391　Z-PLEX 111 HALOX 430　HALOX 515　HALOX 550　HALOX 570　HALOX 750
闪锈抑制剂	通用　FLASH-X 150　FLASH-X 330　FLASH-X 350 焊缝用　FLASH-X 150　FLASH-X 350　HALOX 515　HALOX 570 高压水除锈　FLASH-X 330

表 13.4 涂料体系推荐适用的 HALOX 腐蚀抑制剂

涂料体系	涂料类型	第一推荐	第二推荐	第三推荐
水性体系	丙烯酸乳液底漆	SZP-391	HALOX 750	HALOX 430 & 570
	高光泽丙烯酸乳液	HALOX 570	HALOX 515	HALOX 510
	水溶性环氧酯底漆	CW-491	SZP-391	HALOX 750
	水溶性醇酸	SZP-391	HALOX 750	HALOX 430 & 570
	醇酸乳液	SZP-391	HALOX 750	HALOX 430 & 570
	双组分聚氨酯分散体	SZP-391	SW-111	
	环氧树脂分散体	SZP-391	SW-111	HALOX 750
	水溶性环氧树脂	SZP-391	SW-111	CW-491
	聚偏二氯乙烯丙烯酸	CW-491	SZP-391	
溶剂型体系	双组分环氧底漆	SZP-391	SW-111	HALOX 750
	自干性醇酸树脂体系	391 & 291(2:1)	CW-2230	Z-PLEX 111
	环氧酯	SZP-391	CW-491	
	双组分聚氨酯	CW-2230	HALOX 630	HALOX 410
	潮气固化聚氨酯	CW-2230	HALOX 410	HALOX 430
	磷化底漆和车间底漆	CW-491	HALOX 650	Z-PLEX 111
粉末涂料	聚酯体系	HALOX 710	HALOX 720	HALOX 430
电镀	阴极	FLASH-X 330	HALOX 515	HALOX 570
	阳极		HALOX 570	
卷材涂料	三聚氰胺聚酯底漆	HALOX 430 & 650	HALOX 400	SZP-391
	封闭异氰酸酯聚酯底漆	HALOX 430 & 650	HALOX 400	SZP-391
	环氧底漆	HALOX 400	SZP-391	CW-491
光固化	聚氨酯或环氧丙烯酸	HALOX 570		
用于轻金属合金	铝-镁	HALOX 430	HALOX 430 & 650	FLASH-X 330

防闪锈剂 FLASH-X 150、FLASH-X 330、FLASH-X 350 和 FLASH-X 350D 的基本性能列在表 13.5 中。FLASH-X 150 的有效成分包括亚硝酸钠、苯甲酸铵和 N,N-二甲基乙醇胺,是一种性价比很高的防闪锈剂,对钢铁、镀锌铁、镀铝锌钢都有很好的防护作用。FLASH-X 150 与乳液有很好的相容性,乳胶漆罐内防锈效果很好,可在制漆的任何阶段添加,也可后添加。

FLASH-X 330 是无亚硝酸盐的闪锈抑制剂,也用作罐内防锈剂,除水性涂料可用以外,还可在高压水除锈和金属加工液中应用。FLASH-X 330 配方中含有 N,N-二甲基乙醇胺、硼酸三乙醇胺盐和磷酸三乙醇胺盐。

FLASH-X 350 内含 2-苯并噻唑硫代丁二酸，不含亚硝酸盐，防闪锈、罐内防锈和暂时防腐保护都可用。添加前应预先制成浓度 30% 有效成分的预中和浓缩液再用。浓缩液的配方（%）如下。

去离子水	43.9	HALOX FLASH-X 350	44.6
28% 的氨水	11.5		

慢慢搅匀，并调节 pH 值至 8~9 即可。用时临时添加或者配漆时加入。

FLASH-X 350D 为高浓度产品，制预中和浓缩液只需加 27.7%（按质量计）的 FLASH-X 350D、57.3% 的去离子水和 15.0% 的氨水即可。

表 13.5 HALOX 公司的闪锈抑制剂 FLASH-X

性能	牌号			
	FLASH-X 150	FLASH-X 330	FLASH-X 350	FLASH-X 350D
外观	淡黄透明液体	清澈液体	微黄滤饼	白/淡黄结晶粉末
固含量(活性物含量)/%	33	28	50~60	97~100
相对密度	1.14	1.21	1.29	1.57
pH 值(10%水中)	9.8	8.0	3.5	3.2
沸点/℃	100	100		
熔点/℃	0	0	170(分解)	170~172
含水量/%				<3
蒸气压(25℃)/mmHg	17			2.3×10^{-5}
平均粒径/μm			77	60~70
水溶性/%	100	100	0.27	0.27
VOC/(g/L)	101.57	133.3		
LD_{50}(鼠经口)/(mg/kg)			>5000	>5000
推荐用量/%				
防闪锈	0.25~1.0	0.5~2.0	0.2~0.8	
罐内防锈	0.5~1.5	1.0~2.5		
高压水除锈	1.5~3.0			

注：1mmHg=133.32Pa。

HALOX 公司的水性漆用腐蚀抑制 HALOX 430、HALOX 515、HALOX 550、HALOX 570 和 HALOX 750 基础数据见表 13.6。

表 13.6 HALOX 公司的水性漆用腐蚀抑制剂

性能	HALOX				
	430	515	550	570	750
成分	磷酸钙化合物	氨基羧酸盐	有机无机混合物	有机酸胺络合物	有机无机混合物
外观	白色无味粉末	清澈至微浊液	无色清液	白色结晶粉末	白色粉末
固含量/%		19.3	56.7		
平均粒径/μm	5.0				5.0
相对密度	2.62	1.05	0.98	1.24	3.0
熔点/℃				67~73	1540
吸油量/(g/100g)	45.0			12.9	25~30
水分/%	1.1				0.8
水溶性/%	0.2	溶	100	≤0.25	0.02
pH 值(10%水溶液)	8.0	8.9(净液)	5~8(净液)	6.5	6.8~8.0
VOC/(g/L)		79.2	445		
用量/%	2~6	1~3	0.5~4	1~4	3~7

HALOX 430 是无毒防锈剂，水油通用，可减少水的渗入，防止钢铁起泡。HALOX 515 既可以防闪锈，又有长期防腐蚀作用，能改善涂料的附着力、抗划伤性和耐湿能力，调漆时加入或后添加均可。HALOX 550 水油通用，水性涂料方面，对丙烯酸、醇酸、水性环氧、水性聚氨酯和丙烯酸-聚氨酯杂合物都可用。HALOX 570 可防闪锈以及长期防锈防腐，水性、油性和 UV 固化涂料均可用。HALOX 750 中含有 2-苯并噻唑硫代丁二酸和氧化锌，其中锌化合物占 20%，有优异的钝化作用，适用于水性和油性涂料。

HALOX 550 有无水级产品，牌号为 HALOX 550 WF，是一种溶胶-凝胶腐蚀抑制剂，有改善附着力的作用，适用于水性和油性涂料，如丙烯酸、醇酸、聚氨酯、环氧、水稀释醇酸、PVB 车间底漆等，用量为配方总量的 0.5%～2.0%，但是，HALOX 550 WF 没有抑制闪锈的功能，其基本性能如下。

外观：	清澈液体	固含量：	61%（体积分数）
pH 值（净液）：	6.0～6.5	闪点（PMCC）：	66℃
密度：	0.994g/mL	VOC：	980g/L
固含量：	65%（质量分数）		

HALOX 公司还有一些水性漆常用的防腐颜料型腐蚀抑制剂，牌号是 CW-491、CZ-170、SW-111、SZP-391 和 Z-PLEX 111，基本性能见表 13.7。

表 13.7 HALOX 公司的水性漆常用颜料型腐蚀抑制剂

性　能	牌　号				
	CW-491	CZ-170	SW-111	SZP-391	Z-PLEX 111
成分	磷硅酸钙	增强正磷酸锌络合物	磷硅酸锶	磷硅酸锶锌	磷酸锌络合物
外观	白色粉末	白色粉末	白色粉末	白色粉末	白色粉末
平均粒径/μm	4.3	4.0	5.9	4.9	5.9
Hegman 细度	5.0	5.5	5.0	5.5	5.0
相对密度	2.7	3.6	2.87	3.3	3.11
吸油量/(g/100g)	45.9	43.5	45.1	34.3	36.3
熔点/℃	1540	900	1540	1540	1540
水分/%	1.4	1.5	0.8	1.1	0.6
水溶性/%	0.02	0.02	0.03	0.02	0.02
pH 值（10%水浆）	8.0	8.1	7.9	7.2	8.1
LD_{50}（经口）/(mg/kg)			2770（兔）	2726（鼠）	
用量/%					
水性涂料	5～8	2～5	5～10	2～5	
油性涂料	7～12			3～7	

CW-491 为不含重金属的防腐颜料，可用于水性和油性涂料体系。CZ-170 是鞣酸处理的防锈颜料，由于粒度细和粒度分布窄，适用于高光（60°光泽大于 70）和较薄漆膜（25μm 以下）的场合，金属和木质基材都可用，高光和超薄漆膜的添加量为配方总量的 0.5%～2%。SW-111 是无锌腐蚀抑制剂，水油体系通用，用于水性体系时与磷酸锌按 1:1 合用对防锈性和抗湿性有协同效应。SZP-391 是效果最好、用途最广的防锈颜料，水性和油性漆都适用，还可用于烤漆。Z-PLEX 111 为通用经济型防锈颜料，相同用量下效果比普通磷酸锌好。

HALOX 430 和 HALOX SZP-391 另有气流粉碎级产品，牌号分别是 HALOX 430 JM 和 HALOX SZP-391 JM，粒度更细，粒度分布更窄。

（4）Labema 公司产品　1989 年成立的法国 Laboratoires LABEMA 公司是研发生产水性体系用液体腐蚀抑制剂的专业公司，该公司有一系列的防锈剂，其中适用于水性聚氨酯、水性丙烯酸和水性环氧漆的品种牌号有 Emadox 101、102、BBA、D520、NA、NB、NC-AL 和 AB Rust AT 等。Emadox 101 和 102 不含亚硝酸钠，不仅可用于钢铁防锈，还可用于铝、锌、铜及铜合金体系的防腐蚀，Emadox D520 和 Emadox BBA 也可以用于铝体系的防腐蚀。这些防锈剂无燃烧性，可以任意比例与水混合，毒性低，大鼠经口的 LD50 均大于 2000mg/kg。水性体系的防锈剂实际用量随用途而调整，以 Emadox NA 为例，对于单组分聚氨酯体系用到体系总量的 0.05% 就有很好的防锈效果，但是对于丙烯酸和改性丙烯酸以及环氧体系防腐蚀底漆一般要用到 0.2～0.4%；待涂漆钢板的防锈则要用到总量的 1% 左右；喷砂除锈时为了防锈应在除锈水中添加 2% 的防锈剂。

LABEMA 公司的这几种防锈剂的基本性能见表 13.8。

表 13.8　LABEMA 公司的水性防锈剂

牌号	外观	$d(20℃)$	pH 值	用量/%	$LD_{50}/(mg/kg)$	适用体系①	特点
AB Rust AT	黄色清液	1.21	8.2	≥0.2	>2000	PA,PU,EP,SW	瞬时形成有机钝化膜,除氧
Emadox 101	清液	1.03	8.0	≥1.0	>2000	PA,PU,EP	瞬时形成有机钝化膜
Emadox 102	清液	1.22	8.2	≥0.6	>2000	PA,PU,EP	瞬时形成有机钝化膜
Emadox BBA	微黄清液	1.15	8.1	≥0.5	无刺激	A	形成有机钝化膜,防闪锈
Emadox D520	微黄清液	1.26	8.2	≥0.2	>2000	PA,G	瞬时形成有机钝化膜
Emadox NA	微黄清液	1.18	8.5	≥0.2	>2000	PA,PU,EP,SW	瞬时形成有机钝化膜,除氧
Emadox NB	微黄清液	1.23	7.7	≥0.5	>2000	PA,PU,	瞬时形成有机钝化膜
Emadox NC-AL	微黄清液	1.20	8.5	≥0.5	>2000	水性漆	瞬时形成有机钝化膜

① A 为水性醇酸；PA 为丙烯酸系底漆；PU 为聚氨酯系底漆；EP 为环氧系底漆；SW 为喷砂水；G 为马口铁。

（5）Lubrizol 公司的腐蚀抑制剂　德国 Lubrizol 公司可用于水性体系的腐蚀抑制剂牌号有 Lubrizol 219、2064 和 2358，基本性能见表 13.9。

表 13.9　Lubrizol 公司的腐蚀抑制剂

性能	牌号		
	Lubrizol 219	Lubrizol 2064	Lubrizol 2358
类型	有机磷酸酯锌络合物	磺酸钙	触变性有机钙络合物
外观	琥珀色树脂状	褐色触变凝胶状	棕色凝胶
不挥发物/%	75		100
相对密度(15.6℃)	1.02～1.05	1.14	1.02
黏度(℃)/mPa·s	45(100℃)	60000(25℃)	330000(25℃)
酸值/(mg KOH/g)	≤1	≤1	
水分/%	2.5	≤0.5	
闪点/℃	49	185	204
推荐用量/%	0.5～3	5～10	3
保质期/年	2	2	2
特性	优异的腐蚀抑制剂,水性体系可用	与磷酸锌共用防腐蚀效果极佳,水性漆中特别有用,与无毒颜料有协同效果,易混,不影响稳定性,研磨时加入	优异的抑制腐蚀性,在水乳液体系中稳定,有极好的润滑性
用途	冷轧钢、镀锌钢、马口铁、磷化钢涂层	可用于各种涂料,特别是苯丙体系	防腐涂料、润滑脂

Lubrizol 2064 内有烃类化合物，因而具有很强的疏水性。这种疏水性的连续相在漆中

起到增塑剂的作用，可降低水汽在漆膜中的渗透速率，产生防腐蚀的效果。Lubrizol 2064 是一种稳定的胶体碱性盐。随着碱性盐在漆膜和基材界面逐渐溶解，pH值逐渐增加，使腐蚀过程得以抑制。

Lubrizol 2064 的用法：在颜料研磨完成后将 Lubrizol 2064 加入研磨料中。如有困难可将 Lubrizol 2064 用以下方法预先制成乳液后添加。

配方：Lubrizol 5363 乳化剂（也可用其他乳化剂） 20 份

二甲基乙醇胺　　　　　3 份

油酸　　　　　　　　　2 份

Lubrizol 2064　　　　　75 份

混合后加热水制成稳定的乳液即可添加到乳液研磨料中。

Lubrizol 2358 的其他理化数据为：滴点 270℃，碱值 170mg KOH/g，钙含量 6.6%，硫 0.9%。

（6）美国 Raybo（瑞宝）公司产品　美国瑞宝（Raybo）公司有水性、水稀释体系和溶剂型涂料用的腐蚀抑制剂多个品种，其中水性和水稀释涂料用的品种和性能见表 13.10。美国瑞宝公司的 Raybo 60 含有气相防锈剂和接触型防腐蚀剂，兼有罐内防锈和钢铁底材上防闪锈的效果，是一种多用途的高效防锈剂，可用于直接在金属上涂装的水性漆中。Raybo 60 为近似水白色透明液，沸点 100℃，蒸气压 2266.4Pa（20℃），有胺化合物的气味，固含量 22%，pH 值 10~11。加入漆总量 1%~2% 的防锈剂，在体系的 pH 值不低于 8.5 时十分有效。制漆时后添加，适用于水性工业漆特别是水性防锈漆和水性底漆、铁罐包装的水性木器漆、建筑乳胶漆、水性油墨等。Raybo 80 与 Raybo 60 有相似的作用，但在 pH 值不低于 7.5 时即有效。

表 13.10　美国 Raybo 公司的腐蚀抑制剂

牌号	固含量/%	活性分/%	d	pH 值	用量/%	适用体系[①]	特点和作用
Raybo 41-Spangle	23	35	0.850		1~2	S,R	稳定铝粉漂浮性，改善光亮度
Raybo60-NoRust	22	25	1.116	10-11	1~2	W,R	去闪锈，罐内防锈
Raybo 75-Protect R	100	100	0.975		1~2	W,R,S	长效防锈，防湿，防盐雾
Raybo 80-NoRust	30	40	1.150	9~11	0.5~2	W	去闪锈，罐内防锈
Raybo 90-NoRust NF	50	50	1.042	>10	0.5~2	W,R	改进铝粉漆稳定性和光亮度，无亚硝酸盐，极严酷环境可用
Raybo 218	24	24	1.078		1~3	W	水溶性有机和无机抑制剂，阴离子，可用于清漆，浸涂漆

① R 为水稀释涂料；S 为溶剂型涂料；W 为水性涂料。

Raybo 90-NoRust NF 外观为淡黄色液体，在水性漆中同样有极好的防锈和防闪锈效果，但不含亚硝酸盐，在有漂浮型铝粉的水性涂料中可稳定铝粉并改善铝粉的光亮度，特别重要的是可用于海岸桥梁这样极严酷的环境用的水性防锈防腐蚀漆中，使用时后添加。

Raybo 41 主要用于稳定漂浮型铝粉，并可防止铝粉失光，可用于含有铝粉的水稀释涂料和溶剂型涂料。Raybo 41 在 5℃ 以下会凝固，故添加温度不得低于 5℃，但是加入漆中以后 5℃ 以下不会凝固析出。

Raybo 75 为一种稠厚液体，凝固点 -18℃，漆中不含防锈颜料，只加 Raybo 75 也有良好的防锈作用。Raybo 75 的最大特点是具有长效防锈性。

Raybo 218 是含有水溶性有机和无机腐蚀抑制剂的产品，阴离子型，不含亚硝酸盐，本身为稻草黄色清液，不仅可用于一般水性漆，特别适用于水性清漆和水性浸涂漆的防腐。

（7）Cognis（科宁）公司的水性漆防锈蚀剂　水性漆铁质包装罐极易锈蚀，尤其是焊缝、封盖以及有划伤处。Cognis 公司的水性防锈剂 Alcophor 40 有良好的防锈效果。与其他防锈剂不同的是 Alcophor 40 在液相和气相中都有防锈作用，因而既可保护液体涂料接触的铁质表面，也可保护暴露在空气中的铁质表面。

Alcophor 40 为黄色透明液体，10%的水溶液 pH 值为 10～11，用量按配方中总水量计，对清漆封底铁罐为 0.1%～0.3%；对铁或镀锡铁为 0.5%～1.0%，可在生产的任何阶段加入，通常在最后阶段添加。

Cognis 公司另有高效腐蚀抑制剂 Alcophor827，是含氮有机化合物的锌盐，通过在阳极区形成保护层，从而提高颜料的防腐蚀效果。Alcophor 827 适用于水性和溶剂型涂料体系，其基本性能如下。

外观：白色粉末

吸油量：80～85g/100g

平均粒径：<5μm

粒度分布：99%<16μm

锌含量：46%～48%

挥发分：<1.5%（110℃）

松密度：100～300g/L

热稳定性：>300℃

LD_{50}：>5g/kg（大鼠，经口）

用量：按漆总量计，1%～2%

由于 Alcophor 827 水溶性极小，因而防腐蚀稳定性很好，又因粒度小，漆的抗沉淀稳定性极佳。与磷酸锌配合使用防腐蚀效果更好。

（8）其他腐蚀抑制剂　碳酸锌铵和钼酸锌铵对乳胶漆有防闪蚀和抗腐蚀作用，这些化合物可直接加入涂料中。其机理是通过部分离解释放出锌离子起缓蚀作用。目前尚未见商品化，仅见美国专利 USP 4243416 和 4234417（1981 年）中有叙述。

第 14 章 特殊效果添加剂

14.1 增硬剂、抗划伤剂和增滑剂

玻璃粉、陶瓷微粉、超细氧化铝、纳米二氧化硅以及蜡粉加入水性漆中会增加漆膜的硬度，提高耐磨性和防滑性，改善耐划伤性，其中纳米二氧化硅分散体有最好的效果。

此外，某些有机硅化合物具有表面增滑和耐划伤的作用，也可用于水性漆中产生特殊的表面效果。

14.1.1 纳米二氧化硅分散体和纳米金属氧化物分散体

纳米二氧化硅分散体又叫纳米胶体硅分散体，用于水性木器漆、水性油墨、水性上光油中可显著提高涂层的硬度、强度和耐划伤性，还可大幅度提高涂层在混凝土和玻璃这样含有二氧化硅和氧化铝的材料表面的附着力，也能提高对木材的附着力。纳米二氧化硅多以无定形的形式存在，粒径通常在 $100\mu m$ 以下，粒子表面通常带有少量负电荷，比表面积 $20\sim800m^2/g$，分散体黏度一般小于 $5mPa \cdot s$。水性体系添加纳米二氧化硅分散体后无定形的二氧化硅微粒附聚在聚合物粒子表面，粒子表面的负电荷使其彼此排斥，可防止产生絮凝，提高体系的稳定性。但当体系的 pH 值低于 8.5 时由于纳米二氧化硅分散体表面电荷太低，体系稳定性将下降。使用时应先将纳米二氧化硅分散体与树脂乳液混合，然后再添加其他组分。

(1) AKZO NOBEL 公司的 EKA NYACOL 纳米胶体硅分散体　AKZO NOBEL（阿克苏·诺贝尔）公司牌号为 EKA NYACOL 的纳米胶体硅分散体，是一种呈碱性的水分散体，依牌号不同，二氧化硅含量各异。水性涂料中，按固体聚合物计添加 30%～60% 的纳米胶体硅分散体后带来的好处是：

① 显著提高漆膜的硬度、耐磨性和涂层的耐久性，使涂层具有极好的表面光洁度；
② 改善漆膜的附着力，提高漆膜的防滑性能，并能持久保持漆膜的光亮度；
③ 大大提高漆膜的抗沾污性、耐化学腐蚀性、耐洗刷性和耐水性；
④ 增加体系的触变性；
⑤ 增强涂层的耐紫外光老化性和热老化性；
⑥ 改善漆膜的导电性，提高防静电能力；
⑦ 增加漆膜的丰满度。

AKZO NOBEL（阿克苏·诺贝尔）公司的纳米二氧化硅分散体性能见表 14.1。

表 14.1　EKA NYACOL 纳米胶体硅分散体的性能

性　能	牌　号						
	515	730	830C	1030	1340	1550	1640
二氧化硅/%	15	30	30	30	40	50	40
粒径/nm	4	14	10	10	20	100	14

续表

性能	牌号						
	515	730	830C	1030	1340	1550	1640
氧化钠含量/%	0.8	0.4	0.55	0.6	0.4	0.1	0.5
pH 值	11.0	10.3	10.5	10.5	10.0	9.0	10.4
密度/(g/cm³)	1.1	1.2	1.2	1.2	1.3	1.4	1.3
黏度/mPa·s	5	7	8	8	13	15	16

(2) BYK 公司的纳米分散体　BYK（毕克）公司的 NANOBYK-3600 是纳米氧化铝颗粒的水分散体，主要作用是改善水性涂料涂层的耐划伤性和耐磨损性，特别适用于 UV 固化水性木器漆。水性涂料中加入 1%～5% 的 NANOBYK-3600 就有显著效果，而不会影响漆膜的透明度、光泽、颜色和物理性能。NANOBYK-3600 的基本性能如下：浅灰色熔融状液体，不挥发分 55%，粒度 d_{50} 为 40nm，20℃的密度为 1.56g/mL，黏度 25mPa·s，沸点约 100℃，闪点 >100℃。NANOBYK-3600 可直接加入漆中，中等剪切力下搅拌均匀即可，取样前应充分搅匀。

(3) Evonik Degussa 公司 AERODISP 分散体　德国 Evonik Degussa（赢创·德固萨）公司有牌号为 AERODISP 的分散体，包括二氧化硅、氧化铝、二氧化钛的水分散体和一个牌号为 AERODISP G1220 的乙二醇分散体，基本性能见表 14.2。表中 VP Disp. 表示的是新研制的产品。

AERODISP 分散体为均一的乳白色液体，加入水性涂料中可增加涂层的硬度、防滑性和耐划伤能力，也可用于印刷油墨。分散体粒子依品种不同粒径为 50～300nm，粒度分布窄，稳定性高，防沉性好。

除了表 14.2 中所列的分散体以外另有牌号为 VP Disp. CO 1030 的新产品，是 30% 的 AEROSIL R 9200 分散在丙二醇甲醚醋酸酯（MPA）中的分散液，可用于生产亮丽的、具有更强耐划伤性能的涂料。该产品使用十分方便，只需要简单的混合即可。VP Disp. CO 1030 分散液的最佳聚集体结构已经得到调整并添加适当的添加剂予以稳定。这些特性缩短了分散时间，从而使分散过程中的介质磨损最小化。VP Disp. CO 1030 中的特种添加剂优化了涂料的流动特性，并且有助于最终的涂层获得理想的光学特性。所用的添加剂都是非有机硅型的。VP Disp. CO 1030 稳定性好，即使在 40℃存放几个月仍然保持稳定，不会产生沉淀。

表 14.2　AERODISP 的分散体的理化性能

牌号	固含量[①]（质量分数）/%	pH 值[②]	黏度[③]/mPa·s	密度/(g/cm³)	稳定剂/备注
碱性 SiO₂ 分散体					
AERODISP W 7520	20	9.5～10.5	≤100	1.12	氨水
AERODISP W 7520 N	20	9.5～10.5	≤100	1.12	NaOH
AERODISP W 7622	22	9.5～10.5	≤1000	1.13	氨水
AERODISP W 1226	26	9～10	≤100	1.16	原名 K330
VP Disp. W 1450	50	9～10	≤10000	1.37	四甲基氢氧化铵
酸性 SiO₂ 分散体					
AERODISP W 1714	14	5～6	≤100	1.08	磷酸盐，原名 K315[④]
AERODISP W 1824	24	5～6	≤150	1.15	磷酸盐，原名 K328[④]

续表

牌 号	固含量[1](质量分数)/%	pH 值[2]	黏度[3]/mPa·s	密度/(g/cm³)	稳定剂/备注
酸性 SiO$_2$ 分散体					
AERODISP W 1836	34	4~6	≤200	1.23	磷酸盐,原名 K342[4]
AERODISP W 7215 S	15	5~6	≤100	1.09	氨水
AERODISP W 7512 S	12	5~6	≤100	1.07	氨水
VP Disp. W 340	40	3.5~5.5	≤1000	1.27	[4]
阳离子 SiO$_2$ 分散体					
AERODISP WK 341	41	2.5~4	≤1000	1.28	阳离子聚合物,原名 VP 5111[4]
VP Disp. WK 7330	30	2.5~4	≤1000	1.2	阳离子聚合物
Al$_2$O$_3$ 分散体					
AERODISP W 630	30	3~5	≤2000	1.26	
VP Disp. W 640 ZX	40	6~9	≤2000	1.38	柠檬酸
VP Disp. W 630 X	30	3~5	≤500	1.26	聚集体粒度[1]70nm(d_{50})
VP Disp. W 440	40	3~5	≤1000	1.38	
TiO$_2$ 分散体					
VP Disp. W740 X	40	6~9	≤10000	1.34	
VP Disp. W 2730 X	30	6~8	≤5000	1.29	
乙二醇分散体					
AERODISP G 1220	20	—	≤300	1.23	原名 G320

[1] 固含量误差±1%。
[2] 按 EN ISO 787-9 测定。
[3] 按 DIN EN ISO 3219 测定,切变速率 100s^{-1}。
[4] 用少量的铝化合物稳定。

(4) 杭州万景新材料有限公司　杭州万景新材料有限公司牌号为 VK-S01W 的纳米二氧化硅水性浆具有良好的分散性和高固含量特性,使用方便,运输便利,易储存。VK-S01W 的技术指标如下:

| 外观 | 乳白微蓝色浆液 | 平均粒径/nm | 30 |
| 纳米二氧化硅含量/% | 20 | pH 值 | 6~7 |

使用方法如下。

① 在涂料研磨阶段同其他填料一起加入,或先加入水性色浆中分散,再一起混合到乳液中。

② 添加量随涂料品种不同在 5%~25% 之间。

a. 水性醇酸树脂漆:添加 2.5%~25%(加水 2%~20%),可以起到增稠、触变、防沉降、防流挂、增加强度、增加耐磨性、增加耐候性、消光等作用。

b. 水性丙烯酸树脂漆:用量 1.5%~12.5%(加水 1.2%~10%)。

c. 水性木器漆：用量 5%（加水 4%），有消光、增加强度、提高耐磨性、改善耐候性的作用。

d. 水性色浆中加入 5%可防沉降。

e. 水性油墨中添加 5%（加水 4%）可起到增稠、触变、防沉降、提高亮度和反差的效果。

在建筑涂料中添加少量的纳米二氧化硅水性浆后，涂料的抗紫外线老化性能可由原来的 250h 提高到 600h 以上，耐擦洗性提高 10 倍以上，干燥时间大幅度降低，而且原来存在的悬浮稳定性差、触变性差、光洁度不高等问题也得到很好的解决。此外，添加纳米二氧化硅的内外墙涂料的开罐效果也明显地改善，涂料不分层，施工性能改善，防流挂提高，抗污染性提高。

14.1.2 玻璃粉

玻璃粉因其高硬度和高耐磨性而受到重视。水性涂料中添加玻璃粉可以大大提高涂层的硬度、抗划伤性、耐磨性和使用寿命。

(1) 日本 TATSUMORI（龙森）公司的玻璃粉 VX-SP VX-SP 为高纯度的结晶石英，具有透明性好、粒径小、粒度分布窄、分散性好的特性，可提高漆膜的硬度、耐磨、耐刮伤等性能。多用于生产高档家具面漆，有消光性，一般与蜡浆共用。主要用于溶剂型漆，在水性漆中可用。另有牌号为 VX-S 的玻璃粉为非涂料用的，不能用于涂料中。

规格如下。

外观	白色粉末	相对密度	2.65
白度	95～97	折射率	1.4585～1.5440
SiO_2/%	99.8	比热容/[kJ/(kg·℃)]	0.2168(0～300℃)
pH 值	5.6～7.5	累积粒度分布/%	25.0～47.0(3μm)
平均粒径/μm	3～5(最大粒径<24μm)		56.0～79.0(6μm)
硬度	7(莫氏硬度)		

(2) 佛山金猴化工有限公司的玻璃粉 JH-10 JH-10 与日本龙森公司产品 VX-S 性能类似，溶剂型漆和水性漆均可用。

规格如下。

外观	白色粉末	比表面积/(m²/g)	1.1264
白度	≥93	密度/(g/mL)	2.7
pH 值	6～7	吸油量/(g/100g)	28.5±2.5
平均粒径/μm	2.5±0.5	硬度	7.8(莫氏硬度)

14.1.3 有机硅化合物

(1) Condea（康盛）公司的 SER-AD DP-FS 444 Condea 公司的 SER-AD DP-FS 444 是一种特殊的聚有机硅氧烷化合物，与许多水溶性涂料相容，包括水性聚氨酯、水性醇酸三聚氰胺、水性油墨等，也可用于极性溶剂型涂料、气干型涂料和 UV 涂料。涂料中加入 SER-AD DP-FS 444 后可改善表面光滑性以及提高耐"硬币划痕"性能，通常用于汽车漆、木器漆、油墨和其他工业漆中。与普通硅树脂和表面改性剂相比，SER-AD DP-FS 444 最大的优点是相容性好，对重涂性影响很小，对 pH 值的适应范围广，水解稳定性好。

SER-AD DP-FS 444 的主要性能如下。

外观	透明液体	pH 值(1%)	约 8.5
成分	溶于二丙二醇醚中的聚有机硅氧烷	闪点/℃	≥80
有效分/%	50	推荐用量/%	0.04~0.3
相对密度(25℃)	约 0.980	用法	调漆前加入,充分搅拌
黏度(25℃)/mPa·s	≤200		

(2) Lubrizol 公司的表面活性添加剂 Lanco Antimar 431　德国 Lubrizol（路博润）公司的液体表面活性添加剂 Lanco Antimar 431 是水性涂料用的聚硅氧烷化合物,其作用是改善涂层表面性质,产生滑爽性,提高耐划伤性,增加流平性和涂膜的柔感,不影响漆膜的光泽,各种光泽的涂料都适用。可用于水性丙烯酸、聚氨酯、醇酸、聚酯、苯丙体系的木器漆、工业涂料和箔膜涂料。Lanco Antimar 431 可直接加入涂料中,低速搅拌易混匀。

Lanco Antimar 431 的基本性能如下。

外观	半透明液体	溶剂	乙二醇单丁醚
类型	表面活性聚硅氧烷	推荐用量/%	0.1~0.75
固含量/%	52	贮存温度/℃	5~30
相对密度(25℃)	0.96	保质期	12 个月,超过保质期检验合格仍可用

(3) 日本迈图（通用电气 GE 东芝有机硅）公司的 CoatOsil 3573　迈图（通用电气 GE 东芝有机硅）公司的有机硅化合物 CoatOsil 3573 是增滑、防粘连剂,主要用于溶剂型涂料和油墨以及 UV 固化涂料,也可用于水性涂料和油墨。在水性涂料中添加少量 CoatOsil 3573 可以显著提高涂层的耐刮痕性,使涂层表面增滑,并增加防粘连性。但是加有 CoatOsil 3573 的涂层重涂性差,因此不适用于底漆。

CoatOsil 3573 的性能如下。

外观	无色透明液体	黏度	$400 \times 10^{-6}\ m^2/s$
成分	侧链结构聚醚改性硅氧烷共聚物	闪点/℃	110
有效分/%	100	推荐用量	配方总量的 0.1%~0.2%,
相对密度(25℃)	1.019		调漆时加入

14.2　手感改性剂

水性漆中加入某些有机硅化合物可以增加漆膜的手感滑爽性,这类化合物可看作一种手感改性剂。另一类具有特殊效果的手感改性剂是绒毛粉、可膨胀微球等,经特殊的工艺处理得到奇特触感效果的涂料。绒毛粉已在溶剂型聚氨酯涂料中作为手感改性剂得到应用,也可用于水性涂料。

14.2.1　漆膜增滑剂和抗粘连剂

漆膜增滑剂用以增加漆膜的手感滑爽性,多为有机硅化合物、天然蜡和聚合蜡类化合物。

(1) Cognis 公司产品　Cognis 公司有两种水性涂料可用的增滑剂,牌号 Perenol S5 和 Polymul MS 40,前者是有机硅化合物,后者为聚乙烯蜡乳液（表 14.3）。除可增加手感滑爽性外,还有抗粘、防尘作用。

表 14.3 Cognis 公司的增滑剂

牌号	外观	化学类型	特性	活性分/%	黏度(25℃)/mPa·s	固含量/%	相对密度	闪点/℃	水分/%	添加量/%
Perenol S5	浅黄透明液	聚硅氧烷和乙二醇丁醚的混合物	通用聚硅氧烷增滑剂适合水性和非水性体系	50	40	49.3	0.965	65	0.2	0.1~0.5
Polymul MS 40	白色浊液	聚乙烯蜡乳液	用于水性 UV 体系和水性涂料、油墨增滑、抗粘、防尘	40	<1000	44.0	0.97	—	60.0	1.0~2.5

Perenol S5 是有机硅化合物，可以降低涂层表面的摩擦，增加耐划性，减少灰尘的附着，同时有增进涂料流平的作用。可用于水性漆、上光油、油墨和 UV 固化涂料。

Polymul MS 40 有抗粘、增滑、防尘、防潮、防沉淀作用。Polymul MS 40 的 pH 值为 4.5~6.5，容易分散在水中。贮存温度 2~27℃，注意防冻，冻后不可直接加热，缓慢回温至室温，搅匀仍可用。

(2) Elementis 公司的表面性能改性剂　英国 Elementis（海名斯）公司的表面性能改性剂能使漆膜增滑，提高耐划伤能力以及抗粘连性，其化学结构主要是有机硅化合物和蜡类物质。注册商标为"SLIP-AYD"，其中 SLIP-AYD FS 444 为有机硅化合物，其余为 PE 蜡和蜡乳液或分散体（表 14.4）。

SLIP-AYD FS 444 是聚硅氧烷型表面功能改性剂，25℃下黏度≤200mPa·s，闪点>80℃，1%的水溶液 pH 值为 8.5，酸碱条件下稳定性均好，耐水解。与各种水性漆相容性佳，包括水性 PU、水性醇酸氨基漆、丙烯酸、环氧、UV 漆、硝基漆以及气干性醇酸漆，还可以用于油墨。添加 SLIP-AYD FS 444 后显著提高表面滑爽性，增加耐硬币划伤性，对重涂性影响很小。可用于汽车漆、木器漆、油墨中。SLIP-AYD FS 444 的贮存保质期为 3 年。

SLIP-AYD SL 295A 易分散在水中，可在生产的任何阶段加入，也可后添加，添加量过大会影响涂料的光泽。PE 蜡软化点 138~143℃，粒度 15~20μm，分子量低，硬度极高，硬度<0.5，分散在水和有机溶剂中。主要用于要求摩擦系数恒定的场合，耐磨损和抗粘连性好。适用于制造普通工业漆、卷钢涂料、木器漆、塑料漆、汽车漆等。贮存温度 5~48℃，保质期 4 年。

SLIP-AYD SL 300 易分散在水中，可在生产的任何阶段加入，也可后添加，添加量过大会影响涂料的光泽。PE 蜡软化点 138~143℃，粒度 15~20μm，分子量低，硬度极高，硬度<0.5，分散在含有 1% 表面活性剂的水和丙二醇中。主要用于要求摩擦系数恒定的场合，耐磨损和抗粘连性好。适用于制造普通工业漆、卷钢涂料、木器漆、塑料漆、汽车漆等。贮存温度 5~48℃，保质期 4 年。

SLIP-AYD SL 340 E 易分散在水中，可在生产的任何阶段加入，也可后添加。PE 蜡软化点 132~143℃，平均粒度<1μm，硬度<0.5。耐磨损、增滑和耐擦伤性好。适用于制造清漆和色漆，不影响光泽。可用于普通工业漆、木器漆、塑料漆、油墨等方面。贮存温度 5~48℃，保质期 4 年。

SLIP-AYD SL 1606 和 SLIP-AYD SL 1618 高速搅拌即可在水中分散均匀。贮存应防潮，保质期 4 年。

表 14.4 Elementis 公司的表面性能改性剂

牌号	外观	组成及类型	活性分/%	相对密度	粒度/μm	溶剂/%	软化点/℃	用量/%	特点	应用
SLIP-AYD FS 444	清液	聚硅氧烷	50	0.980		二丙二醇醚 50.0		0.04~0.3	增滑、改善耐划伤、pH 相容性好、重涂性好、保质期 3 年	水性漆、极性溶剂型漆、油墨
SLIP-AYD SL 295	米白液体至软膏状	高熔点 PE 蜡分散体	21.0	0.95	15~20	BG 42.0、水 37.0	138~143	1.0~4.0	抗粘连、耐磨极佳、透明、不影响层间附着、无缩孔、稳定	汽车 OEM 漆、工业漆、木器漆、手感涂料
SLIP-AYD SL 300	液体至软膏状	高熔点 PE 蜡分散体	30.0	1.01	15~20	PG10.0、水 59.0	138~143	1.0~4.0	抗粘连、耐磨极佳、透明、不影响层间附着、无缩孔、稳定	汽车 OEM 漆、工业漆、木器漆
SLIP-AYD SL 310E	液体	PE 蜡乳液	40.0	1.01	<1	水 60.0	132~143	1.0~5.0	增滑、耐磨性佳、耐擦伤极佳、不影响光泽、易添加	工业漆、木器漆、塑料漆
SLIP-AYD SL 404	米白色膏状体	硬聚合蜡分散体	18.0		2~5	BG 82.0	93~99	0.25~1.0	摩擦系数低、抗粘连、易添加、硬度 2~2.5	防护漆、罐内外涂料
SLIP-AYD SL 417	米白色膏状体	硬聚合蜡分散体	20.0		3~6	异丙醇 80.0	93~99	0.25~1.0	摩擦系数低、抗粘连、易添加、硬度 2~2.5	防护漆、罐内外涂料
SLIP-AYD SL 508	米白色膏状体	巴西棕榈蜡分散体	17.5		2~4	异丙醇 82.5	82~88	0.5~2.5	摩擦系数低、耐磨损、耐划伤极佳、抗粘连优、硬度 2~3	罐听涂料
SLIP-AYD SL 523	米白色膏状体	硬聚合蜡分散体	18.0		1~3	异丙醇 82.0	93~99	0.25~2.5	摩擦系数低、耐磨损、抗粘连优、易添加、硬度 2~3	防护漆、罐内外涂料
SLIP-AYD SL 1606	白色粉末	PE 粉	100		5~6	—	135	0.25~1.5	耐划伤、耐磨损、抗粘连极佳、光泽好、易混入水中	水油通用、工业漆、油墨
SLIP-AYD SL 1618	白色粉末	氧化 PE 粉	100		18	—	135	0.1~1.5	耐划伤、耐磨损、耐粘连极佳、光泽好、易混入水中	水油通用、工业漆、油墨

(3) San Nopco 公司的增滑剂　Nopcote PEM 17 是诺普科公司的氧化聚乙烯蜡乳液，非离子型，对水性涂料、水性油墨有良好的耐摩擦润滑性，并有抗粘连，改善耐高温性的效果。Nopcote PEM 17 在 pH 值为 5~12 的范围内稳定，但是强酸会引起沉淀。Nopcote PEM 17 的基本性能如下。

外观	半透明液	相对密度	1.0
固含量/%	40	pH 值	9
黏度/mPa·s	200	推荐用量/%	1~5

诺普科公司另有牌号为 Nopcote PEM 15 的氧化聚乙烯蜡乳液，性能和用途与 Nopcote PEM 17 相同。

14.2.2　绒毛粉和弹性粉

绒毛粉是一种弹性聚合物微球，通常由聚氨酯或丙烯酸酯制成的，其单个直径在 10~100μm，以 10~30μm 为佳。混入涂料中成膜以后随粒度大小和弹性不同能产生从橡胶弹性到天鹅绒般的手感，同时赋予涂层柔和的光泽、顺滑而富有弹性的触感、良好的耐摩擦性和优异的耐刮伤效果。多数溶剂型涂料用的绒毛粉也可用于水性漆，其应用领域从文具、化妆品、体育用品到家电产品、汽车内饰、室内装饰应有尽有（表 14.5）。

表 14.5　绒毛粉的应用领域

涂装方法	应用范围	适用产品
喷涂	家电用品	电视机、音响组合、收音机空调、冰箱、听筒、电话、遥控器、照明用品等
	办公室设施	手提电脑、打字机、影印机
	汽车	仪表板、车厢内饰设施
	文具	圆珠笔、计算机等
	体育用品	球拍、球棒、钓鱼竿
	建筑物料及家具	办公桌、椅子、贮物柜、墙纸、墙面
	光学器械	照相机、望远镜等
	其他	玩具、装饰品、化妆箱等
板材涂装	建筑居家物料	墙纸、办公桌
	文具	记事本、其他用品
	化妆品	粉饼、粉底、口红
	其他	微型音响组合、旅行袋、包装容器等

(1) 大日精化公司绒毛粉　日本大日精化公司的各色商品绒毛粉牌号为 F010~F060。各牌号对应的颜色是 F010（透明）、F020（白）、F030（黑）、F040（蓝）、F050（红）、F060（黄）。每个颜色的绒毛粉粒径有 15~30μm、30~50μm、50~100μm 三种，相对密度有 1.13~1.22、1.27~1.35 和 1.40~1.55 三种规格，建议添加量为 25%~30%。

另外，大日精化公司还有一种聚氨酯弹性粉，牌号 5070D，有优异的耐溶剂性和耐热性，易分散，加到涂料中可产生柔软舒适的触感。5070D 的基本性能如下：平均粒径 7μm，相对密度 1.4，松密度 0.4g/mL，吸油量 48g/100g，不挥发分＞99%，熔点＞250℃，硬度 (JISA) 74。

(2) 日本根上化学公司的绒毛粉　日本根上化学公司生产的 ART PEARL 系列绒毛粉，

是一种特殊的丙烯酸或聚氨酯聚合体微粒，能用于塑料、金属、木器涂料，也可以用作涂膜填充物。广泛应用于手机涂料、塑胶涂料、家具器具涂料、木器涂料等领域。添加绒毛粉后涂层视觉光泽柔和，如绒皮状，其触觉类似织物，滑爽而富有弹性，耐摩擦性好，具有柔软温暖的手感和优异的耐刮伤效果。

ART PEARL 绒毛粉的型号和特性见表 14.6。聚氨酯型的相对密度为 1.1～1.3，容重为 0.6～0.8g/mL，分解温度 290℃，不挥发分≥98%，耐溶剂、耐热、耐化学品和耐磨性比丙烯酸酯型的差。丙烯酸酯型的相对密度 1.2～1.7，容重 0.7～0.8g/mL，分解温度 248℃，不挥发分≥98%，耐溶剂、耐热、耐化学品和耐磨性较好，硬度高。

表 14.6 ART PEARL 系列绒毛粉型号和特性

型号	类型	平均粒径/μm	吸油量/(g/100g)	特性	颜色
聚氨酯型					
C	200	25～40	55～65	优异的弹性、手感、耐刮伤性和耐低温性能	透明、黑
C	300	17～25	60～70		透明、黑
C	400	12～17	60～70		透明、黑、白、红、蓝、黄、绿
C	800	5～8	75～95		透明、黑、白
P	800	7	100～120		
MT	400	12～17	60～70	颜色深	黑、棕色、黄
U	600	8～12	55～65	附着力好	透明
丙烯酸酯型					
G	200	25～40	30～40	优良的耐刮伤性、耐候性、耐磨损性、耐热性和耐冲击能力	透明
G	300	17～25	20～40		透明
G	400	12～17	25～45		透明、黑、白
G	800	5～8	50～70		透明
J	7P	6.5±0.5	>100	粒径非常细	透明
J	5P	3.4±0.4	>100		透明
J	4P	2.1±0.3	>100		透明

ART PEARL 绒毛粉有各种不同规格、不同粒径范围和颜色的产品可供选择。要得到柔感效果的涂料，需要选用粒径大于本身涂层厚度的 ART PEARL。对柔软触感应选聚氨酯型 ART PEARL 和丙烯酸基料结合使用；而需要坚硬触感时则应该将丙烯酸 ART PEARL 和聚氨酯基料结合使用。

（3）余姚市特种防腐材料厂的绒毛粉　余姚市特种防腐材料厂的绒毛粉是一种经特种硅树脂改性的着色或不着色的聚氨酯和丙烯酸聚合物微粒，其单个直径在 10～80μm 之间，颜色有透明、红、黄、蓝、白、黑等色，牌号为 5110、5120、5150 和 5180（表 14.7）。

表 14.7 余姚市特种防腐材料厂的绒毛粉

性能	规格			
	5110	5120	5150	5180
吸油量/%	60～75			
粒径/μm	8～15	15～30	30～50	50～100

续表

性　能	规　格			
	5110	5120	5150	5180
松密度/(g/mL)	0.4～0.6			
pH 值	6～8			
重量损失(1h/200℃)/%	<10			
可溶性重金属(0.1mol/L HCl)	无			
耐溶剂性	良			
粒子手感	滑润			
对成品漆的添加量/%	25～30			
含水量/%	<1			
颜色	红、黄、蓝、黑、白、透明			

另有一种牌号为608TR-2的聚氨酯弹性粉可用于橡胶漆和弹性漆，弹性好，耐划痕性强，其涂膜可使皮革、油墨、涂料，包括木器、家电、汽车、音响，手提电脑等塑料机壳涂料产生柔软和弹性手感。608TR-2的性能见表14.8。

表 14.8　弹性粉 608TR-2 的基本性能

性　能	指　标	性　能	指　标
颜色	透明	可溶性重金属(0.1mol/L HCl)	无
吸油量/%	40～60	耐溶剂性	在二甲苯、丁醇、乙二醇丁醚中良好
松密度/(g/mL)	0.3～0.5		
粒径分布/%	>70(5～10μm)	粒子手感	均匀滑润
pH 值	6～8	固体含量/%	>99
重量损失(1h/200℃)/%	<10		

14.2.3　可膨胀微球

Akzo Nobel（阿克苏·诺贝尔）公司的 Expancel 微球是一种不透气聚合物壳包裹着的，内部充填可气化液体的球状微粒，受热后壳软化，液体气化，微粒体积可膨胀40倍左右，使涂料表面呈现出立体图形，增加了摩擦力，产生一种特殊的手感。Expancel 微球膨胀前直径通常为 $10\sim12\mu m$，密度 $1000\sim1200kg/m^3$，膨胀后直径增至 $40\sim50\mu m$，密度降为 $30\sim40kg/m^3$。

Expancel 微球有各种不同膨胀温度等级的产品，膨胀温度范围从 80～190℃。发泡后的微球是一种100%的封闭体，其典型大小为 $20\sim150\mu m$，具有非常均匀的细密泡孔结构。已膨胀的微球具有高回弹性，容易压缩，当压力释放后，微球又回复到原有的体积。

Expancel 微球可以应用在水性涂料中改善手感性，此外，加到丝网印刷和凹版印刷的油墨中，可在纸张、壁纸和织物上获得三维图形。其他应用领域有汽车工业用的修补涂料和密封胶、纸张、纸板、染料、织物、无纺织物的喷染和浸渍。在人造大理石中，少量的Expancel 微球（1.5%的质量份）能减轻制品的重量，减少破碎的风险和降低加工成本。在聚酯胶泥中添加1%质量份的微球，可使胶泥的密度从 $1800kg/m^3$ 降至 $1100kg/m^3$，胶泥的打磨性大大改进。采用加入 Expancel 微球来降低密度的其他应用有聚氨酯浇注弹性体、涂料、丙烯酸密封胶和嵌缝料等。

Expancel 微球有 DU 和 WU 等规格，各个牌号的性能见表14.9。

表 14.9　Expancel 可膨胀微球的牌号和性能

Expancel	粒径(重均直径)/μm	起始发泡温度/℃	最大发泡温度/℃	密度/(kg/m³)	耐溶剂性
820 DU 40	10～16	75～80	115～125	<25	*
551 DU 40	10～16	93～98	139～147	<17	* * *
551 DU 20	6～9	93～98	129～137	<25	* * *
551 DU 80	18～24	93～98	138～148	<20	* * *
461 DU 40	9～15	96～102	137～145	<20	* * * *
461 DU 20	6～9	98～104	133～141	<30	* * * *
051 DU 40	9～15	106～111	138～147	<25	* * * *
053 DU 40	10～16	94～101	136～144	<20	* * *
009 DU 80	18～24	114～124	165～180	<10	* * * * *
091 DU 40	10～16	120～128	161～171	<17	* * * * *
091 DU 80	18～24	116～124	171～181	<17	* * * * *
091 DU 140	35～45	112～122	183～193	<14	* * * * *
092 DU 40	10～17	124～136	160～180	<17	* * * * *
092 DU 120	28～38	116～126	190～202	<14	* * * * *
093 DU 120	28～38	116～126	185～200	<6	* * * * *
095 DU 120	28～38	135～145	195～210	<14	* * * * *
820 WU 40	10～16	75～80	115～125	<25	*
642 WU 40	10～16	84～90	125～133	<17	* *
551 WU 40	10～16	93～98	135～143	<17	* * *
551 WU 20	6～9	93～98	129～137	<25	* * *
551 WU 80	18～24	93～98	138～148	<20	* * *
461 WU 40	9～15	96～102	137～145	<20	* * * *
461 WU 20	6～9	98～104	133～141	<30	* * * *
051 WU 40	9～15	106～111	138～147	<25	* * * *
007 WUF 40	10～16	90～98	132～140	<15	* * *
053 WU 40	10～16	94～101	136～144	<20	* * *
054 WU 40	10～16	118～128	140～150	<17	* * *
091 WUF 40	10～16	120～128	161～171	<17	* * * * *
091 WU 80	18～24	116～124	171～181	<17	* * * * *

注：* 最差；* * * * * 最好。

14.3　疏（憎）水剂

疏水性即对水的排斥性，有疏水性的表面表现出不能被水润湿，或不能被完全润湿，即产生所谓的"荷叶效应"。宏观测定可发现水滴在材料表面的接触角 θ 增大，接触角越大，界面越疏水。疏水剂又叫憎水剂，是一类能在涂层表面或基材表面聚集，产生降低表面张力和减小亲水性效果的化合物。疏水剂有两种作用方式：一是添加到涂料中，使固化后的涂膜具有良好的防水性并保持一定的透气性；另一种是渗透到多孔材料（无机建材、木材等）中，使材料产生憎水性，同时保持微孔的透气性。好的疏水剂能使水的接触角远大于 $90°$。

常见的疏水剂有脂肪酸金属皂、石蜡、聚烯烃、有机硅树脂和氟碳聚合物等。其中有机硅树脂和氟碳聚合物涂覆的表面有极佳的疏水性，接触角可高达 $140°\sim160°$。

疏水剂疏水性的好坏取决于疏水剂分子在基材上的排列、取向以及疏水剂分子与基材结合的紧密程度。以聚硅氧烷为例，硅氧烷基团中的氧原子定向排列在基材表面，外层为连接在硅原子上的烷基，疏水的烷基含量越高，疏水效果越强。选择不同的烷基，可以调节疏水剂的疏水性。将甲基接到硅原子上，得到的疏水剂在中性和弱碱性基材上具有较高的耐久性，如果用长链基团代替甲基，则在强碱性基材上也能具有长期的疏水性。聚硅氧烷对基材的附着力很好，特别是在同样含硅的硅酸盐基材上，聚硅氧烷润湿性和铺展性以及附着力都十分优异，即使涂膜非常薄也能呈现极好的效果。此外，聚硅氧烷几乎不影响建筑材料的多孔性，涂覆聚硅氧烷疏水剂后，液态水不能浸润和流入基材的微孔中，但空气和水蒸气的渗透性保持不变。

由此可见，疏水剂有两种使用方法：作为浸渍剂和用作水性涂料的添加剂。对表面不需要进一步涂装的多孔建筑材料采用浸渍工艺增加疏水性是最好的方法。聚硅氧烷浸渍剂也可作为底涂剂用，它们极易渗入建材的微孔中，这样不仅能阻止建筑材料内部的水和无机盐的迁移，防止外部水渗入建筑材料内部，还能提高面漆的附着力，即使在面漆损坏后也能起到保护建筑材料的作用。此外，涂覆的疏水剂还有防积尘的作用。但是硬脂酸盐、石蜡、聚烯烃这样的疏水剂会恶化面漆的附着，所以不能用作底涂剂。

往涂料中加入疏水剂，在涂料干燥成膜的过程中疏水剂富集于漆膜的表面，形成憎水层，同样能起到疏水和自洁的作用。

(1) Cognis 公司的疏水剂　Perenol HF200 是 Cognis 公司的水性涂料用高分子高效表面疏水剂，能有效降低涂膜的表面张力。其典型特性如下：

外观　　　　　　白色乳状液　　　黏度(Brookfield 黏度，2#转子，　400~800
pH 值　　　　　　9.0~10.0　　　　50r/min,25℃)/mPa·s
固含量/%　　　　38.0~40.0

① 特点　HF200 为在水中分散的细颗粒物，随着涂膜水分挥发迁移到漆膜表面，使得涂膜表面具有疏水性，产生所谓的"荷叶效应"，水珠不能润湿；在中、低 PVC 涂料中，HF200 都可以赋予涂膜表面疏水性；HF200 水分散性好，除可在涂料制备过程中添加外，还可根据需要，在成品漆中直接添加；通过提高漆膜表面的疏水性，防止水分渗透，增强漆膜的耐沾污性。

② 应用　Perenol HF-200 用量低，在中等 PVC 乳胶漆中效果突出，建议添加量为配方总量的 0.5%~6.0%，一般为 2%，无需稀释，可以在涂料生产的最后阶段添加，不会影响色漆展色性。该产品用在内外墙涂料中，赋予涂膜类似荷叶表面的疏水效果。

③ 贮存　Perenol HF-200 必须保存在 5~40℃，避免冻结。

(2) Münzing 公司的疏水剂　Münzing Chemie 公司的疏水剂品种有 Ombrelub RA 和 Ombrelub 533，前者本质上是一种液体石蜡，后者为硬脂酸钙，基本性能见表 14.10。

表 14.10　Münzing 公司的疏水剂

性　能	牌　号	
	Ombrelub RA	Ombrelub 533
组成	加有表面活性物质的液态烃	硬脂酸钙分散液
外观		白色浊液
活性分/%		约 50
黏度/mPa·s		约 150
相对密度(20℃)		约 1.01
pH 值		约 11
水溶性	易乳化于水中	可以任何比例与水混合
用量/%	1~2	涂料油墨 0.5~2，水泥 2
保质期/月		6
特性	①适用性广 ②不改变颜色、不迁移 ③高温贮存仍有效	①增滑 ②防水、防潮 ③在混凝土中可增加耐水性
应用	可剥涂料、特种涂料	木器漆、油墨、混凝土表面

（3）Tego 公司的疏水剂　Tego 公司的浸渍型疏水剂见表 14.11。TEGOSIVIN HE328 和 HE899 是聚硅氧烷乳液，特别适宜用作混凝土和砖石这样的矿物基材表面的底漆，不影响碳化作用，与面漆有良好的附着力，可用于建筑外墙涂料的涂装，但不推荐用于木材、皮革这样的多孔材料。TEGOSIVIN HE328 可提高外墙涂料的耐碱性，减少吸水性，避免雨水侵蚀和盐雾的破坏。TEGOSIVIN WF 是溶剂型有机硅树脂液浸渍剂和底漆，适用于溶剂型和水性体系，有很高的渗透性，对纯丙、苯丙和聚氨酯乳液户外用涂料有效，也可用做木器涂料的底涂剂。

表 14.11　Tego 公司的水性体系用浸渍型疏水剂

性　　能	牌　号		
	TEGOSIVIN HE328	TEGOSIVIN HE899	TEGOSIVIN WF
成分	聚硅氧烷乳液	聚硅氧烷乳液	聚硅氧烷溶液
外观	白色液体	白色液体	透明液体
活性物含量/%	50	50	50
不挥发物/%	—	—	46～52
流出时间(3mm/23℃)/s	40～55	33～45	—
密度(25℃)/(g/mL)	—	—	1.00～1.04
黏度(25℃)/mPa·s	—	—	6～12
折射率(25℃)	—	—	1.435～1.441
溶剂	—	—	乙二醇丁醚
pH 值	7～8	8～10	—
推荐用量/%	稀释成10%活性物用	稀释成10%活性物用	1.0～10.0
贮存期/月	6	6	12

Tego 公司用于水性体系的添加型疏水剂有 TEGO Phobe 1000、Phobe 1000 S、Phobe 1200、Phobe 1300、Phobe 1400、Phobe 1500 N、Phobe 1600、Phobe 1650（表 14.12）。这些疏水剂可加到外墙涂料、灰浆、腻子中，增加防水性，对乳胶漆和硅酸盐涂料特别有效。Phobe 1000 和 Phobe 1000 S 有优异的耐暴雨性，Phobe 1300 不用于乳胶漆，只做浸渍剂和底涂剂用，但是可用于硅酸盐涂料和灰浆中。Phobe 1500 N 可用于纯丙、苯丙和聚氨酯乳液木器漆（添加量为配方总量的 1%～5%）；Phobe 1400 不仅可用作水性木器漆疏水剂，还可用于改进皮革涂料的憎水透气（用量占配方总量的 1%～5%）。Phobe 1500 N 和 Phobe 1400 处理的涂膜有良好的荷叶效应。

表 14.12　Tego 公司的 Phobe 牌号疏水剂

性　　能	Phobe			
	1000	1000S	1200	1300
成分	聚甲基苯基有机硅乳液	聚甲基苯基有机硅乳液	聚硅氧烷乳液	低分子量改性聚硅氧烷乳液
外观	白色液体	白色液体	白色液体	白色液体
活性物含量/%	50	50	—	50
不挥发物/%	48～53 (1h/180℃)	48～53 (1h/180℃)	56～61 (3h/120℃)	47～51 (3h/120℃)
溶剂	二甲苯	Solvesso 100	—	—
溶剂含量/%	约 12.5	约 12.5	—	—
流出时间（6mm/23℃)/s	15～40	15～40	—	—

续表

性　能	Phobe			
	1000	1000S	1200	1300
密度(25℃)/(g/mL)	—	—	—	—
黏度(25℃)/mPa·s	—	—	—	—
推荐用量/%	1~10	1~10	1~10	1~5
贮存期/月	6	6	6	6

性　能	Phobe			
	1400	1500N	1600	1650
成分	聚氨基硅氧烷乳液	特殊官能团聚硅氧烷	聚烷基芳基硅氧烷乳液	改性聚硅氧烷乳液
外观	白色液体	清澈至微浊液	白色液体	白色液体
活性物含量/%	50	50	50	50
不挥发物/%	46~52 (3h/120℃)	—	—	—
溶剂	—	DPM/(C_{10}~C_{13})烷烃(4/1)	—	—
溶剂含量/%	—	—	—	—
流出时间(6mm/23℃)/s	—	—	—	—
密度(25℃)/(g/mL)	0.95~1.00	—	—	—
黏度(25℃)/mPa·s	—	120~650	300~650	10~80
推荐用量/%	1~10	1~9	1~10	1~10
贮存期/月	6	6	9	6

（4）其他疏水剂　其他牌号的疏水剂列于表 14.13 中。

表 14.13　其他牌号的疏水剂

牌号	外观	组成及类型	固含量/%	d(20℃)	pH 值	用量/%	作用和特点	生产厂家
Basophob WDS		水性石蜡分散体	61.5~64.5		8.4~9.4		荷叶效果疏水剂	BASF
Cerfobol R/75	乳白液	石蜡/聚乙烯蜡分散体	30	0.875		1~4	建筑涂料用，耐水，耐沾污	Lamberti

14.4　附着力促进剂

附着力促进剂用于提高涂料基料对底材，特别是苛刻底材的附着力，对金属、无机材料和某些塑料底材有效，同时也能增加涂层内部的黏附力。

（1）BYK 公司的水性附着力促进剂　BYK 公司的附着力促进剂有 BYK-4500 和 BYK-4510 两个牌号（表 14.14）。

表 14.14　BYK 公司的附着力促进剂

性　能	牌　号	
	BYK-4500	BYK-4510
成分	高分子量嵌段共聚物	羧基共聚物溶液
外观		无色液体
相对密度	1.00	1.12
不挥发分/%	40.0	80.0
溶剂	醇酯-12	丙二醇甲醚
闪点/℃	103	48
酸值/(mg KOH/g)	—	30
推荐用量/%	1.0～3.0	1.0～5.0
特性	旧漆膜上涂乳胶漆和乳液用附着力促进剂，直接加入漆中使用	改善钢、镀锌钢、铝、铜上的附着力
应用	乳胶漆、水性醇酸、杂合物	水溶性漆

（2）Eastman 公司的水性聚烯烃附着力促进剂　聚丙烯和其他热塑性聚烯烃塑料是很难着漆的，特别是水性涂料，附着力更差，Eastman 公司有一系列氯化聚烯烃（CPO）是改善水性漆与这类塑料附着力的极好的附着力促进剂，牌号为 Eastman CP 310W、CP 347W 和 CP 349W，另有水性无氯附着力促进剂 Eastman Advantis 510W（表 14.15）。这些附着力促进剂与许多苯丙乳液和聚氨酯分散体相容，可以直接加入水性体系中，改进漆对低表面能塑料基材的附着，它们可用于汽车、电子通信器件、印刷油墨和普通工业器材领域。Eastman CP 310W、CP 347W 和 CP 349W 是氯化聚烯烃的水分散体，中和胺各不相同，CP 349W 含乙二醇。CP 310W 中有快速挥发的氨，使其可用作气干的附着力促进底涂剂。CP 347W 和 CP 349W 中有 2-氨基-2-甲基-1-丙醇，使得它们与水性树脂更易相容。Eastman Advantis 510W 是新一代无卤素水性聚烯烃附着力促进剂，更加环保。

表 14.15　Eastman 公司的聚烯烃附着力促进剂

性　能	牌　号			
	CP 310W	CP 347W	CP 349W	Advantis 510W
固含量/%	30	25	26	24
CPO/%	24	20	20	—
溶剂	—	—	5%乙二醇	—
pH 值(25%)	9～10	9～10	9～10	8
稳定性				
1 年贮存期	不变	不变	不变	无显著变化
50℃/4 周	稍沉淀	不变	不变	无显著变化
冻融稳定性	良好	良好	良好	差

（3）Degussa 公司的水性附着力促进剂 EP-DS 1300　Evonik 工业集团旗下的 Degussa（德固萨）公司有水性附着力促进剂 EP-DS 1300，可提高水溶性气干和烘烤型涂料的附着力，对金属材料、无机材料和一些塑料有效，并能明显改善涂料的光泽、柔韧性、耐腐蚀性和耐候性。EP-DS 1300 为 40% 的去离子水溶液，加有二甲氨基乙醇，其性能如下。

外观	乳白液	pH 值	6～8
不挥发物/%	约 45	T_g(树脂)/℃	约 30
酸值/(mg KOH/g)	28	软化点(树脂)/℃	约 55
羟值	约 60	贮存稳定性(5～25℃)/月	6
黏度/mPa·s	约 400		

EP-DS 1300 安全性好,可用于食品包装领域。使用前要先做附着力促进剂与涂料的相容性试验,若无问题才可添加。

(4) 广州市华夏助剂化工有限公司的 HX-6021 附着力增进剂 广州市华夏助剂化工有限公司的附着力增进剂 HX-6021 是一种聚合物溶液,外观为浅黄透明液,不挥发分 80%,溶剂为异丙醇。25℃时相对密度 1.09,折射率 1.47,酸值 50mg KOH/g,闪点 20℃。

HX-6021 能显著提高包括水性烘漆在内的丙烯酸氨基烘漆对非铁金属的附着力,可以克服涂料在铝、铝合金、铜、锌、不锈钢以及电镀涂层上附着力差的问题。用量为配方总量的 1%~5%,可在调漆或稀释阶段加入。

(5) Lubrizol 公司的附着力促进剂 Lubrizol 公司可用于水性体系的附着力促进剂有 Lubrizol 2061、2062 和 2063。这些附着力促进剂都是磷酸酯型,取代基各不相同,性能有差别(见表 14.16)。

表 14.16 Lubrizol 公司的附着力促进剂

性 能	牌 号		
	Lubrizol 2061	Lubrizol 2062	Lubrizol 2063
类型	环氧基磷酸酯化合物	羟基酚醛磷酸酯	羧基磷酸酯
外观	琥珀色微浊液体	琥珀色液体	清澈液体
不挥发物/%	66	59~66	54~58
相对密度(25℃)	1.07~1.10	0.98~1.01	1.06~1.12
黏度/mPa·s	17000	9000~20000	≤3700
酸值/(mg KOH/g)	55	38	50
水分/%	≤3.5	≤0.3	≤1.5
闪点/℃	38	32	58
溶剂	乙二醇单丁醚	异丁醇	乙二醇单丁醚
推荐用量/%	1~3	1~3	1~3
贮存温度/℃	5~30	5~30	5~30
保质期/月	24	24	24
特性	提高涂层对金属的附着力和耐腐蚀性,增加柔韧性,减少闪锈	提高涂层对金属的附着力和耐腐蚀性,减少闪锈,易混合	提高涂层对金属的附着力和耐腐蚀性,增加柔韧性,减少闪锈
用途	工业漆、重防腐漆、烤漆、水性漆	工业漆、水性漆	工业漆、水性漆

这些附着力促进剂可以提高涂层在表面预处理较差的金属上的附着力。在水性漆中使用的话如果有助溶剂和氨基醇化合物存在时可以增加促进剂在体系中的溶解性。其用量的确定通常先按配方总量的 1%~2%(质量分数)加入,在某些情况下需加入总量的 3% 左右。最佳加入量为通过试验找到附着力最好时的量。

详细说明(以 Lubrizol 2063 为例):金属附着力促进剂 Lubrizol 2063 是以聚酯为主链的磷酸酯,由于磷酸酯能和金属表面键合,故 Lubrizol 2063 能改善油性及水性涂料对金属基材的附着力,对铝材效果尤佳,对冷轧钢、镀锌钢效果也好,与此同时还可改善漆膜的柔韧性和耐腐蚀性。Lubrizol 2063 可广泛用于各种涂料系统,包括油性和水性的丙烯酸/三聚氰胺、聚酯/三聚氰胺、醇酸树脂、环氧树脂、双组分聚氨酯和聚氨酯乳液以及丙烯酸乳液体系。

Lubrizol 2063 为黏稠状液体,建议在研磨阶段加入或在调漆阶段高速搅拌或慢速搅拌下加入。用于水性系统时,可先用氨水将体系中和至 pH 值为 7 后加入,或直接加入已加氨水的系统中。该产品有酸功能,因而在某些场合有催化作用,在烘烤时会使氨基漆加速交联，因此，可减少催化剂的量或降低烘烤温度。

（6）OMG 公司的附着力促进剂　Borchi Gen HMP 是 OMG 公司的烘烤漆用附着力促进剂，可用于包括水性烘烤漆在内的热固化涂料体系。Borchi Gen HMP 不含有机硅，对铝、锌和其他非铁金属基材上的附着力增加有明显效果，还可提高漆膜弹性。基本性能如下。

外观	淡黄液体	密度(20℃)/(g/cm^3)	约 1.09
Gardner 色度	≤3	折射率(20℃)	约 1.474
固含量/%	78～83	闪点/℃	约 33
黏度(20℃)/mPa·s	1000～2000	推荐用量/%	约 2

Borchi Gen HMP 与多种基料的相容性好，耐温性极佳，即使到 280℃ 也不影响颜色。用于水性漆时可用 20% 的二甲基乙醇胺稀释后添加，生产中加入或后添加均可。Borchi Gen HMP 应贮存在 5～30℃ 的环境中，长期存放会有结晶析出，加热结晶会消失，不影响助剂质量。

（7）日本 TOYOBO 公司的 PP 底材附着增进剂　德谦（Deuchem）公司代理日本 TOYOBO 公司的 EH-801 底材附着增进剂是聚丙烯（PP）底材专用的水性附着力促进剂，主要用于 PP 材质的汽车内装，改善涂料与 PP 的附着力，特别是软质 PP 基材的附着力。EH-801 为乳液状，一般可稀释 5～8 倍后作底涂使用；也可与水性树脂混合，按树脂固体分计混合比例为(4/6)～(6/4)，为了改善混溶性应加入总量 5%～10% 的溶剂，如丙二醇单丁醚或二丙二醇单甲醚。EH-801 适用的树脂为水性聚氨酯和水性丙烯酸酯聚合物，添加后附着力有极大的提高。EH-801 的基本性能如下。

外观	黄棕色乳液	溶剂	水
组成	特殊酸改性氯化聚烯烃	平均粒径/μm	约 0.3
不挥发分/%	约 30	pH 值	7～8
相对密度	约 1.02	贮存条件/℃	5～40
黏度/mPa·s	≤100		

此外，还有几个 PP 底材水性附着力促进剂的牌号和特性见表 14.17。

表 14.17　日本 TOYOBO 公司的水性附着力促进剂

牌号	成分	不挥发分/%	氯含量/%	黏度/mPa·s	特性和用途
EH-801	改性氯化聚烯烃水乳液	约 30	约 16	≤100	PP 塑料底漆
EW-5303	改性氯化聚烯烃水乳液	约 30	约 17	≤100	PP 塑料底漆
EW-5313	改性氯化聚烯烃水乳液	约 30	约 10	≤100	PP 塑料底漆，低氯含量
EW-5504	改性氯化聚烯烃水乳液				PP 塑料底漆，高固含、高分子量
EY-4052	丙烯酸改性氯化聚烯烃水乳液	约 30	约 8	5～30	PP 塑料底漆，硬度高
EY-4075	丙烯酸改性氯化聚烯烃水乳液	约 30	约 6	5～30	PP 塑料底漆，低氯含量，玻璃化温度高
NA-3002	无氯聚烯烃水乳液	约 30	0	≤100	不含氯，适于作胶黏剂，增进 PP 与 PP、铝材、不锈钢等材质间的附着力
NZ-1004	无氯聚烯烃水乳液	约 30	0	≤100	不含氯，软化点低，适于作胶黏剂，增进 PP 与 PP、铝材、不锈钢等材质间的附着力

(8) TEGO 公司的附着力促进剂　TEGO 公司的附着力促进剂牌号为 TEGO ADDID 900 和 911（表 14.18），是一类具有反应活性基团的硅烷化合物，对含硅、氧化后的基材以及金属陶瓷材料有极好的效果，可以直接加到涂料中使用，也可用作底涂剂施用。TEGO ADDID 900 和 911 对水性、溶剂型和 UV 固化涂料都适用，但实际添加前应先做试验确定相容性和效果。

表 14.18　附着力促进剂 TEGO ADDID 900 和 ADDID 911

性　　能	牌　号	
	ADDID 900	ADDID 911
成分	氨基烷氧基硅烷	环氧基烷氧基硅烷
活性基团	氨基,三甲氧基	环氧,三甲氧基
外观	透明液体	透明液体
活性物含量/%	100	100
溶解性	溶于水	
推荐用量/%	底漆 1~5,树脂添加 0.1~3.0	0.1~3.0
贮存期/月	12	12
适用树脂体系	聚酯、环氧、聚氨酯、醇酸、三聚氰胺树脂以及聚醋酸乙烯酯等	

TEGO 公司另有一个可提高涂层附着力的树脂分散液，适用于水性配方涂料，主成分是含有二甲基乙醇胺的改性聚酯分散体，不含有机溶剂，牌号 TEGO AddBond DS 1300。该产品可用于水性工业涂料，主要特点是在钢铁、铝、镀锌钢以及 PVC 和 ABS 等塑料上有优异的附着力促进作用，能提高涂层的柔韧性、光泽和防腐蚀性能，还可提供漆膜的层间附着力。TEGO AddBond DS 1300 可在调漆阶段添加，其基本性能如下。

外观	水分散体	羟值(以不挥发物计)/(mg KOH/g)	60
不挥发物/%	约 45	玻璃化温度/℃	约 30
分散介质	水	推荐用量(以基料固体计)/%	2.5~10
黏度/mPa·s	约 100	贮存期/月	6
pH 值	约 7		

(9) 莫尔化工公司的 MOAP 1316　上海莫尔化工有限公司的水性附着力促进剂 MOAP 1316 可以直接添加到水性涂料中，或在涂料施工时临时添加，能增进涂料对玻璃及金属底材的附着力，同时提高涂料的耐水性。

① 性能

外观	无色至微黄色澄清液体	相对密度	1.00~1.05
溶解性	溶于丙酮、甲苯、乙醇、乙二醇单丁醚等	闪点/℃	100 以上
		有效成分/%	95 以上

② 特性与用途

a. 用于水性涂料中增加涂膜对玻璃和金属（铜、铝等）的附着力；

b. 浅色漆不会出现黄变；

c. 附着力提高的同时漆膜耐水性也有明显改进。如水性氨基烤漆中添加 MOAP 1316 后，涂装在玻璃上，待漆膜干燥后浸于 50℃ 热水中 24h，涂膜附着力无明显变化，未添加的则完全没有附着力；

d. 添加 MOAP 1316 的涂膜防腐蚀性和耐盐雾性均有明显改进。

③ 适用范围　各种水性涂料、水性油墨以及环氧、醇酸、聚氨酯、丙烯酸、氨基树脂等体系。适用的底材：玻璃、铜、铝、钢等

④ 添加量与使用方法

a. 用量　涂料总量的 1.0%～5.0%，因体系和材料不同，实际添加量需试验确认；

b. 对双组分水性涂料（环氧和聚氨酯）直接添加到主剂中，可先与树脂混合，不要添加到固化剂中；

c. 对水性氨基烤漆，可以先将 MOAP 1316 用乙二醇单丁醚按 1∶1 稀释后添加。

⑤ 注意事项　涂装前，必须将底材上的油脂及液体水分擦拭处理干净，底材保证干燥、干净，以免降低附着力。

(10) N-Sico 公司的 N-Sico-6100　加拿大 N-Sico 公司的 N-Sico-6100 主要用于提高水性漆膜对玻璃底材和特殊金属表面的附着力，防止金属粉末脱落，避免出现胶化和褪色等现象。N-Sico-6100 的基本性能如下。

主成分	聚合物铵盐	溶剂	正丁醇/乙醇混合溶剂
外观	无色或淡黄色透明液体	推荐用量	漆总量的 0.5%～2.5%
活性分/%	≥50	用途	水、油通用
相对密度(20℃)/(g/cm³)	0.917	用法	任何阶段加入均可，施工前加入漆中更好
折射率	1.3714		

(11) 其他公司的水性附着力促进剂　Johnson Matthey 公司有水性钛酸酯附着力促进剂 Vertec XL175，可用于水性油墨和水性涂料中，能提供耐热性和防水性，对 OPP（取向聚丙烯）和 PE（聚乙烯）有良好的附着力。

14.5　铝粉定向排列剂

醋酸丁酸羧甲基纤维素酯（CMCAB）是一种酸值为 60mg KOH/g 左右、分子量约 3500 的白色粉末，用于水性涂料中有促进金属片颜料定向的作用，增加涂料的仿金属性、闪光性和随角异色性。CMCAB 的定向作用类似于溶剂型涂料用的醋酸丁酸纤维素（CAB）。此外，CMCAB 还有以下作用：促进颜料分散；降低水性漆的表面张力，从而可提高涂料对底材的润湿能力，增加涂料的流动流平性；提高耐再溶解性，使得金属片的定向效果不会因重涂而破坏；改善漆膜硬度；提高快干性。但是使用过量会降低漆膜的遮盖力、减小光泽和恶化附着力。

醋酸丁酸羧甲基纤维素酯用量为涂料中总树脂量的 2%～7%，使用前要预先制成水分散体并用有机胺中和，预分散好坏直接影响使用效果。

CMCAB 预分散体配方（%）如下。

乙二醇单丁醚	35	DMEA	0.2
CMCAB 641-0.5	15	去离子水	49.8

制备工艺如下。

将 CMCAB 缓缓加入慢速搅拌下的乙二醇单丁醚中，待 CMCAB 完全溶解后加入 DMEA 分散 15min 以上，最后缓缓加入去离子水高速分散 30min 以上，过滤备用。得到的半透明微乳液应无任何颗粒。

配漆时先将水性树脂中和成微碱性，加入 1%～3% 的非浮型铝粉浆，搅拌均匀后，再加入 2%～4% 的上述方法制备的 CMCAB 预分散体，混合均匀。配成的漆稳定性好，数月内铝粉不会沉淀结块。

CMCAB 有明显的改善铝粉定向排列的作用，用得越多效果越好（表 14.19）

表 14.19 CMCAB 用量对铝粉定向的影响

CMCAB/%	0	2	4	8
闪光指数	11.63	13.62	16.50	17.87

14.6 水性锤纹剂

锤纹漆是一种特殊视觉效果的美术漆。喷涂后的湿漆膜在表面活性剂的强烈作用下产生十分明显的贝纳德漩涡效应，形成宏观上大体均匀，微观上极不均匀的缩孔图案，这实际上是将涂料的缩孔弊病变成了美术花纹。

溶剂型锤纹漆作为装饰涂料已有广泛应用。水性漆也可制出锤纹图形。美国 Raybo 公司的水性锤纹助剂 Raybo 66 AqualHamR 是一种有机硅氧烷化合物，对于含有非漂浮型铝粉喷涂施工的水性漆能产生极好的大致可重复的锤纹图案效果，图案花纹随锤纹剂的用量增加而变大。推荐用量为涂料总量的 0.5%～1.0%，最佳用量应从小剂量试起，直至图纹满意为止。与溶剂型锤纹漆一样，过量使用漆膜缩孔严重。Raybo 66 的基本性能如下。

外观	浊液	相对密度	0.888
固体分/%	20	VOC/(g/L)	705
活性分含量/%	20		

14.7 防涂鸦剂

涂鸦即漆面遭受乱写乱画的污损，涂料经防涂鸦剂（antigraffiti agent）处理后不易被乱涂乱画，或者遭受乱涂乱画后容易清除。

（1）BYK 公司的改善表面易清洗性的助剂 BYK 公司的水性漆专用 BYK-SILCLEAN 3720 是聚醚改性含羟基聚二甲基硅氧烷溶液。分子中有羟基，羟值 29mg KOH/g，能与 2K PU、醇酸-三聚氰胺、聚酯-三聚氰胺、丙烯酸-三聚氰胺、丙烯酸环氧以及酚醛树脂反应，使漆膜具有长期疏水和疏油性，抗沾尘性以及易清洗性。BYK-SILCLEAN 3720 还可提高涂料的基材润湿性、流平性、表面滑爽性、耐水性、抗粘连性、耐候性、抗涂鸦性以及胶带剥离性。使用 BYK-SILCLEAN 3720 应先评估其效果，再按不足补加其他助剂。BYK-SILCLEAN 3720 的沸点 120℃，燃点约 290℃。

BYK-SILCLEAN 3720 的基本性能如下见表 14.20。

表 14.20 BYK-SILCLEAN3720 的基本性能

牌号	外观	类型	不挥发分/%	相对密度(20℃)	溶剂	闪点/℃	推荐用量/%	应用特性
BYK-SILCLEAN 3720	淡棕色液体	聚醚改性含羟基聚二甲基硅氧烷溶液	25	0.94	PM	31	2～6	改善易清洗性表面助剂，增进憎水和憎油性，改善涂料表面灰尘易清洗性、涂料润湿性、流平性和滑爽性，可交联，性能持久，水性漆用

（2）TEGO 公司的 TEGO Protect 5100 用于配制双组分水性聚氨酯防涂鸦涂料的

TEGO Protect 5100 为 TEGO 公司的改性聚二甲基硅氧烷树脂，其特点是有突出的憎水性和憎油性，尤其适用于有颜料的涂料。TEGO Protect 5100 树脂含有羟基，作为双组分聚氨酯的一部分可参加反应。应用时必须添加到含羟基的分散体中，机械搅拌至少 10min 后方可与含异氰酸酯的固化剂混合配漆。配制成的涂料有明显的防涂鸦效果和荷叶效应，可用刷涂、喷涂和浸涂法施工。TEGO Protect 5100 的理化性能如下。

成分	含羟基的聚二甲基硅氧烷乳液	不挥发物/%	50～60
外观	乳白色液体	推荐用量(以基料固体分计)/%	2～8
羟值/(mg KOH/g)	23～30	贮存期/月	6
羟基含量(以活性物计)/%	0.7～0.9		

14.8 建筑涂料增白剂

白色涂料的白度主要取决于使用的钛白粉或其他白色颜填料的色相，由于钛白粉对入射光的反射率不是 100%，尤其光谱波长的蓝、紫端，光的吸收率很高，因此它不是纯白色，而是带有淡黄色的色调。但是可以通过添加少量助剂改变色相，增加蓝色色光以便和黄色色光混合得到白色，提高涂料白度。

建筑涂料的增白有两种方法：白漆中添加荧光增白剂（fluorescent whitening agent，FWA）或添加微量的蓝颜料。荧光增白剂能吸收紫外光（波长 300～400nm），然后再射出蓝紫色荧光（波长 420～480nm）。因此能显著提高白度和光泽。荧光增白剂与加蓝增白机理不同之处在于前者在于"加光"，后者在于"减光"。加光强烈时，可使反射率大大超过 100%。最白的物体是能使入射光 100% 反射的物体，所以添加荧光增白剂以后，可获得"比白更白的白"。故人的视觉上的感受是，带蓝色色调比带黄色色调的白色显得更白。因此，增加蓝色的饱和度就可以达到增白的视觉效果。

(1) 荧光增白剂 VBL

化学组成：二苯乙烯三嗪型

外观：淡黄色粉末

荧光色调：青光微紫

溶解性能：可溶于 80 倍量的以上的软水中，开始溶解时有凝聚现象，加水稀释并充分搅拌后可获透明溶液。溶解用水宜呈微碱性或中性

电离性：阴离子性

涂料 pH 值：中性或微碱性，以 pH=8～9 最适宜

稳定性：耐酸至 pH=6，耐碱至 pH=11，耐硬水至 300×10^{-6}，耐游离氯至 0.75%，不耐铜、铁等金属离子

物理化学指标见表 14.21。

表 14.21 荧光增白剂 VBL 的指标

指标名称	指标	指标名称	指标
外观	淡黄色均匀粉末	细度(通过 180μm 筛的残余物含量)/%	≤5
色光与标准品	近似	含水量/%	≤5
强度(相当于标准品)/%	100	不溶于水的杂质含量/%	≤0.5
白度与标准品	近似		

用途与用量：主要用作内外墙涂料增白。建议用量为每吨 1kg 左右。

使用方法：先用水溶解，在生产涂料时的分散阶段投入，不要直接投入。

贮运：应贮存于阴凉、干燥、通风处，密封保存，贮存期为一年。

(2) 荧光增白剂 OB

化学名称：2,5-双（5-叔丁基-2-苯并噁唑基）噻吩

分子式：$C_{26}H_{26}N_2O_2S$

分子量：430

含量：≥99.0%

灰分：≤0.3%

外观：黄色或黄绿色结晶粉末

熔点：196～203℃

应用及特点：荧光增白剂 OB 可广泛应用于 PVC、PS、ABS、PE、PP 等塑料，由于其具有优越的荧光增白效果，良好的热稳定性，添加量很少的特点，已作为国内普遍采用的荧光增白剂之一。同时也适用于聚酯纤维、涂料、油墨的增白。荧光增白剂 OB 可与染料共用产生特殊的光亮度，这种作用在彩色配方中特别有效。

(3) 群青　群青是最古老和最鲜艳的无机蓝色颜料，无毒害、环保。群青是色泽鲜艳的蓝色粉末，能消除白色物质内黄色色光，产生蓝光增白效应。群青耐碱、耐热、耐光、耐候、不溶于水，遇酸分解褪色。群青由硫黄、黏土、石英、炭等混合烧制成。国内外众多厂家生产群青，英国好利得颜料（Holliday Pigments）公司是全球第一的群青颜料生产商；西班牙 Nubiola 有最广泛、最全面的群青蓝系列，超过 100 个色调的品种，从最绿相到最红相都有；上海一品颜料有限公司有 U02、U03、U04、U06 和 U08 等牌号；山东海格瑞化工有限公司生产 12 个牌号的群青蓝。

西班牙 Nubiola 群青蓝 EP-19 的主要指标如下。

密度/(g/cm^3)	2.35	耐酸性	1
吸油量/(g/100g)	38	耐碱性	2～3
耐光性	8	游离硫含量/%	≤0.02
耐热性(5min)/℃	350	筛余物/%	≤0.05

第15章 催干剂、防结皮剂和催化剂

15.1 水性醇酸树脂的氧化交联

具有悠久历史的醇酸涂料是一种单组分漆，但是却可以通过氧化交联形成三维网络结构的树脂，因而综合性能比一般单组分涂料优秀得多。水性醇酸在很大程度上保留了溶剂型醇酸涂料的优点。水性醇酸包括经亲水改性制成的水稀释醇酸树脂和醇酸乳液。水性氨酯油具有与水性醇酸相同的氧化交联成膜机理。以醇酸乳液和水性氨酯油制得的水性涂料有更好的性能。

水性醇酸的成膜物本身是低分子量树脂，通常分子量在 2000~8000，严格地说是一种低聚物，未氧化交联前玻璃化温度 T_g 很低（往往可达 $-60℃$ 以下），树脂的展布性能很好。成膜过程中醇酸乳液经历了由水包油向油包水的转变，成膜更加均匀，不容易出现丙烯酸乳液常见的成膜不良的问题。由于水性醇酸树脂玻璃化温度大多较低，常常可不用添加成膜助剂就能很好地成膜。

水性醇酸的干燥除了水的挥发产生的物理干燥外，更重要的是经历的自动氧化作用的化学干燥过程。自动氧化干燥过程大致分五个阶段。首先体系中可能因某些化学物质的作用出现诱导期，必须在干燥开始前将其消除；此后不饱和树脂会吸附空气中的氧，这个吸附过程需要一定的时间，并可由催干剂加速；吸收的氧将醇酸树脂氧化，生成过氧化物；由于催干剂中金属离子的催化作用，过氧化物转化为自由基，从而引发醇酸树脂中的不饱和键的聚合，使涂料凝胶、干燥和硬化；最后形成交联体系。交联密度决定了涂层的最终硬度，催干剂加速了自动氧化干燥过程。

一般乳液的开放时间为 2~3min，水性醇酸的开放时间较一般乳液长，这是因为成膜初期醇酸树脂粒子的聚结是可逆的，所以水性醇酸有更好的施工性能。

水性醇酸漆的表干可以较快，这取决于环境的湿度和温度。但是，水性醇酸的氧化干燥比相应的溶剂型醇酸慢。如果 a、b 分别代表溶剂型和水性醇酸的干燥时间（以 h 计），两者相应地有近似关系：

$$b=1.5a+1 \tag{15.1}$$

比起溶剂型醇酸漆来，水的存在使水性醇酸漆的干燥对相对湿度更加敏感。在水和成膜助剂（助溶剂）构成的体系中，两者比例的改变会影响到水性醇酸的干燥速率、稳定性和施工性能。因为成膜过程中漆内水与成膜助剂的比与临界相对湿度有很大关系。如果环境湿度高于临界相对湿度，成膜时水的蒸发慢于成膜助剂挥发，结果水将富集于水性醇酸中；反之，如果环境湿度小于临界相对湿度，随着成膜的进程水挥发更多，成膜助剂会富集于涂料中。这两种情况都会造成水与成膜助剂的比例急剧改变，带来的后果是施工产生流挂，或者树脂过早呈现不溶性。水性醇酸干燥时最佳的相对湿度为 50%~80%。

此外，水比有机溶剂更易抑制醇酸树脂吸收氧气，减慢氧化交联过程。这有两方面的原因：其一是因为氧在水中的溶解性比在有机溶剂中小；另一个原因是活性氧在水中的寿命短。醇酸氧化机理是氧由三线态激发到单态，氧在激发态的寿命越长，与醇酸树脂发生有效碰撞的概率越大。单态（激发态）氧的寿命在水中为 $2\mu s$，而在苯中为 $24\mu s$，在四氯化碳中为 $700\mu s$，可见水中单态氧的寿命比有机溶剂中短得多，这就大大影响了水性醇酸的氧化交联速率。所以水性醇酸更必须添加合适的催干剂以保证有快速、充分的氧化交联。

醇酸树脂可吸收空气中的氧发生交联反应，因而罐内贮存容易产生结皮现象，为了防止结皮的产生，需要添加防结皮剂。

15.2 水性醇酸催干剂

15.2.1 水性醇酸催干剂类型

催干剂是可以显著缩短不饱和树脂固化时间的添加剂，在涂料中又称为"干料"，催干剂通常是一类有机金属皂化合物，从催干效果上看可分为主催干剂、助催干剂和协同催干剂三类。主催干剂是以多种氧化态存在而可进行还原反应的金属皂，钴（Co）、锰（Mn）、钒（V）和铈（Ce）均属此类。助催干剂，又称辅助催干剂，是只以一种氧化态存在的金属皂，并且只有和主催干剂并用时才有催化作用。钙（Ca）、锌（Zn）、钡（Ba）和锶（Sr）属此类。协同催干剂：如果金属的催化干燥作用是基于和漆基中的羟基或羧基的反应，则该类催干剂称为协同催干剂，如锆（Zr）。

水性醇酸和水性氨酯油依靠分子中的双键氧化聚合而交联固化，从本质上讲水性和油性气干树脂的干燥机理相同，与油性醇酸漆一样，水性氧化干燥型树脂也需要添加催干剂促进氧化聚合反应的进行，所用的水性催干剂也是锰、钴等有机化合物，只是做成水溶型或水乳型的形式以适合用于水性体系。

水性醇酸用的催干剂是一种金属络合物。如前所述，和油性醇酸体系一样，水性催干剂也分活性催干剂（即主催干剂）和辅助催干剂两类。对水性醇酸体系而言，具有室温交联催化作用的活性催干剂的金属有钴（Co）和锰（Mn），两者结合活性更高。像钴这样的自动氧化催化剂具有化学不稳定性，钴离子存在多个价位，本身会发生还原反应。所以钴与有机酸形成的钴皂是催干活性最强的氧化型催干剂，能加速漆膜表面干燥。除了钴和锰这两种室温活性催干剂金属以外，在升高温度下钒（V）、铈（Ce）、铁（Fe）也可用做活性催干剂。由于辅助催干剂只有单个价位，须与主催干剂配合使用才具有好的催化作用，这类催干剂的金属是锆（Zr）、铅（Pb）、钙（Ca）、锌（Zn）等。辅助催干剂的作用是将配位体转移给主催干剂的金属，并使其保持更活泼的化合价状态，从而增加了主催干剂的活性。铅皂是聚合型催干剂，促进漆膜底层干燥，由于铅的毒性大，已渐渐被其他金属所代替。铋（Bi）有时可用在特殊场合。锆还能加速基料中的羟基或羧基的偶联反应，起到偶联催干剂的作用。

催干剂的金属离子必须与适当的配位体结合才能发挥催干作用。催干剂的效率与配位体密切相关，选择合适的配位体能使催干剂保持在更活泼的化合价状态。可用做配位体的化合物有环烷酸、2-乙基己酸、新癸酸、异壬酸、亚油酸等。金属离子与它们形成金属皂，金属部分起催干作用，有机部分使其与树脂相容。要想使溶剂型醇酸漆所用的催干剂用于水性醇酸中，可将催干剂添加适当的乳化剂和分散剂制成水可混合的状态，并采用乙二醇单乙醚之类的助溶剂稀释后加入水性醇酸中。这样处理后可在生产的任何阶段添加。另一种方法是用具有乳化性能的配位体与催化金属离子进行预络合以改进相容性。预络合催干剂的结构为

$$[Me(Lig)_n]^m(OOCR)_m$$

式中，Me 为金属离子；Lig 为配位体；n 为配位体数；m 为金属离子化合价。

可用的配位体有邻菲咯啉（o-phenanthroline）或 2,2-双氮苯基（2,2-bipyridyl）。这类络合物可以防止催化剂水解失活。钴的双金属络合物可提高活性并防止在水性醇酸中失活，此外在有胺存在时不会出现不良的副反应。

水也是一种配位体，水可与钴这样的金属离子形成络合物，其产物 $[Co(H_2O)_6]^{2+}$ 或 $[Co(H_2O)_6]^{3+}$ 氧化能力较弱，从而使催干效率下降，出现所谓的失干现象。水的这种副作用可以通过预络合以及选择合适的配位体得到抑制。采用预络合催干剂的水性醇酸漆在贮存时具有很低的失活性，也即大大减少了水性醇酸漆随存放时间延长干性变差的可能性。

总之，预络合水性催干剂的主要优点是减小催干剂的失活、增进催干剂与树脂的混容性，此外还能改进漆膜的外观和光泽。

除了钴催干剂之外锰催干剂在水性醇酸涂料中也有很好的效果。但是，锰催干剂有使漆膜变黄的副作用，最好用于深色漆中，单独使用还可能使漆贮存时起粒，长期贮存失活明显。所以现在大多常用钴催干剂。虽然钴催干剂也有失活问题，但通过预络合，与锆、钙辅助催干剂结合使用可将这种副作用减至最低。用铋金属预络合钴可进一步降低钴的失干性。水溶性锆化合物如碳酸铵锆、乙酰乙酸锆、羟基氯化锆、原硫酸锆、丙酸锆和磷酸锆钾用作水性涂料和腻子的催干剂也有很好的效果。

辅助催干剂锆在多数水性醇酸漆中会生成不溶皂盐从涂料中沉淀出来，而钙催干剂会使涂料黏度增大，用量越多，这种增黏效应越严重。将锆和钙催干剂按 1∶1 的比例配合使用可以抑制这种增黏效应。所以很多水性催干剂采用 Co/Zr/Ca 共同配合使用。

溶剂型醇酸漆中催干剂的用量很小，只要 0.05%（以醇酸树脂计）就有很好的效果。水性醇酸中则不同，金属皂是一种亲水性的盐，必然有一部分存在于水相中，而只有树脂中的金属皂才能与树脂中的双键络合起到催化作用，所以水性涂料中催干剂的用量要大得多，常常要用到 0.15% 或更多。已发现的几种较好的配合是：

① 0.1% Co/0.15% Zr/0.15% Ca；
② 0.4% 双金属钴络合物。

15.2.2 商品水性醇酸催干剂

（1）康盛（Condea Servo）公司的水乳化催干剂　水性涂料可用的催干剂有荷兰康盛（Condea Servo）公司的水乳化催干剂 NUODEX WEB（表 15.1），分钴、锰、锆和混合型几种类型。NUODEX WEB 可在水和水溶液中自乳化，适用于空气氧化型水性漆和水溶性醇酸树脂。使用时应在水性漆生产的调漆阶段添加，最好预先与树脂混合，或将催干剂加在乳液中，这样可以防止乳液中产生絮凝或结块。另有无钴催干剂 SER-AD FS 530，适用于浅色漆，以涂料总量计的用量为 1.0%～5.0%，也可与 NUODEX WEB 钴、锰催干剂配合使用，不仅使水性醇酸加速氧化干燥，而且能保证贮存稳定性，抑制催干剂失效。使用的配比是：SER-AD FS 530（以涂料总量计）0.5%～2.5% 加上 NUODEX WEB 钴 8% 和/或 NUODEX WEB 锰 9%（以树脂总量计）的 0.8%～1.2%。

康盛公司的 Drymax 是一种螯合剂，可以加快催干剂的反应速率并提高其稳定性，使用时与含钴和锰的主催干剂合用。Drymax 可以调节钴的催化作用，延缓表面干燥过程，但可促进漆层内部的干燥和硬化，对表面干燥过快的水性涂料特别有用。Drymax 的用量范围

(以固体树脂计）是 0.2%～0.35%，具体的用量应由试验确定。因 Drymax 对漆的颜色有影响，在白色和浅色漆中用量宜少。

表 15.1 康盛（Condea）公司的水性催干剂

牌号	外观	金属含量/%	最大黏度(20℃)/mPa·s	相对密度(20℃)	固体量/%	推荐用量（固体树脂计）/%
NUODEX WEB						
钴 8%	蓝紫透明	8.0±0.2	500	0.995	66～74	0.8～1.5
锰 9%	棕色透明	9.0±0.2	500	1.010	72～80	钴锰各 0.5～1.0
锆 12%	无色透明	12.0±0.3	50	1.030	50～56	锆 0.8～2.5+钴 0.5～1.3
混合型	紫色透明	约 8	500	0.930	41～47	1.5～3.0
SER-AD FS 530	深棕透明	1.0	10	0.900		1.0～5.0(漆总量)
Drymax	红棕色液		50	1.060		0.2～0.35

(2) Cytec 公司的水性催干剂　Cytec 公司的水性催干剂（原 Solutia Inc.，首诺公司产品）有 ADDITOL VXW 4940、4940N、4952N 和 6206（表 15.2），其中 ADDITOL VXW 6206 最常用。ADDITOL VXW 6206 是低 VOC 的复合催干剂，色浅，易与涂料混合，适用于气干水性醇酸和杂合物体系水性漆。

表 15.2　Cytec 公司的水性催干剂

牌号	特点	用量/%	说明
ADDITOL VXW 4940	乳液型,3%Co/3%Ba/5%Zr	2.0～3.0	易混,提高表干实干,有 APEO
ADDITOL VXW 4940N	乳液型,3%Co/3%Ba/5%Zr	2.0～3.0	易混,提高表干实干,无 APEO
ADDITOL VXW 4952N	乳液型,3%Co/2%Mn/4%Zr	2.0～3.0	易混,提高表干实干,无 APEO
ADDITOL VXW 6206	乳液型,5%Co/0.22%Li/7.5%Zr	1.0～3.0	提高表干实干,无 APEO

(3) Dura 公司的水性催干剂　1948 年成立的印度 Dura Chemicals Inc. 是有机金属化合物的生产供应商，有一系列的催干剂产品，其中水性漆，包括水性醇酸、水性氨酯油乳液和分散体用催干剂（注册商标 Duroct）有：Duroct Calcium WR 6%、Duroct Cobalt 5% WDX、Duroct Cobalt WR 6%、Duroct Cobalt WR 10%、Duroct Manganese 8% WDX、Duroct Manganese WR 6%、Duroct Zirconium WR 6%、Duroct Zirconium WR 12%等（表 15.3）。这些催干剂适宜水溶性、水分散和水性氨酯油体系，一般几种催干剂配合使用，添加时最好先用水或乙二醇类/醇醚稀释成 10%的浓度后再加入漆中，以免产生絮凝或聚结现象。WDX 型催干剂更易与水性漆混合。用量（按金属计）：Co 催干剂为 0.02%～0.15%；Mn 为 0.04%～0.08%；Zr 和 Ca 为 0.1%～0.3%。

表 15.3　Dura 公司的催干剂

水性催干剂 Duroct	水性催干剂 DriCAT	低 VOC 催干剂	失干抑制剂
Duroct Calcium WR 6%	DriCAT 97	DriCAT 2005	Drymax
Duroct Cobalt 5% WDX	DriCAT 408	DriCAT 2508	XL Dri
Duroct Cobalt WR 6%	DriCAT 507	DriCAT 2712	
Duroct Cobalt WR 10%	DriCAT 508	DriCAT 4012	
Duroct Manganese 8% WDX			
Duroct Manganese WR 6%			
Duroct Zirconium WR 6%			
Duroct Zirconium WR 12%			

Dura 公司还有水性复合催干剂，注册商标 DriCAT，其中 DriCAT 408、DriCAT 507 和 DriCAT 508 适用于醇酸乳液。DriCAT 408 是无钴催干剂，含 Zr 和 Ca，不会使氨酯油变色，能使漆尽可能保持浅色调。DriCAT 508 也不含钴，用于水性氨酯油的催干。DriCAT 507 含钴。

DriCAT 2005、2508、2712 和 4012 是低 VOC 水油通用催干剂，易溶于醇酸乳液中，以豆油脂肪酸甲酯作溶剂，不挥发分大于 95%，催干剂的活性金属是钴。以金属计的用量为 0.03%~0.3%。

Drymax 和 XL Dri 为螯合剂，不含金属，用作水性失干抑制剂。

（4）Elementis 公司的水性催干剂　Elementis 公司的水性催干剂牌号为 DAPRO 7007，是一种螯合型催化剂，可以代替钴催干剂用于不饱和树脂水性漆催干，适用于工业漆、建筑涂料等领域。DAPRO 7007 的特点是无毒，不黄变并可增加抗黄变能力，可防止老化失干。DAPRO 7007 的基本性能如下。

外观	琥珀色液体	推荐用量	0.2%~0.6%，可以单独用
固含量/%	12.5	贮存	5~50℃，防晒
相对密度	0.99	保质期/年	4

（5）OMG 公司的水性催干剂　OMG 的水性体系用的催干剂见表 15.4。这些催干剂大多以钴为主催干剂，配以可在水中分散的溶剂组成，因而可添加在水性树脂中。无钴催干剂以锰为主催干剂，其中特别要提到的是 MANGANESE HYDRO-CURE Ⅲ，由于该催干剂的颜色极浅，因此适于浅色涂料和清漆的催干。

表 15.4　OMG 公司的水性催干剂

OMG 牌号	金属/含量	说　明
Borchers Dry 0347 aqua	Mn,Zn	溶于可水分散石油溶剂/油中的以 Mn 为主,加有其他金属羧酸盐的活化混合催干剂,特别适用水性漆
Borchers Dry 0511-Ca 4 aqua	Ca/4%	溶剂为零 VOC 的脂肪酸酯
Borchers Dry 0614 aqua	Mn	溶于可水分散石油溶剂中的水性氧化干燥涂料用高活性主催干剂,加有有机促干剂
Borchers Dry 0615 aqua	Mn	溶于可水分散脂肪酸酯中的水性氧化干燥涂料用高活性主催干剂,加有有机促干剂
Borchers VP 9950(试产品)	V	水性氧化干燥涂料用水溶性钒为主的主催干剂
Borchi OXY-Coat	Fe	溶于丙二醇中的高效环保催干剂
5%CALCIUM HYDRO-CEM	Ca/5%	水可分散溶剂
10%CERIUM HYDRO-CEM	Ce/10%	水可分散溶剂
COBALT HYDRO-CURE Ⅱ	Co/5%	水可分散溶剂
COBALT HYDRO-CURE Ⅳ	Co/10%	水可分散溶剂
EP 9778(ULTRA-DRI WB200)	Co	溶于可水分散石油溶剂中的水可分散新癸酸酯硼酸钴络合物
EP 9779(ULTRA-DRI WBL)	Co,Ca,Zr,Ce	溶于可水分散石油溶剂中的水可分散含硼羧酸酯和其他羧酸酯的混合物
MANGANESE HYDRO-CURE Ⅲ	Mn	溶于可水分散石油溶剂和醇醚中的颜色最浅的锰催干剂,特别适用于水性清漆和浅色漆
Octa-Soligen 123 aqua	Co,Ba,Zn	水可分散石油溶剂
Octa-Soligen 144 aqua	Co,Zn,Zr	水可分散油

续表

OMG 牌号	金属/含量	说 明
Octa-Soligen 421 aqua	Co,Zn,Zr	水可分散油
Octa-Soligen Cobalt 7 aqua	Co/7%	水可分散油
Octa-Soligen Zinc 10 aqua	Zn/10%	水可分散油
Octa-Soligen Zirconium 10 aqua	Zr/10%	水可分散油
OMG 4274 HYDRO-CEM	Co,Ca,Zr,Ce	水可分散溶剂
Soligen Cobalt 6 aqua	Co/6%	水可分散石油溶剂
Soligen Manganese 6 aqua	Mn/6%	水可分散石油溶剂
12%ZIRCONIUM HYDRO-CEM	Zr/12%	水可分散溶剂

在这些 OMG 的催干剂中，常用的水性醇酸专用催干剂有 Borchers Dry 0347 aqua、Borchers Dry 0614 aqua、Borchers Dry 0615 aqua、Borchers VP 9950、Octa-Soligen 123 aqua 和 Octa-Soligen 144 aqua6 个品种，其基本性能指标见表 15.5。这些催干剂应贮存在 5~30℃ 的条件下，并注意及时密封。

表 15.5 OMG 公司常用的水性醇酸催干剂

性 能	牌 号					
	Dry 0347	Dry 0614	Dry 0615	VP 9950	123	144
外观	红棕色清液	红棕色清液	红棕色清液	蓝色水液		紫色清液
黏度(20℃)/mPa·s	50~190				80~280	50~190
密度(20℃)/(g/cm³)	0.98~1.02	0.96~1.00	1.00~1.05	1.18~1.22	0.98~1.02	1.01~1.05
闪点/℃	>61	>61	>100		>61	>100
不挥发物/%				27~33	50~60	
金属含量/%						
Ba					6.72~7.12	
Co					1.05~1.25	0.95~1.05
Zn					2.98~3.18	3.10~3.30
Zr						7.00~7.40
V				6.45~6.85		
总金属含量/%					10.75~11.55	11.05~11.75
pH 值				1~2		
溶剂	矿物油	石油溶剂	不饱和脂肪酸酯	水	石油溶剂	石蜡矿物油
溶解性	醇,乙二醇,二甲苯水中乳化	乙二醇,二甲苯水中乳化	乙二醇,二甲苯水中乳化			
用量/%	3~6	0.1~0.5	0.1~0.5	0.03~0.06 (体积分数)	2~6	4~7

Borchers Dry 0347 aqua 是含有有机促干剂的无钴组合型催干剂，活性金属为 Mn 和 Zn。各组分配合有协同效应，可以代替其他含钴主催干剂，氧化干燥型水性清漆和色漆都可用。Borchers Dry 0347 aqua 可使漆膜快速表干并改进全干和漆膜硬度，同时可以防止在干燥过程中出现流平缺陷。加催干剂的涂料贮存不影响干性。因为有促干剂，Borchers Dry 0347 aqua 比一般无钴水性催干剂要好，具有一定的抗变色和抗黄变能力。制漆时在加入防结皮剂之前加入漆中，通常用量为基料树脂（按固体计）的 3%~6%。Borchers Dry C347 aqua 单独使用即可，不必添加其他催干剂。但是，为了提高贮存稳定性，对高颜填料体系可以加入少量助催干剂如 Octa-soligen Calcium（Octa-soligen Ca），用量按助催干剂的金属计占固体树脂的 0.1%～0.3%为好。

Borchers Dry 0614 aqua 是加有 Mn 有机促干剂的高活性无钴催干剂，适用于氧化干燥型水性漆，清漆和色漆都可用。Borchers Dry 0614 aqua 可使漆膜快速表干并促使其均匀全干，避免干燥时出现流平缺陷，催干活性高于普通无钴催干剂。加催干剂的水性漆长期贮存干性不减。制漆的任何阶段添加均可，最好是在配漆阶段加入，不必预先稀释。其用量为固体树脂的 0.1%～0.5%，先少加，逐渐递增，直到找出最佳用量。Borchers Dry 0614 aqua 可与助催干剂共用改善干性和漆膜硬度，例如可添加 0.1%～0.3%（按金属对固体树脂计）的 Octa-soligen Sr 或 Octa-soligen Zr。对厚膜涂层或高颜填料体系还可加入少量助催干剂 Octa-soligen Ca 改进贮存稳定性和干性。

Borchers Dry 0615 aqua 活性金属为 Mn，有着与 Borchers Dry 0614 aqua 相同的性能、用途、用法和用量。但是 Borchers Dry 0615 aqua 是环境友好型催干剂，适用于制造低 VOC 和环保型水性涂料。遵照 Directive 1999/13/CE 和 Swiss Regulation（VOCV）of 1997-11-12 的规定 Borchers Dry 0614 aqua 是无 VOC 的产品，而按照 Directive 2004/42/CE 的规定则有 6%的 VOC。推荐 Borchers Dry 0615 aqua 用于环境友好型涂料和低挥发涂料的原因是它符合 Directive 2010 "Decopaint" 的要求。

Borchers VP 9950 为用于氧化干燥水性涂料的含钒主催干剂，也可用于胶板印刷润版液的干性稳定剂。Borchers VP 9950 有快速表干作用，催干效果不亚于含钴水性催干剂，贮存不影响干性。由于本身的酸性，Borchers VP 9950 不能用于 pH＞8 的水性漆，只能用于中性和酸性水性漆。添加时不必稀释，在制漆最后阶段加防结皮剂之前加入漆中，其用量按钒计占固体树脂的 0.03%～0.06%。

Octa-Soligen 123 aqua 是以钴、钡、锌为活性金属的组合型亲水催干剂，适用于氧化固化的各种水性涂料。这种特殊的活性催干剂能使漆膜迅速均匀地表干，并能获得良好的实干效果，得到的漆膜颜色稳定性，光泽、硬度和耐水性均有所改善。配成的漆贮存一年干性不减。Co 能使其迅速表干，Co、Ba、Zn 配合其作用犹如 Pb 一样能使漆膜深层干透。Octa-Soligen 123 aqua 可加入基料中，也可直接加入水稀释后的漆中，pH 值不影响添加，加入漆后陈化 24 h 以后再用才能有最好的催干效果。Octa-Soligen 123 aqua 的用量按长油醇酸树脂计为 2%～6%，相当于 Co 0.024%～0.072%，Ba 0.144%～0.432%，Zn 0.064%～0.192%。

Octa-Soligen 144 aqua 为水性醇酸催干剂，易与树脂混合，使用后漆膜不会变色，可用于浅色水性漆。Octa-Soligen 144 aqua 最适于膜厚小于 100μm 的中油度和长油度醇酸，用量为树脂固体分的 4%～7%。

OMG 还有一个独特的、最新工艺生产的、基于高活性铁络合物的催干剂，是以 1%络合物的 1,2-丙二醇溶液形式供应的专利商品，牌号为 Borchi OXY-Coat。通常的钴催干剂有潜在的致癌性，人们一直在寻找能代替钴催干剂的化合物，锰催干剂有很好的性能，但是并不能在所有的性能上达到钴催干剂的水平，其他金属的催干剂往往使得漆膜变色。Borchi OXY-Coat 的催干活性来自于铁络合物，事实证明 Borchi OXY-Coat 在各种条件下都有相等或超过钴催干剂的催干性，没有钴催干剂的缺点，催干的漆膜不黄变，而且用量比钴催干剂少，在高湿和低温这样的恶劣条件下也有良好的催干性，适用于水性、溶剂型和高固体分醇酸体系，甚至在水性漆中也不会产生失干现象。总之用 Borchi OXY-Coat 代替钴催干剂没有任何副作用，没有钴催干剂那样的致癌危险。

Borchi OXY-Coat 可用于各种氧化干燥型涂料中，如醇酸、环氧酯、聚丁二烯、氨酯油、植物油等涂料，其性能见表 15.6。

表 15.6　Borchi OXY-Coat 催干剂的性能

性　　能	指　　标	性　　能	指　　标
外观	黄色低黏度清液	闪点/℃	＞61
Fe 含量/×10^{-6}	870～930	溶剂	1,2-丙二醇
黏度(20℃)/mPa·s	＜200	用量/%	0.5～1.0(水性漆)；0.5～3.0(油性漆)
密度(20℃)/(g/cm^3)	约 1.04		

Borchi OXY-Coat 的最佳用量取决于涂料的颜基比，推荐起始用量为固体树脂的 0.7%，即相当于固体树脂 0.0006% 的 Fe（6×10^{-6}），不用添加其他辅助催干剂。颜填料太多，表干快，综合性能差；颜填料少，表干慢，催干剂的用量要做适当调整。特别要注意的是铁的用量只有一般钴的 1‰ 左右，不可多加。另有一种对应的印刷油墨用的水性催干剂，牌号为 Borchi OXY-Print。

此外，Soligen Stabilizer C 为无铅漆用的催干剂稳定剂，含 21% 的 Co，是二氢氧化钴在溶于矿物油的有机钴盐中的分散体，适用于溶剂型漆和有助溶剂的水性漆。

（6）其他　商品化的水性醇酸催干剂还有 Ernst Jäger 公司的 Jäger-WE-dryer 等。

R. T. Vanderbilt 公司的 Activ-8 是螯合剂 1,10-二氮杂菲（1,10-phenanthroline）的溶液，浓度 38%，含有 52% 的丁醇和 10% 的 2-乙基己酸，与 Co、Mn 催干剂配合使用有促进快干，稳定干燥速率的作用，适用于氧化聚合的油性和水性漆。

某些水溶性的锆化合物也可作为催干剂用于水性涂料和腻子，例如，碳酸锆胺、乙酰乙酸锆、羟基氧化锆、原硫酸锆、丙酸锆、磷酸锆钾等都有一定的催干效果。

15.3　防结皮剂

贮存过程中因与氧气接触氧化干燥型涂料表面容易产生结皮现象。溶剂型醇酸漆配方中要加入防结皮剂，常用的防结皮剂有酚类化合物，如邻甲氧基苯酚、邻异丙基苯酚等。另一类防结皮剂是肟类化合物，常见的有甲乙酮肟、丁醛肟和环己酮肟。水性醇酸类涂料也有结皮现象，添加防结皮剂可以避免出现结皮现象。但是，油性漆所用的防结皮剂往往不适用于水性体系，现已有一些水性漆用防结皮剂商品问世。

（1）甲乙酮肟　甲乙酮肟又叫丁酮肟，是醇酸树脂最常用的防结皮剂，可用于水性氧化干燥型涂料，其基本性能如下。

中文名：甲乙酮肟
英文名：butanoxime, methyl-ethyl ketonoxime, 2-butanone oxime
别名：丁酮肟、2-丁酮肟
简称：MEKO
CAS 编号：96-29-7
分子式：C_4H_9NO
分子量：87.12
结构式：

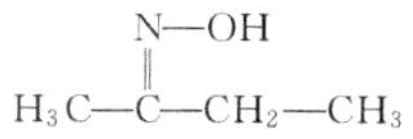

$$\text{H}_3\text{C}-\overset{\overset{\displaystyle N-OH}{\|}}{\text{C}}-\text{CH}_2-\text{CH}_3$$

外观：无色油状液体

熔点：-29.5℃

沸点：152~153℃；59~60℃（2kPa）

相对密度：0.9232（20/4℃）

黏度：≤15mPa·s（20℃）

折射率：1.4410

蒸气压：<1066.56Pa

闪点：60℃

水溶性：114g/L（20℃）

商品牌号：Skino 2（OMG 公司）；Troykyd Anti-Skin B（Troy 公司）；
Exkin 2（Condea Servo 公司；Tenneco 公司）；
841 防结皮剂（上海长风化工厂）

（2）Cytec 公司的防结皮剂 Cytec 公司的水油通用防结皮剂牌号为 ADDITOL XL 109/50LG、ADDITOL XL 197 和 ADDITOL XL 297（表 15.7）。

表 15.7 Cytec 公司的水油通用防结皮剂

牌号	活性物/%	特点	用量/%	说明
ADDITOL XL 109/50LG	50	酚醛树脂型	0.1~2.0	降低厚涂层氧化干性,罐内防结皮
ADDITOL XL 197	45	肟改性酚醛树脂型	0.3~1.5	降低厚涂层氧化干性,罐内防结皮
ADDITOL XL 297	100	特种肟防结皮剂	0.2~2.0	主要用于罐内防结皮,不影响干性

（3）OMG 公司的防结皮剂 Ascinin Anti Skin 0445 和 Borchi Nox M2 是 OMG 公司的水油通用防结皮剂，前者为非肟型防结皮剂，后者是甲乙酮肟类防结皮剂（表 15.8），其中 0445 在水性漆中用得较多。

表 15.8 OMG 公司的水油通用防结皮剂

性能	牌号	
	Ascinin Anti Skin 0445	Borchi Nox M2
外观	低黏度透明无色至棕黄液	透明液
相对密度(20℃)	约 1.01	
pH 值(10% 水分散体,20℃)	8~10	
色度(APHA)		≤8
初沸点/℃	>130	
闪点/℃	>61	约 63
燃点/℃	>250	
溶解性	溶于水、丙酮、乙二醇丁醚	全溶于脂族和芳族溶剂
纯度/%		≥99.0
甲乙酮含量/%		≤0.50
仲-丁醇含量/%		≤0.50
含水量/%		0.25
推荐用量/%	0.2~0.6(配方总量)	
短油度漆		0.1~0.15
中油度漆		0.15~0.2
长油度和快干漆		0.3

Ascinin Anti Skin 0445 不含肟类和酚醛类化合物，有效成分溶于醇中。加入漆中以后可以延缓表干，保持较长的开放时间，使得氧能透过漆膜渗入漆内，促使内部漆干透。由于其化学性质决定了该防结皮剂不会像酚醛类化合物那样严重延缓干性，也没有肟类化合物那样的毒性。Ascinin Anti Skin 0445 在水性和油性氧化干燥型清漆及色漆中都可用，添加时不必稀释，可在制漆的任何阶段加入，推荐在最后阶段加催干剂后加入较好。Ascinin Anti Skin 0445 应贮存于 5～30℃的条件下，取样后注意立即密封。

Borchi Nox M2 易挥发，有味，100％有效成分，为含油涂料的防结皮剂，可用于水性漆，对干性影响小，它只影响干燥的启动时间，不影响全干。在皱纹漆中 Borchi Nox M2 有很好的防结皮性，但不会影响皱纹的形成；在气干型烤漆中能延长开放时间，其结果是改善了流平性并能防止漆膜中出现气泡。添加 Borchi Nox M2 的漆没有黄变和褪色问题，适用于干性油树脂、醇酸树脂、环氧酯等涂料。Borchi Nox M2 挥发性大，应在灌装前加入漆中，不得与催干剂同时加入，加后不得剧烈搅拌，加有防结皮剂的漆随时注意密封保存。因会有化学反应，Borchi Nox M2 贮存时不得与铜、黄铜、铅、铝和 PVC 接触，应存放在玻璃、钢铁或不锈钢容器中，5～30℃贮存。Borchi Nox M2 有毒，避免与皮肤接触并注意通风。

此外，OMG 另有一种甲乙酮肟防结皮剂，牌号 SKINO 2，性能指标和用法、用量与 Borchi Nox M2 完全相同。

15.4 催化剂

催化剂用来加速双组分涂料的固化交联速率，缩短反应时间，加快干燥进程，缩短等待使用的时间，提高效率。严格地说，催干剂也是一类特殊的催化剂。水性双组分涂料类型主要有聚氨酯、环氧以及氨基、脲醛等水性烘烤涂料等，针对这些涂料及相应的化学反应已有一些商品催化剂问世。

(1) Cytec 公司的水性漆催化剂　Cytec 公司有 5 个水油通用的催化剂，主要用于加速氨基树脂、脲醛树脂等烘烤漆的固化，它们是对甲苯磺酸（pTSA）、二壬基萘二磺酸（DNNDSA）或十二烷基苯磺酸（DDBSA）的衍生物（表 15.9）。

表 15.9　Cytec 公司的水油通用催化剂

牌号	活性物/％	特点	用量/％	说明
CYCAT 500	40	未封闭的 DNNDSA	树脂的 1～3	加速烷基化三聚氰胺-甲醛和脲醛树脂中的羧基、羟基与酰氨基的交联
CYCAT 600	70	未封闭的 DDBSA	树脂的 0.5～1	加速高烷基化氨基树脂、苯代三聚氰胺和脲醛树脂的固化
CYCAT 4045	20	胺封闭的 pTSA	树脂的 1～4	加速高烷基化氨基树脂的固化,高固体分和水性体系,稳定性极佳
CYCAT VXK 6364	50	胺中和的 pTSA	三聚氰胺树脂的 1～7	减少烘烤温度和时间
CYCAT VXK 6395	25	胺封闭的磺酸	总量的 0.4～8	特别用于低温烘烤

(2) 德谦公司的水性氨基烘漆促进剂　台湾德谦公司的促进剂 Catacure KC 是用于促进六甲基醚化三聚氰胺烘漆固化的助剂，添加后可降低烘烤温度或缩短烘烤时间。Catacure KC 为封闭型对甲苯磺酸铵盐，是一种强酸型促进剂。与其他对甲苯磺酸铵盐相比，用 Catacure KC 过度烘烤不易变黄，因是封闭型的，加到漆中以后贮存稳定性好，不易胶化。Catacure KC 可用于水性和溶剂型丙烯酸/HMMM 及聚酯/HMMM 烘漆体系。Catacure KC 的

性能如下。

外观	无色至微黄色或为棕色液体	相对密度	约0.96
组成	封闭型对甲苯磺酸铵盐	折射率	1.436~1.446(25℃)
不挥发分/%	23~25	用量	烘漆总量的1%~4%
溶剂	丙二醇单甲醚/丙二醇	贮存条件/℃	0~40

(3) OMG 的水性聚氨酯催化剂　二月桂酸二丁基锡（DBTDL）是聚氨酯反应的优异催化剂之一，但是 DBTDL 不溶于水，溶剂型 PU 中所用的 DBTDL 多为在增塑剂（例如苯二甲酸二丁酯）中的溶液，也不溶于水，故在水性聚氨酯体系中难以应用。DBTDL 的基本性能如下。

中文名：二月桂酸二丁基锡

英文名：dibutyltin dilaurate；di-*n*-butyltin dilaurate

别名：二丁基锡二月桂酸酯

简称：DBTDL、DBTL

CAS 编号：77-58-7

分子式：$C_{32}H_{64}O_4Sn$

分子量：631.56

结构式：

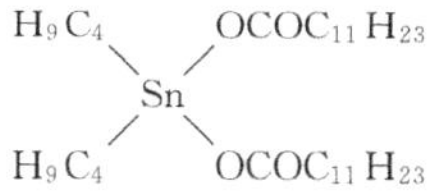

$$\begin{array}{c} H_9C_4 \quad OCOC_{11}H_{23} \\ \diagdown \diagup \\ Sn \\ \diagup \diagdown \\ H_9C_4 \quad OCOC_{11}H_{23} \end{array}$$

外观：淡黄透明油状液体

色泽（Pt-Co）：≤300#

锡含量：18.6%±0.6%

黏度（25℃）：40~50mPa·s

密度（25℃）：1.04~1.08g/cm³

沸点：>205℃

凝固点：12~20℃

折射率：1.468~1.475

闪点（开杯）：235℃

溶解性：水中不溶；溶于丙酮、甲苯、二甲苯、乙醇、乙酸乙酯

Borchers LH 10 是 OMG 公司用于化学交联型双组分水性聚氨酯涂料的水性催化剂，催化活性高，适用期会缩短，用量过大影响涂层光泽，高光涂料慎用。该催化剂活性成分是 DBTDL，主要用于双组分亚光高填充涂料和柔感涂料中，用量为树脂的 0.4%~0.6%，应在研磨阶段加入。Borchers LH 10 应密封贮存，温度 5~30℃，其他性能如下。

固含量/%	10.0~12.5	粒度/μm	≤0.25
pH 值	3.0~5.0		

此外，分油试验和离心试验无沉淀。

15.5　黏度稳定剂

OMG 公司的 15% Potassium HEX-CEM 是一种可用于双组分聚氨酯（包括水性双组分

聚氨酯）的黏度稳定剂，添加在聚酯聚氨酯涂料中可以使其在适用期内黏度保持稳定，这有利于改善喷涂施工质量，同时也可以改善涂料的光泽和表面性能。15% Potassium HEX-CEM 在含钴催化剂的溶剂型聚酯中有催干作用。

15% Potassium HEX-CEM 是 2-乙基己酸钾的二乙二醇溶液，与水、醇和其他极性溶剂完全混溶，具有吸湿性并能与空气中的二氧化碳反应生成碳酸盐。其他性能如下。

金属含量/%	14.9～15.2	溶剂	二乙二醇
密度(20℃)/(g/L)	1.09～1.13	推荐用量(按配方总量计)/%	0.2～1.0
含水量/%	3.0～4.5	贮存	5～30℃，充氮密封
闪点/℃	>100		

第 16 章 抗氧剂和光稳定剂

16.1 抗氧剂

聚合物材料，包括涂料的基料，在贮存、加工和使用过程中，由于光、氧、热、水和微生物等因素的作用，常常发生氧化降解、水解和光降解，引起材料性能恶化，使材料逐渐失去使用价值。这种恶化统称为老化现象。老化的通常表现是材料发生失光、褪色、变黄、粉化、发黏、变脆、强度下降、开裂、剥落等。从材料的本质上看，聚合物链发生了断裂，分子中产生了自由基和氢过氧化物。氢过氧化物发生分解反应，生成烃氧自由基和羟基自由基，这些基团导致的连锁反应又加速了老化过程。添加抗氧剂可以延长聚合物材料的寿命，抑制或延缓材料的氧化降解。因为抗氧剂的作用是消除刚刚产生的自由基，或者促使氢过氧化物的分解，阻止链式反应的进行。抗氧剂通常又称为防老剂，其作用机理可用图 16.1 说明。

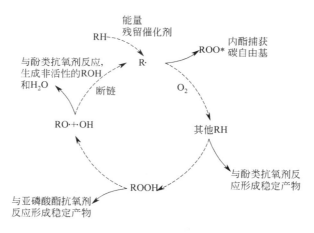

图 16.1 抗氧剂的作用机理

涂料，特别是水性涂料在生产过程中直接添加抗氧剂的情况并不多见，但是，像聚氨酯这类涂料在树脂合成中（包括乳液和分散体制造过程中）添加抗氧剂是必要的，天然和人工合成胶乳为了防止老化，往往要加入水性抗氧剂。

合成水性聚氨酯树脂所用的抗氧剂从作用机理上看可分为自由基链封闭剂和过氧化物分解剂两类，自由基链封闭剂为受阻酚化合物和芳香族仲胺化合物；过氧化物分解剂的代表化合物是亚磷酸酯衍生物。

16.1.1 通用抗氧剂

（1）抗氧剂 264（抗氧剂 BHT）
化学名称：2,6-二叔丁基-4-甲基苯酚；2,6-二叔丁基对甲酚

CAS 编号：128-37-0

分子式：$C_{15}H_{24}O$

分子量：220.35

结构式：

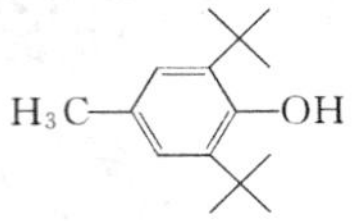

外观：白色结晶

游离甲酚：≤0.02%

相对密度：1.05

熔点：68.5～71℃

沸点：265℃

闪点：129℃

折射率：1.486

溶解性：难溶于水，易溶于乙醇、甲乙酮、甲苯

特性及用途：消除自由基，抗氧化效果好，可用于与食品接触的场合，但有较高的挥发性

（2）抗氧剂 2246

化学名称：2,2′-亚甲基双-(4-甲基-6-叔丁基苯酚)

CAS 编号：119-47-1

分子式：$C_{23}H_{32}O_2$

分子量：340.50

结构式：

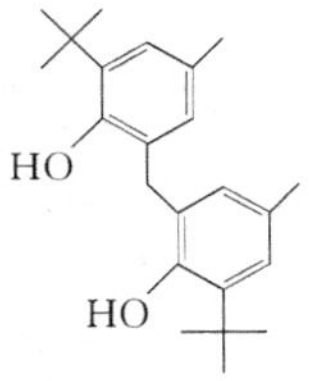

外观：白色粉末，长期暴露于空气中略有黄粉红色

气味：稍有酚臭

相对密度：1.04～1.09

熔点：128～131℃

闪点：225℃

蒸气压：266Pa/160℃；2000Pa/200℃；39337Pa/280℃

溶解性：易溶于苯、丙酮等有机溶剂，不溶于水

毒性：LD_{50}（大鼠，经口）=6500mg/kg

用量：0.1%～1.5%

特性及用途：抗氧剂 2246 为通用型强力双酚类抗氧剂，在受阻酚类抗氧剂中抗氧性能大大超过抗氧剂 264。在原使用抗氧剂 264 的配方中，只需使用抗氧剂 264 1/3 量的抗氧剂 2246，即可达到其至超过原使用抗氧剂 264 的效果。

若能与紫外线吸收剂 UV-326 并用,将有优越的协同效应。由于抗氧剂 264 的分子量小、熔点低、挥发性大、加工稳定性差、抗氧效率低并缺乏长效性等缺点,已渐渐被抗氧剂 2246 替代。抗氧剂 2246 广泛应用于天然橡胶、各种合成橡胶、聚乙烯、聚丙烯、聚甲醛、ABS 树脂、氯化聚醚、聚氨酯等多种合成材料,对氧、热引起的老化和日光造成的龟裂有明显防护作用。抗氧剂 2246 具有抗热稳定性高、抗氧效果好、不污染、不着色、不喷霜、油溶性好、不易挥发损失、对橡胶的硫化和可塑性无影响、对胶乳无不稳定的作用以及用量少等特点

(3) 抗氧剂 1010

化学名称:四[β-(3,5-二叔丁基-4-羟苯基)丙酸]季戊四醇酯;
四亚甲基(3,5-二-叔丁基-4-羟基苯丙酸)甲酯

CAS 编号:6683-19-8

分子式:$C_{73}H_{108}O_{12}$

分子量:1177.66

结构式:

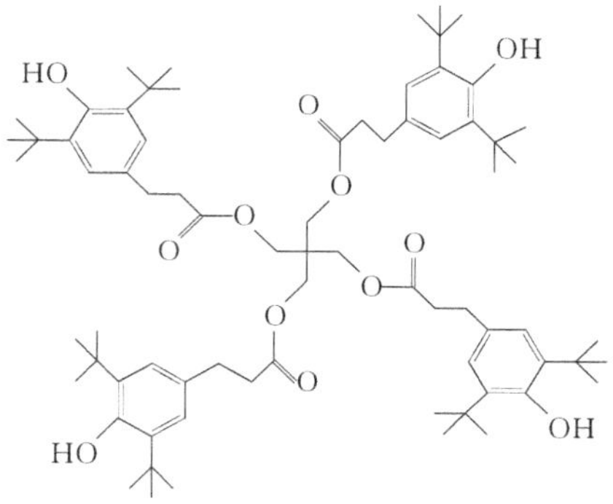

外观:白色粉末或颗粒

气味:无味

密度:1.15g/cm³(Irganox 1010,20℃);1.045g/cm³(Anox 20)

熔点:110~125℃

闪点:297~299℃

溶解性:水<0.01g/100g;溶于丙酮、醋酸乙酯、甲苯

毒性:LD_{50}(鼠)>5000mg/kg

用量:0.05%~1%

特性及用途:高分子量受阻酚抗氧剂,不变色,挥发性低,不易迁移,耐萃取,不污染。具有很好的抗热氧化降解性

(4) 抗氧剂 1076

化学名称:β-(3,5-二叔丁基-4-羟基苯基)丙酸正十八碳醇酯;
十八烷基-3,5-双(1,1-二甲基乙基)-4-羟基苯丙酸酯

CAS 编号:2082-79-3

分子式:$C_{35}H_{62}O_3$

分子量:530.87

结构式：

外观：白色无味结晶
相对密度：1.02（25℃）
粉末松密度：0.26～0.32g/cm³
挥发分：≤0.5%
熔点：49～55℃
闪点：273℃
蒸气压：2.5×10^{-7}Pa（20℃）
溶解性：溶于苯（57%），丙酮（19%），醋酸乙酯（38%）等有机溶剂，水中<0.01%
毒性：LD_{50}（鼠，经口）>10000mg/kg
用量：0.1%～0.4%
特性及用途：受阻酚抗氧剂1076不污染，不变色，挥发性小，热稳定性良好。与大多数聚合物有良好的互溶性。可在聚合前后或最终使用阶段添加，可与光稳定剂配合使用。

(5) 抗氧剂1098
化学名称：N,N'-双[3-(3,5-二叔丁基-4-羟基苯基)丙酰基]己二胺
CAS编号：23128-74-7
分子式：$C_{40}H_{64}N_2O_4$
分子量：636.96
结构式：

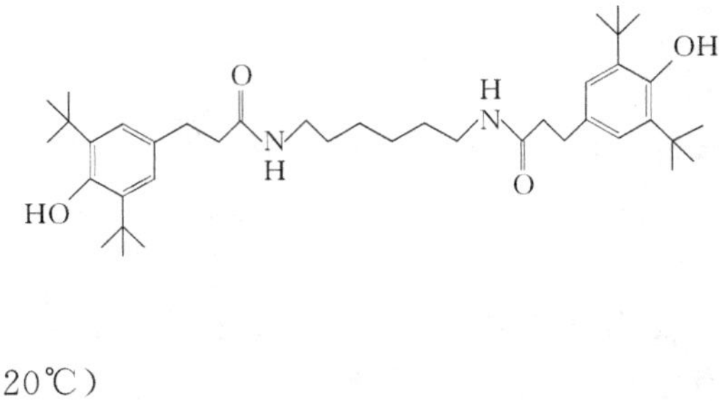

外观：白色粉末
密度：1.04g/cm³（20℃）
挥发分：≤0.3%
熔点：156～161℃
闪点：282℃
溶解性：不溶于水；25℃下溶于丙酮（2%）、甲醇（6%）和氯仿（6%）
毒性：LD_{50}（鼠）>5000mg/kg
用量：0.1%～1.0%

特性及用途：受阻酚抗氧剂 1098 是一种不变色、低挥发、不污染、耐热氧化、耐萃取、安全无毒的高性能通用抗氧剂。主要用于聚酰胺、聚烯烃、聚苯乙烯、ABS 树脂、缩醛类树脂、聚氨酯以及橡胶等聚合物中，也可与含磷的辅助抗氧剂配合使用，以提高抗氧化性

（6）抗氧剂 1135

化学名称：β-(3,5-二叔丁基-4-羟基苯基)丙酸异辛酯；
3,5-二叔丁基-4-羟基苯丙酸 $C_7 \sim C_9$ 支链烷基酯

CAS 编号：125643-61-0

分子式：$C_{25}H_{42}O_3$

分子量：390.60

结构式：

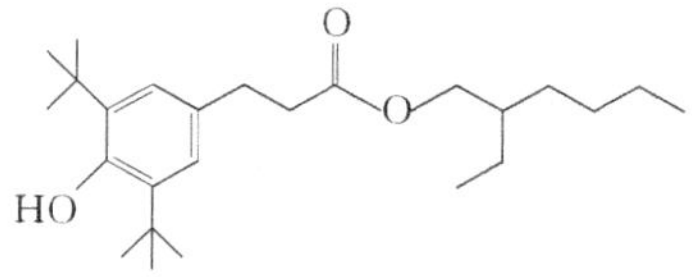

外观：无色至浅黄液体

酸值：≤1.0mg KOH/g

密度：0.95～1.00g/cm³（20℃）

挥发分：≤0.5%

熔点：<5℃

沸点：427.1℃/101325Pa

闪点：152.9℃

燃点：365℃

黏度：220mPa·s（25℃）

蒸气压：0.0015Pa（25℃）

折射率：1.4930～1.4995

溶解性：水<0.01%；丙酮>50%；聚酯多元醇>50%；聚醚多元醇<10%

毒性：LD_{50}（鼠，经口）>2000mg/kg

用量：0.15%～0.5%

特性及用途：抗氧剂 1135 易于乳化，在液体、乳液、悬浮液、溶液或熔体聚合物制造加工方式下因其低挥发性和液体状态特别适用。抗氧剂 1135 可以在聚合前、聚合过程中和聚合后添加。与其他酚类抗氧剂、取代芳香胺或与协同稳定剂（如亚磷酸酯、膦酸酯、硫醚、羟基胺、内酯）以及光稳定剂（如紫外线吸收剂、受阻胺）共用，效果更好

（7）抗氧剂 1330

化学名称：1,3,5-三甲基-2,4,6-三(3,5-二叔丁基-4-羟基苯甲基)苯；2,4,6-三(3′,5′-二叔丁基-4′-羟基苄基)均三甲苯

CAS 编号：1709-70-2

分子式：$C_{54}H_{78}O_3$

分子量：775.21

结构式：

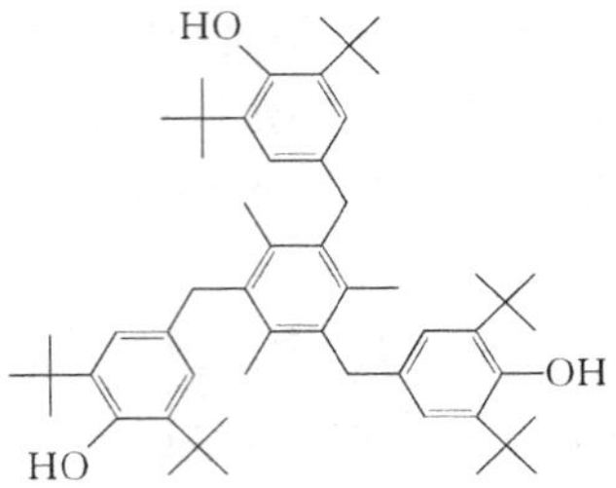

外观：白色至灰白色粉末
密度：$1.05 g/cm^3$（25℃）
松密度：530～630g/L
挥发分：≤0.5%
熔点：240～245℃
沸点：821.96℃
闪点：321℃
蒸气压：$1.3×10^{-12}$Pa（20℃）
溶解性：水中<0.01%
毒性：LD_{50}（鼠，经口）>5000mg/kg
用量：0.05%～1.0%
特性及用途：抗氧剂1330为高分子酚类抗氧剂，可用于包括聚氨酯在内的许多聚合物领域，其特点是相容性好，无色，耐萃取。可与硫醚、亚磷酸酯等稳定剂配合使用。

(8) 抗氧剂1790
化学名称：1,3,5-三(4-叔丁基-3-羟基-2,6-二甲基苄基)-1,3,5-三嗪-2,4,6-(1H,3H,5H)-三酮；1,3,5-三{[4-(1,1-二甲基乙基)-3-羟基-2,6-二甲基苯基]甲基}-1,3,5-三嗪-2,4,6-三酮
CAS编号：40601-76-1
分子式：$C_{42}H_{57}N_3O_6$
分子量：699.92
结构式：

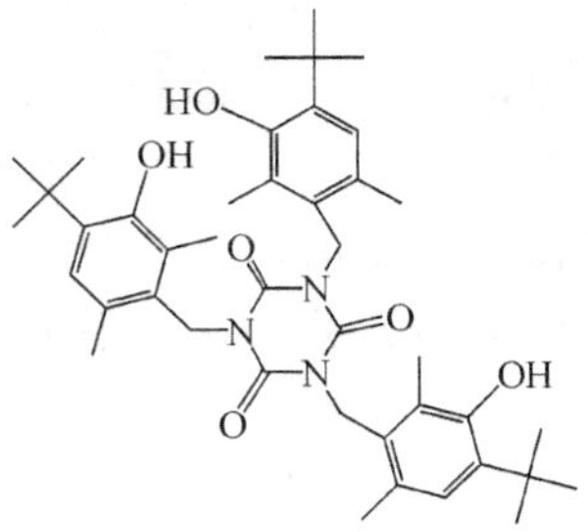

外观：白色粉末
密度：$1.1 g/cm^3$（20℃）
松密度：$0.6 g/cm^3$
挥发分：≤0.5%（105℃/2 h）

熔点：159～162℃

溶解性：不溶于水，溶于丙酮、醋酸乙酯和甲苯

用量：0.02%～0.1%

特性及用途：受阻酚主抗氧剂，分子量大，挥发性低，耐萃取性优异，具有长期热稳定作用。可与受阻胺光稳定剂和紫外线吸收剂并用。

16.1.2 亚磷酸酯

（1）抗氧剂 168

化学名称：亚磷酸三(2,4-二叔丁基苯基)酯；亚磷酸三(2,4-二叔丁基苯酚)酯

CAS 编号：31570-04-4

分子式：$C_{42}H_{63}O_3P$

分子量：646.93

结构式：

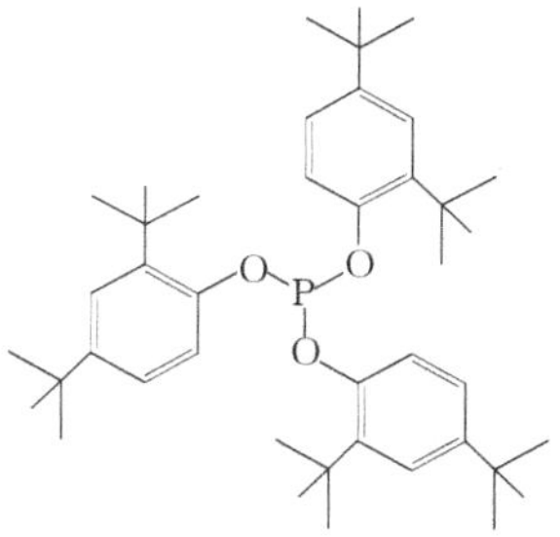

外观：白色结晶粉末

密度：$1.03g/cm^3$（20℃）

松密度：480～570g/L

挥发分：≤0.5%（105℃/2h）

熔点：180～185℃

闪点：225℃

溶解性：水中<0.01g/100g（分解）；丙酮 1g/100g

毒性：LD_{50}（鼠，经口）>5000mg/kg

用量：0.1%～0.3%

特性及用途：与其他亚磷酸酯相比较，抗氧剂 168 最耐水解，高效，并且挥发性低，适于高温加工过程防老化、防变色和防变质。与受阻胺或受阻酚抗氧剂共用有协同作用

（2）亚磷酸三苯酯

化学名称：亚磷酸三苯酯

CAS 编号：101-02-0

分子式：$C_{18}H_{15}O_3P$

分子量：310.29

结构式：

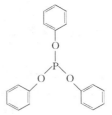

外观：无色透明至浅黄固体或油状液体

气味：微有酚臭

色度：≤50（Pt-Co）

磷含量：10.0%

酸值：≤0.2mg KOH/g

密度：1.183～1.186g/cm³（25℃）

熔点：22～24℃

沸点：360℃

闪点：218.3℃（开杯）

自燃温度：240℃

黏度：12mPa·s（38℃）

蒸气压：666.6Pa（205℃）

折射率：1.588～1.590（25℃）

溶解性：不溶于水，溶于甲醇、丙酮、苯等多数有机溶剂

毒性：人，经皮 125mg/48h，重度刺激；家兔，经皮 500mg，重度刺激；LD_{50}（大鼠，经口）为 1600～3200mg/kg；LD_{50}（小鼠，腹腔）为 50～100mg/kg

特性及用途：用途广泛的亚磷酸酯辅助抗氧剂，具有光稳定效果。可用作聚合物的抗氧剂和稳定剂。与许多酚类抗氧剂有较好的协同作用

(3) 亚磷酸三(壬基苯)酯

化学名称：亚磷酸三(壬基苯)酯；亚磷酸三（2-壬基苯酯）；亚磷酸三(4-壬基苯酯)

CAS 编号：3050-88-2（对位）；26523-78-4（邻位）

分子式：$C_{45}H_{69}O_3P$

分子量：689.01

结构式：3050-88-2（对位）：

26523-78-4（邻位）：

外观：无色或浅黄色透明黏稠液体

色相：≤3（Gardner）

磷含量：≥3.8%

酸值：≤0.1mg KOH/g

密度：0.980~0.992g/cm³（20℃）

凝固点：-5℃

沸点：>360℃

闪点：218℃

黏度：9000mPa·s（20℃）；2500~5000mPa·s（25℃）

蒸气压：0.08Pa（20℃）

折射率：1.523~1.528

溶解性：溶于丙酮，不溶于水，水中缓慢水解，但在水乳液中一定时期内有稳定性。

毒性：大白鼠径口 LD_{50} 为 20mL/kg

用量：0.05%~1.0%

特性及用途：亚磷酸三(壬基苯)酯为无污染、抗变色稳定剂和抗氧剂，在聚合物制造和贮存中抑制凝胶生成和防止产生黏度升高现象。作聚合物辅助抗氧剂用，与酚类抗氧剂并用有协同效应，可与光稳定剂共用。

(4) 亚磷酸二苯基异癸酯

化学名称：亚磷酸二苯基异癸酯

CAS 编号：26544-23-0

分子式：$C_{22}H_{31}O_3P$

分子量：374.45

结构式：

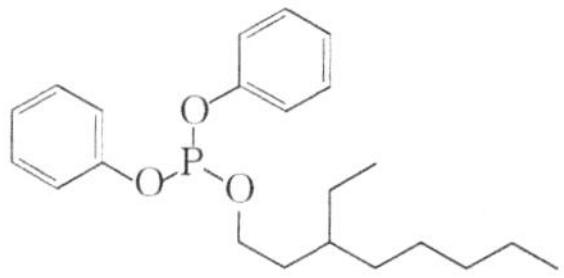

外观：透明液体

色度：≤50（Pt-Co）

磷含量：8.1%~8.3%

酸值：≤0.05mg KOH/g

密度：1.03g/mL（25℃）

熔点：18℃

沸点：170℃/666.6 Pa

闪点：154℃

黏度：10.3mPa·s（38℃）

折射率：1.516~1.519（25℃）

溶解性：不溶于水，溶于多数有机溶剂

用量：0.3%~1.0%

特性及用途：DPDP 具有优良的抗氧效果及耐水解性，有抑制颜色变化的作用，主要用作塑料、聚氨酯等树脂和涂料的颜色和操作稳定剂,可增加抗氧性和光热稳定性。全球有不少于14家供应商。

(5) 亚磷酸苯基二异癸酯

化学名称:亚磷酸苯基二异癸酯

CAS编号:25550-98-5

分子式:$C_{26}H_{47}O_3P$

分子量:438.62

结构式:

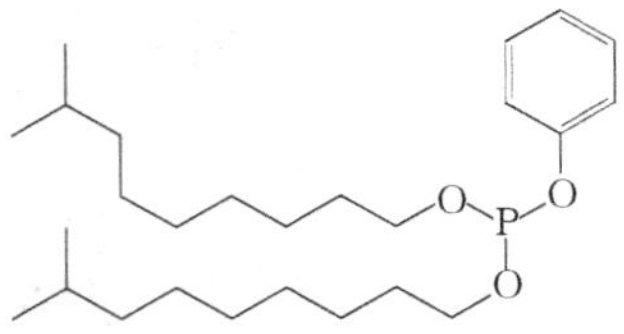

外观:淡黄透明液体

色度:≤50(Pt-Co)

磷含量:7.1%

酸值:≤0.05mg KOH/g

密度:0.94g/mL(25℃)

沸点:176℃/666.6Pa

闪点:196℃;296.3℃

黏度:12.0mPa·s(38℃)

蒸气压:<133.32Pa(20℃)

折射率:1.4780~1.4810(25℃)

溶解性:不溶于水,溶于多数有机溶剂

毒性:LD_{50}(经口)为10mL/kg;LD_{50}(经皮)为660~670mg/kg

特性及用途:主要用作塑料、聚氨酯等树脂和涂料的颜色及操作稳定剂。全球有13家供应商。

(6) 亚磷酸三异癸酯

化学名称:亚磷酸三异癸酯

CAS编号:25448-25-3

分子式:$C_{30}H_{63}O_3P$

分子量:502.79

结构式:

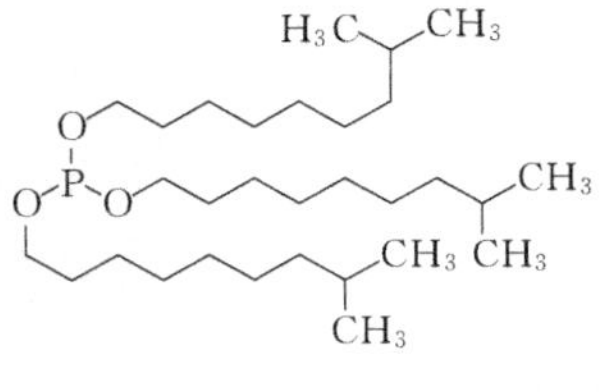

外观:透明液体

磷含量:6.2%

酸值:≤0.05mg KOH/g

密度：0.89g/mL（25℃）

沸点：166℃

闪点：160℃（Pensky-Martens 闭杯）

黏度：11.6mPa·s（38℃）

折射率：1.4530～1.4610（25℃）

溶解性：不溶于水，溶于多数有机溶剂

特性及用途：TDP 在塑料、涂料、聚氨酯中作辅助稳定剂。

(7) 亚磷酸二苯基异辛酯

化学名称：亚磷酸二苯基异辛酯

CAS 编号：26401-27-4

分子式：$C_{20}H_{27}O_3P$

分子量：346.40

结构式：

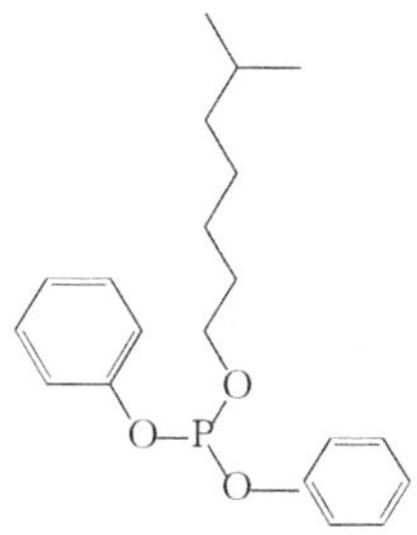

外观：透明液体，微有醇味

色度：≤50（Pt-Co）

磷含量：9.0%

酸值：≤0.05mg KOH/g

密度：1.040～1.047g/mL（25℃）

熔点：≤-5℃

沸点：190℃/666.6Pa

闪点：182℃（Pensky-Martens 闭杯）

黏度：8.2mPa·s（38℃）；3.3mPa·s（99℃）

折射率：1.5210～1.5230（25℃）

溶解性：不溶于水，溶于多数有机溶剂

特性及用途：主要用作塑料、聚氨酯等树脂和涂料的颜色及操作稳定剂。

16.1.3 水性抗氧剂

水性抗氧剂又称水性防老剂，指水乳状态或水分散状态的抗氧剂产品。由于是水乳液，所以可以泵送，并能很容易地分散在水性体系中。

(1) Ciba 公司的水性抗氧剂　Ciba（汽巴精化）是全球抗氧剂和光稳定剂的主要生产公司，也是目前世界上最大的抗氧化剂生产供应商。近年来汽巴精化为塑料工业开发了一类新型抗氧化剂产品——注册商标为"IRGASTAB"的乳液分散稳定剂。其特点是：液体状，无溶剂，乳液粒度极小，粒度分布窄，易于处理，可精确加料，无挥发组分，优良的性价比，已通过 FDA 食品接触论证。产品牌号有 IRGASTAB STYL 10、IRGASTAB STYL 11 和 IRGASTAB STYL 12（表 16.1）。

表 16.1 水性抗氧剂 IRGASTAB STYL

性能	IRGASTAB		
	STYL 10	STYL 11	STYL 12
活性分/%	45	50	45
含水量/%	52	44	49
表面活性剂含量/%	3	6	6
表面活性剂类型	离子型	离子型	离子型
pH 值	11.1	9.5	9.0~9.5
黏度/mPa·s	约 100	65~85	85~95
粒度/μm			
d_{50}	1.4	1.3	0.9
d_{90}	3.5	2.9	1.6
d_{99}	6.9	4.5	2.3

IRGASTAB STYL 是汽巴精化为 ABS 聚合工艺开发的水相乳液分散抗氧剂，特别适用于热塑性聚苯乙烯共聚物的热稳定。ABS 胶乳可在凝聚前加入，具有无色变、优异的热稳定性等特点。特别适合应用于高橡胶接支 ABS 的热稳定，其用量为 0.5%~1.0%。实践表明，IRGASTAB STYL 具有以下优点：对水性聚合物有优异的热稳定性和工艺稳定性能，并能提供长久的保护，贮运和操作安全，可提高工业现场卫生水平，具有优异的性价比。这类抗氧剂可用于水性涂料。

(2) Chemtura 公司的水性抗氧剂 美国 Chemtura（科聚亚）公司生产牌号为 Lowinox CPL-50D 的水乳型抗氧剂，这是受阻酚型抗氧剂 4-甲酚与二环戊二烯和异丁烯的反应产物（牌号 Lowinox CPL）按重量计 50% 的水分散体。4-甲酚与二环戊二烯和异丁烯的反应产物 Lowinox CPL 的 CAS 编号为 68610-51-5，分子量为 600~700，相对密度为 1.04，熔点为 105℃，简称 TH-CPL，其化学结构式为：

Lowinox CPL-50D 有下列基本性质：

外观	米黄色液体	黏度(20℃)	约 135mPa·s
抗氧剂含量/%	50	贮存期(5~35℃)/月	6
分散体粒度/μm	$d_{50}<4$	毒性	无毒，允许用于接触食品的材料
pH 值(25℃)	9~10.5		

使用 Lowinox CPL-50D 的主要优点在于，本身为液态，特别适于用在乳液和分散体的生产中；Lowinox CPL-50D 有极好的贮存稳定性，不分层不沉淀；黏度可以调节，保证加料的准确和方便；水性环保体系，无尘，无 VOC；无毒，Lowinox CPL-50D 中的所有组分都是允许与食品接触的。

(3) 志一化工有限公司的水性抗氧剂 广州志一化工有限公司的水性抗氧化剂牌号为 WD-30 和 WD-60（表 16.2），注册商标是"Yinox"。WD-30 和 WD-60 并用，或 WD-30 和水性紫外线吸收剂并用有协同作用。WD-60 与水性紫外线吸收剂并用也有协同效应。

表 16.2　水性抗氧剂 Yinox

性能	Yinox	
	WD-30	WD-60
类型	硫代酯类抗氧剂乳液	受阻酚类抗氧剂乳液
外观	白色易流动液体	白色易流动液体
固含量/%	40.0~43.0	40.0~43.0
pH 值	7.5~9.0	7.5~9.0
用量/%	0.4~0.6	0.4~0.6
特点	分解过氧化物 无污染、不着色、低挥发 耐高温	高稳定、低挥发、无污染 抗氧化性好
用途	水性树脂、涂料胶黏剂 合成橡胶	水性聚氨酯、涂料、胶黏剂 胶乳、塑料

（4）其他水性抗氧剂

① SD-1688　SD-1688 是一种高活性、低挥发性、多用途、无污染的聚合型受阻酚/硫代酯类抗氧剂，经复配乳化技术制成，在乳胶中具有很好的抗氧效果和防黄变性，而且具有极佳的分散性和相容性。推荐用于丁二烯类胶乳中，特别适用于乳液聚合 ABS 以及胶乳浸渍体系的防老化。作为水性抗氧剂可以取代抗氧剂 264、1076、1010、2246 等用于乳胶、轮胎、ABS、胶黏剂中改善高温稳定性，避免变黄。SD-1688 的主要特点有：具有优良的热稳定性，耐紫外线，不变色，不褪色，不污染，粒径小，分散性好。SD-1688 的基本性能：固含量 56%~58%，pH 值 10，粒径 10μm。可在水性体系中以任意比例添加，推荐用量为 0.25%~0.5%。

与 SD-1688 相同的另一种商品水性抗氧剂是法国伊立欧化学（Eliokem）的"50% Wingstay L 水性防老剂"，它也是由聚合酚类抗氧剂和硫代酯类辅助抗氧剂经过复配乳化技术制成的。固含量 56%~58%，pH 值 7~9，粒径 1μm，推荐用量 0.3%~0.5%，作为水性防老剂主要特点同 SD-1688。

② 抗氧剂 APT-08　抗氧剂 APT-08 为多品种复合型，粒径小于 100nm 的乳液型抗氧剂是具有高活性、低挥发性、不变色的环保型抗氧剂，非常适合保护浅色或不着色的天然橡胶以及合成聚合物胶乳，添加后稳定性好，无分层和沉淀现象。APT-08 类于 Ciba 公司 IRGASTAB STYL 11。

16.2　光稳定剂

导致聚合物材料老化的诸因素中，紫外线是极其重要的一个。由于杂质和聚合物缺陷的存在，使得聚合物材料对某些波长的紫外线敏感，从而导致光激发和光破坏，并产生光氧联合作用的光氧化过程，结果便使得聚合物材料发生光老化，或以光引发开始的光氧化老化。

一般聚合物在紫外光作用下发生化学键断裂的概率很小，聚合物吸收一个光子后，只有千分之一到十万分之一的可能性会发生化学键断裂，但是日光对聚合物的持续照射时间长，累积效应相当大。据测算，$1cm^2$ 的聚合物一年可以从阳光紫外线中吸收 10^{21} 个光子，一年发生的光裂解次数高达 10^{16}~10^{18} 次，由此可见光老化影响的重要性。

化学键能与对应的光波长见表 16.3。可见 O—H 和 C—F 键键能较大，对应的波长较短，光稳定性较好。其他键能都比较低，化学键容易断裂。光敏杂质的存在使得以低能光就能激活光降解反应，产生更大的破坏作用。

表 16.3　化学键能和对应的光波长

化学键	键能/(kJ/mol)	对应波长/nm	化学键	键能/(kJ/mol)	对应波长/nm
O—H	1938.74	259	C—O	351.69	340
C—F	441.29	272	C—C	347.92	342
C—H	413.66	290	C—Cl	328.66	364
N—H	391.05	306	C—N	290.90	410

漆膜的基料也是聚合物，所以紫外光（UV）会使漆膜产生劣化现象，在 UV 照射下漆膜逐渐变黄、失光、粉化、开裂和脱落。漆膜光照变黄是一种普遍现象。聚合物结构中含有芳环，特别是芳环上有氧、氮原子等能够与芳环产生共轭结构的基团时，光老化更易出现变黄现象，这是因为在光氧化过程中产生了醌式结构的缘故。所以芳香族异氰酸酯涂料光照变黄尤其严重。紫外吸收剂（UVA）是最常用的光稳定剂。添加紫外吸收剂可以延缓和减轻漆膜的黄变现象，但不能根除黄变。不管哪种水性漆都会遭到紫外光破坏，在很多情况下，特别是户外用漆，添加紫外吸收剂是很必要的。

光稳定剂主要有两种：一种是紫外吸收剂（UVA）；另一种是受阻胺光稳定剂（HALS）。紫外吸收剂是一种性能卓越的高效防老化助剂，其作用是吸收有害紫外辐射，并将能量以热能形式耗散掉，在能量释放的同时恢复紫外吸收剂原来的化学结构，并准备进行下一轮的吸收。UVA 的作用机理如图 16.2 所示。

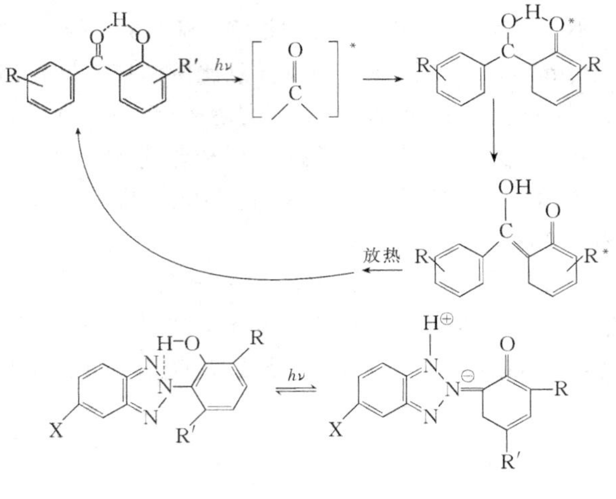

图 16.2　紫外线吸收剂作用机理

对 UVA 的要求除了要有效地进行光热能量转化以外，本身还必须有足够的化学稳定性、极好的耐光性和耐萃取性，对涂料而言特别是耐水萃取性，这样才能长期有效地消除紫外光对涂料的有害影响。可用作 UVA 的典型化合物有 2-羟基二苯甲酮衍生物和苯并三唑（BTZ）类化合物：

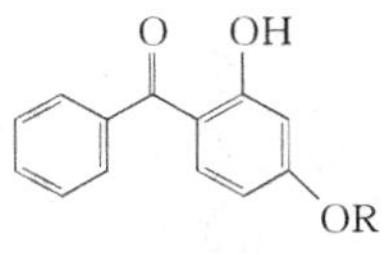

$R=H$，CH_3，$C_{12}H_{25}$

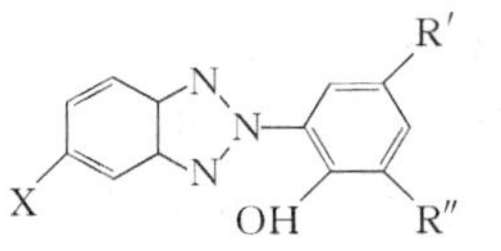

$X=H$，Cl；$R'=CH_3 \sim C_8H_{17}$ 支链烷基 $R''=H$，支链烷基

2-羟基二苯甲酮类　　　苯并三唑（BTZ）类

UVA 通常吸收范围是 240~340nm 的紫外光，往往具有色浅、无毒、相容性好、迁移性小、易于加工等特点，对聚合物有最大的保护作用，并有助于减少色泽，同时延缓泛黄和阻滞物理性能损失，用量在 0.1%~0.5%。

受阻胺光稳定剂（hindered amine light stabilizer，HALS）是自由基捕获剂，通过捕获聚合物光氧化和降解过程中产生的自由基，分解烷基过氧化氢，淬灭激发态能量等途径使聚合物免受紫外光的有害影响。HALS 是一类高效光稳定剂。一般认为，真正对聚合物光稳定起直接作用的是受阻胺氮氧自由基。氮氧自由基捕获聚合物链自由基，并且能够与聚合物体系中因光老化产生的过氧化自由基作用，消耗掉过氧化自由基，再形成活性氮氧自由基和受阻胺结构，从而构成 HALS 的良性循环，受阻胺光稳定剂作用机理如图 16.3 所示。

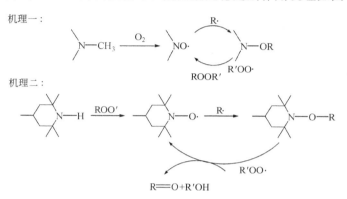

图 16.3 受阻胺光稳定剂作用机理

可用作 HALS 的化合物有哌啶化合物、咪唑烷酮化合物、氮杂环烷酮化合物等。通常受阻胺光稳定剂分子量大，因而抗迁移、抗萃取的能力提高。此外，受阻胺光稳定剂的碱性有重要意义，由于 HALS 具有胺的特性，显示出一定的碱性，遇酸质子化，活性下降。因此碱性大的 HALS 不宜用于酸性和酸催化涂料体系。在乳液涂料中也要高度注意，有可能因碱性过大使水乳体系不稳定。受阻胺光稳定剂结构对其酸碱性有很大的影响，其结构与酸碱度的关系见表 16.4。碱性较弱的为具有烷基羟胺结构（=N—OR）和乙酰化受阻胺结构（=N—CO—CH$_3$）的化合物。

表 16.4 受阻胺结构与酸碱度的关系[①]

受阻胺结构	pK_a	受阻胺结构	pK_a
\N—H	8.0~9.7	\N—OH	4.3~6.1
\N—CH$_3$	7.5~9.2	\N—OR	4.2~4.4
\N—CH$_2$—P	约 6.5	\N—CO—CH$_3$	约 4.2
\N—O·	7.4~9.6		

① P 为聚合物链。

除了紫外吸收剂以外，有些纳米材料也有吸收紫外线和防止光老化的作用。

16.2.1 水性光稳定剂和紫外吸收剂

水性紫外吸收剂是指本身能溶于水或可以在水中分散以及借助于助溶剂可溶于水的紫外

吸收剂，主要用于水性涂料，如水性木器漆、水溶性油墨、化妆品中。

(1) UV-4 紫外线吸收剂

化学名称：2-羟基-4-甲氧基-5-磺酸二苯甲酮

CAS 编号：4065-45-6

分子式：$C_{14}H_{12}O_6S$

分子量：308.31

结构式：

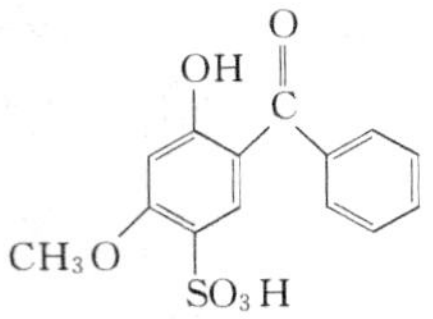

外观：近白色至淡黄色结晶粉末

含量：≥99.5%

色度：≤1.0

熔点：≥140℃

挥发分：≤0.5%

灰分：≤0.1%

含水量：最大3%

水溶液 pH 值：1.2～2.2

酸度：166～174mg KOH/g

重金属含量：≤5×10^{-6}

比吸光系数：460 (285nm); 290 (325nm)

水溶性：溶于水

毒性：对人体皮肤无刺激性

贮存：避光，阴凉干燥处贮存，贮存期24月

特性及用途：UV-4 是一种优良的水溶性广谱紫外线吸收剂，与多种聚合物有较好的相容性，光、热稳定性好，具有挥发性小、不着色、耐迁移等特点。UV-4 吸收效率高、无毒、无致敏和致畸副作用，主要用于水溶性化妆品中作抗晒防晒剂，也可添加在水溶性油墨和水性涂料等中作紫外线吸收剂用。UV-4 有吸湿性，吸湿后形成五分子结晶水合物

(2) 水性紫外吸收剂 UV-T

化学名称：2-苯基苯并咪唑-5-磺酸

CAS 编号：27503-81-7

分子式：$C_{13}H_{10}N_2O_3S$

分子量：274.29

结构式：

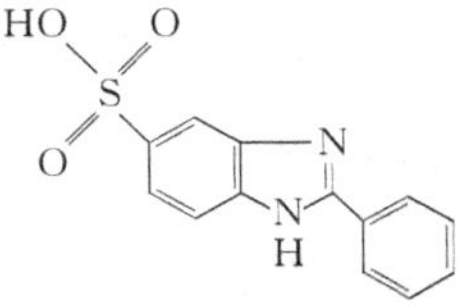

外观：白色或类白色粉末

含量：≥98.0%

熔点：>300℃

干燥失重：≤2%

吸收系数：920～980（302nm）；1600～1700（204nm）

水溶性：溶于水

毒性：无毒、无刺激性

推荐用量：水性涂料4%～6%；化妆品防晒剂1.5%～2%

使用方法：将本产品溶解于10份水中，用NaOH调至pH＝8，加到涂料中

特性及用途：在302nm紫外波长处吸收系数高达920～990，其吸收紫外线的能力是普通吸收剂的三倍以上。该产品无毒、无刺激性，主要用于化妆品防晒剂和水性涂料。

(3) 水性紫外吸收剂F-22　F-22是一种水溶性中性广谱紫外线吸收剂，吸收紫外线波长范围在290～390nm。具有吸收效率高、无毒、无致畸形副作用，对光、热稳定性好等优点。主要用于水溶性化学防晒剂、防晒霜、乳液、水性涂料体系、油田水基钻井液、油田水基润滑剂等各种有机水性体系。

F-22有以下特点：

① 水溶性好，溶于水后呈黄色高透明液体；

② 能提高水性体系中各种物质的稳定性；

③ 极高的吸收效率，吸收波长在290～390nm；

④ 对光、热稳定性好，不易腐败、使用周期长；

⑤ 极低的使用浓度，极高吸收性能；

⑥ 粉体，运输方便；

⑦ 无毒、无致畸形副作用，无污染、环保型产品。

(4) Ciba公司可用于水性体系的光稳定剂　瑞士Ciba特殊化学品公司（Ciba Specialy Chemicals Inc.）是世界上著名的光稳定剂研发生产厂商，有数量众多的涂料用光稳定剂产品，部分产品可用于水性体系。这类产品的牌号为Tinuvin 99、Tinuvin 99-2、Tinuvin 123、Tinuvin 292、Tinuvin 384-2、Tinuvin 1130、Tinuvin 5050、Tinuvin 5055、Tinuvin 5060、Tinuvin 5151等。有时可见将"Tinuvin"译为中文"天来稳"。

① Tinuvin 99

类型：羟苯基苯并三氮唑类紫外吸收剂

化学名：3-(2H-苯并三氮唑-2-基)-5-(1,1-二甲基乙基)-4-羟基-苯丙酸的C_7～C_9的支化和直链烷基酯(97%)，另含异辛醇(≤1.0%)

CAS编号：127519-17-9

分子式：$C_{27}H_{37}N_3O_3$（辛酯）

分子量：451.6（辛酯）

结构式：

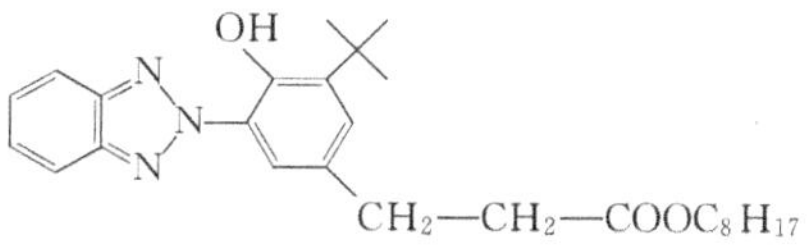

外观：黄色黏性液体

溶解性：水＜0.01g/100g；二乙二醇单丁醚＞50g/100g

用法用量：1.0%～3.0%（单用）；另加 1.0%～2.0% Tinuvin 123 或 292（共用）。可用能与水混合的助溶剂（二乙二醇单丁醚或醇酯-12 等）稀释后加入水性漆中

用途：水性通用工业漆，木器漆，木材着色剂的光稳定，卷钢烘漆等

特性：为液体光稳定剂，容易混入水性漆中。与 HALS 稳定剂 Tinuvin 123 或 292 共用可提高抗失光、变色、粉化、起泡、开裂和脱落的能力

② Tinuvin 99-2　Tinuvin 99-2 活性成分、性能指标、特点、用途等与 Tinuvin 99 完全相同，唯一的区别是 Tinuvin 99-2 中的羟苯基苯并三氮唑含量为 95%，另有约 5% 的丙二醇甲醚醋酸酯作溶剂，而 Tinuvin 99 中含有不到 1% 的异辛醇。Tinuvin 99 的密度（20℃）为 1.07g/cm³，黏度（25℃）为 2000mPa·s。

③ Tinuvin 123

类型：受阻胺光稳定剂

化学名：癸二酸酯类混合物

CAS 编号：129757-67-1

分子量：737

结构式：

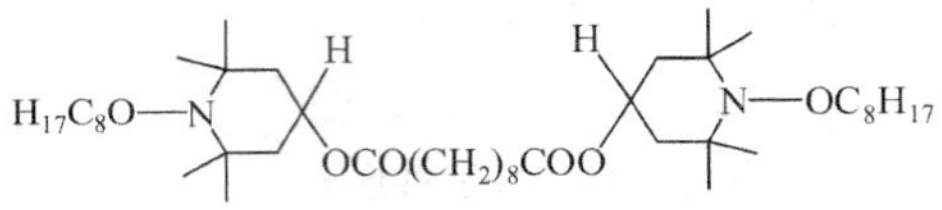

$$H_{17}C_8O-N\underset{OCO(CH_2)_8COO}{\overset{H}{\bigcirc}}\cdots\overset{H}{\bigcirc}N-OC_8H_{17}$$

外观：无色至浅黄色液体

气味：无味

挥发分：0.5%

密度：0.97g/cm³（20℃）

熔点：＜-30℃

沸点：367℃（101325Pa）

闪点：95～125℃

自燃温度：280℃

分解温度：＞150℃

黏度：3000mPa·s（20℃）；590～620mPa·s（40℃）

蒸气压：0.0002 Pa（20℃）

溶解性：水中＜6mg/L（20℃）；水中易乳化

毒性：LD_{50}＞2000mg/kg（鼠，经口）；LD_{50}＞2000mg/kg（鼠，经皮）

用法用量：0.5%～2% Tinuvin123 ＋1%～3% Tinuvin1130 或 384 或 928

用途：卷钢、汽车涂料、工业涂料、装饰漆和木器漆，还可用于双组分热固型丙烯酸金属闪光漆和单组分热固型丙烯酸清漆和聚酯体系

特性：低碱性，使其不会与涂料中的其他酸性组分，如酸催化剂反应，特别适合酸催化的体系，可用于水性漆

④ Tinuvin 292

类型：受阻胺光稳定剂

化学名：两种活性成分的混合物：癸二酸双(1,2,2,6,6-五甲基-4-哌啶基)酯和癸二酸1-(甲基)-8-(1,2,2,6,6-五甲基-4-哌啶基)酯

CAS编号：癸二酸双(1,2,2,6,6-五甲基-4-哌啶基)酯：41556-26-7

分子式：癸二酸双(1,2,2,6,6-五甲基-4-哌啶基)酯：$C_{30}H_{56}N_2O_4$

分子量：癸二酸双(1,2,2,6,6-五甲基-4-哌啶基)酯：508.78 和
癸二酸1-(甲基)-8-(1,2,2,6,6-五甲基-4-哌啶基)酯：369.6

结构式：

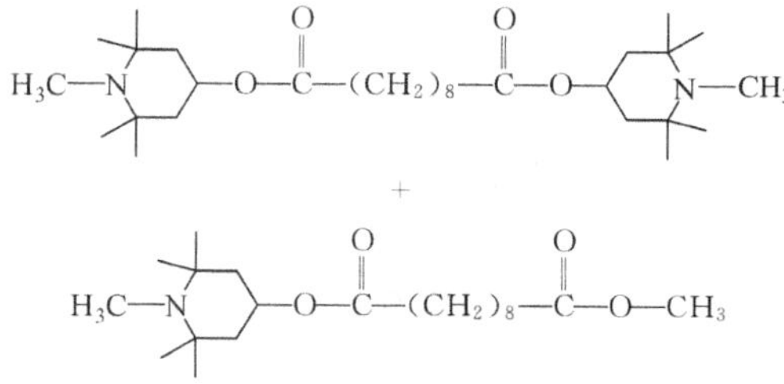

$$H_3C-N\underset{}{\bigcirc}-O-\overset{O}{\underset{}{C}}-(CH_2)_8-\overset{O}{\underset{}{C}}-O-\underset{}{\bigcirc}N-CH_3$$

$$+$$

$$H_3C-N\underset{}{\bigcirc}-O-\overset{O}{\underset{}{C}}-(CH_2)_8-\overset{O}{\underset{}{C}}-O-CH_3$$

外观：微黄黏性液体

气味：酯味

密度：$0.99g/cm^3$（20℃）

沸点：＞350℃

熔点：＜20℃

燃点：380℃

分解温度：325℃

黏度：约 400mPa·s（20℃）

蒸气压：0.0133Pa（20℃）

溶解性：水中不溶（＜0.01%），加二乙二醇单丁醚类亲水溶剂可分散在水中

毒性：LD_{50} 为 3125mg/kg（鼠，经口）

推荐用量：基于涂料的树脂固体分添加 0.5%～1.0% 的 Tinuvin 292，另加 1.0%～3.0% 的 Tinuvin 1130、Tinuvin 928 或 Tinuvin 328

用途：汽车修补漆、工业面漆、卷钢漆、木材着色剂和木器漆、辐射固化涂料等。可用于水性丙烯酸涂料

特性：Tinuvin 292 与 UV 吸收剂 Tinuvin 1130、Tinuvin 928 或 Tinuvin 328 共用有协同作用，可极大地提高涂料的耐候性。Tinuvin 292 对酸催化体系可能会有反应，如有负面作用应改用 Tinuvin 123

⑤ Tinuvin 384-2

类型：羟苯基苯并三氮唑类紫外吸收剂

化学名：3-(2H-苯并三氮唑-2-基)-5-(1,1-二甲基乙基)-4-羟基-苯丙酸的 C_7～C_9 的支化和直链烷基酯(95%)，另含丙二醇甲醚醋酸酯（5%）

CAS编号：127519-17-9

分子式：$C_{27}H_{37}N_3O_3$（辛酯）

分子量：451.6（辛酯）

结构式：

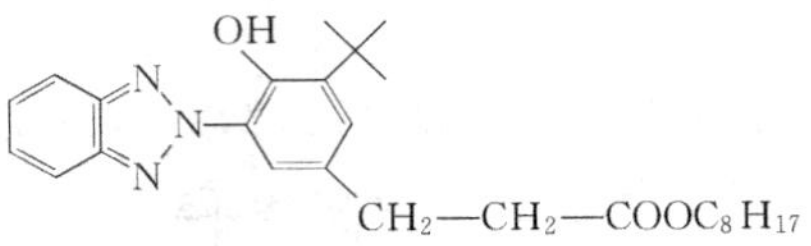

外观：黄色黏性液体

气味：芳香溶剂味

密度：1.0718g/cm³（20℃）

闪点：74.5℃

分解温度：＞150℃

黏度：3200mPa·s（20℃）

溶解性：水＜0.1g/100g；二乙二醇单丁醚＞30g/100g

毒性：丙二醇甲醚醋酸酯 LD_{50} 为 8532mg/kg（鼠，经口）

用法用量：1.0%～3.0%（单用）；另加 0.5%～2.0% Tinuvin 123 或 292（共用）。可用能与水混合的助溶剂（二乙二醇单丁醚或醇酯-12 等）稀释后加入水性漆中。

用途：通用工业漆（卷钢漆等），汽车漆，木器漆，木材着色剂的光稳定剂

特性：液体光稳定剂容易混入漆中。颜色浅，可在水性体系中分散。即使在高浓度下与体系也有很好的相容性。低挥发性，长效，耐迁移性和耐萃取性。与 HALS 稳定剂 Tinuvin 123 或 292 共用可提高抗失光、变色、粉化、起泡、开裂和脱落的能力。基本性能同 Tinuvin 99-2

⑥ Tinuvin 1130

类型：苯并三氮唑混合物

化学名：A：{β-[3-(2H-苯并三唑-2-基)-4-羟基-5-叔丁基苯基]-丙酸}-聚乙二醇 300 酯（50%），B：双{β-[3-(2H-苯并三唑-2-基)-4-羟基-5-叔丁基苯基]-丙酸}-聚乙二醇 300 酯（38%），另有 C：12% 的聚乙二醇 300 酯

CAS 编号：104810-48-2（A）；104810-47-1（B）；25322-68-3（C）

分子式：$(C_2H_4O)_{6-7}$-$C_{19}H_{21}N_3O_3$（A）

$C_{19}H_{20}N_3O_3$-$(C_2H_4O)_{n=6\sim7}$-$C_{19}H_{20}N_3O_2$（B）

分子量：A 为 637；B 为 975；C 为 300

组成和结构式：

A： 50%

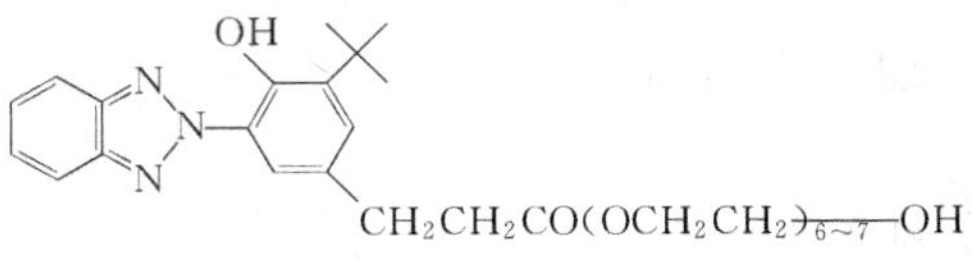

B： 38%

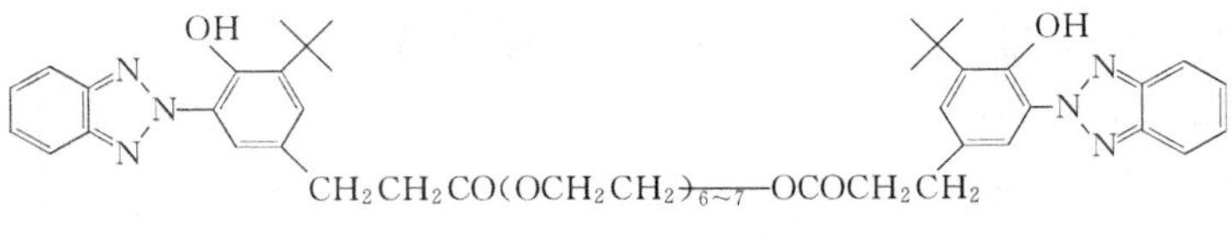

C： 12%

$H(OCH_2CH_2)_{6\sim7}OH$

外观：黄色至浅琥珀色黏稠液体

气味：无味

密度：1.173g/cm³（20℃）

沸点：>300℃

闪点：108℃

黏度：7400mPa·s（20℃）

蒸气压：906.6Pa（20℃）

溶解性：水<1×10^{-6}；二乙二醇单丁醚>50g/100g

毒性：混合物，LD_{50}（鼠，经口）>5000mg/kg

推荐用量：按基料树脂固体计1%～3% Tinuvin 1130，另外可加入0.5%～2% Tinuvin 292、Tinuvin 144 或 Tinuvin 123 共用

用法：对水性漆，为了分散均匀，可预先溶解在醇醚中再加入水性漆中

用途：汽车漆、工业漆、木器漆

特性：Tinuvin 1130 是一种用于涂料工业的羟基苯基苯并三氮唑类紫外吸收剂，该产品易于乳化，特别适用于水性体系。具有耐高温和耐萃取特性的 Tinuvin 1130 特别能胜任较高耐候性要求的工业和汽车涂料领域的使用。Tinuvin 1130 还可以提供给诸如木器类敏感基材足够的保护。若将 Tinuvin 1130 与受阻胺类光稳定剂 Tinuvin 144、Tinuvin 292、或 Tinuvin 123 配合使用会使涂料的耐候性更有明显的提高。配合使用的协同作用会使汽车涂料更好地发挥作用，对于失光、裂纹、起泡、脱落、变色均有很好的抑制作用。全球约有 25 家 Tinuvin 1130 供应商

⑦ Tinuvin 5050

类型：复合型光稳定剂

化学名：3-(2H-苯并三氮唑-2-基)-5-(1,1-二甲基乙基)-4-羟基-苯丙酸的 C_7～C_9 的支化和直链烷基酯(40%～70%)以及癸二酸 1,10-双(1,2,2,6,6-五甲基-4-哌啶基)酯(30%～60%)

CAS 编号：3-(2H-苯并三氮唑-2-基)-5-(1,1-二甲基乙基)-4-羟基-苯丙酸的 C_7～C_9 的支化和直链烷基酯（辛酯）：127519-17-9

癸二酸 1,10-双(1,2,2,6,6-五甲基-4-哌啶基)酯：41556-26-7

分子量：辛酯：451.6

癸二酸 1,10-双(1,2,2,6,6-五甲基-4-哌啶基)酯：508.78

分子式：辛酯：$C_{27}H_{37}N_3O_3$

癸二酸 1,10-双(1,2,2,6,6-五甲基-4-哌啶基)酯：$C_{30}H_{56}N_2O_4$

组成和结构式：

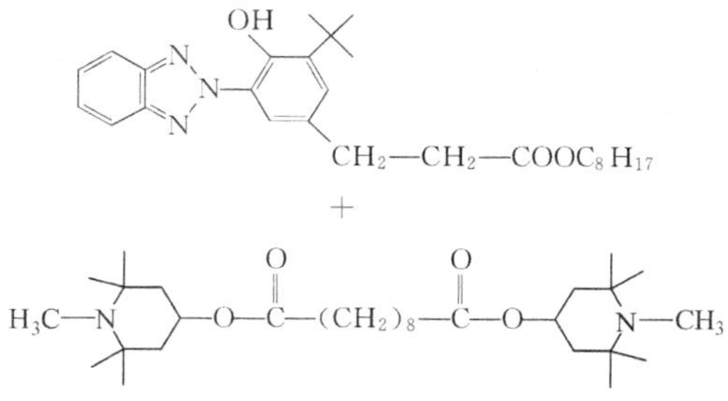

外观：琥珀色黏性液体
气味：无味
密度：1.03g/cm³（20℃）
最大吸收波长：346 nm
黏度：10000mPa·s（25℃）
溶解性：水中＜0.01%
毒性：LD_{50}＞2000mg/kg（鼠，经口）
贮存期：干燥凉爽环境下 36 月
推荐用量：按基料固体计，木器漆、UV 固化漆 2%～4%；装饰漆、聚氨酯漆、工业烘烤漆 1%～3%；不饱和聚酯 0.5%～1.5%；汽车蜡和抛光剂 2%～5%
用法：预先用二乙二醇单丁醚或醇酯-12 溶解后再加入水性体系中分散
用途：水性丙烯酸木器漆和室内外装饰漆，单、双组分聚氨酯漆，工业烘烤漆，UV 固化涂料，不饱和聚酯，汽车蜡和抛光剂
特性：通用型光稳定剂，紫外吸收范围广，特别适用于木材、塑料这样的对光敏感的基材保护。热稳定性极佳，因而可适用于高温烘烤漆和严酷环境

⑧ Tinuvin 5055
类型：复合型光稳定剂
外观：琥珀色黏性液体
密度：1.02g/cm³（20℃）
黏度：650mPa·s（25℃）
溶解性：在普通有机溶剂中的溶解度大于 50%
推荐用量：木器漆　　　　　　　　　　　　　　2.0%～4.0%
　　　　　房屋装饰涂　　　　　　　　　　　　1.0%～3.0%
　　　　　单组分或双组分聚氨酯涂料（白色和深色）1.0%～3.0%
　　　　　工业烤漆　　　　　　　　　　　　　1.0%～3.0%
　　　　　汽车蜡以及汽车护理用品　　　　　　2.0%～5.0%
　　　　　UPES/苯乙烯凝胶涂料　　　　　　　0.5%～1.5%
用法：用于水性漆时将 Tinuvin 5055 先溶于丁二醇等与水相溶醇类再加入
用途：木器涂料，如清漆、色漆，溶剂型或水性着色剂，装饰漆等；房屋装饰涂料，如水性丙烯酸分散体系；单组分或双组分聚氨酯涂料；非聚氨酯型面漆，如高固含醇酸、乙烯基涂料；工业烤漆，如卷钢涂料、金属漆；汽车蜡以及汽车防护用品；UPES/PS 树脂体系凝胶涂料
特性：Tinuvin 5055 是一种用途广泛的光稳定剂，可用于各种清漆和色漆体系、水性和溶剂型体系，特别推荐用于白色以及高颜料含量体系，因其优异的热稳定性和环境耐久性可用于保护在高温烘烤及极端苛刻条件下使用的工业涂料。基于其宽广的吸收波范围，Tinuvin 5055 可给予光敏基质涂料如木器漆、塑胶漆等以有效的保护

⑨ Tinuvin 5060
类型：复合型光稳定剂
化学组成：2-(2-羟苯基)苯并三氮唑类紫外吸收剂（UVA）和非碱性受阻胺光稳定剂

（HALS)的混合物

外观：无溶剂琥珀色黏性液体

气味：无味

密度：0.98g/cm^3（20℃）

黏度：10000mPa·s（20℃）

溶解性：水中＜0.01%，溶于普通有机溶剂

毒性：LD_{50}＞2000mg/kg（鼠，经口）

贮存期：干燥凉爽环境下36月

推荐用量：按配方总量计的Tinuvin 5060用量取决于干膜厚度：

    10～20μm   8%～4%

    20～40μm   4%～2%

    40～80μm   2%～1%

用法：在将Tinuvin 5060混入水性体系前，应先将其与水可混溶的溶剂混溶，如二乙二醇单丁醚或Texanol等

用途：通用型光稳定剂。适用于各种清漆、色漆、水性体系和溶剂型体系。

具体应用领域有：木器涂料，木器清漆和防霉底漆、木材着色剂、蜡等木材防护用品；单组分或双组分聚氨酯涂料；建筑涂料（屋顶、墙面和地板涂料）；玻璃陶瓷涂料；非聚氨酯类面漆（如高固体分醇酸、乙烯基涂料）；工业烘烤漆（如PVC塑胶漆、聚酯卷钢漆和一般高温烘烤金属漆）；不饱和聚酯/苯乙烯体系涂层；汽车蜡以及汽车防护用品；胶黏剂

特性：有极佳的性价比和耐久性，适用于户外溶剂型工业化装饰漆，特别是氧化干燥和酸催化体系。紫外吸收范围宽，可用于木器、塑料和金属涂料。由于HALS的非碱性，与酸性催化剂、颜料和防霉剂相容性好。Tinuvin 5060是极端环境下保护清漆和低颜料含量涂料体系的最优选择

⑩ Tinuvin 5151

类型：复合型光稳定剂

化学名：亲水2-(2-羟苯基)苯并三氮唑类紫外吸收剂（UVA）和碱性受阻胺光稳定剂（HALS）的混合物

外观：浅绿至琥珀色黏稠液体

气味：无味

密度：1.10g/cm^3（20℃）

黏度：7000mPa·s（25℃）

溶解性：水中＜0.01%，溶于普通有机溶剂

推荐用量：一般添加量（相对于树脂固体分）1%～3%，各种涂料的用量范围如下：

    木器涂料   2%～5%

    房屋和装饰物涂料   2%～5%

    单组分或双组分聚氨酯涂料 1%～3%

    工业烤漆   1%～3%

    UV固化丙烯酸和不饱和聚酯体系 2%～5%

    非聚氨酯类面漆   1%～3%

用法：对水性涂料应预先用二乙二醇单丁醚或醇酯-12溶解后再加入水性漆中

用途：通用型光稳定剂，是紫外线吸收剂和受阻胺稳定剂的复合型产品。适合于各种清漆、色漆、水性体系和溶剂型体系。该助剂由于具有特有的亲水性，所以特别适合于水性体系

特性：一般适用于外用涂料，特别适合水性涂料，可在极端环境下保护清漆和低颜料含量的涂料体系

(5) Ciba公司水性系列光稳定剂 Tinuvin DW　Ciba公司利用"NEAT"（Novel Encapsulated Additive Technology）技术，即"新型包覆添加剂技术"，开发了标注为"DW"的一系列水性体系用光稳定剂（表16.5），使得疏水性的光稳定剂不需要借助于助溶剂和高能量分散技术就可以方便地分散在水性涂料中。NEAT技术生产的低黏度包覆光稳定剂粒度很细，达 $0.03 \sim 0.20 \mu m$。Tinuvin DW级的产品有 Tinuvin 99-DW、Tinuvin 123-DW、Tinuvin 400-DW 和 Tinuvin 477-DW 等。

表16.5　Ciba公司的DW级光稳定剂

Tinuvin DW	活性分/%	说　　明
Tinuvin 99-DW	24	高性能苯并三唑型UV吸收剂,性能超过 Tinuvin 1130
Tinuvin 123-DW	30	无碱氨基醚型的HALS,用于高碱性的Tinuvin 292不能用的体系
Tinuvin 400-DW	TBD	高性能羟苯基三嗪型UV吸收剂,特别适用于水性UV固化体系
Tinuvin 477-DW	20	红移三嗪型UV吸收剂,适用于对性能要求特别高的水性体系

几种DW级Tinuvin的性能见表16.6。

表16.6　Tinuvin DW的性能

性　能	牌　号			
	Tinuvin 99-DW	Tinuvin 123-DW	Tinuvin 400-DW	Tinuvin 477-DW
外观	白至浅米黄分散液	近白色分散液	白色分散液	白至黄色分散液
气味	特殊气味	特殊气味	特殊气味	特殊气味
固体分/%	约40	约50	约40	约40
活性分/%	24	30	20	20
pH值	6.0～9.5	6.0～9.5	6.0～9.5	6.0～9.5
熔点/℃		约0		
沸点/℃		约100		
密度/(g/cm^3)	1.05～1.1	1.02～1.06	1.05～1.1	1.05～1.1
黏度/mPa·s	10～50	50～500	10～50	10～50
粒度/nm	<250	<250	<250	<200
水溶性	易混合	易混合	易混合	易混合
推荐用量/%	2～10	2～10	2～15	2～15
贮存期/月	12	12	18	18

Tinuvin 99 DW 是水性涂料和水性油墨用的羟苯基苯并三唑类紫外吸收剂，为 Tinuvin 99 的水分散体，不含有机溶剂，紫外吸收范围 290～360nm。其特点是不影响漆膜的物理性能，如硬度、耐划伤性、水敏感性等，不影响漆膜的光学性能，添加后漆膜的光泽不变，耐热、耐光照、耐洗擦，具有长效光稳定性。由于是水分散体，轻搅即可混入漆中。长期贮存不沉淀。Tinuvin 99-DW 可用于水性工业涂料、汽车漆、塑料漆和建筑装饰涂料，在木器涂料中可使其保持天然色调和颜色，还可用于水性胶黏剂。Tinuvin 99-DW 的用量取决于漆膜的厚度和颜填料用量，面漆中活性成分占涂料基料固体分的 0.5%～2.5%，户外漆应配合

添加2%～10%的Tinuvin 123-DW（活性HALS占基料固体的0.6%～3%）使用。其他性能参见Tinuvin 99。

Tinuvin 123-DW为无溶剂受阻胺光稳定剂（HALS），无碱氨基醚型（NOR），容易混入水性漆中，在漆中长期贮存不沉淀，不分离。Tinuvin 123-DW不影响漆的颜色、光泽和透明性，对漆膜性能（硬度，耐划伤性，耐水性）影响极小。Tinuvin 123-DW可抑制基料树脂的光氧化，提高涂料的耐失光、粉化、开裂和变色的能力，延长使用寿命。Tinuvin 123-DW的用量取决于颜填料量，一般为2%～10%（活性成分占基料固体的0.6%～3%），可配合其他DW型光稳定剂用，也可单独使用。

Tinuvin 400-DW是紫外吸收剂2-羟苯基均三嗪（HPT）的水分散体，专用于水性涂料，可满足室内外工业漆、装饰漆和汽车漆的高性价比和耐久性的要求。Tinuvin 400-DW的耐热耐光性好，特别适于烘烤漆和严酷环境条件下用漆的光稳定。添加Tinuvin 400-DW不影响漆的颜色、光泽和透明度，不影响漆膜的物理性质，包括透水性、抗粘连性、硬度和耐划伤性等。适用的范围有汽车原装漆和修补漆，通用工业漆，塑料漆，建筑涂料，玻璃陶瓷漆，纸、纸板和防水布用涂料及胶黏剂和密封剂等。

金属离子和胺类化合物不会使Tinuvin 400-DW变色。因此，Tinuvin 400-DW可用于使用传统2-(2-羟苯基)苯并三唑光稳定剂会变色的丙烯酸乳液和PU分散体中。Tinuvin 400-DW的用量取决于干漆膜厚度，须试验决定，但可参考以下数据：

干膜厚度10～20μm　　　Tinuvin 400 DW占配方总量的8%～15%
干膜厚度20～40μm　　　Tinuvin 400 DW占配方总量的4%～8%
干膜厚度40～80μm　　　Tinuvin 400 DW占配方总量的2%～4%

对户外漆最好与Tinuvin 123-DW这样的HALS型光稳定剂配合使用，两者配合有协同作用，对防止涂料和基材变色、失光、粉化、开裂、脱落有很好的效果。Tinuvin 123-DW易混，不需用助溶剂即可与水性漆混匀。Tinuvin 123-DW在5～30℃下的贮存期可达18个月。

Ciba公司最早开发出来的水性体系用紫外吸收剂Tinuvin 477 DW可提供长波长UV保护，零VOC，很容易与水性漆混合，有持久保护作用，可用作户外木器涂料和外墙漆的紫外吸收剂。

Tinuvin 477-DW是水性涂料用红移2-羟苯基均三嗪（HPT）光稳定剂的水分散体，其红移特性可以保护材料不被UV-A辐射损坏。Tinuvin 477-DW满足室内外工业涂料和装饰涂料的高性价比和耐久性的要求，具有光热稳定性，耐高温烘烤与严酷环境。加入漆中不影响漆的颜色、光泽和透明度，也不影响漆的各种性能。Tinuvin 477-DW为通用型稳定剂，用途广泛，推荐用于木材着色剂、清漆和木材保护蜡等产品，玻璃涂料，塑料涂料，纸板和木器用漆，胶黏剂和密封剂以及塑料中，特别是用于木材保护有极佳的保色性和持久性。用量由漆膜厚度决定：

干膜厚度10～20μm　　　Tinuvin 400 DW占配方总量的8%～15%
干膜厚度20～40μm　　　Tinuvin 400 DW占配方总量的4%～8%
干膜厚度40～80μm　　　Tinuvin 400 DW占配方总量的2%～4%

对户外漆最好与Tinuvin 123-DW这样的HALS型光稳定剂配合使用，两者配合有协同作用。Tinuvin 477-DW在5～30℃下的贮存期可达18个月，用前应搅匀。

(6) 其他商品水性光稳定剂

① 瑞士Clariant公司　瑞士Clariant公司的水性体系用光稳定剂有Sanduvor商标的一系列产品，分紫外吸收剂型和受阻胺自由基清除剂等类型（表16.7）。

表 16.7 Clariant 公司的水性光稳定剂

牌 号	成分及类型	含量/%	适用的涂料体系						
			溶剂型	水性	UV	汽车漆	修补漆	木器漆	工业漆
UV 吸收剂									
Sanduvor 3041 disp	二苯甲酮水分散体	30		●				●	●
Sanduvor 3310 disp XP	苯并三唑水分散体	52		●		●	●	●	●
Sanduvor 3311 liq XP	苯并三唑	100	●						
Sanduvor 3315 disp XP	苯并三唑水分散体	52		●					
Sanduvor 3326 disp XP	苯并三唑水分散体	52		●					
Sanduvor 3330 disp XP	羟苯三唑	52		●			●		
受阻胺光稳定剂(HALS)									
Sanduvor 3051-2 disp XP	HALS			●		●		●	●
Sanduvor 3055 liq	HALS		●						
Sanduvor 3063 liq	HALS		●						
Sanduvor 3058 liq	非碱型	100	●		●				
Sanduvor 3068-50P liq XP	非碱型	50(PMA)	●						
Sanduvor 3070 disp XP	低聚体水分散体	52		●					
Sanduvor PR-31 disp XP	光反应型	52		●					
抗氧化剂									
Hostanox O3 pwd	酚类	100	●						
混合型(紫外光吸收剂+HALS)									
Sanduvor 3168 liq XP	3058/O3(10/1)	55(PMA)	●	●		●			
Sanduvor 3225-2 disp XP	3206/3050(2/1)①	52		●				●	●

① Sanduvor 3206 是 N,N-二苯基乙二酰胺,Sanduvor 3050 是 HALS 光稳定剂。

注:●表示适用。

② 广州志一化工有限公司 广州志一化工有限公司生产水性光稳定剂,注册商标为"Yinox"。产品牌号有 UV-3500、UV-3600、UV-3700 和 GW-430(表 16.8)。其特点是这些水性光稳定剂由于是乳液形态,极易与水以任意比例混合,可泵送,添加到各种水性树脂、水性涂料和水性聚合物材料中,能有效地防止紫外光引起材料泛黄、变色后老化,提高耐候性,增加使用寿命。如果与其他抗氧剂和光稳定剂并用具有更佳的协同效应。

GW-430 是受阻胺光稳定剂乳液,能有效地捕捉紫外光光照产生的自由基,避免光氧反应。因其耐热氧化和耐光氧老化性能极好,阻止聚合物材料变黄或老化效果显著,可用于水性树脂和水性涂料的防老化。与酚类抗氧剂和光稳定剂并用有协同效应,但是不得与含硫抗氧剂并用,否则会有恶化作用。

表 16.8 志一化工有限公司水性光稳定剂

性 能	牌 号			
	UV-3500	UV-3600	UV-3700	GW-430
外观	白色易流动乳液	白色易流动乳液	白色易流动乳液	白色易流动乳液
固含量/%	40.0~43.0	45.0~53.0	48.0~55.0	46.0~50.0
pH 值	7.5~9.0	7.5~9.0	7.5~9.0	7.5~9.0
紫外吸收范围/nm	260~340	260~380	260~380	
用量/%	0.4~0.6	0.3~0.5	0.3~0.5	0.3~0.5
特点	色浅,无毒 迁移性小 易加工 相容性好	挥发性小 迁移性小 易加工 耐热性好	挥发性小 迁移性小 易加工 分散性好	

③ 台湾永光集团　台湾永光集团有商标为"Eversorb"的一系列光稳定剂,有些可用于水性体系的产品与 Ciba 公司的对应产品见表 16.9。

表 16.9　永光集团与 Ciba 公司产品对照表

永光牌号	对应的 Ciba 牌号	永光牌号	对应的 Ciba 牌号
Eversorb 80	Tinuvin 1130	Eversorb 84	Tinuvin 5050
Eversorb 81	Tinuvin 384	Eversorb 93	Tinuvin 292
Eversorb 83	Tinuvin 5151		

永光集团另有专门用于水性体系的光稳定剂 Eversorb AQ 系列:AQ 1、AQ 2、AQ 3 和 AQ 4。可用于工业漆、汽车漆、木器漆、塑料漆和建筑涂料。

Eversorb AQ 1 外观为琥珀色透明液体,是一种液态高效水性涂料用光稳定剂,可直接添加在水性系统使用,并能够用于高温烤漆涂装系统,清漆、色漆都能用,添加 Eversorb AQ 1 能够有效抑制涂膜劣化发生。

Eversorb AQ 2 外观为琥珀色透明液体,是一种多功能、高效、阳离子型水性光稳定剂,可用于清漆和色漆中,并能够用于高温烤漆,直接加入漆中即可。

Eversorb AQ 3 外观为琥珀色清液,多功能水性紫外线吸收剂,可以用在透明漆中。

Eversorb AQ 4 外观为微黄清液,水性涂料用液态受阻胺型光稳定剂,主要用于水性色漆。

16.2.2　纳米 UV 吸收剂

(1) BYK 公司的纳米 UV 吸收剂　2006 年毕克(BYK)化学推出了应用于水性配方体系的氧化锌类紫外吸收剂。随后与罗地亚公司合作将罗地亚公司的纳米产品 Rhodigard S100 在毕克化学产品目录中命名为 NANOBYK-3810,Rhodigard W200 命名为 NANOBYK-3812。以上两种产品均采用二氧化铈纳米级分散技术。NANOBYK-3810 适合水性涂料配方体系,NANOBYK-3812 适合溶剂型涂料配方体系,两种产品的主要应用领域都是木质材料的表面保护。近年来开发的纳米 UV 吸收剂还包括 NANOBYK-3820、3840 和 3860(表 16.10)。

表 16.10　BYK 公司的纳米 UV 吸收剂

	NANOBYK			
	3810	3820	3840	3860
化学组成	纳米氧化铈	纳米氧化锌	纳米氧化锌	纳米氧化锌
外观	棕黄分散体	近白色分散体	白色分散体	白色分散体
气味		无	微有味	无
pH 值(20℃)	7.5	约 7	约 7	约 7
不挥发分/%	23	45	44	55
纳米颗粒含量/%	18	40	40	50
粒度(d_{50})/nm	10	20	40	60
密度/(g/mL)	1.21	1.59	1.59	1.72
黏度(20℃)/mPa·s	2			
凝固点/℃		0	0	0
沸点/℃		100	100	100
溶剂	水	水	水	水
闪点/℃	>100			>100
推荐用量/%	4~8	2~6	2~6	2~6

NANOBYK-3810 是氧化铈（CeO_2）的纳米颗粒水分散体，加入水性建筑涂料和木器漆中可防止涂膜褪色和降解，纳米级的 CeO_2 不影响涂料的光泽和透明度。若与纳米氧化锌 NANOBYK-3820、NANOBYK-3840 或 NANOBYK-3860 共用可覆盖更宽的紫外线范围，防紫外线效果更好。NANOBYK-3810 应避光贮存于 5～40℃的环境中。

NANOBYK-3820、NANOBYK-3840 和 NANOBYK-3860 用来增进涂层和基材的 UV 稳定性，使其光泽、颜色和性能长期不变，与自由基终止剂共用效果更好。NANOBYK-3820 透明性极佳，适用于木材和家具的紫外保护，特别是透明木器和家具涂料，也可用于色漆体系和建筑涂料；NANOBYK-3860 主要用在建筑涂料中；NANOBYK-3840 透明性好，木材家具和建筑涂料都可用。NANOBYK 按固体树脂计的用量为 2%～6%，漆膜越薄用量越大。

（2）其他公司的纳米 UV 吸收剂　杭州万景新材料有限公司的纳米二氧化钛分散液 VK-T25F 将纳米颗粒的金红石型二氧化钛制备成高效的透明的紫外线吸收剂，具有很好的长期耐紫外线效果，并能吸收可见光，吸收的波长范围较广。VK-T25F 主要用于水性木器漆上，如家具、细木和实木复合地板等。

VK-T25F 外观为乳白色液体，pH 值 6～8，粒径 25 nm，过滤精度≤5 μm，二氧化钛含量≥30%。用量按纳米二氧化钛计为漆的 0.5%～2%。使用方法：直接加入涂料中，用球磨机或高速分散机分散 0.5～2h，确保分散均匀即可。

第17章 特种颜料和染料

特种颜料和染料主要用于装饰漆、美术漆和反光漆,包括水性木器漆、建筑装饰漆、屋顶反光漆、汽车漆、塑料漆等。

17.1 铝粉浆

铝粉可使被涂物获得仿金属效果,在木材和塑料装饰漆上有广泛的应用。一般铝粉浆不能用于水性体系,因为铝粉表面活性很高,遇水后发生化学反应而变质发黑并产生气体,不能得到稳定的体系,水性漆要用水性铝粉浆。

铝粉可以分为漂浮型和非浮型两种。漂浮型铝粉加在涂料中,涂料固化干燥时片状铝粉可在涂层表面定向形成一层连续的、不透明的银色膜,获得仿金属的涂装效果。由于铝粉粒径和厚薄的不同,涂料外观有很大的差异。粗粒漂浮型铝粉遮盖力低,形成粗纹结构,但是涂层最白、最亮;细粒漂浮型铝粉遮盖力大,涂层结构光滑,有镜面效果。添加非浮型铝粉的涂料具有独特的视觉效果。非浮型铝粉与透明颜料或染料配合,能获得逼真的金属效果。非浮型铝粉一般耐酸性较好。

(1) ECKART(爱卡)公司的铝粉浆 德国ECKART(爱卡)公司生产专用于水性漆的名为STAPA的铝粉浆,包括漂浮型和非浮型铝粉颜料浆。这些颜料浆有很好的水分散性,在水性体系中不产生气体并且贮存稳定,与阴离子、阳离子和非离子乳化剂及多种水性助剂都相容。STAPA铝粉颜料浆有4大类:STAPA Hydrolac、STAPA Hydroxal、STAPA Hydrolux和STAPA Hydrolan。各种牌号的STAPA Hydrolac(表17.1)包括漂浮型和非浮型的颜料,均含有石油溶剂油,水和乙二醇单丁醚或丙二醇甲醚组成的溶剂,并以含磷有机化合物做稳定剂。

表 17.1 STAPA Hydrolac 水性铝粉浆

牌号	颜料含量/%	溶剂类型	筛析粒径(不少于)/%			粒度分布(d_{50})/μm	密度/(g/cm³)
			<71μm	<45μm	<40μm		
W/WH2	65	MS/W	98.0			20	1.4
PM/PMH2	65	MS/PM	98.0			20	1.4
BG/BGH2	65	MS/BG	98.0			20	1.4
W/WH8	65	MS/W		99.9		11	1.4
PM/PMH8	65	MS/PM		99.9		11	1.4
BG/BGH8	65	MS/BG		99.9		11	1.4
W/WH2 n.l.	65	MS/W	99.0			23	1.5
PM/PMH2 n.l.	65	MS/PM	99.0			23	1.5
BG/BGH2 n.l.	65	MS/BG	99.0			23	1.5
W/WH8 n.l.	65	MS/W			99.9	14	1.5
PM/PMH8 n.l.	65	MS/PM			99.9	14	1.5
BG/BGH8 n.l.	65	MS/BG			99.9	14	1.5

续表

牌号	颜料含量/%	溶剂类型	筛析粒径(不少于)/%			粒度分布(d_{50})/μm	密度/(g/cm³)
			<71μm	<45μm	<40μm		
W/WH16 n.l.	65	MS/W			98.5	26	1.5
PM/PMH16 n.l.	65	MS/PM			98.5	26	1.5
BG/BGH16 n.l.	65	MS/BG			98.5	26	1.5
W/WH60 n.l.	65	MS/W			99.5	18	1.5
PM/PMH60 n.l.	65	MS/PM			99.5	18	1.5
BG/BGH60 n.l.	65	MS/BG			99.5	18	1.5
W/WH24 n.l.	70	MS/W			98.5	34	1.6
PM/PMH24 n.l.	70	MS/PM			98.5	34	1.6
BG/BGH24 n.l.	70	MS/BG			98.5	34	1.6

注：BG 为乙二醇单丁醚；MS 为石油溶剂油；PM 为丙二醇甲醚；W 为水。

STAPA Hydroxal 系列的铝粉浆各型号产品与 STAPA Hydrolac 性能指标完全相同（包括牌号），只是不含石油溶剂油。由于与石油溶剂油不相容，特别要注意调制的配方中不得含有类似的有机溶剂。

STAPA Hydrolux 是经过特殊工艺用铬处理过的非浮型铝粉浆（表 17.2），有极好的产气稳定性，用其制成的漆在高湿环境下仍有优良的附着力和层间附着性。

表 17.2 STAPA Hydrolux 水性铝粉浆

牌号	颜料含量/%	溶剂类型	筛析粒径(不少于)/%		粒度分布特征/μm			Cr 含量(不低于)/%	可溶性 C/(mg/L)
			<63μm	<40μm	d_{10}	d_{50}	d_{90}		
100	65	10%MS 5%SA 5%BG 15%W	99.0		31	54	77	0.6	<0.1
200	65			98.5	17	34	54	0.7	<0.1
300	65			98.5	14	31	48	1.5	<0.1
400	65			98.5	11	26	47	1.5	<0.1
500	65			99.0	7	21	44	1.5	<0.1
600	65			99.8	5	16	34	1.5	<0.1

注：BG 为乙二醇单丁醚；MS 为石油溶剂油；PM 为丙二醇甲醚；SA 为溶剂石脑油；W 为水。

STAPA Hydrolan 铝粉浆（表 17.3）有更好的效果，这是一类用二氧化硅包覆的非浮型铝粉浆，无重金属，产气稳定性优于铬钝化铝粉浆，配成的水性漆长期稳定并有极好的光学性质。这类颜料表现出很高的鲜艳度，稳定性极优，高剪切下不降解。

STAPA 铝粉浆在使用前应先以水和醇醚类溶剂分散稀释，水和醇醚类溶剂的比例为 1∶1 或 1∶2。应边搅拌边将溶剂慢慢加入颜料浆中，充分搅拌均匀。搅拌速度不宜过高，一般为 500～800r/min。pH 值控制在 5～8 之间，否则可能产生气体并影响体系的稳定性。调整体系的 pH 值可用 TEA、DMEA、AMP 90 等，其中 DMEA 和 AMP 90 在产气稳定性方面更好。分散好铝粉浆后再进行下一道制漆工艺。

(2) 瑞富化学有限公司的水油通用银粉浆　中国广东瑞富化学有限公司的水油通用银粉浆以丙烯酸聚合物为载体，有多个牌号，粒径各不相同，可用于水性体系（表 17.4）。

表 17.3 STAPA Hydrolan 水性铝粉浆

牌号	不挥发物/%		筛析粒径(不少于)/%			粒度分布特征/μm		
	铝	包覆层	<71μm	<63μm	<40μm	d_{10}	d_{50}	d_{90}
212	61	4	99.5			31	54	77
214	61	4		99.9		17	34	54
161	54	6		99.9		11	26	47
2153	61	4			99.9	14	25	38
501	53	7		99.9		8	22	43
2154	56	4			99.9	11	20	32
8154	54	6			99.9	9	20	32
2156	56	4			99.9	9	17	28
9157	53	7			99.9	7	17	29
2192	55	5			99.9	7	15	26
701	53	7		99.9		5	16	34
9160	53	7		99.9		4	10	21
9165	54	6		99.9		4	10	21

表 17.4 瑞富水性银浆

牌号	固含量/%	平均粒径/μm	pH 值	载体
X-102	60	5	8～10	丙烯酸聚合物
X-103	60	8	8～10	丙烯酸聚合物
X-105	60	12	8～10	丙烯酸聚合物
X-106	60	14	8～10	丙烯酸聚合物
X-108	65	18	8～10	丙烯酸聚合物
X-110	65	34	8～10	丙烯酸聚合物

(3) Silberline（新博来）公司的水性银浆 美国 Silberline（新博来）公司是全球知名的银浆颜料（铝颜料，aluminum pigment）的生产商和供应商，产品涉及许多领域，包括汽车涂料、工业涂料、塑料涂料、印刷油墨等，有些产品可用于水性涂料。Silberline 公司的水性体系可用的 AquaPaste（AP）系列抗氧化铝银浆颜料见表 17.5。该公司另有水性漆用 AquaSil 系列和 SilBerCote（AQ）系列铝银浆，水性漆用的典型品种见表 17.6。

表 17.5 Silberline 公司的水性铝颜料 AquaPaste 系列

牌号	不挥发分/%	铝含量/%	325 目筛余/%<	粒径/μm	相对密度	重量体积	溶剂	类型
205-5	80.0	62.6	1.00		1.52	0.079	MS	L
2750-305	84.7	76.1	1.00/200 目	55.2	1.81	0.079	MS/HA	NL
3122-AR-305	77.0	69.3	1.00	39.6	1.70	0.071	MS/HA	NL
3166-AR-305	60.9	64.7	5.00	35.4	1.34	0.089	MS/HA	NL
3500-350	65.5	58.8	2.00	30.0	1.42	0.086	MS/HA	NL
3622-305	79.5	71.4	1.00	39.5	1.68	0.071	MS/HA	NL
3641-305	80.6	72.7	1.00	34.2	1.70	0.079	MS/HA	NL
5245-AR-305	62.7	56.4	0.10	24.3	1.41	0.085	MS/HA	NL
5500-305	84.4	58.0	0.10	18.8	1.42	0.085	MS/HA	NL

续表

牌号	不挥发分/%	铝含量/%	325目筛余/%<	粒径/μm	相对密度	重量体积	溶剂	类型
8300-5	60.0	65.0	15.00		1.54	0.078	C-66	L
SN-C66-305	65.5	58.8	1.00	18.0	1.42	0.086	C-66	NL
SO-305	65.5	58.8	1.00	24.4	1.42	0.084	MS/HA	NL
SQ-305	65.5	58.8	2.00	28.0	1.42	0.084	MS/HA	NL

注：L 漂浮型；NL 非浮型；C-66 六六法规豁免石油溶剂；HA 芳烃；MS 200# 溶剂油。

表 17.6 Silberline公司的水性漆用铝银浆

牌号	类型	不挥发分/%	$d_{50}/\mu m$	325目筛余/%<	片状铝含量/%≥	溶剂
AquaPaste 系列						
354-C23	NL	64	24	1.0	58.2	MS/HA/GE
554-C33	NL	63	16	0.1	54.8	MS/HA/GE
5500-C43	NL	57	14	0.1	47.5	MS/HA/GE
5745-C33	NL	56	19	0.1	48.7	MS/HA/GE
AquaSil 系列						
BP 205	L	68	15	1.0	59	MS/NE/GE
BP 3500	NL	63	27	2.0	54	MS/HA/GE/NE
BP 3622	NL	78	35	1.0	69	MS/HA/GE/NE
BP 5500	NL	62	14	0.1	53	MS/HA/GE/NE
BP SN	NL	63	14	1.0	54	MS/HA/GE/NE
SilBerCote 系列						
AQ 354-F3X	NL	58	28	0.01	49.9	GE
AQ 3130-F1X	NL	58	36	1.0	55.0	GE
AQ E666-F2X	NL	50	21	0.1	43.8	GE
AQ E2154-F2X	NL	50	18	01	42.9	GE
AQ E5000-F3X	NL	50	14	0.1	40.5	GE

注：L 漂浮型；NL 非浮型；GE 醇醚；HA 芳烃；MS 200# 溶剂油；NE 硝基乙烷。

各种水性铝粉浆都必须在一种合适的溶剂中预分散成颜料浆才能用。添加时要在所有需要高剪切的组分都剪切分散好后才可加入体系之中。片状的颜料不得承受高剪切作用，否则可能使得片状颜料弯曲变形，失去光学效应，或者破坏了表面的包覆层，遇水发生产气反应。生产过程中一般要加入润湿剂促进片状颜料的润湿。特别要注意体系的 pH 值不应高于 9，最好在 7～8 之间，因此不宜使用像氨水或氢氧化钠这样的强碱性中和剂，适宜的中和剂是 DMEA 和 AMP-95 等有机胺。为了促进金属颜料的定向排列，可在水性漆中加入聚乙烯蜡分散液或醋酸丁酸羧甲基纤维素酯（CMCAB）增加闪光效果。

17.2 透明氧化铁

各种颜色的透明氧化铁，基本颜色包括红、黄、棕、黑、绿等，每一种又有不同色相的多种品牌产品。用透明氧化铁制的透明色浆用于木材底擦色着色，也可掺入漆中施工，形成透明色漆。浙江上虞正奇化工有限公司的纳米级透明氧化铁（表 17.7）是水性木器漆极好的擦色颜料。

表 17.7　水性纳米级透明氧化铁（浙江上虞正奇化工公司）

性能	牌号					
	TY-608-2RW	TY-608-3W	TR-708-5W	TR-808W	TG-908W	TB-1008W
外观	黄色粉末	黄色粉末	红色粉末	绿色粉末	黑色粉末	棕色粉末
相对着色力/%	≥98	≥98	≥98	≥98	≥98	≥98
105℃挥发物/%	<2.5	<2.5	<2.5	<2.5	<2.5	<2.5
水溶物/%	<0.2	<0.2	<0.2	<0.2	<0.2	<0.2
筛余物/%	<0.05	<0.05	<0.05	<0.05	<0.05	<0.05
水悬浮液 pH 值	7～9	7～9	7～9	7～9	7～9	7～9
吸油量/(g/100g)	30～35	35～40	35～40	30～40	25～30	30～35
Fe_2O_3 含量/%	>82.0	>80.0	>90.0	>82.0	>93.0	>82.0

透明氧化铁颜料的其他生产商有德国 BASF 公司（牌号 Sicotrans）、Sachtleben 公司（牌号 Hombitee）、美国 Johnson 公司（牌号 Trans-oxide）、Cappelle 公司（牌号 Cappoxyt）等。

17.3　珠光颜料

珠光颜料的颜色高贵、豪华、神奇、变化多端，有的还能产生双色变幻效果（随角异色性）。珠光颜料的各色珍珠光泽和仿金属光泽具有极好的装饰性，可添加在包括水性体系在内的各种涂料和印刷油墨中使用，在汽车漆、木器漆、塑料漆、建筑涂料、装饰漆、美术漆、玩具漆上有广阔的应用前景。

珠光颜料由表面平整的天然云母包覆高折射率透明金属氧化物，如氧化铁、二氧化钛等制成。云母底材与透明金属氧化物的折射率不同，产生光学干扰，形成颜色。控制金属氧化物包覆层的厚度使其对不同波长光线进行选择性反射产生不同的颜色，随着包覆层厚度的增加可出现银白、金、橙、红、紫、蓝、绿等各种颜色。珠光颜料耐高温（可达 800℃ 以上）、耐候性极好，颜料本身不导电，耐光，耐化学品，无毒，不燃烧，是优异的环保型颜料。

浙江温州坤威珠光颜料有限公司生产的珠光颜料产品品种牌号众多，大多数在水性体系中都稳定，但是各个品种的珠光效应相差很大，使用时须仔细选择。坤威公司的珠光颜料有 5 大系列，即银白系列、虹彩系列、金色系列、着色和彩色系列以及彩色铁系列。各系列珠光颜料规格和性能见表 17.8～表 17.12。

珠光颜料的用量随涂层厚度、所需透明度、所需珠光效果有所不同，一般为 5%～10%。有时 1% 的用量就有特殊的闪光效果，而对于极薄涂层用量可能要高达 20%～30%。需要注意的是过大的用量不利于珠光颜料的定向，珠光效果反而不好。珠光颜料应在制漆最后阶段添加，或者使用前添加。混合必须低速慢搅，不得使用高剪设备混合，因为高剪切力会破坏珠光颜料片的完整和平整性，使珠光颜料失去高效装饰性。珠光颜料密度大，粒度大，产生沉降现象是不可避免的，必须使用防沉剂以获得松散的、易于再搅匀的沉淀物，施工时搅匀后确保色相均匀。

温州坤彩珠光颜料有限公司也有类似于温州坤威珠光颜料有限公司的各种珠光颜料。

表 17.8 坤威公司的银白色珠光颜料

牌号	粒径/μm	粒径分布/μm			光泽	TiO_2晶型	颜色	耐温/℃	密度/(g/cm³)	松密度/(g/100mL)	pH值	吸油量/(g/100g)	成分/%		
		d_{10}	d_{50}	d_{90}									云母	TiO_2	氧化锡
KW-100	10~60	12~15	21~26	38~41	明亮	锐钛	银白	>800	2.9~3.0	14~18	6~9	60~70	70~74	26~30	—
KW-101	30~70	14~18	24~28	45~49	灿烂	锐钛	银白	>800	2.9~3.0	12~16	6~9	60~70	72~76	14~18	—
KW-103	10~60	12~15	22~26	38~41	明亮	金红石	银白	>800	3.0~3.1	16~20	6~9	60~70	68~72	17~32	<1
KW-104	10~40	9~12	18~24	31~35	镜面	金红石	银白	>800	2.9~3.0	15~19	6~9	65~80	64~68	32~36	<1
KW-119	5~20	3~5	8~10	12~15	缎面	金红石	银白	>800	3.0~3.1	14~18	6~9	60~70	57~61	39~43	<1
KW-120	5~25	4~7	9~11	13~16	缎面	锐钛	银白	>800	3.0~3.1	18~22	6~9	55~66	61~65	35~39	—
KW-121	5~25	4~7	9~11	13~16	缎面	金红石	银白	>800	3.0~3.1	22~26	6~9	65~80	58~63	36~42	<1
KW-122	5~25	5~8	10~13	15~18	缎面	金红石	银白	>800	3.0~3.1	24~28	6~9	65~80	59~63	36~41	<1
KW-123	5~25	4~7	10~12	14~17	缎面	锐钛	银白	>800	2.9~3.0	23~27	6~9	65~75	58~62	37~42	<1
KW-151	10~100	24~30	35~42	65~85	高光	锐钛	银白	>800	2.9~3.0	12~16	6~9	60~70	76~80	20~24	—
KW-152	10~100	24~30	38~49	65~85	高光	锐钛	银白	>800	2.8~2.9	13~17	6~9	65~75	78~82	18~22	—
KW-153	20~100	30~39	38~49	85~95	闪光	锐钛	银白	>800	2.8~2.9	11~15	6~9	65~75	80~84	16~20	—
KW-163	40~200	35~45	56~78	85~140	闪烁	锐钛	银白	>800	2.8~2.9	10~14	6~9	65~75	85~89	11~15	—
KW-173	10~40	9~12	18~24	31~35	镜面	锐钛	银白	>800	2.9~3.0	14~18	6~9	60~70	65~69	31~35	—
KW-183	50~500	60~90	180~220	380~450	闪耀	锐钛	银白	>800	2.8~2.9	8~12	6~9	65~75	88~92	8~12	—
KW-193	70~700	85~120	280~320	480~620	闪耀	锐钛	银白	>800	2.7~2.8	6~10	6~9	65~75	89~93	7~11	—

表 17.9 坤威公司耐温 800℃ 以上的彩虹双色珠光颜料

牌号	粒径/μm	粒径分布/μm			光泽	TiO_2晶型	反射色	透射色	密度/(g/cm³)	松密度/(g/100mL)	pH值	吸油量/(g/100g)	成分/%		
		d_{10}	d_{50}	d_{90}									云母	TiO_2	氧化锡
KW-205	10~60	12~15	21~26	38~41	明亮	金红石	金	浅蓝	3.0~3.1	24~28	6~9	50~60	56~60	40~44	<1
KW-208	10~40	9~12	18~24	31~35	镜面	金红石	丝绸金	浅紫	3.1~3.2	25~29	6~9	50~60	58~62	38~42	<1
KW-215	10~60	12~15	21~26	38~41	明亮	金红石	红	浅绿	3.0~3.1	25~29	6~9	50~60	52~56	44~48	<1

续表

牌号	粒径/μm	粒径分布/μm d_{10}	d_{50}	d_{90}	光泽	TiO₂晶型	反射色	透射色	密度/(g/cm³)	松密度/(g/100mL)	pH值	吸油量/(g/100g)	成分/% 云母	TiO₂	氧化锡
KW-216	10~60	12~15	21~26	38~41	明亮	金红石	粉红	淡黄绿	3.0~3.1	26~30	6~9	50~60	51~55	45~49	<1
KW-217	10~60	12~15	21~26	38~41	明亮	金红石	紫铜	淡紫	3.1~3.2	27~31	6~9	50~60	50~54	46~50	<1
KW-218	10~60	12~15	21~26	38~41	明亮	金红石	紫红	淡青	3.1~3.2	27~31	6~9	50~60	48~52	48~52	<1
KW-219	10~60	12~15	21~26	38~41	明亮	金红石	紫	淡黄绿	3.1~3.2	28~32	6~9	50~60	47~51	49~53	<1
KW-224	10~60	12~15	21~26	38~41	明亮	金红石	紫罗兰	淡黄	3.2~3.3	30~34	6~9	50~60	46~50	50~54	<1
KW-225	10~60	12~15	21~26	38~41	明亮	金红石	蓝	淡橙	3.2~3.3	31~35	6~9	50~60	47~52	48~53	<1
KW-235	10~60	12~15	21~26	38~41	明亮	金红石	绿	淡红	3.1~3.2	32~36	6~9	50~60	44~48	52~56	<1
KW-201	5~25	4~7	9~11	13~16	缎面	金红石	黄	淡蓝	3.2~3.3	28~32	6~9	45~55	44~48	52~56	<1
KW-211	5~25	4~7	9~11	13~16	缎面	金红石	红	淡绿	3.2~3.3	32~36	6~9	45~55	42~46	54~58	<1
KW-221	5~25	4~7	9~11	13~16	缎面	金红石	蓝	淡黄	3.2~3.3	34~38	6~9	45~55	36~40	60~64	<1
KW-223	5~25	4~7	9~11	13~16	缎面	金红石	紫	淡蓝绿	3.2~3.3	31~35	6~9	45~55	38~42	58~62	<1
KW-231	5~25	4~7	9~11	13~16	缎面	金红石	绿	淡红	3.2~3.3	36~40	6~9	45~55	34~38	62~66	<1
KW-249	10~100	24~30	38~49	65~85	高光	金红石	黄	淡蓝绿	2.9~3.0	26~30	6~9	70~80	64~68	32~36	<1
KW-259	10~100	24~30	38~49	65~85	高光	金红石	红	淡绿	2.9~3.0	28~32	6~9	70~80	63~67	33~37	<1
KW-289	10~100	24~30	38~49	65~85	高光	金红石	蓝	淡黄	3.0~3.1	31~35	6~9	70~80	62~66	34~38	<1
KW-299	10~100	24~30	38~49	65~85	高光	金红石	绿	淡红	3.0~3.1	32~36	6~9	70~80	59~64	36~41	<1

表17.10 坤威公司的金色金属光泽珠光颜料

牌号	粒径/μm	粒径分布/μm d_{10}	d_{50}	d_{90}	光泽	TiO₂晶型	颜色	耐温/℃	密度/(g/cm³)	松密度/(g/100mL)	pH值	吸油量/(g/100g)	成分/% 云母	TiO₂	氧化铁
KW-300	10~60	12~15	21~26	38~41	明亮	金红石	金	>800	3.1~3.2	24~28	6~9	55~65	57~64	35~39	1~4
KW-301	10~60	12~15	21~26	38~41	明亮	金红石	金属金	>800	3.1~3.2	25~29	6~9	55~65	55~62	36~39	2~6
KW-303	10~60	12~15	21~26	38~41	明亮	金红石	微红金	>800	3.1~3.2	26~30	6~9	55~65	53~61	20~24	19~23

续表

牌号	粒径/μm	粒径分布/μm d_{10}	d_{50}	d_{90}	光泽	TiO_2晶型	颜色	耐温/℃	密度/(g/cm³)	松密度/(g/100mL)	pH值	吸油量/(g/100g)	成分/% 云母	TiO_2	氧化铁
KW-304	10~60	12~15	21~26	38~41	明亮	金红石	深金	>800	3.1~3.2	23~27	6~9	55~65	54~62	23~27	15~19
KW-305	10~60	12~15	21~26	38~41	明亮	金红石	红金	>800	3.1~3.2	28~32	6~9	55~65	52~60	19~23	21~25
KW-306	10~60	12~15	21~26	38~41	明亮	金红石	奖章金	>800	3.2~3.3	29~33	6~9	55~65	58~66	13~17	21~25
KW-307	10~60	12~15	21~26	38~41	明亮	金红石	深邃金	>800	3.2~3.3	32~36	6~9	55~65	37~45	21~25	34~38
KW-308	10~60	12~15	21~26	38~41	明亮	金红石	古典金	>800	3.1~3.2	22~26	6~9	55~65	42~50	38~42	12~16
KW-320	10~60	12~15	21~26	38~41	缎面	金红石	阳光金	>800	3.1~3.2	27~41	6~9	55~65	56~64	8~12	28~32
KW-302	5~25	4~7	9~11	13~16	缎面	金红石	缎金	>800	3.2~3.3	28~32	6~9	55~65	40~48	45~49	7~11
KW-323	5~25	4~7	9~11	13~16	高光	金红石	微红缎金	>800	3.2~3.3	30~34	6~9	55~65	46~54	23~27	23~27
KW-351	10~100	24~30	38~49	65~85	高光	金红石	高光金	>800	3.0~3.1	20~24	6~9	55~65	60~68	28~32	4~8
KW-353	10~100	24~30	38~49	65~85	高光	金红石	高光红金	>800	3.0~3.1	21~25	6~9	55~65	61~69	15~19	16~20
KW-355	20~100	30~39	45~54	85~95	闪光	金红石	闪光金	>800	3.0~3.1	18~24	6~9	55~65	78~86	2~6	2~6

表17.11 坤威公司的着色和彩色珠光泽光颜料

牌号	粒径/μm	粒径分布/μm d_{10}	d_{50}	d_{90}	光泽	TiO_2晶型	反射色	侧视色	密度/(g/cm³)	松密度/(g/100mL)	耐温/℃	吸油量/(g/100g)	成分/% 云母	TiO_2	吸收性颜料	氧化铁
KW-400	10~60	12~15	21~26	38~41	明亮	锐钛	银白	蓝	2.9~3.0	22~26	180	65~75	69~73	26~30	≤1	—
KW-400B	10~40	9~12	18~24	31~35	镜面	锐钛	银白	纯蓝	2.9~3.0	20~24	180	65~75	64~68	31~35	≤1	—
KW-401	10~60	12~15	21~26	38~41	明亮	锐钛	银白	黑	2.9~3.0	23~27	280	65~75	69~73	26~30	≤1	—
KW-402	10~60	12~15	21~26	38~41	明亮	锐钛	银白	纯黑	2.9~3.0	22~26	280	65~75	68~72	26~30	≤1	—
KW-403	10~60	12~15	21~26	38~41	明亮	锐钛	银白	桃红	2.9~3.0	21~25	180	65~75	69~73	26~30	≤1	—

续表

牌号	粒径/μm	粒径分布/μm d_{10}	d_{50}	d_{90}	光泽	TiO_2晶型	反射色	侧视色	密度/(g/cm³)	松密度/(g/100mL)	耐温/℃	吸油量/(g/100g)	成分/% 云母	TiO_2	吸收性颜料	氧化铁
KW-404	10~60	12~15	21~26	38~41	明亮	锐钛	银白	淡紫	2.9~3.0	22~26	180	65~75	69~73	26~30	≤1	—
KW-405	10~60	12~15	21~26	38~41	明亮	锐钛	银白	浅蓝	2.9~3.0	21~25	180	65~75	69~73	26~30	≤1	—
KW-405B	10~60	12~15	21~26	38~41	明亮	锐钛	银白	蓝	2.9~3.0	20~24	180	65~75	69~73	26~30	≤1	—
KW-406	10~60	12~15	21~26	38~41	明亮	锐钛	银白	嫩绿	2.9~3.0	22~26	180	65~75	69~73	26~30	≤1	—
KW-407	5~25	12~15	21~26	38~41	明亮	锐钛	银白	银灰	2.9~3.0	23~27	180	65~75	69~73	26~30	≤1	—
KW-437	10~100	24~30	38~49	65~92	高光	锐钛	银白	绿	2.9~3.0	23~27	180	65~75	69~73	26~30	≤1	—
KW-451	10~100	24~30	38~49	65~85	高光	锐钛	银白	蓝	2.9~3.0	23~27	180	65~75	69~73	26~30	≤1	—
KW-452	10~100	24~30	38~49	65~85	高光	锐钛	银白	红	2.9~3.0	23~27	180	65~75	69~73	26~30	≤1	—
KW-483	5~40	9~12	18~24	31~35	镜面	锐钛	银白	紫	2.9~3.0	22~26	180	60~70	64~68	31~35	≤1	—
KW-408	10~60	12~15	21~26	38~41	明亮	锐钛	绿	蓝绿	3.0~3.1	16~20	280	65~75	33~37	—	≤1	62~66
KW-410	10~60	12~15	21~26	38~41	明亮	锐钛	桐棕	红褐	3.0~3.1	16~20	280	65~75	59~63	44~49	≤1	36~40
KW-411	10~60	12~15	21~26	38~41	明亮	锐钛	深棕	灰褐	3.0~3.1	24~28	180	65~75	59~63	44~49	≤1	35~39
KW-415	10~60	12~15	21~26	38~41	明亮	金红石	红	洋红	3.0~3.1	24~28	180	65~75	50~55	44~49	≤1	—
KW-416	10~60	12~15	21~26	38~41	明亮	金红石	红	深红	3.0~3.1	24~28	180	65~75	50~55	44~49	≤1	—
KW-418	10~60	12~15	21~26	38~41	明亮	金红石	红	玫瑰红	3.0~3.1	26~30	180	65~75	48~54	45~51	≤1	—
KW-419	10~60	12~15	21~26	38~41	明亮	金红石	紫	红紫	3.1~3.2	28~32	180	65~75	46~50	49~53	≤1	—
KW-419B	10~60	12~15	21~26	38~41	明亮	金红石	紫	蓝紫	3.0~3.1	24~28	180	65~75	55~59	40~44	≤1	—
KW-421	10~60	12~15	21~26	38~41	明亮	金红石	黄	紫黄	3.2~3.3	31~35	180	65~75	46~51	48~53	≤1	—
KW-424	10~60	12~15	21~26	38~41	明亮	金红石	蓝	紫罗兰								

续表

牌号	粒径/μm	粒径分布/μm			光泽	TiO$_2$晶型	反射色	侧视色	密度/(g/cm³)	松密度/(g/100mL)	耐温/℃	吸油量/(g/100g)	成分/%			
		d_{10}	d_{50}	d_{90}									云母	TiO$_2$	吸收性颜料	氧化铁
KW-425	10~60	12~15	21~26	38~41	明亮	金红石	蓝	蓝绿	3.2~3.3	31~35	180	65~75	46~51	48~53	≤1	—
KW-425B	10~60	12~15	21~26	38~41	明亮	金红石	蓝	宝石蓝	3.2~3.3	31~35	180	65~75	46~51	48~53	≤1	—
KW-427	10~60	12~15	21~26	38~41	明亮	金红石	蓝	深蓝	3.2~3.3	31~35	180	65~75	46~51	48~53	≤1	—
KW-435	10~60	12~15	21~26	38~41	明亮	金红石	绿	翠绿	3.2~3.3	32~36	180	65~75	43~47	52~56	≤2	—
KW-430	10~100	24~30	38~49	65~85	高光	金红石	棕	红褐	2.9~3.0	14~18	280	65~75	71~75	—	—	23~27

表17.12 坤威公司的彩色金属光泽珠光颜料

牌号	粒径/μm	粒径分布/μm			光泽	反射色	耐温/℃	密度/(g/cm³)	松密度/(g/100mL)	pH值	吸油量/(g/100g)	成分/%	
		d_{10}	d_{50}	d_{90}								云母	氧化铁
KW-500	10~60	12~15	21~26	38~41	明亮	青铜	>800	3.0~3.1	15~19	6~9	60~70	61~65	35~39
KW-502	10~60	12~15	21~26	38~41	明亮	棕红	>800	3.0~3.1	18~22	6~9	60~70	57~61	39~43
KW-504	10~60	12~15	21~26	38~41	明亮	葡萄酒红	>800	3.0~3.1	20~24	6~9	60~70	53~57	43~47
KW-505	10~60	12~15	21~26	38~41	明亮	紫红	>800	3.0~3.1	22~26	6~9	60~70	50~54	46~50
KW-507	10~40	9~12	18~24	31~35	明亮	蓝褐	>800	3.3~3.7	29~31	6~9	45~55	40~49	51~60
KW-508	10~60	12~15	21~26	38~41	明亮	宝石红	>800	3.0~3.1	19~23	6~9	60~70	45~49	51~55
KW-509	10~60	12~15	21~26	38~41	明亮	褐绿	>800	3.1~3.2	23~27	6~9	60~70	32~36	64~68
KW-510	10~60	12~15	21~26	38~41	明亮	古铜	>800	3.1~3.2	17~21	6~9	60~70	59~63	37~41
KW-520	5~25	4~7	9~11	13~16	缎面	青铜	>800	3.1~3.2	16~20	6~9	55~65	55~59	41~45
KW-522	5~25	4~7	9~11	13~16	缎面	红棕	>800	3.1~3.2	19~23	6~9	55~65	45~49	51~55
KW-524	5~25	4~7	9~11	13~16	缎面	葡萄酒红	>800	3.1~3.2	21~25	6~9	55~65	41~45	55~59
KW-525	5~25	4~7	9~11	13~16	缎面	紫红	>800	3.1~3.2	24~28	6~9	55~65	37~41	59~63
KW-530	10~100	24~30	35~42	65~85	高光	青铜	>800	2.9~3.0	14~18	6~9	65~75	73~77	23~27
KW-532	10~100	24~30	35~42	65~85	高光	红棕	>800	2.9~3.0	16~20	6~9	65~75	67~71	29~33
KW-534	10~100	24~30	35~42	65~85	高光	葡萄酒红	>800	2.9~3.0	18~22	6~9	65~75	65~69	31~35
KW-535	10~100	24~30	35~42	65~85	高光	紫红	>800	2.9~3.0	19~23	6~9	65~75	64~68	32~36

17.4 水性木器漆的着色染料

染料用于水性木器漆的透明色涂装。木材用配制好的染料着色，干燥后涂装清漆或亚光漆制成透明色漆，有很好的装饰效果。水性染料为水溶性络合物，主要以水做溶剂。也可使用水油通用型染料着色，这类染料通常用醇、醚等有机溶剂配成。根据不同的需要由几种基本色染料配成所需的颜色，如琥珀红、琥珀黄、胡桃木等。

(1) BASF 公司的木材染色剂　德国 BASF 公司有 Basantol 系列染色剂，其代表性的品种见表 17.13。

表 17.13　BASF 公司的水性木材染色剂 Basantol 系列

Basantol	色含量 /%	水 /%	有机溶剂 /%	密度 /(g/cm³)	pH 值	光牢度	染料索引号 (C. I. No.)
Yellow 099	20	60	20	1.08	9.5	4～5	Acid Yellow 5
Yellow 215	30	40	30	1.11	5.5	7	Acid Yellow 204
Brown 269	30	50	20	1.14	6.5	6～7	Acid Brown 355
Orange 273	20	60	20	1.08	4.0	6～7	Acid Orange 142
Red 311	30	50	20	1.12	5.0	6～7	Acid Red 357
Bordeaux 415	30	40	30	1.11	5.0	4～5	Acid Violet 90
Blue 762	20	80	0	1.12	7.0	7～8	Direct Blue 199
Black X82	20	75	5	1.14	6.0	6～7	Acid Black 194

这些染料的密封贮存稳定性一般不低于两年，但是贮存温度不得过低，对水含量高的 Black X82、Blue 762 和 Yellow 099，贮存温度不能低于 0℃，其余的可耐到 −5℃，仍可保持稳定。

Basantol U 系列染料是 BASF 公司的一类水油通用型木材染色剂（表 17.14），色料是偶氮与铬或铜的络合物，以醇醚类有机溶剂，如二乙二醇丁醚、丙二醇甲醚为主溶剂，少部分水为辅溶剂配成，可用于油性漆着色，也可用于水性木器漆底着色。

表 17.14　Basantol U 系列水油通用型木材染色剂

Basantol U	色含量 /%	水 /%	有机溶剂 /%	密度 /(g/cm³)	pH 值	光牢度	染料索引号 (C. I. No.)
Yellow 145	约 14	约 12	约 74	0.99	7～9	5～6	Acid Yellow 59
Yellow 155	约 13	约 11	约 76	0.99	7～9	6～7	Acid Yellow 119
Orange 255	约 14	约 14	约 72	0.99	7～9	6	Acid Orange 89
Red 345	约 14	约 14	约 72	0.99	7～9	5～6	Acid Red 226
Blue 745	约 12	约 12	约 76	1.03	8～9	6	Acid Violet 74
Black X84	约 12	约 13	约 75	0.99	7～9	7	Acid Black 63

Basantol U 系列染料贮存温度为 5～40℃，密封贮存期为一年。

(2) 香港玳权贸易有限公司的 CD-ML 系列铬络合物液体染料　香港玳权贸易有限公司的 CD-ML 系列铬络合物液体染料是水油通用型木材染色剂，能溶解于水、醇、酮、酯以及苯类溶剂中，稀释后长期稳定。这类染料属碱性溶液，pH 值在 9.5～10.5 之间，但能耐微酸性（表 17.15）。用这些染料可以配成各种颜色的木材染色剂。

表 17.15　CD-ML 系列水油通用型木材染色剂

牌号	染料索引号 (C. I. No.)	耐光性	耐热性	耐酸性	耐碱性
CD 01-ML	Yellow 82	7	A	A	A
CD 02-ML	Orange 54	7	A	A	A
CD 03-ML	Orange 62	7	A	A	A
CD 05-ML	Red 8	8	A	A	A
CD 06-ML	Red 122	7	A	A	A
CD 10-ML	Brown 43	7	A	A	A
CD 11-ML	Brown 43	7	A	A	A
CD 12-ML	Green 852	6	B	A	A
CD 14-ML	Blue 70	6	B	A	A
CD 15-ML	Black 27	7	A	A	A
CD 17-ML	Black 27	7	A	A	A
CD 19-ML	Red 218	3～4	B	A	A
CD 28-ML	Violet 56	7	A	A	A
CD 29-ML	Blue 5	4～5	B	A	A

注：A 代表不褪色；B 代表轻微褪色。

耐酸碱：1% H_2SO_4 或 1% NaOH/24h。

耐热：180℃/10min。

第 18 章 其他助剂

18.1 香精和气味遮蔽剂

香精赋予水性漆令人愉快或可接受的气味,气味遮蔽剂可掩盖或减弱令人不愉快的气味。丙烯酸酯型基料常含有少量残余单体带来令人不愉快的气味,水性醇酸及其衍生物如水性氨酯油常常有油脂味,配方中的成膜助剂或其他助剂也可能带来某些异味。加入香精后可以掩蔽怪味,改善漆的嗅觉感观效果。水性漆的香精最好是水溶性的或容易分散在水或醇中,气味要清雅,具有淡淡的芳香,不可过分浓烈,以茉莉、柠檬、苹果味的为好。

深圳海川化工科技有限公司经销的水性漆用香精和气味遮蔽剂有 Essen 201、223、224A、225A、226A 等(表 18.1)。

表 18.1 海川公司的水性漆用香精和气味遮蔽剂

Essen	香型	外观	相对密度	折射率	pH 值	溶解性	用量/%
201	洁爽型	无色或浅黄液	0.9940±0.008	1.4440±0.005	4.3±0.5	溶于醇不溶于水	0.1~0.2
223	清新玫瑰型	无色或浅黄液	1.0218±0.008	1.4755±0.005	≤8	溶于醇不溶于水	0.1~0.2
224A	柠檬香型	无色或浅黄液	1.0475±0.008		4.7±0.5	溶于醇不溶于水	0.1~0.2
225A	青苹果香型	无色或浅黄液	1.0850±0.008	1.3470±0.005	4.5±0.5	溶于醇不溶于水	0.1~0.2
226A	茉莉香型	无色或浅黄液	1.0475±0.008		4.7±0.5	溶于醇不溶于水	0.1~0.2

Essen 201 是高效经济型氨味遮蔽剂,能有效地遮盖和抑制涂料因添加氨水产生的不愉快气味,使涂料散发出清凉香味,主要用于用氨水调节 pH 的乳胶漆。其他几种是有特定香味的香精。这些香精在中性和碱性条件下有稳定的增香作用,留香持久,罐中可保香 3~6 个月,施工后可留香 15~30 天。不影响漆和漆膜的性能。

18.2 水性防粘剂

(1) Nopco 公司的防粘剂 Nopco 公司生产水性涂料和水性油墨用防粘剂,牌号为 Nopco 1097-AH 和 SN-COTE 270(表 18.2)。

Nopco 1097-AH 作为润滑、离型和防粘连剂是硬脂酸钙与一种非离子乳化剂混合成的水性分散体,可用于乳胶、乳液、水性涂料、水性油墨和纸张的防粘脱模,并有防水功能。用在水性涂料和油墨中添加量为涂料固体分的 0.5%~2.0%,用在纸张涂料时添加量为 0.1%~0.5%。贮存温度 5~40℃,低于 0℃ 会冻结,影响质量。

SN-COTE 270 是聚乙烯型润滑离型剂,可作为纸涂布油墨的润滑剂和防尘剂。用量为涂布涂料中颜料固体分的 0.05%~3.0%。在 pH 值高于 6.5 时稳定,6.5 以下会产生浮渣现象,应避免在酸性条件下使用。贮存温度 5~40℃,低于 0℃ 会冻结破坏。

表 18.2 Nopco 公司的水性防粘剂

性能	牌号	
	Nopco 1097-AH	SN-COTE 270
外观	白色液体	黄褐色半透明液体
固体分/%	55	40
黏度/mPa·s	300(20℃)	90(25℃)
		150(5℃)
相对密度	1.03(20℃)	0.99/25
pH 值(2%液)	10.5	10
冻结温度/℃	−2	−1
离子性	阴离子	阴离子
水溶性	水中分散	易分散

（2）OMG 公司的水性涂料防粘连剂　OMG 公司有水性漆用漆膜防粘连剂 Borchi Coll 系列，共有 Borchi Coll 10、20、20M、30 等牌号，属于不同粒度的二氧化硅胶体分散体，基本性能见表 18.3。

表 18.3 OMG 公司的防粘连剂 Borchi Coll

性能	牌号			
	Borchi Coll 10	Borchi Coll 20	Borchi Coll 20M	Borchi Coll 30
外观	透明	半透明	半透明	奶白
离子特性	阴离子	阴离子	阴离子	阴离子
固含量/%	29～32	29～32	29～32	29～32
pH 值	约 10	约 9	约 9	约 10
密度/(g/cm^3)	1.20～1.22	1.20～1.22	1.20～1.22	1.20～1.22
黏度/mPa·s	<10	<10	<10	<5
Na$_2$O 含量/%	约 0.35	约 0.15	约 0.17	约 0.15
推荐用量/%	1～3	1～3	1～3	1～3

Borchi Coll 有改善漆膜在木材、塑料、非铁金属表面附着力的作用，并使铁不易生锈。其他好处还有改进涂刷性，缩短干燥时间，增加漆膜硬度，提高抗粘连性和耐水耐醇能力，提高耐温性等。制漆时在分散阶段加入漆中，用量过大会影响漆膜光泽。Borchi Coll 的贮存温度为 5～30℃。

18.3 水性漆延长开放时间助剂

水性涂料有时干燥太快，成膜时间短，容易造成成膜不良，漆膜出现龟裂现象。添加延长开放时间的助剂可以延缓水分的挥发，增加漆膜的弹性，从而避免出现龟裂现象。

Cognis（科宁）公司的延长水性漆开放时间的助剂有 LOXANOL 842 DP/3、842 DP/6、842 DP/9、LOXANOL DNP、LOXANOL P 等，基本理化数据见表 18.4。

LOXANOL 842 DP/3 是以直链脂肪醇为主的高效添加剂，可延长开放时间并赋予漆膜弹性，防止开裂。延长开放时间的程度与乳液种类有关，苯丙比醋酸乙烯酯共聚物乳液的用量要大。一般用量 0.2%～2.0%，确切用量由试验定，可在生产的任何阶段加入。LOXANOL 842 DP/3 毒性极小（LD$_{50}$>5g/kg）。贮存温度应不低于 15℃。

表 18.4　开放时间延长剂 LOXANOL

性能	牌号				
	842 DP/3	842 DP/6	842 DP/9	DNP	P
外观	白色粘膏状	白色膏状	白色乳液	白色乳液	白色粉末
固含量/%	30～34	18～22	15～17	19～21	42～46(有效分)
密度(20℃)		0.95～1.05	0.95～1.05	0.95～1.05	0.54～0.74
黏度(20℃)/mPa·s		约 2000		400～800	
粒径/μm		5～10			
LD$_{50}$(大鼠,经口)/(g/kg)	>5				
用量/%	0.2～2.0	0.5～2.0	0.5～2.0	0.2～1.0	0.5～2.0

LOXANOL 842 DP/6 是可泵送的、以直链脂肪醇为主的高效添加剂，可延长砖石建筑乳胶漆的开放时间并使漆膜有一定的弹性，防止龟裂效果显著。延长开放时间的程度与乳液种类有关，苯丙比醋酸乙烯酯共聚物乳液的用量要大。一般用量为漆的 0.5%～2.0%，确切用量由试验定，可在生产的任何阶段加入，最好与基料一起加入。LOXANOL 842 DP/6 也可用于腻子。用前搅匀，贮存温度应不低于 15℃。

LOXANOL 842 DP/9 是以直链脂肪醇为主的高效添加剂，可泵送。用于延长砖石建筑乳胶漆的开放时间并使漆膜有一定的弹性，防止龟裂。延长开放时间的程度与乳液种类有关，苯丙比醋酸乙烯酯共聚物乳液的用量要大。一般用量为漆的 0.5%～2.0%，确切用量由试验定，可在生产的任何阶段加入，最好与基料一起加入。用前搅匀，贮存温度不低于 15℃。

LOXANOL DNP 是易混液体添加剂，可延长开放时间，减少乳胶漆和有机硅灰浆的开裂。其特点是稳定性好，乳化剂含量低，不影响吸水性。LOXANOL DNP 应在研磨阶段加入，用量为漆的 0.2%～1.0%。用前搅匀。贮存运输应在 15～35℃进行，低于 15℃会导致黏度不可逆地增大。

LOXANOL P 为粉状添加剂，用于无机灰浆、有机硅灰浆、粉状乳胶漆和粉状浮雕涂料中。LOXANOL P 是 LOXANOL 842 DP 系列的粉末形态，与有机、无机粉末涂料混匀后兑水使用，通过与树脂的相互作用增强涂料的性能。主要特点是：延长开放时间和可操作时间，增加疏水性，减少或消除干燥开裂，对漆膜起增塑作用。用法是添加干砂浆总量的 0.5%～2.0%即可，干混。LOXANOL P 含水，最好不要与水泥共混存放。由于含水，防止冰冻结块，贮存最高温度不得超过 50℃。正常情况下保质期至少 12 月。

18.4　保湿剂

保湿剂用于改善颜料浆的再分散性，防止或延缓颜料浆贮存变稠，增厚，结皮造成再分散困难。用量大时保湿剂还有成膜助剂的作用。

Lubrizol 公司的保湿剂有 Humectant GRB2 和 Humectant GRB3，参见表 18.5。

Humectant GRB2 的 VOC 含量很低，保湿性优于丙二醇，用量大时会影响漆的干燥时间和漆膜的耐水性。应在研磨分散阶段加入。

Humectant GRB3 与 Humectant GRB2 的作用和用法相似，但是 Humectant GRB3 是零 VOC 助剂，更加环保。

表 18.5　Lubrizol 公司的保湿剂

性　能	牌　号	
	Humectant GRB2	Humectant GRB3
类型	混有低分子多元醇的非离子分散剂80%的水溶液	低分子多元醇溶液
外观	稻草黄液体	稻草黄液体
相对密度	1.20	1.18
沸点/℃	>100	
Gardner 色度	≤4	≤4
VOC/$\times 10^{-6}$		<400
重金属/$\times 10^{-6}$		
As	<15	<20
Ba	<15	<10
Cd	<15	<10
Cr	<15	<10
Hg	<15	<20
Ni	—	<15
Pb	15	<15
Se	<15	<20
Zn	<15	<10
推荐用量/%	≤5	≤5
保质期/年	2	2

18.5　水性木器漆打磨助剂

木材表面充满了木纤维形成的孔隙和裂隙。木材涂装时往往要用腻子或底漆预先填充这些孔隙，填充后经打磨平整光滑后再施涂罩面漆。打磨助剂能够提高打磨性和打磨效果，增加涂层表面的疏水性，改善漆膜手感。

（1）硬脂酸锌

化学名称：硬脂酸锌；十八酸锌

CAS 编号：557-05-1

分子式：$C_{36}H_{70}O_4Zn$

分子量：632.33

结构式：$C_{17}H_{35}COO—Zn—OOCC_{17}H_{35}$：

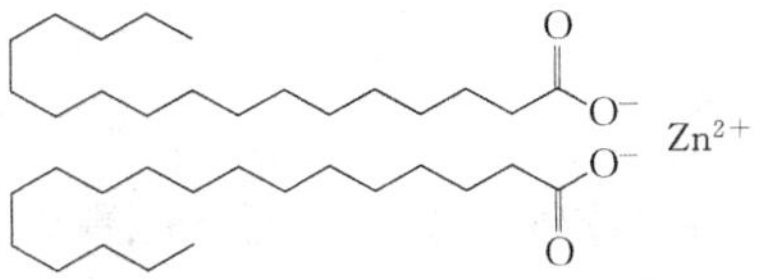

外观：白色粉末，具有脂肪气味

相对密度：1.095

熔点：≥120℃

闪点：277℃

引燃温度：420℃

爆炸下限：11.6g/m³

可燃性：干燥情况下有可燃性，粉尘与空气的混合物遇明火有爆炸危险
溶解性：不溶于水、乙醇、乙醚，可溶于热乙醇、松节油、苯等有机溶剂
毒性：无毒、无污染、无危险特性，有吸附性，对皮肤有黏附性
质量标准：按照 HG/T 3667—2000，硬脂酸锌商品的质量标准见表 18.6。

表 18.6　硬脂酸锌商品的质量标准

项目		优等品	一等品	合格品
锌含量/%		10.3～11.3	10.3～11.3	10.0～11.5
游离酸/%	≤	0.8	1.0	1.5
加热减量/%	≤	0.8	1.0	1.5
熔点/℃		120±5	120±5	120±5
粒度(通过试验筛)/%	≥	99.0 (0.045mm)	99.5 (0.075mm)	95.0 (0.075mm)

应用：在水性涂料中具有增滑，增加打磨性的作用，有消光性。
用量：作为水性木器漆打磨助剂添加 1%～10%。

(2) 硬脂酸钙

化学名称：硬脂酸钙
CAS 编号：1592-23-0
分子式：$C_{36}H_{70}CaO_4$
分子量：607.02
结构式：

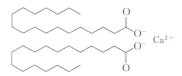

外观：纯品为白色结晶粉末　普通品是白色略带黄色的粉末，微有特异气味
密度：1.035g/cm^3
熔点：145～160℃
沸点：435℃（分解）
爆炸下限：25g/m^3
引燃温度：400℃
溶解性：水中不溶（2.2mg/L，20℃），溶于甲苯、乙醇、苯和其他有机溶剂，在空气中有吸湿性
毒性：无毒，LD_{50}＞10g/kg（大鼠经口）
质量标准：商品硬脂酸钙质量标准见表 18.7。

表 18.7　商品硬脂酸钙质量标准

项目		优级品	一等品	合格品
钙含量/%		6.5±0.5	6.5±0.6	6.5±0.7
游离酸(以硬脂酸计)/%		≤0.5	0.5	0.5
加热减量/%	≤	≤2.0	3.0	3.5
熔点/℃		149～155	≥140	≥125
细度(0.075mm 筛通过)/%		≥99.5	99.0	99.0
杂质/粒		≤6	12	—
微余物(0.063mm 筛余)/%		≤1.0	1.0	1.0
白度/%		≥95	90	—

用途：用作防水剂、润滑剂和塑料助剂，涂料的消光剂，打磨助剂。

(3) 水性硬脂酸锌

① 珠海瑞丰化工有限公司的水性硬脂酸锌

牌号：HK-106

产品性能：HK-106 可改善水性漆的打磨性，提高涂层表面疏水性，改善漆膜手感。

技术指标：

固含量/%	40±2	游离酸/%	≤0.5
细度/μm	≤30	pH	7~10
黏度/mPa·s	≥800		

产品用途：

a. 水性涂料：用于高品质水性涂料，如水性木器漆、水性底漆、水性腻子等，透明性好、消泡快、稳定性好，防沉性佳、干燥快、易分散、易打磨，可提高水性涂料的品质，提高涂层表面疏水性，改善漆膜手感。

b. 水性油墨：可作消光剂和防水剂，具有填充性、稳定性、防沉性好的特点。

c. 纺织品：可作打光剂用，提高表面的疏水性。

d. 化妆品：可作润滑剂用，提高表面的滑爽性。

e. 造纸工业：作防水剂用，用于特种纸品、热敏纸等表面做防水性涂层。

f. 打磨砂纸：可作助磨剂用，提高表面的打磨性、抗磨性和防水性。

g. 水泥砂浆及混凝土添加剂。

用量：水性涂料中 3.5%~8%，水性油墨中 3.0%~5.5%，其他 3.0%~5.0%。

贮存：HK-106 应贮存在密闭容器内，存放于阴凉通风处，避免高温曝晒及冷冻，冷冻会对该产品造成严重损害。建议贮存温度为 5~25℃，不宜与强酸强碱性化合物及腐蚀性物品堆放在一起，以免酸碱液渗漏与硬脂酸锌发生化学反应分解为硬脂酸及锌盐，影响稳定性。本产品长时间贮存会出现沉淀现象，用前搅拌均匀，不会影响使用效果。

② 台色化工（深圳）有限公司水性硬脂酸锌　广泛应用于水性家具涂料、塑料及涂布纸制品等各个领域。

主要技术指标：

外观	乳白色分散体,有滑腻感	细度/μm	≤40
固含量/%	37±1	pH 值	7~8
黏度/mPa·s	≥200	溶解性	易分散在水中,不溶于乙醇;遇强酸分解成硬脂酸及锌盐
相对密度	1.05~1.20		
游离酸/%	≤0.5		

(4) Cognis 公司的水性木器漆打磨助剂　Perenol 1097-A 是 Cognis 公司的水性木器漆打磨助剂，为一种金属皂和非离子表面活性剂的分散体，主要性能如下：

外观	白色液体	游离碱/%	0.01~0.04
活性分/%	48~51	2%水分散液的 pH 值(20℃)	9~11
密度(25℃)/(g/mL)	1.03~1.05	水/%	49~51
黏度(25℃)/mPa·s	<200	用量/%	1~5
200 目筛余/%	0~0.2		

Perenol 1097-A 在水性木器漆和水性工业漆中可改善表面滑爽性，避免打磨时温度上升使漆膜变软并糊住砂纸，增加耐划伤性和疏水性并有防止漆膜开裂的作用。添加到乳胶漆中

可改善漆膜的耐水渗透性，在高 PVC 涂料中改善漆膜的手感。在水性油墨中能提高防黏性和防尘性。用于水泥砂浆和混凝土中可增加疏水性。

Perenol 1097-A 贮存温度为 5～25℃，注意防冻和高温。

18.6 表面活性剂

陶氏化学（Dow Chemical）公司的 TRITON X-405 是水性涂料和乳液用表面活性剂，化学成分为辛基酚聚氧乙烯醚，非离子型。TRITON X-405 是高 HLB 值的乳化和分散剂，在高温、冻融和有离子存在下均有良好的乳化稳定性。可用于乳液聚合、涂料和乳化制品。其基本性能如下。

名称：辛基酚聚氧乙烯醚

外观：浅黄色液体

结构式

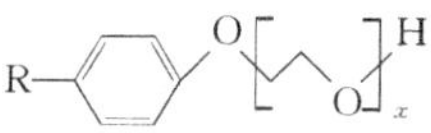

$$R-\underset{}{\bigcirc}-(O-CH_2CH_2)_x-OH$$

R＝octyl（C_8）

x＝35（平均）

相对密度：1.096

临界胶束浓度：2442×10^{-6}（25℃）

表面张力：52mN/m（1％浓度，25℃）

浊点：＞100℃

流点：－6℃

黏度：490mPa·s（25℃）

pH 值：7（5％水溶液）

水溶性：易溶于水

18.7 颜料研磨载体

制备水性颜料浆时单用水做分散介质往往缺乏黏性，固液相容易分离，这时需用有机研磨载体代替水做分散载体。Lubrizol（路博润）公司的 Lanco FLOW ACW75-1 是一种水性体系和水稀释体系用的预中和颜料分散载体。

Lanco FLOW ACW75-1 的不挥发分为 50％，相对密度 1.054，最大 Gardner 色度为 6，酸值 130mg KOH/g，Gardner 黏度为 Y，溶剂为水、二丙二醇单甲醚、丙二醇单甲醚和二甲氨基乙醇。

附录 缩略语代号

APE（O）	烷基酚
APEO	烷基酚聚氧乙烯醚
ASE	非缔合型碱溶胀增稠剂
ATP	三磷酸腺苷
BC	二乙二醇单丁醚
BCM	甲基苯并咪唑氨基甲酸酯，多菌灵
BG	乙二醇（单）丁醚
BIT	苯并异噻唑啉-3-酮
BTG	三乙二醇（单）丁醚
BuOAc	醋酸丁酯
CIT	5-氯-2-甲基-4-异噻唑啉-3-酮
CMCAB	醋酸丁酸羧甲基纤维素酯
CMIT	5-氯-2-甲基-4-异噻唑啉-3-酮
CMT	5-氯-2-甲基-4-异噻唑啉-3-酮
CPO	氯化聚烯烃
D	切变速率
d	密度
DB	二乙二醇单丁醚（丁基卡必醇）
DBTDL	二月桂酸二丁基锡
DCOIT	4,5-二氯-2-正辛基-3-异噻唑啉酮
DDBSA	十二烷基苯磺酸
DEA	二乙醇胺
DEM	丙二酸二乙酯
DMDMH	1,3-二羟甲基-5,5-二甲基乙内酰脲
DMEA	二甲基乙基胺
DMP	二甲基吡唑
DNNDSA	二壬基萘二磺酸
DPGDME	二丙二醇二甲醚
DOP	苯二甲酸二辛酯
DPG	二丙二醇
DPM	二丙二醇（单）甲醚
DS	取代度
EB	乙二醇单丁醚（丁基溶纤剂）
EBS	N,N'-亚乙基双硬脂酰胺

EO	环氧乙烷
EPA	美国环保局
HALS	受阻胺光稳定剂
HASE	缔合型碱溶胀增稠剂
HEAT	疏水改性的氨基增稠剂
HEC	羟乙基纤维素
HEUR	疏水改性乙氧基聚氨酯增稠剂
HLB	亲水亲油平衡值
HMHEC	疏水改性纤维素
HPC	羟丙基纤维素
HPMC	羟丙基甲基纤维素（甲基羟丙基纤维素）
HPT	2-羟苯基均三嗪
IPA	离子型丙烯酸共聚物
MC	甲基纤维素
MEK	甲乙酮
MEKO	甲乙酮肟
MFFT	最低成膜温度
MHEC	甲基羟乙基纤维素
MHPC	甲基羟丙基纤维素
MI	2-甲基-4-异噻唑啉-3-酮
MIC	最低抑菌浓度
MIT	2-甲基-4-异噻唑啉-3-酮
MPA	丙二醇甲醚醋酸酯
MS	摩尔取代度
n	非牛顿指数
$n_D^{25℃}$	25℃下的折射率
NaCMC	羧甲基纤维素钠
NaCMHEC	羧甲基羟乙基纤维素钠
NCO	异氰酸酯基
NEP	N-乙基吡咯烷酮
NMP	N-甲基吡咯烷酮
NPA	非离子型丙烯酸共聚物
NS	非离子型表面活性剂
OH	羟基
OIT	2-正辛基-4-异噻唑啉-3-酮
OPP	邻苯基酚盐
PCMC	对氯间甲酚
PCMX	对氯间二甲苯酚
PEMS	聚醚改性聚二甲基硅氧烷
PG	丙二醇

PM	丙二醇单甲醚
PMA	丙二醇甲醚醋酸酯
PnB	丙二醇单（正）丁醚
PO	环氧丙烷
PPH	丙二醇苯醚
pTSA	对甲苯磺酸
PU	聚氨酯
PUA	丙烯酸聚氨酯分散体
PUD	聚氨酯分散体
PVC	颜料体积浓度
S	溶剂型漆
S	展布系数
SHMP	六偏磷酸钠
SOPP	邻苯基酚钠盐
TBZ	2-(4-噻唑基)苯并咪唑，噻菌灵，赛菌灵，涕必灵，硫苯唑，特克多
TCC	三氯卡班，3,4,4'-三氯二苯脲
T_g	玻璃化温度
TPM	三丙二醇单甲醚
TPN	四氯间苯二腈，百菌清，霉必清
UV	紫外光固化涂料
W	水性漆
α	NCO/OH
γ	表面张力
γ_L	液体的表面张力（液气界面的界面张力）
γ_S	固体的表面张力（固气界面的界面张力）
γ_{SL}	固体和液体之间的界面张力
$-\Delta G$	展布自由能的变化
ε-CAP	己内酰胺
η	黏度
η_a	表观黏度
η_s	塑性黏度
θ	接触角
μ	稠度系数
τ	（剪）切应力
τ_0	塑性流体屈服值

参 考 文 献

[1] 巴顿 T C. 涂料流动和颜料分散. 郭隽奎,王长卓译,北京:化学工业出版社,1988.
[2] 赵振国. 胶体与界面化学——概要、演算与习题. 北京:化学工业出版社,2004.
[3] 朱万章,刘学英. 水性木器漆. 北京:化学工业出版社,2009.
[4] 钱逢麟,竺玉书主编. 涂料助剂——品种和性能手册. 北京:化学工业出版社,1990.
[5] 林宣益主编. 涂料助剂. 第2版. 北京:化学工业出版社,2006.
[6] 徐玲等. 水性木器漆中助剂的选择与应用. 中国涂料,2004,19(8):41.
[7] 王玉琦,杨云峰. 水性建筑涂料中防霉剂的选择. 中国涂料,2005,20(5):46.
[8] 朱春雨等. 二氧化硅消光剂研究进展. 无机盐工业,2005,37(6):14-17.
[9] 陈湘南. 绒面涂料及其在建筑物上的应用. 中国涂料,1994(3):16-25.
[10] 陈湘南. 绒面涂料在中国的开发动向. 涂料技术,1995(3):5-9.
[11] 朱万章. 木材着色和水性木器涂料涂装施工. 中国涂料,2009,24(6):31-34.

欢迎选购其他涂料、涂装类图书

ISBN	书 名	定价/元	出版时间	作 者
978-7-122-06676-3	涂料工艺(第四版)(上、下册)	280	2010-01	刘登良
978-7-122-10438-0	涂料制备——原理·配方·工艺(实用精细化学品丛书)	38	2011-04	刘志刚 张巨生
978-7-122-09611-1	粉末涂料及其原材料检验方法手册	69	2011-01	庄爱玉
978-7-122-08778-2	涂料配方与生产(一)	49	2010-09	李东光
978-7-122-09752-1	涂料配方与生产(二)	49	2011-01	李东光
978-7-122-09517-6	涂料生产工艺实例	64	2010-11	童忠良
978-7-122-07158-3	美术涂料与装饰技术手册	89	2010-07	崔春芳 童凌峰 高洋
978-7-122-08375-3	新型建筑涂料涂装及标准化	89	2010-07	陈作璋 王肇嘉等
978-7-122-07659-5	汽车修补涂装技术(第二版)	36	2010-05	王锡春 包启宇
978-7-122-05009-0	水性涂料配方精选	28	2010-04	张玉龙 齐贵亮
978-7-122-07348-8	绿色涂料配方精选	30	2010-03	张洪涛 黄锦霞
978-7-122-07277-1	漆工经验介绍——防腐油漆工	20	2010-02	刘新
978-7-122-07023-4	漆工经验介绍——建筑油漆工	28	2010-01	徐 峰 周先林 张金钟
978-7-122-04931-9	漆工经验介绍——木器油漆工	20	2009-06	周新模 王秉义 田佩秋
978-7-122-06564-3	汽车涂料涂装技术	58	2010-01	欧玉春 童忠良
978-7-122-06799-9	水性树脂与水性涂料	38	2010-01	闫福安
978-7-122-06572-8	涂料最新生产技术与配方	89	2009-10	夏宇正 童忠良
978-7-122-05680-1	铝型材粉末涂料静电喷涂与生产	25	2009-08	刘宏
978-7-122-04278-4	环保色料与应用	39	2009-03	董 川 双少敏 卫艳丽
978-7-122-03774-9	水性木器漆	38	2009-01	朱万章 刘学英

如需以上图书的内容简介、详细目录以及更多的科技图书信息,请登录www.cip.com.cn。

邮购地址:(100011)北京市东城区青年湖南街13号 化学工业出版社

服务电话:010-64518888,64518800(销售中心)

如要出版新著,请与科技出版公司材料出版分社联系。联系方法:010-64519425。